精艺质造

PCB行业质量管理实践

宫立军　编著

U0389370

科学出版社

北　京

内 容 简 介

本书结合电子电路制造行业特点和PCB产品特点，系统介绍PCB企业主要质量管理活动的相关理论和实践案例，包括以“人”为中心的基础质量管理活动和以“产品”为中心的核心质量管理活动，并介绍质量管理未来的发展趋势。

本书共Ⅳ个部分11章。第Ⅰ部分介绍 PCB行业状况、PCB产品制造技术和质量的相关知识。第Ⅱ部分介绍PCB企业质量战略和质量文化建设、成本管理，以及质量管理体系和流程管理的内容。第Ⅲ部分探讨PCB产品制造质量策划、质量控制、质量改进、客户满意度和客诉处理的工作实践。第Ⅳ部分解析PCB行业数字化转型中的质量管理变化。

本书可供电路系统、电子技术应用及相关专业选用，适合电子电路制造行业的从业者，特别是生产、工艺、质量工程师和管理者阅读，可以用于电子制造和电子装备行业的培训。

图书在版编目（CIP）数据

精艺质造 ：PCB行业质量管理实践 / 宫立军编著.

北京 ：科学出版社, 2024. 11. -- ISBN 978-7-03-079605-9

Ⅰ.TN41

中国国家版本馆CIP数据核字第2024HE0570号

责任编辑：喻永光 / 责任制作：周 密 魏 谨
责任印制：肖 兴 / 封面设计：张 凌

科学出版社 出版
北京东黄城根北街16号
邮政编码：100717
http：//www.sciencep.com

河北鹏润印刷有限公司印刷

科学出版社发行 各地新华书店经销

*

2024年11月第 一 版 开本：889 × 1194 1/16
2024年11月第一次印刷 印张：24
字数：610 000

定价：128.00元

（如有印装质量问题，我社负责调换）

序　一

电子工业是国民经济的重要组成部分，是各种产品实现更新换代的平台，是自动化、智能化不可或缺的重要组成。如果说芯片、软件、集成电路是一级组装，所有电子产品，包括手机、电视机、计算机，以及汽车、飞机、轮船中的电子设备都是三级组装，那么 PCB 就是二级组装，起到承上启下、不可或缺、不可替代的作用。哪里有电子产品，哪里有自动化、智能化，哪里就一定有 PCB。PCB 是名副其实的“电子产品之母”。

我在电子电路行业干了 55 年，从无到有、从小到大，我把自己的青春年华都融入了中国电子电路行业，我越来越热爱这个行业！我为自己能够成为行业发展中的创业者之一，感到无比自豪、无限骄傲！

质量管理是提高产品生产效率、降低产品生产成本、增强客户信赖度之根本，是提升企业市场竞争力的法宝，甚至是如今“内卷”背景下企业生存的基础。产品质量、产品质量管理、产品质量管理体系在行业中迅速发展、壮大，已成为企业管理人员、工程技术人员和广大员工不断认识、不断完善、不断提升的一项关键工作。

我们对质量的关注源自对生产实践的持续总结，有一个“逐渐认识—不断重视—持续完善—科学管理”的过程。从开始并不重视，到产品制成后才检测，再到生产过程中的把关，最后在整个产品设计、制造过程以及“人机料法环”全方位、全过程中进行质量管理、控制，形成从“三全六控”的质量管理体系提升到第一次就把事情做正确的“零缺陷管理理念”，全面质量管理的一系列原理是在五十多年的行业实践中不断总结出来的。

“复盘思维”是管理工作和自我成长提升的常见手法，其精髓是传承久远的智慧——定期总结。通过总结，我们得以最大化地汲取过往的宝贵经验，更有针对性地审视工作中的不足，从而不断进步。复盘不仅提升了我们的认知能力，更锻炼了我们的阐释和表达能力。

宫立军在我们行业深耕多年，具备丰富的质量工作经验，他认为自己“走上了一条永无止境、迎难而上的道路”。他把“质量管理”理解为一种“精神”，并且以认真严谨的态度，用匠心匠行精神，总结了自己二十余年在质量管理方面的经验积累，最终形成Ⅳ个部分共 11 章的《精艺质造：PCB 行业质量管理实践》。这对企业管理人员、工程技术人员和广大员工提升质量意识、提高产品质量管理水平非常重要！

我相信，这部著作的出版发行，一定能够为我们行业第二次创业——全面迈向世界先进行业之列，做出应有的贡献！

中国电子电路行业协会终身荣誉秘书长

王龙基

2024 年 5 月 20 日 第五次修改

序 二

在现代社会，被誉为“电子产品之母”的印制电路板（PCB）为各种电子元器件提供机械支撑，实现电气连接和电绝缘，其制造质量直接影响电子产品的稳定性和使用寿命，并且影响系统产品的长期可靠性。

PCB 制造过程中的工序繁多，工艺流程复杂。随着电子产品向轻薄短小方向发展，通信技术和人工智能技术的迅猛发展，各类新型 PCB 技术也得到了快速发展，高速高层数 PCB、高密度互连（HDI）PCB、类载板（SLP）、封装基板（ICS）的占比迅速提高，对 PCB 质量的要求也越来越高。随之而来的是，整个 PCB 工厂的质量管理变得越发重要。特别是在近年来国内 PCB 企业大量扩张导致产能过剩的情况下，谁能在同质化竞争中通过质量管理取得优势，谁才能在这轮竞争中存活下来。

然而，多年来，PCB 行业对质量管理的重视程度依然不足。大多数企业在质量管理上更多地依靠 ISO 9001 质量管理体系和一些经验方法，没有进行系统的研究和应用总结。直到最近宫立军送来《精艺质造：PCB 行业质量管理实践》的书稿，才终于看到了一部专注于 PCB 行业质量管理的著作。

宫立军自电子科技大学应用化学系毕业后便一直躬耕于 PCB 行业，从 1998 年至今已有 26 年。他长期在国内 PCB 头部企业从事工艺技术管理、质量管理、供应链管理、IT 管理等工作，担任过品质经理、厂长、集团质量管理部总经理和集团副总经理等职务，熟悉各种 PCB 工艺流程、产品质量标准、智能制造及质量管理，并在此过程中积累了丰富的质量管理经验。

《精艺质造：PCB 行业质量管理实践》是作者多年来在 PCB 行业质量管理方面的研究成果和管理经验的凝练与总结，内容全面且系统。第 Ⅰ 部分对 PCB 的基本流程和产品进行了介绍，作为后续质量管理的背景知识，便于大家理解关键的质量控制点，并深入开展质量工作；对质量的基本概念、发展和管理实践进行了基本介绍。第 Ⅱ 部分针对基础质量管理活动的质量战略和质量文化建设、PCB 制造成本管理、PCB 制造质量管理体系和流程管理进行了介绍。第 Ⅲ 部分详细探讨了核心质量管理活动与实践，包括制造质量策划、质量控制、质量改进、客户满意度和客户投诉处理。第 Ⅳ 部分还深入探讨了当前业内数字化转型中的质量管理。

该书系统归纳了质量管理的各种理论和实践工具，以及在 PCB 行业的实践经验。难能可贵的是，作者将自己亲身经历或实践的大量质量管理案例引入书中，让读者不仅能看到全面系统的理论，还能在实践案例的指导下开展具体的质量工作。

《精艺质造：PCB 行业质量管理实践》可能是我国电子电路行业的第一部质量管理专著。作为作者的老师，我深感欣慰。我深信，该书的出版，必将对我国 PCB 行业的质量管理从业人员有所帮助，并能让更多的工程技术人员和管理人员从中受益，有力推动我国 PCB 行业质量的进步，助力我国 PCB 行业从“做大”到“做强”。

中国电子电路行业协会顾问 / 电子科技大学二级教授

何　为

2024 年 5 月 19 日

序　三

当宫立军邀我为他的书作序时，我欣然答应了。因为我一直倡导“让人人成为克劳士比”，真诚希望每一位怀揣“中国品质”理想的人，每一位践行零缺陷思想的战士，以及在各类组织的质量战线上履职尽责的每一个人，都能像“零缺陷之父”克劳士比先生那样，躬身实践，内省外知，总结分享，知行合一。

看到样稿时，我感到非常高兴。作者长年在 PCB 行业深耕，不仅对该行业的来龙去脉及其国内外的前生后世有较深刻的理解，而且在长期的生产实践中积累了切实的感受和第一手资料。这使得他的书必定会对 PCB 制造行业的从业者有所帮助，对整个行业的提升也将有积极作用。

我是在兴森科技公司的零缺陷文化变革项目中认识宫立军的。当时他是项目组的参与者，后来成为项目组负责人。持续多年的项目使我们有了许多私下沟通和正式交流的机会。我发现他很有想法，喜欢学习和钻研。

因此，我相信读者在翻看这本书时会发现，书中不仅有许多理论阐述，还有大量实践方法和工具的总结，特别是他多年来的一些亲身实践案例，甚至还有一些技术性的“诀窍”。

用作者自己的话说，他写这本书的出发点是为业界的经理、主管们提供一套质量管理的学习资料，因此采用理论加案例的模式进行写作，并强调质量改进方法的应用。我认为这个目的可以达成。

如果说还有什么遗憾，那就是零缺陷管理思想及其文化变革方法与实践案例，在整本书中没有一以贯之地渗透到所有工作过程和章节，而是仅作为质量理论的一部分。严苛些说，这是不应该的，因为这有悖于零缺陷管理的基本思想，即“品质是经营管理的本身，而不是一个部分”。引用朱镕基总理的话，“质量管理是企业管理的纲”，纲举目张。当前质量管理的怪象在于纲目混乱，以目乱纲。

换句话说，新品种观之“新质”早已替代了“传统的质量智慧”之“旧质”，但强大的习惯势力依然在用“旧质”（本质上是“量”）与“新质”进行一场“质与量的战争”。遗憾的是，不少人陷入了思维和思想层面的盲区，缺乏必要的启蒙和“慧眼”，难以觉悟和觉醒。因此，行业特别需要教育和教育者。否则，将难以理解、更别说服务国家“质量强国”战略，尤其是用“新质”生产力打造企业“新质”竞争力的大政方针了。

当然，我也知道，写书是一种遗憾的艺术。因此，希望作者在后续进行质量培训指导时，能将零缺陷思想进一步贯穿始终。只有这样，人们才能清楚地知道：品质的主体责任是谁的，质量管理人员的价值定位是什么，“八字方针”（人人担责、环环相扣）为什么是打造有价值、可信赖组织的利器，企业质量管理的目的和意图又是什么。

最后，借此推荐序与所有读者和业内同仁共勉，让我们共同为“中国品质”而战！

克劳士比中国学院

杨　钢

2024 年 5 月 20 日

自　序

在制造企业工作多年，投身于质量管理实际上是走上了一条永无止境、迎难而上的道路。我将质量管理理解为一种精神。

关注质量，意味着你需要秉持认真严谨的态度。不论是对事还是对物，都要孜孜不倦，追求深度，精益求精。只有经过千锤百炼，才能达到至臻至美——这是匠心匠行的精神。

关注质量，意味着你需要对每一个过程和每一个产品的执行都做到一丝不苟。不是差不多就行，而是高标准、严要求，时时做、日日管，坚持不懈——这是持之以恒的精神。

关注质量，意味着你需要时刻审视自身的不足，反思存在的短板，复盘已发生的问题，保持清醒和准确的认识，不虚美、不隐恶——这是自省求进的精神。

关注质量，意味着你需要培养和提升每个人的技术和管理能力，提供引导和帮助，当他们羽化成蝶时，为组织注入更强大的能量——这是成就他人的精神。

关注质量，我们知道资源总是有限的，技术发展也需要时间，前进的道路上总有各种各样的困难。即使可能跌倒，但成功者总是信心百倍，勇往直前——这是勇于挑战的精神。

关注质量，我们知道目标可以更高，不满足于现状或微小的改进，而是追求量级的提升，走不寻常路，持续改进——这是敢于突破的精神。

关注质量，我们知道质量是一种约束力，做与不做，得与不得，应有清晰的界限——这是自律坚守的精神。

关注质量，我们知道质量更是一种责任感，为企业发展、为社会贡献、为国家分担、为人民谋幸福——这是笃行实干的精神。

制造业是国之脊梁，高质量发展是未来的希望。质量为先，不应只是口头上的装饰。企业真正投入质量，收获的是客户的满意，赢得的是社会的尊重。

前　言

质量管理是什么？刘源张院士在《我的质量生涯》一书中写道："质量管理是个技术科学的问题，这不用多说。说一千道一万，归根结底，质量问题是要靠技术解决的。质量管理也是个哲学问题，里面有唯物辩证法的问题，有价值观的问题。质量管理也是个人文科学的问题，里面有秩序的问题，有治理的问题，有法律的问题，有道德的问题，有和谐的问题。质量管理更是个经济科学的问题，里面不仅是产品成本和价格的问题，也有资源的问题、环境的问题、市场的问题、竞争与协作的问题。质量管理一般认为是个管理科学，这也对，里面有权限和责任、组织和委让、标准和规范、体系和要素、意识和行动等问题。这些问题与质量的概念结合在一起会构成一个庞大的学科体系。"

质量管理是什么？在 PCB 行业工作二十多年，我也经常问自己这个问题。从生产管理者的角度，从质量管理者的角度，从供应链管理者的角度，甚至从 IT 建设者的角度，我都在思考，质量管理是什么？在中国电子电路行业欣欣向荣、蓬勃发展的年代，与产能扩张、技术突破相比，大多数 PCB 企业中的质量管理总是默默无闻——按部就班的产品检验、质量体系维护、客户审核和客诉处理，难以引起广泛关注。

2022 年，由于众所周知的原因，有了些许空闲时间待在家中，得以静下心来思考工作中的问题和心得，于是萌生了撰写本书的念头。今天，人们的日常生活和工作已经重回正轨，但国内外形势愈加动荡，大国博弈、战争阴云和全球经济增长放缓，中国制造业面临严峻挑战，高速发展了 30 年的中国电子电路行业真正感受到了寒意。面对市场需求疲软、价格竞争激烈、优质劳动力不足，产能扩张已不是最重要的事情。在各种变化和压力下，企业能够抓住每一个订单机会，稳定地输出合格产品，持续地获取经营利润，显得弥足珍贵。在企业发展的起伏中，质量的基础作用开始显现。质量管理就是客户满意的必然保证，是企业稳定发展的基础，是技术创新的落脚点，是企业竞争的利器。企业的发展必须建立在牢固的质量基石之上。

面对质量管理这个庞大的理论体系，实际的质量管理工作兼具技术特性和管理特性，这对 PCB 企业中的经理和工程师们提出了很高的要求。管理者既要掌握大量的专业技术知识，还需具备质量保证和生产秩序管理的技巧，不断学习和实践尤为重要。

本书结合作者多年的 PCB 行业工作经验，结合 PCB 企业的实际情况，从管理视角系统地整理了 PCB 行业质量管理的主要内容，结合管理案例和质量缺陷分析案例，总结了适合 PCB 行业的质量管理模式和要点。

本书分为Ⅳ个部分，共 11 章。

第Ⅰ部分 相关知识

第 1 章结合电子元器件制造和封装的背景知识，介绍电子电路产品的基本概念、分类和主要用途，印制电路技术的发展历史，以及全球电子电路产业和中国电子电路行业的发展状况。

第 2 章介绍 PCB 制造的基础知识和部分关键制造工艺，刚挠结合板、HDI 板和 IC 载板等电子电路产品的特点和制造工艺。

第 3 章介绍质量、质量管理的概念和理论发展，质量管理实践的概念、理论和方法，以及企业质量管理实践活动的主要内容，明确电子信息行业以材料加工为核心的 PCB 制造场景下，质量管理实践活动的内容。

第Ⅱ部分 基础质量管理活动与实践

第 4 章围绕 PCB 制造企业的特点，介绍战略、战略管理、企业质量战略、企业质量文化的概念，质量战略规划工具、步骤和实施过程的要点，以及质量文化打造的过程和案例。

第 5 章介绍质量成本的概念和基本原理，以及质量成本管理内容和作业质量成本管理方法，结合实际案例讲解质量经济效益的相关内容。

第 6 章介绍 ISO 9000 质量管理体系的基本概念、基本原理和核心原则，讨论质量体系评审与维护、质量体系有效性等问题，结合实际案例讲解流程管理的基本理论和方法。

第Ⅲ部分 核心质量管理活动与实践

第 7 章围绕产品质量控制计划制定，重点关注质量功能展开（QFD）、关键质量特性（CTQ）识别和失效模式分析（FMEA）等关键技术，说明这些工具在 PCB 产品质量策划中的实际应用，并以 5G 产品研发的质量控制计划编制为案例，明确 PCB 产品质量策划的要点。

第 8 章介绍过程质量控制的实施方法，包括统计过程控制（SPC）、过程能力测定和测量系统分析（MSA）等内容，并以 PCB 产品制造中的可靠性问题控制、划伤（擦花）缺陷控制和异物控制等实际案例进行说明。

第 9 章围绕精益六西格玛管理，介绍 DMAIC 质量改进的推行步骤和技术工具，并结合实际案例展示质量改进的绩效。

第 10 章介绍客户服务、客户满意的相关概念和评价方法，以及 PCB 企业处理客户不满意和客户投诉的要点。结合实际案例介绍 PCB 产品质量客诉的根因分析方法和 8D 报告的编写要点，以及军品质量归零的要点。

第Ⅳ部分 质量管理的未来

第 11 章介绍智能制造技术的发展情况和基本原理，PCB 企业数字化转型的核心架构、作用机理和评价模型，PCB 质量管理系统（QMS）的框架与模块功能，以及质量 4.0 时代质量管理模式的变化，数据要素对质量管理的作用模式等。

目　录

第 I 部分　相关知识

第 I 部分

相关知识

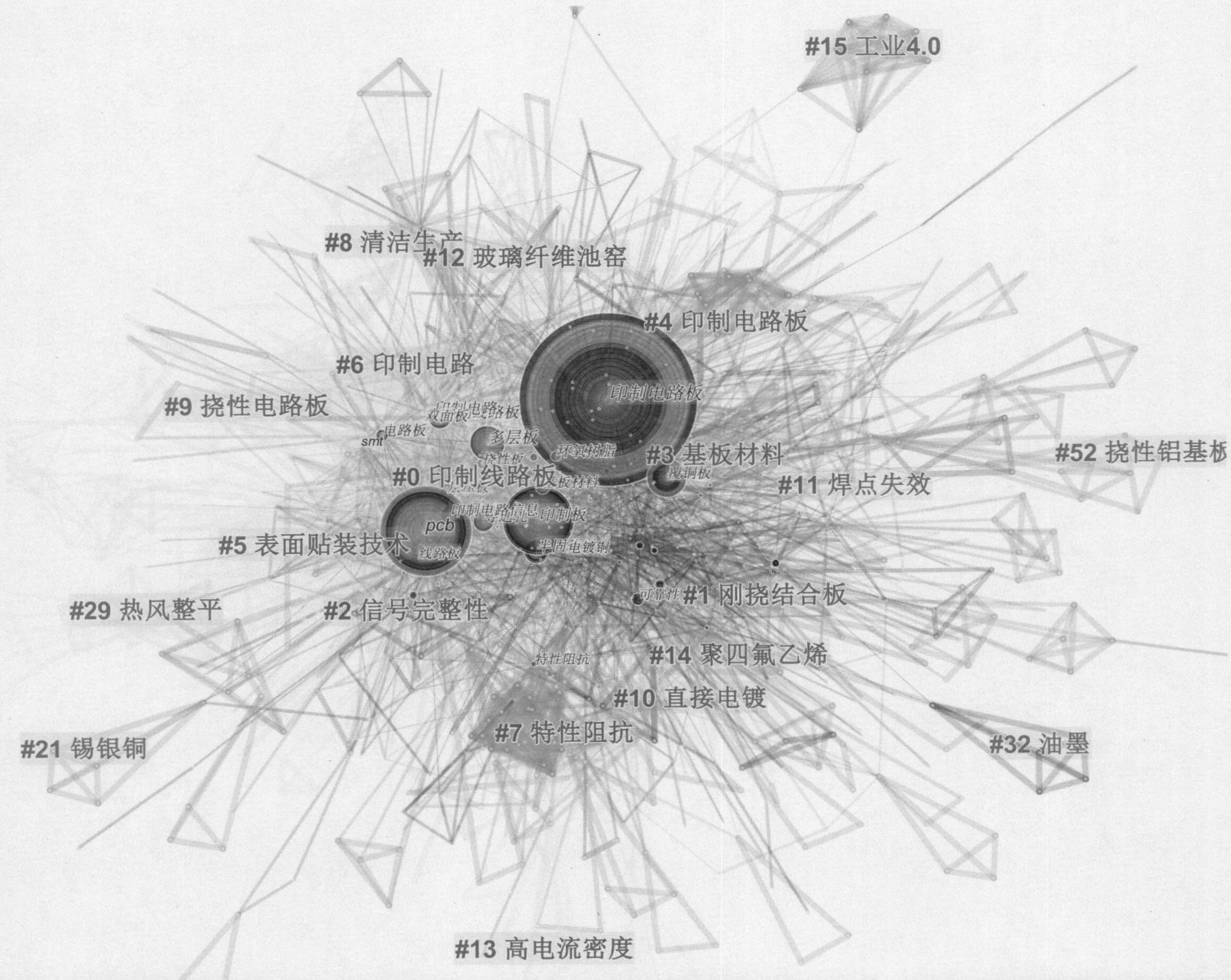
#15 工业4.0
#8 清洁生产
#12 玻璃纤维池窑
#4 印制电路板
#6 印制电路
印制电路板
#9 挠性电路板
多层板
#3 基板材料
#52 挠性铝基板
#0 印制线路板
#11 焊点失效
pcb
印制板
#5 表面贴装技术
线路板
#1 刚挠结合板
#29 热风整平
#2 信号完整性
特性阻抗
#14 聚四氟乙烯
#10 直接电镀
#7 特性阻抗
#21 锡银铜
#32 油墨
#13 高电流密度

第 1 章
关于电子电路制造行业

本章结合电子器件制造和封装技术的背景知识，介绍电子电路产品的基本概念、分类和主要用途，介绍印制电路板（printed-circuit board, PCB）技术的发展历史，以及全球电子电路产业和中国电子电路制造行业的发展状况。

当前国内国际形势迅速变化，电子电路制造行业发展充满新的挑战，但应该明确的是，不断克服各种困难，关注技术创新，关注质量建设，走高质量发展之路才是中国电子电路制造行业未来的方向。

1.1　电子电路制造行业与产品

1.1.1　引　言

随着电子信息技术在消费电子、通信设备、轨道交通、计算机及网络、汽车电子、工业控制、医疗、航天 / 航空以及军事等领域的广泛应用，各类电子产品和电子设备与我们的工作和生活息息相关。

电子产品和电子设备硬件由不同功能的元器件互连组装而成，其内部封装可分为以下 5 个等级。

- 零级：单一硅芯片上的门电路互连。
- 一级：芯片级封装，硅芯片与载体互连。
- 二级：板卡级装连，PCB 与元器件互连。
- 三级：子系统级组装，板卡与主板互连。
- 四级：系统级互连，如电子设备的主机和打印机连接。

电子基板（electronic substrate），包括印制电路板（PCB）和集成电路（integrated circuit, IC）载板两大类，是电子电路制造行业的核心产品。其中，PCB 应用在电子设备内部，起元器件互连作用；而 IC 载板主要应用在集成电路中，作为载体使用（图 1.1）。因两类产品的制造技术具有同根性，近年来 IC 载板得到了电子电路制造行业的高度重视和大力发展。

PCB 是印制电路板或印制线路板的通称（GB/T 2036–94）。在电子电路制造行业，人们对 PCB 的习惯性叫法有“电路板”“线路板”“印制电路板”“印刷线路板”等很多种，其中，“印制电路板”用得最为频繁。作为电子互联技术的首选解决方案，PCB 是在绝缘基材上按预定设计制作出印制线路或印制元件以及两者结合的导体图形，实现电子元器件电气互连、绝缘

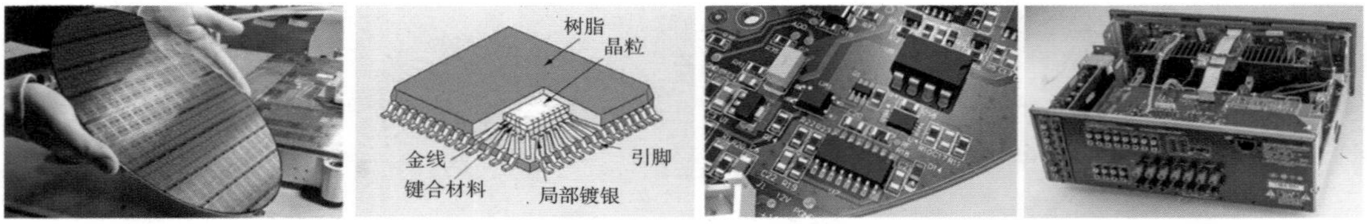

图 1.1　从微电子封装到子系统级组装

和中继传输，为电气设备中各种电子元器件装载提供必要支撑的重要电子部件。

PCB 可以按照基板材料、产品结构特征和应用领域三个不同的维度进行分类，如图 1.2 右侧所示。基板材料有增强型有机材料、非增强型有机材料和无机材料三个类型，具体有环氧树脂、聚四氟乙烯、铝基和陶瓷基等多种不同材料。以产品结构来分类，是 PCB 行业目前习惯的产品区分方式。产品结构特征包含层数、刚挠性和互连方式，PCB 按层数可以分为单面板、双

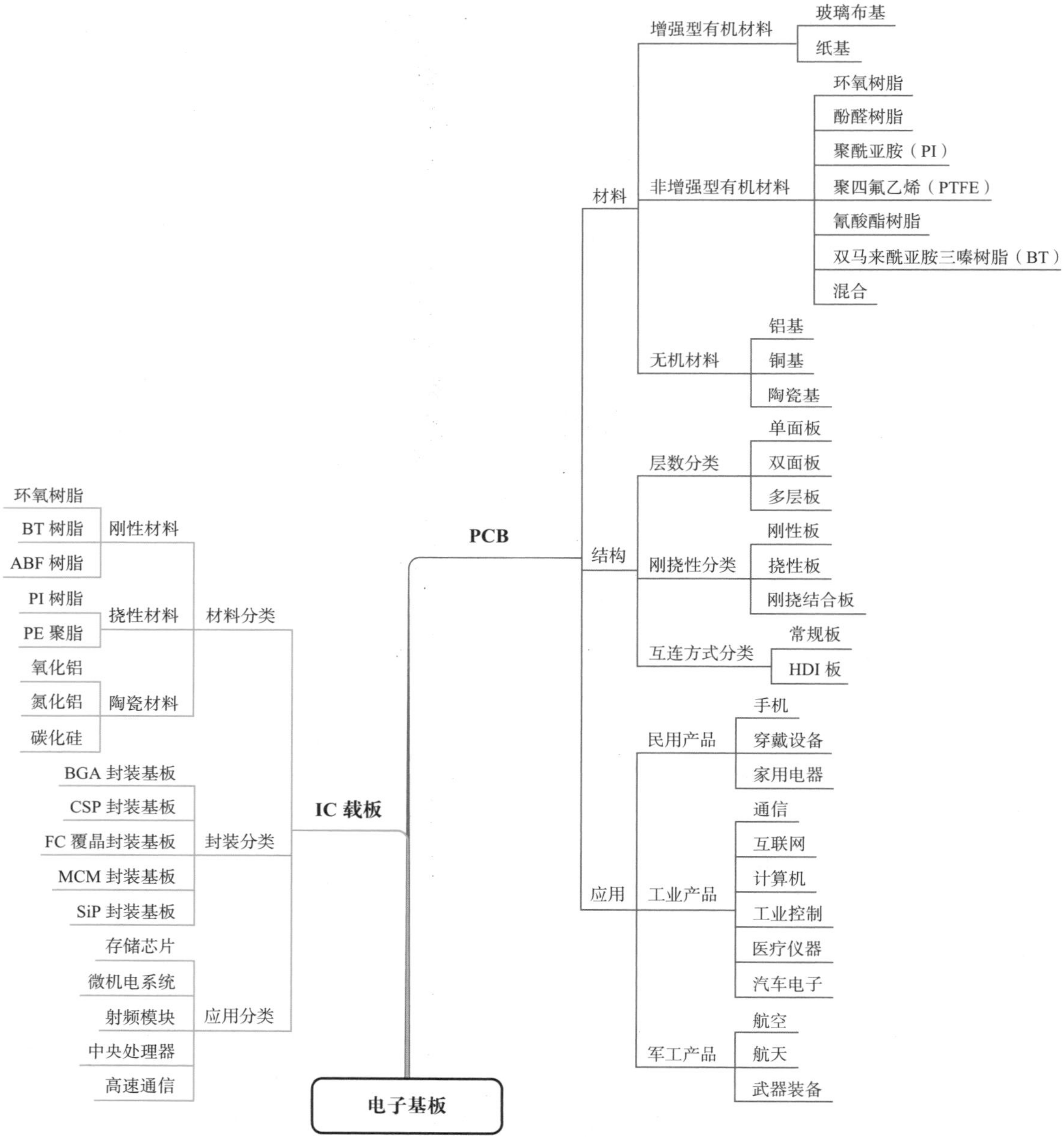

图 1.2　电子基板的分类

面板、多层板，按刚挠性可以分为刚性板、扰性板和刚挠结合板，按互连方式可以分为常规板和高密度互连（high density interconnector, HDI）板。按应用领域，PCB 可分为民用产品、工业产品和军工产品等。

当然，基于不同企业或电子细分行业的习惯，PCB 还可以：①按照特殊功能分为埋置元件板（内部埋置被动元件或者表面用特殊材料实现被动元件功能，以及内部埋置主动元件）、碳纤维基板、光电印制板等；②按照线路形成工艺分为减成（subtractive 或 tenting）板、改良半加成（modified semi-additive process，MSAP）板、半加成（semi-additive process，SAP）板等；③按照信号要求分为阻抗板、高速多层板、高频微波板；④按表面处理方式分为镀锡板、镀金板、镀镍钯金板、硬金和软金板、镀银板、OSP 板和 SOP 板等。

IC 载板如图 1.3 所示，也称封装基板（package substrate，PKG 基板），是半导体器件中晶粒（die）的承载基板，是高精细化芯片与较低精细化印制电路之间的电气互连通道，作为过渡体起到尺寸放大作用。因直接接触芯片，IC 载板还起到散热、防静电、应力缓和等物理保护作用，其电气互连结构的质量直接影响 IC 信号传输的稳定性和可靠性。

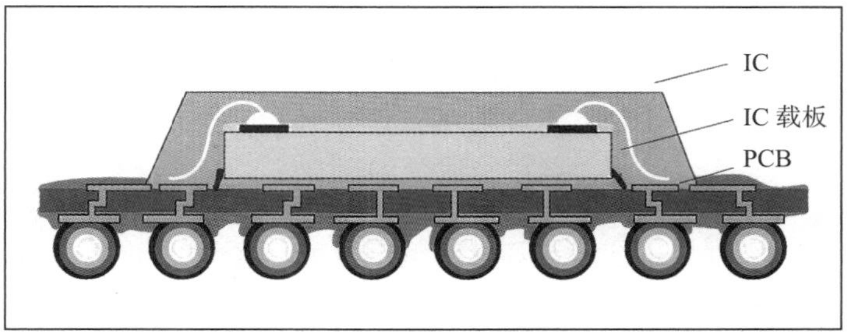

图 1.3　芯片、封装基板及 PCB 互连示意图

IC 载板按材料可以分为无机封装基板和有机封装基板，无机封装基板有陶瓷基和玻璃基之分，有机封装基板有 BT 树脂基板、挠性板用聚酰亚胺 PI 树脂基板、酚醛类基板、聚酯类基板和环氧树脂类基板等类型。根据封装方式，IC 载板可分为 BGA 封装基板、CSP 封装基板、FC 覆晶封装基板、SiP 封装基板等。根据用途，IC 载板可分为存储芯片基板、射频模块基板、中央处理器基板、微机电系统基板、高速通信基板等多种。

1.1.2　电子电路制造行业特点

在我国，电子电路制造行业属于战略性新兴产业。战略性新兴产业是以重大技术突破和重大发展需求为基础，对经济社会全局和长远发展具有重大引领带动作用，知识技术密集、物质资源消耗少、成长潜力大、综合效益好的产业，包括新一代信息技术产业、高端装备制造产业、新材料产业、生物产业、新能源汽车产业、新能源产业、节能环保产业、数字创意产业、相关服务业等九大领域。依据 2018 年国家统计局发布的《战略性新兴产业分类》，电子电路制造行业归属“新一代信息技术产业”（代码“1”）、“电子核心产业”（代码“1.2”）、“新型电子元器件及设备制造”（代码“1.2.1”），见表 1.1。国民经济行业“电子电路制造”的代码为“3982*”，其中“*”表示重点产品和服务，包括“新型连接元件、高密度互连印制电路板、特种印制电路板、柔性多层印制电路板”几种产品。

作为电子信息的基础，PCB 产业链由上游的原材料供应商和下游的各类电子产业客户构成。PCB 行业有以下特征。

- 客户认证主导。PCB 对电子产品的性能和寿命起到至关重要的作用。PCB 产品的下游客户对质量要求较高，一般采用“合格供应商认证制度”，考察周期长，一旦形成长期稳定的合作关系，不会轻易变更供应商，形成较高的客户认可壁垒，这会提高后来者的门槛。

表 1.1　战略性新兴产业分类表（节选）

代　码	战略性新兴产业分类名称	国民经济行业代码（2017）	国民经济行业名称
1	新一代信息技术产业		
1.1	下一代信息网络产业		
1.1.1	网络设备制造	3919*	其他计算机制造
		3921*	通信系统设备制造
1.1.2	新型计算机及信息终端设备制造	3911	计算机整机制造
		3912*	计算机零部件制造
		3913*	计算机外围设备制造
		3914*	工业控制计算机及系统制造
……			
1.2	电子核心产业		
1.2.1	新型电子元器件及设备制造	3562*	半导体器件专用设备制造
		3563*	电子元器件与机电组件设备制造
		3569*	其他电子专用设备制造
		3831*	电线、电缆制造
		3832	光纤制造
		3971*	电子真空器件制造
		3972*	半导体分立器件制造
		3974	显示器件制造
		3975*	半导体照明器件制造
		3976	光电子器件制造
		3979*	其他电子器件制造
		3981*	电阻电容电感元件制造
		3982*	电子电路制造
		……	……

- 环保壁垒。随着中国大力推行清洁生产、资源节约、环境友好，日益严格的环保要求提高了 PCB 企业的环保技术研发、环保设施及运营资金的投入，加大了 PCB 行业的准入难度。
- 技术密集。PCB 制造业属于技术密集型行业，拥有较高的技术壁垒。对于技术稳定性要求高的中高端 PCB 产品，生产企业须具备先进的生产设备、成熟的制造工艺和较高的综合技术水平。
- 资金密集。PCB 行业存在较高的资金壁垒，越是生产高端产品的企业，对资金的需求越大。生产设备、检测设备和环保设施需要大量的资金投入。
- 按单制造。PCB 属于典型的定制化产品，依据客户要求导向，先有订单，后有产品。制造工厂投入适宜某类型产品生产的低成本生产设备，不断提高产品良率，建立有效的管理模式和成本控制体系，才能维持良好的盈利状况。

1.2　PCB 发展简史

1.2.1　需　求

电子技术是应用电子学原理设计和制造电子电路、电子元器件来解决实际问题的学科，虽然只有一百多年的历史，但已经取得了举世瞩目的成就。

电子器件的第一代产品是电子管，又称“真空管”（vacuum tube）。1897 年德国科学家布朗（Braun）制作出第一个电子管，1904 年英国人约翰·弗莱明（John Fleming）发明了电子二极管（valve），1906 年美国人李·德·弗雷斯特（Lee De Forest）发明了电子三极管（triode），随后电子技术逐步进入实用阶段，电视机、雷达和计算机等产品陆续被发明。

在电子管时代，电子设备需要对大量的电子管进行装连，支撑材料有酚醛树脂、松石和普通的薄木板等，利用涂有绝缘树脂的电线在器件之间人工布线焊接，这是 PCB 的雏形（图 1.4）。不过，这种原始的电子器件装连方式存在诸多可靠性和效率问题，开发更经济、更高效和更可靠的电子器件装连技术成为明确的需求。

图 1.4　电子管电子设备

1.2.2　出　现

早期的器件互连和相关材料的技术研究有几个重要的里程碑。1903 年，德国人阿尔伯特·汉森（Albert Hanson）为了研究电话交换系统，在绝缘板上利用金属粉末进行原位电沉积，实现了电气连接，并申请了专利（英国专利号：4681）。1909 年，美国人利奥·亨德里克·贝克兰（Leo Hendrik Baekeland）发明了用棉织物浸渍酚醛树脂制作绝缘材料的方法。1925 年，美国人查尔斯·杜卡斯（Charles Ducas）在介质材料上加工沟槽后用导电浆填充，通过电镀制成导线（美国专利号：US1563731），如图 1.5 所示。

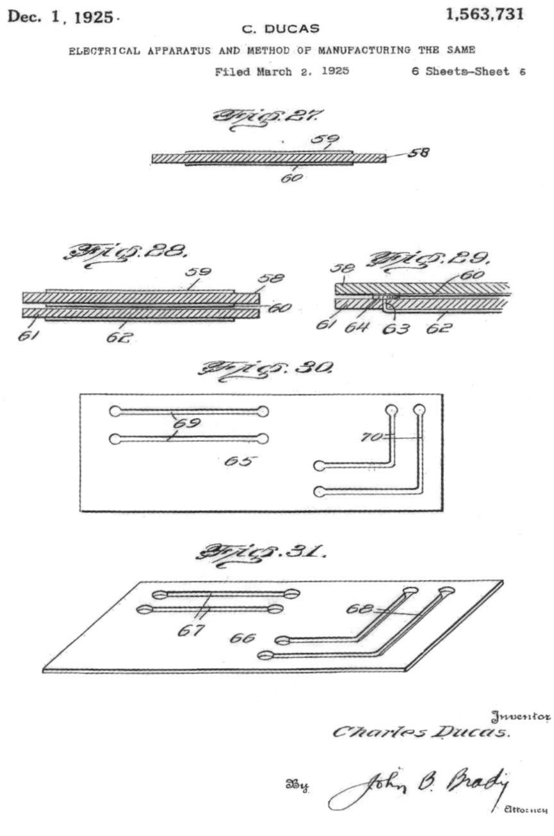

图 1.5　查尔斯·杜卡斯的印制电路技术专利

1936 年，奥地利博士保罗·爱斯勒（Paul Eisler）受印刷技术的启发，首先提出“印制电路”概念，并在收音机中采用了印制电路板。他开发“Foil Technique”工艺，利用酚醛树脂覆铜板，用覆盖油墨的减去法（print-etch）制作出世界上最早的双面印制电路板，并在 Pye 公司正式投产。1943 年，该方法获批专利（专利号：GB639111、GB639178、GB639179）。保罗·爱斯勒发明的印制电路板生产工艺与现代印制电路制造基本一致，因此后人称其为“印制电路之父”。

1.2.3　快速成长

二战期间，印制电路技术被美军大量用于军用收音机、近炸引信等电子装置中，它们的可靠性令人信赖，确立了印制电路技术在电子互连中的地位。1947 年，美国航空商会和美国国家标准局联合组织“线路研讨会”，归纳出 6 种代表性 PCB 制造工艺方法：涂布法、模压法、粉末烧结法、喷涂法、真空镀膜法、化学沉积法。

1948 年，美国正式认可 PCB 用于商业用途，PCB 技术走出军事领域。

1953 年，美国摩托罗拉公司开发出电镀贯穿孔的双面板，图 1.6 所示为美国 DEC 公司采用这种工艺方法制造的 PCB，这种工艺方法至今还应用在 PCB 生产上。

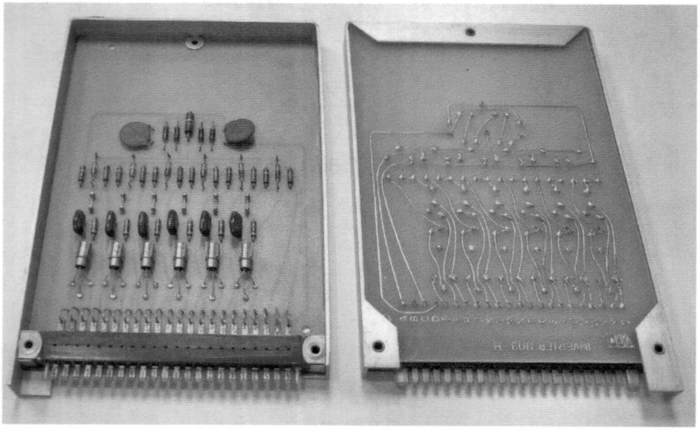

图 1.6　20 世纪 50 年代美国 DEC 公司的数据实验室模块 PCB

20 世纪 40 ~ 50 年代，PCB 基材制造技术也得到快速发展。1939 年，用于绝缘树脂复合材料（包括以后发展起来的覆铜板）的无碱玻璃纤维，即电子级玻璃纤维（E 玻璃纤维）问世。1943 年，欧美采用电木（酚醛塑料，bakelite）基材制作覆铜板，PCB 基材制造开始走向工业化。1947 年，美国 Signal Corps 解决了大面积铜箔与绝缘基板的黏合问题。1955 年，日本东芝公司推出了一种在铜箔表面生成氧化铜的技术，使得大面积铜箔覆铜板的剥离强度明显提高。1955 年，Circuit Foil 公司在美国新泽西州、加利福尼亚州及英国建立电解铜箔工厂。1958 年，日本的日立化成与住友电木合资成立日本电解公司和电解铜箔厂，构筑起日本 PCB 用电解铜箔产业。

1961 年，美国 Hazeltine Corporation 公司开发出金属化通孔工艺法多层板制造技术。1968 年，美国杜邦公司发明了光致聚合物干膜（Riston®），后来干膜逐渐发展成图形转移的重要材料。1969 年，荷兰飞利浦公司开发了利用聚酰亚胺薄膜制造的 FPC（FD-R）基板材料。1969 年，日本开始应用玻璃布基环氧树脂半固化片（pre-pregnant，PP）。

1970 年后，多层板产量迅速增加。1975 年，日本开始生产 10 层的高层数 PCB，挠性板在计算机及家用电器中得到广泛应用。1977 年，日本三菱瓦斯化学研制的 BT 树脂开始实现工业化生产，为之后发展起来的有机封装基板提供了新型基板材料。

1981 年，微软公司发布 MS-DOS 1.0 系统，1984 年，苹果公司发布 Macintosh，个人计算机开始普及，基于 DOS 的 CAD 软件出现并快速发展，提高了 PCB 设计的复用率；设计完成后直接导出 Gerber 文件，输入到光绘设备中。自此，PCB 制造开始大量采用机械设备替代人工作业。

1980 年后，印制电路制造技术进入中国，合资和独资 PCB 工厂陆续开始投产。之后的 40 年，中国的 PCB 产量和技术跨越式发展，跃升为全球最大的 PCB 制造大国。

回顾 20 世纪 50 ~ 80 年代，玻璃纤维、环氧树脂、酚醛树脂基板等一系列材料被开发出来并投入使用，蚀刻铜箔成为 PCB 制造主流技术，全世界的电子技术工程师和电子企业对 PCB 制造产业的发展作出了巨大贡献，推动了 PCB 制造的商业化发展。

1.2.4　高密度互连时代

PCB 最初是为满足电子元器件装连需求而诞生的。从电子管时代到晶体管和各种分立元器件，以及大规模集成电路应用的时代，封装技术沿着双列直插封装（DIP）→表面贴装（SMT）

→球阵列（BGA）封装→芯片级封装（CSP）→多芯片模块（MCM）→系统封装（SiP）的路径演进，封装尺寸不断缩小，元器件性能和布线密度不断提高，适应电子产品小型化、高密度化和高集成化的发展趋势，如图 1.7 所示。

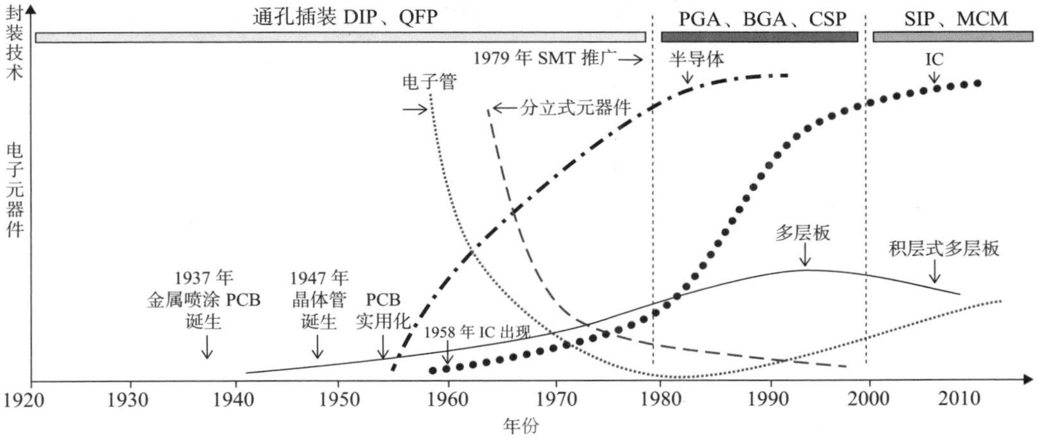

图 1.7　封装工艺技术演进及其对 PCB 产品的影响

1988 年，德国西门子公司开始在大型计算机上采用“microwiring substate”积层多层板。

1990 年，日本 IBM 公司发表了名为“SLC”（surface laminar circuit）的积层多层板研究成果。

1993 年，美国摩托罗拉公司保罗·T. 林（Paul T. Lin）申请 BGA 封装专利，这是封装基板应用的开端。

1995 年，日本松下公司开发出任意层间通孔（ALIVH）制造技术，之后各种积层板技术方案陆续涌现，有通过直接成孔、电镀或者填导电物实现层间互连（如 SLC、HITAVIA、ALIVH、FVSS、VIL）和使用凸块（间接成孔）直接实现互连（如 B^2it、NMBI）两个主要方向，具体见表 1.2。

1998 年以后，高密度互连（HDI）板进入大批量生产时代。

表 1.2　部分代表性 PCB 积层技术

名　称	全　名	公　司	核心技术
SLC	surface laminar circuit	日本 IBM	使用感光树脂，光致成孔后镀铜导通
HITAVIA	hitachi any-layer via	日立	机械钻孔、镀铜、层压后形成盲孔
ALIVH	any layer interstitial via hole	松下	激光成孔，填充铜膏导通，多次层压
B^2it	buried bump interconnection technology	东芝	导电银膏穿透 PP 成孔并导通
FVSS	free via stacked up structure	IBIDEN	使用激光成孔，填铜导通
VIL	victor interconnected layers	VICTOR	使用激光成孔，填充银膏导通
NMBI	neo-manhattan bump interconnection	NORTH CORP	蚀刻形成铜柱

2000 年后，国际上逐渐将沿用近百年的“印制电路板”改称为电子基板（electronic substrate），涵盖印制电路板和 IC 载板的电子基板概念确立，这标志着传统 PCB 行业跨入高密度多层板时代。电子基板的定义范围宽泛，既包括半导体芯片封装的载体，也包括搭载电子元器件、总体构成电子电路的基盘。小到芯片、电子元器件，大到电路系统、电子设备整机，都离不开电子基板。另外，电子封装的许多功能，如电气连接、物理防护、应力缓和、散热防潮、尺寸过渡、规格化、标准化等，正逐渐部分或全部由基板承担。近几年，国际上集成电路领域的竞争愈发激烈，电子基板技术已经成为一个国家、一个地区发展微电子技术的关键技术。

1.3 全球及中国电子电路制造行业发展状况

1.3.1 全球电子电路制造行业发展基本情况

总体来讲，电子电路制造行业过去 40 年的发展与全球电子信息技术的发展高度匹配，与电子产品的应用和升级换代直接相关。从家用电器时代、个人计算机时代、笔记本电脑时代、智能手机时代到如今的新能源智能汽车时代，PCB 行业经历了 4 轮不同产品市场引领的发展周期，行业整体产值和产能不断增加，如图 1.8 所示。当然，电子电路制造行业也深受全球经济重大事件和经济周期影响，呈现明显的周期性波动规律，在近 10 年有震荡加剧的趋势。

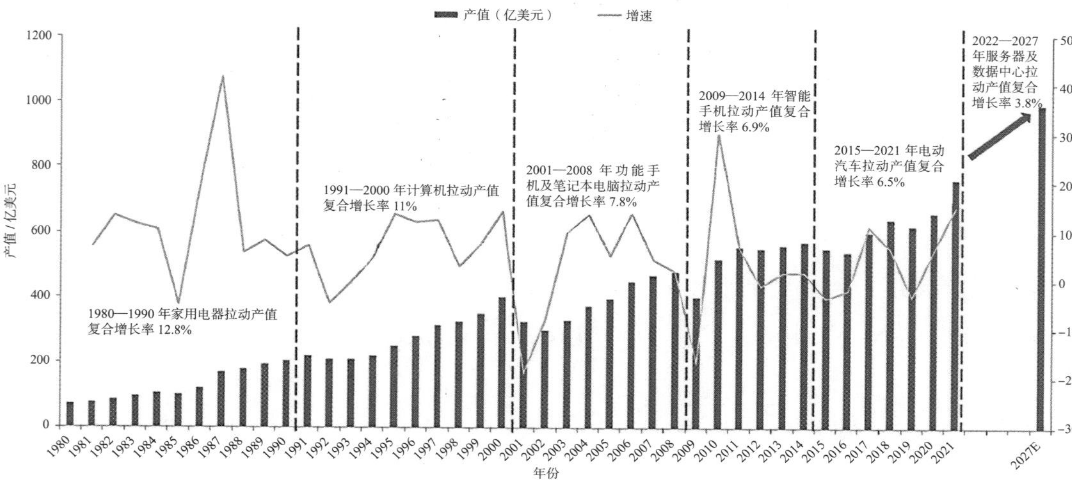

图 1.8 PCB 行业经历的 4 轮发展周期（来源：Prismark）

根据 IPC 统计数据，1991 年全球刚性 PCB 产值 210.27 亿美元，日本占比 33.1%，北美占比 24.7%，分别排名第一和第二；而除日本以外的东亚地区，PCB 行业尚处于起步阶段。

1990 年以后的 10 年，世界电子信息产业以每年 8% ~ 11% 的速度发展，家用电器、通信设备和计算机逐渐普及。2000 年，全球 PCB 产值达 406 亿美元，比 10 年前翻了一番。

2001 年，世界经济受“9·11”事件影响暂现颓势，全球 PCB 行业受到冲击。从 2003 年开始，电子信息产业逐步走出低谷，恢复增长态势，全球 PCB 产值于 2010 年达到 525 亿美元，2020 年达到 652 亿美元。这期间虽然发生了 2008 年金融危机，但全球 GDP 增速依然保持在 4.5% 左右，互联网、个人计算机和移动电话的全面普及带动了电子信息产业高速成长。2001 ~ 2020 年，中国经济高速发展，PCB 行业在国内外旺盛的需求下表现出高速增长态势，这段时间是中国 PCB 行业发展的黄金时期。

2020 年突发新冠疫情，使全球经济遭受重创，PCB 行业也不例外。2021 年，全球 PCB 产值为 809 亿美金，报复性增长 24.2%。而进入 2022 年后 PCB 行业整体需求转弱，全球 PCB 产值约为 817 亿美元，同比仅增长约 1%。后疫情时代，世界经济不稳定性因素增多，俄乌冲突、中美贸易摩擦，都对中国经济增长带来了负面影响。2023 年，全球 PCB 产值为 695 亿美元，同比下滑 15%。

1.3.2　中国电子电路制造行业发展基本情况

21 世纪以来，中国凭借在劳动力、资源、政策、产业聚集等方面的优势，吸引着全球 PCB 产能不断向中国转移，从 2006 年开始成为全球 PCB 第一生产大国。2000 年，中国 PCB 产值仅占全球 PCB 行业总产值的 8.1%。2021 年，中国大陆的 PCB 产值占全球 PCB 行业总产值的比例便上升至 54.6%，如图 1.9 所示。近三年来，中美贸易摩擦升级，国际形势复杂多变，全球 PCB 产能聚集中国的趋势开始发生变化。Prismark 预计，2027 年中国大陆 PCB 产值的占比将下降至 52%。

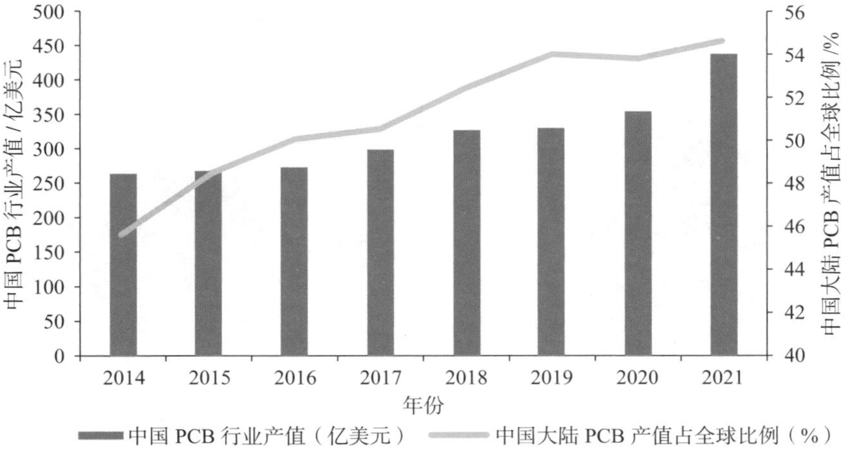

图 1.9　2008 ~ 2020 年中国大陆 PCB 产值趋势（来源：CPCA）

从地域上看，长三角、珠三角和环渤海是中国大陆经济发达的地区，电子信息产业集中于此。经过 30 年的发展，深南电路、生益科技、景旺电子、胜宏科技、崇达科技、兴森科技等一众中国 PCB 企业发展壮大，成为中国电子电路制造行业的中坚力量。2016 年，中国开始新一轮产业升级，PCB 中低端产品逐步向内地其他地区转移。其中，江西赣州及吉安、湖北黄石、江苏南通和广东珠海及粤西等地区成为产业转移的主要承接区域。

根据《2021 年版中国印制电路生产厂商指南》，中国大陆地区现有 PCB 制造企业约 1150 家，企业数量远超日本的 110 家和北美的 190 家。2021 年度全球百强 PCB 企业榜上，中国大陆企业 39 家上榜，市场规模总额约为 216 亿美元，同比增长约 29.1%，近 5 年年均复合增长率约为 17.3%。中国台湾上榜企业 23 家，市场规模总额约为 267 亿美元，同比增长约 22.8%，近 5 年年均复合增长率约为 11.3%。目前，台资、港资、美资、日资、内资企业多方共同竞争，虽然 PCB 行业向头部企业集中的发展趋势愈发明显，但行业整体集中度依旧不高，市场竞争较为充分。2021 年，PCB 行业共有 54 家企业在 A 股上市。其中，研发投入过亿的有 33 家，净利润过亿的有 37 家，内资 PCB 企业表现出了良好的盈利能力和良性经营态势。

根据 CPCA 公布的统计结果（图 1.10），2020 年中国 PCB 产品中刚性单双面板、刚性多层板、HDI 板、挠性板、刚挠结合板和 IC 载板的产出占比分别为 15%、49%、17%、15%、1% 和 3%。数据显示，中国大陆 PCB 产出以刚性板为主，刚性板市场份额合计超过 80%，IC 载板份额不及 3%。相比之下，日本 IC 载板和 HDI 板的产出占比分别是 43% 和 8%，中国台湾 IC 载板和 HDI 板的产出占比分别是 29% 和 20%，韩国 IC 载板和 HDI 板的产出占比分别是 36% 和 10%。由此可见，中国大陆主要承接中低端 PCB 产品的制造，结构优化尚有空间。

当前，百年未有之大变局加速演进，美国不遗余力地打压中国科技、金融、军事发展，企

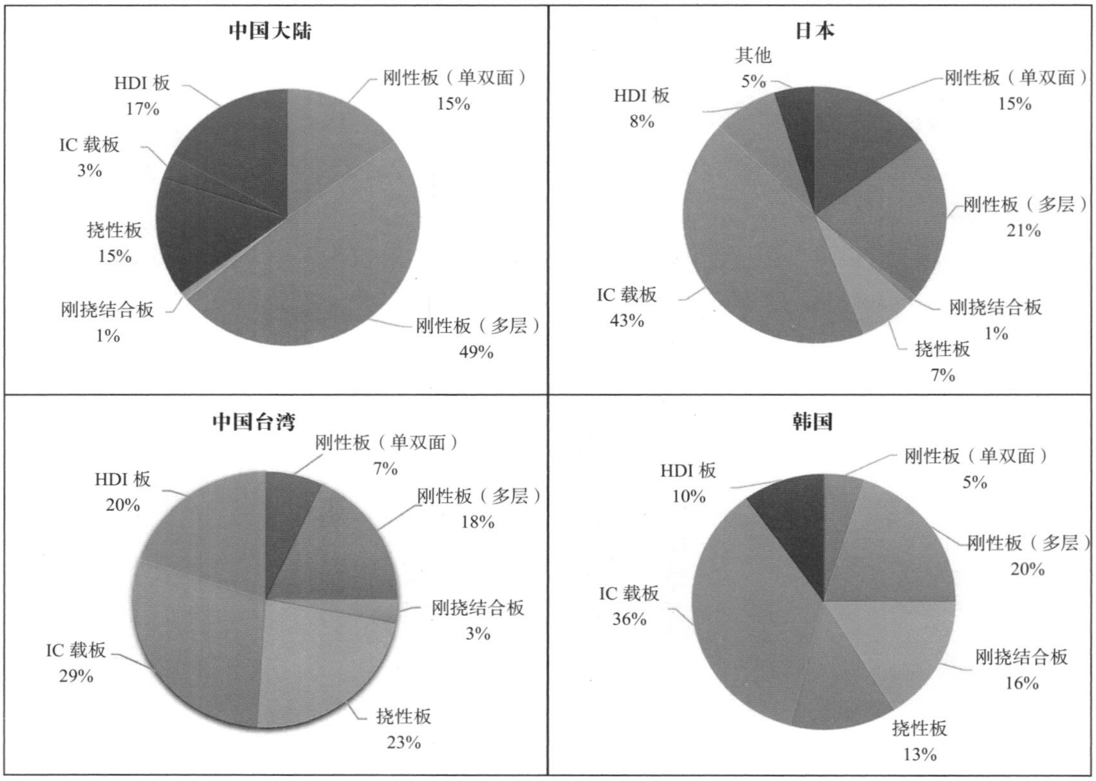

图 1.10 2020 年世界主要 PCB 生产地区的产品结构对比（来源：WECC）

业经营的不确定性增加，但中国 PCB 行业历经多年的积累，目前已经具备一定的优势和抵抗风险的能力，主要体现在以下几方面。

· 掌握了 PCB 和 IC 载板的制造技术，特别是各种关键技术、核心技术，并且具备通过持续研发创新，继续积累和拓展技术的能力。
· 具备设备和物料的完整供应链，拥有较高的自主性，仅个别领域的关键材料替代存在短板。
· 拥有数量庞大的技术工程师和熟练工人，形成了专业过硬的行业人才队伍。
· 受到 A 股等资本市场的青睐和资金支持。
· 拥有低成本的物流体系。
· 拥有一批富有拼搏精神的企业管理精英，愿意在 PCB 制造技术、管理和产能上持续投入，产业报国。

总的来讲，中国电子电路制造行业多年积累的经验和优势，有助于中国本土 PCB 企业继续加大技术创新投入，持续优化产品结构，主动转移落后产能，主动推动企业管理数字化转型，实施工厂智能化建设和改造，在生产效率和产品质量上持续不断进步。

1.4 中国 PCB 行业适应未来发展的要求

1.4.1 中国经济发展进入新阶段

自改革开放以来，中国经济取得了举世瞩目的伟大成就。1978 年到 2021 年的四十多年间，中国年均 GDP 增速高达 9.5%，经济总量连上新台阶，综合经济实力持续提升。在快速缩短与世界经济强国差距的过程中，中国跃升为世界第二大经济体、世界第一大工业国和世界第一大贸易国，由低收入国家进入中等偏上收入国家行列。2021 年，中国经济规模突破 110 万亿元，人均 GDP 突破 8 万元，超过世界人均 GDP 水平，中国全面建成小康社会。这一时期，我国电子信息产业也从“默默无闻”，发展为国民经济基础性和战略性新兴产业，以华为等优秀民族企业为代表的一批电子信息企业快速成长，多种电子产品和技术在全球市场排名领先，中国成为全球重要的电子产品生产基地。

改革开放初期，国家大力推动各项改革开放政策，全面解放生产力，加快投入各种资源要素，积极引进国外资金和技术。2001 年后，中国加入 WTO（世界贸易组织），全球化贸易机会大幅增加，经济举措带来一波又一波的发展红利，加之原来中国经济规模相对较小，整体经济发展形成了高速增长的态势。经济偏重数量规模的增长，出口拉动，依靠内外资本积累和劳动力要素驱动是这一时期中国经济发展的主要特点。

2008 年，美欧等发达国家和地区的经济因全球金融危机而受到重创，我国适时进行经济增长策略调整，内部消费受到重视，大规模基础设施建设、轨道交通、房地产、电子商务、互联网应用等暴发式增长。之后，中国经济规模不断扩大，GDP 从 2008 年的 30 万亿元增加到 2018 年的 90 万亿元。

在 2014 年 12 月举行的中央经济工作会议上，习近平总书记详尽分析了中国经济新常态的趋势性变化，指出：“我国经济发展进入新常态，是我国经济发展阶段性特征的必然反映，是不以人的意志为转移的。认识新常态、适应新常态、引领新常态，是当前和今后一个时期我国经济发展的大逻辑”。2017 年，党的十九大站在新的历史起点上，综合分析国际国内形势和我国发展条件，对实现第二个百年奋斗目标作出分两个阶段推进的战略安排，即到 2035 年基本实现社会主义现代化，到本世纪中叶把我国建成富强民主文明和谐美丽的社会主义现代化强国。十九大报告中还明确指出，到 2035 年，“我国经济实力、科技实力、综合国力将大幅跃升，经济总量和城乡居民人均收入将再迈上新的大台阶，关键核心技术实现重大突破，进入创新型国家前列”。未来 30 年是中国经济发展的新阶段，重要特征是经济高质量发展。

2020 年以来，中国发展的内外部环境发生了显著变化，经济增长受阻于“VUCA[1)]”。究其原因，一方面，经济增长趋势性下滑符合一般经济规律与理论，符合国际经验，德国、新加坡、日本等国的经济都是在经历了三四十年高速增长后逐渐回落的；另一方面，中国过去的发展方式相对粗放，资本、劳动力、土地等各种生产要素投入不可能持续增加，要素回报呈现边际递减特征，资本与劳动力推动经济增长的作用逐渐减弱，能源、资源、环境等约束日益凸显。

1.4.2　中国电子信息产业在实现经济高质量发展中的作用

根据《电子信息产业统计工作管理办法》，电子信息产业是“为了实现制作、加工、处理、传播或接收信息等功能或目的，利用电子技术和信息技术所从事的与电子信息产品相关的设备生产、硬件制造、系统集成、软件开发及应用服务等作业过程的集合”。电子信息产品可分为投资类产品、消费类产品和元器件产品三个大类，主要包括计算机及周边设备、通信设备、网络及周边设备、家用电器、消费电子产品、电子元器件和半导体集成电路等。近几年，智能化电子信息技术不断创新突破，广泛应用于交通、医疗、汽车、工业设备等领域，扩大了电子信息产业规模。

1）VUCA：volatility，易变；uncertainty，不确定；complexity，复杂；ambiguity，模糊。

2000年后，我国电子信息产业通过代工切入全球电子产业链，产业规模开始发展壮大。行业总销售收入分别于2010年、2012年达到7.75万亿元、11万亿元，2017年接近20万亿元，年平均增速达到20%。

党的十九届六中全会通过的《中共中央关于党的百年奋斗重大成就和历史经验的决议》强调，必须实现创新成为第一动力、协调成为内生特点、绿色成为普遍形态、开放成为必由之路、共享成为根本目的的高质量发展，推动经济发展质量变革、效率变革、动力变革。实现高质量发展是我国经济社会发展历史、实践和理论的统一，是开启全面建设社会主义现代化国家新征程、实现第二个百年奋斗目标的根本路径。在新的经济发展阶段，电子信息产业作为我国国民经济发展的支柱产业之一，是我国经济增长的重要引擎，在实现经济高质量发展中要发挥以下重要作用。

（1）起到全社会高质量发展和数字化转型的基础作用。现代社会的日常生活，各种消费电子产品、各种电子商业平台、信息交互的各类移动社交媒体，广泛应用在衣食住行的方方面面，电子信息技术决定了人们的生活质量优劣、生活方便与否和社会的文明程度。现代科学技术的发展，使得生物技术、海洋工程、新材料新能源、医疗卫生、化学化工、交通运输、军事科学等领域的各种科研活动和产品产销，都有电子信息设备、部件或子系统的应用，都离不开电子信息技术的基础性支撑。电子信息产业不仅可以直接创造社会财富，而且可以渗透进入其他产业和技术的发展之中，催化和助推这些产业和技术的升级。

（2）起到科技创新的示范性作用。电子信息技术影响着全球产业从工业化向信息化到智能化转型的整个过程。根据2020年世界知识产权组织（WIPO）发布的《世界知识产权指标》，全球专利申请数量排名前10的公司中，中国公司华为排名第一，京东方排名第七，OPPO排名第八，其核心业务都与移动通信和手机产品有关。2020年中国企业发明专利授权排行榜中，华为以超过6000件专利授权位居榜首；排名前20的企业中，电子信息领域的企业有12家，超过半数。这些数据都表明，电子信息技术具备领先性，在科技创新引领方面有示范性作用。

（3）起到不断推出高新技术产品，优化经济结构，提升经济发展水平的稳定性作用。有研究表明，在我国的经济增长中，数据信息已经成为重要的生产要素，其贡献率达到0.255，即在统计时期内的中国信息化指数每增长1个单位能够引发GDP指数增长0.255个单位，高于劳动力投入对经济增长0.199的贡献水平，其作用极其显著。

1.4.3 中国PCB行业践行高质量发展要求，重视质量管理工作的必要性

高质量发展的核心是从“有没有”转向“好不好”，是“创新成为第一动力、协调成为内生特点、绿色成为普遍形态、开放成为必由之路、共享成为根本目的”的发展。我国经济高质量发展的内涵包括以下几点。

- 产业结构更优，产品和服务向中高端转变。
- 经济发展方式由增加要素资源带动经济发展转向技术创新驱动为主。
- 发展动力转向消费、投资、出口，消费成为拉动经济增长的主要力量。
- 经济发展目标不再单纯追求经济增长，而是在实现经济增长的同时更加重视生态文明建设，实现人与自然和谐发展。根据中国工程院《中国制造强国发展指数报告》关于制造业的综合评价体系，通过规模发展、质量效益、结构优化和可持续发展这四个维度指标，可评价制造业企业高质量发展的成熟度。

在宏观层面，电子电路行业作为战略性新兴产业，走高质量发展之路，优化产品结构，产品和服务向高端转变是未来稳定发展的必然选择。最近几年，众多 PCB 企业先后上市，新一轮大规模扩产也随之而来。根据 2020 年的统计数据，全国有 110 个 PCB 产业链项目签约，94 个项目公布投资金额。其中，内资企业占据 90% 以上，项目从常规 PCB 到多层板，再到高端 HDI 板、IC 载板，都有涉及。投资扩建新厂、增加新生产基地固然可喜，但在未来 5 年行业平均复合增长率为 5.4% 的预期下，产能过剩的隐忧不可忽视！中国 PCB 企业应该逐渐摆脱“规模带动”，转向“以质取胜”，不仅要关注产能建设，更要关心创新能力和以质量管理为核心的企业管理能力的建设，实现高质量发展。

在中观层面，走高质量发展之路是中国电子电路行业高速发展的必然要求。一直以来，电子信息技术不断推动高精尖产品进入市场。从 20 世纪八九十年代的计算机产品和互联网应用，到后来的消费电子产品和智能手机，再到数据中心、云应用支持的移动电商服务，这些都极大地改变了我们的生活方式和产业经济增长模式。如今，5G 通信、大数据和云计算、区块链、人工智能技术和智能制造技术，正推动无人机、智能穿戴设备、电动汽车等的创新。然而，目前我国集成电路技术仍受制于人，半导体器件中 IC 载板仅有少数企业可以生产，类载板、ATE[1)] 板等也存在类似情况，PCB 行业任重道远。

在微观层面，走高质量发展之路是电子电路行业企业持续成长的必然要求。中国 PCB 行业的三五十家头部企业，具备一定的产能规模、技术或资金优势，需要继续向世界一流企业看齐，打造品牌形象，提升技术水平和产品质量，努力成为全球电子电路制造行业的领导者。而国内大多数规模较小的 PCB 企业，技术单一，管理不规范，竞争力有限，需要提升运营能力，提高抵御风险的能力，提升企业综合实力。这些都要求企业全面升级技术和管理，特别是以质量管理为抓手，构建全要素发展范式，摆脱单纯追求数量，摆脱“低端锁定”。

质量是产品获得客户满意的前提，质量是组织赖以生存的基础，质量是企业稳健发展的关键战略因素。行业内的企业需要认清时代发展趋势，树立起以客户为中心的原则，深挖客户需求，理解客户的发展逻辑。设备投入和产能堆积不是未来行业竞争的核心，产品结构优化、制造能力提升、管理和技术能力提升才是企业取得竞争力的关键要素。打造资源配置能力突出、产品服务水平一流、运营透明开放高效、管理机制有效合理、综合绩效卓越和社会声誉良好的 PCB 企业，才能行稳致远。

1）ATE：automatic test equipment, 芯片自动测试机台，是对晶片及封装芯片实施功能及性能测试的自动化设备。

第 2 章
关于电子电路制造技术

对于 PCB 行业的质量管理人员，掌握工艺技术知识是基本要求。电子电路制造行业从业经验表明，在研究纷繁复杂的 PCB 制造过程时，在分析、改善产品缺陷和报废时，在管理和控制生产过程时，没有工艺技术储备和生产实践积累的质量工程师，遇到质量缺陷，往往会浮于问题表面，很难深入开展质量管理工作，质量绩效也就无从谈起了。

本章概述 PCB 制造的基础知识和部分关键制造工艺技术，简要介绍刚挠结合板、HDI 板和 IC 载板等电子电路产品的特点和制造工艺方法。

2.1　PCB 制造的前期准备

2.1.1　计算机辅助设计（CAD）

电路设计是开发新型电子产品和电子设备的核心工作，涉及电子元器件的选型、互接方式、布局设计等，直接决定了硬件功能和性能。电路设计的成果之一是电路原理图。PCB 设计以电路原理图为依据，考虑基板的制造，考虑基板外部连接的布局，考虑基板内部电子元器件、导体线路和通孔的优化布局，以及电磁保护、热耗散等各种因素，包括 PCB 结构设计、PCB 布局设计、PCB 布线和布线优化等，成果为 PCB 工程图。目前， PCB 设计工作一般借助计算机辅助设计（CAD）软件完成，常用 PCB 设计软件有 Protel、Altium Designer、Cadence Allegro、Mentor Graphics PADS、Zuken 等。

典型的 PCB 设计流程如图 2.1 所示，下面从三方面进行概述。

PCB 结构设计

（1）建立标准元器件库和特殊元器件库，创建具体 PCB 设计的文件，熟悉元器件数据手册和系统结构。库的主要任务包括创建库几何形状，创建元器件映射和编目文件，并对特定设计的几何形状进行编辑。

（2）进行原理图 ERC 检查，生成包含元器件封装说明的网表，将结构图和网表导入设计系统。网表是自动布线的关键，是原理图编辑软件与 PCB 设计软件之间的接口和桥梁。

（3）根据客户要求设置元器件的布置参数，包括物理约束（如间距、线宽、过孔和特殊区域规则）和电气约束（如传输延迟、相对传输延迟、拓扑结构、串扰要求、差分对的相位和间距）。

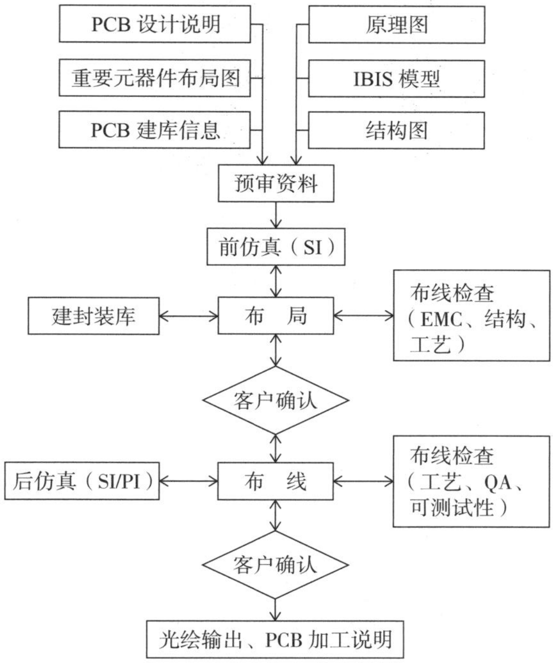

图 2.1　典型的 PCB 设计流程

PCB 布局设计

考虑布线的布通率、制造工艺和可靠性的要求，合理布局接口、电源、时钟、A/D 模块、MPU、FPGA、DSP、模拟、射频、光耦等元器件。利用设计软件提供自动元器件安放功能，依据规则进一步进行手工调整，将元器件尽可能有规则地、均匀地分布排列。

PCB 布线和布线优化

在布局的基础上，根据布线规则和逻辑要求布设导线。遵循布线优先次序，确保走线方向成正交结构，最小化环路，尽量缩短布线长度，减少串扰。完成布线优化后，应根据客户要求、设计规范（DRC）和原理图检查表进行自查，包括连通性、线宽 / 间距、孔、电地层的分布及电磁兼容性等项目。之后，提交工艺和质量保证（QA）部门进行人工检查，再提交给客户进行确认。

2.1.2　计算机辅助制造（CAM）

在 PCB 制造的前期，承制工厂接收到客户提供的 PCB 工程图电子数据文件包后，需要完成工程预审和工程 CAM 两个主要处理步骤，如图 2.2 所示。根据工艺要求，对 CAD 文件进行工程设计处理，以生成实际生产所需的工艺资料和工艺流程。

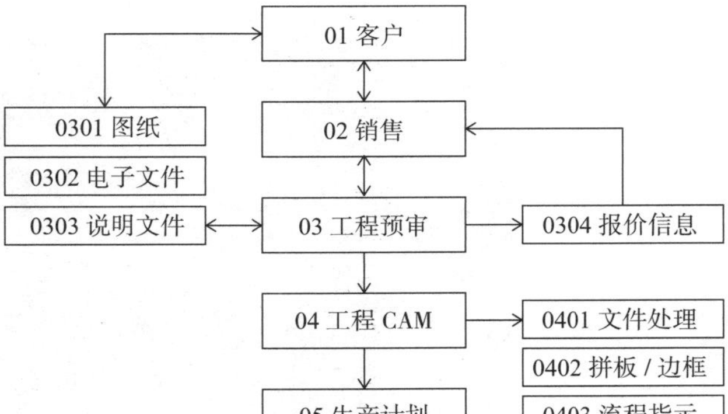

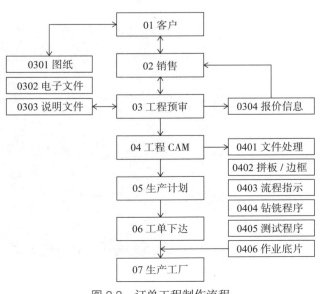

图 2.2　订单工程制作流程

通过工程预审流程，确认客户资料的完整性和正确性，提取产品结构特征信息，并结合内部生产制造的工艺规范，识别设计文件中存在的各种问题，如设计不合理或超出工厂生产能力的情况。对于这些问题，需要与客户进行沟通和调整。如果无法确认生产线是否具备满足客户 PCB 设计要求的能力，需要组织相关的流程测试，验证实际生产能力。

预审后，将完整且正确的产品设计信息（表 2.1）提供给销售部门，作为订单报价的参考。根据这些产品信息，制定生产物料清单（BOM），确定最终主要生产物料的型号和用量，包括覆铜板、PP、铜箔、阻焊油墨和金盐等。这些物料应按厂家认证和客户指定信息提交至信息化系统，查询库存情况。对于缺少的物料，可以提出采购申请，以便提前准备。

表 2.1 从客户文件资料中提取的部分产品设计信息

项 目	内 容
验收标准	客户标准，IPC 标准，国家标准，制造商标准，其他标准
标 记	流水号，批次号，周期标记，UL，客户标记，制造商标记
板 材	TU-768，S1000-2，IT-180A，IT-158，RO4350，RO4003，客户指定板材（型号），客户供板材（型号），其他
板厚铜厚	板厚，板厚公差，成品铜厚，成品铜厚公差，基铜厚度（内 / 外层）
叠 层	层压更改（是 / 否），叠层顺序，翘曲度
过孔工艺	过孔尺寸公差，阻焊覆盖，BGA 过孔阻焊塞孔（按 Gerber），不盖阻焊（开窗），过孔阻焊塞孔，非导电树脂塞孔次数，电镀填孔次数（按 Gerber），按客户要求，按预审指示
表面工艺	有铅喷锡（非 RoHS），无铅喷锡，沉银（Ag），沉锡（Sn），OSP，可剥胶（蓝胶），碳油，镀金（面积、金厚），镀硬金（面积、金厚），沉金（面积、金厚），镍钯金（镍厚、钯厚、金厚），金手指（个数、面积、金厚），分段金手指（个数、面积、金厚）
阻 焊	绿色（光亮、哑光、型号），蓝色（光亮、哑光、型号），黑色（光亮、哑光、型号），白色（光亮、哑光、型号），双面印阻焊，单面阻焊（顶 / 底），不印阻焊，其他
字 符	白色，黄色，黑色，双面印字符，单面印字符（顶 / 底），不印字符
外 形	尺寸（长、宽），单拼交货、拼板铣开交货、拼板交货、V-CUT、桥连、邮票孔，交货单位（批、单元），拼板方向（顺拼、旋转、阴阳）
测 试	阻抗测试（单端、差分、精度），电性能测试
文件分析	网表对比，最小钻孔孔径，总孔数，最小线宽，最小线距，孔到铜间距，最小 BGA，字符字宽 / 字高
报 告	阻抗报告，光绘确认，贴片文件，光绘文件，金相切片报告，可焊性测试报告，热应力测试报告，离子污染度测试报告，切片，切片母板，锡样，阻抗条，底片，测试条，其他
特殊结构	母板层压次数，背钻次数，控深孔 / 槽，光电板，键合板，HDI 板，混压板，补强

CAM 设计工程软件主要有 CAM 350、V2000、Protel、U-CAM、Genesis 2000 及其升级版本 Incam 等。Genesis 2000 由以色列奥宝（Orbotech）和 Valor 的合资公司 Frontline 开发，界面如图 2.3 所示。其功能强大，操作简便，并允许用户根据自己的使用习惯开发自动化脚本，

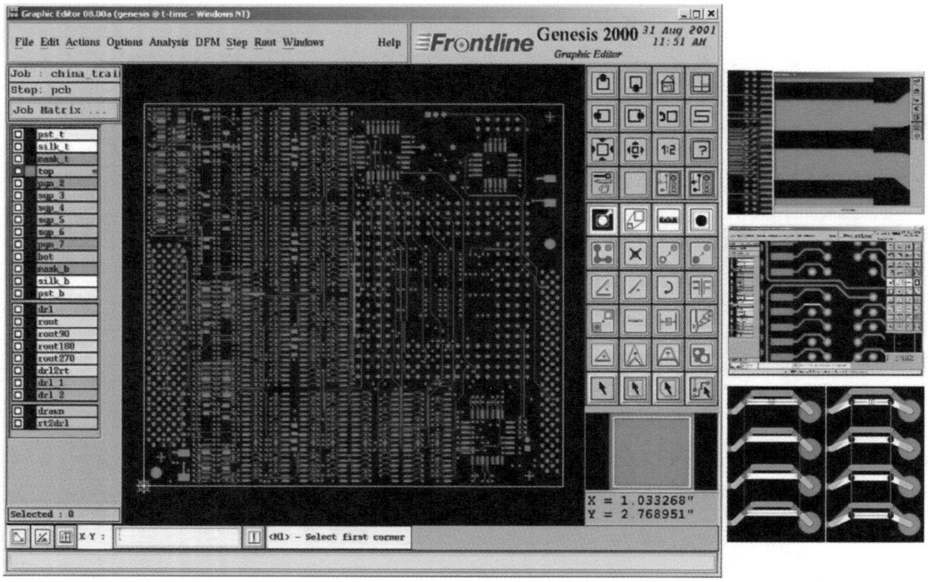

图 2.3 Genesis 2000 界面显示的 PCB 文件

因此得到了广泛应用。

工程 CAM 流程从预处理客户文件开始，查看之前的预审信息和客户要求说明，检查客户的 Gerber 文件。导入软件后，对每层进行命名和排序，定义零点并创建 Profile.Net，完成转铜皮、转盘定义、贴片和钻孔的属性定义等操作。CAM 制作要结合工厂的生产工艺水平，完成钻孔补偿、线路补偿、线路优化、阻焊优化、字符优化和阻抗调整等内容。

在进行多层板叠层设计时，根据产品最终的板厚、铜厚、阻抗等要求，以及翘曲度要求，选择不同厚度规格的覆铜板芯板、PP 和铜箔，设计层间介质厚度和排布顺序，确定线路宽度和间距等实际制作数值和公差。

根据客户要求进行拼板，并优化拼板利用率。对于客户设计的连片，要确认适合的生产板尺寸。适当的调整可以大幅度提升材料利用率，降低成本。对于异形结构和小尺寸的 PCB 成品板，拼板优化不仅要考虑节约材料，还需考虑大面积无铜区域、不对称图形区域等容易引发制造过程中的质量缺陷。

再就是添加工艺边框，确认定位辅助孔系统适合，添加阻抗测试条和其他各种测试条。这时要考虑工艺边框上的电镀夹点是否适合电流导通、干膜覆盖是否会产生碎膜、各种形状的阻流铜块是否适合流胶控制、余留铜面是否增加铜和金盐的消耗等。

完成上述步骤后，输出工厂生产所需的工具资料，并录入 ERP 等公司内部信息系统，指导和服务生产加工。这些资料包括：①流程指示（manufacturing instruction，MI）、工序加工参数、特殊注意事项、材料使用说明等；②多层板叠层设计、数控钻孔程序、数控铣程序、各层图形的底片等；③ AOI 测试程序、电性能测试程序和治具、孔位图纸、外形尺寸图纸、拼板说明等。

PCB 工程处理完成后，质量保证工程师（quality assurance engineer，QAE）需要对预审资料和 CAM 资料进行审查（图 2.4）。后续生产人员不容易判别工程资料的准确性和正确性，他们更多的是遵循资料要求进行生产，因此 QAE 检查关键且必要。工程资料的质量偏差，如钻孔文件格式、阻焊开窗间距、孔到铜的间距、层间对准度、补偿后的线宽 / 间距等不符合制造能力，会直接导致生产板出现批量性质量事故，严重时会导致大量 PCB 报废。

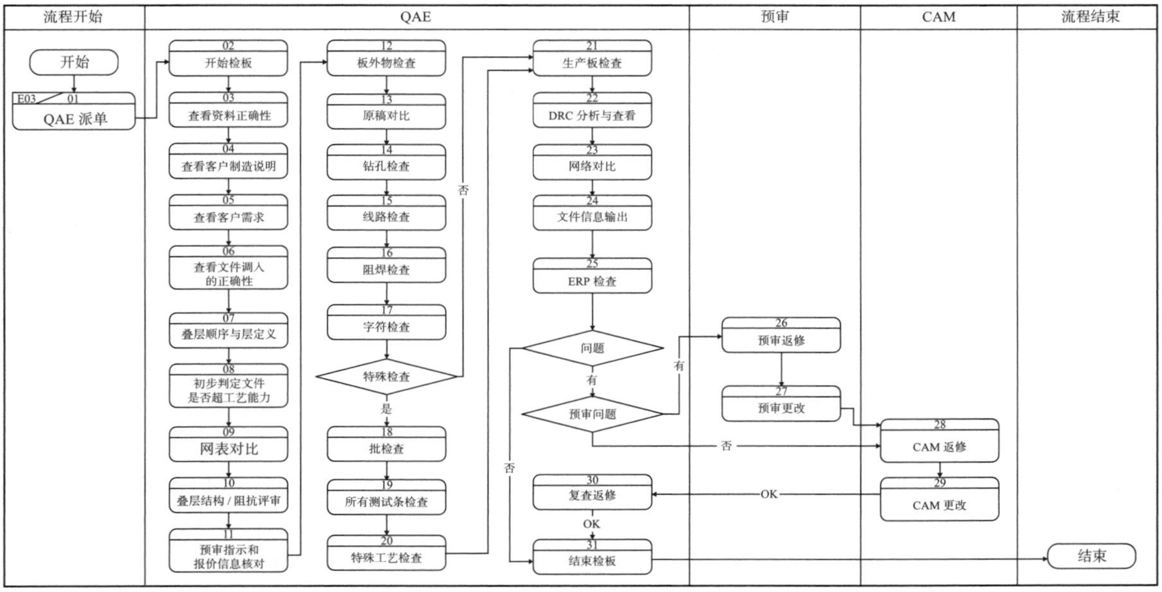

图 2.4　QAE 订单检查操作步骤

2.1.3 PCB 制造的基本工艺流程及表示方法

PCB 主要由覆铜基材上加工出的孔、焊盘和导体线路图形，以及阻焊涂层和焊盘助焊涂层等构成。以多层板正片工艺为例，其基本生产工艺流程如图 2.5 所示，简要说明如下。

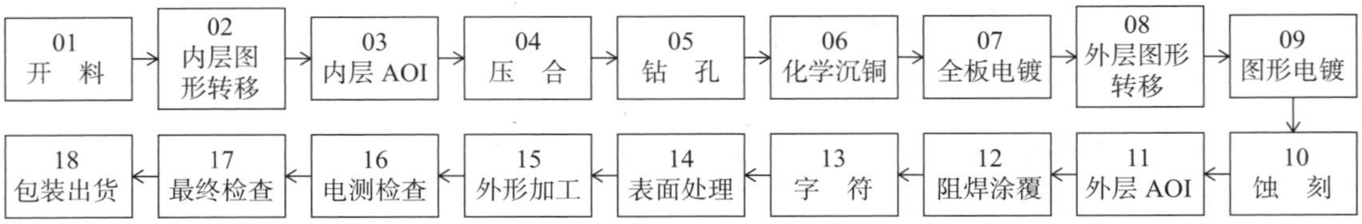

图 2.5 多层板生产工艺流程

01 开料：基材切割、烘烤。

02 内层图形转移：内层芯板经过表面处理、贴膜、曝光、显影、酸性蚀刻等过程加工，制作出内层线路（一般使用负片）。

03 内层 AOI：对内层线路进行光学检查。

04 压合：将铜箔、PP 和芯板叠合，在高温真空下压合成多层板。

05 钻孔：使用机械钻机或激光钻机加工通孔、过孔、盲埋孔等各种层间连接孔。

06 化学沉铜：在孔壁沉积一层薄铜，作为后续电镀铜的导电层。

07 全板电镀：整板电镀一层铜，连通各个层。

08 外层图形转移：整板表面处理、贴膜、曝光、显影，制作出外层线路干膜图形（一般使用正片）。

09 图形电镀：电镀加厚线路和孔壁的铜层，并电镀抗蚀锡层。

10 蚀刻：褪掉干膜，然后通过碱性蚀刻制作出外层线路，再褪去锡层。

11 外层 AOI：对外层线路进行光学检查。

12 阻焊涂覆：将阻焊油墨涂覆在板面，经曝光、显影后形成保护层。

13 字符：印刷用于元器件和版本信息识别的字符。

14 表面处理：在焊盘表面形成镍金层、OSP 层、锡铅层等各种适合焊接电子元器件的涂层。

15 外形加工：使用数控铣床铣掉工艺边框，加工出成品板。

16 电测检查：使用电测机对成品板的孔、线进行通断测试。

17 最终检查：检查成品外观，测量板尺寸、孔径、线路等。

18 包装出货： 对合格成品进行包装、入库，并交付客户。

图 2.5 所示工艺流程在电子电路制造行业的各种技术资料、规章制度和各类文件中十分常见，但实际的 PCB 生产流程要复杂得多。根据工业工程理论和精细化管理需求，PCB 生产工艺流程可以按精细度分为 4 个层级，图 2.6 展示了常用的三级流程。

（1）一级：工序级流程，涵盖 PCB 的完整生产工序，是产品价值创造的主要过程。生产工序具有技术独立性，需要建立完整的管理规范，并配置适当的作业人员和管理人员。机械类的钻铣加工、热处理类的压合加工、化学和电化学类的镀涂覆层加工、光刻类的线路图形加工、丝网印刷类的阻焊膜加工等，都是技术相对独立的生产工序，多工序的生产组织管理具有相当大的技术难度和管理难度。

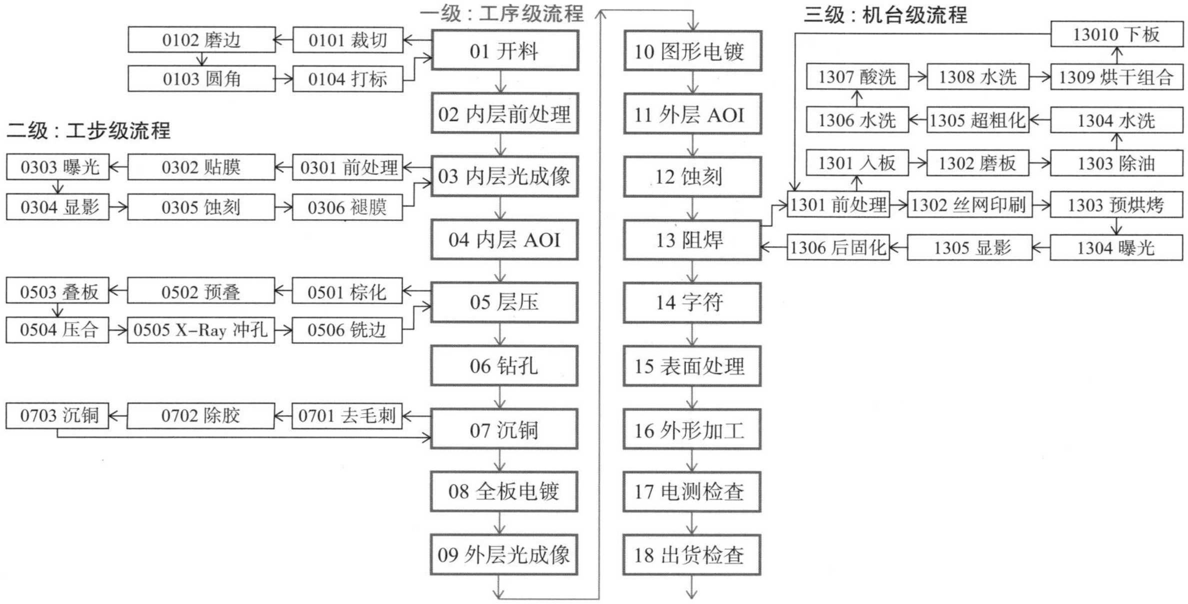

图 2.6　多层板生产工艺流程分级

（2）二级：工步级流程，是一级流程的细分过程。工艺流程图通常包括工序中的每个工步。以 PCB 基材的开料工序为例，虽然这通常被视为一个简单的生产单位，但规范的作业过程仍包含裁切、圆角、磨边、打字码和烘烤等工步，有效管理余料、防止作业划伤及对基材烘烤的管控，都是难点。

下面给出带树脂塞孔和背钻孔的多层板的二级（工步级）流程示例：

下料→裁切→磨边→圆角→打标→内层前处理→贴膜→曝光→显影→酸性蚀刻→ PE 冲孔→内层 AOI →棕化→烘板→预排→压合→ X-Ray 冲孔→铣边→打码→钻塞孔→去毛刺→烘板→沉铜→板镀→镀锡→背钻→褪锡→去毛刺→外层前处理→贴膜→曝光→显影→镀树脂塞的孔→褪膜→阻焊前处理→树脂塞孔→终固化→陶瓷磨板→减薄铜→抛光→ X-Ray 冲孔→钻孔→去毛刺→烘板→沉铜→全板电镀→外层前处理→贴膜→曝光→显影→图形电镀→褪膜→碱性蚀刻→外层 AOI →阻焊前处理→丝印阻焊→预烘→曝光→显影→字符→终固化→板边包胶→喷砂→表面处理→撕胶带→水洗烘干→外形→电测→成品清洗→功能检查→外观检查→入库→内包装→外包装→出库。

（3）三级：机台级流程，涉及工步中的每一台设备、工作站点和处理缸槽。以 PCB 阻焊工序的超粗化前处理工步为例，该生产线的站点级处理过程为入板→磨板→除油→水洗→超粗化→水洗→酸洗→水洗→烘干组合→下板。在超粗化工艺的 SOP 中，需要明确每一个站点 / 机台 / 缸槽的工艺参数，如温度、压力、速度、浓度等的控制范围，并识别关键过程控制特性和质量风险，建立控制图来进行管控。

（4）四级：动作级流程。很多工步是由多个动作组合完成的，由作业人员或设备设定来实现。例如，双手从放板架取板，检查板面是否有划伤等来料不良，然后放入设备的入板口，这一组标准动作组成了人工上板的过程。动作级流程往往容易被忽视，而人工作业常常按各自习惯进行，很难形成统一的作业标准，或者虽有标准却未能统一执行，进而滋生各种质量隐患，出现质量报废时也不容易查找和分析原因。此外，不同的动作组合会导致生产效率的差异，不同员工的生产效率也会因此出现不一致的情况。

由于 PCB 产品的特征结构多种多样，并且在同一块 PCB 上会出现多种特征结构的组合，加之不同厂家的生产设备配置各不相同，工艺方式的选择也存在差异，因此，在二级和三级流程上会有明显区别。根据不同的产品结构和管理工作的需要，完整细致地整理和使用 PCB 制造工艺标准流程图，建立标准的 PCB 工艺流程规范，有助于理解 PCB 制造过程的复杂性，有助于日常管理工作的开展，有助于分析和解决各种问题。特别要强调的是，对于工厂的管理者，日常工作重点应放在三级和四级流程的研究和管控上，生产效率、成本控制和产品质量的主要影响因素都取决于这些活动的具体完成情况。

2.2 PCB 制造基本工艺技术

2.2.1 导体线路的形成

图形转移

PCB 内、外层布设有导体图形（图 2.7），起到连接元器件的作用。在铜面上需要的地方制作相应的导体图形，即为图形转移。导体宽度 / 间距（*L*/*S*）是 PCB 的重要结构特性。最小导体宽度 / 间距及其公差要求，体现了一块板的制作难度。导体形成有减成法（Subtractive）和加成法（Additive）两种工艺。减成法是在覆铜箔基板上，通过蚀刻（或机械方法）去除不需要的金属铜，形成导体图形的方法。加成法是在无铜箔绝缘基材上，选择性沉积导电金属，形成导体图形的方法。常规 PCB 线路的 *L*/*S* 在 50μm/50μm 以上，一般采用减成法工艺；而 IC 载板类产品的精细线路 *L*/*S* 小于 50μm/50μm，主要采用半加成法（MSAP）和加成法（SAP）工艺。

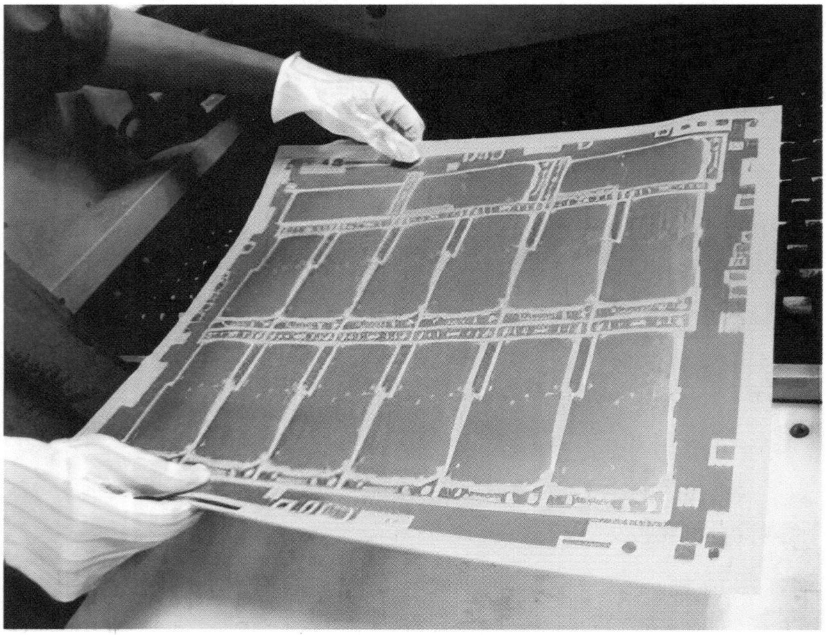

图 2.7　内层芯板

使用减成法工艺制作内层芯板线路，也称为负片（negative）工艺，工艺流程如图 2.8 所示。底片上绘制有导体线路，是传统的图形转移工具。负片的透明区域代表有物质（如铜箔、阻焊等）。内层芯板一般会设计大面积地层铺铜，因早期计算机数据处理能力有限，使用正片会产生非常大的数据量，不利于光绘，所以负片工艺成为内层图形转移的首选方案。目前，负片工艺也广泛应用于外层线路生产，即掩孔（tenting）工艺，如图 2.9 所示。

图 2.8　内层芯板线路制作工艺流程

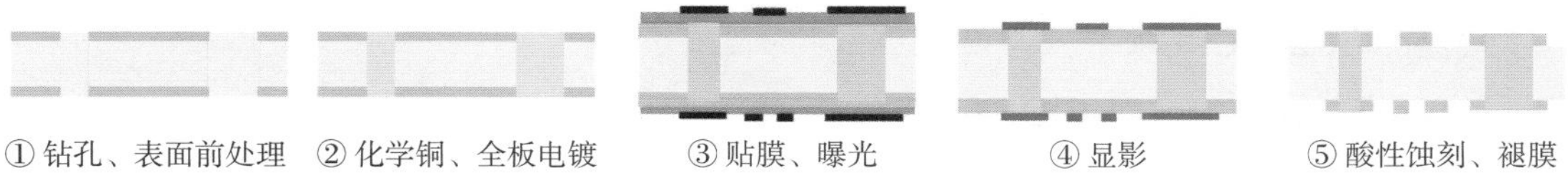

图 2.9　掩孔工艺流程

减成法工艺用于外层线路制作，主要采用图形电镀技术，工艺流程如图 2.10 所示。

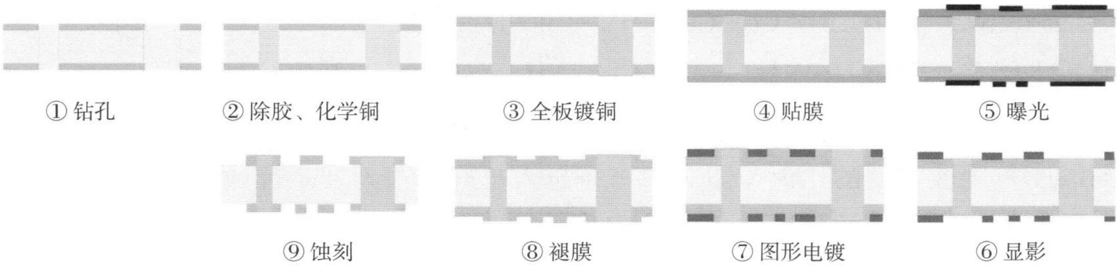

图 2.10　外层线路制作工艺流程

图形转移是通过对光致抗蚀剂（干膜或湿膜）曝光和显影，将底片上的电路图形转移到覆铜板面，形成抗蚀或抗电镀的线路图形的过程。待生产板的铜表面经过前处理后，涂覆一层光致抗蚀膜，静置后转入曝光工步。在曝光过程中，未被底片遮挡的光致抗蚀膜层暴露在紫外光下，其组分之一的光引发剂吸收光能量而分解，产生游离基，游离基再引发光聚合单体进行聚合交联反应，形成不溶于稀碱溶液的结构，以保护需要保留的铜箔。显影时（图 2.11）光致抗蚀膜中未曝光部分的羧基活性基团—COOH 与无水碳酸钠溶液中的 Na^{+} 作用，生成亲水基团—COONa，未曝光部分膜层溶解，而曝光部分的膜层则不会被溶胀。干膜是图形转移的主要物料。干膜光致抗蚀剂有水溶性抗蚀剂、溶剂型抗蚀剂及干剥离型抗蚀剂几种。

曝光机是对光致抗蚀剂进行曝光的设备，有点光源曝光机、平行光源曝光机和激光曝光机（LDI）几种。由于平行光可减轻线路侧蚀，平行光曝光机更适合精细线路制作。LDI 曝光机不需要底片，可直接利用 CAM 工作站输出数据驱动激光成像装置，在贴覆有干膜的板面上直接完成曝光成像。LDI 曝光机简化了图形转移过程，降低了成本，消除了底片胀缩带来的尺寸精度误差，有利于精细线路加工，是高密度的高层数板、HDI 板和积层板生产的主力机型。

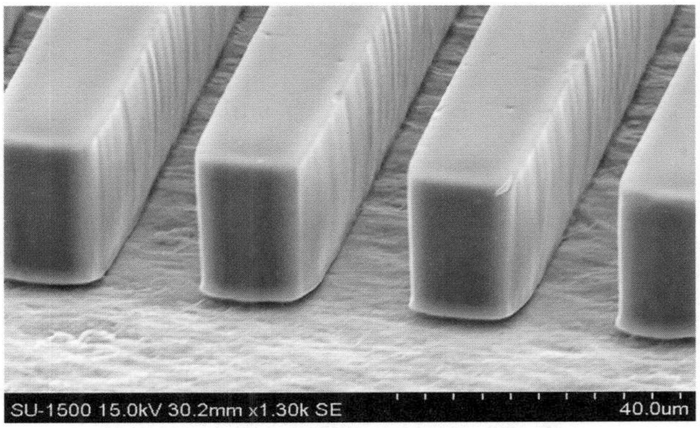

图 2.11　显影后的干膜线路图形

蚀刻工艺

蚀刻是以化学反应去除无抗蚀层保护的铜面的工艺。用于金属铜反应的蚀刻液有三氯化铁、铬酸、过硫酸铵、硫酸－过氧化氢、酸性氯化铜和碱性氯化铜蚀刻液等体系，其中，酸性和碱性氯化铜蚀刻液的应用最广泛。

内层线路的蚀刻由酸性蚀刻液完成，化学反应式如下：

蚀刻反应　$Cu + CuCl_2 \longrightarrow 2CuCl$

络合反应　$2CuCl + 4Cl^- \longrightarrow 2[CuCl_3]^{2-}$

再生反应　$3Cu_2Cl_2 + NaClO_3 + 6HCl \longrightarrow 6CuCl_2 + 3H_2O + NaCl$

总反应　$3Cu + NaClO_3 + 6HCl \longrightarrow 3CuCl_2 + 3H_2O + NaCl$

外层线路的蚀刻由碱性蚀刻液完成，化学反应式如下：

络合反应　$CuCl_2 + 4NH_3 \longrightarrow [Cu(NH_3)_4]Cl_2$

蚀刻反应　$[Cu(NH_3)_4]Cl_2 + Cu \longrightarrow 2[Cu(NH_3)_2]Cl$

再生反应　$2[Cu(NH_3)_2]Cl + 2NH_4Cl + 2NH_4 + 1/2O_2 \longrightarrow 2[Cu(NH_3)_4]Cl_2 + H_2O$

衡量蚀刻能力的指标有蚀刻因子（蚀刻系数）、蚀刻度、蚀刻均匀性（COV）等。蚀刻因子是蚀刻深度与侧蚀宽度的比值（图 2.12），越大越好。蚀刻度是抗蚀层宽度与蚀刻下线宽的比值，下线宽等于抗蚀层宽度时，蚀刻度为 1，这时的温度、压力、时间等蚀刻参数是最合理的。根据蚀刻度，可评价蚀刻参数的合理性。

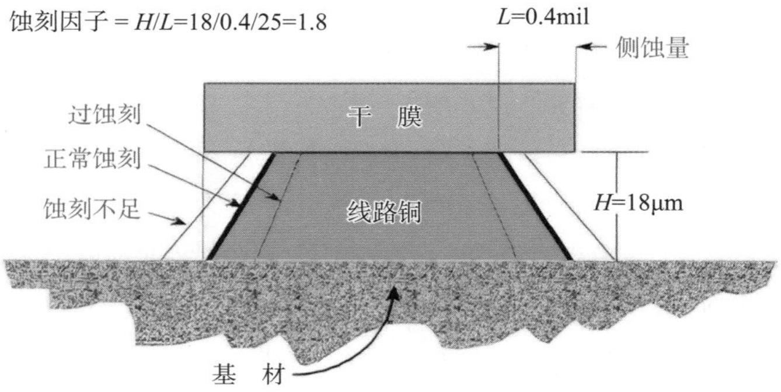

图 2.12　蚀刻因子

蚀刻均匀性的计算公式：

COV =（1－蚀铜量标准差 / 蚀铜量平均值）× 100%

蚀刻能力和质量水平受多种因素的影响，包括蚀刻液的类型、基板铜箔的类型和厚度、蚀刻温度和速率，以及蚀刻设备的参数设置（如喷嘴、压力、摇摆、真空、补偿段设计）。蚀刻设备通常由喷淋系统、自动添加系统、传送系统和干板系统等组成。在蚀刻过程中，要注意水池效应、水沟效应、摇摆效应和通孔效应的影响（图 2.13），这些效应会影响线路蚀刻的均匀性。

水池效应是由于上板面药液堆积，阻碍了新鲜蚀刻液的交换，导致上板面蚀刻速率低于下板面，上板面中间区域蚀刻速率低于周边区域，从而导致线路蚀刻均匀性降低。一般可通过调节喷嘴排布和增加补偿蚀刻来降低水池效应的影响。

水沟效应是因为蚀刻药液具有一定黏性，容易黏附在线路之间，在线路密集区域的流动性

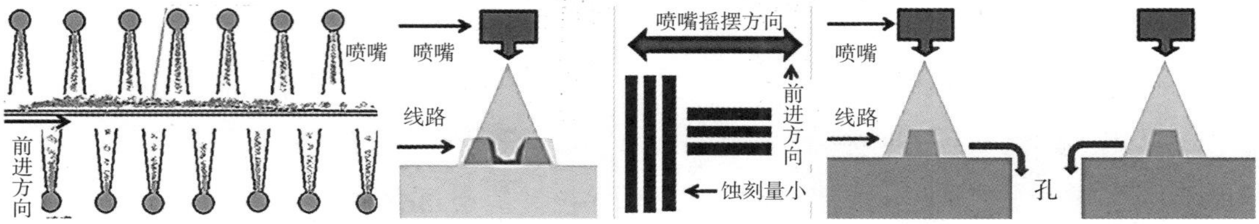

图 2.13　影响蚀刻的四种效应

差，而在线路空旷区域的更新速度快，导致线宽一致性不佳。

摇摆效应是指在蚀刻过程中，板上线路与喷嘴摇摆方向平行时，线路之间的药液容易被冲走，蚀刻量增大；与喷嘴摇摆方向垂直时，线路之间药液更新慢，蚀刻量减小。对此，生产时可针对线宽设计调整蚀刻方向，或者选用蚀刻能力更强的真空蚀刻设备来提高蚀刻能力。

通孔效应是由于酸性蚀刻非镀覆孔（NPTH）区域或碱性蚀刻通孔区域（PTH 和 NPTH）线路时，上板面的药液通过通孔流出，导致孔边缘区域药液更新速度加快，蚀刻效果不佳。针对水沟效应和通孔效应，可以在板面局部增加线路补偿（动态补偿），以改善线宽一致性。

真空蚀刻机结合二流体蚀刻是生产精细线路的理想选择。真空蚀刻机的蚀刻模块包括三台潜水泵，其中两台用于上下喷淋，向上下板面喷射新鲜蚀刻液。第三台通过细腰形文丘里喷管产生真空效应，在管内产生负压，将板面上的蚀刻液吸走，防止其滞留在板面上，从而减少水池效应。对于 $L/S=30\mu m/30\mu m$ 的线路，常规设备要求基铜厚度小于 12μm，而真空蚀刻支持 18μm 基铜厚度，且真空蚀刻均匀性（COV）超过 97%。

二流体是一种液体雾化技术，当蚀刻槽内的压缩空气与蚀刻液在喷嘴出口处相遇时，液体的液膜被分裂成雾滴，气体与液体一起喷出，从而能够深入细线路的根部，提高正面蚀刻能力和蚀刻因子。这种技术显著增强了蚀刻效果，使得生产更精细和均匀的线路成为可能。

导体线路的失效模式

常见的导体线路失效模式包括过蚀（线路变细）、欠蚀（线路变宽）、开路、缺口、短路、残铜、线路变形、线边粗糙等。这些缺陷是否在蚀刻过程中表现出来，关键在于蚀刻参数是否合理、设备蚀刻均匀性是否良好，以及喷淋系统、过滤系统和加热系统等的运行状态是否正常。

此外，图形转移过程中的质量控制也是关键因素。板面前处理效果不佳、板未烘干或板面氧化等会导致贴膜不紧密。曝光过程中的曝光不良或存在异物，显影过程中的显影过度或显影不净都会产生缺陷。运送和操作过程中的干膜擦花，以及环境中的各种异物也可能导致缺陷。这些问题与设备、物料、药水体系和环境体系的维护保养、管理控制直接相关。对这些过程中各种影响因素的控制不当，最终都会导致蚀刻后的导体线路失效。

2.2.2　多层板的形成

多层板是由两层以上的导体图形与绝缘材料交替压合（层压）在一起且层间导体图形按设计要求进行互连的印制电路板，如图 2.14 所示。层数、对位精度、不同材料的芯板混压、埋入铜块、埋入电阻电容、多次压合等特性要求，能够体现一款多层板的制作难度。

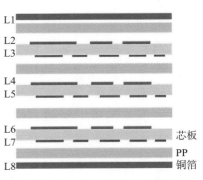

图 2.14　多层板层压示意图

层压工艺流程

多层板层压的二级工艺流程：

前工序→黑化 / 棕化→预排→排板→压合→ X-Ray 钻孔→铣边→后工序。

多层板的内层芯板需要进行黑化或棕化处理，主要是通过化学方法在清洁后的铜面上形成均匀的氧化膜层。氧化膜一方面可以提高结合面的比表面积，另一方面形成有机金属铜膜，能够增强内层的结合力，防止成品板在高温冲击后出现起泡分层等缺陷。棕化膜由细长结晶的红色氧化亚铜和粗短结晶的黑色氧化铜混合而成，能够与环氧 - 玻璃布基材和聚酰亚胺基材良好结合，因此得到了广泛应用。

层压对位系统是确保各层导体图形准确对位的关键，保证多层板各层电路之间正确地通过金属化孔连接。层压定位方式主要有无销钉定位（Mass-Lam）工艺和销钉定位（Pin-Lam）工艺两种，如图 2.15 所示。无销钉定位工艺是将铜箔、PP 与内层芯板或预排板依次叠放，然后熔合或铆合，或两种方式一同使用，并在叠板台上通过红外线定位对准进行排板。这种方法效率高、成本低，因此被广泛采用，但其对位精度一般，难以满足高层数、高密度、大板面多层板的高精度对位要求。销钉定位工艺则是利用植入底盘的销钉将内层芯板、PP、铜箔等固定并对准，在叠板台上进行排板。这种工艺适用于高层数 PCB 的压合，定位精度高，但效率低、成本高。

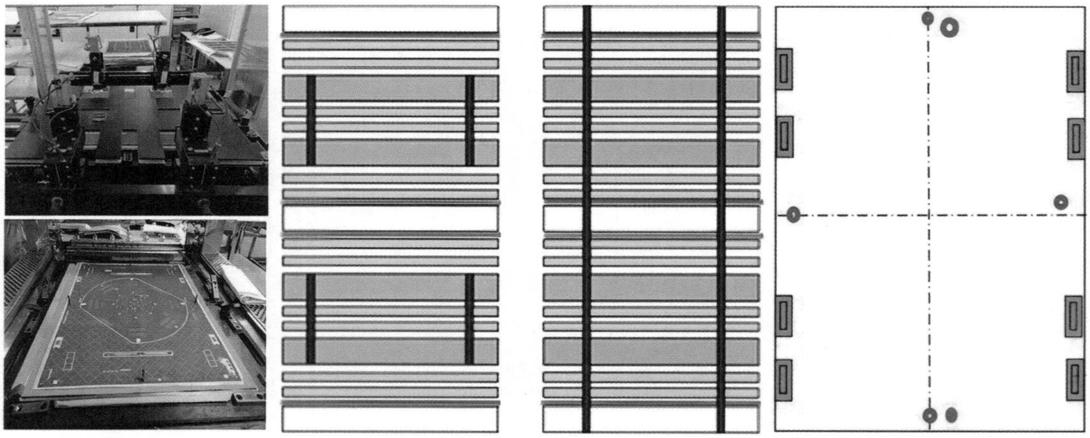

内层对位设备　　Mass-Lam　　Pin-Lam　　内层熔合（绑定）对位靶标

图 2.15　多层板层压对位系统

层压过程利用高温高压使 PP 的树脂（B 阶段）发生流变，对内层线路芯板进行层间填充，使各线路层黏合在一起，固化（C 阶段）后形成多层板。层压工序使用的压机有非真空、真空或两者结合的三种类型，目前真空压机是主流。压合程序要根据基板材料类型，温度按升温段（升温速率）、恒温段（固化温度）和降温段（逐步冷却以减少板内应力和板翘）三个阶段进行设置，按预压、全压和保压冷却三个阶段进行设置。

预压阶段以较低的接触压力进行层压排气、层间树脂填充和初期黏合等。此外，压合过程中的压力、温度、升温速率、固化时间、真空度等参数要通过工艺实验测试和优化后规范使用。压合完成后拆板、铣边，使用 X-Ray 钻靶机透过表面铜箔读取内层靶标，钻出后制程用的定位孔，测试层压板的胀缩情况，提供测试数据，并对钻孔程序进行调整和补偿。

压合用物料

压合工序的主物料有铜箔、PP 和内层芯板。多层板用电子铜箔是外层图形制作的基础，主要分为压延（RA）铜箔和电解（ED）铜箔两大类。压延铜箔呈薄层状，是在热固化过程中重结晶的结果，因此不易产生裂纹，具有较好的耐弯折性。相较之下，电解铜箔在厚度方向上呈柱状晶粒组织，容易产生裂纹而断裂，但其厚度可以控制得很薄，价格也更便宜，有利于高密度精细线路制作。

铜箔表面要进行瘤化处理、耐热处理和抗氧化处理。经瘤化处理后，铜箔晶体细致致密，可以减少蚀刻过程中的侧蚀现象。表 2.2 列举了部分类型铜箔的性能。

表 2.2 部分类型铜箔的性能对比

类 型	型号（IPC 4562）	粗面 Rz	光面 Ra/μm	延伸率 /%	抗拉强度 /（kgf/mm^2）
标准电解铜箔	STD–E	N/A	≤ 0.43	8	38
高温延展性电解铜箔	THE–E	≤ 10.2	≤ 0.43	25	40
低粗糙度铜箔	VLP	≤ 5.1	≤ 0.43	4.5	50
超低粗糙度铜箔	HVLP	≤ 3.0	≤ 0.43		
反面处理铜箔	RTF	≤ 5.1			

1 kgf = 9.80665 N，1 kgf/mm^2 = 9.80665 MPa。

PP 即半固化片，起到黏合各线路层并绝缘的作用。它由玻璃布浸胶（树脂胶液）后经热处理预烘而成，关键性能指标有树脂含量（resin content，RC）、树脂流量（resin flow，RF）、挥发物含量（volatile content，VC）和凝胶时间（gel time，GT）。

PP 中的树脂为半固态（B 阶段）晶粒状物质，在空气中长时间暴露会发生反应，并吸附水分，进而影响固化效果。试验证明，PP 在相对湿度 40% ~ 70% 的条件下存放时，其流动性会显著提高；在相对湿度 90% 的条件下存放 15min，其流动性会大幅度提高。因此，PP 的存储要严格控制温度、湿度和存放时间。为了保持其原有性能，低温存放是更好的选择。当存储温度不超过 5℃时，存储期可达 6 个月；在温度 21℃、相对湿度 30% ~ 50% 的环境下，存储期为 3 个月。在实际生产环境中，对于不会立即使用的已裁切 PP，应使用塑料袋包装并加入干燥剂，以保持其性能。

多层板压合的失效模式

压合过程中产品的内在质量特性无法直接监视和测量，只能通过抽样验证。质量问题往往在使用或交付后才显露，因此，识别层压工序中的产品缺陷，并重点管控导致失效模式的前序原因，对于保证特殊过程的产品质量至关重要。表 2.3 列出了压合过程中常见的产品缺陷。

表 2.3 压合过程中常见的产品缺陷

前序不合格		本工步（压合）缺陷	后序不合格
产 品	过 程		
内层划伤	运送过程、上板过程中内层芯板碰撞	内层开路	内层开路
	铆钉屑、板边铜屑等导电异物未清理	内层短路	内层短路
拼板设计不合理，板边设计不合理	铜箔未展平，压合程序不当，压机热盘平整度超标	铜箔起皱	影响钻孔及线路制作
PP 用错	钢板不平整	板厚度不均匀	影响钻孔及线路制作
设计不合理	多放 / 少放 PP，压机平整度不合格，压合程序用错，压合程序不适合	板厚不符	影响绝缘性能、特性阻抗不合格
	洁净房有异物，排板时铜箔清洁不到位	层压杂物	导线压痕、内短

续表 2.3

前序不合格		本工步（压合）缺陷	后序不合格
产　品	过　程		
PP 折损	钢板有凸点，不平整；洁净房有异物；排板时铜箔清洁不到位	板面凹痕	导线压痕、开路
内层芯板压合前未烘板	排板时经纬不一致，压合程序不适合	板翘曲	翘曲、自动线卡板划伤、曝光不良、丝印不良
	排板叠层过高，滑板，邦定不紧，铆合偏位	层压偏位	开路、短路、破孔、破盘
产品工程设计不佳	压合程序不适合	胀缩超标	破孔、短路、铣板尺寸精度超标
内层芯板压合前未烘板，PP 过期，PP 吸湿，棕化不良，棕化划伤，棕化存储超期	压合程序不适合，洁净房有异物混入，压机异常，板面清洁不足导致药液、结晶残留板面，牛皮纸张数不符	分层起泡	分层、起泡
产品工程设计不佳	PP 来料质量不佳，压合程序不适合，压机温度均匀性及平整度不佳，压机异常	层压白斑	层压白斑、影响产品耐热性能
物料异常	压合压力参数不合理，压机抽真空异常	基材空洞	影响产品耐热性能、分层
	芯板顺序放错	板叠错层	开路、短路

2.2.3　孔的形成

PCB 上的孔可分为镀覆孔（plating through hole，PTH）和非镀覆孔（non plating through hole，NPTH）两类。PTH 是孔壁镀覆金属镀层的孔，用于 PCB 内层、外层或内外层导体图形的电气连接。NPTH 孔是不需要电镀的孔，用于螺丝固定和安装等。孔径大小、孔径板厚比、孔位精度要求、孔密度等指标表征了 PCB 的制作难度，微导通孔钻孔、背钻、控深钻等考验钻孔工艺能力。常见 PCB 孔结构如图 2.16 所示，简要介绍如下。

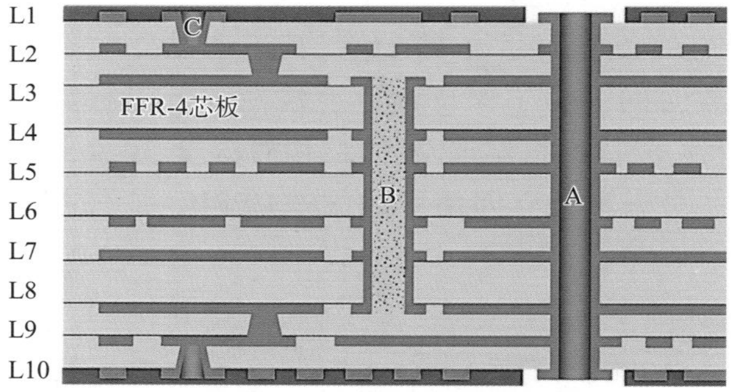

图 2.16　PCB 孔结构示意图

- 通孔（through hole，TH）：贯穿 PCB，实现内层连接和（或）元件的定位安装等，如图 2.16 中的 A 孔。用于元器件插装（插针或引线），与 PCB 固定和（或）实现电气连接的是元件孔；用于内层连接，但并不插装元件引线或其他增强材料的镀覆孔是导通孔（via）。
- 盲孔（blind via hole, BVH）：延伸至板内某个表面的导通孔，如图 2.16 中的 C 孔。
- 埋孔（buried via hole，BVH）：未延伸至板表面的导通孔，如图 2.16 中的 B 孔。

在 PCB 制造过程中，板边工艺边框上通常会设计加工辅助孔，如槽孔、定位孔、内层对位孔、代码孔、安装孔、尾孔、切片孔、阻抗测试孔、防呆孔、工具孔、铆钉孔等。

孔的加工方法有机械钻孔、激光钻孔、光致成孔、等离子蚀孔、喷砂和化学蚀刻等。其中，机械钻孔最常用，其二级流程如下：

上工序→上定位销钉→上板（垫板、生产板、铝片）→钻孔→下板（铝片、生产板、垫板）→退销钉→检孔→转序。

数控钻机是钻孔加工的核心设备，如图 2.17 所示；有普通钻机和 CCD 对位钻机两种类型，它们的对比见表 2.4。主轴最高转速、主轴头数、*X*/*Y*/*Z* 轴的进给速度和进给加速度、定位精度与重复定位精度、钻孔精度等是评价钻机的主要指标。

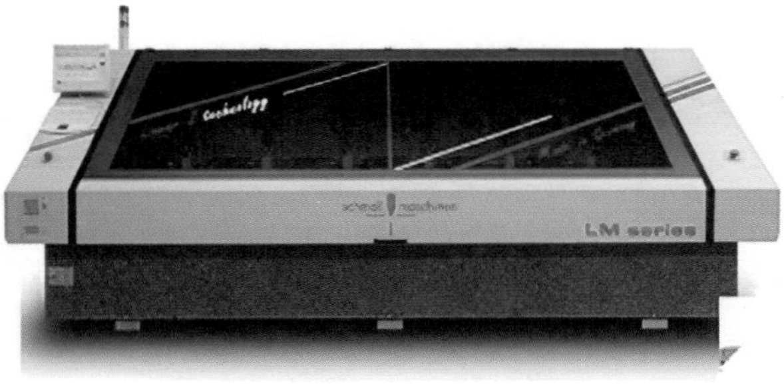

图 2.17　德国 Schmoll 钻机

表 2.4　普通钻机与 CCD 对位钻机的对比

特　征	普通钻机	CCD 对位钻机
钻孔方式	普通钻孔	CCD 钻孔
拉伸方式	整板拉伸	局部拉伸
对位点	板边四对位靶标	周围四基准孔
文件处理方式	其他脚本（后处理）	CCD 钻机内部

数控钻孔加工的主物料有钻刀、盖板和垫板。钻刀如图 2.18 所示，按前端形状可分为直线型（straight type，ST）和铲型（undercut type，UC）两类，ST 型的钻体母线为直线，UC 型的钻体后端外径较小；按外形尺寸可分为常规型和反台阶（inverse drill，ID）型，常规型的钻头直径小于柄径，ID 型的钻头直径大于柄径；按刀刃和槽数设计可分为双刃双槽型（适用于软板、孔粗要求不高的硬板）、双刃单槽型（适用于中高 T_g 板材）、单刃单槽型（适用于普通 T_g 板材、中高 T_g 板材、高速板材、含厚铜层板材，以及对孔壁质量要求高的 PCB）。常见的钻柄直径有 3.175mm 和 2.00mm 两种。

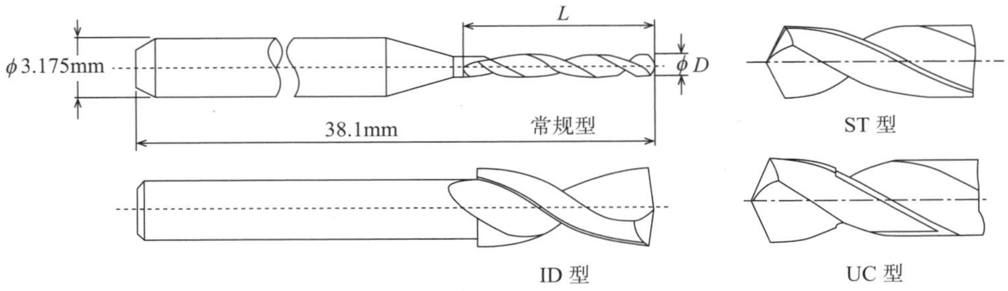

图 2.18　钻刀的分类

盖板放置在 PCB 上层，用于防止钻机压力脚压伤铜面。另外，盖板具备一定的弹性，钻孔时钻刀先接触盖板有利于中心定位，可减少进口性毛刺，也有利于散热，还能在钻刀进退时起到清洁作用。常用的盖板有复合铝盖板、涂树脂铝盖板、酚醛纸盖板、铝合金板（5 ~ 30mil）等。

垫板放置在 PCB 下层，用于防止钻削机床台面，减少出口性毛刺，避免钻头扭断，降低微钻温度，并清洁微钻沟槽。常用的垫板有酚醛纸层压垫板、密胺木垫板、复合（树脂涂层 / 纸 / 纤维板）木垫板、双面涂胶木垫板（涂胶木垫板）、紫外光固化树脂涂层木垫板（UV 木垫板）等。

钻孔加工过程属于特殊过程，钻孔过程中常见的缺陷见表 2.5。钻孔缺陷多源于生产过程控制不到位，特别是机械钻机、激光钻机等精密设备使用不当、缺少维护和保养，因此，员工培训和教育至关重要。

表 2.5 钻孔工序常见缺陷

前序不合格		本工步（钻孔）缺陷	后序不合格
产 品	过 程		
	钻孔参数不当，钻刀崩角或不锋利，板厚孔径比过大，钻刀返磨次数过多	孔壁粗糙	孔铜厚度不足、孔内开路、渗铜
	板间或盖板下有杂物，钻刀崩角或不锋利，压力脚不当，钻孔参数不当，打磨不当或未打磨	孔内毛刺	孔内镀层铜瘤、孔径超标
冲孔偏位、板翘曲	钻带胀缩系数错误，主轴精度差，主轴动态偏转过大，叠板异常，盖板、垫板、板面或板间有杂物，定位销钉松动 / 倾斜 / 偏位，压力脚上有杂物，压力脚过度磨损，垫板 / 盖板不平整，断刀处理不当，设备、环境温度异常	钻孔偏位	破孔、破盘、短路、开路
	钻刀备错，钻孔参数不当，钻刀污染，主轴动态偏转过大	孔径超标	影响产品装配
	钻孔参数不当，钻刀类型不适合	孔内钻污	开路
板翘曲	钻刀过度磨损，深度设置有误，机台不平	孔未钻透	孔未钻透
板基铜太厚，板翘曲	主轴夹头故障，叠板数过大，板间杂物，断刀后设备未报警，断刀后未及时补钻	漏钻	少孔、开路、短路

2.2.4 孔金属化

孔金属化是为保护和（或）提供电性能而在孔内沉积或电镀金属膜的过程，也被称为“孔导电工艺”。如图 2.19 所示，在孔内沉积的金属层难以直接和全部检验，只能通过切片等方式确认加工质量，因此该工序是 PCB 制程的特殊工序之一。常见的孔金属化工艺可分为化学镀铜和直接电镀两类。

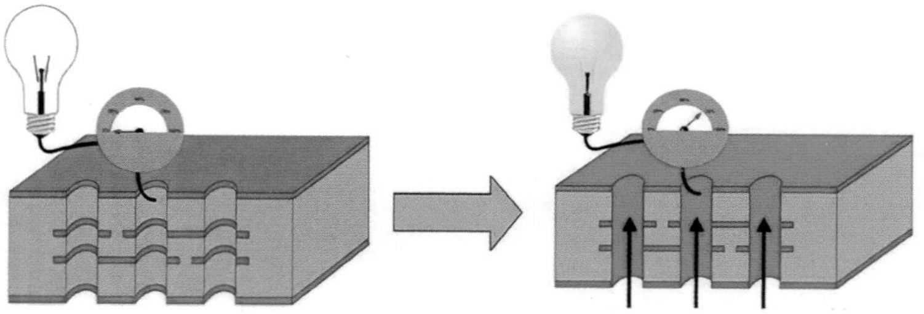

图 2.19 孔金属化示意图

化学镀铜流程说明

化学镀铜（electroless plating copper）又称化学沉铜（PTH），是指铜离子自溶液中被还原剂还原为金属铜，在绝缘材料表面沉积形成金属镀层的过程。

典型的孔金属化二级工艺流程：

上工序→钻孔→去毛刺→烘板→等离子处理（PTFE 类高频板材）→除胶→化学沉铜→干燥→板镀→下工序。

化学沉铜三级工艺流程：

上板→膨松→水洗组合→除胶→水洗组合→中和→水洗组合→除油→水洗组合→微蚀→水洗组合→酸浸→水洗组合→预浸→活化→水洗组合→加速→水洗组合→化学沉铜→水洗组合→下板→退镀→水洗组合。

各缸槽的作用如下。

· 膨胀：溶胀环氧树脂，使其软化，以确保高锰酸钾有效去除钻污。

· 除胶：利用高锰酸钾的强氧化性，在高温及强碱条件下，使溶胀软化的环氧树脂钻污氧化裂解。

- 中和：去除高锰酸钾去钻污后残留的高锰酸钾、锰酸钾和二氧化锰。
- 除油：清除板面的油污及其他杂质，同时调整孔壁，以促进催化剂的均匀吸附。
- 微蚀：去除铜面的氧化物及其他杂质；微观粗化铜表面，增强铜面与电解铜的结合能力。
- 后浸：清洁微蚀后铜面附着的铜粉。
- 预浸：防止前工序清洗不良对催化剂的污染，润湿环氧树脂孔壁，促进板对催化剂的吸附。
- 活化：提供铜离子发生还原反应的初始活性粒子。
- 加速：去除胶体钯微粒的胶体部分，露出起催化作用的钯核，保证化学镀铜层与孔壁的结合力。
- 化学沉铜：通过钯核活化诱发化学沉铜自催化反应，新生成的化学铜和反应副产物氢气作为催化剂进一步催化反应，在板面或孔壁沉积一层化学铜。

化学镀铜机理

孔内化学沉铜前要先对孔壁进行预处理，主要是去毛刺（debur）和除胶渣（desmear）。钻孔产生的孔口毛刺和孔壁钻污会降低层与层之间导体连接的可靠性。为了获得良好的孔壁涂覆层附着力，必须彻底去除这些残留物。一般采用碱性高锰酸盐除胶渣工艺去钻污和微粗化树脂。

主反应：

$$4MnO_4^- + C + 4OH^- = 4MnO_4^{2-} + CO_2\uparrow + 2H_2O$$

除胶缸的副反应：

$$2K_2MnO_4 + 2H_2O \longrightarrow 2MnO_2 + 4KOH + O_2\uparrow$$

$$4KMnO_4 + 4KOH \longrightarrow 4K_2MnO_4 + 2H_2O + O_2\uparrow$$

高锰酸钾再生反应：

$$4K_2MnO_4 + O_2 + 2H_2O \longrightarrow 4KMnO_4 + 4KOH$$

对于不同的基材，如 PTFE 材料、挠性 PI 材料、PPO/PPE 高速材料等，需要增加等离子体处理，进一步清洁孔壁。此外，影响除胶渣效果的因素如下。

- 介质材料的类型及固化程度：相同条件下，普通 T_g 板材的除胶速率适中，但高 T_g 板材因耐化性较强，不易被膨松剂软化，除胶速率较低；无卤素板材多采用含 N、P 的固化剂和阻燃剂，由于 N、P 的极性和吸电子能力比 Br 低，—O—CH_2—CH(OH)—CH_2—O—基团较容易断裂，因此，除胶速率最高。
- 膨松剂的类型、浓度、温度和处理时间与板材的匹配性。
- 高锰酸盐溶液的参数：浓度、温度、处理时间及再生情况。
- 设备类型与配置：垂直或水平除胶设备，药水缸的振动、摇摆、打气、循环过滤、气顶和超声波配置等。
- 孔的类型与大小：激光盲孔、机械钻孔、孔径大小和板厚孔径比等。
- 钻孔质量：激光盲孔和机械钻孔的胶渣残留情况不同。

在化学沉铜过程中，碱性化学镀铜溶液以甲醛为还原剂，发生自催化的氧化还原反应。

在化学沉铜缸中，甲醛提供电子，还原溶液中的铜离子，主反应如下：

$$Cu^{2+} + 2HCHO + 4OH^- \longrightarrow Cu + 2HCOO^- + 2H_2O + H_2\uparrow$$

甲醛在碱性溶液中产生甲醇（即坎尼扎罗反应）的副反应：

$$2HCHO + OH^- \longrightarrow HCOO^- + CH_3OH$$

甲醛与铜离子间产生 Cu_2O 的副反应：

$$2Cu^{2+} + HCHO + 5OH^- \longrightarrow Cu_2O + HCOO^- + 3H_2O$$

产生的 Cu_2O 在强碱条件下形成溶于碱的 Cu^+。溶液中两个 Cu^+ 相碰，产生铜粒子：

$$Cu_2O + H_2O \longrightarrow 2Cu^+ + 2OH^-$$

$$2Cu^+ \longrightarrow Cu + Cu^{2+}$$

PCB 基材表面经过调整、清洁、催化活化处理后，吸附一层活性粒子，铜离子首先在这些活性粒子上被还原。还原出的铜晶粒本身又成为铜离子的催化层，使铜离子还原反应在初始活性粒子被完全覆盖后得以继续在这些新生成的铜晶粒表面进行，直至沉积到所需的金属层厚度。化学沉铜的厚度分为三种：薄铜（0.25 ~ 0.5μm）、中铜（1 ~ 1.5μm）及厚铜（2 ~ 2.5μm）。

化学镀铜设备

传统的化学镀铜设备是龙门垂直沉铜线。近年来，为了适应 HDI 板、IC 载板和高厚径比 PCB 的生产，水平化学镀铜设备得到快速推广。水平化学镀铜工艺与传统的垂直化学镀铜工艺在机理上相同，都保持了化学镀铜的优异导电性、高孔壁结合可靠性以及高工艺成熟度等，但在工艺流程和药水体系上存在一定差异。表 2.6 总结了这两种镀铜设备的特点。

表 2.6　垂直化学镀铜与水平化学镀铜设备对比

项　目	垂直化学镀铜	水平化学镀铜
接触方式	非接触式	接触式（滚轮），非接触式（三点式）
放板方式	采用挂篮全自动上下板，板边固定	水平收放板机自动上下板
板厚能力	0.04mm	0.04mm
工艺参数控制	垂直式灵活，可设定不同缸体的处理时间	整线只有一个速度，缸体固定后，各缸段处理时间固定
药水维护	加药、倒槽换缸等较为复杂	药水添加操作方便，换缸等操作简易
环境控制	废水、废气量大，车间环境控制难度大，且能耗高，热量损失大	废水、废气量相对较小，车间环境较易控制
工艺特点	盲孔及高厚径比通孔相对较差，沉铜缸容易产生气泡等问题，存在导致孔内无铜的风险，对机械振动等的要求高；板面只与溶液接触，擦花风险较低	通盲孔除胶速率高，由于槽体密闭，杂质等异物易于管控；沉铜时滚轮与板接触，影响接触区域的沉铜效果

化学镀铜常见失效模式

孔金属化对产品质量至关重要，是关键过程，也是特殊过程，其主要失效模式见表 2.7。关于化学镀铜过程中药水控制不当引发的孔质量问题，行业内曾发生过多起严重质量事故。因此，对于化学镀铜过程中的设备运行状态、药液浓度和活性、温度及时间等，应建立 SPC 控制图进行严格监控；还应检测除胶速率（失重法，0.06 ~ 0.10mg/cm^2）、微蚀速率（失重法，0.4 ~ 0.8μm）、沉铜速率（滴定分析法，0.6 ~ 1.0μm）、背光（切片，D7 ~ D10 级）、表面粗糙度（粗糙度计，Ra=1 ~ 3μm；Rz < 10μm）、抗撕强度（万用拉力计，> 0.6kgf/cm）等指标，以确保生产质量。

表 2.7　化学镀铜过程的主要失效模式

前序不合格		本工步（孔金属化）缺陷	后序不合格
产　品	过　程		
孔内毛刺残留	孔内气泡去除不净，膨胀缸、除胶缸内有固体杂物，高锰酸钠浓度低，活化缸钯离子浓度低、pH 低、温度低，加速缸还原剂浓度低、温度低	孔内无铜 / 露基材	开路
	沉铜缸添加剂浓度低、NaOH 浓度低、还原剂浓度低、温度低、基本剂浓度高	孔铜厚度不足	开路
	钻污过多，膨松缸浓度、温度、时间等异常，除胶渣槽温度不足、处理时间过短、槽液浓度过低，高锰酸钾槽中副产物过多	除胶不净	孔壁分离、ICD
树脂固化不足	不同材料树脂体系蚀刻速率有差异；除胶渣槽碱浓度、氧化剂浓度过高，液面控制不当，水补给有问题；除胶渣槽液温度过高、处理不均匀；除胶渣槽处理时间过长；多次返工	除胶过度	灯芯
钻孔粉尘、钻孔孔壁裂纹或分层	孔内气泡去除不净；去钻污过度，造成树脂呈海绵状，水洗不良使镀层脱落；中和处理不充分，锰残留导致活化不足；除油处理不良，影响 Pd 吸附；活化处理不良；加速过度，Pd 被去除；化学镀铜活性差	孔内空洞	开路
	除胶不净；中和作用不足；活化液浓度或时间异常，附着钯胶体不易被加速；加速液浓度或温度异常，局部钯层被剥掉；结合界面有异物或清洁度不足；结合界面粗糙度差，附着力较差；化学镀铜槽副产物过多，镀层应力过大	孔壁分离	开路
钻孔损伤内层铜	微蚀过度，异常返工	负凹蚀	结合力不足

对于孔径在 4mil 或以下的微孔、盲孔，孔径板厚比大于 10 ∶ 1，板厚大于或等于 4.5mm 且厚径比大于或等于 6 ∶ 1 的 PCB，通孔金属化是一大挑战，如图 2.20 所示。为了确保孔内有足量的溶液流动，可以采取以下措施：在设备上安装振动装置，设计特殊的上板架，上板时调整角度，使用超声波搅动溶液并监控工艺溶液的表面张力。这些措施有助于提高此类 PCB 的制程能力和产品良率。

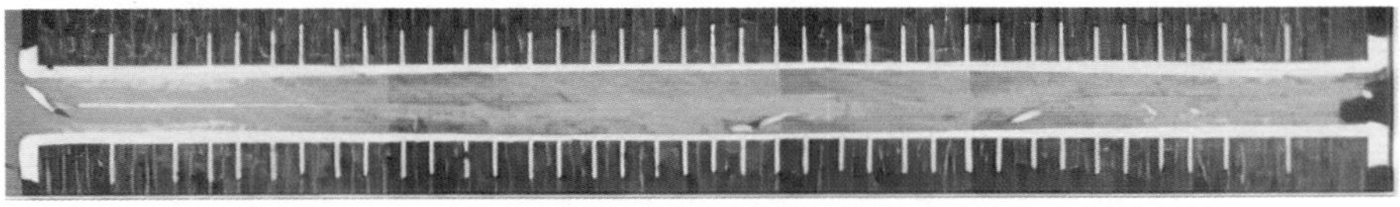

图 2.20　高层数 PCB 的孔金属化切片

直接电镀

直接电镀工艺是在孔清洁处理后，利用化学或物理方法直接涂覆导电材料，作为后续电镀层的初始导电层。根据所用导电材料的不同，直接电镀可分为炭黑、石墨浆、金属钯胶体和导电高分子聚合物几类。直接电镀技术具有操作流程简单、控制因素少的优点。与传统的化学镀铜工艺相比，生产效率更高，生产周期显著缩短，所需化学试剂较少，制造成本大大降低。此外，直接电镀工艺不使用甲醛等污染物，污水处理费用较低，更加有利于环境保护。

2.2.5　电镀铜层的形成

电镀铜机理

金属铜（Cu）富有延展性，易于机械加工，同时具备极佳的导电性和导热性，并且容易活化。在铜镀层上电沉积其他金属，能够获得良好的结合力，因此，铜通常作为多种金属电沉积的底层。在 PCB 制程中，电镀铜是关键过程之一，如图 2.21 所示。均匀的电镀铜层是 PCB 产品精细线路加工的前提，而优质的电镀铜层是确保 PCB 电气互连的关键。

电镀铜工艺有全板电镀（panel plating）和图形电镀（pattern plating）两种，前者是在孔化学沉铜后对整板进行电镀加厚，后者则是对外层线路及孔壁进行电镀加厚。此外，对于任意

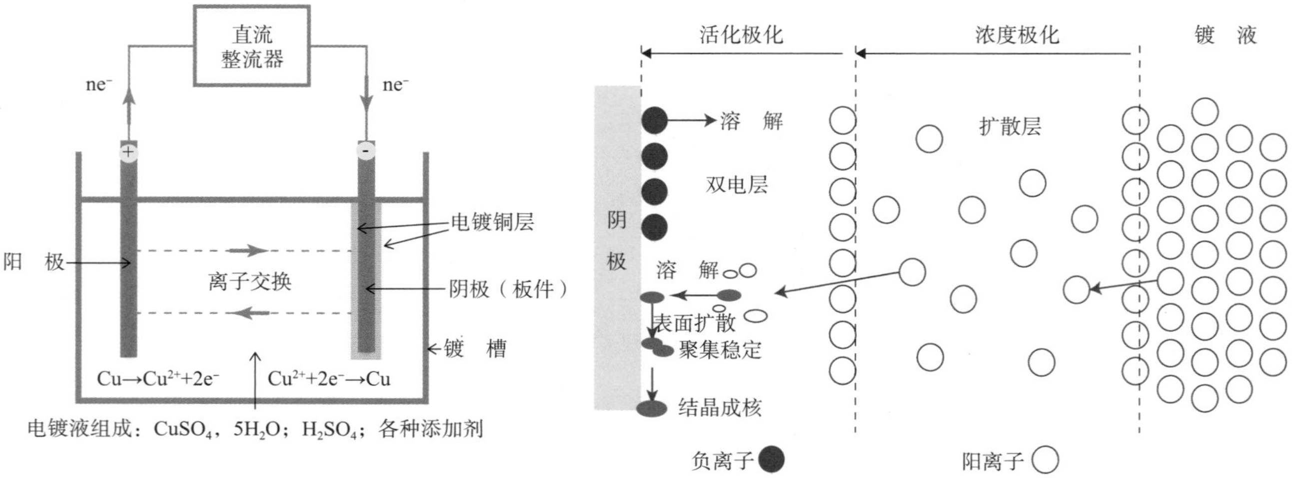

图 2.21　电镀铜的原理

互连结构的 HDI 板，电镀铜填充盲孔是实现微孔填充的一种方法，其工艺流程简单且可靠性强，是制作叠孔的优选工艺。

电镀铜是通过电解作用在材料表面附着一层金属铜的过程。在这个过程中，镀液中的阳极铜材（通常为含磷铜球）发生氧化反应，溶解并失去电子；而阴极（即板件）则发生还原反应，获得电子并结晶形成镀层。

PCB 作为阴极，获得电子形成金属镀层，发生如下电化学反应：

阴极主反应　$Cu^{2+}+2e^- \longrightarrow Cu$

阴极副反应　$Cu^{2+}+e^- \longrightarrow Cu^+$

$Cu^++e^- \longrightarrow Cu$

$2H^++2e^- \longrightarrow H_2\uparrow$

装载在钛篮内的可溶性磷铜球作为电镀阳极，发生如下电化学反应：

阳极主反应　$Cu \longrightarrow Cu^{2+}+2e^-$

阳极副反应　$2H_2O \longrightarrow 4H^++O_2\uparrow+4e^-$

电极反应主要包括三个步骤：①液相传质步骤，反应粒子向电极表面扩散传递。②电化学步骤，在电极表面得到或失去电子，变成吸附离子。③新相生成步骤，在双电层内，铜离子吸附向表面扩散，部分铜离子进入原有晶体内形成新的原子，不再溶解，成为晶体结构，生成铜金属镀层。

电镀铜镀层的厚度由电镀时间和电流密度决定，可以根据法拉第定律进行计算。电流密度（I）是描述镀液中某点电流大小和方向的矢量：

$$\text{电流密度（ASF）}=\frac{\text{电流}}{\text{单位面积}\ (\text{ft}^2)\times 2\ \text{面}}$$

电流方向定义为该点的正电荷运动方向。当添加剂、温度和搅拌等因素确定后，镀液所允许的电流密度范围也就确定了。

在电极未极化或未受其他干扰的情况下，电镀槽中的阴极和阳极具有不同的形状、排列和位置距离，从而产生不同的高低电流分布，这被称为一级电流分布。通过绘制虚拟的有向电力线簇来描述电流分布的效果，可以直观地展示电场强度在空间中的分布情况。密集曲线的区域表示电场强度高，而稀疏曲线的区域则表示电场强度低。一级电流分布受阴阳极几何形状的影响，高电流密度区域可能会出现尖端效应，即电流集中在板的凸起尖端或边缘位置，导致镀层厚度不均匀，如图 2.22 所示。要改善一级电流分布，需要考虑阳极配置方式、阴阳极的距离和大小、板悬挂方式、镀液搅拌和打气方式、镀架摇摆方式、光剂类型、遮蔽方式等因素。

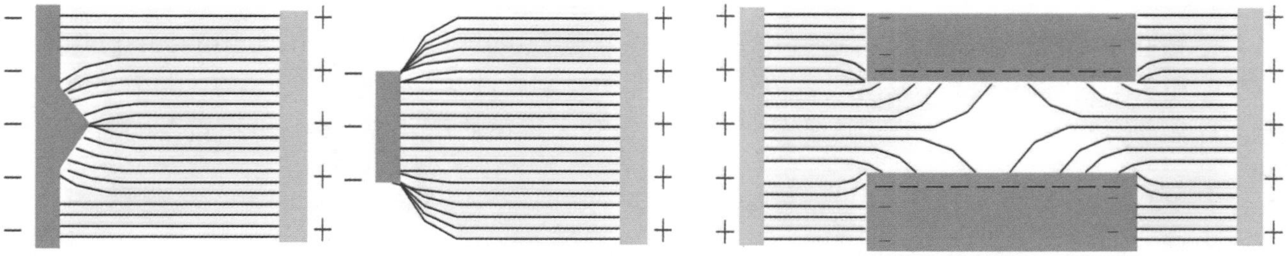

图 2.22　一级电流分布示意图

通电时，由于电极发生电阻极化和浓差极化，实际板面上的局部电流分布会与一级电流分布不同，这被称为二级电流分布。二级电流分布受活化过电压和浓度过电压的影响。为了获得更均匀的电流分布，必须使表面与孔内的电阻尽可能接近，因此，可以通过电荷传递和质量传递来改善电流分布。影响二级电流分布的因素包括硫酸铜浓度、电镀速率、搅拌方式和镀液温度等。

电镀铜生产物料和设备

全板电镀 / 负片电镀三级工艺流程：

上板→除油→水洗组合→酸浸→电镀铜→水洗组合→下板→退镀→水洗组合。

图形电镀三级工艺流程：

上板→除油→水洗组合→微蚀→水洗组合→酸浸→电镀铜→水洗组合→酸浸→电镀锡→水洗组合→下板→退镀→水洗组合。

电镀铜的发生基于三个条件：①电镀铜溶液，提供电镀反应的环境；②阴阳电极，发生电镀反应；③电镀电源，提供稳定和准确的电流。

PCB 行业广泛应用的电镀铜溶液是硫酸盐镀液，其主要由硫酸铜、硫酸及氯离子等无机成分，以及光亮剂、整平剂、润湿剂等有机添加剂组成。该体系镀液具有良好的分散能力和深镀能力，电流密度范围宽，稳定且便于维护，不侵蚀覆铜板材。酸性电镀溶液有用于通孔电镀和 HDI 板填孔电镀的两种类型，成分相似，但浓度配比和添加剂类型各自不同，见表 2.8。

普通电镀液是“高酸低铜”型，硫酸铜浓度低，而分析纯级硫酸浓度高，主要是为了增强溶液的电导性，保证良好的深镀能力。填孔电镀液则是“低酸高铜”型，硫酸浓度低，硫酸铜作为主盐提供较高的铜离子浓度，硫酸铜浓度越高，填孔效果越好。

表 2.8　电镀液成分对比

成　分	通孔电镀	通盲孔同步电镀	填孔电镀
硫　酸	180 ~ 220g/L	150 ~ 250g/L	30 ~ 50g/L
硫酸铜	50 ~ 90g/L	45 ~ 150g/L	200 ~ 240g/L
氯离子	40×10^{-6} ~ 80×10^{-6}g/L	20×10^{-6} ~ 60×10^{-6}g/L	30×10^{-6} ~ 50×10^{-6}g/L

电镀铜所需的关键物料，除电镀铜溶液外，还有磷铜球。磷铜球作为导电阳极，不断为镀液提供铜离子，是关键物料之一。常用的铜阳极规格有 ϕ25mm 和 ϕ50mm 两种。在电镀过程中，可溶性阳极会生成 Cu^+。如果 Cu^+ 不能及时转化为 Cu^{2+}，就会生成铜粉或 Cu_2O 粉末，严重干扰电极过程的进行。因此，铜球中会加入少量的磷，促使阳极表面形成一层黑色的 Cu_3P 膜。这层膜具有金属的导电性，覆盖在铜阳极表面，加速 Cu^+ 的氧化，减少 Cu^+ 的积累和生成，同时减少阳极泥的产生。

电镀生产设备包括龙门式垂直电镀线、垂直连续电镀线（vertical continuous plating，VCP）和水平连续电镀线。龙门线是传统 PCB 生产的主流设备，而近年来，VCP 由于大幅度降低了日常动力和人工成本，且生产质量稳定，已得到大规模使用。表 2.9 是电镀设备的对比。

表 2.9 电镀设备对比

特 征	龙门式垂直电镀线	垂直连续电镀线	水平连续电镀线
阳 极	常规 PCB 电镀用可溶性阳极；填孔电镀可采用可溶性阳极，也可以使用不溶性阳极		不溶性阳极，可以采用较高电流密度
铜离子补充	含磷铜球	含磷铜球 / 氧化铜粉	氧化铜粉
阴 极	夹具	连续式夹具或连续式阴极夹点	不锈钢滚轮或连续式阴极夹点
传 质	摇摆、振动、空气搅拌或喷流系统	振动、超声波和喷流式药液交换	
设备操作特点和风险	天车吊飞巴易导致槽液相互污染，镀槽开放易污染	镀槽开放易污染，密闭式槽体不易受外部污染，采用强力弹簧夹持时易掉板	密闭式槽体不易受外部污染，采用强力弹簧夹持时易掉板，阴极滚轮易有铜颗粒反粘板面
均匀性（COV）	7% ~ 10%，极差 15 ~ 20μm	5%，极差 5 ~ 10μm	2%，极差 3 ~ 6μm
深度能力	高厚径比和盲孔电镀须低电流持续长时间，深镀能力低	通孔深镀能力良好，填孔率较高	薄板和盲孔深镀能力高

电镀线上为电镀槽提供电压和电流的设备被称为电源或电镀整流器。电源分为直流电源（直流电镀）和脉冲电源（脉冲电镀）两大类，能够控制电镀电流的稳定性和准确性，确保电镀设定电流与生产实际电流一致。PCB 电镀广泛应用直流电源，脉冲电源则多用于高厚径比和精细线路产品的电镀。与直流电镀相比，脉冲电镀的镀层厚度更均匀，孔隙性显著降低，电镀层质量明显提高。

脉冲电镀的峰值电流是普通直流电镀的几倍甚至十几倍，这种瞬时高电流密度使金属离子在极高的过电位下还原，从而形成晶粒细小、密度高且孔隙率低的镀层。在断电或脉冲反向的瞬间，镀液中的金属离子迅速传递到阴极附近，让双电层内的离子得到补充。同时，瞬时反向电流会使阴极镀层尖角、边缘处过多沉积的金属回到镀液中，使铜镀层经历“溶解”过程。由于反向脉冲电流幅值大（电流密度大），板面溶解的铜多于孔内，且从孔口向孔深部呈梯度减少，板面铜层厚度与孔内镀铜层厚度的差距减小，板镀层的均匀性因此得到改善。

电镀铜过程检测

PCB 板面镀铜层的基本质量要求是镀层均匀、结晶细致、平整、无麻点、无针孔，镀层厚度均匀且与板面基铜结合牢固，具备良好的导电性、延伸率和抗张强度。为此，需要对电镀过程和镀铜层质量进行严格管控和测试。

槽液成分浓度和污染物监控

- 循环伏安剥离（CVS）法：一种电化学方法，通过控制电镀期间金属沉积 / 剥离的速率，利用金属剥离峰值面积与电镀速率之间的关系，准确分析电镀添加剂浓度。

· 赫尔槽（Hull cell）试验：用于监控槽液的整体表现特性，如对添加剂含量的定性分析。
· 有机物碳总量（TOC）检测：通过专用的总有机碳分析仪（TOC–V）测定溶液中含碳化合物转化为 CO_2 后的总碳（TC）含量，以管控槽液 TOC，确保镀层结晶致密和优良。

制程能力测试

· 电镀均匀性测试：评价电镀制程能力的主要方式。电镀均匀性决定了后制程线路制作的能力，必须定期监控。测试方法是待整板电镀铜后，测量不同区域的铜厚，以表征镀缸中电力线在板面的分布情况。收集数据并绘制板面镀层均匀性分布图，如图 2.23 所示。根据不同区域的铜厚，判断引起镀铜均匀性差异的原因，并根据结果调整缸体钛篮排布、镀液溢流位置和方式、浮槽开孔设计、阳极挡板尺寸、搅拌方式和大小、摇摆和振动等。

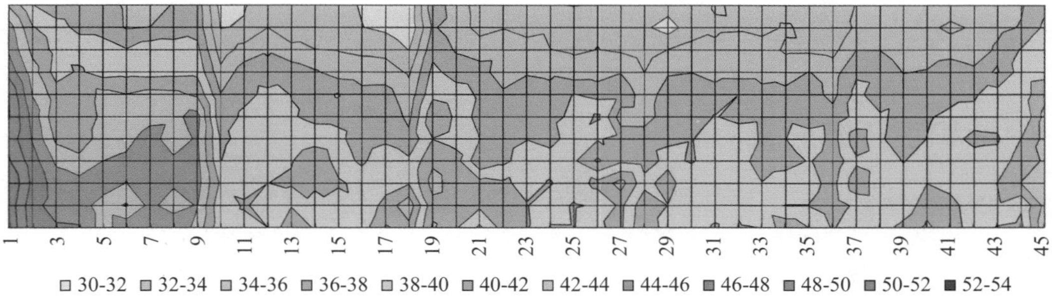

图 2.23　电镀铜厚度分布（PCB 正面）

· 电镀均匀性计算：COV（%）= 标准偏差 STD/ 平均值 AVE × 100%。一般龙门线的 COV ＜ 8%，水平线和 VCP 的 COV ＜ 5%。
· 铜厚度极差计算：极差 *R*= 最大铜厚 – 最小铜厚。
· 镀通率（深镀能力，throwing power，TP）测试：评估导通孔内电镀层厚度的加工能力，以确保孔铜质量和可靠性。通过设计不同板厚及孔径的测试板，并按照生产要求进行电镀，测试面铜厚度与孔口及孔中心铜厚，以表征电镀后孔内铜厚的均匀性。通孔镀通率主要采用十点法（最小值）和六点法（IPC）计算，盲孔镀通率主要采用五点法及三点法计算，整体 TP=100% 为最优。TP 与厚径比成反比，增加镀液的电导率可以提高 TP。而在板厚、孔径和溶液电导率确定的情况下，电流密度越小，TP 越高。因此，生产过程中要确定合适的电流密度参数。
· 电流效率：表征电流利用率。在电镀过程中，由于部分电流用于副反应，沉铜量与实际流过回路的电流存在差别。因此，掌握电流效率对控制电镀过程具有重要意义。采用称重法测试电镀沉铜量，根据法拉第定律计算理论沉铜量，电流效率 η= 实际镀铜质量（m_s）/ 理论镀铜质量（m_1）× 100%。通常，PCB 电镀线的镀铜电流效率 $\eta \geqslant 98\%$。

电镀铜的失效模式

电镀铜的常见失效模式见表 2.10。

表 2.10　电镀铜的常见失效模式

前序不合格		本工步（电镀）缺陷	后序不合格
产　品	过　程		
板显影液残留，干膜残留入孔，沉铜孔内无铜	振动异常，气泡残留	镀层空洞	开路
板表面杂物	缸体内铜粉等杂物，整平剂浓度偏低，空夹具打电流，过滤不足	镀层结瘤、铜粒	开路

续表 2.10

前序不合格		本工步（电镀）缺陷	后序不合格
产 品	过 程		
	电流密度过小，镀铜缸有机污染（副产物）含量过高，电镀铜温度过低，电镀铜有机添加剂浓度不足或过高或比例失调	柱状结晶	开路
	电镀参数错，药水成分超标，整流器异常，电刷与导轨接触不良，挂具变形，循环泵未开启，阳极分布不均、铜阳极不足，均异常返工	镀层厚度不合格	影响传输信号
	前处理不足，镀液有油污，搅拌不足，添加剂不足，润湿剂不足	针孔	缺口
干膜划伤，干膜结合力不够	热水洗温度过高，除油缸温度过高	渗镀	短路、残铜
沉铜孔内无铜	微蚀过度，孔内氧化铜氧化，整流器故障，振动异常，气泡残留	孔内无铜	开路
导体线路密度稀疏	电流密度过大，镀液温度低，铜浓度低，添加剂不足，阳极过长	铜面烧焦	开路、缺口
孤立导体线路	参数使用不当，镀铜均匀性不佳	电镀夹膜	短路、缺口
	前处理效果不好，铜缸有机污染，铜缸过滤机漏气	电镀凹坑	开路、缺口

2.2.6 阻焊和字符的形成

图 2.24 阻焊示意图

阻焊（solder mask），又称防焊、绿油等，是涂覆在 PCB 表面的具有绝缘和耐热性能的永久性保护涂层，如图 2.24 所示。随着材料性能的不断提升和新需求的出现，阻焊被赋予了更多的功能，如塞孔、防腐、介电等。阻焊塞孔和阻焊桥制作体现了阻焊工艺能力。字符则是按照客户要求在产品固定位置印上规定符号，用于 PCB 后期加工和使用的标识。

阻焊字符制作二级流程：

阻焊前处理→阻焊塞孔→阻焊涂覆→预固化→曝光→显影→字符→固化。

阻焊前处理

在阻焊油墨印刷前，需要对 PCB 板面进行处理，以清除表面和孔内的氧化物和油污，从而获得洁净的铜面。更为重要的是，通过前处理使板面获得一定的表面粗糙度，从而增加油墨与铜面的接触面积，强化油墨与铜面结合过程中产生的机械铆合效应。经前处理的新鲜铜表面，含有的活性—OH 或—COOH 基团能与油墨分子结构中的有效官能团—OH 产生强氢键作用。机械力和化学键结合力的双重作用能显著提高阻焊油墨的板面附着力，避免阻焊层脱落等缺陷。

表面粗糙度（surface roughness）是评价板面前处理效果的量化指标，被定义为两个波峰或两个波谷之间的微小距离（波距）。表面粗糙度越低，表面越光滑。表面粗糙度的表征采用中线制，包括常用的 Ra 和 Rz 在内的 6 个评定参数及相应的值。Ra 代表轮廓算术平均偏差，指的是在取样长度 lr 内轮廓偏距绝对值的算术平均值。在实际测量中，测量点越多，Ra 越准确。Rz 代表轮廓最大高度，指的是轮廓峰顶线和谷底线之间的距离。

PCB 制造工艺流程中的内层贴膜、沉铜、阻焊、喷锡和化学沉金等多个工序，都需要对板面进行前处理。常用的表面前处理工艺有火山灰磨板（brush）、微蚀（micro etch）、喷砂（pumice）和超粗化（ultra coarsening）。处理方法和使用材料不同，被加工表面留下的痕迹深浅、疏密、形状和纹理各异。根据不同工序对 PCB 表面的要求，需要选择不同的处理方式。表 2.11 列举了几种表面前处理工艺的特点。

表 2.11　表面前处理工艺的特点对比

工　艺	火山灰磨板	喷砂	微蚀	超粗化
类　型	机械处理	机械处理	化学处理	化学处理
	火山灰 + 尼龙刷	H_2SO_4+H_2O_2+ 金刚砂	H_2SO_4+H_2O_2/H_2SO_4+$Na_2S_2O_4$	H_2SO_4+H_2O_2+ 添加剂
机　理	将火山灰与水的混合液喷到高速旋转的磨刷上，对板面进行磨刷，获得板面粗糙度	通过高压泵喷嘴喷出 Al_2O_3 金刚砂颗粒，形成强力砂流，高速撞击板面，获得板面粗糙度	先用碱溶液去除铜表面各类有机污物，再用酸性溶液去除氧化层和原铜面保护涂层，最后进行微蚀，得到充分粗化的表面	添加特殊添加剂，能均匀地吸附铜晶粒表面，使其排布规则，获得均匀有序、致密的粗糙铜表面
粗糙度	Ra = 0.2 ～ 0.4μm	Ra = 0.2 ～ 0.4μm	Ra = 0.2 ～ 0.4μm	Ra ＞ 0.5μm
效　果	表面粗糙度较大，板面无耕地式沟槽，磨板较均匀	表面形貌为层状波浪，铜面翘起一层微米级小片，形成各向异性粗糙表面	表面形貌是密集凹坑，坑底有几十纳米级的褶皱起伏	更加致密的微蜂窝状表面，轮廓更均匀
图　片	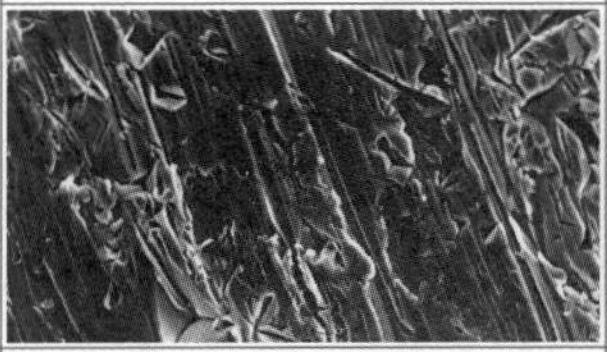	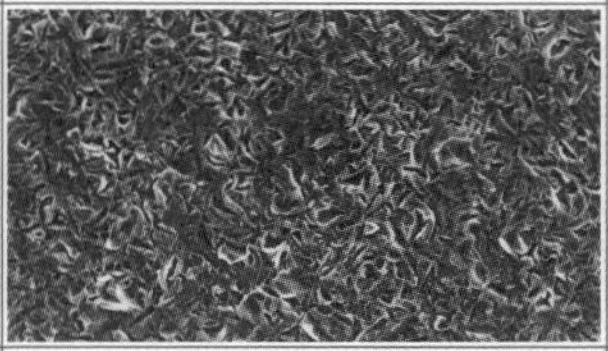	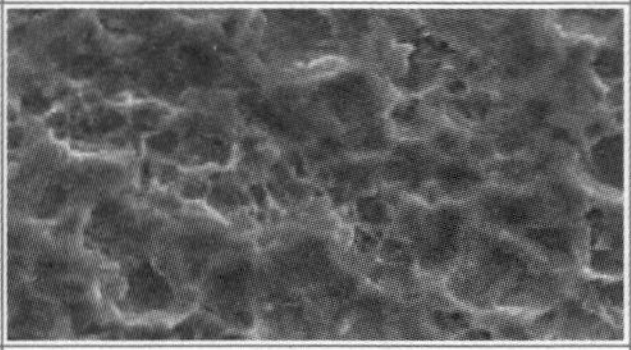	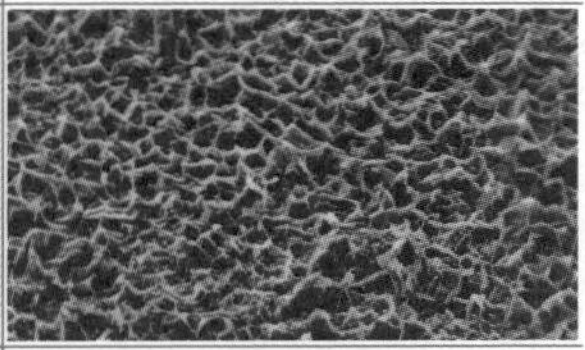
缺　点	薄板易出现芯板变形；均一性一般，易形成严重的铜面划痕；对线路冲击大，易造成断线；有残胶的风险	容易对设备的机械部分造成损伤，设备保养维护困难，生产环境较难维护；部分物质容易黏附板面	严重氧化及铜面残留异物较难去除；废液需进行处理，增加废物处理费用	对过程管控要求较高，易出现铜面异色、龟纹、粗化不均及褪膜不净等缺陷，要加强过程管控
优　点	设备简单，操作容易；成本低，使用寿命较长；对铜面本身的缺陷具有一定的修补作用	可去除所有污染物，铜面清洁无氧化；能够形成粗糙、均匀、多峰的表面，接触面积较大，铜面结合力较好；板面无沟槽，降低曝光的光散射效应；尺寸稳定性好	表面均匀性高，提升表面活性；去油污性较强；铜箔损失较小，基材本身不受机械力影响，薄板处理性能优良	显著提高铜面与干膜结合力，对负片开路导损、正片渗镀短路有明显改善，有利于精细线路的制作
流　程	入板→酸洗→溢流水洗→（磨板）→火山灰磨板→磨板冲洗→超声波浸洗→水柱式冲洗→（高压水洗）→ DI 水洗→强风吹干→热风烘干→出板	入板→微蚀→水洗→喷砂→水洗→干板组合→出板	入板→（磨板）→除油→水洗→微蚀→水洗→酸洗→水洗→干板组合→出板	入板→磨板→除油→水洗→超粗化→水洗→酸洗→水洗→干板组合→出板

阻焊塞孔

PCB 导通孔、背钻孔等需要按客户要求填塞阻焊油墨。此处理有全塞孔和半塞孔两种效果，主要作用是①防止元器件组装过程中，焊锡通过导通孔流至另一面造成短路；②防止表面锡膏流入孔内造成虚焊；③避免助焊剂、焊锡残留在导通孔内引发可靠性问题，以及避免焊接时弹出的锡珠造成短路；④元器件装配后形成负压吸附，便于传输和测试（ICT）。

阻焊塞孔的方式是，通过丝网印刷将塞孔油墨挤压到 PCB 指定孔内。不需要填塞的孔则不应含油墨。可在表面处理前或后进行填塞，方法包括连塞带印和铝片（基板）塞孔。

表面处理前阻焊塞孔的二级流程：

前工序 → 外层 AOI → 阻焊前处理 → 烘板 → 阻焊塞孔 → 阻焊印刷 → 烘烤 → 后工序

存在背钻孔时，需要在阻焊前处理前增加 150℃、2h 烘板。

阻焊塞孔的三级流程：

前工序 → 阻焊前处理 → 烘板 → 架钉床 → 铝片塞孔 → 丝印第一面 → 丝印第二面 → 静置 → 预烘 → 曝光 → 静置 → 显影 → 检查 → 固化 → 后工序

塞孔的关键影响因素有塞孔机、油墨、丝网、网板、铝片等，阻焊塞孔机直接影响塞孔对准度、下油量、下油均匀性、饱满度及外观等。

专用于塞孔的阻焊油墨应具备良好的填充性能，如固化后收缩小、与孔壁结合力强、不易产生裂纹，同时具备优异的耐热性，如低 CTE、高 T_g 等，以防止高温固化或热风整平时孔口油墨发白、起泡。

受表面张力影响，油墨入孔时会受到一定阻力，孔径越小，越难完全填塞油墨。小孔需要塞孔铝片加以辅助。塞孔铝片通常选用厚度为 0.13 ~ 0.20mm 的钻孔盖板铝片，也可使用无铜箔基材。

铝片钻孔孔径应适当加大，当同一块板的塞孔孔径差别在 0.20mm 以上时，可以制作多张铝片，避免出现大孔已聚油但小孔还未塞满的情况。目前广泛应用的丝网为聚酯网。丝网应同时具备较高的抗张强度、弹性及伸长率，以及较好的耐化学药品性能，此外，丝网目数、丝网张力、网板距离对塞孔质量有一定的影响。塞孔常用的 36T 丝网，张力通常在 22 ~ 28N/cm^2，5 点偏差≤ 4N/cm^2。

塞孔网板的制作方式有两种：①直接将塞孔铝片固定在白网下面，使用胶带固定；②在前一种方式的基础上割掉铝片上的丝网。第②种方式下油更顺畅、下油量更大，对于高厚径比产品的塞孔，更容易一刀塞穿，效果更好，但成本相对较高。

阻焊塞孔的质量要求是孔内填塞饱满、无气泡、孔口无聚油和爆油。生产过程中应杜绝塞孔铝片的披锋、毛刺、褶皱等问题，以免塞孔偏位聚油、不饱满等。塞孔下油量过大、铝片偏位或孔径过大，会导致孔口聚油、油墨过厚，给后续贴片封装造成可靠性影响。如油墨未完全填充整个孔，丝印后因油墨垂流，会产生假性漏铜缺陷。塞孔后油墨静置时间不足会导致孔内气泡，高温固化时气泡内空气膨胀会导致爆油。

阻焊涂覆

丝网印刷是一种传统且广泛使用的膜层涂覆技术，早期的 PCB 制作便源于丝网印刷：将抗蚀图形通过丝网转印到铜箔上，然后蚀刻出导体线路。目前，丝网印刷主要用于阻焊油墨涂覆。对于普通工艺难度的 PCB，客户对阻焊厚度没有特别要求，丝印简单易用，可使用白网或挡点底片（仅在网板上做孔及孔环的挡点，以阻止油墨入孔），质量一致性好，适合大批量生产。

喷涂是现今 PCB 阻焊涂覆的主要方式，有静电喷涂和低压空气喷涂两种工艺，如图 2.25 所示。静电喷涂以板件为正极，油墨喷涂装置为负极，通过带有高压负电（−30 ~ −40kV）的喷枪，使油墨雾化成带负电荷的粒子液滴，在高压静电场的作用下向带正电的板件运动并吸附在 PCB 表面。静电喷涂生产效率高，流程时间大约比丝网印刷短 20%；油墨利用率高，一次涂装可得到较厚的涂层；厚度均匀，废油墨和废油雾产生量小，有利于环保。根据实际的生产板测试和使用结果，静电喷涂工艺适用于 0.2mm 孔径、2.4mm 厚的板无阻焊入孔情况；大铜面开窗、过孔开窗和金手指开窗板，沉金和沉锡后无掉油情况；沉金加电镀金手指板，金手指根部无掉油缺陷。

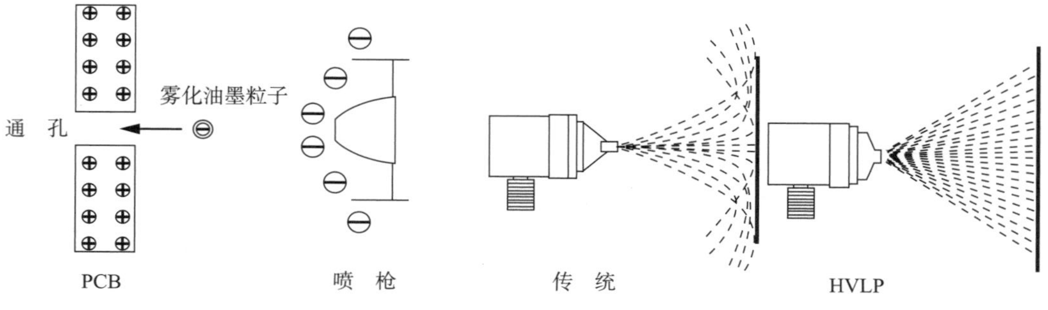

图 2.25 喷涂原理：静电喷涂（左）、低压空气喷涂（右）

低压空气喷涂设备采用的是高容量低压喷涂（HVLP）技术，通过转速达到 11000r/min 的工业涡轮，吸入精细过滤的空气，产生一股体积庞大、热而干燥的低压雾化气流，以不到 48.3kPa 的压力持续不断地输送给 HVLP 喷枪。HVLP 喷枪在低压条件下，将液态油墨雾化成气体。低压空气从喷枪出来时不会迅速膨胀，气团形成的雾化作用、足够的能量将涂料喷到基材表面，如图 2.25 所示。HVLP 喷枪的喷气推力不会造成过量喷涂和飞散，避免了法拉第屏蔽效应，使得板件凹坑及角落位置被油墨完全覆盖，且反弹很少。这与传统喷枪不同，传统喷枪使用 241.3 ~ 551.6kPa 的高压雾化空气，喷出时会突然膨胀，加速运动的爆破气流会吹散涂层，导致涂料喷溅，降低喷涂效率。

HVLP 技术涂装效率高，对比压缩空气喷涂设备 25% 的涂装效率，HVLP 可达 65% ~ 90%。根据 PCB 行业的应用经验，低压喷涂油墨厚度均匀性可达 85% ~ 90%，生产效率比传统丝印提升了 3 ~ 4 倍。HVLP 技术减少了涂料喷溅，涂料利用率可提高到 75% ~ 80%。

阻焊涂覆完成后要进行预烘，使阻焊膜初步固化，然后进行曝光、静置和显影，去除不需要的阻焊部分，其原理类似于图形转移，这里不再赘述。

阻焊的常见失效模式及测试

考虑到 PCB 结构特征的复杂性和客户要求的多样性，阻焊涂覆特别需要关注工艺流程和参数的选择，并严格控制生产过程。阻焊的常见失效模式见表 2.12。

表 2.12　常规结构 PCB 阻焊的常见失效模式

前序不合格		本工步（阻焊）缺陷	后序不合格
产　品	过　程		
板面氧化，板面有水分	粗糙度不足，预烘时间或温度不足，待丝印静置时间过久，曝光后停留时间不足	阻焊起泡、掉油	外观不良，可靠性风险
	曝光能量不足，预烘时间或温度不足，油墨过厚，曝光后停留时间不足，显影压力、速度、温度不当，药水浓度偏高	掉阻焊桥	短路
	无尘室洁净度超标，曝光台面洁净度超标，显影缸洁净度不达标，滤芯过期未更换，烘箱、隧道炉未清洁干净	阻焊杂物	外观不良
	塞孔铝片不良，丝印次数过多，未采用挡点网，丝印倾角、丝印压力调节不当，索纸[1)]不足，油墨预烘时间过度、预烘温度过高，停留时间过长，曝光能量过大	阻焊入孔	影响插件贴装
	塞孔后未刮平，丝印压力过小，丝印刮刀不平整，网距偏大，压力调节不当，刮刀速度偏慢	板面聚油	外观不良
板线路铜厚过大	套印次数过多，丝印压力过小	油厚偏厚	焊接虚焊，掉阻焊桥，短路
板线路铜厚过大	塞孔速度快，丝印速度过快，丝网目数错，油墨稀释剂过量，阻焊曝光对位偏位	假性漏铜	外观不良，掉油，可靠性风险
板翘曲，板胀缩，焊盘偏大	对位偏位，底片胀缩，底片擦花，显影速度过低	阻焊上盘	漏铜短路
	显影辊轮污染，曝光能量不足	滚轮印	外观不良
	搬运过程中板相互碰撞，设备滚轮破损碰撞，上下板叠板碰撞，拿取板不当碰撞，夹具变形碰撞	阻焊划伤	外观不良

阻焊膜的质量可靠性可依据 IPC 标准测试，主要项目见表 2.13。

1）阻焊丝印连续生产过程中，印刷一定数量的板后，用一张白纸垫在台面上，不放板，然后印刷一次，以清理网板上的油墨，减少积油，减少大孔边积油或油墨入孔。

表 2.13 阻焊膜的质量可靠性测试项目

测试项目	测试方法（标准）	评估标准
外观	IPC-SM-840C	油墨色泽均一
油墨硬度	IPC-SM-840C/IPC-TM-650 2.4.27.2	≥ 6H 的铅笔不会划伤，阻焊层无脱落
附着强度	IPC-SM-840C/IPC-TM-650 2.4.28.1	一次漂锡前后，3M 胶带测试无阻焊脱落
耐溶剂性	IPC-SM-840C	室温，浸入 PMA 1h，3M 胶带测试阻焊无粗糙、发黏、起皱、起泡、变色等缺陷
耐酸性		浸于体积分数 10% 的 H_2SO_4 中 30min，3M 胶带测试无阻焊脱落
耐碱性		浸于质量分数 10% 的 NaOH 中 30min，3M 胶带测试无阻焊脱落
耐镀金性		Ni 199.6μin，Au 45.5μin，3M 胶带测试无阻焊脱落
耐化金性		Ni 168.5μin，Au 4.34μin，3M 胶带测试无阻焊脱落
耐加工性	IPC-SM-840B 3.5.3	钻孔孔边无裂痕
可焊性试验	IPC-SM-840C	PCB 焊盘润湿良好，无分层、起泡等异常现象
热应力测试	IPC-TM-650 2.6.8	288℃，10s，三次，无分层、起泡、裂纹等异常现象
离子污染度测试	IPC-TM-650 2.3.26	测量的等效 NaCl 值≤ 1.0μg/cm^2
潮湿绝缘电阻	IPC-SM-840C/IPC-TM-650 2.6.3.1	测试绝缘电阻值≥ 500MΩ
高压蒸煮测试	JESD22-A102-C	121℃，相对湿度 100%，205kPa，168h，阻焊无脱落

1μin= 2.54 × 10^{-8}m。

字符制作

字符制作有手工丝印和机器打印两种方式。手工丝印是传统工艺，近年来逐渐被机器打印所取代。字符打印机利用 CCD 镜头抓取外层图形上的定位点，根据实际读取的图形坐标尺寸，通过喷嘴选择性地将油墨喷涂到板面上，并利用 UV 光照使油墨预固化。打印字符所用的油墨是专门配方，与普通字符油墨不同。

2.2.7 表面涂覆层的形成

表面涂覆层是在 PCB 焊盘和孔内的铜导体表面镀覆的一层涂层，具有防氧化和辅助焊接功能，在表面处理工序形成。焊盘和孔作为元器件安装和焊接的承载位置，其表面涂覆层是元器件和电路互连的关键界面。

早期的表面处理工艺，表面涂覆层为锡铅层，热熔后再装配元器件。随后出现的裸铜涂覆阻焊（SMOBC）工艺和热风整平（hot air solder leveling，HASL）工艺，解决了热熔导致的窄间距线路熔锡短路问题。热风整平俗称喷锡，是指在 PCB 焊盘上通过热风吹平，涂覆一层均匀、光亮的锡铅焊料（Sn63/Pb37），作为铜面保护层，并在后续波峰焊或回流焊过程中为元器件与板面的焊接提供基材金属。很长一段时间，这一工艺在 PCB 行业占据主流地位。尽管 HASL 技术成熟，焊点强度和焊盘润湿性能都非常优秀，但焊料中的铅成分对环境有负面影响。2003 年欧盟颁布 RoHS 指令，要求在 2006 年后全面禁用铅、汞、镉、六价铬等重金属物质。这一无铅化的要求，使得以 HASL 为代表的表面处理工艺逐渐被替代。

随着计算机、移动通信等技术的快速发展，电子设备的小型化和智能化趋势日益明显，元器件封装也发展到了 SiP（系统级封装）、PoP（层叠封装）和 3D 堆叠阶段，这对封装工艺提出了更高的要求。焊盘表面处理需要具备更好的平整性、可焊性和导电性，以适应金线或铝线的键合工艺，尤其需要满足多次回流焊的能力。此外，组装前的耐储存时间要更长，焊点也必须更加可靠。这些都对 PCB 表面处理提出了更新、更高的要求，促使各种表面处理工艺不断涌现。

目前，市场上主流的表面处理工艺有电镀镍金（nickel and gold electroplating）、有机可焊性保护膜（organic solderability preservatives，OSP）、化学镍浸金（electroless nickel immersion gold，ENIG）、化学镍钯浸金（electroless nickel palladium immersion gold，

ENEPIG）、化学浸银（immersion silver，I-Ag）和化学浸锡（immersion tin，I-Sn）等。这些工艺各有特点，满足了不同应用场景的需求。

表 2.14 列出了主要表面处理工艺的特点。

表 2.14　表面处理工艺的特点对比

特　性	电镀镍金	OSP	ENIG	ENEPIG	I-Ag	I-Sn
存储时间	12 个月	小于 6 个月	12 个月	12 个月	小于 6 个月	小于 6 个月
成本	较高	低	较高	高	较高	中
接触电阻	低	高	低	低	较低	较低
表面共面性	平整	平整	平整	平整	平整	平整
回流焊次数	3 次良好	2 次良好	5 次良好	5 次良好	3 次良好	3 次良好
焊点	镍 / 锡	铜 / 锡	镍 / 锡	镍 / 锡	铜 / 锡	铜 / 锡
焊点可靠性	良	良	黑盘、脆裂	良	变色、枝晶	锡须和多孔
引线键合	厚软金支持	不支持	支持铝线键合	支持金线键合	支持铝线键合	不支持
封装后腐蚀	不会	会	不会	不会	会	会
镀层厚度	薄软金（水金） 金 0.025 ～ 0.1μm 镍 3.0 ～ 8.0μm 厚软金(引线键合) 金 0.3 ～ 0.5μm 镍 3.0 ～ 8.0μm 硬金（钴金） 金 0.25 ～ 1.5μm 镍 3.0 ～ 8.0μm	0.18 ～ 0.5μm	焊接 金 0.05 ～ 0.15μm 镍 3.0 ～ 8.0μm 引线键合 金 0.3 ～ 0.5μm 镍 3.0 ～ 8.0μm	焊接 金 0.05 ～ 0.15μm 钯 0.05 ～ 0.15μm 镍 3.0 ～ 8.0μm 引线键合 金 0.07 ～ 0.15μm 钯 0.1 ～ 0.4μm 镍 3.0 ～ 8.0μm	0.05 ～ 0.5μm	0.6 ～ 1.2μm
用途	键合 \ 焊接 \ 插头	焊接	键合 \ 焊接 \ 插头	键合 \ 焊接 \ 插头	焊接	焊接
表面接触	避免	一定避免	避免	避免	一定避免	一定避免

电镀镍金

电镀镍金是一种利用电镀技术在指定导体图形表面镀覆镍金层的工艺。电镀镍层的作用是提高镀金层的硬度，并作为金铜之间的阻挡层，防止金铜相互扩散，阻止铜原子穿透到金表面，从而确保良好的可焊性。电镀金层在纯度、厚度、硬度和镀覆位置等方面有多种选择，因此电镀镍金工艺可以实现多种不同的功能，如抗蚀刻 / 焊接（采用薄的软金）、键合（采用厚的软金）、板边连接（采用厚的硬金）及按键接触（采用厚的硬金）等。

具体来说，PCB 表面电镀金工艺有电镀硬金和电镀软金两种。不同镀金配方的镀层性能存在差异，见表 2.15。硬金镀层中含有钴（Co）、镍（Ni）、铁（Fe）、锑（Sb）等元素的合金，合金元素含量通常不大于 0.2%。在与金原子的共沉积过程中，少量钴原子进入金的晶格，改变晶格取向，导致延展性下降和内应力增大，从而提高硬度和耐磨性。硬金镀层适用于板面耐磨、耐插拔的金手指和按键等位置。

表 2.15　电镀硬金和电镀软金的差异

项　目	镀层质地	镀层结构	努氏硬度值	用　途
电镀硬金	钴金或金镍合金，金纯度≥ 99.9%	层状结构	130 ～ 200	主要用于非焊接处的电气互连，如按键、插拔件等，要求耐摩擦
电镀软金	纯金，金纯度≥ 99.99%	柱状结构	90 ～ 129	金线键合

电镀软金是指在 PCB 焊盘上电镀 24K 纯金，镀液中不添加光亮剂，镀层较薄（0.025 ～ 0.1μm），也称为水金，主要用于焊接。镀层厚度达到 0.5μm 以上的厚软金可焊性低，主要用于键合工艺，可以与金线结合，如图 2.26 所示。

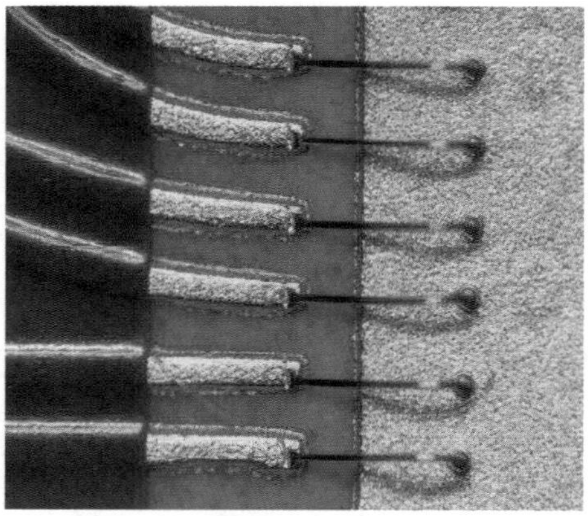

图 2.26 镍钯金键合效果

用于线路制作抗蚀层的图镀镍金工艺流程

二级工艺流程：

前工序→板镀→外层前处理→贴膜→曝光→显影→图镀铜镍金→褪膜→碱性蚀刻→外层 AOI →后工序。

三级工艺流程：

上板→除油→水洗组合→微蚀→水洗组合→活化→镀镍→水洗组合→活化→纯水洗→镀金→水洗组合→下板。

用于按键接触的电镀硬金三级工艺流程

板边包胶→开夹点位→上板→水洗→活化→水洗→电镀硬金→金回收→ DI 热水洗→下板→撕蓝胶带→后工序。

用于金手指的电镀硬金三级工艺流程

上工序→贴蓝胶带→开窗→上板→微蚀→水洗→镍活化→ DI 水洗→电镀镍→ DI 水洗→金活化→ DI 水洗→镀金→金回收水洗→烘干→下板→撕蓝胶带→下工序。

用于键合的电镀软金三级工艺流程

板边包胶→开夹点位→上板→活化→水洗→预镀金→电镀软金→金回收→ DI 热水洗→下板→撕蓝胶带→清洗线清洗→烘干。

电镀镍金属于传统电镀工艺，使用垂直龙门电镀线。在电场作用下，镀液中的金属离子在阴极 PCB 铜表面导体区域被还原，得到镍金镀层。依据法拉第第一定律和法拉第第二定律可以计算电流、电镀时间和镀层厚度，电解反应如下：

电镀镍阳极（镍币） $Ni - 2e^- \longrightarrow Ni^{2+}$

电镀镍阴极（板面） $Ni^{2+} + 2e^- \longrightarrow Ni$（主反应）

$2H^+ + 2e^- \longrightarrow H_2\uparrow$（副反应）

电镀镍的镀液主盐有硫酸镍和氨基磺酸镍两种。镍层为半光亮镀镍，又称为低应力镍或哑镍。

电镀金阳极（钛网） $2H_2O - 4e^- \longrightarrow O_2\uparrow + 4H^+$

电镀金阴极（板面） $Au(CN)_2^- + e^- \longrightarrow Au + 2CN^-$（主反应）

$2H^+ + 2e^- \longrightarrow H_2\uparrow$（副反应）

金在镀液中以 $Au(CN)_2^-$ 的形式存在，来源于镀金溶液主盐氰化亚金钾 $KAu(CN)_2$。随着生产的进行，要不断补加金盐来维持镀液的金浓度。在电场作用下，金氰络离子会在阴极放电，形成金原子及析出氢气。电镀金常用耐腐蚀的镀铂钛网作为不溶阳极，如果槽电压较高，阳极会发生析氧反应。

化学镍金（ENIG）/ 化学镍钯金（ENEPIG）

化学镍金（ENIG），亦称无电镍金或沉金，是一种在裸铜面上以钯为催化剂，通过氧化还原反应沉积一层平坦镍金属的表面处理工艺。在此过程中，镍层与金溶液发生置换反应，从而在表面形成一层金。金（Au）具有出色的化学稳定性，不论是在常温还是在加热条件下均不与氧气反应，展现了卓越的耐腐蚀性。金的电阻率低（2.4μΩ · cm），接触电阻小且稳定，并且具有高耐温、耐磨和较高硬度（160 ～ 220HV）。作为表面处理的最外层金属，金为板面焊盘提供了理想的保护涂层，不受外部环境的温度和存储条件影响而缩短产品寿命。此外，在焊接过程中，金能够迅速熔解进焊料，可提供优良的润湿性。化学沉金可以与其他表面镀覆工艺配合使用。

化学镍金的生产设备通常为自动天车生产线。该生产线主要由摇摆振动系统、打气系统、循环过滤系统、温度控制系统、镍缸自动添加装置、镍缸阴极保护系统和天车系统等组成。

化学镍金三级工艺流程：

上板→酸性除油→热水洗→二级水洗→微蚀→二级 DI 水洗→微蚀后浸→二级 DI 水洗→预浸→活化钯→后浸→二级 DI 水洗→沉镍→二级水洗→沉金→金回收→二级 DI 水洗→热 DI 水洗→下板。

其中，化学沉镍基于次亚磷酸钠的自催化反应，原理如图 2.27 所示。次亚磷酸是一元酸，当存在催化剂，如钯（Pd）或铁（Fe）时，次亚磷酸根离子会发生氧化还原反应，释放出具有强还原活性的原子态氢。

主反应：$Ni^{2+} + H_2PO_2^- + H_2O \longrightarrow Ni + H_2PO_3^- + 2H^+$

副反应：$H_2PO_2^- + H_2O \rightarrow H_2 + H_2PO_3^-$（次亚磷酸自我分解）

副反应：$3NaH_2PO_2 \longrightarrow 2P + NaH_2PO_3 + 2NaOH + H_2\uparrow$

新生态磷和镍反应生成多种 Ni–P 化合物：$3Ni + P \longrightarrow Ni_3P$

在化学沉金过程中，金直接沉积在化学镍的基体上，发生置换反应：

$$Ni + 2Au(CN)_2^- \longrightarrow 2Au + 4CN^- + Ni^{2+}$$

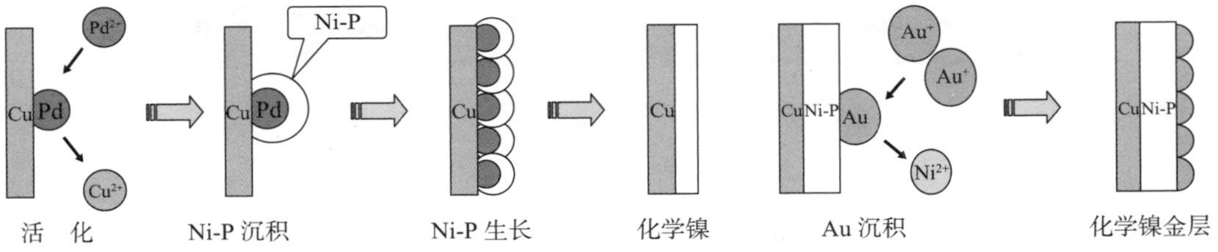

图 2.27　化学镍金反应机理

镍和金的电极电位差很大，镍可以快速置换出溶液中的金离子（Au^+）。当镍表面被金完全覆盖后，反应基本停止。通过置换反应获得的金层厚度通常为 0.03 ~ 0.1μm，若需要增加厚度，可在溶液中加入次亚磷酸钠等还原剂，通过自催化反应来获得较厚的金镀层。

化学镍钯金（ENEPIG）与 ENIG 的原理相同。化学镍层不耐氧化，表面需加镀一层抗氧化的惰性金属。然而，金很昂贵，且金含量超过焊料质量的 3% 时会导致焊点钝化、脆化，影响焊点可靠性。在镍金层之间加镀一层 0.05 ~ 0.15μm 厚的钯金属，不仅可以有效阻止镍金层之间的扩散，还可以在金置换反应中保护镍层，防止镍层被金过度置换而产生镍腐蚀——这就是 ENEPIG 工艺。

ENEPIG 三级工艺流程：

上板→除油→水洗→微蚀→水洗→预浸→活化→后浸→水洗→沉镍→水洗→沉钯→水洗→沉金→金回收→水洗→热水洗→下板→烘干→下工序。

化学沉钯的机理与化学沉镍相似，主要基于钯催化的次亚磷酸钠自还原反应：

$$Pd^{2+} + NaH_2PO_2 + H_2O \longrightarrow Pd + NaH_2PO_3 + 2H^+$$

次亚磷酸钠发生自催化反应生成单质磷：

$$3NaH_2PO_2 \longrightarrow 2P + NaH_2PO_3 + 2NaOH + H_2\uparrow$$

镍表面上新生成的钯颗粒具有良好的催化活性，进一步促进钯离子还原成钯原子，理论上镍表面沉钯的厚度可以无限增加。

钯层能够减轻镀金溶液的攻击，提高承受较高焊接温度导致的铜扩散效应的能力，从而提高可靠性。因此，钯层具有非常好的多重回流能力和高可靠性金属丝键合能力，并可作为按键的接触表面。ENEPIG 与 Sn–Ag–Cu（SAC）无铅焊料的匹配度高，可以形成高质量合金层（IMC）。由于钯是惰性金属且硬度高于纯金（钯的硬度为 400 ~ 535HV，电镀硬金的硬度为 200 ~ 300HV，纯金的硬度约为 50HV），钯金镀层具有优良的耐插拔性和耐腐蚀性，如图 2.28 所示。厚钯工艺可以替代金手指工艺。

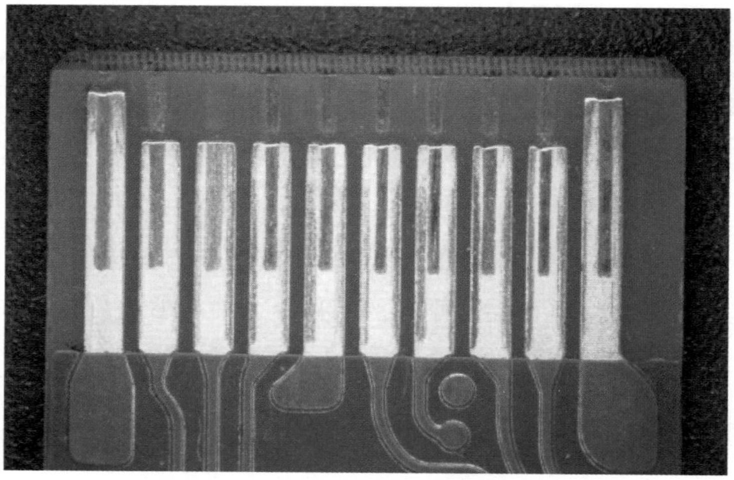

图 2.28　耐 500 次插拔后的金手指

目前，ENIG 工艺在 HDI 等领域的应用已经超过 60%，甚至更高。这主要归功于其诸多优点。然而，ENIG 工艺也存在一些短板，特别是镍腐蚀问题，容易导致“黑盘”现象。另外，镍氧化物的浸润能力较差，这会对镍金镀层的可焊性产生致命影响，同时其焊点强度也不如铜基材。

置换反应获得的金镀层具有疏松多孔的结构，且金原子体积较大，局部位置会存在晶体结构裂缝。在浸金反应的后期，虽然金层厚度不再增加，但金原子间隙下的镍层仍然会被缓慢置换。在镀金药水的持续攻击下，镍过度氧化反应产生的镍离子黑色氧化物会积累在金层下面，形成镍层空洞。这种现象的严重程度不一，最严重时会发生镍腐蚀，即所谓的“黑盘”，如图 2.29 所示。镍腐蚀的可接受标准是镍腐蚀深度小于镍层厚度的 1/3，密集的镍腐蚀形成“黑盘”是不可接受的。一般采用扫描电镜观测垂直微切片，或采用褪除金层的方法进行表面观测。

为了避免出现“黑盘”现象，沉金过程中要重点关注以下几个方面。

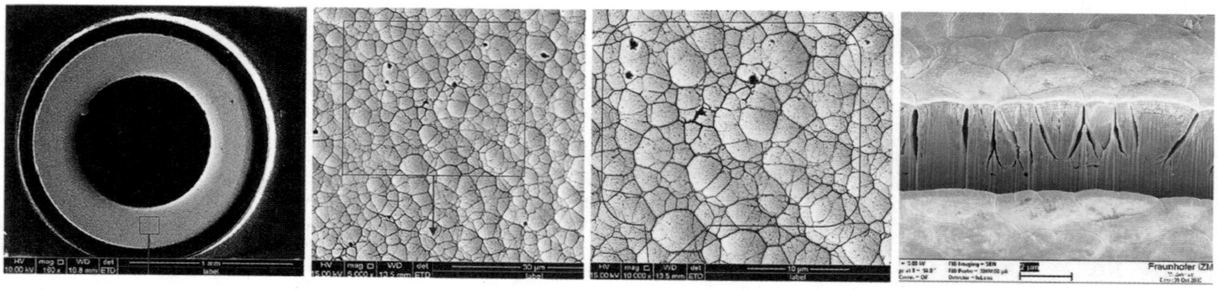

图 2.29　镍腐蚀“黑盘”

（1）薄镍层的致密性较差是产生严重镍腐蚀的根源，也是导致焊接点脆性断裂的主要原因。一般来说，镍层厚度小于 2μm 时，镍层的安全性较低。镍层厚度越大，镍原子堆积越致密，镍腐蚀也越小。

（2）药水老化和有机物质（如阻焊材料）的带入会消耗反应络合剂的成分，并增加无机杂质离子，导致镍腐蚀加剧。镀镍溶液在 4 个 MTO（metal turnover，金属周转）、镀金溶液在 14 个 MTO 之后，腐蚀问题会更加严重。

（3）磷含量是影响镍腐蚀的显著因素。高磷镍层具有较强的耐腐蚀性，最佳磷含量控制范围为 7% ~ 10%（中磷药水）。通过控制镍缸的 pH，可以确保镍层内的磷含量。

（4）减小金缸的循环量对减少镍腐蚀有一定作用。浸金溶液的 pH 控制在合理范围内（4.4 < pH < 4.8），有利于避免底层镍磷层的腐蚀。

（5）阻焊油墨应充分固化，以避免其溶解于镀液，从而提高镀液的有机物含量，防止镀层结合力减弱。

有机可焊性保护膜（OSP）

有机可焊性保护膜（OSP）是在洁净的裸铜表面上，通过唑类化合物与铜面的络合反应，以及唑类化合物质之间通过氢键的结合，形成的一种多层网状结构的有机抗氧化保护膜，如图 2.30 所示。唑类衍生物对金属的腐蚀有抑制作用，OSP 具有耐热性好、焊接强度高的特点，可以保护铜表面在常态环境中不再继续氧化或硫化。

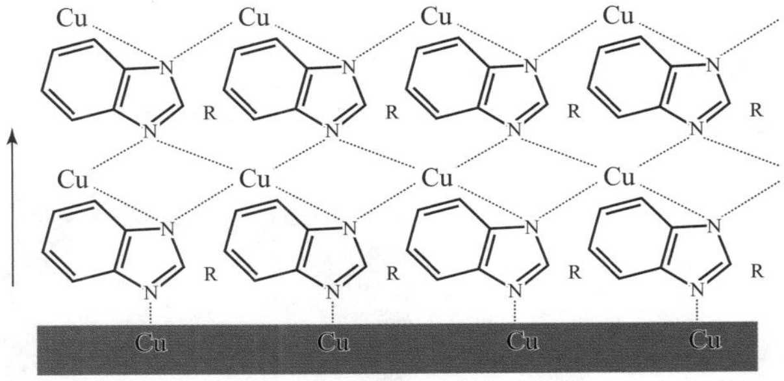

图 2.30　OSP 层分子构成图

OSP 材料有松香类（rosin）、活性树脂类（active resin）和唑类（azole）三类，目前使用最广的是唑类 OSP，如咪唑、苯并唑（薄膜）和苯并咪唑（厚膜）。OSP 工艺是各种表面处理工艺中成本最低、制作最简单的，可利用自动水平湿处理设备生产。

OSP 二级工艺流程：

上板→除油→水洗→ DI 水洗→微蚀→水洗→预浸→水洗→超声波浸洗→ DI 水洗→强风吹干→抗氧化→水洗→ DI 水洗→干板组合→冷却→下板。

OSP 的产生机理是通过苯基咪唑与铜离子反应形成络合共价键。在极短时间内，这种反应会在铜表面生成一层有机铜络合物的沉积层。被酸性溶液溶出的铜离子会继续与络合剂结合，形成新的 OSP 层。如此持续反应，最终在铜表面形成一种具有多层结构的保护膜。而苯基咪唑与金面、阻焊层和字符中的成分并不能有效键合，因此，OSP 不会在铜以外的材料上沉积。OSP 具有抗氧化功能，不仅膜层的厚度能发挥保护作用，苯基上的链状衍生物还具有疏水性，可有效防止水和氧气的渗透。

在一定温度条件下，OSP 中的有机分子会挥发。每经过一次高温无铅回流焊，膜厚都会有所减小。如果产品本身的膜太薄，将无法承受多次回流焊。而实际焊接过程又要求 OSP 层能够快速被助焊剂清除，不能残留在铜面，因此，OSP 层的厚度控制非常严格。OSP 为透明无色膜层，其厚度不易直接测量，对导体的覆盖程度也难以辨认，质量稳定性较难评估。

OSP 层厚度的测量

通常使用 UV 分光光度计进行 OSP 厚度的测量，具体步骤是，将测试片上的 OSP 用稀盐酸溶解，测量其吸收峰值并与标准液对比，计算层厚。OSP 的性能评估项目如下。

- 耐热性能测试：经过数次无铅回流焊后，测量膜厚并观察板面外观变化。
- 可焊性能测试：经过 0 ～ 5 次无铅回流焊后，在 SMD 和 NSMD 焊盘上植 0.55mm 的锡球，随后进行回流焊起球，测试锡球的剪切力（Ball Shear 测试），以确认焊盘焊接质量。
- 耐药水性测试：用助焊剂、清洗剂浸泡 OSP 测试板，然后测试膜厚，以检测 OSP 层的耐药水性。

实测结果与分析

按上述方法实测某型号 OSP 药水，评估 OSP 层性能。结果显示，加工板经过 2 次无铅回流焊处理后，铜面出现严重氧化现象。一次无铅回流焊后膜厚减至 57%，二次无铅回流焊后减至 51%。在第 4 次无铅回流焊后，部分焊盘出现未完全上锡的情况，表明 OSP 层已无法保持良好的散锡性。

在 Ball Shear 测试中，对 SMD 焊盘分别进行低速剪切（0.8m/min）和高速剪切（2.5m/min）测试。结果显示，低速剪切力和高速剪切力都随着无铅回流焊次数的增加而减小至 $662.98N/cm^2$、$1044.24N/cm^2$。经过 4 次无铅回流焊后，铜锡层在低速和高速剪切条件下均发生锡层断裂，说明锡球与铜盘结合良好，如图 2.31 所示。

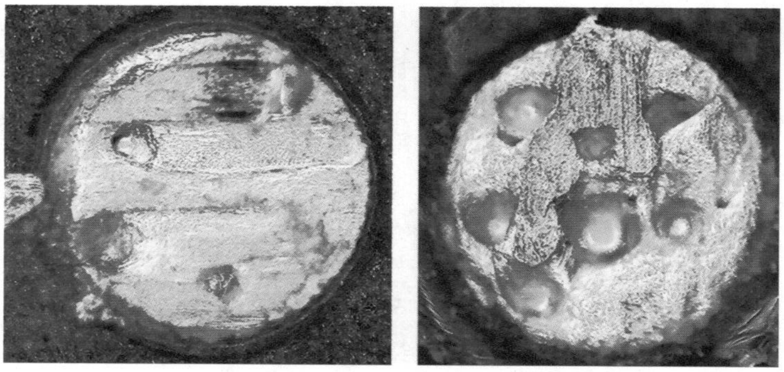

图 2.31 Ball Shear 测试结果

OSP 常见缺陷及解决方法

在使用过程中，不同焊盘上出现颜色差异是 OSP 的常见缺陷之一，其主要原因如下。

- 膜厚均匀性问题。实验证明，焊盘上膜厚的均匀性非常重要。焊盘面烘干效果不佳，导致铜面残留水分或气泡，都会致使膜厚不均匀。烘烤后，焊盘铜面可能会展现出黄色（Cu）、浅红色（Cu_2O），甚至在后续 SMT 产线上出现焊盘变为紫色（Cu_2O 等氧化物大量聚集）的现象。
- 贾凡尼效应。采用 OSP+ENIG 选化工艺时，如果导体线路设计有金面连接到铜焊盘，就会出现铜焊盘成阳极、金面成阴极的情况。在 OSP 酸性槽液环境中，会发生贾凡尼效应。铜在槽液中溶解并生成有机铜络合物膜时，会释放电子，这些电子经过线路使槽液中的铜离子还原并沉积在金面上，使金面颜色变深，严重时呈金属铜色。
- 镍腐蚀和金层孔隙。如果 OSP+ENIG 板存在过大的镍腐蚀，或金层太薄且存在孔隙暴露底层镍，当 PCB 进入 OSP 工艺的酸性腐蚀环境中，也会发生贾凡尼效应。此时金面为阴极，阳极为镀镍层。镍金属溶解成镍离子时释放电子，会使溶液中的铜离子还原并沉积于金面上，导致金面变色。

此外，生产板插件孔爬锡是 OSP 的致命弱点。孔爬锡性能与孔壁 OSP 膜厚直接相关，适当增大孔内壁膜厚可以显著提高孔的爬锡性能。然而，OSP 膜过厚时要警惕助焊剂的溶解能力是否足够，否则可能出现负面效果。由于 OSP 膜厚无法被直接测量，因此需要严格、细致地管控生产过程中的参数和设备状态。

OSP 生产线的维护要点

- 烘干段传动滚轮清洁：确保烘干段传动滚轮的清洁，以避免污染。
- 上板段吸嘴定期检查与清洁：定期检查和清洁上板段吸嘴，防止因吸嘴不洁净而污染金面或 OSP 盘面。
- 一级水洗的 pH 控制：OSP 后一级水洗的 pH 应保持在 5.0 以上。
- 超声波设备检查：定期检查超声波设备是否正常运作。
- DI 水更换：定期更换各水洗段的 DI 水，特别是在拖缸前后。
- 海绵滚轮维护：不生产时，为防止海绵滚轮吸附杂质或 OSP 中的苯并咪唑类物质，需要拆卸海绵滚轮并放置于后水洗槽中。
- 生产后清洁：生产完成后，要用适量的稀释剂清洗出板段滚轮，防止因干燥而结晶严重。

更复杂的表面处理工艺

表面处理工艺具有多种不同的方式，可考虑多种表面处理工艺相组合，以降低成本。

计算机板卡类产品

金手指板 +HASL 的二级工艺流程：

前工序→阻焊→字符→镀金手指→贴胶带→喷锡→撕胶带→修外形→后工序。

金手指 + 沉金的二级工艺流程：

前工序→阻焊→字符→贴红胶带→沉金→撕红胶带→镀金手指→后工序。

镀金手指 +OSP 的二级工艺流程：

前工序→阻焊→字符→镀金手指→铣板→电测→终检→ OSP →终检→包装。

金手指 + 水金的二级工艺流程：

前工序→板镀→外光成像→图镀镍金→外光成像（露出金手指）→镀金手指→褪膜→蚀刻→后工序。

通信、摄像监控、卫星导航等领域的 PCB 产品

由于全板沉镍金工艺的金层面积较大，会导致制造成本急剧增加，因此，选择性沉镍金工艺成为企业的共同选择。

沉镍金 +OSP 板二级工艺流程：

前工序→阻焊→外层干膜→曝光→显影→化学沉镍金→褪膜→字符→电测→外形→终检→ OSP →后工序。

半导体测试板

BGA 区域常采用图镀铜镍金（水金）加电镀硬金表面工艺，以提高焊盘表面的耐磨性。

水金 + 镀硬金的二级工艺流程：

前工序→外层干膜→图镀铜镍金→外层干膜（露出硬金焊盘）→板边包胶→电镀硬金→褪

膜→蚀刻→ AOI →阻焊→后工序。

选择性采用水金工艺，并在部分焊盘上镀硬金，实现按键的耐磨表面，剩余焊盘做 OSP 处理，可以大幅度降低成本。

水金 + 电镀硬金 +OSP 的二级工艺流程：

前工序→外层干膜→图镀铜镍金→外层干膜（露出硬金焊盘）→板边包胶→电镀硬金→褪膜→蚀刻→ AOI →阻焊→字符→电测→终检→ OSP →后工序。

CoB（chip on board）产品

如高端光通信领域的光模块板，裸芯片直接贴在 PCB 上，通过铝线或金线实现电子连接，兼具焊接及键合功能。有耐插拔的金手指，PCB 表面处理要选择化学镍钯金 + 硬金工艺，其二级工艺流程如下：

前工序→阻焊→字符→外层前处理→贴膜（沉金干膜）→曝光→显影→喷砂→板边包胶→化学镍钯金→水洗烘干→褪膜→外层前处理→贴膜（图镀干膜）→曝光→显影→图镀铜镍金→水洗烘干→板边包胶→电镀硬金→水洗烘干→后工序。

2.3 PCB 制造关键工艺技术

2.3.1 对位精度

PCB 向高层数发展，对尺寸精度和对位精度提出了越来越高的要求，≥ 20 层的高层数刚性板，主流设计的 BGA 区域脚距为 0.4 ~ 0.5mm，部分客户对脚距的要求已经是 0.3mm 甚至更小；内层最小环宽要求为 2mil，对准精度偏差≤ 5mil，掌握对位精度控制技术是完成这类订单的关键。

实物多层板的导体线路、孔和焊盘的位置与设计要求的接近程度，被称为对位精度。对位精度通常用孔的位置精度来衡量。结合相关研究的结论，在 PCB 制造过程中，对位精度的主要影响因素包括胀缩（材料、底片）、对准（底片、曝光机、PE 冲孔机、X-Ray 冲孔机、钻孔定位销钉、钻机的准度和精度）、滑移（层压定位方式、压机设备、辅助材料和工具、压合参数等）和批次差异（补偿偏差）等几类，而主要偏差模式可以分为两类：一类是胀缩，另一类是对准和滑移导致的位置平动或转动。

常规刚性板加工过程中，对位精度的受影响程度：胀缩控制偏差＞层压预排、芯板层间滑移＞钻孔加工精度＞ X-Ray 钻定位孔精度、PE 冲孔精度＞内层图形对位精度。表 2.16 按工艺流程整理了对位精度的各种影响因素。

对位精度计算：

$$Y=\sqrt{X_1^2+X_2^2+\cdots+X_n^2}$$

式中，Y 为整体对位精度；X_1 ~ X_n 为各影响因素。

表 2.16　对位精度影响因素汇总

<table>
<tr><th>工　步</th><th>对位精度影响因素</th><th>说　明</th><th>精度公差</th><th>偏差模式</th><th>控制方式</th></tr>
<tr><td rowspan="3">内层曝光</td><td>内层底片</td><td>底片胀缩</td><td>± 1mil</td><td>胀缩</td><td>LDI</td></tr>
<tr><td rowspan="2">LDI 曝光机对准精度</td><td>同一面图形曝光精度</td><td>0.5mil</td><td>平动</td><td>设备校准</td></tr>
<tr><td>同一芯板双面图形对准精度</td><td>2mil</td><td>平动</td><td>LDI 双面曝光</td></tr>
<tr><td>内层蚀刻</td><td>芯板胀缩</td><td>芯板非线性胀缩</td><td>± 1.5mil</td><td>胀缩</td><td>布线均匀</td></tr>
<tr><td rowspan="2">内层冲孔</td><td rowspan="2">PE 冲孔机精度</td><td>内层板槽孔重复、位置精度</td><td>± 1.5mil/ ± 1mil</td><td>平动</td><td>设备校准</td></tr>
<tr><td>靶位设计不佳，出现破裂等</td><td></td><td>平动</td><td>优化</td></tr>
<tr><td rowspan="2">预　排</td><td rowspan="2">芯板预排偏位</td><td>铆钉开花等操作问题</td><td>± 3mil</td><td></td><td>CCD 熔合、Pin–Lam</td></tr>
<tr><td>设备精度</td><td></td><td></td><td>设备校准</td></tr>
<tr><td rowspan="6">层　压</td><td rowspan="3">层压胀缩</td><td>等厚度、不等厚度芯板胀缩</td><td>3 ~ 5mil</td><td>胀缩</td><td>胀缩数据库，胀缩补偿</td></tr>
<tr><td>同批板尺寸与设计尺寸的偏差不同</td><td></td><td>胀缩</td><td>分钻孔程序</td></tr>
<tr><td>板件局部胀缩（非线性）</td><td>± 0.8mil</td><td>胀缩</td><td>CCD 钻机</td></tr>
<tr><td rowspan="3">芯板层压偏位</td><td>芯板相对位置滑移</td><td>2mil</td><td>平动、转动</td><td>定位方式选择，Pin–Lam</td></tr>
<tr><td>牛皮纸数、升温速率等参数不匹配</td><td>2mil</td><td>胀缩</td><td>实验优化</td></tr>
<tr><td>压机状况、台面平整度等</td><td>2mil</td><td>胀缩</td><td>设备校准</td></tr>
<tr><td rowspan="6">钻　孔</td><td rowspan="5">定位精度</td><td>X–Ray 冲孔机重复、位置精度</td><td>± 0.8mil</td><td>平动</td><td>设备校准</td></tr>
<tr><td>X–Ray 冲孔机测量精度</td><td>1mil</td><td></td><td>设备校准</td></tr>
<tr><td>钻机销钉定位精度</td><td>1mil</td><td>平动</td><td>钻带调整</td></tr>
<tr><td>同批次不同单板胀缩差异，钻带偏差</td><td></td><td>平动</td><td>CCD 钻机</td></tr>
<tr><td>单板局部胀缩与钻孔程序差异</td><td>0.8mil</td><td>平动</td><td>CCD 钻机</td></tr>
<tr><td>孔位精度</td><td>钻孔重复、位置精度</td><td>± 2mil</td><td>平动</td><td>对钻、盖板预钻、CCD 钻机</td></tr>
<tr><td rowspan="2">外层曝光</td><td rowspan="2">外层底片</td><td>底片胀缩</td><td>± 1mil</td><td>胀缩</td><td>LDI</td></tr>
<tr><td>底片对位偏差</td><td>2mil</td><td>平动</td><td>LDI</td></tr>
</table>

胀缩控制

胀缩（shrinkage）是指在 PCB 制造过程中，工艺环境的变化导致生产板和生产工具的形状稳定性发生变化的程度。通常，经过不同工序的加工，PCB 板的尺寸会发生数微米的胀大或缩小，是影响 PCB 对位精度的重要因素。过孔与焊盘的对准度、过孔与塞孔网板的对准度、阻焊与 BGA 焊盘的对准度等，都受到胀缩的影响。胀缩控制不当，极易导致过孔破盘、过孔导通性不良、塞孔不良、阻焊开窗不良、定位孔距离超公差等质量问题。常规刚性板在各工序的实际胀缩系数见表 2.17。内层蚀刻和层压过程对 PCB 胀缩的影响最为显著。对于 HDI、IC 载板等较薄的产品，阻焊膜加工过程对胀缩系数的影响也较大。

表 2.17　常规刚性板在各工序的胀缩系数（10^{-4}mm）

内层蚀刻	层　压	钻　孔	烘　板	去毛刺	电　镀	外层蚀刻	阻　焊	陶瓷磨板
−1.0 ~ −4.0	−30 ~ −15	0 ~ −0.5	0 ~ −0.4	~ 1.0	0 ~ 0.5	−2 ~ −0.6	−0.5 ~ −1.0	0.5 ~ 1.0

胀缩系数与基材特性、产品结构、工艺参数和加工方式等密切相关。

基材特性

覆铜箔板（CCL）和 PP 是 PCB 制造的主要原材料。不同型号的覆铜箔板和 PP，其树脂类型和玻璃布类型不同，材料的弹性模量（E）和热膨胀系数（CTE）等特性也不同，因此，胀缩差异较大。在加工过程中，机械应力、环境温度和湿度的影响，会导致材料内部的树脂聚合应力、玻璃布应力和铜箔应力共同作用，从而引起胀缩。

物体受外部机械应力影响而变形时，物体内各部分之间产生相互作用的内力试图抵抗这种外因的作用，使物体恢复到变形前的位置。常见的机械应力有拉应力、压应力、剪应力和弯曲应力等。PCB 生产过程中的主要机械应力如下。

- 覆铜箔板生产中的残留应力：在覆铜箔板生产过程中，材料内部会残留一定的应力，这些应力在后续的蚀刻和层压工序中会得到释放。
- 基板开料剪切应力：如果没有进行烘烤处理，残留的剪切应力不会消除。
- 去毛刺和陶瓷磨板工序中的机械摩擦力和压力：这些工序施加的机械摩擦力和压力容易导致基板变形。

覆铜箔层压板（CCL）在温度作用下会发生湿应变和热应变，即通常所说的湿热效应。特别是热效应，会在材料中产生明显的应力。沉铜、电镀等工序的药水浸泡，以及压合、阻焊烘烤、喷锡等工序的高温处理过程中，树脂内应力发生变化，导致材料出现明显的胀缩变化，如图 2.32 所示。胀缩与材料厚度和阻焊厚度有关。

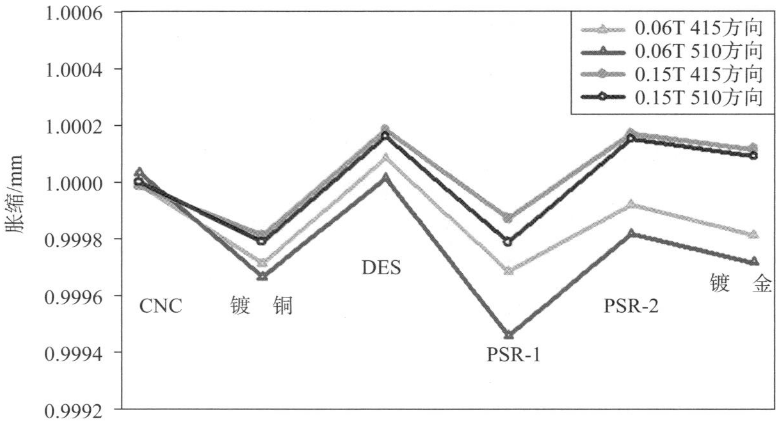

图 2.32 生产过程胀缩测试

以层压工序为例，在高温下，PP 的树脂熔融并流动到凝胶化（黏弹性流体）状态。随着交联作用导致树脂体积缩小，以及半固化片中水分的逐渐去除，板件会进一步收缩。此外，生产过程中残留的应力被释放，未完全固化的树脂继续固化，这些都会导致芯板发生收缩。

在压力作用下，树脂固化、体积缩小，但由于玻璃布的支撑作用，体积收缩受到限制，因此会积累大量的内缩应力。同时，压合过程中铜箔受挤压而延展，内部也积累了较多的拉应力。不同材料的热膨胀系数不同，各种应力相互作用，在层压生产过程中 PCB 难免会发生显著的尺寸胀缩变化。

产品结构

常规 PCB 产品的结构设计因素，如芯板厚度、铜厚、图形布线、残铜率、层数、光板、叠层结构和 PP 类型等，都会影响板尺寸稳定性。

以内层蚀刻工序为例，蚀刻过程中铜箔拉应力的变化起着关键作用。蚀刻前，铜箔拉应力与芯板应力之间达成平衡。蚀刻后，由于导体图形的改变，原有的铜箔与环氧－玻璃布之间的应力平衡被打破。铜箔被部分蚀去，此时树脂内缩应力未有明显变化，但无铜区的原有铜箔拉应力减小，残存应力得到释放，导致板材发生自由膨胀。

在蚀刻过程中，基板铜厚、残铜率、芯板厚度、PP 厚度等因素互相影响。

- 芯板厚度：芯板越厚，胀缩越小，残铜率对厚芯板胀缩的影响越来越小；芯板越薄，铜厚越大，残铜率差异引起的胀缩越大。

· PP 厚度：对于相同厚度的芯板，PP 越厚（铜厚一定），胀缩越明显。
· 残铜率：残铜率越低，残存平衡应力释放越多，胀缩越大。
· 铜厚：铜厚越大（PP 厚度一定），残存平衡应力越大，胀缩越大。

PCB 胀缩影响因素复杂，生产板测量数据规律性不强，依靠经验值和反复试验获得补偿系数需投入较多人力和物力。因此，有必要系统地研究各种结构的板材，了解结构特征对胀缩的影响，理解加工过程中胀缩的变化机理，掌握内在规律，建立工序胀缩拉伸规则（图 2.33），建立预放模型，建立胀缩管理流程，建立信息化的系统，才能更加全面地管控胀缩。

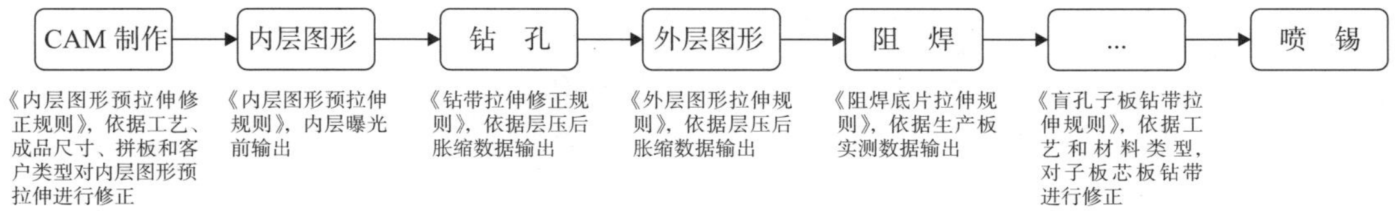

图 2.33　工序胀缩拉伸规则

为了有效建立胀缩拉伸规则，应识别出 PCB 胀缩的相关影响因子，包括 PCB 设计结构、层数、层奇偶性、材料类型、尺寸长、尺寸短、压合次数、PP 张数、长边经纬向、芯板厚度、芯板位置是否为外层、线路面铜厚、焊接面铜厚、残铜率等，分类后组织实验，收集具备影响因子的 PCB 在单因素和多因素组合条件下的实际胀缩数据，然后进行因子显著性分析，建立数学模型，并通过实物验证其有效性，进行规则修订。以常规 PCB 为例，内层铜厚 $\leqslant$ 2oz[1]、叠层 PP 张数 $\geqslant$ 3、PP 类型为普通 FR-4 材料、芯板材料为普通 FR-4，内层图形拉伸系数见表 2.18。

表 2.18　内层图形拉伸系数（10^{-4}mm）

芯板厚度	残铜率 ≥ 75%		残铜率 40% ~ 75%		残铜率 ≤ 40%	
	经　向	纬　向	经　向	纬　向	经　向	纬　向
$0.02 \leqslant x < 0.05$	3.5	1.5	4.0	2	5	2.5
$0.05 \leqslant x < 0.11$	2	1	2	1	2.5	1
$0.11 \leqslant x < 0.19$	1.5	1	1.5	1.5	2	1.5
$0.19 \leqslant x < 0.36$	1.5	1	1.5	1.5	2	1.5
$0.36 \leqslant x < 0.5$	1.5	1	1.5	1.5	1.5	1.5
$0.5 \leqslant x < 0.7$	1.5	1	1.5	1.2	1.5	1.2
$0.7 \leqslant x < 1.0$	1	1	1	1.2	1	1.2

对准和滑移的控制

在不考虑非线性变化的情况下，对位精度偏差是随机平动（平滑位移）、转动（转滑位移）和胀缩偏差（胀缩位移）的矢量和，如图 2.34 所示。根据前面的归纳，设备的对准度、层压滑移及材料胀缩是决定对位精度的关键因素。外层图形相对于通孔的对位偏差由钻孔孔位精度决定。因此，钻孔及钻孔前工序的加工能力决定了对位精度。内层各层图形相对于通孔的对位偏差，由层压板的偏差（层压对位滑移和芯板胀缩）、定位设备（PE、内层 LDI、X-Ray 等）标靶精度偏差和钻孔孔位精度偏差三方面决定。

1）1oz = 35.274g/m^2。

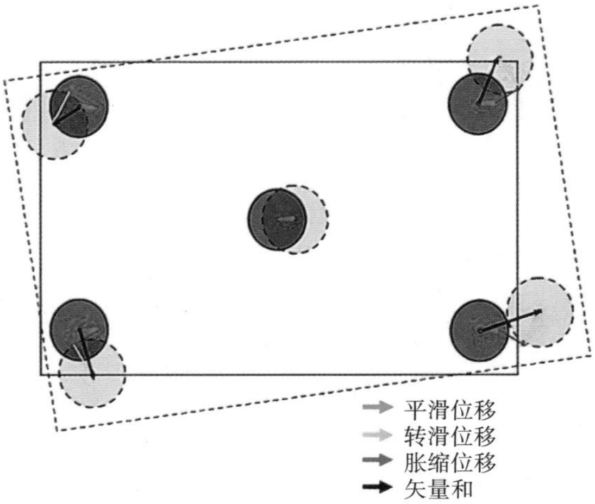

图 2.34　偏移模式示意图

层压对位精度偏差主要由各层芯板层压胀缩和层压滑移偏差构成，而层压滑移取决于预排定位方式。表 2.19 对比了几种主流的层压预排定位方式。

表 2.19　层压预排定位方式对比

方　法	铆合		熔合	
	Mass-Lam+ 铆合	Mass-Lam+ 铆合 + 热熔合	Pin-Lam+ 热熔合	CCD 对位热熔合
优　点	对准度低的多层板，直接加工，成本低	满足常规 PCB 对准度需要，直接加工，成本低	满足常规 PCB 对准度需要，综合成本低，无铆钉成本，无铆合不规则导致层间偏移，无铆钉损伤钢板表面，无铆钉金属碎屑内层短路风险	取消 PE 冲孔和套销钉，用内层标靶对位，对位精度高；无铆钉成本，无层间偏移、钢板损坏和碎屑内层短路风险；可生产超薄板（0.06mm）
缺　点	对准度不高，铆钉碎屑内层短路风险高，铆合冲击易导致铆钉不规则变形，引起层间偏位	铆钉碎屑内层短路风险高，铆合冲击易导致铆钉不规则变形，引起层间偏位	板厚一般在 3.0mm 以下；边框宽（10 ~ 15mm），影响板料利用率；有焊盘位 PP 固化颗粒带入板内压伤风险	设备成本较高，板厚一般在 3.0mm 以下，边框宽（10 ~ 15mm），影响板料利用率；有焊盘位 PP 固化颗粒带入板内压伤风险
精　度	± 3.0mil	± 3.0mil	± 2.0mil	± 2.0mil

定位设备标靶精度偏差主要来源于设备的精度能力，即设备是否能够精准定位以及具有良好的重复精度，以完成生产任务。

- LDI 曝光精度（图形精度）：同面图形实际坐标与设计文件的偏差，同板元件面和焊接面对位重合偏差。用透光或 X-Ray 观察同心圆有无相切，一般要求 1mil 同心圆无相切。
- PE 冲孔精度：重复精度偏差＜ 1.5mil，位置精度偏差＜ 1mil。
- X-Ray 钻靶机精度：孔距极差＜ 1mil。比较用 X-Ray 钻靶机测量所钻孔距与在二次元设备上测量的钻孔孔距。

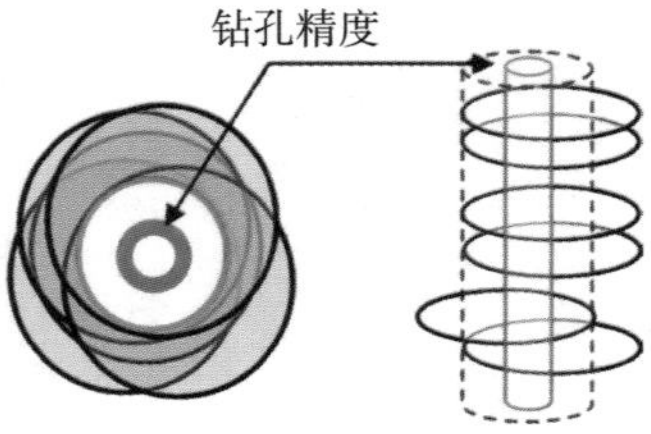

图 2.35　钻孔精度示意图

钻孔精度主要依赖钻机状态，良好的钻机状态可以确保对准偏差最小，将微孔钻在板面最理想的位置，如图 2.35 所示。钻机精度的常规检测项目如下。

- 主轴基准高度：在主轴夹头内安装标准测试针，将机台移至适合台面位置，用标准高度铁块进行校对测量，各轴设定为 61mm 测量一次，控深精度应为 ± 0.01mm。
- 桌面基准孔与主轴同心度：设置定点移动（PARK）路径坐标

于基准孔——同心孔上，主轴夹标准测量治具，架上千分表，插入孔内轻触内壁旋转一周测量，桌面基准孔与主轴同心度应不大于 0.03mm。

· 基准定位槽平行度：设置定点移动（PARK）点平行移至槽内适当位置，架上千分表，主轴沿平行槽位移，千分表头触平行槽内壁并进行测量，基准定位槽平行度应不大于 0.02mm。
· 主轴动态偏摆测定（孔位精度）：将主轴移至适当位置，主轴夹头内安装标准测试针，插入动态偏摆测试仪进行偏移量测量，主轴动态偏差应不大于 15μm。
· 数控钻机位置精度测定：将精度尺分别放置在 X/Y 方向测量，位置精度应为 ±5μm。

2.3.2　金手指加工

金手指加工工艺

金手指又称印制插头，学名板边接触片（edge-board contacts），设计、印制在 PCB 边缘，专用于板边连接器的配接，如计算机显卡与显卡插槽连接。其表面处理工艺有传统的电镀插头和“沉金 / 水金 + 电镀硬金”引线蚀刻两种。金手指有常规金手指、长短金手指和分段金手指几种类型，如图 2.36 所示。

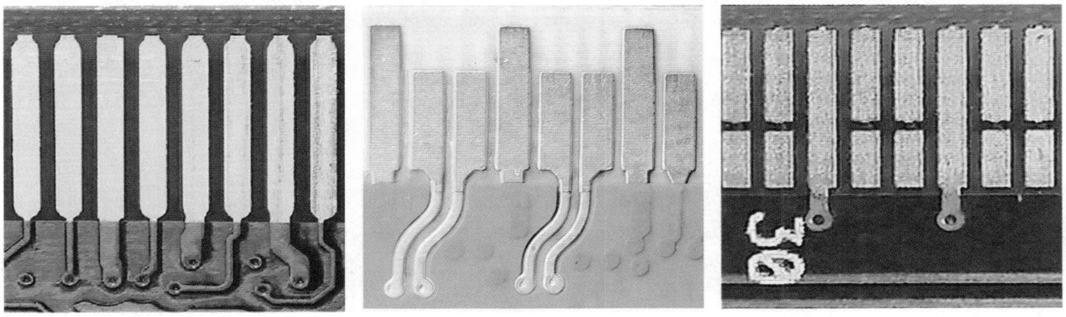

图 2.36　常规金手指、长短金手指和分段金手指

（1）常规金手指采用专用电镀插头生产线进行生产。其电镀药水是一种添加了金属钴成分的电镀镍金溶液。在完成电镀镍金工艺后，以斜边倒角方式去除镀金引线，金手指区域以外的导体图形可以进行其他表面处理。

常规金手指二级工艺流程：

前工序→阻焊→字符→电镀金手指→贴红胶带→喷锡→外形（斜边倒角）→电测→后工序。

（2）长短金手指采用电镀镍金 + 电镀硬金工艺生产，不需要镀金引线，直接在水金镀层上电镀一层硬金便成了金手指。

长短金手指二级工艺流程：

前工序→板镀→外光成像→图镀电镀铜→镀水金→外光成像（只留分段金手指图形）→电镀硬金金手指→褪膜→蚀刻→后工序。

长短金手指与其他表面处理工艺相结合，可采用电镀插头工艺进行生产。不过，金手指镀金需要添加电镀引线，可在电镀完成后手工去除这些引线。

长短金手指 + 沉锡 / 沉银二级工艺流程：

前工序→阻焊→字符→电镀金手指→贴红胶带→沉锡 / 沉银→手工去除引线→后工序。

（3）分段金手指的表面处理要求为金手指 + 水金工艺时，不需要添加镀金引线，以基铜和板镀铜为导体，后续通过蚀刻去除多余部分。工艺流程与长短金手指一样。

分段金手指的表面处理要求为金手指 +ENIG 工艺时，需要添加镀金引线，分段金手指的长度与位置可以根据设计自由安排，然后用激光直接切割引线。

分段金手指二级工艺流程：

前工序→阻焊→字符→沉金→金手指电镀→激光切割（金手指分段）→去钻污→外形→电测→后工序。

近年来，由于终端客户对金手指在混合气体（MFG）测试中的耐腐蚀性能要求越来越高，不同工艺的金手指在耐腐蚀性能方面表现不一。因此，除了常规金手指，三面包金和四面包金也成了 PCB 厂家的标配工艺。

三面包金是指在板边接触片的两个侧面和顶面共三面包裹金层，如图 2.37 所示。一般选择沉金加硬金表面处理工艺，之后通过蚀刻方式去除镀金引线。

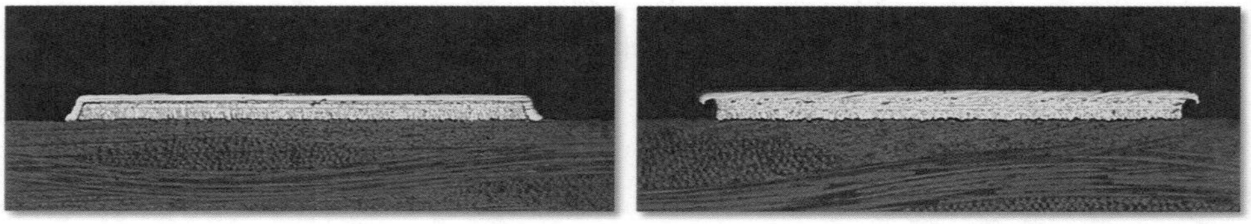

图 2.37　三面包金金手指和常规金手指的切片对比

金手指三面包金二级工艺流程：

前工序→阻焊→字符→印湿膜（覆盖镀金引线）→沉金→贴干膜 1（镀金手指）→电镀硬金→褪膜→贴干膜 2（蚀刻引线）→外层蚀刻→褪膜→外形→后工序。

印湿膜是为了覆盖电镀金手指引线，如图 2.38（左）所示。如果贴干膜，则需要进行真空贴膜，否则贴膜不紧会导致渗镀。贴干膜 1 的作用是加工出露出金手指区域的干膜层，以便对金手指进行电镀金和电镀硬金加工。贴干膜 2 的作用是加工出仅露出外引线位置的干膜层，以便蚀刻掉镀金引线。

四面包金（ENCAP）是指板边接触片的前端、两个侧面及顶面共四面都有金层包覆，一般采用引线电镀工艺，镀金后蚀刻去除引线，如图 2.38（右）所示。为此，工程设计上要在金手指连接导线间增加新的外引线，将每根金手指都与板边的导电铜皮相连。

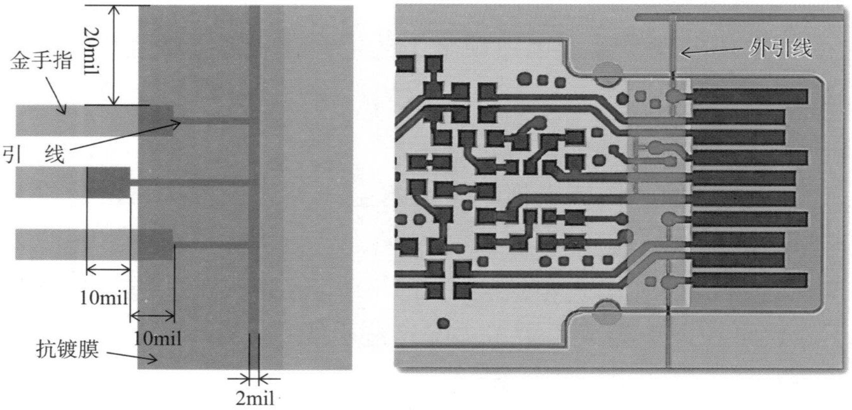

图 2.38　金手指设计：三面包金（左）、四面包金（右）

金手指四面包金二级工艺流程：

前工序→阻焊（露出镀金引线）→贴干膜 1（露出金手指）→图镀铜镍金→电镀硬金→褪膜→贴干膜 2（露出镀金引线）→蚀刻引线→褪膜→电测→镀金引线盖覆阻焊→字符→后工序。

阻焊的作用是加工出外引线位置开窗的阻焊层，露出镀金引线。为了降低掉油概率，阻焊前处理要用超粗化代替。贴干膜 1 的作用是加工出露出金手指区域的干膜层，盖住外引线位置，以便电镀金和电镀硬金。贴干膜 2 的作用是加工出仅露出外引线位置的干膜层，以便后续蚀刻掉增加的外引线。

金手指的可靠性

金手指镀层通常有镀层外观颜色一致性、镍镀层和金镀层的厚度、镀层硬度、镀层结合力、镀金层孔隙率等要求。金手指表面镀层不仅要具备良好的耐磨性，还必须具备较好的耐腐蚀性。

金属在其周围环境影响下发生变质或退化，从而丧失或减退其原有的性能，这种现象被称为金属腐蚀。金手指腐蚀主要表现为金层底部的镍或铜镀层与周围腐蚀性介质（如酸性气体、盐雾、含硫气体等）发生反应，导致变质或退化。金手指腐蚀主要有化学腐蚀和电化学腐蚀两种形式。

在电化学腐蚀中，镍或铜镀层构成阳极，金作为惰性金属构成阴极，形成闭环回路。在离子化的电解质溶液中，原电池发生反应，阳极失去电子，导致金属腐蚀。由于金与镍的电位差大于镍与铜的电位差，电极电位差越大，原电池腐蚀动力越强。因此，铜镀层的腐蚀程度通常比镍层更严重。

金手指腐蚀有尖端磨损腐蚀、表面腐蚀、侧壁腐蚀几种情况。其中，表面腐蚀和侧壁腐蚀与制造过程密切相关。对于金手指侧壁腐蚀，可以采用低粗糙度铜箔，以减少基材空洞引起的铜层腐蚀。表面腐蚀主要是由于表面金层厚度不足或存在漏镀、划伤等孔洞缺陷，无法有效保护镍层和铜层，导致腐蚀介质渗入金手指镀层内部，形成局部的点状腐蚀，如图 2.39 所示。

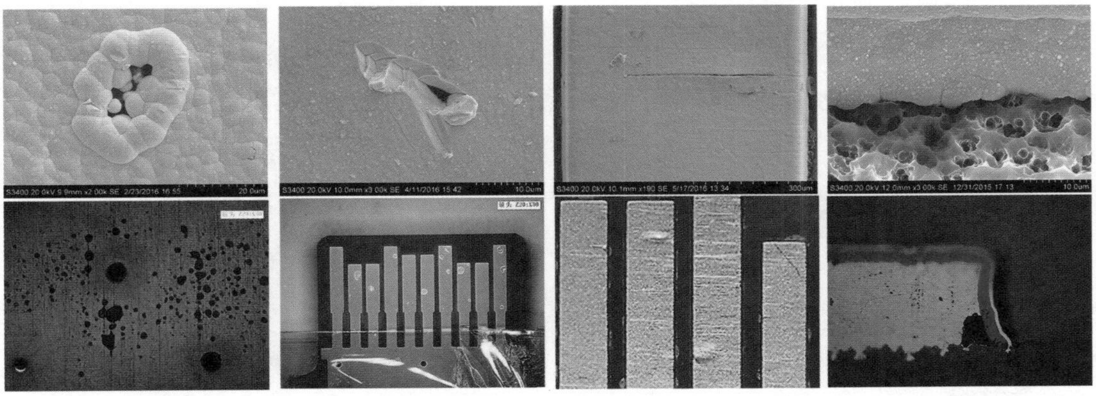

沉金漏镀盐雾测试不合格　　金面划伤盐雾测试不合格　　表面划伤盐雾测试不合格　　普通铜箔侧壁孔隙盐雾试验腐蚀

图 2.39　表面缺陷导致的金手指缺陷

镀层表面存在孔洞，即针孔。单位面积（cm^2）上针孔数量的多少用孔隙率表征。影响电镀表面孔隙率的因素见表 2.20。例如，金属表面的油污或气泡吸附会导致镀层表面形成不连续的金属层，产生针孔。此外，大量实验数据证明，金镀层的多孔性与镀层厚度有一定的关系。电镀金工艺，大体积的金原子在镍层上形成多孔性镀层。镀层厚度在 0.38μm 以下，多孔性迅速增高；镀层厚度在 0.76μm 以上，多孔性降低。随着镀层厚度增大，结晶晶核之间相互交错，堵塞

表 2.20　影响电镀表面孔隙率的因素

镀　前	电镀过程	镀　后
基材表面粗糙度 表面割痕、刻痕、切痕和瑕疵 基材纯度	清洁度及前处理 槽液性质 电流密度 槽液温度 槽液沉淀物等	加热 抛光 磨损 化学处理

微孔，使微孔率下降。当镀金厚度大于 5μm 时，基本上没有微孔产生。

金手指的孔隙率测试，IPC 标准给出了三种方法：化学法、电解沉积法和硝酸蒸汽法。硝酸蒸汽法适用于底层为镍或镍合金的金镀层，用于检查镀层中的针孔，但它不是用于加速老化的测试方法，因此不建议用于金手指表面耐久性或耐插拔性的评估。此外，GB/T 2423 系列标准、ASTM B845 电器插头的 MFG 测试、IEC 60082-2-60 MFG 腐蚀试验，以及客户的企业标准均可作为产品合格和验收的判定依据。

MFG 是一种加速式环境测试方法。其原理是在特定的温度和湿度条件下，使用特定浓度的 Cl_2、NO_2、H_2S、SO_2 等混合气体，使测试样品的镀层和基铜层发生腐蚀反应，生成腐蚀产物。然后，通过天平、X-Ray 和扫描电镜等分析反应产物的性质、化学成分、腐蚀层结构、质量和膜厚等数据，判断样品在不同环境中的使用寿命。完成 MFG 测试后，如果样品表面没有出现腐蚀物，且镀层接触电阻变化小于 10mΩ，则判定产品合格。

金手指插拔接触电阻测试主要用于评估金手指的耐插拔性能，使用金手指插拔接触电阻测试系统，对样品与标准连接器进行插拔测试，插拔速度为 1 次 /s。连接器与金手指镀层接触摩擦，随着插拔次数增加，镀层会逐渐磨损和氧化。完成插拔测试后，对样品进行老化处理，依据标准 EIA-364-1000 要求，在 105℃下烘烤 240h（等同于样品在 65℃条件下使用 10 年），然后用微电阻计测量金手指的电阻，以判定样品是否合格。

以镍钯金金手指测试为例的研究数据表明，钯层厚度为 0.15μm 的金手指在 500 次插拔测试后露出镍层，钯层厚度为 0.5μm 的金手指在 5000 次插拔测试后露出镍层。随着钯层厚度的增加，金手指能够更好地保护镍层。不同钯厚度的镍钯金金手指，随着插拔次数增加，接触电阻值在 1.5 ~ 2.5mΩ 小幅波动。老化对金手指样品接触电阻的影响不明显。

2.4　其他类型的 PCB 产品

2.4.1　挠性板、刚挠结合板

定义和概述

依据 IPC-T-50M《电子电路互连与封装术语及定义》，挠性板是指仅采用挠性基材制作的印制电路板，其部分区域可能有非电气功能的补强板或覆盖层；刚挠结合板则是由刚性基材和挠性基材组合制作的印制电路板，如图 2.40 所示。

挠性板（FPC）可以按线路层数、软硬强度、基材类型、有无增强层、有无胶粘层和封装方式等进行分类。挠性板的常见类型包括单面挠性板、双面挠性板、单面线路双面组装挠性板、多层挠性板和局部补强挠性板。刚挠结合板按挠曲程度，可分为反复弯曲刚挠结合板（multi-flex PCB）、静态弯曲刚挠结合板（yellow-flex PCB）和半弯曲刚挠结合板（semi-

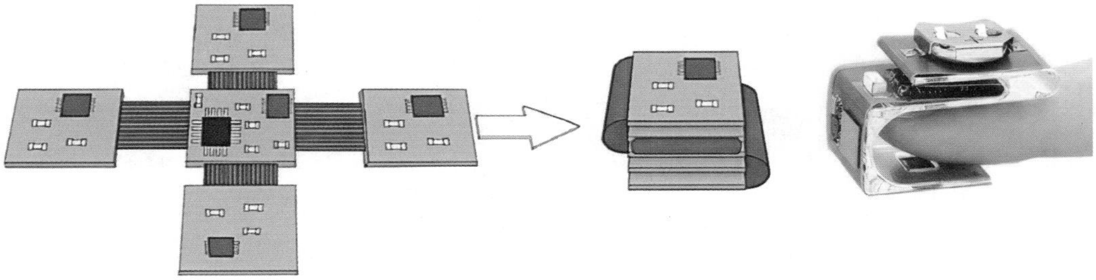

图 2.40　刚挠结合板示例

flex PCB）。此外，嵌入挠性线路刚挠结合板（E-flex PCB）区别于刚性板压合挠性板的结构，仅有部分挠性层嵌入全层刚性板，降低了制作成本，在市场上有较多应用。

挠性板广泛应用于消费电器、计算机、汽车、通信设备、仪器仪表、工业控制、医疗器械和军工航天等各个领域，它具有以下优势。

· 满足高密度、小型化、轻量化和薄型化需求。
· 在三维空间内可任意移动和伸缩，充分利用空间，高度挠曲立体封装，实现元件和导线连接的一体化装配。
· 电性能优良，信号完整性有保障。
· 为设计提供便利，大幅降低装配工作量，装配可靠性高，且容易保证电路的性能，使整机成本降低。

然而，挠性板制造也存在以下劣势。

· 生产工艺复杂，制造周期长，制造成本较高。
· 产品尺寸稳定性差，容易变形。
· 组装良率低，需要特殊的工装夹具。

FPC 材料

在现代电子设备中，许多部件需要频繁移动，如笔记本电脑和折叠手机的屏幕。相比于传统的线缆连接，挠性板的一体化互连方式在可靠性和成本方面具有显著优势。这种动态应用需求是挠性板和刚挠结合板发展的动力之一。柔性材料是实现这些功能的关键，也是挠性板和刚性板之间最大的区别。挠性板的主要构成材料有挠性覆铜箔基材、纯胶、覆盖膜和补强材料，以及用于刚挠结合板压合的不流动 PP，如图 2.41 所示。

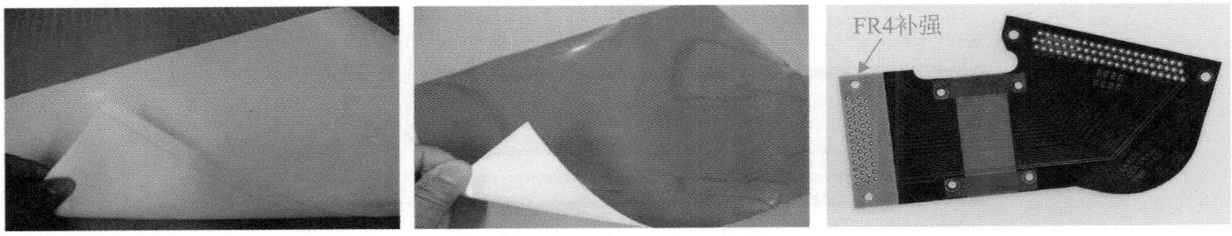

图 2.41　挠性板使用的纯胶、覆盖膜和 FR4 补强板

· 挠性覆铜箔基材（flexible copper clad laminate，FCCL）是一种在挠性绝缘介质薄膜的单面或双面黏合一层铜箔的基板材料，主要用于挠性板和刚挠结合板的生产。FCCL 的绝缘层材质主要有聚酯（PET）、聚酰亚胺（PI）和聚四氟乙烯（PTFE）等类型。薄膜层的厚度一般有 0.5mil、1mil、2mil 和 3mil 几种规格。聚酰亚胺柔性板材是目前 PCB 制造的主流基材。FCCL 分为有胶板材和无胶板材两类，无胶板材由铜箔和基材组成，

有胶板材由铜箔、黏合剂和基材组成。黏合剂通常使用聚酯类、环氧类（亚洲）、丙烯酸类（欧美）和聚酰亚胺类等，厚度一般为13μm和20μm。当挠性板工作在 –40 ~ 85℃时，使用普通的有胶板材即可；而在高温环境下（T_g ≥ 170℃），黏合剂会影响挠性板的性能，此时要选用无胶的二层结构基材。FCCL表面铜箔有压延铜箔（RA）和电解铜箔（ED）两类，厚度有0.5oz、1oz、2oz等规格。由于RA铜箔的铜结晶特点，其具有良好的耐弯折性。高性能压延铜箔（HRA）在滑移弯折实验中表现出76000次的优异性能，远超电解铜箔。在微细线路制作方面，电解铜箔具有优势，厚度小于5μm的电解铜箔适用于线宽/间距1.5mil的PCB量产。

· 纯胶（bonding sheet，BS）用于挠性层与挠性层、挠性层与刚性层的黏合，相当于刚性板的PP。其材料有丙烯酸类、环氧类和聚酯类几种。由于纯胶的T_g在85℃以下，高温膨胀系数较大，因此，只适用于简单结构的柔性板压合。当纯胶无法满足黏合需要时，可选用环氧不流动PP。尺寸宽度/厚度、热分解温度、剥离强度、溢胶量、填胶性和耐热性能等是纯胶的主要性能指标。
· 不流动（no-flow）PP是编织类玻璃布增强的热固性材料，黏度是普通PP的102 ~ 103倍，凝胶时间短，流动性差（只有常规环氧PP的1/10 ~ 1/30），流变窗口窄，对压合、固化工艺要求苛刻。通常只采用1080和106这两种型号的玻璃布。
· 覆盖膜（cover lay，CVL）相当于刚性板的阻焊油墨，对FPC线路导体起保护和绝缘作用，防止尘埃、潮气和化学品的侵蚀，且可以承受数十万次挠曲而不失效或退化。覆盖膜已经发展出多种性能的产品，按形态可分为干膜型和油墨型，按感光性可分为非感光型和感光型。其中，聚酰亚胺（PI）覆盖膜用得较多，其主体是PI和黏合剂，黏合剂外有一层保护用的离形纸；厚度有12.5μm、25μm和50μm三种规格。
· 补强材料（polyimide stiffener）用于柔性板局部位置压合补强，以加强对挠性基板的支撑，方便插接和防止后续贴装过程中的不良操作。根据需求，可以选用PI补强、FR4补强和金属补强等。

FPC基材基本上成卷包装，宽度一般为250mm或500mm。在FPC制造过程中，特别是压合过程中，还会使用离型膜、PE膜、TPX、压合垫、硅胶垫和常规牛皮纸等辅助材料，如图2.42所示。这与刚性板明显不同。生产不同结构类型的挠性板和刚挠结合板时，选用的辅助材料组合各不相同。结合快压、真空快压和传压等设备的使用，直接影响层压板质量，生产板溢胶量控制、覆形效果、胀缩滑板控制和板翘曲控制都与此相关。

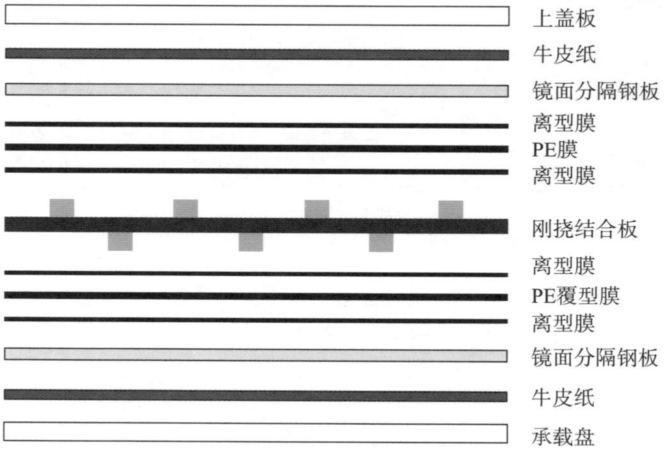

图2.42　压合叠层示意图

挠性板的设计和制造

挠性板和刚挠结合板具有弯曲区域，这与刚性板有明显区别。为了保证挠性区域的耐用性和可靠性，在设计和制造过程中需要特别关注以下几点。

· 材料透明性：材料透明性让制程中类似异物的缺陷更加容易被发现，为了避免不必要的报废损失，细节管理变得尤为重要。

· 材料尺寸稳定性：挠性材料在机械处理、热处理和湿处理过程中容易发生胀缩，导致对位和定位困难。因此，需要在设计上采取各种措施补偿和避免制程中的偏差。

· 搬运过程的可操作性：挠性材料较难搬运和作业取放。例如，压延铜箔非常软，在处理过程中极易出现凹痕。因此，需要采取措施防范操作损伤，同时提高生产效率。

· 覆盖涂层 / 保护层的必要性：相对于刚性板的平面装配特性，挠性板需要弯折和弯曲，以便立体组装和使用。因此，需要完全绝缘及导体覆盖，以保护线路。

此外，许多 PCB 制造商会利用相同类型的设备同时生产刚性板和挠性板，但会调整工艺参数，以满足挠性板复合结构的特殊要求。相比之下，挠性板制造工艺在提高生产良率方面确实更加困难。鉴于此，可制造性设计（design for manufacturability, DFM）非常值得重视。表 2.21 列举的设计要点有助于改善挠性板生产良率。此外，还有许多可用于改善挠性板可制造性的策略，可以根据实际情况进行设计。

表 2.21　挠性板设计要点

板类型	设计项目	设计要求
挠性板	线路设计	挠性部分需弯曲的线路，拐角设计成圆弧形，避免直角，减少挠曲应力
		为防止挠曲部分撕裂，在外形拐弯处内径添加保护线、转角圆角、退缩槽、转角钻孔、裂缝钻孔等
		动态挠曲应用，挠性区域设计网格线条，比整体铺铜皮更可靠
		挠性板有双面线路，弯折区线路适当加宽，两面交错配置
	焊盘设计	焊盘设计为圆角泪滴焊盘，分散应力
		间距满足，焊盘设计比保护膜开窗大，保护膜盖住部分焊盘，增加焊盘的结合力
		间距不足，可添加焊盘脚趾增加结合力
	CVL 开窗设计	保护膜盖住部分焊盘，上盘宽度 5mil
		SMT 焊盘宽度≤ 50mil，可盖焊盘两端 5mil，整体开通窗
		SMT 焊盘间距＜ 15mil，保护膜开通窗
	补强板设计	补强板边缘圆弧设计避免产生应力集中点
		补强板转化区边缘，设计弹性黏合剂圆角处理，提供应变缓冲
刚挠结合板	结构设计	确认设计为刚挠结合板的必要性，适合增加补强板的结构不要设计为刚挠结合板，降低成本
		尽量设计为对称结构，不同的刚性部分尽量层数相同、叠层相同
	材料选择	选择合适的介质材料，避免加工后尺寸不稳定性
		PET 材料难以满足多层镀覆孔结构，可选择无胶低膨胀率 PP
	挠性区域设计	应尽可能避免在挠性区域设计通孔和焊盘
	刚性区域设计	刚性部分的间距尽可能增加，保证大于 10mm 以上，减小弯曲应力
		嵌入式刚挠结合板，通孔到板边距离最小为 2mm

FPC 制造主要有两种生产方式：卷对卷（roll to roll, RTR）和片式（panel to panel）。RTR 的生产人员投入较少，质量稳定性好，单位生产成本相对较低，但前期设备投资较大，适合大批量挠性板生产。出于生产管理和工艺参数控制的需要，RTR 通常按工序分段加工，如卷对卷贴膜、卷对卷曝光、卷对卷蚀刻、卷对卷保护膜层压等。然而，刚挠结合板无法采用 RTR 方式生产。

常规双面挠性板加补强板的工艺流程

开料→钻孔→沉铜→电镀→光成像→蚀刻→AOI→CVL假接→CVL压合→检查→字符→表面处理→外形→补强板压合→终检→入库→出货。

CVL假接工艺流程：

前工序→CVL开料→CVL开窗→CVL假接→后工序。

补强板压合三级工艺流程：

前工序→补强板开料→黏合→补强板钻孔→补强板压合→后工序。

常规多层刚挠结合板工艺流程

辅料准备流程：

开料→裁切→测量胀缩→辅料切割开窗→辅料暂存仓→后工序备用。

挠性芯板流程：

开料→裁切→打标→内层前处理→贴膜→曝光→显影→酸性蚀刻→褪膜→内层AOI→冲孔→测量胀缩→棕化→压合备用。

刚性子板流程：

开料→内层前处理→内层贴膜→内层曝光→内层显影→内层酸性蚀刻→内层褪膜→内层AOI→铆合→预排→子板压合→冲孔→铣边→子板贴膜→子板曝光→子板显影→子板酸性蚀刻→子板褪膜→子板AOI→测量胀缩→开槽→层压备用。

刚挠结合板母板流程：

物料齐套合卡→铆合→预排→压合→冲孔→铣边→测量胀缩→钻孔→沉铜→电镀→外层图形转移→后工序。

说明：刚挠结合板生产有五个步骤，①覆盖膜和（或）PP准备；②挠性覆铜箔层压板层生产；③刚性板层生产；④不流动或低流动PP材料准备；⑤成品组件的制造。当覆盖膜和PP等辅料、挠性芯板和刚性芯板齐套后，才能进行压合及后工序的生产。

挠性板成品质量检验

挠性板、刚挠结合板产品质量检验与刚性板类似，包括对原材料的检验和测试，对生产制造过程关键工序和关键特性参数的管控，对过程中产品缺陷的检验和管控，以及对成品外观的检验和电性能测试，可以依据客户、企业或行业标准来执行。要强调的是，在产品可靠性方面，挠性板、刚挠结合板有其特殊性，依据IPC-T-650等标准提供的测试方法，可以有效检测。表2.22是依据日本工业标准整理的部分内容，仅供了解。

表2.22　挠性板的试验方法（JIS C5603）

序　号	项　目	内　容	条　款
1	表面层绝缘电阻	$5\times10^{8}\Omega$以上	7.6 表面层绝缘电阻
2	表面层耐压	交流500V以上	7.5 表面层耐电压
3	剥离强度	0.49N/mm以上	8.1 导体剥离强度
4	电镀结合性	镀层无分离剥落	8.4 电镀结合性
5	可焊性	焊盘95%以上部分焊锡附着良好（不适用于聚酯基材挠性板）	10.4 可焊性
6	耐弯曲性	达到客户要求的弯曲次数	8.6 耐弯曲性
7	耐弯折性	达到客户要求的弯折曲率半径及荷重下的弯折次数	8.7 耐弯折性

续表 2.22

序　号	项　目	内　容	条　款
8	耐环境性	依据客户要求标准	9.1 温度循环 9.2 高低温热冲击 9.3 高温热冲击 9.4 温湿度循环 9.5 耐湿性
9	通孔耐热冲击性	双面挠性的金属化孔导通电阻变化率在 20% 以下	10.2 通孔耐热冲击性
10	耐燃性	① 燃烧时间：每次 10s 以内，10 次合计 50s 以内 ② 燃烧及发光时间：第二次两者合计 30s 以内 ③ 夹具和标志线燃：没有燃烧或发光 ④ 滴下物使脱脂棉：没有着火 备注：当 5 件试样中有 1 件不满足①～②项，或 10 次燃烧时间合计 51 ～ 55s 时再试验。再试验必须全数满足规定值	JIS C5471R 的 6.8 耐燃性
11	耐焊性	无气泡、分层，覆盖膜上没有影响使用的变色，符号标记没有明显损伤，不适用于聚酯基材的挠性板	10.3 耐焊性
12	耐化学性	无气泡、分层，符号标记没有明显损伤	10.5 耐化学性

2.4.2　HDI 板

定　义

为了适应电子产品“轻、薄、短、小”及功能多样化的趋势，集成电路（IC）正朝着门尺寸缩小、晶片尺寸减小、电压降低和信号上升更快的方向发展。这些变化要求封装更小、I/O 更多、节距更小、信号噪声容限更窄、电感 / 电容敏感度更高，使用更复杂的 BGA。HDI 板是满足这些要求的理想解决方案。

HDI 板即高密度互连板（high density interconnection），又称积层多层板（build-up-multilayer，BUM）、增层板，是单位面积电路密度比传统印制电路板高的基板或印制电路板（IPC-T-50M《电子电路互连与封装术语及定义》）。

HDI 板的结构特点如下。

- 设计有微导通孔（激光钻或机械钻盲孔、埋孔），孔径≤ 0.15 mm，孔环≤ 0.25 mm。
- 线路精细，线宽 / 间距≤ 3 mil。
- 高密度，布线密度超过 117in/in^2。
- 焊盘密度＞ 130 点 /in^2。
- I/O 数大于 300。

目前，智能手机是 HDI 主板（图 2.43）的最大应用市场。2018 年，全球 HDI 板产值高达 92.22 亿美元，其中，手机产品占比达 66%，计算机产品占比约为 14%。

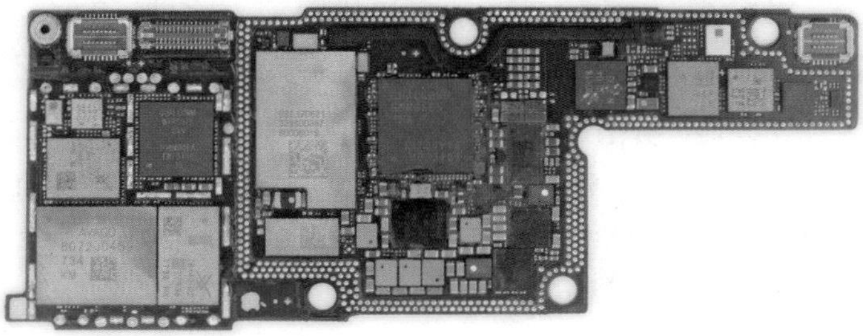

图 2.43　某型号手机 HDI 主板，采用 Anylayer、SLP 技术

HDI 板在叠层构造、介质材料选择、微通孔（IVH）结构等方面与常规 PCB 存在显著差异，制造工艺也有所不同。常规 PCB 的通孔占据了大量空间，用微导通孔替换或移除这些通孔，可以显著提高内层芯板的布线密度，通常能提高两三倍甚至更多。这使得信号层和参照层之间的层数减少，大幅提高了布线密度。微导通孔的设计和积层工艺的使用是 HDI 板的关键特征。

根据 IPC-2226，HDI 板有 6 种结构类型，如图 2.44 所示。

- 类型 I：带有从表面到表面的导通孔。
- 类型 II：芯板带埋孔，可能有连接外层的从表面到表面的导通孔。
- 类型 III：有两层或以上积层，芯板带埋孔，可能有连接外层的从表面到表面的导通孔。
- 类型 IV：带无电气连接功能的无源基板。
- 类型 V：采用层对无芯板结构。
- 类型 VI：采用交替结构。

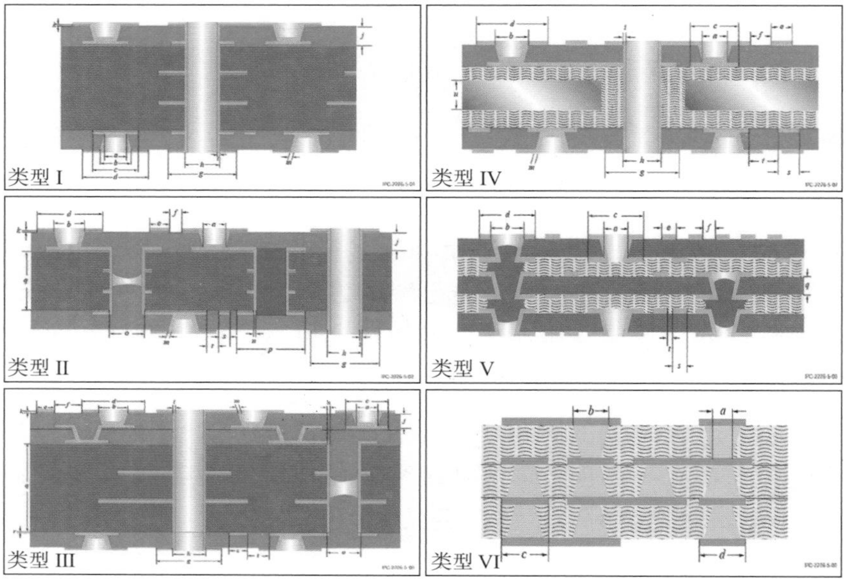

图 2.44　HDI 结构的 6 种类型（来源：IPC-2226）

HDI 基板材料

HDI 板的结构材料包括带或不带填料的、带或不带增强材料的绝缘介质、导体，以及绝缘介质 / 导体组合，导体材料包括导电箔、电镀导体、导电膏、导电柱和凸起等。常用的绝缘介质材料有可激光钻孔半固化片（LDP）、覆树脂铜箔（RCC）、传统半固化片、ABF 膜、环氧树脂、BT 树脂、聚芳酰胺、聚酰亚胺（PI）、干膜和湿膜等。

如前所述，微孔是 HDI 板的主要特征结构。微导通孔可以通过激光钻孔、机械钻孔、光致成孔、等离子和其他方法来实现。微孔加工方法与材料应具备兼容性，以满足产品在吸湿性、阻燃性、电气性能、机械性能和热特性等方面的设计要求，如图 2.45 所示。

可激光钻孔半固化片（laser drilling prepreg, LDP）是一种以玻璃纤维为增强材料的绝缘介质基材，能够加强介质的机械性能和耐热性。随着 HDI 板层数的增加，基材中埋置通孔的结构需要大量采用 LDP，这要求基材具有较低的膨胀率、更好的尺寸稳定性及埋置通孔树脂填充性。为此，高层数产品设计更倾向于选用纤维增强型材料。

早期研发和大量使用的是 106 玻璃布 E 玻纤微导通孔基材，后续证明 1080 和 2113 玻璃布

	标准铜箔	RCC	热固性树脂	光固化树脂
			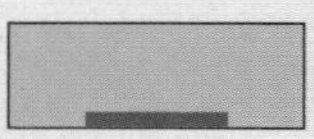	
激光钻孔（CO_2）	O	O	O	O
激光钻孔（UV）	O	O	O	O
机械钻孔	O	O	O	O
光致成孔	X	X	X	O
等离子体成孔	X	O	O	O
介质剥离	O	O	O	O
化学蚀刻	X	O	O	O
ToolFoil	X	X	O	O

O 兼容；X 不兼容。

图 2.45　各类微孔加工方法与各种材料的兼容性（来源：*The HDI Handbook*）

更适合盲埋孔结构。与常规 1080 等半固化片相比，LDP 的纤维纱、纤维数量和基重不同。LDP 中加入的高开纤扁平玻璃纱通过在两个方向上分散织线，最小化无纤维区域及最小化关节区域，使纤维分布更加均匀，如图 2.46 所示。总的来说，LDP 具有优良的激光钻孔性能、低热膨胀系数和良好的尺寸稳定性。

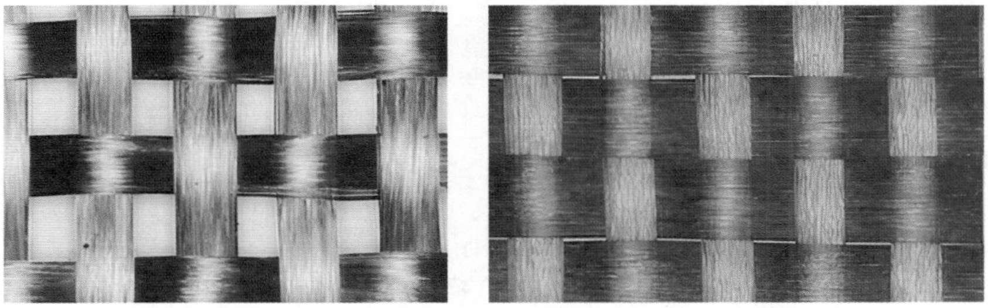

图 2.46　普通玻璃布和高开纤扁平玻璃布对比

随着高速信号传输速率的提升，D 玻纤和 SI 玻纤增强型介质在 PCB 层压板中得到了应用。这些低损耗、低介电常数的玻纤结合低损耗、低介电常数的树脂，被用于多频段高性能 LDP 基材生产。例如，基于 Nittobo 玻纤技术制造的“SI 技术”产品，能够改进高频数字信号或模拟信号的完整性，并很好地保持基材的厚度均匀性，有利于特性阻抗公差的精确设计和控制。

LDP 支持层压和蚀刻等，具有高刚性强度和耐金属离子迁移的特性，可满足中高端高层数电子产品的需求。

覆树脂铜箔（resin coated copper, RCC）又称背胶铜箔，是一种非增强型基材。RCC 采用 RTR（辊压）工艺生产，在经过粗化、耐热和防氧化处理的极薄电解铜（厚度 $< 18\mu m$）表面，精密涂覆一两层特殊环氧树脂或其他高性能树脂（厚度 60 ~ 80μm），经烘箱干燥脱去溶剂，使树脂达到半固化的 B 阶段。

在 HDI 连续增层法工艺中，RCC 替代传统的 PP 与铜箔，作为绝缘介质和导电层，能够适应常规多层板压合工艺，与芯板一起构建积层。其介质厚度均匀，不含玻璃介质层，易于薄型化，且具有良好的激光钻孔性能。RCC 表面无纤维织纹，板面十分平整，利于制作更精细的线路，铜箔附着力强，剥离强度高，可靠性较高。此外，RCC 上的树脂处于 B 阶段，存储稳定性优于感光性树脂材料。

尽管 RCC 板材硬度较低，加工过程中易翘曲，存在通孔周围树脂易开裂的隐患，成本较高且厚度范围有限制，但其出现直接推动了 PCB 微孔加工技术的进步，因此，成为 HDI 板制造的主要材料。

铜箔是 HDI 板主要的导体材料。HDI 板生产除了采用带铜箔的芯板，还大量使用铜箔直接压合在基板和绝缘材料上，以制作各层的线路图形。为适应微细线路的需要，一般选择较薄的铜箔，厚度为 18μm、12μm 及以下。常规刚性板和挠性板使用的电解铜箔和压延铜箔也可以直接用于 HDI 板生产。

HDI 板制造的工艺流程

HDI 板可以分为有芯板和无芯板两个主要类型。芯板（也称子板）沿用常规 PCB 制造工艺，通常由多张内层板压合而成。无激光孔层的芯板采用机械钻孔、电镀通孔，并进行树脂塞孔和盖覆铜（POFV）。有激光孔层的芯板则需要在激光钻孔后进行电镀填孔。芯板表面经过多次电镀积累，需要减薄表面铜层，才能制作出微细的线路图形并得到客户要求的最终铜厚。

有芯 HDI 板制造可以利用现有的刚性板生产线，只需添加激光钻机等少数专用关键设备。三阶及以内的 HDI 板是市场上常用的产品，其设计有交错式盲孔、跨越式盲孔、套叠式盲孔、叠加式盲孔和芯板内的埋孔。这些盲孔采用激光钻孔加工，经多次压合，可以实现多种互连结构。

HDI 板在制造过程中需要多次压合覆树脂、芯板和铜箔等材料。材料的胀缩和定位方式的选择会直接影响成品板的对位精度，这也是 HDI 板制造的难点。因此，绝缘介质选择、微孔激光加工、孔金属化和填充、压合和定位精度控制非常关键。

由于 HDI 板结构复杂，生产流程远比普通多层板复杂，见表 2.23。PCB 制造企业应建立高密度多层板技术体系，制定 HDI 板制造规范，以指导日常生产作业和现场管控。

表 2.23　典型 HDI 板生产流程

结　构	特征结构	图　示	流　程
子　板	无激光孔、埋孔、树脂塞孔、POFV	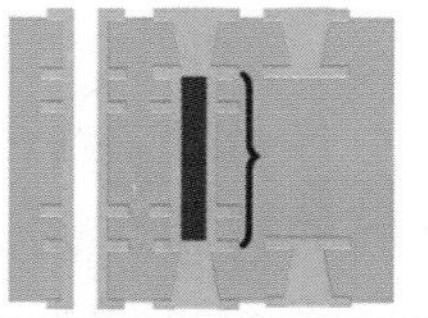	开料→烘板→树脂塞孔钻孔→去毛刺→沉铜→全板电镀→镀孔干膜→镀孔→树脂塞孔→磨板→减薄铜→磨板→盖孔沉铜→全板电镀→磨板→次外层干膜→干膜检查→次外层蚀刻→次外层 AOI →棕化→后工序
	有激光孔、埋孔、树脂塞孔、电镀填孔	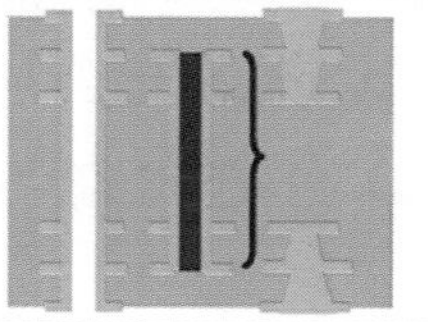	前工序→层压→烘板→钻板边定位孔→棕化→激光钻盲孔→等离子体处理→化学清洗→盲孔检查→沉铜→盲孔电镀填孔→减薄铜→钻孔→沉铜→全板电镀→镀孔干膜→镀孔→树脂塞孔→磨板→次外层干膜→次外层蚀刻→次外层 AOI →棕化→后工序
母　板	PP、激光钻孔、化学镍金		下料→子板→压合→减铜→棕化→激光钻孔→机械钻孔→沉铜→板镀→外层图形转移→酸蚀→ AOI →阻焊→字符→化金→成型→电测→终检→包装

无芯 HDI 板的工艺方法众多，形成明确标准的工艺路线已超过 20 种，如 CMK 公司的 CLLVIS 积层技术和 PPBU 半固化片积层技术、日立公司的 HITAVIA 技术、Ibiden 公司的 SSP 单面压合技术和 FVSS 技术、Fuji Kiko 的 FACT–EV 化学蚀刻孔柱技术、Shinko 公司的 MSF HDI 技术、松下公司的 ALIVH 技术、东芝公司的 B²it 技术和第三代 HDI 工艺中最新的 NMBI 新型立柱凸块互连技术等。比较而言，ALIVH 及 B²it 技术不需要孔化电镀，而是依靠导电胶来

实现层间互连，具有流程简单、质量可靠和成本低的优势，如图 2.47 所示。

任意层中间导通孔（any layer inner via hole，ALIVH）技术采用芳纶环氧 B 阶段 PP，利用二氧化碳（CO_2）和紫外线（UV）激光钻孔，不进行孔金属化和电镀处理，而是利用铜膏填充导通孔，再通过铜箔减成蚀刻来制作线路。一次层压形成一个叠层结构，该技术不是逐次积层，因此对重合度的要求不高。

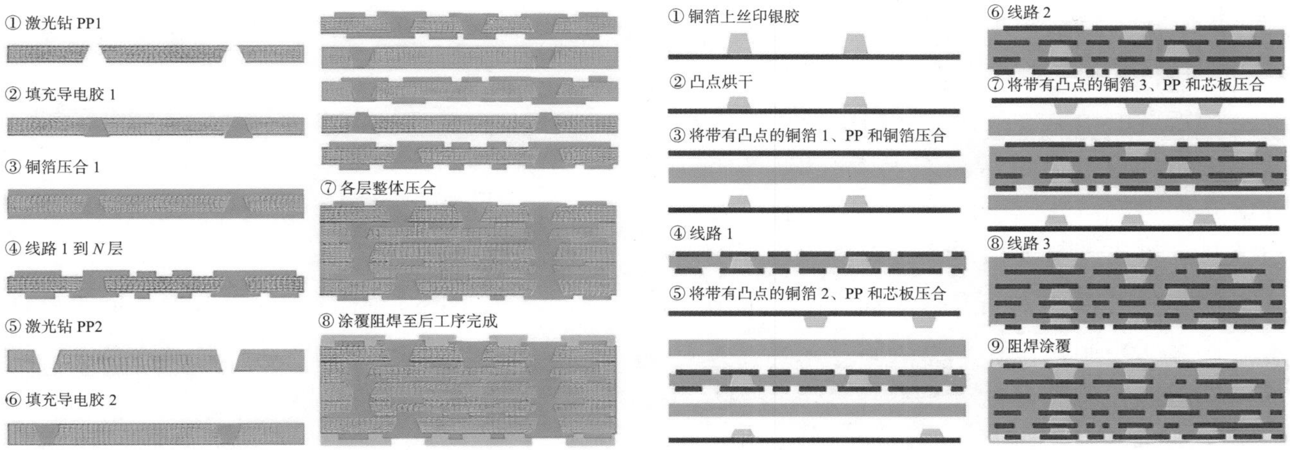

图 2.47　ALIVH 和 B^2it 的工艺流程（来源：*THE HDI HANDBOOK*）

埋入凸块互连技术（buried bump interconnection technology，B^2it）使用导电膏取代导通孔填料，通过丝网印刷银环氧导电膏形成凸块，经固化后形成凸点，类似图钉。在层压过程中，这些凸点使玻纤和环氧偏移，连接到半固化片反面的铜。其优点是不需要使用钻孔设备，金属化过程简单，因此，成本非常低。B^2it 与 ALIVH 等类似，不同之处在于 B^2it 使用标准 FR4 材料。

HDI 制造的关键技术

激光钻机可用于 HDI 板微孔加工。其利用激光源发射高能量密度光束，通过透镜集中到板面上，迅速加热材料局部，使其发生熔融、蒸发、燃烧等反应，从而形成微孔。常用的激光源有二氧化碳（CO_2）激光、固态钇铝石榴石（Nd：YAG）激光和氟化氪（KrF）准分子激光等。不同激光源的波长和能量不同，输出功率也有差异。PCB 上的铜、环氧树脂和玻璃纤维对激光的吸收性能存在差异，因此，激光钻孔速度也有所不同。

各种激光钻机的光路系统大同小异，通常由激光发射器、光路整形系统及激光定位装置（如扫描动镜、远心透镜）组成。CO_2 激光钻机和 UV-Nd：YAG 激光钻机的性能比较见表 2.24。

表 2.24　CO_2 激光钻机和 UV-Nd：YAG 激光钻机的性能比较

项　目	CO_2 激光钻机	UV-Nd：YAG 激光钻机
激光波长	9400 nm	355 nm
激光能量	100 ～ 250W	5 ～ 20W
最小孔径	50μm	30μm
钻孔类型	盲孔	盲孔 / 通孔
加工流程	棕化或开窗 + 激光钻孔	直接打铜
孔形	倒梯形，孔壁粗糙度较大	规则倒梯形，孔壁质量好
成孔效率	≥ 75μm 孔加工效率高，达 700 孔 /s；＜ 75μm 孔加工困难	≥ 75μm 孔加工效率低，≤ 50μm 孔加工速度较快
工艺特点	高产出，低成本	加工效率低，适用于铜箔直接加工

根据 CO_2 红外激光与固态 Nd：YAG 紫外激光的特性，微孔加工方式有直接铜面加工（LDD）、开铜窗（conformal mask）加工和开大铜窗（large window）加工等。CO_2 激光能穿透有机物材料，烧蚀出微孔，但由于铜对红外线吸收甚少，厚铜箔无法被 CO_2 激光烧除。制造工艺上，一般采用减薄铜箔（开铜窗加工）和表面棕化处理来提高能量吸收率，完成激光钻孔。

此外，CO_2 激光能量高，烧蚀速度快，易导致有机物焦化，形成孔内残留物。盲孔底部残胶是 HDI 板致命的可靠性问题，因此，通常采用分步脉冲式加工，分三次打孔，每次能量减少 50%，以减少焦化残留，避免孔底出现内层互连缺陷（ICD）。在质量管理方面，使用盲孔 AOI 设备进行盲孔质量检测是必要的质量控制步骤。

固态 Nd：YAG 激光钻孔的紫外光束波长短、能量高，直接破坏板面材料有机物的分子键、金属的金属键和无机盐类的离子键，产生悬浮颗粒、分子团和原子团——散去后形成微孔。紫外激光加工的微孔质量优异，孔壁竖直、无热烧伤、无污染，孔底铜无损伤、无焦化和残留物，后续孔金属化无须去钻污，可直接孔化和电镀。

激光钻孔后需对盲孔进行金属化，以实现 HDI 板各层之间的电气互连。为获得板面平整效果，便于线路制作和积层堆叠盲孔，孔径≤ 0.3mm、板厚孔径比＞ 6 的 IVH 盲孔需进行塞孔处理，方法有树脂塞孔、导电胶塞孔和电镀填孔三种。薄板、微盲孔结构的填充和研磨有一定技术难度，而电镀填孔工艺流程较简单，可靠性高，是叠孔的首选。

电镀填孔在沉铜和板镀之后进行，镀液的主要成分为硫酸铜、硫酸、氯离子和有机添加剂。镀液采用低酸高铜的电镀药水体系，其中的添加剂类型和浓度对电镀填孔效果有直接影响。有机添加剂包括含聚乙二醇类物质的抑制剂（载体）、含 S–S 类物质的加速剂（光亮剂）和含氮基团类物质的整平剂。

图 2.48 展示了填孔电镀初期盲孔内添加剂的分布情况。在适当的搅拌条件下，抑制剂根据孔的电位 E 的高低进行吸附，高电流密度部位的吸附力强，导致板面的吸附厚度大于孔内，形成从孔口到孔底的浓度梯度。加速剂则优先在孔底吸附，随着孔底表面积的减小，加速剂累积效应更加明显。添加剂改变了原有的电力线分布，抑制剂、加速剂和整平剂的浓度分布不同，会对填孔效果产生不同影响。抑制剂抑制了面铜的沉积，浓度梯度使得盲孔内铜的沉积速率随深度的增加而加大，加速剂在孔底提高了铜离子的迁移密度，使盲孔底部的铜沉积量最大化。添加剂的存在导致盲孔内的铜沉积速度从孔口到孔底倒置，铜沉积量逐渐增大，这就是盲孔电镀填孔的机理。

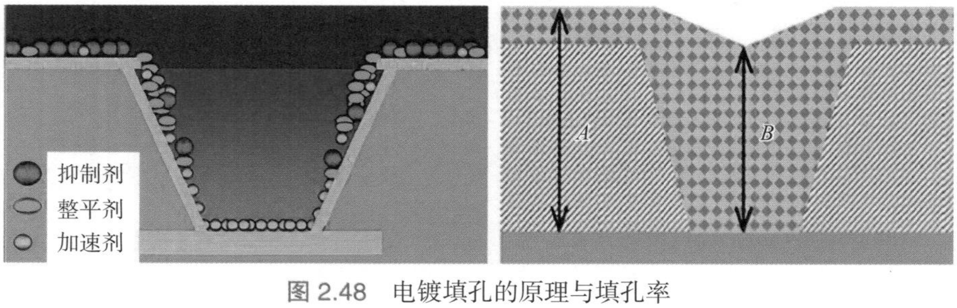

图 2.48　电镀填孔的原理与填孔率

电镀填孔的发展目标是最大限度地填满盲孔，同时将基板表面的厚度偏差降至最小。评估电镀填孔药水的能力，特别是添加剂能力的量化指标包括通盲孔填孔率（Dimple ≤ 10μm），填孔率 $VF=B/A\times100\%$；凹陷量 $Dimple=A-B$；通孔镀通率（TP ≥ 80%）；图形电镀线路圆弧率；填孔可靠性（288℃，10s，5 次）等。

除了添加剂的类型和浓度的影响，电镀填孔过程中还需要注意以下几点。

- 控制电镀电流密度。高电流密度会导致孔口的沉积速率高于孔底，使添加剂的作用无法发挥，导致盲孔的孔口迅速封闭。
- 控制缸内镀液的喷流量。增大喷流量可以减小扩散层的厚度，增大极限扩散电流密度，减小扩散极化对填孔电镀过程的阻力，对填孔效果有积极影响。
- 盲孔内的玻纤突出会影响溶液交换和添加剂分布，容易导致电镀填孔空洞或线缝问题。
- 孔口悬铜会影响溶液交换和添加剂分布，导致加速剂很难扩散到孔内，出现电镀填孔空洞或线缝问题。
- 盲孔侧蚀会直接导致超等角沉积的导电前提不存在，从而无法完成填孔。
- 盲孔的孔径越大，理想的添加剂吸附平衡越不容易形成，无法获得理想的填孔效果。
- 随着盲孔深径比的增大，孔内药水的交换难度逐渐增大，加速剂在盲孔中的吸附难度也逐渐增加，导致孔底铜沉积速率变慢，再加上孔口直径变小会导致孔口铜的沉积速率相对较快，填孔空洞难以避免。
- 镀孔前处理良好的振动、超声波等条件，有助于盲孔填孔。
- 及时进行镀液的碳处理，减少镀液中的副产物量，有助于盲孔的填孔。

质量标准

IPC-6016《高密度互连（HDI）层或板的鉴定和性能规范》规定了采用微导通孔技术的HDI层或板的外观、结构完整性及可靠性要求。IPC-4104《高密度互连（HDI）和微通孔材料规范》规定了设计、生产HDI板的基板材料要求。根据IPC标准，HDI板需要完成通断性、阻抗、绝缘性、介质耐压和绝缘电阻等电性能测试，湿热和绝缘电阻、热冲击、高温放置和离子清洁度等环境测试，以及有机污染、抗菌、抗振动和机械冲击等其他测试，以确保产品的可靠性。

2.4.3　IC 载板

概　述

20世纪90年代初，随着大规模集成电路和超大规模集成电路技术的发展，新型半导体封装器件如球阵列（BGA）和芯片级封装（CSP）等问世。封装载体在半导体器件中扮演着不可或缺的角色，从传统的引线框架逐渐演变为IC载板。IC载板，又称封装基板（package substrate，PKG），是半导体器件中晶粒（die）的承载基板，起到尺寸放大作用，是高精细化芯片与较低精细化印制电路之间的电气互连通道。由于IC载板直接接触晶粒，因此除承载功能外，还具有散热、防静电、应力缓解等物理保护作用。其电气互连结构的质量直接影响集成电路信号传输的稳定性和可靠性。图2.49展示了一条带有多个单元的IC载板实物。

图 2.49　IC 载板实物

IC载板根据基板材料可分为无机封装基板和有机封装基板。无机封装基板包括陶瓷基板和玻璃基板等。有机封装基板则主要由有机树脂和玻璃布制成。导体通常采用铜箔，有机树脂有BT树脂（双马来酰亚胺三嗪树脂）、PPE树脂（聚苯醚树脂）、PI树脂（聚酰亚胺树脂）和环氧树脂等。根据结构可分为有芯基板和无芯基板两类。按应用领域可分为适用于中央处理器、存储器、微处理器、控制器等的PBGA载板、CSP载板、MCP载板、SiP载板、PoP载板、FC-CSP载板等。

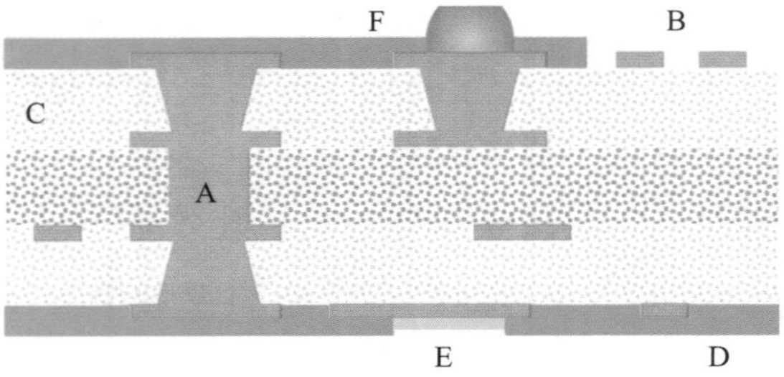

A.钻孔技术；B.线宽间距；C.板厚控制；
D.阻焊技术；E.表面处理；F.SoP Bump

图2.50 IC载板结构示意图

类似于PCB，IC载板由层、孔、线、盘等关键结构组成，如图2.50所示。适应先进封装技术的发展需求，IC载板的结构特点如下。

- 轻薄：有芯基板中间为芯板，上下部分为积层层，而无芯基板仅有绝缘积层层和铜层。一般IC载板层数少于10，总板厚≤0.2mm，双面板厚度公差±20μm，四层板厚度公差±30μm。有芯基板的芯板超薄，厚度≤40μm；PP超薄，厚度≤20μm。一般选用超低CTE板材，翘曲控制在0.5%以内，层间对位精度高，孔到导体最小间距≤3.5mil，配板结构、板件胀缩、层压参数、层间定位系统等是关键。
- 精细线路：IC载板的线宽/间距比常规PCB更为精细。一般掩孔工艺可制造线宽/间距为30μm/30μm，MSAP工艺可制造线宽/间距为20μm/20μm，ETS工艺可制造线宽/间距为15μm/15μm甚至更小。线路补偿和精细线路制作是关键技术，线宽公差为±5μm，蚀刻均匀性要求≥90%。
- 微孔：激光钻通盲孔类型包括VIP、VOP和BVH，最小孔径/间距≥55μm/125μm，钻孔对位精度≤10μm，最小孔壁铜厚≥15±2μm，电镀填通孔凹陷量Dimple≤10μm。BGA盘中孔树脂塞孔的平整度要求控制在±15μm以内。
- 阻焊层：阻焊厚度为10～45μm，阻焊干膜公差≤±3μm，阻焊油墨公差≤±5μm，阻焊和焊盘表面高度差≤15μm。阻焊平整度控制是关键技术，如图2.51所示。

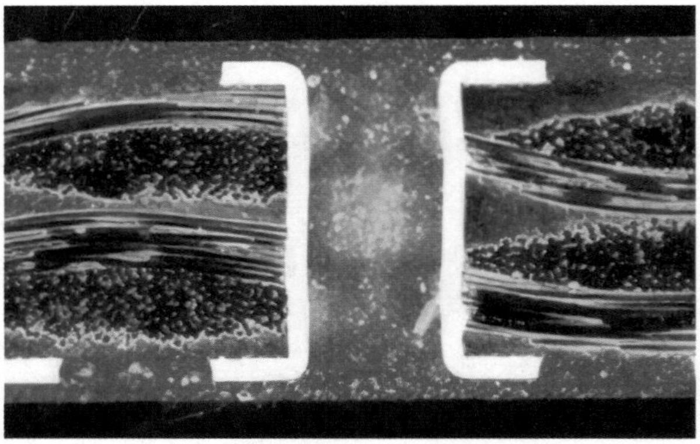

图2.51 阻焊平整度检测切片

- 表面处理：表面处理工艺包括软金（TLP/EB）、OSP、AFOP、ENIG/ENEPIG、ENIG+OSP、预焊料（SOP）。可打线的表面涂覆，选择性表面处理是关键技术。
- 植球（SoP Bump）：这是区别于PCB的结构特征，在倒装芯片（flip chip）中普遍应用。Bump是一种金属凸点，形成于需要上锡的焊盘上，通过钢网印刷锡膏，回流焊后形成锡球（圆锡球顶部整平）。随着技术的发展，Bump的尺寸变得越来越小。标准倒装芯片（standard flip chip）的Bump间距为150～200μm，细节距Bump间距为100μm，铟Bump间距为5～10μm。

IC 载板的主要物料具有以下特点。

- 高耐热性：基板材料具有较高的玻璃化转变温度（T_g）和高的热分解温度（T_d）。
- 低吸湿性：避免材料绝缘电阻下降、介电常数增加、耐热冲击性能下降，以及 PCT 和耐 CAF 性能降低。
- 低热膨胀系数：采用热膨胀系数 $\alpha < 8 \times 10^{-6}$/℃的材料，尽量与硅晶体的 α 值接近。
- 低介电常数（ε_r）：适应信号高速化的要求。
- 薄型化、厚度均匀性及平整度优良。
- 无卤、无铅：绿色环保，环境友好。

日本三菱瓦斯化学的 BT 板材是目前唯一通过 PCT 测试的封装基板板材，市场占有率达 90% 以上，型号有 MGC HL832NX（A）、HL832NS（LC）等。其他品牌有斗山电子的 DS7409HGB、DS7409HGB（S/L/LE/X/Z），日立化成的 E679FGB（S）、E700G，松下电工的 R1515E/L、R-G525（S）等。铜箔以三井 MT18Ex 和日矿 JTCS 等为主。封装基板积层材料以 ABF 为主，如日本味之素精密技术公司的一般型 SH9K（T_g=165℃，TMA）、无卤型 GX-3（T_g=153℃，TMA）和无卤低 Z 膨胀型 GX-13（T_g=156℃，TMA）。常用的阻焊油墨有太阳 AUS-308/320/703EG-23/30，常用的阻焊干膜有太阳 AUS410 和日立 FZ2700G 等（图 2.52）。

图 2.52　干膜型阻焊

虽然 IC 载板与 PCB 结构相似，但 IC 载板的孔、线、盘、层结构更小、更细、更薄、更平，已经超越常规 PCB 制造技术的工艺能力极限。直接补充或改造生产设备的成本过高，因此，专用的封装基板制造技术和生产线应运而生，并与常规 PCB 生产线分离。IC 载板制造技术与 PCB 工艺同根同源，但在具体技术方案上存在差异，半加成工艺、薄芯板积层工艺、无引线镀金和混合表面处理工艺等差异性明显。

加成法工艺

线路制作方面，常规 PCB 采用减成法工艺，图形转移后蚀刻除铜，掩孔工艺（负片）和图形电镀工艺（正片）都可以满足 75μm 及以上线宽 / 间距的线路生产。然而，对于更精细的线路，如平均铜厚 20μm、设计线宽 / 间距为 50μm/50μm 的线路，由于已达到减成法工艺能力的极限，产品良率很低。此外，侧蚀问题带来的影响更加严重，工艺方法本身存在固有的能力局限。

IC 载板线路的线宽 / 间距从 40μm/40μm 向 30μm/30μm，甚至 10μm/10μm 以下的超细线“超连接技术”发展。针对不同线宽 / 间距的产品，需要采用全加成、半加成、改良半加成和高级改良半加成等工艺，才能获得满足交付和成本要求的良率。PCB 和 IC 载板的线路制作工艺比较见表 2.25 和表 2.26。

表 2.25 线路制作工艺比较

产 品	流 程	共同点	能力差异	差异分析
PCB	负片工艺	流程相同，都是负片工艺，都需要经过酸性蚀刻，抗蚀层都是干膜	线路制作能力有限，通常在75μm 以上	① 蚀刻底铜较厚，通常为 35μm ② 曝光机和干膜分辨率通常在 1.5mil ③ DES 线蚀刻能力不足，50μm 以下间距难以蚀刻 ④ 铜厚均匀性极差约 10μm
IC 载板	掩孔		线路制作能力可以达到 35μm	① 蚀刻底铜较薄，可以达到 10μm ② 曝光机和干膜有较高的分辨率，分辨率可以达到 20μm ③ DES 蚀刻能力较强，最小间距可以达到约 35μm ④ 铜厚均匀性极差约 5μm
PCB	正片工艺	流程类似，都是正片工艺，都是曝光显影后进行图形电镀	线路制作能力有限，通常在50μm 以上	① 蚀刻底铜较厚，内层通常 18μm ② 底铜铜箔的牙根较大，不利于蚀刻，毛面粗糙度 Rz = 3 ~ 5μm ③ 曝光机和干膜分辨率通常在 1.5mil ④ 抗蚀层为锡 ⑤ 线路蚀刻采用碱性蚀刻药水
IC 载板	MASP		线路制作能力可以达到 25μm	① 蚀刻底铜较薄，甚至 2μm ② 底铜铜箔的牙根较小，适合蚀刻精细线路，毛面粗糙度 Rz=1 ~ 3μm ③ 曝光机和干膜分辨率较高，可以达到 15μm ④ 无抗蚀层 ⑤ 线路蚀刻采用酸性蚀刻药水，差异蚀刻

表 2.26 减成法和加成法主流工艺线路的加工能力对比

工 艺	掩孔蚀刻	减薄铜 + 掩孔蚀刻	减薄铜 + 图镀 + 蚀刻	mSAP	amSAP	FC-BGA 的 SAP
完成线宽	＞ 75μm	＞ 60μm	＞ 35μm	＞ 30μm	＞ 20μm	＞ 10μm
基材铜厚	18μm	5 ~ 8μm	5 ~ 8μm	2 ~ 5μm	2 ~ 3μm	/
化铜厚度	0.3 ~ 0.5μm	0.3 ~ 0.5μm	0.3 ~ 0.5μm	0.3 ~ 0.5μm	1 ~ 2μm	1 ~ 2μm
全板电镀厚度	18 ~ 25μm	18 ~ 25μm	2 ~ 3μm	2 ~ 3μm	/	/
图形电镀厚度	/	/	15 ~ 25μm	15 ~ 25μm	15 ~ 25μm	15 ~ 25μm
抗蚀层厚度	D/F 15 ~ 25μm	D/F 15 ~ 25μm	Sn 5 ~ 7μm	/	/	/
总蚀刻厚度	35 ~ 50μm	25 ~ 35μm	8μm	5 ~ 10μm	3μm	2μm
应 用	常规 PCB	手机	载板	载板	载板	FC-BGA

全加成工艺（additive processes，AP）是在含光敏催化剂的绝缘有机基材表面上，选择性沉积导电金属以形成导体图形的方法。这种工艺不采用蚀刻铜工艺，几乎没有侧蚀，线路制作能力接近干膜分辨率，一般认为可以达到 15μm。然而，该工艺的化学沉铜层附着力一般，在高温环境下存在分层风险。

半加成工艺（semi-additive processes，SAP）根据微孔形成方式，可分为直接电镀填孔（plated pillar）工艺、电镀铜柱（plated copper pillar）工艺及超薄铜（ultra-thin copper foil，UTC）工艺。以主流的电镀填孔及激光成孔为例，SAP 工艺流程如图 2.53 所示。

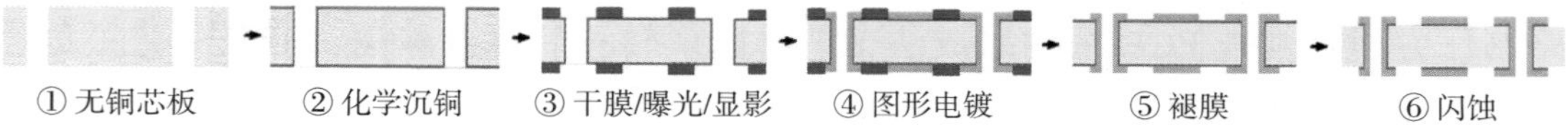

图 2.53 双面板 SAP 工艺流程

SAP 工艺采用无基铜 BT 板材开料、烘板得到芯板，多层板通常以 ABF 膜材料进行增层压合。先进行 UV 激光钻孔，双面板需对基材表面进行催化处理，形成铜沉积的种子层，然后通过化学沉铜获得底层铜，实现全板导通。接着，采用正片图形转移，通过图形电镀铜加厚线路和孔，褪膜后对未电镀加厚的非线路区域进行闪蚀（flash etching），从而得到线路图形。SAP

工艺流程相对简单，但控制要求较高；全板沉铜的附着力一般，存在热冲击分层的隐患。

改良半加成（modified SAP，MSAP）工艺，采用薄铜箔基材，一般基铜厚度为 3 ~ 8μm，基铜以低轮廓铜箔或超低轮廓铜箔为主，以避免蚀刻后基铜铜牙残留在板内，产生微短路。板材是否含基铜是 MSAP 工艺与 SAP 工艺的关键区别。

MSAP 工艺流程如图 2.54 所示，简述如下：板材开料、烘烤和表面处理；激光钻孔，通过化学沉铜金属化孔壁；以全板电镀加厚铜层，提高铜层附着力，降低分层起泡风险，增加产品的可靠性；对板面进行超粗化处理，然后进行真空压膜和 LDI 曝光；采用正片图形，以图形电镀加厚线路和孔壁，褪膜后闪蚀得到线路图形。

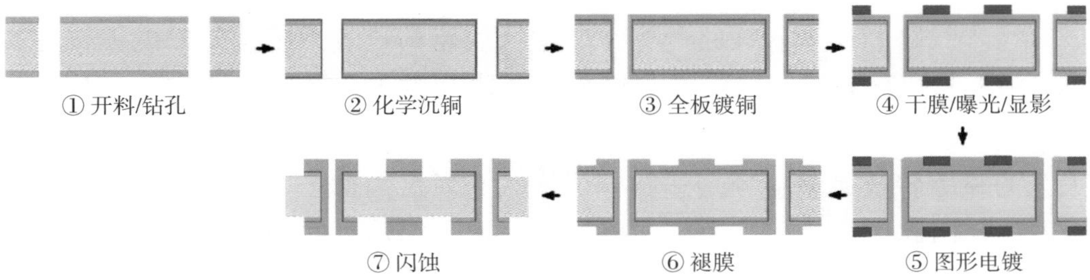

图 2.54　MSAP 工艺流程图

对于微细线路生产，MSAP 工艺中图形电镀的铜厚均匀性控制是关键，直接影响产品良率，要求镀铜层厚度极差 $R < 5\mu m$。闪蚀是半加成工艺区别于传统 PCB 工艺的显著特征，其作用是快速去除非图形区域的铜，同时不显著蚀刻线路图形区域的铜（主要是线路侧壁），如图 2.55 所示，蚀刻因子可以达到 E=10。其机理是蚀刻剂对化学镀铜与电镀铜的蚀刻速率不同，底铜在差分蚀刻中很快被除去，剩下的部分形成完整的线路图形。一般采用硫酸 - 过氧化氢的蚀刻液体系。需要特别控制的一个指标是侧蚀量，过大的侧蚀会导致根部线路宽度减小，甚至与基材剥离。

图 2.55　闪蚀线路的侧壁效果

高阶改良型半加成（advanced modified SAP，AMSAP）工艺采用常规薄铜箔基材。不同于 MSAP 工艺，AMSAP 工艺仅以化学沉厚铜 + 孔金属化进行全板连通，不进行全板电镀，然后用正片进行图形转移，以图形电镀加厚线路和孔，褪膜后闪蚀得到线路图形，如图 2.56 所示。

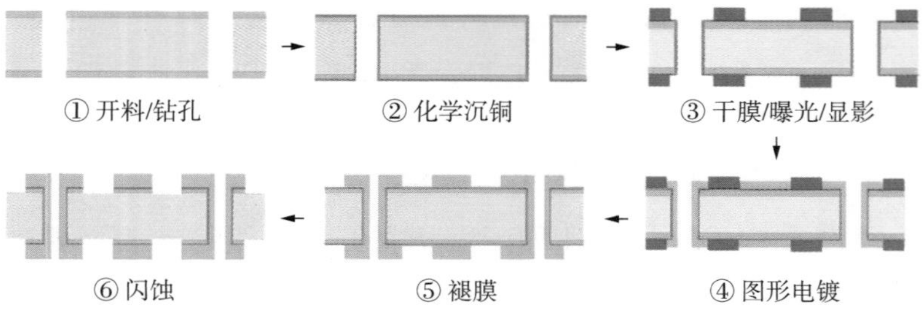

图 2.56 AMSAP 工艺流程图

无芯基板工艺

无芯板有埋入线路和非埋入线路两类。非埋入线路的代表性工艺是以电镀铜柱实现层间互连，而埋入线路工艺则有 ETS（埋线路）和 SMS（埋焊盘）两种代表性方法。下面以 ETS 工艺为例进行说明。

ETS 工艺的显著特征是基板顶层线路铜层嵌入介质层内部（图 2.57），阻焊层直接涂覆在平整的基板表面，因此厚度均匀。由于线路嵌入板内，锡球盘间距可以设计得更小，从而降低锡球短路风险，这对于 IC 芯片封装非常有利。ETS 工艺可以实现线路设计宽度和成品基本一致，因为线路是通过电镀加厚制成的，不受侧蚀影响。这样就可以制作更精细的线路，同时降低成本，产品也更轻薄。

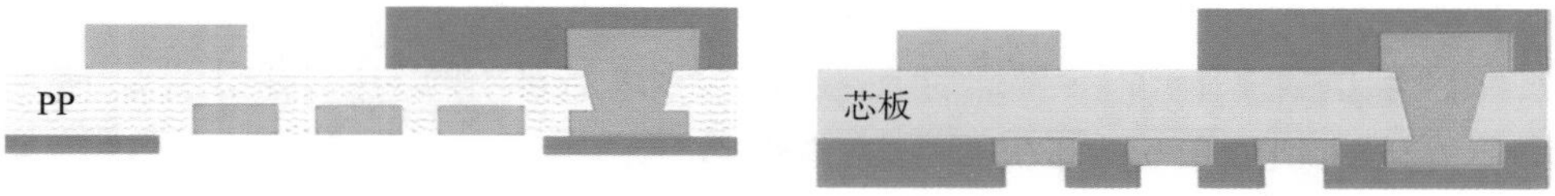

图 2.57 ETS 工艺和 SAP 工艺的封装基板结构对比

ETS 工艺适用于双面到多层的无芯基板生产，其特点是采用可分离基材——双面覆薄铜箔板材（DTF）。这种基材由 5μm 功能薄铜层和 18μm 承载厚铜层构成，可以通过机械方式从中间承载板分离为独立的部分。

以双面基板产品为例，ETS 工艺流程如图 2.58 所示。

（1）板材开料并烘烤后下线。

（2）进行图形转移，全板贴膜、曝光、显影后蚀刻板边薄铜层。

（3）褪膜后进行第一次 MSAP。

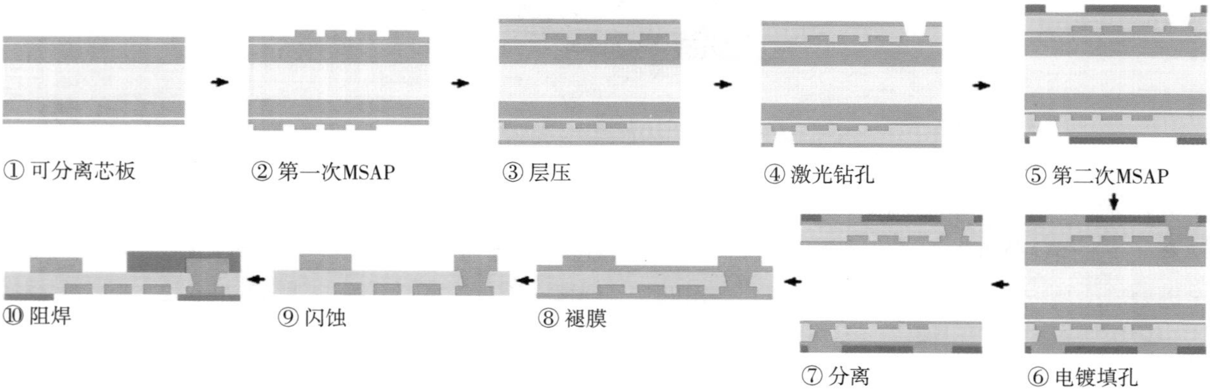

图 2.58 ETS 工艺流程

（4）在电镀工序中，除了对线路进行电镀加厚，还需对板边进行电镀封边，以防止薄铜剥离或层间藏药水。

（5）加 PP 进行增层压合。

（6）经 X-Ray / 机械和激光钻孔、除胶、除溅射铜后进行化学沉铜。

（7）进行第二次 MSAP。

（8）图形电镀后进行载板和承载板的机械分离。

（9）褪膜、蚀刻、AOI 检查、CZ 前处理、阻焊、外形处理和表面处理。

（10）进行电测和产品最终检验，标记坏板后包装出货。

盘上孔工艺

盘上孔（via on pad，VOP）工艺在导通孔上直接形成焊盘，可最大程度地利用导通孔区域进行互连。因此，VOP 工艺在更高阶互连产品中被大量使用。VOP 工艺流程如图 2.59 所示。

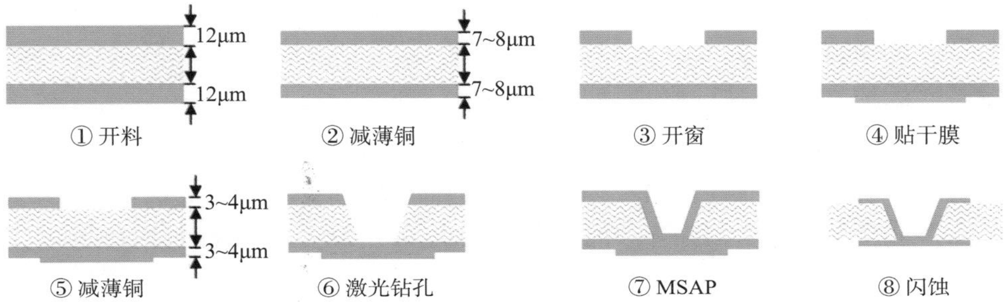

图 2.59　VOP 工艺流程

无引线镀金（TLP）工艺

金手指电镀金可分为有引线镀金和无引线镀金两类。常规 PCB 镀金工艺采用有引线镀金，即完成阻焊之后镀金，引线在铣外形后以倒边方式切除；或者以回蚀（etch back，EB）方式去除，再用阻焊回补添加引线位置的窗口。

无引线镀金（TLP）工艺流程如图 2.60 所示。通过全板沉铜实现金手指电镀时的导通，先涂覆抗蚀油墨，露出要镀金的金手指，然后通过闪蚀形成镀金引线，涂覆抗镀金干膜。镀金是在阻焊加工之前完成的。镀金后进行褪膜处理，以闪蚀去除沉铜层，再涂覆阻焊。

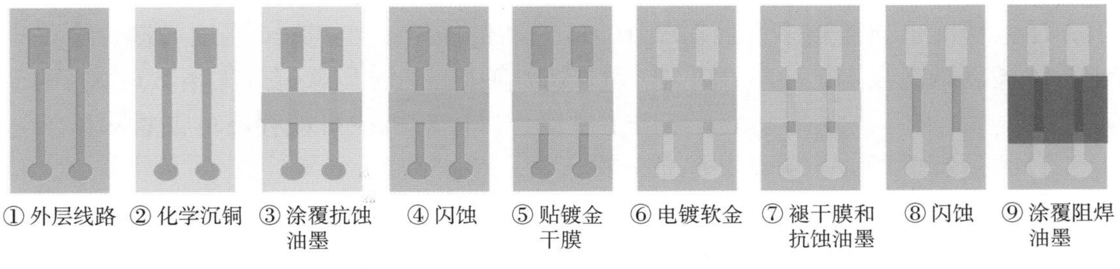

图 2.60　TLP 工艺流程

IC 载板成品检验

完成生产的 IC 载板成品需要进行全面的产品检验，主要包括电性能测试、外观缺陷检验和功能性可靠性检测，只有合格的产品才能包装交付客户。

电性能测试岗位负责拦截有电性能问题的IC载板产品，主要检测开路、短路等电气性能方面的缺陷。常规的检测设备有飞针测试机和治具测试机，具体作业流程与PCB生产相似。

外观缺陷检验岗位负责拦截有外观问题的IC载板产品，对板面不同区域的可视化缺陷进行人工目检、3D AFVI、2D AFVI和显微镜检查。通常将IC板面划分为阻焊区域、线路区域、键合金面区域、焊盘金面区域、孔和焊环区域、板边区域、晶粒黏合区域（晶座区）等，重点检查划伤、凹陷、凸起、空洞/缺口、裂痕/气泡/剥离、异物/未镀金、污染/异色、偏移、漏镀等缺陷，见表2.27。

通过这种分区域分缺陷的方式进行外观缺陷检验和记录，有利于后续对缺陷数据进行汇总、分析和研究，更准确地掌握缺陷状况。这对于确定缺陷根因及制定对策具有积极意义。

终检外观检验流程：

上工序→AFVI检测→VRS确认/标记→显微镜目检/标记→FQA抽检→激光打标→成品清洗→氮气烘烤→FQA抽检→产品分类→FQA抽检→真空包装→FQA抽检→成品入库。

· AFVI检测：采用2D自动外观检查机对成品板面缺陷进行机检，采用3D自动外观检查机对成品植球的直径、共面性、位置、缺失情况等进行检测。
· VRS确认/标记：人工进行修理和报废判定。
· 显微镜目检/标记：采用显微镜对成品板外观进行目检，并标记缺陷。
· FQA抽检：对前步QC检查后的板抽样，问题板退回QC工步返检，并记录漏检率。
· 激光打标：非单排PBGA缺陷，根据人工标记采用绿光激光设备对缺陷单元进行打标；单排PBGA缺陷，采用丝印油墨标记。
· 成品清洗：对成品板的板面及孔内油脂、杂物等进行清洁。
· 氮气烘烤：去除板内水分，防止金面氧化，使用氮气烘烤。
· 产品分类：将合格成品板按坏板数量分类堆叠，清洁后用纸带或者聚丙烯带（PP带）扎捆，待包装。
· FQA抽检：抽样检查分类分堆问题并提出不合格。
· 真空包装：产品真空包装，贴条形码标签。
· FQA抽检、入库：抽样检查客户号、生产时间周期、条形码信息等是否一致，问题包退回返工。

与PCB产品采用的裸眼目检和机检相结合的最终检验模式不同，IC载板主要采用机检和显微镜目检相结合的方式进行产品外观的最终检验。裸眼目检的效率较高，但难以发现100μm以下的缺陷，漏检情况也显著增多。而对于10μm左右的缺陷，如50μm宽度的键合金手指上的凸起等，使用体式显微镜在10～15倍下进行目检，确认缺陷时显微镜放大倍数应大于45。AFVI & VRS外观机检完成后，再进行人工显微镜目检，以应对机检可能存在的漏检风险。这是一种加强检验，目的是双重拦截，防止缺陷单元进入客户生产线。

IC载板的缺陷标注和缺陷追溯如图2.61所示，与PCB也有较大的不同。IC封装产品按条（strip）交付给最终客户，一条板内包含多个产品单元（unit）。在生产过程中，经过AOI检查和电性能测试后，如果一条板的缺陷单元数量超过交货允许的报废单元数量，则整条板报废，不再继续生产。对于可以继续生产的板，检验员手工标记缺陷单元，缺陷记录进入追溯系统。终检工序目检完成后，要利用绿光激光打标机或丝网印刷设备，对缺陷单元进行坏板打标，作为后续芯片贴装的指示，避免芯片浪费。终检工序根据每条板的缺陷数量，清楚标识缺陷数量信息，并进行分类包装。

表 2.27　IC 载板分区检验的主要缺陷类型

编号	区域名称	位置及功能	主要缺陷类型									
			0	1	2	3	4	5	6	7	8	9
			划　伤	凹　陷	突　起	空洞 / 缺口	裂痕 / 气泡 / 剥离	异物 / 未镀金	污染 / 异色	偏　移	漏　镀	其　他
A	阻焊字符区	位置：板正面和底面一般阻焊区域 功能：保护及绝缘作用	阻焊划伤	阻焊凹陷	阻焊聚油 / 阻焊起皱	空洞 / 字符不清	裂痕 / 气泡 / 剥离	异物	异色 / 阻焊色差 / 手印 / 滚轮印	阻焊偏移显影不尽 / 显影过度 / 字符偏位	/	阻焊上金 / 阻焊掉桥 / 字符错
B	阻焊覆盖的金属区	位置：在阻焊下的线路区域，其颜色较深 功能：电气互连和导通	线路划伤	线路凹痕	蚀刻不净 / 短路	缺口 / 针孔 / 开路	线路剥离	异物	异色铜面 / 氧化	过蚀	/	假性漏铜
C	键合区	位置：金手指区域，固定金线位置 功能：金属线键合连接	金手指划伤	金面凹陷 / 针痕	金面凸起 / 短路 / 渗镀 / 阻焊附着	缺口 / 针孔	金手指剥离 / 金面脱落	异物 / 未镀金	污染 / 异色	线宽 / 间距不足	露镍 / 露铜	塞孔凹陷 / 凸起 / 阻焊上金
I	固晶区	位置：固定晶粒（die）区域 功能：晶粒固定黏接	划伤	凹陷	凸起	空洞 / 缺口	/	异物 / 未镀金	污染 / 异色	偏移	漏镀	塞孔凹陷 / 凸起
D/H	焊盘区	位置：D 成品区内圆形金面焊盘 H 成品区内成对金面焊盘 功能：电气互连和导通	焊盘划伤	金面凹陷 / 刷痕 / 针痕	金面凸起 / 渗金	缺口 / 针孔	金面脱落	异物 / 未镀金	污染 / 异色	线宽 / 间距不足	露镍 / 露铜	塞孔凹陷 / 凸起
E	其他镀金区	位置：成品区以外的金面区域 功能：十字靶标，对位切割；注胶口，固定封装注胶；光学定位点，晶粒对位	划伤	金面凹陷	金面凸起 / 渗金	缺口 / 针孔	金面脱落	异物 / 未镀金	污染 / 异色	线宽 / 间距不足	露镍 / 露铜	塞孔凹陷 / 凸起
F	孔和孔环区	位置：板正面和底面连接的导通孔及孔环区域 功能：板各层面的连接和导通	焊环划伤	焊环凹陷	孔内铜渣	缺口 / 针孔	孔内气泡 / 塞孔气泡	异物	/	孔大 / 孔小 / 孔偏 / 孔环破	/	塞孔凹陷 / 凸起 / 晕圈
G	机械及其他区	位置：铣槽区域；定位孔区域，成品区外的圆形定位孔；工具孔区域，成品区外成型对位孔；极性孔，焊盘上圆孔（LED） 功能：工具孔，铣外形定位；铣槽，电测用图形；定位孔，客户机台定位；极性孔，客户晶粒对位孔	/	/	槽边毛刺	外形缺损	槽边阻焊裂痕 / 槽边阻焊脱落	槽边残铜	/	外形尺寸超标	/	漏铣槽 / 极性孔不良

◆ 2D 追溯系统

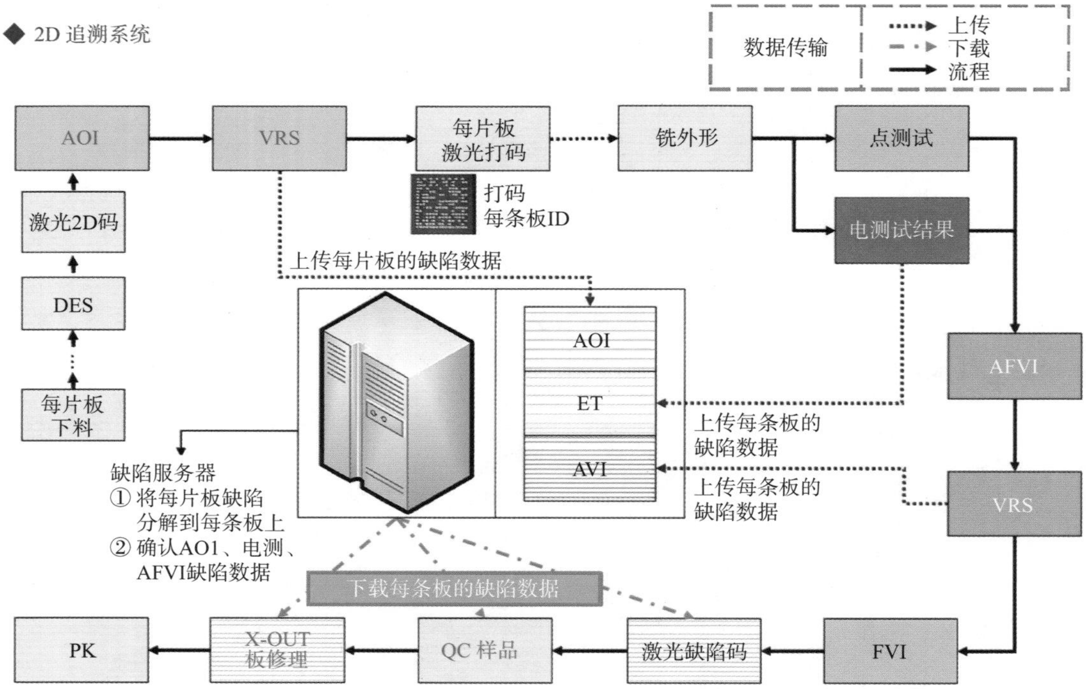

图 2.61　IC 载板缺陷追溯系统

除了已经提到的产品外观检验、产品尺寸检测和电性能测试，IC 载板还需要完成耐化学性测试、机械应力测试、环境应力检测和载板产品互连测试等可靠性测试。实验室是拦截可靠性问题 IC 载板的责任者。针对半导体器件的可靠性要求，表 2.28 列举了相关的环境应力测试项目和 IC 载板产品互连测试项目。

表 2.28　IC 载板可靠性测试项目汇总

序　号	项　目	测试目的、条件	测试标准和设备	说　明
1	WBT（键合测试）	目的：验证基板键合性能	标　准：MIL-STD-883 METHOD 2011.8 设备：多功能推拉力机及拉金线模块	封装测试
2	BST/BPT（锡球推力 / 拉力测试）	目的：评估焊盘的植球可靠性 BST 测试条件：测试速度 =100 ～ 800μm/s；剪切高度 = 锡球直径 10% ～ 20% BST 测试条件：测试速度 = 0.1 ～ 15 mm/s BST 测试推力：SBZ 0.30、0.35，F ≥ 250g；SBZ 0.4、0.45、0.5，F ≥ 400g；SBZ 0.55、0.60，F ≥ 600g	标准：JESD22-B117，JESD22-B115 设备：多功能推拉力机、推锡球模块和拉拔锡球模块	
3	高低温循环测试（温冲）	目的：评价样品在周期性高低温交替变化环境下的尺寸稳定性和电气性能	标准：IPC-TM-650 2.6.7.2A 设备：高低温冲击试验箱，绝缘电阻测试仪	
4	恒温恒湿 / 湿热绝缘电阻（离子迁移）测试	目的：测试经过高温、高湿处理的封装基板的绝缘性能，适用于阻焊后封装基板绝缘性能的测试 测试条件：样片优选 Y 形、梳形电极，也可以选择产品板同层或不同层相邻的平行导线；偏压 100V DC，50 ± 5 ℃，85% ～ 93% RH，500h	标准：IPC-TM-650 2.6.3E 设备：高低温湿热试验箱，绝缘电阻测试仪	
5	耐电迁移测试（CAF）	目的：提供一种阳极导电丝（CAF）生长倾向的评价方法，测试 PCB 的耐电迁移性能 测试条件：85 ± 2 ℃，85% ± 5% RH，3.3V DC，160h；测试前绝缘电阻 ≥ 5 × 10^8Ω，测试中及测试后绝缘电阻 ≥ 1 × 10^8Ω	标准：IPC-TM-650 2.6.25 设备：高低温湿热试验箱，绝缘电阻测试仪	

续表 2.28

序　号	项　目	测试目的、条件	测试标准和设备	说　明
6	THT（湿热测试）	目的：评估产品在高温、高湿条件下的可靠性，加速其失效进程 测试条件：85 ± 2℃，85% ± 5% RH，1000h 失效机制：电解腐蚀	标准：JESD22–A101C 设备：高低温湿热试验箱	
7	PCT（高压蒸煮测试）	目的：评估 IC 产品在高温、高气压、饱和湿度条件下的尺寸稳定性、阻焊可靠性，加速其失效过程 测试条件：121 ± 2℃，100% RH，205kPa，168h 失效机制：化学金属腐蚀，封装密封性	标准：JESD22–A102，EIAJED–4701–B123 设备：高温蒸煮箱	HAST 比 THT 的温度更高，考虑到压力因素，测试时间可以缩短；PCT 湿度增大 HAST 比 THB 的温度更高，考虑到压力因素，测试时间可以缩短；PCT 不加偏压，但湿度增大
8	HAST（高加速温湿度测试）	目的：评估 IC 产品在偏压、高温、高湿、高气压条件下的尺寸稳定性和电气性能，加速其失效过程 测试条件：130 ± 2 ℃，85% ± 5% RH，230kPa，3.6V DC，168h 失效机制：电离腐蚀，封装密封性	标准：JESD22–A118 设备：高加速寿命试验箱，绝缘电阻测试仪	
9	THB（加速温湿度测试）	目的：评估 IC 产品在高温、高湿、偏压条件下的可靠性，加速其失效进程 测试条件：85 ± 2℃，85% ± 5% RH，1.1VCC，静态偏压 失效机制：电解腐蚀	标准：JESD22–A101–D，EIAJED–4701–D122 设备：高低温湿热试验箱	
10	TST（高低温度冲击测试）	目的：评估 IC 产品中具有不同热膨胀系数的金属之间的界面的接触可靠性 测试条件：–65℃→ 150℃，15min，1000 次 失效机制：电介质断裂，材料老化（如键合线），导体机械变形	标准：MIT–STD–883E 方法 1011.9，JESD22–B106，EIAJED–4701–B–141 设备：高低温冲击箱	TCT 侧重于封装测试，TST 侧重于晶片测试
11	TCT（高低温度循环测试）	目的：评估 IC 产品中具有不同热膨胀系数的金属之间的界面的接触可靠性 测试条件：–65℃→ 150℃，15min，1000 次 失效机制：电介质断裂，导体和绝缘体断裂，不同界面的分层	标准：MIT–STD–883E 方法 1010.7，JESD22–A104–A，EIAJED–4701–B–131 设备：高低温冲击箱，导通电阻测试系统	

第 3 章 关于质量

质量管理是管理学的一个分支学科，而质量管理实践是企业经营管理工作的重要组成部分。20 世纪初，工业化推动了工厂中产品质量管理工作的独立化。随着质量问题的出现及生产过程改进，质量管理的经验不断积累，方法和理论逐渐发展。例如，“戴明 14 点”质量管理原则、朱兰的质量三部曲，以及统计技术在质量检验和全面质量管理中的应用，逐步形成了质量管理学的主要理论。

20 世纪七八十年代，国际经济竞争加剧。为了制造出质量更高的产品并抢占国际市场，欧美日等国家和地区的先进企业大力推动质量改进活动，对质量概念的理解也进一步深入。质量管理理论吸收了当代科学技术、工程技术的成果和管理经验，得到了不断丰富和发展。例如，精益六西格玛质量管理工具、ISO 9000 质量管理体系和卓越绩效准则系统方法论的出现和全面推广，帮助全球更多企业持续提升质量管理水平，加快了社会的进步和发展。

质量管理工作也是 PCB 企业日常管理工作的重要组成部分，充满复杂性和挑战性。本章重点介绍质量和质量管理的概念与发展状况，质量管理实践的概念、理论和方法，以及企业质量管理实践活动的主要内容；明确在电子信息行业中，以材料加工为核心的 PCB 制造场景下，质量管理实践活动的内容。同时，说明企业中质量工作与企业绩效的关系，以及质量工作与技术创新的关系。

3.1 质量的概念

3.1.1 质　量

实际上，“质量”一词的内涵非常丰富、宽泛，甚至有些复杂。

在汉语言学范畴，新华字典将“质量”解释为事物、产品或工作的优劣程度。在日常生活中，人们对质量的通俗理解通常涉及商品的材质好坏、耐用性、功能多少、价格高低等方面。

在物理学范畴，质量（mass）被定义为衡量物体惯性大小的物理量，是物体的一种物理属性，也是物理学 7 个基本量纲之一。通过物理学理解质量，可以延伸到整个物理学理论，内容庞大而深奥。

在哲学范畴，质量被定义为“由事物内在特殊矛盾决定的、使一事物区别于其他事物的内在规定性”。一切事物都有一定的质和量，是质和量的统一。量与质的不同之处在于，某物的质发生改变就不再是某物，而某物的量在一定范围内变化则不影响其本质。

在管理学范畴，管理大师对质量（quality）的概念有多种解读。沃特·A. 休哈特（Walter A. Shewhart）认为质量是“产品良好的程度”。约瑟夫·M. 朱兰（Joseph M. Juran）定义质量为“适用性”，即产品和服务在使用过程中能成功满足客户要求的程度；阿曼德·V. 费根堡姆（Armand V. Feigenbaum）认为，产品或服务质量是指营销、设计、制造、维修中各种特性的综合体，质量并非意味着最佳，而是客户使用和售价的最佳结合。田口玄一（Taguchi Gen'ichi）提出，质量的概念是“产品出厂后给社会带来的损失，但不包括由产品功能本身带来的损失”。菲利浦·B. 克劳士比（Philip B.Crosby）将质量概括为“质量就是符合要求”。

目前，企业管理从客户的角度定义“质量”已经得到了普遍认同。ISO 19000：2015 标准对质量的定义是“质量是客体的一组固有特性满足要求的程度”。质量存在客观和主观两个方面。客观方面是指客体（即特性的载体）可测量的物理特性，这些特性独立于人们的感知之外，因此从控制的角度看，必须建立量化的标准。主观方面是指人们对客体的感受和体验，这些判断既与客体的物理特性紧密相连，又与个人需求和人性因素相关。因此，需要尽可能将客户的需求转化为客体的特性。质量不仅包括结果，也包括形成和实现的过程。质量是一个综合的概念，它要求功能、成本、服务、环境和心理等方面综合满足客户的需求，即在一定条件下，达成各方面因素的最佳结合。

$$\text{质量 } Q = \sum Q_i = Q_{\text{功能}} + Q_{\text{成本}} + Q_{\text{环境}} + Q_{\text{服务}} + Q_{\text{心理}} + \cdots$$

从企业管理角度来看，企业经营要遵循事物发展的内在规定性，对事物内在规定性的追寻和掌握，即对质量的追求是最基础的工作。质量管理是企业发展的前提和基石，如何做好质量管理工作是本书重点关注的内容。

3.1.2　ISO 9000 体系中质量的定义和演进

国际标准化组织（ISO）在总结各国质量标准应用经验的基础上，于 1986 年首次推出 ISO 9000 国际质量管理标准体系，至今已有超过 30 年的历史。从 ISO 8402：1986《质量　术语》到 ISO 9000：2015《质量管理体系　基础和术语》，该标准体系经历了 5 个版本的修订。通过对比这些版本，可以清晰地看到“质量”一词的定义变化。

在 ISO 9000 标准中，质量的定义如下。

· 反映产品或服务满足明确或隐含需要能力的特征和特性的总和。（ISO 8402：1986）

· 反映实体满足明确或隐含需要能力的特性的总和。（ISO 8402：1994）

· 一组固有特性满足要求的程度。（ISO 9000：2000）

· 客体的一组固有特性满足要求的程度。（ISO 9000：2015）

在 ISO 9000 标准中，客体指可感知或可想象到的任何事物；特性指可区分的特征；质量特性指产品、过程或体系与要求相关的固有特性；要求指明示的、通常隐含的或必须履行的需求或期望；固有的指在某事或某物中本来就有的，尤其是永久的特性。

特性可以是固有的或赋予的。赋予产品、过程或体系的特性（如产品的价格、产品的所有者）不是它们的质量特性。特性可以是定性的或定量的，有各种类别的特性，举例如下。

· 物理的，如机械的、电的、化学的或生物学的特性。

· 感官的，如嗅觉、触觉、味觉、视觉、听觉。

· 行为的，如礼貌、诚实、正直。

· 时间的，如准时性、可靠性、可用性。
· 人体工效的，如生理的特性或有关人身安全的特性。
· 功能的，如飞机的最高速度。

特定要求可使用修饰词表示，如产品要求、质量管理要求、客户要求。规定要求是经明示的要求，如在文件中阐明。要求可由不同的相关方提出。通常"隐含"是指组织、客户和其他相关方的惯例或一般做法，所考虑的需求或期望是不言而喻的。

ISO 9000 体系对质量概念的不断充实、完善和深化，反映了在企业管理实践基础上，经过多年的发展，研究者对质量概念的内涵和外延理解越来越深入。质量主体从"产品"扩展到"产品和服务"，再到"产品、服务和过程"，以及"产品、服务、过程和体系"，直至"产品、服务、过程、体系和环境"，范围不断拓宽。质量定义从早期的狭义质量发展为广义质量，经历了"优秀质量""符合性质量"到"适用性质量"再到"大质量"的过程，见表 3.1。

表 3.1　"小质量"和"大质量"的区别

内　容	小质量	大质量
产品	制造的产品	产品、服务、环境
过程	产品制造的相关过程	制造、支持和业务的所有过程
产业	制造业	制造、服务、各种机构等所有产业
客户	购买产品的用户	内外部所有受到影响的人
质量	技术问题	经营问题
对质量的认识	基于职能部门的文化	具有普遍意义的三部曲
质量目标	工厂目标之中	公司经营计划之中
不良质量成本	与不良加工产品有关的成本	每件工作趋于完美，所消除的那些成本
质量评价	工厂规格、程序和标准的符合性	客户要求
改进目标	部门绩效	公司绩效
质量管理培训	集中在质量和生产部门	全公司范围
协调者	质量经理	由高层主管构成的质量委员会

资料来源：Juran Institute, Inc. 1990. Planning for Quality (2nd ed.). Wilton, CT：1.12.

符合性质量是依据标准对产品做出的合格与否的判断。适用性质量不再局限于以符合性标准作为判定质量的唯一依据，而是以满足客户期望为目标。大质量概念进一步扩展，既包括产品性能、品种、包装、交货期、售后服务、环境和职业健康安全等在内的广义质量，又将传统的"提高质量"和"降低成本"两个被认为对立的命题辩证地统一起来。大质量概念既关注客户，使产品和服务具有适用的产品特性，达到"提高质量"的目的；又关注过程，使过程无缺陷地有效运行，体现"降低成本"的要求，实现客户和企业的双赢。

大质量概念既包括产品形成全过程的质量，又包括管理全过程的决策质量和经营质量，是实物形态质量和价值形态质量的统一。

3.1.3　制造价值链各环节对质量定义的理解

在制造过程中，产品实现由规划、设计、制造和售后服务几个阶段组成，产品质量可用下式表示：

产品质量 = 规划质量 × 设计质量 × 制造质量 × 服务质量

质量活动的范围从供应商、制造企业，一直延伸到客户。质量管理对象包括设备、物料和产品，参与者有供应商、研发技术人员、工程设计者、生产者、服务提供者、销售人员和客户，即涉及企业管理和制造完整工作流程中的所有人、机、物、法、环等要素。如图 3.1 所示，生产—营销的价值链上不同个体会从各自角度诠释和理解质量的概念，这需要引起我们的注意。

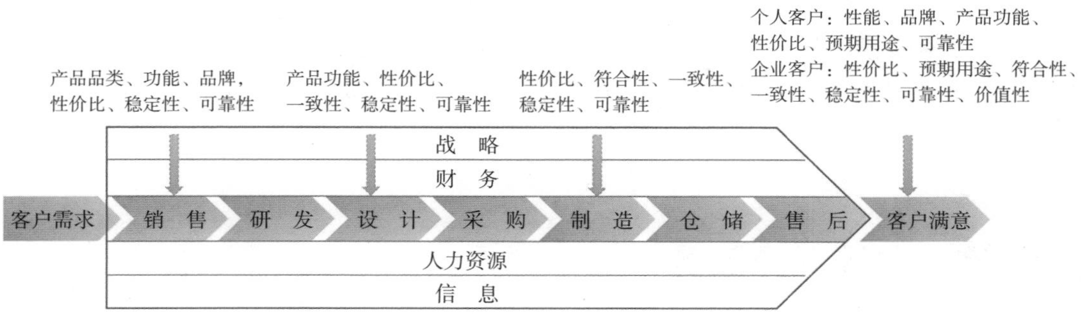

图 3.1 制造价值链各环节对质量概念的理解差异

企业外部的消费者是客户，可以分为个人客户和企业客户。客户驱动产品的生产价值链，期望产品的预期用途和可靠性能够得到满足，这是最基本的产品质量属性。此外，客户期望产品具有价值，不仅要有较低的价格，还要有售前的支持（如技术支持、方便的订购）、交付的支持（快速短交期、按承诺的交付），以及售后的支持（快速响应、现场服务、快速维修）带来的获益感。例如，PCB 企业的下游客户会认为，PCB 工厂的工程部门能提供产品电子图纸设计的规范性检查和错误反馈，这是一种有价值的质量表现。这些都是客户角度对产品质量的一种理解方式。一般消费者也会将品牌和质量画上等号，这些都会被不同程度地看作质量的一部分。

企业的市场和销售部门与消费者距离最近，可以直接获得客户对产品的要求和反馈意见，所以他们往往能与客户保持一致意见，推动企业内部达成客户需求，这是适用性质量的观点。

企业的工程设计部门作为客户与工厂之间的桥梁，需要将客户要求转化为制造的规范要求。产品工程设计质量，以转化的准确率及与工厂加工能力的良好匹配性来衡量，这是适用性质量的观点。

企业的技术研发部门面对更具难度的产品订单和市场发展要求，研发方向和方案的确定、产品工艺路线选择会受到工厂实际能力的限制。如何研发出更可靠的、功能更多的产品当然非常重要，但产品实现往往是首要考虑的，这会导致符合性质量的观点形成。

企业制造部门期望生产出的产品能够很好地符合设计规范，有较高的内部合格率、稳定的产品质量一致性、高可靠性等，这是典型的制造单位对质量的理解，即符合性质量的观点。

企业经营者习惯从经营角度看问题，希望获得好的经营利润。面对生产率、技术、成本和质量几个相互影响的要素，更多时候希望低质量成本（低质量预防、低质量鉴定、低内部损失和低外部损失）投入能获得高外部客户满意，实际上这是大质量的观点。

制造企业在产品形成的各阶段对质量内涵理解不一致的情况是客观存在的。与确定产品需求有关的质量（营销）、与产品设计有关的质量（研发）、与产品设计的符合性有关的质量（工程）、与产品保障有关的质量（制造），这四个阶段的责任者都在为产品的质量形成做贡献。然而，有时也会出现为了达成自己的质量绩效指标而忽视其他过程的质量指标的情况，这甚至会造成质量损失。因此，各个职能部门能够考虑其他环节的质量是否得到了切实保证，是非常必要的。

高度简洁、抽象的质量定义术语在指导具体某个行业或企业的实际质量管理活动时，可能会出现模糊、指向不具体或者各自理解的情况。而回顾之前版本的定义概念，特别是将质量定义限定在制造行业范围内，结合 PCB 制造行业这样一个典型的客户定制的高科技制造业特点，反而更容易理解质量的内涵。

回归到 PCB 制造行业本身，不必过度纠结质量定义的复杂性。只要能够充分理解客户的要求，充分实施产品制造过程控制，充分保证产品检验检测执行，快速处理客户反馈的各种售后问题，培训教育好人员队伍，并把这些基本的质量管理工作做到位、做扎实，就是对质量这一概念的最好理解。

3.2 质量管理发展历史回顾

3.2.1 质量管理的概念

根据 ISO 9000 的定义，质量管理（quality management，QM）是“在质量方面指挥和控制组织的协调活动[1)]”。另外一个较为经典的质量管理定义是，质量管理是由一套相互加强的理论所组成的管理思想或管理方法，而每种理论又有不同的活动和技术作为支持（Dean et al., 1994）。这意味着，质量管理工作是与具体活动相联系的，针对具体的质量工作内容，有具体的质量理论或技术方法支持，通过质量管理活动的实施，确保质量目标达成。

事实上，产品或服务质量会受到各种因素的影响，如市场、资金、管理、人、激励、材料、机器和机械化、现代信息方法、不断提高的产品要求——通常称为“九 M”。这些因素是经常变化的，因此，根据不同行业或企业当下的实际情况，选择恰当的质量管理活动，以取得客户的满意，是质量管理的研究者与企业管理者共同关心的问题——即“做什么”和“怎么做”，会对企业质量绩效和企业经营绩效产生影响。

在质量管理发展的历史进程中，不同时期由于技术发展程度不同，对质量概念理解的深度不同，实施质量活动也不同。这基本能与当时的社会生产力水平相匹配。不断提升的社会生产力水平对质量管理水平提出了更高的要求，促使质量管理持续创新和实践，以满足人类社会持续向前快速发展的要求。

3.2.2 质量管理发展阶段

人类很早就开始进行质量管理活动。作为世界文明古国，我国质量管理的源头可追溯至商周时期。公元前 770 ~ 前 221 年春秋战国时期的《周礼·考工记》就有明确的质量管理文字记载（邹依仁，1985）。《周礼·考工记》详细记载了当时对弓箭等兵器、车辆，对乐器、丝麻和皮革等产品的工程技术规格、制造方法、技术要求及质量管理方法，不仅在工艺方面有严格规定，还制定了生产者自检与官方验收的成品验收制度。

此后，北魏信都芳撰写的《器准》[2)]，北宋的兵器技术专著《武经总要》和沈括的《梦溪笔谈》，苏颂的天文仪器技术专著《新仪象法要》，明朝李昭祥的造船技术专著《龙江船厂志》等，都涉及了各种行业的质量管理内容。

在世界历史上，公元前一千多年的埃及古墓壁画就描绘了制石工程中的检验活动。画中

1）指挥和控制活动通常包括制定质量方针和质量目标，以及质量策划、质量控制、质量保证和质量改进（ISO 9000：2000）。
2）这是一部科学仪器的标准文献。

可以看到用来取齐的测量工具有直角尺、水平仪和铅锤，以及测量石头表面平整度的“骨制标尺”，还能看到在石块表面拉直线的测量场景。

回顾质量管理发展史，现代质量管理主要经历了三个阶段：产品质量检验、统计质量控制和全面质量管理，见表 3.2。

表 3.2 现代质量管理的三个主要阶段（《质量经理手册》，2018）

内 容	产品质量检验阶段	统计质量控制阶段	全面质量管理阶段
起始年	1900 年	1940 年	1960 年
范围	现场	制造过程	经营管理和制造全过程
参与者	检验部门	技术部门、检验部门	全员、全过程、全体系
对象	产品	产品、过程	产品、过程、体系
特点	事后检验	事后检验、部分预防	预防为主、检验为辅
依据	检验标准	检验标准、控制标准	检验标准、控制标准、体系标准
工具方法	检验技术	检验技术、统计控制技术	检验技术、统计控制技术、精益六西格玛、体系管理、绩效管理等
质量成本	关注少	注意	重视
代表人物	泰勒	休哈特、戴明、朱兰	费根堡姆、朱兰、克劳士比

产品质量检验（QC）

在工业革命以前，工厂多以手工作坊的形式存在，一般只生产单一品类的产品。生产方式以手工操作为主，生产者直接面对客户，边生产边自检是主要的质量保证方式，这是手艺人的时代。20 世纪初，随着机器化生产的发展，工厂中开始设立专职检验人员，对生产出来的产品进行质量检验，以鉴别合格品或废次品，真正科学意义上的质量管理从这时开始。

1921 年，科学管理之父弗雷德里克·温斯洛·泰勒（Frederick Winslow Taylor）在《科学管理原理》一书中提出了工作定额原理、能力与工作相适应原理、标准化原理、差别计件付酬制、计划和执行相分离等，强调生产与检验分开、科学地挑选工人并进行培训和教育、管理人员和工人在工作和职责上要有分工、质量检验的责任由操作者转移给工长等。例如，1928 年美国西部电气公司霍桑工厂有 4 万名员工，其中，专职检验人员有 5200 人。分工制极大地提高了劳动生产率，因此被广泛采用。

然而，这种生产与质量管理职能分离的方式带来了消极影响，工人和管理者对质量漠不关心，认为质量只是质量部门的责任。产品质量依赖检验来保证，属于“事后把关”，即使查出废次品，既定事实的损失已经无法挽回。全数检验的方法耗费资源、增加成本，不利于生产率的提高。需要破坏性检验的产品则无法全部检查，无法保证产品质量。这种矛盾促使人们探寻新的质量管理思路和方法。

在这个阶段，主要的质量管理活动是产品检验。为解决实际问题，抽样统计技术也被不断探索和发展，如 1929 年美国工程师道奇（H.F. Dodge）和罗米格（H.G. Romig）发表了《抽样检验方法》，但由于当时西方经济大萧条，这些技术无人问津。

统计质量控制（statistical quality control，SQC）

统计质量控制形成于 20 世纪 40 ~ 50 年代。二战期间，美军出于对武器装备的质量保证需要，开始采用统计技术，并制定严格的标准和培训制度。沃特·阿曼德·休哈特（Walter A. Shewhart）首创的控制图技术用于工序控制，从理论上实现了质量从事后把关向事前预防的转变。通过引入数理统计方法和抽检表，对产品检验数据进行科学分析，预防缺陷。

这个阶段的质量管理活动除了产品检验，还包括对部分关键质量特征和生产参数进行过程控制，广泛应用统计学技术和检验方法。

全面质量管理（total quality management，TQM）

20 世纪 60 年代，美国质量专家费根堡姆提出了“总体质量控制”的思想，将产品生命周期的全过程纳入质量管理的范畴，结合质量控制技术和管理科学对产品质量进行有效管理，即全面质量管理（TQM）。

二战后，各国日用品匮乏，只有美国免受战火破坏，产量成为头等大事。在大多数公司，质量并非最高管理者关注的焦点，大规模的检验依旧是主要的质量管理工作。这一时期，戴明等质量管理大师将统计技术传入日本，使日本在战后重建中获得了质量管理启蒙。经过多年的努力，20 世纪 70 年代日本的产品质量超过了美国和西方发达经济体，质量革命使日本的国内生产总值走到了世界前列，创造了日本经济神话。这在工业发展史上前所未有，也引发了美国强烈的危机感。由此，美国企业界逐步认识到质量是这一切发生的主推手，开始大力推动全面质量管理。

在这个阶段，主要质量管理活动不再只是产品检验，统计控制活动扩展到全流程，包括决策、设计、检验、使用、服务等产品生命周期的全过程质量。技术上充分应用数理统计作为控制生产的手段，同时结合运筹学、价值分析、系统工程、线性规划等科学对企业进行组织。

质量管理持续发展

20 世纪 80 年代后，经济市场化和全球化浪潮席卷全球，以客户需求保证为导向的 ISO 9000 国际质量管理体系认证得到了广泛实施；以质量改进和质量成本管控为导向的精益六西格玛（Lean Six Sigma）也获得了企业高管的支持，并取得显著成效；以企业卓越经营和持续发展为导向的卓越绩效模式（excellence performance model）在主要经济体国家建立起来，巨大的质量荣誉推动各国企业的经营管理不断进步。

2000 年后，伴随新世纪到来的互联网技术、大数据技术和人工智能技术的快速发展，质量管理思想在技术的冲击下开始发生变化，并与新技术不断融合，质量管理步入“质量 4.0 时代”。

在质量 4.0 时代，自动化检测设备和传感器可以收集质量大数据，并通过物联网（IoT）集成，数据要素（技术）驱动成为质量 4.0 管理模式的核心特征。这直接导致了质量策划、质量控制和质量改进工作模式的改变。传统的质量三部曲（质量策划、质量控制、质量改进）转变为质量 4.0 时代的质量四部曲，其中“质量数据准备”成为“质量策划、质量控制、质量改进”步骤之前的一项关键基础活动。

质量数据信息的采集、存储及管理变得更加高效，各类大数据算法和高级数据分析技术将质量管理活动从事后管理转变为事前的主动预测和实时的异常应对处理。产品制造价值链中的所有活动都将被实时监控、记录、评估和管理。质量管理手段升级，管理宽度加大，管理细度加深，质量管理正向更高阶段发展。

3.2.3 质量管理专家介绍

沃特·阿曼德·休哈特（Walter A. Shewhart，1891—1967）

沃特·阿曼德·休哈特博士是著名的质量管理专家，被誉为质量管理学的奠基者和统计质量控制之父，也是控制图的缔造者。他于 1891 年出生在美国伊利诺伊州，并于 1917 年获得加利福尼亚大学伯克利分校物理学博士学位。1918—1924 年，他在西部电气公司担任工程师。1924 年 5 月，休哈特提出了世界上第一张控制图。

1931 年，休哈特出版了《产品生产的质量经济控制》（*Economic Control of Quality of Manufactured Product*），这本书被公认为质量基本原理的起源。1938 年，在威廉·爱德华兹·戴明的协助下，休哈特完成了《质量控制中的统计方法》（*Statistical Method from the Viewpoint of Quality Control*）一书。他关于抽样和控制图的著作吸引了许多质量问题领域的工作人士，其中包括最杰出的威廉·爱德华兹·戴明和约瑟夫·M. 朱兰。

休哈特的“计划—执行—检查—行动”（PDCA）循环被戴明和其他人广泛应用，成为质量管理学的基本理论。休哈特的名言：“纯科学和应用科学都越来越将对精确性和精密性的要求推向极致。但是，应用科学，尤其是应用于可交换部件的大规模生产中的应用科学，在涉及特定的精确性和精密性的问题上，其确切性比纯科学有过之而无不及。”

威廉·爱德华兹·戴明（William Edwards Deming，1900—1993）

威廉·爱德华兹·戴明博士是世界著名的质量管理专家，以对世界质量管理发展的卓越贡献而享誉全球。戴明于 1900 年出生在美国艾奥瓦州，并于 1925 年获得科罗拉多大学数学和物理学硕士学位，1928 年获得耶鲁大学数学和物理学博士学位。

在耶鲁大学期间，戴明曾到西部电气公司霍桑工厂实习，意识到统计的重要性。1927 年，他认识了在贝尔实验室工作的休哈特，并深受其理念影响。1946 年，日本科学家与工程师联盟（JUSE）成立，邀请戴明培训统计方法等课程。戴明多年的质量教育和交流对日本的质量革命产生了深远影响，“戴明奖”至今仍是日本质量管理的最高荣誉。

作为质量管理的先驱，戴明学说对国际质量管理理论和方法始终产生着重要影响。他的“14 点”（Deming's 14 Points）是全面质量管理（TQM）的重要理论基础。戴明将一系列统计学方法引入美国产业界，以检测和改进多种生产模式，奠定了后来的六西格玛管理法的基础。戴明完善和发展了最初由休哈特提出的质量循环，提出了 PDCA 循环——“戴明环”的概念。

戴明的名言包括“质量无须惊人之举”“百分之九十四的质量问题不是工人造成的，而是制度，也就是管理造成的”。他平实的见解和骄人的成就之所以受到企业界的重视和尊重，是因为若能系统、持久地将这些观念付诸行动，几乎可以肯定在全面质量管理上就能够取得突破。

“戴明 14 点”罗列如下。

- 第 1 点：提高产品和服务要有持续不变的目标。
- 第 2 点：采用新观念。
- 第 3 点：停止依靠检验来提高质量。
- 第 4 点：废除以最低价竞标的制度。
- 第 5 点：发现问题，持续改进生产和服务系统。
- 第 6 点：建立在职训练制度。
- 第 7 点：建立领导能力。
- 第 8 点：排除恐惧，使每个员工都能有效地为公司工作。
- 第 9 点：打破部门与部门间的障碍。
- 第 10 点：取消对员工标语训示及告诫。
- 第 11 点：取消定额管理和目标管理，以领导力代替。
- 第 12 点：消除那些不能让工人以技术为荣的障碍。

· 第 13 点：鼓励学习和自我提高。
· 第 14 点：采取行动实现上述 13 条。

约瑟夫 · M. 朱兰（Joseph M. Juran，1904—2008）

约瑟夫 · M. 朱兰博士是举世公认的现代质量管理领军人物之一。他出生于罗马尼亚，1912 年随家移居美国，1917 年加入美国籍，曾获工程和法学学位。朱兰提出了“质量即适用性”的观念，强调客户导向的重要性。1988 年，他提出“大质量”概念，即质量不仅要满足客户的需要，也要避免制造的不良，满足企业的需要。

朱兰理论体系中的主要概念还有质量螺旋、质量管理三部曲（质量计划、质量控制、质量改进）、关键的少数原理（二八法则、帕累托原理）等。1951 年出版的第 1 版《质量控制手册》（*Quality Control Handbook*）到 2017 年出版的第 7 版《朱兰质量手册》（*Juran's Quality Handbook*），是全面质量管理（TQM）理论的基础。

朱兰对日本经济复兴和质量革命的影响也受到了高度评价。1979 年，朱兰建立朱兰学院，主要从事质量管理培训、咨询和出版活动。进入 20 世纪 90 年代后，朱兰仍然担任学院的名誉主席和董事会成员，以 90 多岁的高龄继续在世界各地从事演讲和咨询活动。他协助创建了美国马尔科姆 · 鲍德里奇国家质量奖，也是该奖项的监督委员会成员。在朱兰的 20 余本著作中，《朱兰质量手册》被誉为“质量管理领域的圣经”，是全球范围内的参考标准。

阿曼德 · 费根堡姆（Armand V. Feigenbaum，1920—2014）

阿曼德 · 费根堡姆是全面质量控制的创始人。他于 1920 年出生在美国纽约，1951 年毕业于麻省理工学院，获工程博士学位。1937—1942 年在通用电气（GE）公司担任航空发动机设计工程师。1951 年，出版《质量控制：原则、实践和管理》（*Quality Control Principles, Practice and Administration*），将“质量控制”概念从技术方法提升为管理方法；强调从管理观念出发，将人员关系作为质量控制活动的基本问题；把统计技术看作全面质量控制计划的一部分。1961 年，他出版了该书的第 2 版——《全面质量控制》（*Total Quality Control*）。

费根堡姆指出，质量并非意味着“最佳”，而是“客户使用和售价的最佳”。他提出了全面质量管理的四项基本原则，主张用系统或全面的方法管理质量，要求所有职能部门参与，而不仅局限于生产部门。这一观点要求在产品形成的早期就建立质量，而不是在既成事实后再进行质量的检验和控制。1983 年版《全面质量控制》是学术思想的一次重大突破，为 20 世纪 80 年代进入质量运动发展史上的重要时期起到了承上启下的作用。

2007 年，他撰文指出：“质量语言正在改变当今世界市场，而推动快速变革质量语言的驱动因素之一是现代互联网和信息技术”。

石川馨（Kaoru Ishikawa，1915—1989）

石川馨是日本质量管理的集大成者，被誉为“QCC 管理之父”。他于 1915 年出生在日本的世家，1939 年毕业于东京大学工程系，主修应用化学，后获得哲学博士学位。1947 年后，石川馨在东京大学任教，专门从事统计技术研究工作，并与同事一起将 QCC 运动引入日本，邀请戴明到日本演讲。

1943 年，石川馨发明了特性要因图（因果图）。1960 年，他出版了《质量控制》（*Quality Control*），获“戴明奖”“日本 Keizai 新闻奖”　“工业标准化奖”。20 世纪 60 年代初期，他将国外先进质量管理理论和方法与日本实践相结合，倡导日本“质量圈”运动。1968 年，为指导 QC 小组活动，他出版了《质量控制指南》（*Guide to Quality Control*）。

石川馨提倡“下一个过程是你的客户”的理念。他强调有效的数据收集和演示，以将质量工具如帕累托图和因果图（石川图或鱼骨图）用于优化质量改进而著称。石川馨名言：“标准不是决策的最终来源，客户满意才是”。

菲利浦 · B. 克劳士比（Philip B.Crosby，1926—2001）

菲利浦 · B. 克劳士比是美国质量管理大师，被誉为“零缺陷之父”。他于 1926 年出生在美国西弗吉尼亚州，于 1957 年加入 Martin-Marietta 公司，自 1959 年开始担任“潘兴”导弹系统质量经理。1961 年，他提出“零缺陷”（zero defects, ZD）概念，并因此于 1964 年获得美国国防部的奖章。1967 年，克劳士比出版了首部质量管理著作《削减质量成本——经理人缺陷预防工作手册》（*Cutting the Cost of Quality: The Defect Prevention Workbook for Managers*）。1975 年，克劳士比担任美国质量协会（ASQ）总裁。1979 年，他出版《质量免费——确定质量的艺术》（*Quality Is Free: The Art of Making Quality Certain*）一书，打破了高质量以高成本为代价的传统观念。同年，他创立了 PCA 公司及克劳士比质量学院。1984 年，克劳士比出版了《质量无泪——消除困扰的管理艺术》（*Quality Without Tears: The Art of Hassle-free Management*），提出质量管理的四项基本原则：质量即符合要求、预防产生质量、工作准则是零缺陷、用金钱来衡量质量。

2002 年，ASQ 设立“克劳士比奖章”，以表彰质量管理方面的优秀作家。克劳士比一生倡导零缺陷管理哲学，掀起了全球新一轮的 “质量革命”，被美国《时代》杂志誉为“本世纪伟大的管理思想家，他开创了现代管理咨询在质量竞争领域的新纪元”。

3.2.4 当代中国质量管理发展情况

虽然中国古代很早就有质量活动的记录，形成了从中央到地方的国家质量管理制度，并延续千年，但到了近代，由于众所周知的原因，质量管理制度并没有多大的发展，依旧在延续封建社会遗留的传统模式，无法适应现代工业化的要求。

1949 年新中国成立后，各行各业百废待兴。20 世纪 50 ~ 60 年代，在苏联专家顾问的援助下，中国机床、发电设备、钢铁、汽车等 156 个主要工业化项目投入建设，国家层面的质量治理机制也开始建设。1955 年，国务院成立国家计量局，统一全国的计量工作，正式规定采用国际单位制计量。1956 年，国家计委标准局正式成立，通过学习、引进苏联标准，制定各类型的标准 2000 多项。同时，在企业层面，国有工厂借鉴苏联的模式也逐步开始实施质量管理。然而，到了 20 世纪 60 ~ 70 年代，受“文化大革命”的影响，国家经济和社会生活受到严重干扰，质量工作也停滞不前，刚刚引入国内的全面质量控制（TQC）等质量管理技术被束之高阁。

1978 年，党的十一届三中全会以后，改革开放成为中国的基本国策，不少国际知名质量专家学者，如桑德霍姆、田口玄一、近藤良夫、石川馨、朱兰等来中国访问交流。特别是石川馨，1989 年去世前每年都来中国访问。“他带领日本质量专家，到北京内燃机厂指导工作，给国内全面质量管理实施以巨大的推动，当时企业界都吃惊地听说了有一个必须要全员参与的质量管理体系，来自全国各地的人们纷纷前往北京内燃机厂去了解这到底是怎么一回事”（刘源张，2003）。

20 世纪 80 年代后，中国大规模的质量管理提升运动主要有以下三个核心内容。

引进、推广、实施全面质量管理（TQM）

1987 年开始，中国全面引进和推广 TQM。到了 20 世纪 90 年代末，全国登记的质量管理小组已经超过 130 万个，为企业带来了千亿级的巨大经济效益。全面实施 TQM 的特点是政府主导，自上而下，有重点地在企业引进和推广。

实施 ISO 9000 质量管理体系认证

国际标准化组织（ISO）1987 年发布第一版 ISO 9000 质量管理体系标准，随后中国国家标准等同采用。20 世纪 90 年代，中国对外贸易快速发展，10 年间进出口总额年平均增长率达到 12.2%。这促使企业积极行动，加紧质量管理体系建设，提升产品质量管理水平，满足国际市场的需要。

在印制电路行业，广州普林电路有限公司于 1993 年 8 月 7 日通过挪威船级社（DNVI）的 ISO 9000 认证，成为广州市第一家、印制电路行业第三家获得认证的企业。这显示出印制电路行业企业的超前眼光和在质量管理上勇于实践的魄力。

到 2006 年底，中国共颁发了超过 16 万张质量管理体系认证证书，位居全球第一。国际质量体系认证的推广，特点是企业自发行动，各行各业全面开花，有力地促进了国内企业的质量运作规范性，特别是给新成长起来的中小型企业带来了很大的帮助。

导入六西格玛质量管理方法

20 世纪 90 年代中期，摩托罗拉、霍尼韦尔、通用电气等跨国公司把已经取得的六西格玛管理成功经验逐步推广到中国公司。2001 年，联想率先尝试运用六西格玛管理，此后中航工业集团、宝钢、中远、华为、中兴等企业先后导入六西格玛管理。不少企业通过实施六西格玛管理取得了显著的经济效益。2002 年，中国质量协会成立全国六西格玛管理推进工作委员会，构建六西格玛管理交流平台，得到了企业界的广泛认可。近年来，六西格玛管理已经成为中国企业质量管理的主要方法论之一。

中国的现代质量管理工作起步虽晚，成长时间短，但专家学者、企业家和质量管理人员积极实践，全力追赶并缩短与发达国家的质量管理水平差距，推动中国企业的质量管理能力不断提高，使中国产品快速走向世界。

刘源张教授是中国全面质量管理学科的开创者和奠基人，是国际质量学院院士、中国工程院院士，是中国在企业管理研究领域有国际影响的著名学者。他早年留学日本和美国，获博士学位，1956 年应钱学森先生邀请回国工作。20 世纪 50 ~ 60 年代，他举办质量管理培训讲座，撰写文章介绍运筹学在质量管理中的应用，宣传排列图、因果图等质量工具，邀请国际质量专家来中国培训、交流质量管理知识和经验，引进发达国家的质量管理理论，并结合实际中国化。1976 年开始，刘源张院士大力推荐在国内企业中开展全面质量管理活动，经国务院采纳后在全国推行，为中国的质量管理研究及中国工业企业的产品质量和工程质量做出了杰出贡献。

3.3　质量管理实践（QMP）

3.3.1　概　念

实践是人类能动地改造和探索现实世界一切客观物质的社会性活动。质量管理实践（quality management practice，QMP）是为了提升企业质量绩效，投入资源、技术和人力实施的各种质量管理措施和计划（包括所有质量管理工具、技术和方法的活动集合），具有客观性和能动性（Saraph et al., 1989）。质量管理和质量管理实践的本质都是通过制定质量方针和质量目标，进行质量策划、质量控制、质量保证和质量改进等活动来控制或提升质量水平。然而，二者存在细微差异：质量管理更强调由理论构成的管理思想或管理方法，而质量管理实践更注重结合具体行业、具体企业和具体产品的实际情况，为质量提升投入的实际行动。企业的质量管理活动大多属于管理实践范畴，本书将“质量管理实践”和“质量管理活动”视为等同。质量管理理论、实践和经验的关系如图 3.2 所示。

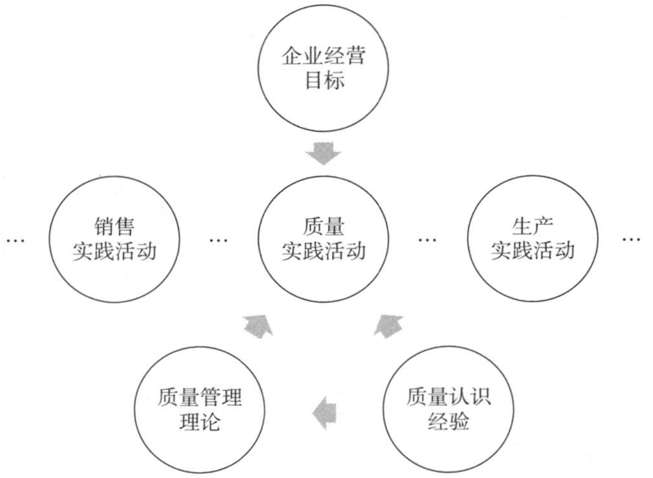

图 3.2　质量管理理论、实践和经验的关系

（1）实践活动产生理论。费根堡姆在《全面质量控制》一书的开篇即指出：“全面质量管理的一系列原理是从工业领域管理实践中持续总结出来的”，这反映了前人认为质量管理理论来源于工作实践的观点，也说明了质量管理实践的重要性。不同于主要依靠理论推导和实验发现自然规律的自然科学研究，管理科学的理论更多源于对实践活动的总结，即实践在前、理论在后。日常生产和质量保证工作中，持续积累的实际经验和对各种情况的处理应对，经过反思和总结，形成管理理论，感性认识逐渐变为理性认识，经过归纳、实验和验证，最终形成管理理论。质量原理在实践过程中与应用学科相融合，才能显示其科学性。

（2）实践活动需要理论指导。经验和理论是对事物本质不同深度层次、不同范围的理解和归纳。生产线上的老工人因具备丰富的工作经验，能够解决实际问题，受到尊敬。在确定的工作场所，使用确定的设备工具，大量生产某些产品的过程中会积累适合该环境的工作经验。然而，质量会受到众多不确定因素的影响，因为时间和技术条件在不断变化。当环境发生变化或某些条件改变时，一些不可预见的问题可能会发生，此时经验可能不起作用。这是因为经验必然存在局限性，只有当经验上升为理论，才能揭示事物发展的普遍规律，对实践活动发挥普遍性的指导作用。

（3）在理论指导下选择恰当的实践活动，企业绩效才能得到保障。质量方面的实践活动是以企业绩效达成为目标，在质量管理理论指导下开展的各项具体工作。例如，如何让客户在质量方面感到满意？如何确定质量方针和质量工作阶段目标，指引企业质量工作的方向？如何建立质量管理体系，规范运作质量各项工作？如何记录数据，分析并有效解决质量问题？如何建设和发展高水平的质量团队等。开展恰当的质量实践工作，能够让企业中的每个人感到工作变得容易，有助于解决组织的突出问题，促进组织发展和效益增长，使团队和谐向上，这就是质量管理实践的意义。

（4）推动实践活动的原则。在企业中，高层领导需要决策“做正确的事”，收集数据和信息，进行调研和分析，确定当前质量工作中需要重点建设和推动的质量活动，明确指导方针和策略，并投入足够的资源。正确的决策是企业获得质量成功的核心要素。中层领导需要践行“正确地做事”，运用质量管理理论和工具，高效推进质量策略和方针的落实，获得实际效果和经营成绩。对于基层员工，需要特别强调“把事做正确”，遵守规范制度，坚决执行上级要求，尽量减少错误，出现异常及时反馈，提供准确的数据和信息，以利于决策的修订和完善。

3.3.2 质量管理实践活动

一直以来，各种质量管理经典著作、质量管理体系标准和模型，以及政府质量奖评审条件，都列举了众多质量管理实践活动内容。表 3.3 整理了部分质量专家的观点（Saraph et al., 1989），这些内容是目前企业开展各项质量管理工作的基本依据。

表 3.3 质量专家在经典著作中提出的质量实践活动内容

活动内容	朱 兰	戴 明	克劳士比	石川馨	戴维·加文
高层领导支持	高层领导和质量政策	管理层实施戴明理论的永久承诺与义务，创造质量的恒久目标，采用新思想来处理缺陷、错误和废料	管理层承诺设定质量目标		设立质量计划和政策，管理层和员工的态度
质量部门作用	组织机制 / 计划以改进质量		质量委员会，质量改进团队	质量是所有部门的责任	
培 训	培训在所有层面上的准确质量工具	使用统计技术的现代培训方法的应用，大量的培训和教育计划	主管培训和员工培训	解决问题数据分析及统计技术的员工培训	
产品服务设计	强调适用于实际使用的产品设计		全面掌握客户对产品和服务的需求		通过可靠性计划、试生产、测试和可生产的产品设计
供应商质量管理	使用统计方法建立供货商关系	减少供应商数量，基于质量签订合同，不仅仅依赖成本选择供应商			供应商管理；流线型供应商，长期管理强调质量而非成本
流程管理	强调质量计划和质量改进的流程设计	在制造和采购中应用统计工具，在系统设计、来料、设备培训管理中持续发现问题，强调解决质量问题	流程认证，修正行动，零缺陷计划，消除错误原因	通过分析问题实现流程改进	生产和员工政策，平滑的生产计划安排
质量数据和报告	包括质量成本、外部和内部错误数据的质量信息系统	使用统计方法，持续改进质量	质量度量，质量成本	在所有层次上的质量数据收集和分析	质量信息系统
员工关系	包括质量循环的员工关系	消除所有影响员工工作自豪感的障碍，去除质量的数字目标和定额，现代化地监管，以确保及时解决质量问题，鼓励沟通	员工认知，质量意识，零缺陷日	员工参与解决质量问题	所有层次和部门员工参与质量改进

从 QMP 对绩效影响的维度来看，质量管理实践活动可以分为基础质量管理活动和核心质量管理活动（Flynn，1995）。核心质量管理活动被认为能直接改进质量绩效，而基础质量管理活动则为核心质量管理活动的有效实施提供环境支持。核心质量管理活动包括制造过程管理、过程化产品设计、统计控制和反馈等，基础质量管理活动包括领导支持、战略规划、客户关系维护、管理体系维护、供应商关系管理、人力资源管理等。

从 QMP 活动属性的维度来看，质量管理实践活动可以分为维持活动（控制、纠正活动）、改进活动和变革活动。维持活动要求管理者清楚知道按某一标准推进工作可以使当前工作状况保持稳定或有所提高，并达到预期目标；需要随时检查每一阶段的工作结果，发现弱点和不足，并加以改进。这种周期性推进工作的方法相当有效，通过反复推进，工作水平会不断提高。

当一项工作朝着目标前进时，如果方法不明确或者当前工作状态与目标之间存在差距，继续按照以前的方法推进将导致工作停滞不前，因此，必须改变以前的工作方法，以取得更好的结果，这便是改进活动。变革活动则是在摒弃原来工作方法的情况下采取的一种管理方式。当当前工作状态与目标大相径庭或者目标极不明确时，必须彻底改变原来的方法和目标，重新思考目标和方法，通过讨论达成共识，统一意志。

3.3.3　质量管理实践的工具方法

回顾质量管理的发展历程，100 多年的质量管理实践活动积累了大量的质量管理工具和方法，可以大致分为三个层次。

- 理念层次：包括质量相关概念的定义和质量基本管理原则等内容。
- 普遍应用的质量管理理念和范式，包括全面质量管理理论（TQM）、ISO 9000 质量管理体系、六西格玛管理、精益管理、卓越绩效模式、零缺陷管理、全员生产维护（TPM）。
- 系统级和工具级技术和方法：用于分析和解决质量管理中的问题，见表 3.4 和表 3.5。

表 3.4　质量管理系统级技术和方法（段永刚，2021）

阶 段	方 法	内 容
研发设计	APQP	产品质量先期策划是一种结构化的方法，用来确定和制定确保某产品使客户满意所需的步骤。目标是促进与所涉及的每一个人的联系，以确保所要求的步骤按时完成
	PPAP	生产件批准程序，由克莱斯勒、福特、通用三大汽车公司于 1993 年联合制定，是对供应商产品与生产过程认证的方法，实现了供应商先期产品质量认证工作的流程化和标准化，改进了供应商的产品质量
	可靠性工程	为了达到系统可靠性要求而进行的设计、管理、实验和生产一系列工作的总和，涉及系统整个生命周期内的全部可靠性活动
	BPR	业务流程重组，企业流程再造，基本思想是彻底改变传统的工作方式，重新设计业务流程以提高效率和质量
	TRIZ	发明问题解决理论，能够提高发明成功概率，缩短发明周期，使发明问题具有可预见性
	DFSS	六西格玛设计，通过科学方法准确解释和把握客户需求，对新产品 / 新流程进行健壮设计，使产品 / 流程在低成本下实现六西格玛质量水平
	健壮性设计	赋予产品或过程健壮性、高性能和低成本的设计方法，着眼于经济效益和工程技术的质量设计和管理技术
	田口方法	一种低成本、高效的质量工程方法，强调通过设计提高产品质量，通过控制源头质量来抵御生产或使用中的不可控因素干扰
生产制造	看板管理	在工序之间进行物流或信息流的传递，是一种拉动式管理方式，通过信息流向上一道工序传递信息，看板是这种传递信息的载体
	目视化管理	利用形象直观而又色彩适宜的视觉感知信息来组织现场生产活动，提高劳动生产率的一种管理手段
	5S 管理	包括整理（Seiri）、整顿（Seiton）、清扫（Seiso）、清洁（Seiketsu）和素养（Shitsuke）5 个方面，起源于日本，是对生产现场进行有效管理的一种办法
	标杆管理	不断寻找和研究同行一流公司的最佳实践，并以此为基准进行比较、分析和改进，促进企业进入或赶超一流公司，创造优秀业绩

表 3.5　质量管理工具级技术和方法

阶 段	方 法	内 容
研发设计	FMEA	失效模式与影响分析，分为设计失效模式分析和过程失效模式分析
	FMECA	故障模式、影响及危害分析，分析产品可能的故障模式，确定其对产品工作的影响，并根据严重程度和发生概率确定其危害性
	FAT	故障树分析，一种描述事故因果关系的有方向的“树”，用于系统安全工程中识别和评价系统危险性，适用于定性和定量分析
	AHP	层次分析法，将决策元素分解成目标、准则和方案等层次，进行定性和定量分析的决策方法
	QFD	质量功能展开，从质量保证角度获取客户需求，并通过矩阵图解法将需求分解到产品开发的各个阶段和职能部门，确保最终产品质量满足客户需求
	头脑风暴	由价值工程工作小组在融洽和不受限制的气氛中进行讨论，打破常规，积极思考，畅所欲言，充分发表看法
	水平对比法	又称标杆法，对照最强竞争对手或行业领袖公司，在产品性能、质量和售后服务等方面进行比较分析和度量，并采取改进措施
生产制造	SPC	统计过程控制，应用统计技术对过程各阶段进行评估和监控，建立并保持稳定水平，确保产品和服务符合规定要求
	Poka-Yoke	防错法，又称愚巧法、防呆法，通过自动报警、标识、分类等手段防止作业失误
	MSA	测量系统分析，通过测量获得数据，对测量过程和测量值进行定义和分析
	5Why	5Why 分析法又称为“五问法”，通过连续问“为什么”来追究问题的根本原因
	8D	团队导向问题解决方法，提供符合逻辑的解决问题方法，桥接统计制程管制与实际质量提升

续表 3.5

阶　段	方　法	内　容
生产制造	价值流程图	一种分析、设计和管理将产品带给客户所需的材料和信息流的精益制造技术
	甘特图	通过活动列表和时间刻度图示表示项目活动顺序与持续时间
	过程能力分析	过程能力是指过程加工满足质量要求的能力，衡量过程加工内在一致性的稳定状态下的最小波动
	显著性分析	通过样本信息判断总体真实情况与假设是否有显著差异
	新七种工具	质量管理的新七种工具，包括关系图法、KJ 法、系统图法、矩阵图法、数据矩阵分析法、PDPC 法、矢线图法
	老七种工具	质量管理的老七种工具，包括检查表、排列图、散布图、因果图、分层法、直方图、控制图

3.3.4　PCB 质量管理的实践活动

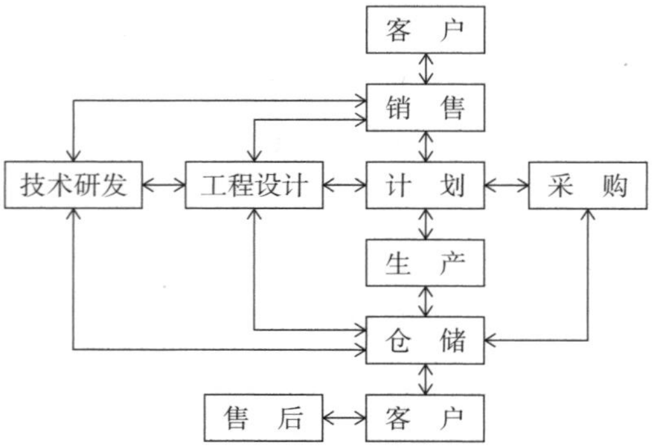

图 3.3　PCB 制造的产品运作流程示意图

结合 PCB 产品的结构特点、关键质量特性和运作流程（图 3.3），PCB 生产企业的制造过程质量管理实践活动内容见表 3.6。公司经营层的质量管理活动以基础质量管理活动为主，体现管理性特征；而工厂生产过程的质量管理活动以核心质量管理活动为主，体现技术性和客户导向的特征。在不同企业中，质量管理活动的直接责任部门有所不同，取决于企业自身的管理文化和运作习惯。集团型 PCB 企业通常将公司经营层的质量管理工作交由集团总部质量部门负责，而将产品制造层面的质量管理工作交由工厂负责，从而在广度和深度两方面覆盖企业所有过程质量管理活动的组织、监督和管控。产品检验检测、生产线参数监控、客户投诉（客诉）处理、质量体系的建立和维护等核心质量管理活动是各类 PCB 企业质量管理的标配。

当然，每个 PCB 企业所处的发展阶段不同，规模也各不相同，能够投入质量管理的资源也不一样，因此，展开的具体质量管理活动侧重点存在差异。一般来说，规模较小的工厂，其核心目标是生存和发展，质量管理活动往往聚焦于产品制造的符合性，即核心质量管理活动。而规模较大的企业，会在质量风险识别预防、精益六西格玛改进、质量成本提升、质量 IT 系统建设等方面持续投入，并在支持性质量管理活动如供应商质量管理、不合格品控制、质量数据分析和质量人员满意度等方面加大投入，进一步提升企业内部质量绩效和客户满意度。而质量战略管理、质量文化建设及一些质量变革项目，通常是顶级企业继续深化质量管理的主攻方向。

此外，质量管理活动不仅限于产品质量的保证和合格，还包括服务、交付等活动，但不同的行业会形成自己对管理活动范围界定的习惯。例如，朱兰在《质量控制手册》第 3 版中提到："服务行业一般把服务的快速看作一个质量特性，而制造工业则不如此。制造公司把快速交货（即按照承诺的日期向客户及时交货）看作与'质量'完全不同的一个参数。这种区别是如此明显，以至于有一个单独的组织（生产管理部门）来为交货期（日程）制定标准，评定生产完成情况，并促使按照要求完成生产任务。"本书依据 PCB 行业的习惯，重点讨论产品质量管理的范围理论、实践活动和案例，没有将产品交付作为质量管理活动的重点。

表 3.6　PCB 生产运营和生产制造过程质量管理活动

分类分层	质量活动		属　性	
	一　级	二　级		
公司经营层	制定质量战略	确定质量方针和质量目标，制定重点质量对策	基础活动	改进活动、变革活动
	质量体系管理	建立和维护质量管理体系、各级文件体系的管理和维护、外部审核应对、内部审核应对、管理评审应对、客户审核应对、客户满意度调查等	基础活动	维持活动
	质量文化	建立、维护和宣传质量文化，推动维护组织质量气氛的活动，如质量检验技能大赛等	基础活动	维持活动
	客户要求	制定客户和公司间的各类质量协议、客户的产品质量标准	核心活动	维持活动
	质量改进	组织包括精益六西格玛项目、QCC 小组等质量改进活动	核心活动	改进活动、变革活动
	公司级质量培训	组织各个层级的质量培训和考核	核心活动	维持活动
	质量成本管理	建立和推动成本降低活动，核算内部损失、外部损失、预防成本、鉴定成本数据，分析和改善	基础活动	改进活动
	质量 IT 系统	设计、开发和使用管理质量系统，管理数据质量，分析和提出质量问题	基础活动	维持活动
	质量绩效评价	企业质量绩效数据统计、分析，组织质量奖评审	基础活动	维持活动
	质量组织自身管理	组织的设置、人员绩效评价、培训和团队建设等	基础活动	维持活动
	质量标准化	主导和参与国标、行标等标准的制定和评审	基础活动	维持活动
	质量情报收集	认证机构、检测机构、质量协会、质量标准、书籍、系统的最新信息	基础活动	维持活动
产品制造运作层	工程文件质量审核	设计图纸、制作指示	核心活动	维持活动
	供应商质量管理	物料质量测试、供应商质量审核、供应商绩效考评	核心活动	维持活动
	来料检验	物料 IQC、不合格处理	核心活动	维持活动
	研发质量管理	物料、方法、流程、参数设计	核心活动	改进活动
	产品质量策划	风险识别、工序能力测定、质量计划制定、FMEA	核心活动	改进活动
	计量器具管理	建立台账、设备计量、设备维修、报废管理	核心活动	维持活动
	产品质量检验	半成品检验、成品检验、AOI 测试、BBT 测试	核心活动	维持活动
	产品质量测试	阻抗测试、可焊性测试、切片、环境测试	核心活动	维持活动
	生产过程控制	SPC	核心活动	维持活动
	生产员工自检	工序生产过程产品质量自检	核心活动	维持活动
	过程不合格处置	纠正、暂停、停工	核心活动	维持活动
	产品不合格处置	产品报废、返工返修、让步，不合格品审理、报废品管理、不合格单审理	核心活动	维持活动
	变更管理	设计、物料、参数、方法、设备等	核心活动	维持活动
	质量数据管理	质量记录、报表、统计分析	核心活动	维持活动
	QCC 小组活动	批量报废、突发缺陷、工序质量提升	核心活动	改进活动
	质量成本降低	具体内部损失、外部损失、预防成本、鉴定成本改进项目	基础活动	改进活动、变革活动
	质量文件制定	编写质量标准、操作规范、流程文件等	核心活动	维持活动
	工厂级质量培训	各层级人员工作规范、SOP、检验标准培训	核心活动	维持活动
	现场质量保证	5S、环境、安全等	核心活动	维持活动
	设备、工具质量保证	生产设备、生产运送设备、生产检测设备、生产工具资料	核心活动	维持活动
	实验室管理	产品可靠性检测、过程药水分析控制	核心活动	维持活动
	仓储质量	物料存储质量保证、成品包装错混漏管控	核心活动	维持活动
	客户抱怨处置	客诉处理、赔偿审理、退换货审理、8D 报告	核心活动	维持活动、改进活动
	客户现场质量服务	客户现场产品测试、现场跟线保障、驻厂服务	基础活动	维持活动

3.4　质量管理实践与企业绩效、企业技术创新的关系

客观地评价质量工作的绩效，对质量管理实践活动的持续推进具有重要影响。一方面，当企业经营业绩不佳时，需要判断是不是质量绩效不佳引起的，以及质量理念、体系和方法是否适合企业的产品、过程和人员的实际情况。另一方面，当企业业务蒸蒸日上，内部产品合格率屡创新高，客户抱怨不断减少时，需要明确这些成就是否归功于质量管理，是质量部门的功劳，还是生产员工努力实干和自律的结果，或是技术人员提出了新的技术方案，又或是销售人员全

力拿下了客户的大订单。这些问题常常让企业的最高管理者感到困惑，因此，有必要搞清楚质量管理实践（QMP）与企业绩效之间的关系。

3.4.1 质量管理活动与质量绩效以及企业绩效的关系

企业绩效是指在一定经营期间，企业为了达到经营效益和业绩目标而采取的各种活动的结果。绩效评价是管理者综合运用一定的评价标准和相关评价程序，对组织整体运营效果进行概括性评估。有效的绩效评价能够揭示组织的运营能力、盈利能力、偿债能力和后续发展能力，为管理人员和利益相关者提供信息，并为改进组织绩效指明方向。绩效管理是组织的核心管理问题之一，也是最难把控的管理活动之一。

企业的绩效评价可以从企业总体绩效、部门绩效和个人绩效三个层面展开，具体的绩效测度指标包括财务绩效、市场绩效、创新绩效、总体运营绩效（质量Q、交货D、成本C、客户满意S）等。绩效评价方式和指标设计起初以观察性绩效评价为主，后来逐渐发展到成本绩效评价和财务性绩效评价（当前PCB企业主流的业绩考核方式）。目前的先进绩效评价方式是战略性绩效评价，这种评价方式不仅关注经营现状的财务指标，而且强调企业的学习与发展潜力，关注企业在外部市场环境中的竞争力，同时注重内部的经营过程，将绩效管理提升到战略管理的高度。

最早研究质量管理实践与企业绩效关系的是戴维·加文（David Gavin），其模型从开源（内部生产）与节流（外部客户）两条路径解释了质量管理实践对企业绩效的正向促进作用。20世纪90年代中期，国内外量化评价质量实践与企业绩效关系的研究开始增多，改变了之前由质量专家的经验表述或定性的案例分析的研究方式。研究结果显示，质量管理活动与企业质量绩效和整体绩效存在复杂的关系。

Adam等（1997）指出质量管理活动对质量有显著影响。Dean和Snell（1996）发现质量管理应用与运作绩效正相关。Das等（2000）支持了质量管理活动与客户满意正相关的结论。Li等（2008）认为TQM对客户满意有显著影响。李军锋（2009）指出高层支持对员工参与、供应商关系、客户为中心、产品设计活动存在正向显著影响。其他学者也有类似结论。

也有学者研究结论显示部分质量活动和企业绩效之间有正相关的关系。Powell（1995）提出QMP与企业绩效之间虽然是统计显著的正向相关，但关系较弱，表明并非所有质量活动都对质量绩效和企业绩效产生重要影响。Danny和Mile（1999）研究了TQM质量要素与企业绩效之间的关系，发现领导承诺、人员管理、关注客户是对企业营运绩效预测能力最强的三类指标，其余要素关系较弱。

学者们进一步研究了QMP、质量绩效和企业绩效之间的中介效应。Flynn等以及Anderson等提出，基础质量管理活动通过核心质量管理活动这一中介变量间接影响质量绩效。Powell等的研究表明，基础质量管理实践活动，如开放文化、员工授权、高层承诺等能够直接带来竞争优势，而不完全依赖于质量管理技术工具。Ho等提出了基于部分中介效应模式的研究模型。李钊等（2008）认为质量管理实践通过质量绩效和创新绩效间接作用于企业绩效。姜鹏（2010）证实质量管理实践通过质量绩效和运作绩效间接作用于企业的最终经营绩效。

实际上，质量管理活动与企业绩效的关系并非简单的正相关，这也说明了质量管理工作的复杂性。基于权变理论的解释，情景因素不能忽视，不同企业面临不同的外部环境，如文化背景、政治因素、经济环境等特性的差异，以及内部组织行为习惯、产品行业区别、发展阶段规模的差异，质量管理活动对组织整体绩效的影响存在不确定性。例如，姜鹏（2010）的研究显示，面临竞争激烈的市场，质量管理实践与企业绩效之间的关系会随之变化。

总之，质量管理活动与企业绩效关系的研究说明质量管理活动是基础管理活动，质量绩效是基础绩效指标。企业管理者必须特别关注质量合格率、质量成本和客户满意等质量绩效指标的改进状况，这些质量绩效得不到明显改进，企业绩效就不会得到提升。

企业的质量管理者需要根据企业的产品特点、发展情况、内外部环境，规划和选择适合企业发展的具体质量管理活动，站在企业最高管理者的角度思考问题，便于与最高管理者沟通和达成一致，促使企业质量管理水平提高，企业绩效表现优异。

当然，企业总是希望在激烈的市场竞争中提升或保持强有力的竞争力，通过实施有效的 QMP 来打造良好的产品质量形象，实现优异的财务绩效和经营绩效。良好的产品质量是必要条件，但不是充分条件，市场、销售、技术等环节同样影响企业最终的经营结果。

3.4.2　质量管理活动与技术创新的关系

企业的质量管理实践与技术创新存在悖论关系吗？虽然普遍的观点认为质量管理对技术创新有正向的影响作用，实施质量管理为企业创新提供了良好的环境氛围，但企业中也会存在各种不同的声音。有人从战略层面看，认为主要强调客户导向，会使组织在技术发展上更重视客户倡导的产品实现技术，更重视产品、服务的改进或优化，而非基础技术创新，因此会忽视企业长远的技术发展规划，导致短视行为，严重时甚至忽视颠覆性技术。有人从市场层面看，认为企业专注于客户需求，会使组织更倾向保持当前的市场份额，来规避经营的风险，因此会进行大量模仿而不敢持续投入技术创新。有人从组织和文化层面看，认为质量管理强调标准而非创新，强调过程控制和预防，而非流程重构，因此可能使企业缺乏创新动力，等等。不管怎样，质量管理与技术创新之间的确存在较强的关联性，进一步明晰两者之间的关系很有必要。

关于质量管理，前面介绍质量管理活动可以分为核心质量管理活动和基础质量管理活动，核心质量管理实践代表质量管理中的技术要素，涉及对产品和市场过程的控制；基础质量管理实践代表质量管理中的管理要素，为核心质量管理实践的实施提供支持性环境。企业各自管理特点不同，所处市场环境也不同，应对行业竞争所采用的质量管理模式也会有差异。常见的质量管理模式有卓越绩效模式、客户满意度模式、六西格玛模式、精益管理模式等，企业在具体质量活动的开展上会有所差异，有所侧重，而企业依据积累的质量知识和资源，为客户持续创造价值的质量策划能力、质量控制能力、质量保证能力和质量改进能力，也会有所不同。

创新的概念，最早在 1912 年由美国经济学家约瑟夫·阿洛伊斯·熊彼特（Joseph Alois Schumpeter，1883—1950）提出。他在著作《经济发展理论》（*The Theory of Economic Progress*）中指出，创新是指把一种新的生产要素和生产条件的“新结合”引入生产体系，如引入一种新产品，引入一种新的生产方法，开辟一个新的市场，获得原材料或半成品的一种新的供应来源。企业创新一般包括知识创新、技术创新（包含服务创新）、组织创新和管理创新四个方面。

- 知识创新是指通过科学研究，包括基础研究和应用研究，获得新的基础科学和技术科学知识的过程。
- 技术创新是指改进现有或创造新的产品、生产过程或服务方式的技术活动，企业技术创新有渐进式、突破式、综合式等模式。渐进式技术创新是指企业为满足客户现有需求，在设计、功能、价格、数量和特征等方面进行的改善型创新。突破式技术创新是指给企业带来根本性变化的新技术的创新。综合式创新是指企业进行渐进式和突破式交叉融合的技术创新。

· 组织创新的对象是企业的机体以及机体的运行。
· 管理创新的对象是企业的管理模式、管理方式和管理方法。

可见，战略管理、运营管理、营销管理、财务管理、人事管理，以及企业制度、企业观念、企业组织文化、企业组织结构等的创新都属于企业创新。

另外，企业规模、企业成立年限、企业利润、企业劳动力素质、企业资金能力等环境因素，对企业技术创新的影响不容忽视。以下引用部分研究者的量化实证研究结论来说明质量管理实践活动、质量能力对技术创新的影响。

姜鹏（2009）、奉小斌（2015）、宋永涛（2016）等的研究认为，基础质量管理实践能够显著促进新产品开发能力的提升。宋永涛（2016）认为，核心质量管理实践对新产品开发能力的影响不显著，甚至会在一定程度上阻碍新产品开发。奉小斌等（2017）指出，低成本战略正向调节质量探索和质量开发与企业升级的关系，差异化战略正向调节质量探索与企业绩效的关系，负向调节质量开发与企业升级的关系。程虹（2019）的研究显示，质量能力能够显著促进企业研发投入的产出效率提升，相比低质量能力企业，高质量能力企业的新产品销售占比和获得专利数量均显著更高。张志强（2020）等指出，质量能力能够显著促进企业技术创新。其中，采取渐进式技术创新企业的质量控制能力显著促进技术创新，采取突破式技术创新企业的质量保证能力和质量改进能力显著促进技术创新，采取综合式技术创新企业的质量保证能力显著促进技术创新。其进一步的研究显示，环境影响因素中劳动者受教育程度对企业技术创新效率有显著的正向影响，成立年限对企业技术创新效率有显著的负向影响。

综上所述，质量管理对技术创新的影响是积极的，但具体到某一企业，需要结合企业的质量管理模式、质量活动特点、质量能力水平，以及其技术创新方式和实际状况，客观评估质量管理的作用和影响。简单地将质量与技术对立起来的做法无益于企业的良性和稳定发展。

第Ⅱ部分

基础质量管理活动与实践

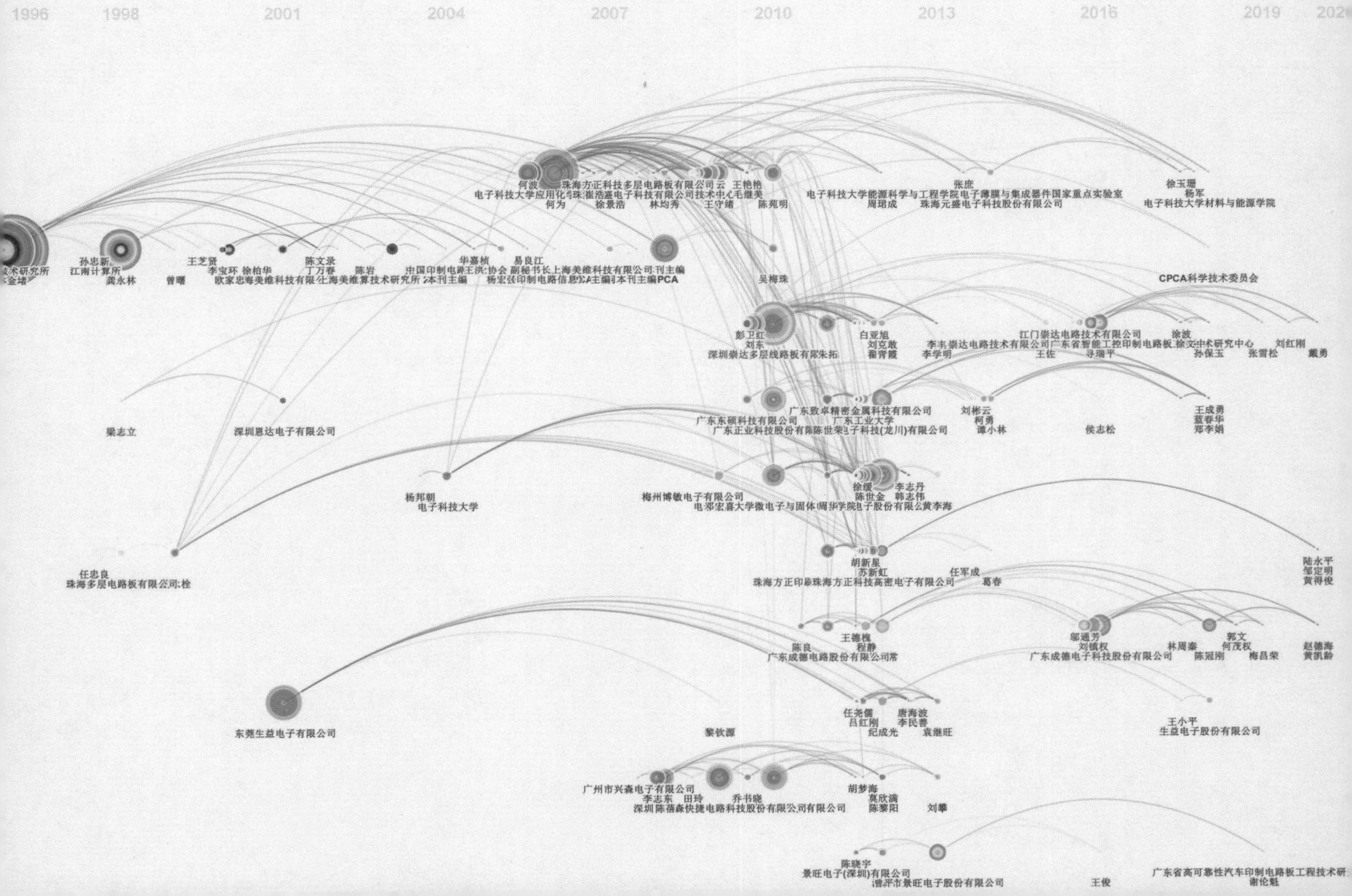

大质量管理的范围不仅限于产品质量，工作质量也是企业关注的重点，基础质量管理活动核心是对领导、员工、客户、供应商等“人”因素的管理，带有“社会”属性，包括领导作用、战略方向指引、管理体系约束、客户和供应商关系维护、人员参与等内容。实践证明，当企业的质量管理水平发展到一定阶段，基础质量管理活动对企业绩效的影响会愈发显著，其对核心质量管理活动提供支持环境的同时，也会有力促进核心质量管理活动水平的提升。

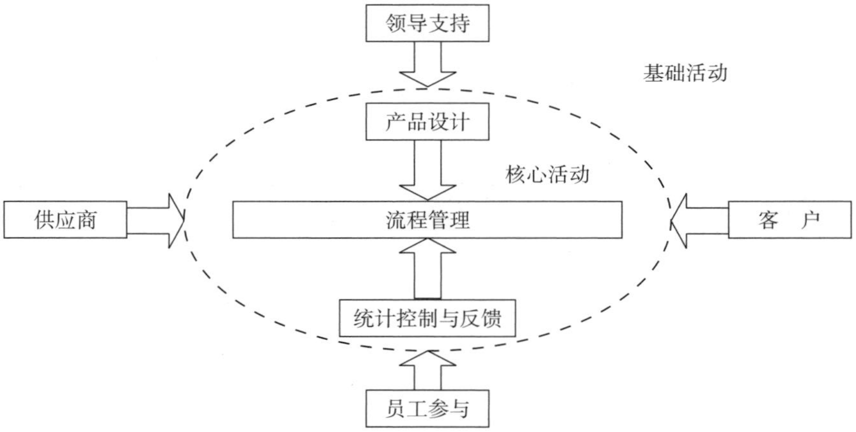

制造价值链质量管理活动影响机制

第4章
PCB企业质量战略和质量文化建设

制定质量战略和建设质量文化是企业最高管理者和质量负责人的核心工作，是落实“领导作用”这一质量原则的具体表现。质量的形成一方面是产品制造的过程，企业最高管理者和质量负责人需要为公司的质量管理工作明确方向、目标和实现路径，并领导战略实施、评价和激励，以确保企业战略目标的实现；另一方面是质量文化潜移默化的影响过程，企业高层管理者还需以人为本，树立企业信念和质量价值观，引导员工的质量观念、质量思维方式、质量行为方式和质量行为习惯，全面提升企业的整体素质和综合实力，增强企业的凝聚力、创造力和核心竞争力。总之，企业领导应既是策略专家，又是质量文化的培育者，通过打造硬实力和软实力来保持企业的长期卓越。先进质量管理模式只有与组织质量文化相结合，才能落地生根并持续发展。

本章围绕PCB企业的特点，重点介绍战略、战略管理、企业质量战略和企业质量文化的概念，并介绍质量战略规划工具、步骤和实施过程的要点，以及质量文化打造的过程和案例。

4.1 战略和战略管理

4.1.1 概　念

一直以来，企业都生存在不断变化且充满不确定性的环境中，国际政治的各种纷争、国内政策的调整、社会经济的均衡发展、能源与原材料的稳定供应、自然环境和公共卫生状况的变化等因素都在对企业产生影响。同时，产业内客户要求愈发严苛、竞争对手的增加、发展规模的扩大、新技术研发的激烈竞争、人力资源不足等因素不断对企业施加压力，要求企业必须最大限度地预测环境变化和公司面临的风险，在竞争环境中做出最佳决策，实现持续发展。这就需要企业的战略管理职能发挥作用。

战略（strategic）是组织为了生存和发展，在综合分析组织内部条件和外部环境的基础上做出的一系列具有全局性和长远性的谋划。战略的选择表明公司能做什么，不能做什么，反映了公司对竞争方式、时间、地点、竞争对手及竞争目的的认识。好的战略能切实为企业带来竞争优势，给客户带来更多的价值，并且不易被竞争对手复制，使企业在一段时间内建立起持续获利的能力。企业战略体系一般分为三个层次，见表4.1。

表 4.1　企业战略体系的层次

战略层次	定　义	战略类型	制定者
企业战略	明确公司参与哪些业务竞争，如何获取核心竞争优势	总体战略（产业、客户、区域、投资）、发展战略（业务一体化、多元化）、经营战略（增长、稳定、紧缩）等	董事会、首席执行官、总经理
竞争战略	明确公司在确定的战略方向上如何进行竞争	成本领先战略、差异化战略、聚焦战略	事业部负责人、业务负责人
职能战略	执行企业战略和业务战略，如何把事情做正确	供应链战略、市场营销战略、人力资源战略、财务战略、运营战略、研发战略、信息化战略等	产品经理、区域负责人、职能负责人

区别于战术层面强调的“如何将事情做正确”的具体短期做事方式、方法和规范，企业战略强调“做正确的事情”，针对重大的生存发展课题。其具有全局性特征，须从全局的角度出发，确定组织发展的远景目标和行动纲领；具有长远性特征，战略的着眼点是组织的未来，是为了谋求长远发展和长远利益的考虑；具有纲领性特征，战略是一种概括性和指导性的规定，是组织行动的纲领；具有客观性特征，战略的建立必须基于对内外环境的客观分析；具有竞争性特征，战略的一个重要目的是在竞争中战胜对手，赢得市场和客户；具有风险性特征，战略着眼于未来，但未来充满不确定性，实施战略方案必然有一定的风险。

战略管理指公司为制定并实施计划、实现目标而形成的一系列决策与行动。战略管理不仅要关注当下的企业经营状况，还要不断思考未来的投入和产出，关注企业的投资方向、资源配置和组织文化建设，这是其与经营管理的最大差别。战略管理的过程包含战略分析、战略制定、战略实施、战略控制 / 评价四个主要环节，如图 4.1 所示，是一个不断完善的过程。其关键任务包括：①制定公司使命，确定公司经营宗旨、理念和目标；②分析公司内部状况和能力；③评估公司外部环境；④战略分析和选择；⑤根据所选战略要求制定短期目标和行动方案；⑥有计划地分配资源，强调重点任务、人员、组织结构、技术和激励相互匹配；⑦评估战略决策的执行状况。

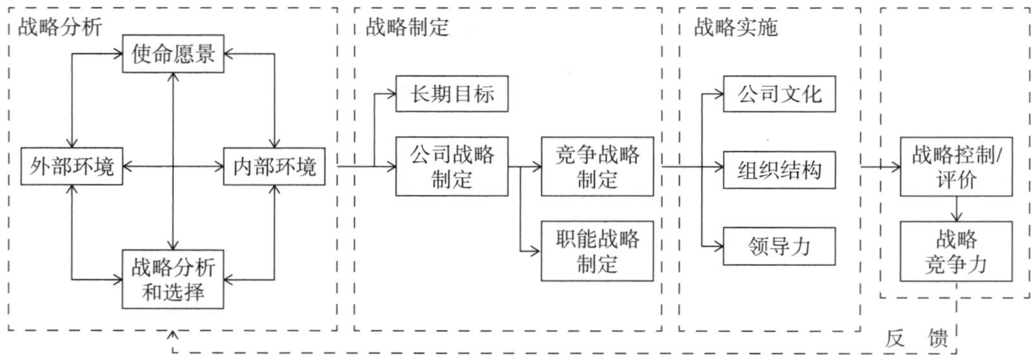

图 4.1　战略管理的过程

企业使命是将公司从同类型的其他公司中区别出来的独特长期目标，描述了产品、市场和关键技术领域，确定了公司的经营范围，想要为谁服务等。企业愿景表明公司管理者明确企业渴望要成为什么，同时要避免什么，描述了企业的理想状态，勾勒出企业的未来，即未来几年企业的发展方向。表 4.2 列举了部分 PCB 制造企业的使命、愿景和核心价值观，都以宣言的方式表明了企业的经营理念和发展志向。

内外部环境分析是企业使命愿景制定、长期目标制定和战略选择的输入。外部环境包括宏观环境、行业环境和经营环境等影响战略制定的所有条件和因素，企业需识别和分析其中存在的关键威胁和机会，确定自己可能会选择做什么。与外部环境分析不同，内部环境分析的重点

表 4.2　部分 PCB 制造企业的使命、愿景和核心价值观

企　业	使　命	愿　景	核心价值观
景旺电子	线路联通世界，共建万物互联	成为全球最可信赖的电子电路制造商	以客户为中心，以价值创造者为本，自我批判，诚信、责任、合作、创新
深南电路	建设心与芯的家园	打造世界级电子电路技术与解决方案的集成商	以客户为中心，脚踏实地、坚持奋斗，用心把事做精做专，持续自我革新，共创共享未来
鹏鼎控股	发展科技，造福人类；精进环保，让地球更美好	发展 PCB 等相关产业，成为业界的领导者	诚信、责任、创新、卓越、利人
东山精密	为智能互联世界制造核心器件	创建更互联互通的新世界	开放、包容、务实
兴森科技	助力电子科技持续创新	成为世界一流的硬件方案提供商	客户为先，快速高效，持续创新，共同成长
胜宏科技	客户满意、创新创造、引领行业发展	抢抓机遇、追求卓越、成就客户、回报社会	爱岗敬业、诚信立业、责任兴业
生益科技	引领中国电子电路基材创新，成就中国创造	通过提供全面、卓越的电子电路基材解决方案，以创新进取的研发、合作、共赢，成为全球电子电路基材的核心供应商	专于业，精于研，立于信

是帮助企业认清自己的优势和劣势，对比企业曾经取得的成就，从而明确企业未来的能力，确定自己能做什么。

长期目标是可量化、可测量的具体指标，反映企业使命实现的程度，一般包括与企业使命内涵强相关和可持续测量的指标，如盈利性、投资回报、营运收入、市场份额、客户满意度、技术领先地位、员工满意度等。

战略选择是指根据内外部环境分析结果，结合 SWOT 方法，制定出多个战略决策备选方案。再本着发挥优势、克服劣势、利用机会、避免威胁的原则，由企业最高领导根据已有经验和风险偏好，选择确保企业使命、企业目标可达成，并适合企业自身发展的战略。

战略实施是一个自上而下的过程，战略方案在企业高层达成共识后，向下传达，并在各项工作中得以分解、落实。它体现在与企业战略一致的组织结构调整、资源调动、企业管控制度建立、执行行动要求和员工薪酬激励政策落实上。为保证企业战略执行到位，企业要勇于突破变革阻力，要树立长期坚持的信心，循序渐进，不急于求成，不能过于考虑短期回报；企业应加强培训和管理流程变革，打通上下沟通和部门间沟通的障碍；企业应清晰各层级、各阶段量化战略目标，及时对责任员工进行奖励，提升团队士气。

战略控制 / 评价的目的是在战略实施过程中进行跟踪和评价，将战略实施的实际结果与预定的战略目标进行比较，检查两者的偏差程度，迅速发现问题或变化并做出必要调整。战略实施的最终结果需要数年后才能体现出来，因此，持续改进也是战略控制的重要组成部分，目的是让企业更加主动、及时地应对影响经营业绩的各种因素。另外，绩效管理是战略评价的重要组成部分，员工是战略的执行者，绩效考核 KPI 指明了员工工作的重点方向。如果战略是一套，考核时是另一套，战略措施就会出现偏差，甚至很难得到执行。因此，企业必须下功夫建立战略导向的绩效管理机制。

在以上战略管理的过程中，企业宏观环境分析可采用 PEST 方法；行业 / 产业及竞争环境分析可采用波特五种力量模型；企业内部环境分析的重点是进行企业资源、能力及核心竞争力分析；企业内外环境综合分析可采用 SWOT 方法；当企业有多种产品和面对多个市场时，对于业务投资组合部分，可采用波士顿矩阵（BCG）、GE 矩阵来确定投资优先序列，将资源导向最有吸引力的业务单元；企业战略评价可采用平衡积分卡测量。

4.1.2 主要战略规划工具

PEST 分析

宏观环境又称一般环境，指影响行业和企业的各种宏观力量。一般包括政治（political）、经济（economic）、技术（technological）和社会（social）这四大类主要外部环境因素。PEST 分析的主要目的是确定宏观环境中影响行业和企业的关键因素，预测这些关键因素未来的变化,. 以及这些变化对企业的影响程度、性质、机遇和威胁。表 4.3 列举了宏观环境分析（PEST）的具体内容。

表 4.3 PEST 分析内容

政治 & 法律	制约和影响企业的国内外政治因素，法律体系、法规及法律环境，企业与政府的关系
经济环境	经济结构、经济增长率、财政与货币政策、能源和运输成本，消费倾向与可支配收入、失业率、通货膨胀与紧缩、利率、汇率等
社会 & 自然	教育水平、生活方式、社会价值观与习俗、消费习惯、就业情况等，人口、土地、资源、气候、生态、交通、基础设施、环境保护等
技术环境	创新机制、科技投入、技术总体水平、技术开发应用速度及寿命周期、企业竞争对手的研发投入，社会技术人才的素质水平和待遇成本

“五力”模型

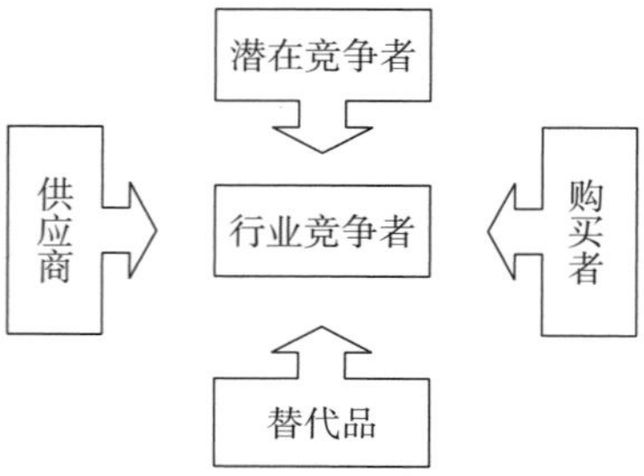

图 4.2 波特“五力”模型

迈克尔·波特提出，行业内的竞争取决于五种基本竞争力：供应商议价能力、购买者议价能力、潜在竞争者威胁、替代品威胁和行业内现有竞争者能力。最强的一种或几种力量决定着行业利润的大小，并且从战略角度看会起到关键性作用。“五力”模型如图 4.2 所示，是行业环境分析的主要工具，用它可以分析行业的盈利性和吸引力，确认企业所面临的直接竞争、机会与威胁。

PCB 和 IC 载板是当今电子产品中元器件承载的主要方式，是实现电信号互连的基本方案。PCB 产品技术储备充足，制造能力和经验成熟，现阶段全球范围内没有可替代的新技术能够推动电子产品发生颠覆性的变化。

目前，中国 PCB 行业企业超过千家，头部企业的营销规模超过百亿，已经上市的近 50 家企业呈现出制造工厂多地域分布，技术研发投入和产出强劲，产品横跨多个电子行业领域，销售渠道遍布海内外，锚定全球各大知名电子产品公司，服务模式囊括大批量板、小批量板和样板的各种市场需求等特征。中国 PCB 行业发展趋于成熟，行业内的激烈竞争使得企业间的整合正成为主流，行业壁垒正在提高。虽然购买设备和建设新工厂并不困难，但面对老牌 PCB 企业优势竞争的压力，以及 PCB 行业环保要求等一系列行业规则，新进入者在有限市场份额的竞争中获得一定市场份额的难度越来越大。

PCB 制造过程需要使用大量高精尖设备，但并不存在受限制的瓶颈性设备，设备厂家的供应能力良好，与 PCB 制造企业的配合良好。专用的物料以覆铜板、PP 片等基材为主，受到国际大宗商品如石油、铜等价格波动的影响，这会对行业整体利润产生影响，但对行业内企业的竞争影响较小。因此，PCB 行业的供应商不会构成 PCB 企业竞争的胜负手。

显然，对于 PCB 行业的发展和 PCB 制造企业的利润状况，终端电子设备厂家这个购买者是决定性的力量。电子行业的终端客户在每个产品领域最新技术的采用、产品升级换代的规模、产品质量和服务要求的标准、产品成本的预算上是直接决策者，拥有决定权，能够直接影响和决定 PCB 生产企业的研发方向、生产设备等各种资源的投入，以及管理和服务的能力水平要求。对于 PCB 行业的客户，这些购买者对 PCB 工厂进行生产能力、技术和质量管理能力的体系认证，要求 PCB 工厂完成考试板的制作，确认其技术能力是否满足自身产品的需求。因此，PCB 行业的客户是 PCB 企业战略竞争的核心要素，落实“以客户为中心”的质量管理理念，强化质量管理能力，是企业战略措施落地的关键和根本命题。

SWOT 分析

在战略规划中，SWOT 分析是一个简单实用的结构化和系统性工具，用于对企业内部因素的优势（strength）、劣势（weakness），以及企业外部因素中的机会（opportunity）、威胁（threats）进行综合和概括。SWOT 分析可以帮助企业将资源和行动聚焦于自身强项和最有机会的领域。制定的战略应是企业“能够做的”和“可能做的”的有机组合。

如图 4.3 所示，SWOT 分析有四种基本组合。

- 优势 – 机会（SO）：发挥自身优势，利用外部机会的增长型战略。
- 劣势 – 机会（WO）：规避自身劣势，利用外部机会的转向型战略。
- 优势 – 威胁（ST）：发挥自身优势，分散风险和威胁的多元化战略。
- 劣势 – 威胁（WT）：规避自身劣势和外部风险威胁的防御型战略。

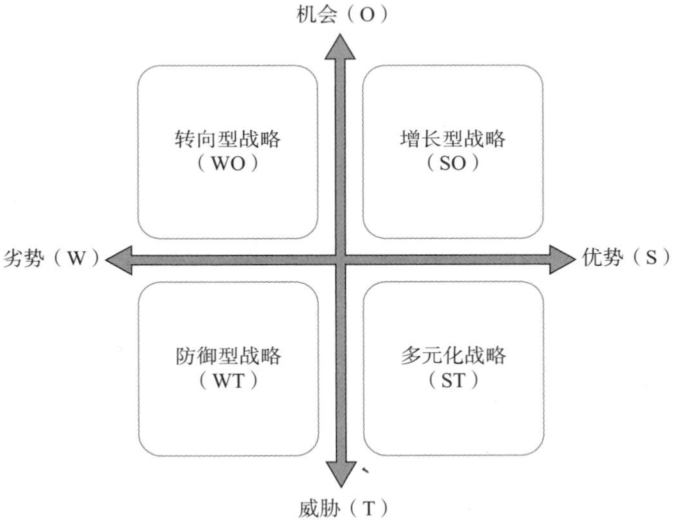

图 4.3　SWOT 模型

OGSM 策略计划工具

OGSM 是目的（objectives）、目标（goals）、策略（strategies）、衡量（measures）的英文首字母缩写，是一种结构化的策略计划制定与执行管理工具（表 4.4），常用于企业或部门的策略计划制定，即未来发展的蓝图。OGSM 工具可帮助组织或个人沿着 O—G—S—M 的逻辑顺序，系统地思考策略计划内容，细致地分析问题、精准地确认对策和对应的考核指标及其测量方法，防止遗漏或个人主观感受的干扰。

表 4.4　OGSM 分析模板

O（目的）	G（目标）	S（策略）	M（衡量）

- O（目的）：来自企业战略或部门职能战略要求的工作方向。
- G（目标）：目标和目的之间应具有必要性和必定性的关系。目标是对目的的细化和精确描述，将目的量化为单位周期内的具体目标值，便于定期跟进和评估；目标值应该是明确的、可量化的、可实现的，并且与目的保持一致。制定目标应遵循 SMART 原则。
- S（策略）：为实现目标而采取的具体措施、时间计划和资源投入的方案。策略和目标之间同样应具有必要性和必定性的关系。将有利于目标实现的各种策略列出，并有所选择，聚焦关键策略是组织战略分析的重要内容。策略可以分为业务策略和组织策略。
- M（衡量）：将策略量化为单位周期内的具体指标，便于定期跟进和评估。指标应该是明确的和可量化的，与目标保持一致。制定指标应遵循 SMART 原则，量化指标的衡量方法应该简单易行。

平衡计分卡和战略地图

平衡计分卡（balanced score card，BSC）是战略绩效实施和管理的有力工具，阐明了业绩评价指标和战略目标之间的关系。它将财务指标与非财务指标有机结合，将产出指标与产出指标的动因有机结合，为将战略转化为可操作的行动计划提供了总体框架。平衡计分卡将战略置于中心地位，从财务、客户、内部流程、学习与成长四个维度分解战略目标，寻找能够驱动战略成功的关键因素，并建立与其具有密切联系的关键绩效指标（KPI）体系。通过对 KPI 的跟踪监测，衡量战略实施过程的状态并及时调整战略措施，保证企业战略得到有效的执行，实现企业绩效持续增长。平衡计分卡如图 4.4 所示。

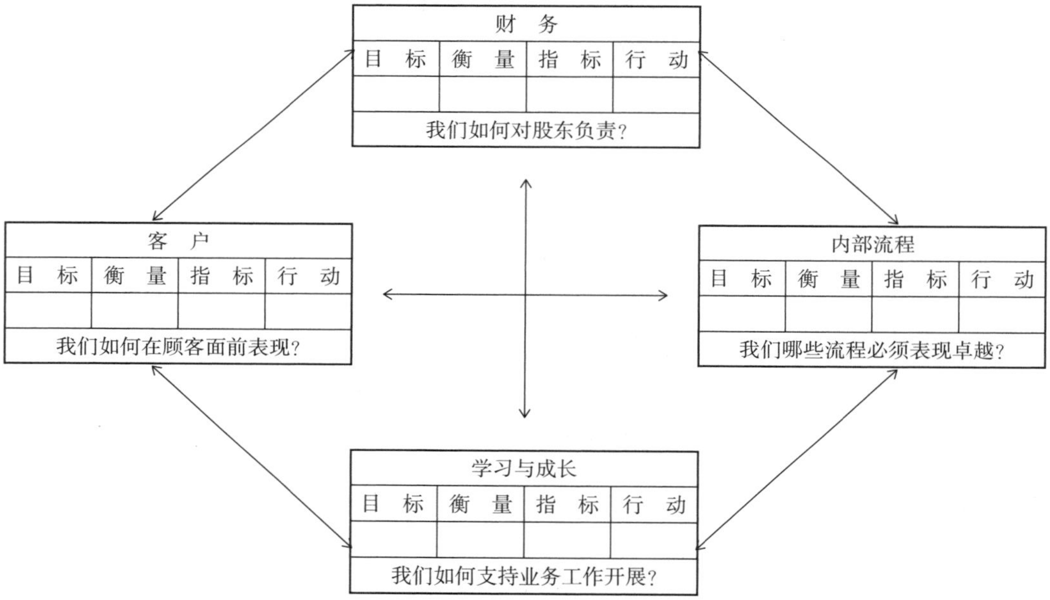

图 4.4　平衡计分卡

在财务维度，财务目标直接与企业的盈利、营运、偿债等能力有关。通常依据财务业绩表现来衡量企业的成功程度，判断现有的战略是否有利于企业整体绩效的提升。财务指标一般包括销售收入、成本、现金流、净利润率、净资产收益率、经济增加值、总资产周转率等。

在客户维度，企业需要明确面对的客户是谁、竞争市场份额的状况。企业的管理者要明确对目标市场的价值定位，清楚地反映企业对客户的承诺。客户层面的衡量指标一般包含市场份额、客户增长率、客户流失率、客户投诉率、客户满意度等滞后性指标，以及交付、质量、价格、客户关系和品牌形象等潜在领先指标。

在内部流程维度，流程是执行战略的根本途径，管理层要重点关注对客户满意度和实现财务维度目标影响最大的内部流程。平衡计分卡强调为客户和股东获得突破性业绩的流程，应以战略为出发点重新制定。流程维度衡量指标一般包括流程效率、周期、成本、有效性和适应性等。

在学习与成长维度，企业要创造长期的成长和优良业绩，在员工关键能力的培养、信息系统改善以及企业文化建设方面必须大量投入，这是战略实现的基础。学习与成长维度衡量指标一般包括员工士气、员工培训费用、员工培训时数、员工流动率、员工满意度、人均产出等。

战略地图是在平衡计分卡的基础上发展起来的战略实施工具，由罗伯特·S. 卡普兰（Robert S. Kaplan）和戴维·P. 诺顿（David P. Norton）提出。他们创造性地指出“你不能衡量的，就无法管理”，直指企业管理者之间战略沟通不畅、管理者与员工之间战略沟通不畅，以及运营过程中各部门实际行动偏离企业战略措施要求的战略描述不清问题。战略地图直观地表达了企业高层领导对企业战略的关键因素之间的因果关系的假设，将企业战略落实到可操作的目标、衡量指标和行动任务上。

如图 4.5 所示，财务层面目标确定了实施企业战略必须达到的财务业绩要求，同时也是客户层面、内部流程层面、学习与成长层面所有指标的最终目标。在财务层面，要确定采用“生产率战略”还是“增长战略”，即明确开展“开源”还是“节流”行动。在客户层面，实现企业财务目标应该提出哪些客户价值主张？直接服务于哪些财务目标？在内部流程层面，内部流程是如何创造并传递客户价值主张的？在学习与成长层面，内部流程的高效运转需要哪些人力资本、信息系统和组织资本支持？四个层面的要素通过因果关系一层层地串联起来，展现企业战略形成轨迹，就形成了战略地图。

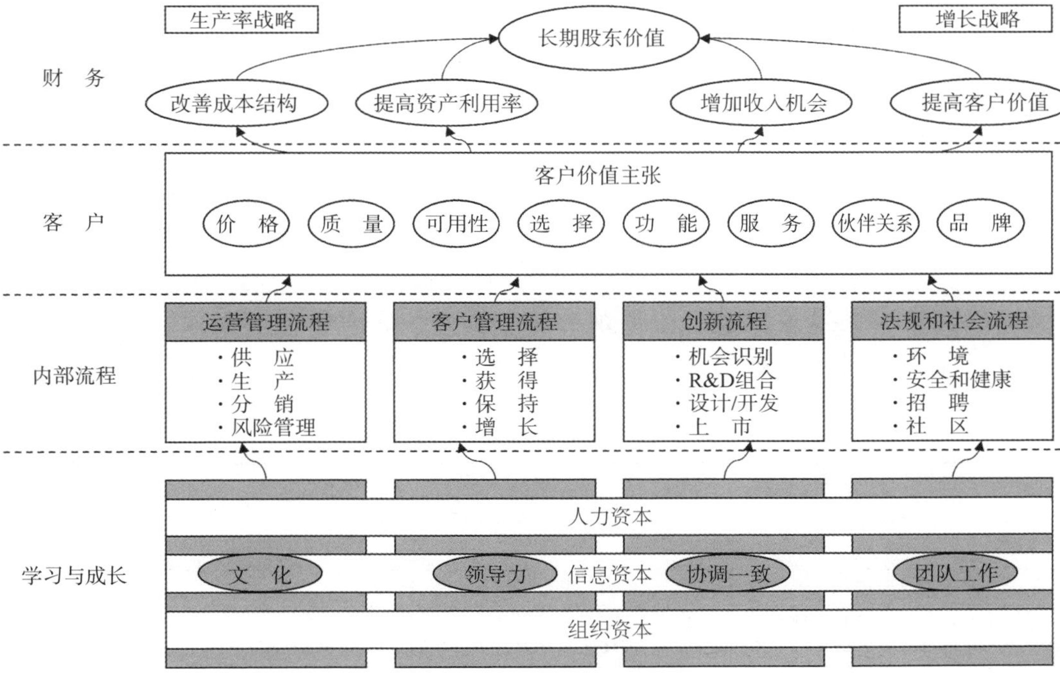

图 4.5　战略地图模板

根据实际工作中的经验，战略管理可遵循流程：使命、愿景 → 长短期目标 → SWOT 分析 → 战略地图 → 平衡计分卡 → 行动计划 → 战略执行 → 战略控制 / 评估。有了战略地图之后，便可以用平衡计分卡来确定战略性成功因素、主要绩效指标和目标值，紧随其后便是行动计划的制定和执行。

4.2 质量战略管理

4.2.1 企业战略与质量战略融合

质量战略是指为支持企业战略和业务战略目标的实现，以提供客户满意的产品和服务为中心，在针对组织所处环境、自身质量条件和未来发展趋势预期的基础上，为不断提高企业竞争力所作出的长期性、全局性的谋划。

从战略管理的角度来看，质量战略是企业总体战略的一部分，是一个职能战略，一个业务职能所采用的方法和手段。然而，质量管理涉及企业的每一个业务过程和管理层次，全员参与、全面管理是质量管理的理念。质量战略措施的实施会提升企业活动中各环节的质量，发挥基础性管理的作用，保障企业战略目标的实现。因此，质量战略不仅仅是一个职能战略，实质上也是企业总体战略的重要组成部分。

从质量管理的角度来看，企业战略计划是质量管理范畴中的一个重要环节。企业经营的终极理想是产品或服务质量优良，财务回报是质量优良带来的必然结果。实现质量管理目标，战略管理是重要的管理手段之一。制定质量管理战略，将质量管理规划提升到企业战略层面，更容易加深企业上下对质量措施的理解，推动企业整体对质量措施的认识统一，明确从企业战略竞争层面看到的当前质量管理中的薄弱环节及其对企业参与市场竞争的影响。只有明确这些必须提升和改善的质量薄弱环节，才能够集中企业的全部力量进行改善和消除。这显然对企业业绩的达成和企业质量管理的发展都会起到积极的推动作用。

4.2.2 质量战略的构成内容

根据学术界研究和成功企业的实践经验，质量战略一般包括以下核心内容。

（1）质量文化层面。质量方针、质量宗旨、质量价值观、质量道德观等。优秀企业无一例外地拥有卓越的质量文化，见表 4.5。这些企业的高层管理者主动参与并身体力行，经过多年精心培育树立起崇尚质量、追求卓越的价值观和尊重社会、客户、不懈进取的质量信念。优秀的质量方针、质量原则会时时刻刻指导每个员工的个人行为，形成团结协作和互相激励的强有力

表 4.5 部分 PCB 企业的质量方针

企 业	质量方针
珠海紫翔	挑战绝对优势的品质，从源流确保品质和扩大不依赖于人的工程管理
景旺电子	品质优先，以质取胜，追求零缺陷质量
生益电子	全员参与、持续改进，永远追求零缺陷，提供客户满意的产品和服务
Multek	专注于客户最终的成功与满意，致力于通过世界一流的质量解决方案提供创新的产品和服务，凭借不断的流程改进和零缺陷文化，保持最高的质量水平，不断优化质量管理体系并维持成效的同时，亦保证全面符合法规监管和（或）认证规范
兴森科技	做电子电路的精品，以质量赢得客户的信赖 零缺陷三项需求：客户化思维、主动承担责任、事前预防
沪士电子	以不断进步的技术与经验，及时提供客户所需之产品与服务
崇达技术	时刻铭记质量是崇达生存的基石，是客户选择崇达的理由；我们把客户标准和期望准确传递到整个崇达价值链，共同打造质量体系；我们尊重流程，一次把事情做对；我们全员参与，持续改进；我们快速响应客户需求，持续提升客户满意度；我们承诺向客户提供高质量产品和服务，坚持不断让客户体验到我们致力于为每个客户创造价值

团队，研发和制造出高质量的产品回馈客户和社会，让企业的长远发展生机勃勃。

（2）质量目标层面。目标使质量方针、质量价值观具有可评估性和可行性，目标把质量愿景和为实现愿景而建立的战略联系在一起。高层管理者应亲自参与制定目标，包括企业质量总目标、企业管理层和所有部门的质量目标，以激发所有员工为之不断努力。

（3）质量组织层面。战略决定流程活动，流程活动决定组织。组织结构规定着组织内部各个组成单位的任务、职责、权利和相互关系，并服从于战略变化。企业发展的不同阶段，组织结构特征不同。例如，企业初期的单一生产扩大的战略阶段，组织结构比较简单，往往只需设立一个执行单纯生产或销售职能的办公室。企业发展至地区扩大战略阶段时，组织形成了总部与部门的组织结构，共同管理各个地区的经营单位。这些单位分处不同地区但职能相同。企业处于纵向一体化战略阶段，在组织中出现了中心职能办公室机构和多部门的组织机构，且各部门之间有很强的依赖性，在生产经营活动中存在内在联系。企业从事多种产品经营的战略阶段，各部门之间基本不存在工艺性等方面的联系，组织形成了总公司本部与事业部相结合的组织结构。

（4）实现质量战略目标的核心业务层面。以产品设计开发、生产制造和销售服务为主的核心业务，是实现质量战略目标的基础。质量战略关注组织的业务运作质量，发现并针对存在差距的业务制定质量策略，迅速调整和改进劣质业务过程，使其能够达到理想的质量水平，这是质量战略中最主要、最核心的工作内容。

质量战略可以用质量战略地图和平衡计分卡进行展示和表达，便于组织内部和上下不同层级的人员理解、沟通、转换和执行。

4.2.3　质量战略分析和制定

与战略管理的过程相似，质量战略管理的过程包括战略分析、战略制定、战略实施和战略评价 / 控制四个阶段。质量战略分析阶段要明晰包括企业在内的各相关方对质量的要求，识别企业在质量管理方面存在的差距和能力不足。质量战略制定阶段将相关方要求和企业质量差距结合，输出企业的质量战略核心策略条款，形成后续质量工作的重点。

识别要求

结合企业经营环境和经营现状，各方面的要求整理如下。

（1）企业战略对质量管理的要求。质量管理战略制定应建立在理解企业战略要求的基础之上，准确理解企业使命、愿景、核心价值观、战略目标、质量方针和质量承诺等内容；需要准确解读企业当前所处的发展阶段、企业管理中核心管理要素的变化、企业采取的战略模式类型等。对于具体的战略措施要求，如企业目前阶段重点投入的市场项目、重点服务的关键客户、全力准备推出的新产品领域，以及内部重点优化的组织变革活动等，其中所隐含的质量要求应明确掌握。必要时可组织战略解码活动，秉持“逐条逐级细化分解”和“上下沟通寻求共识”的原则，梳理分类质量要求作为质量战略的输入。

（2）行业企业间竞争对质量管理的要求。企业间的竞争，不论是为了获得产品机会还是市场份额，质量表现一定是最为核心的指标之一。质量表现依赖于企业整体质量能力水平，而从竞争角度看，那些能超越竞争对手的质量表现，是质量战略的关注重点。

（3）外部客户对质量管理的要求。客户对企业至少存在产品、服务和企业管理三方面的要求。例如，以 PCB 产品为例，客户的最基本要求是符合设计标准，PCB 在使用后没有可靠性问题。因此，PCB 工厂应该准确掌握客户的企业设计和验收标准，采用 QFD 方法，识别和结构化客户要求，并在工厂规范中落地实施。客户对服务的基本要求包括技术支持服务和质量服务两方面。使用客户 PCB 的终端设备开发期间，以及 PCB 设计文件提交工厂生产时，PCB 工厂的技术部门应能够提供及时的技术支持服务和产品设计质量沟通服务，确保客户的研发项目顺利完成和 PCB 合格制造。质量服务主要指售后 PCB 产品的质量投诉处理，PCB 工厂质量部门应及时响应客户反馈，及时专业地回复 8D 报告，并确保客诉问题纠正预防措施能够有效执行，实现客诉问题闭环。客户对企业管理的要求体现在 PCB 企业的内部质量管理体系完整，能够满足客户外部质量审核的要求并及时有效地进行审核不合格项改善；体现在 PCB 工厂对客户绩效考核的指标达成上，表现出良好的绩效水平；体现在企业质量品牌影响力，企业形象和硬件条件良好，现场环境有序等方面。对于以上外部客户要求的识别，企业应充分看到自身的不足，抓住其中重点，形成质量战略的输入。

（4）企业内部对质量管理的要求。实际上，企业内部不同组织层级对质量管理能够发挥的作用有着不同的要求。最高管理层期望质量被打造成企业核心竞争力，建立高端质量品牌；期望质量管理能够牵引企业管理规范高效、卓越运营；期望将建立的质量优势转化为内部绩效，促进质量、交付、成本、服务（QDCS）绩效指标全面提升。业务部门、生产工厂等单位期望公司质量部门能够在质量体系、流程、规范文件方面引导和支持其业务活动高效展开；在质量方法、工具应用方面不断赋能，帮助其进行质量风险问题改善，提升各级员工分析和解决问题的能力；期望顺利实现质量绩效目标，提供合格产品让内外部客户满意。对于质量管理部门，建立完善的策划、控制、拦截、改进质量管理机制和能力，培养一支具备高水平管理能力的质量团队，是质量组织能力建设的需求；引领企业提升外部客户满意度，创造市场竞争良好环境，降低质量成本是企业质量绩效实现的需求；提升质量文化和质量管理成熟度是企业长期质量能力建设的需求。

（5）法律法规对企业质量管理的要求。组织必须遵守法律法规，企业应按 ISO 9000 质量管理体系要求收集各种法律法规，评估自身存在的隐患，作为质量战略的输入。

识别差距和能力不足

对质量战略的反思通常由不满意激发，而不满意是对现状和期望业绩之间差距的感知，是对现状与优秀的质量管理模式或质量管理体系之间差距的感知。对此，应针对企业内部条件，分析质量管理制约因素，内容如下。

（1）产品质量现状分析：明确产品质量水平与竞争对手或客户的要求存在差距的具体方面。

竞争对手的质量水平状况需要企业通过各种渠道进行收集，并长时间跟进和积累。因此，企业应加强标杆管理，培育内部人员积极对标的习惯。表 4.6 列举了部分用于 PCB 产品质量管理的结果性和过程性质量指标，通过与公司历史数据或行业内企业的数据对比，有助于在制定质量战略时评价目前阶段产品质量水平的实际情况。

（2）质量管理现状分析：明确质量体系、组织职能状况和差距。

质量组织职能完整性评价，以 PCB 制造企业为例，质量管理部门应该具备的质量管理职能如图 4.6 所示，一个完整的 PDCA 职能闭环至少包括质量策略、质量体系、产品质量策划、产品质量控制、产品质量检验、质量改进和质量成本、质量服务和质量绩效评价、质量激励这几个主要部分。企业规模发展阶段不同，质量管理职能设置也有所不同。质量战略的制定需要充分对标有效的质量管理模式，寻找差距并进行规划，重点完善和提升。

质量管理组织的责权一致性评价，质量管理部门的核心职责之一是对产品或工作过程进行

表 4.6　PCB 产品部分关键质量指标清单

指　标	一级指标	二级指标	三级指标
结果性指标	合格率 / 报废率	首次通过率（FPY）	蚀刻工序、层压工序首次通过率
		直通率（RTY）	一阶 HDI 板直通率、× × 工厂直通率
		合格率（FTY）	电镀工序合格率、4 层板合格率
	客诉次数 / 客诉率	客诉次数 / 客诉率	关键客诉次数 / 客诉率（可靠性、功能性、外观性、包装等）
			批量事件次数
			市场投诉次数、× × 客户投诉次数
		产线客诉 DPPM	开短路客诉 DPPM
		来料合格率 LAR	来料 RIDPPM
	客户满意度	客户评价得分	× × 客户评价得分
		客户评价等级	× × 客户评价得分
	PONC 削减值	内部 PONC 削减值	利用率 PONC 削减值（开料、拼板、返工返修、报废、呆滞库存等）
		外部 PONC 削减值	客诉折款 PONC 削减值
			客诉处理 PONC 削减值
过程性指标	控制项目达标率		SPC 监控项目 CPK 达标率、制程技术状态测试合格率、药水合格率
	不合格数 / 率	不合格处理评价	不合格处理及时率、不合格处理关闭率
	漏检数 / 率	检测效率	产出效率（OQC/FQA）、检板量（IPQC/FQC）、测试量（切片 / 读数）
		漏检数 / 率	实验、检验、化验错漏数 / 率
	客诉处理客户满意度	客诉处理及时率	× × 客户投诉处理及时率、厚铜板客户投诉处理及时率
		客户满意度	× × 客户满意度、汽车类客户满意度

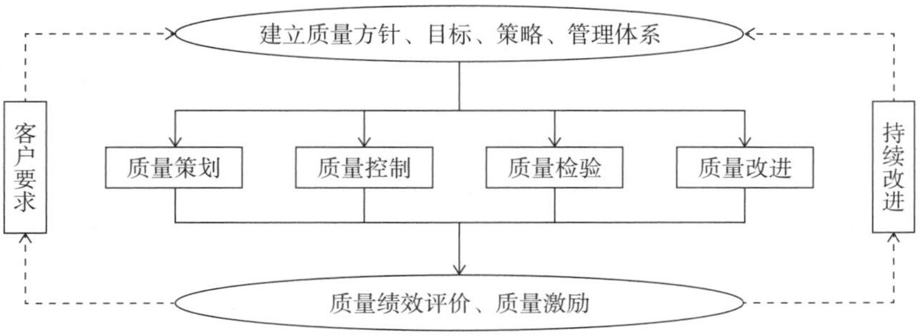

图 4.6　质量管理职能 PDCA 环

检验检测和监督审核。无论是质量保证体系 QA 工程师还是 QC 人员，必须分析质量人员和质量部门的职能、职责及权限是否对等，是否拥有足够的权力和质量独立性，以便鉴别质量问题，建议、推荐或提供解决办法，必要时制止不符合的产品继续生产流入下工序，拦截不合格产品流出被客户投诉。最高质量管理部门的级别应处于直接向总经理报告工作的位置，而隶属于制造部门或生产厂长的管理时，质量保证体系运作往往会出现较多权责不一致的问题。

质量管理体系的成熟度评价，中国质量协会标准 T/CAQ 10102–2016《组织质量管理体系成熟度评价》、中国国家标准 GB/T 19580–2012《卓越绩效评价准则》提供了评价模型，也可以采用经典的“质量成熟度方格”来评价。

质量管理水平现状评价，可以采用质量要素评价的方法。ISO 9004–1：1994 版的《质量管理和质量体系要素》强调了包括策划、组织、指导、资源的控制等 22 个质量要素作为质量保证的要求。虽然后来版本的质量管理体系不断向更广阔的适用性发展，但该标准作为以产品制造为主要管理对象的标准，依然适用于 PCB 制造企业质量管理评价的需求。表 4.7 是结合 ISO 9004 标准和电子行业主要客户的评价标准整理的质量管理要素。

表 4.7　质量管理要素

质量管理 / 质量策划	质量战略规划、质量目标、质量组织 / 职责、质量 KPI 及考核、质量风险管理、质量流程管理、质量标准、质量信息化系统、质量培训、质量否决、质量会议及报告管理
质量保证	供应商质量保证、产品设计质量、可靠性保证、质量数据及质量追溯、质量回溯和根因分析、检测设备及计量仪器管控、质量审核
质量控制	质量控制计划、QC 工程图、质量工程技术（CPK、MSA、FMEA、SPC、控制图）、来料质量控制、产品质量控制、新产品导入（NPI）、过程控制（IPQC、FQC、OQC）
质量改进 / 质量意识	持续改进（六西格玛、精益、零缺陷、 QCC、5S）、质量激励、质量行为准则

显然，质量管理发展现状分析不能仅依据企业内部的质量管理评审、质量管理体系外审所提出的不合格项来判断，客户满意度反馈、客户的投诉等外部的声音更能反映质量管理的差距。此外，企业领导基于未来发展所提出的质量管理系统、质量工具的导入要求，也应该被质量战略规划重点考虑。

（3）组织能力现状分析：明确组织能力差距。

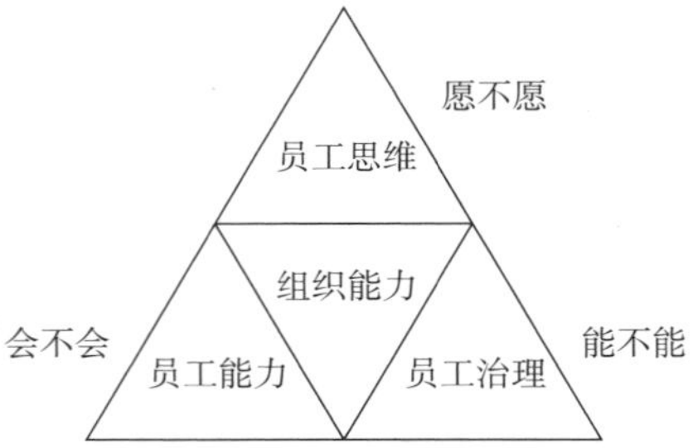

图 4.7　组织能力杨三角（杨国安）

组织能力（organizational capability）是指一个团队所发挥的整体战斗力，不是个人能力，而是团队在某些方面能够明显超越竞争对手，为客户创造价值的能力。从质量角度看，识别企业质量管理能力差距作为质量战略的输入，可以从员工能力（会不会）、员工思维（愿不愿）和员工治理（能不能）几个方面来发现问题，如图 4.7 所示。

员工能力。全体员工（包括中高层管理团队）必须具备能够高质量完成企业业务的知识、技能和素质。图 4.8 展示了开展一项具体质量工作通常须具备的质量工程技术。质量管理部门是否掌握了这些技术，并熟练地运用到日常质量管理过程中，如质量部门 APQP 经验不足，没有能力推动六西格玛改善；储备人才不充足，不能引进、培养、保留合适的人才等。找到员工技术和管理能力的问题，特别是严重影响组织目标达成的技能短板，应列入质量策略规划。

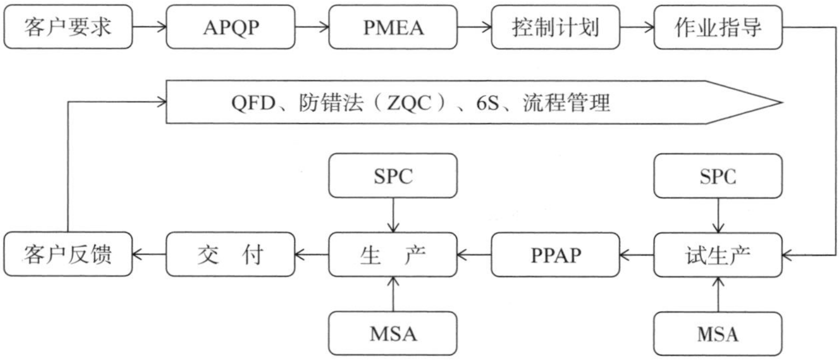

图 4.8　质量工作开展流程与质量工程技术手段

员工思维。员工应具备符合企业发展方向的质量意识和质量价值观，对质量活动既会做也愿意做，展现出良好的质量素养，并在业务工作中因质量行为得当，给企业带来丰厚的业绩收益。企业是否已经建立适合企业的质量意识、质量价值观和质量行为准则？员工工作是否具备足够的客户意识，还是以企业内部标准达成为主？是否有足够的质量培训？质量员工的职业感和荣誉感强不强？质量团队是否有高昂的员工士气？

员工治理。即使员工具备了所需的能力和思维模式，企业还必须提供有效的管理支持和资源，让人才充分施展所长，执行质量战略。关键业务流程是否标准化和简洁化？信息系统和沟通交流渠道是否畅通？质量预防和改进职能和机制是否健全？质量激励机制是否匹配？

质量组织能力的高低决定了企业质量表现能否持续进步和成功。战略容易被模仿，但组织能力难以在短期内被模仿和超越。杨三角模型提供的组织能力思考框架，是组织能力差距识别是有效工具。通过系统地组织能力分析，明确差距，可作为质量战略制定的重要输入。

制定质量策略

经过以上对企业相关方要求的解析，对企业产品质量水平、质量管理能力和组织差距的分析，并借助 SWOT 汇总分析，可以进一步看清企业过去的质量成功要素是什么，与企业战略匹配的未来企业质量成功关键要素是什么，企业质量成功的瓶颈是什么。结合战略地图的逻辑路径，即可初步形成有针对性的关键质量策略。

关键成功要素是对企业成功起关键作用的因素，是企业当前及未来需持续关注的方面，代表着组织的竞争优势。稳定和可靠的产品质量、高质和高效的产品交付、优质及时的客户服务、值得信赖的品牌、高效卓越的基础管理、领先的研发能力和技术优势、稳定和高素质的人才梯队等，都是客户希望看到的质量成功要素。

利用质量战略地图，聚焦公司财务层面，实现企业长期股东价值，有生产率提高和销售收入增长这两个主要战略方向，即一方面通过“开源”来拓宽市场，另一方面通过“节流”来降本增效。能够为此做出贡献的质量成功要素如图 4.9 所示：①提升产品合格率，减少不良产品报废或修理，降低内部质量损失成本，整体利润上升；②优化交付产品质量和服务，减少客户投诉和抱怨，提高客户满意度，促进订单数量增加或价格上升，市场占有率提高，销售收入扩大。

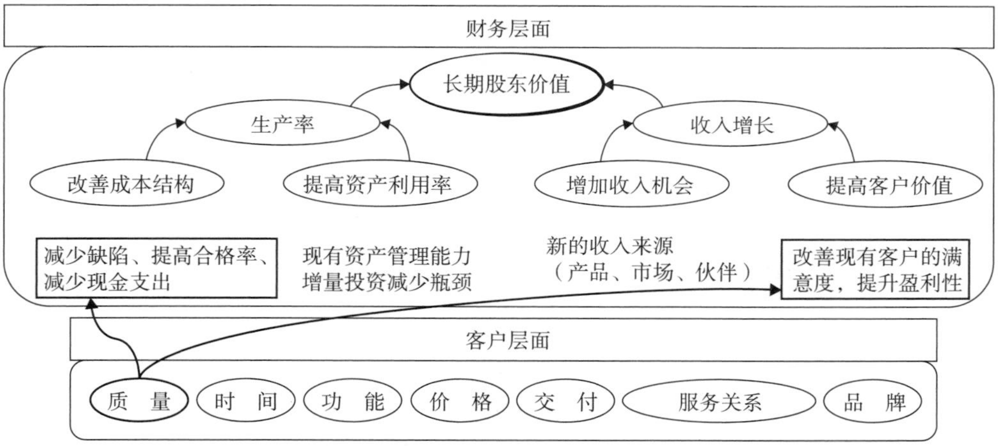

图 4.9　质量成功要素

企业的实际情况各有不同，可根据当前战略需要决定质量工作阶段性重点放在哪一方面，选择质量发展路径。例如，从哪个制造环节改进产品质量，从哪个客户重点投入服务，从哪个缺陷入手控制成本等，聚焦资源、统一认识，形成战略绩效突破。采用同样方式，通过战略地图研讨，将企业战略意图层层向下分解，针对内部流程、学习与成长层面的具体要素，画出因果线关联并研判公司如何构建核心能力，即可将战略意图转变为可实现的质量策略和行动计划。

4.2.4 质量战略实施和控制

质量战略实施是动员员工和管理者将已制定的质量策略措施付诸行动，以获得预期质量绩效的阶段。根据笔者的经验，推动质量措施的有效执行是最具挑战性的环节。由于高层缺乏共识，中层管理者缺乏意愿或技能来落实质量战略，员工不理解日常工作与质量措施之间的联系，导致战略制定容易但实施困难，通常是质量战略实施中面临的难题。为此，需要全面、多层次、多次对质量战略措施内容进行沟通、宣讲和解释，即对质量战略内容进行有效解码，使基层员工和各岗位员工人人皆知并深入理解其中的重要措施条款和原则，从而为准确执行打下基础。

质量战略解码是一种管理工具，目的是将原本抽象或笼统的质量战略概念转化为具体明确的不同层级的质量工作任务，指导员工将日常工作与质量战略措施相结合，从而提高执行力。质量战略解码有战略共识、逐级解码、战略控制三个关键步骤。

第一步是形成质量战略共识。通过企业质量战略研讨会、各级质量会议和质量活动进行宣讲和研讨，使企业高层领导及各级管理人员对质量方针、质量目标、质量原则、阶段性质量成功要素和质量规划重点等内容达成一致认识，同时要求企业上下各层都为之努力奋斗。

第二步是逐级分解企业质量目标，运用平衡计分卡从四个维度分别确定企业级指标及部门级指标，作为绩效考核的重要依据。通过逐级解码确保质量战略目标分解到每一位员工。图 4.10 展示了质量战略转化为质量 KPI 的路径。当企业在财务层面确定扩大销售额时，应在客户层面以提升客户满意度为当前周期质量工作的重点举措，分析并减少客诉，进一步采取检验拦截、重点缺陷过程控制和前期质量策划等关键质量活动，加强对重大投诉的闭环管理，追求根因，真正归零；注重工程师的培训教育和缺陷问题库的建设，形成长期的质量问题分析能力，并实时监控客诉次数 / 客诉率指标，最终通过绩效考核牵引，达成质量战略的目标要求。

第三步是战略控制，贯穿质量策划实施的全过程。在执行战略和企业运营过程中，要建立信息反馈系统，分析战略执行情况，对新情况和新问题及时做出调整。通过企业绩效管理对战略目标的执行结果进行评价，进行绩效打分，并进行相应的激励。绩效包含成绩和效益两层含义，是对组织或个人在一定时期内投入产出情况的衡量，投入包括人力、物力、时间等资源，

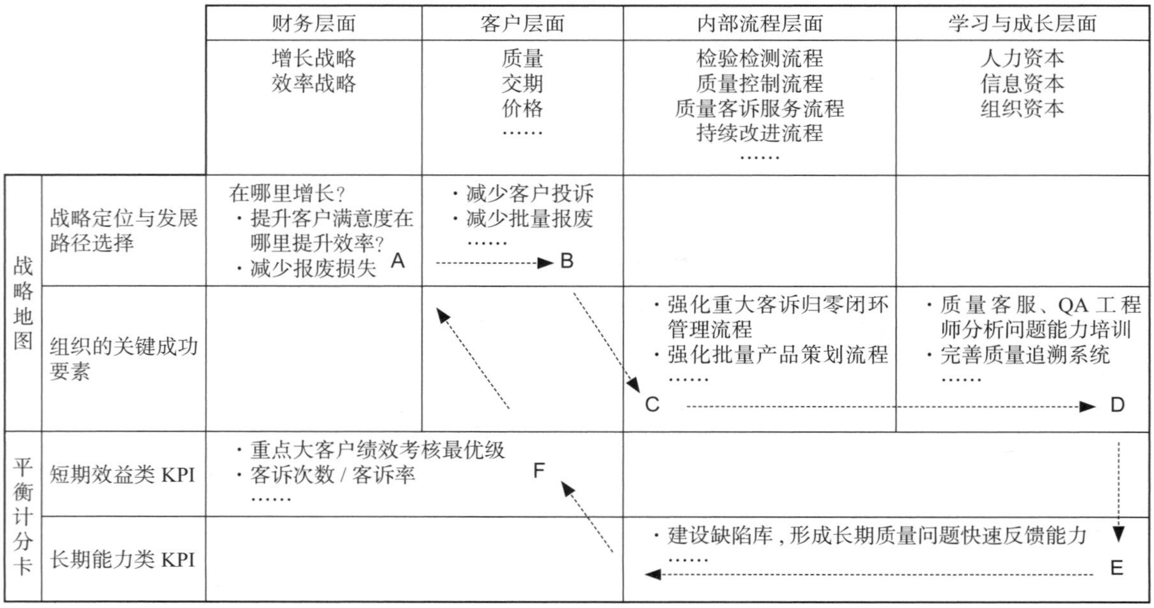
财务层面
客户层面
内部流程层面
学习与成长层面
增长战略
效率战略
质量
交期
价格
……
检验检测流程
质量控制流程
质量客诉服务流程
持续改进流程
……
人力资本
信息资本
组织资本
战略地图
战略定位与发展路径选择
在哪里增长？
·提升客户满意度在哪里提升效率？
·减少报废损失
A
·减少客户投诉
·减少批量报废
……
B
组织的关键成功要素
·强化重大客诉归零闭环管理流程
·强化批量产品策划流程
……
C
·质量客服、QA 工程师分析问题能力培训
·完善质量追溯系统
……
D
平衡计分卡
短期效益类 KPI
·重点大客户绩效考核最优级
·客诉次数 / 客诉率
……
F
长期能力类 KPI
·建设缺陷库，形成长期质量问题快速反馈能力
……
E

图 4.10 战略地图转化为 KPI 体系的路径示例

产出是指工作任务在数量、质量、效率方面的完成情况。激励是员工行动的燃料，只有采取激励措施，才能有效实施战略。

4.3　企业质量文化

4.3.1　理解企业质量文化

从社会视角，心理学家吉尔特·霍夫斯泰德（Geert Hofstede）的文化维度理论指出，文化是人们在一个环境中共有的意识形态，可以将一群人与其他人区分开来，反映特定人类群体世代相传的本质特征。从企业视角，国标 GB/T 32230–2015《企业质量文化建设指南》定义，企业质量文化（enterprise quality culture）是企业和全体成员所认同的关于质量的理念与价值观、习惯与行为模式、基本原则与制度，以及其物质表现的总和。因此，人是企业质量文化关注的中心，是企业质量文化的缔造者，更是企业质量文化的承载体和践行者。“以人为本”是企业质量文化建设的本质内涵。企业在注重管理制度和体制建设的同时，更应注重人的价值和对人性的关怀，牵引企业内人员的感情和行动，将员工个人价值实现同企业集体价值实现有机地联系起来，从而对生产和经营效果产生积极影响。

质量文化强调充分发挥人的主动性、积极性和创造性，以最大限度挖掘人的潜能，更好地实现组织质量目标。质量文化具有引导功能，它由系统化的价值观和规范标准提炼出简洁、易懂、易记的质量原则，能够指导企业成员在面对复杂问题或者利益问题时，在价值观和行为取向上保持正确；质量文化具有约束功能，这不是制度式的硬约束，而是一种软约束，企业的质量文化氛围、员工群体质量意识、共同的质量工作习惯等，会驱使员工个体行为从众化，继而形成心理上的自我约束；质量文化具有凝聚功能，当文化价值观为企业成员所认同，心理上产生归属感，就能形成巨大的向心力和凝聚力。此外，质量文化还具有激励功能和辐射功能。概括地说，质量文化的作用就是内聚人心、外树形象，具有感召力、引导力和控制力。企业如果没有文化氛围和企业精神，就会歪风四起，人心涣散。

质量文化由物质层面、行为层面、制度层面和精神层面的内容构成，对应精神文化、制度文化、行为文化和物质文化。其中，物质层面和行为层面的内容具有较高的易觉察性，而精神层面的内容具有较低的易觉察性。在较易觉察的层面，质量文化体现为企业成员的行为方式和做事风格（质量行为文化），体现为以企业制度、流程、规范标准的组织行为方式（质量制度文化），以及以物质为载体的外在表现，如一流产品和服务、领先技术、良好信誉，以及生产环境、文化设施、生活设施、服饰标识、典礼仪式等（质量物质文化）。华为公司的“狼”文化与中兴公司的“牛”文化，PCB 行业中不同企业展现出的追求低成本的文化、追求快速交货的文化、追求技术创新的文化、追求诚信经营的文化，都具有鲜明的组织个性。

在不易觉察的较深层次，质量文化代表的企业质量价值观为企业成员所共有，即使企业中的成员不断变化，文化也会得以延续和保持（质量精神文化）。企业质量价值观是企业及其全体成员在质量方面所遵循的指导思想和行为准则，是企业质量文化的核心，是企业价值观的重要组成部分。质量价值观包含质量理念、质量精神、质量原则、质量道德观、质量行为准则等。可以看到，PCB 行业具有优秀质量价值观的企业和企业家，往往以追求高质量、取得用户满意为企业经营管理和经营的奋斗目标，以最大限度地满足用户质量需求为企业的宗旨和使命，并动员全体员工为实现这一宗旨而共同奋斗。例如，华为公司作为 PCB 行业通信领域的最大客户之一，其新员工无论学历多高、职位多高，都必须参加华为大学全封闭、半军事化的训练和培训课程。其中，文化课程有大量的诚信、自我批判、团结合作、集体奋斗、互助、责任心与敬业精神、服从组织规则、以客户为中心等企业文化和质量文化内容，以及保密、信息安全、质量、消防、办公软件等方面的基本常识。华为公司长期坚持企业文化建设，铸就了“以客户为中心，以奋斗者为本，长期艰苦奋斗，坚持自我批判”的著名企业文化。

企业质量文化的作用机制是通过影响企业管理者的决策，进而影响企业的发展方向与战略选择；影响员工的思想和在质量活动中采取的行为方式和行为习惯，进而影响企业的执行力和竞争力。进一步理解，企业质量文化和价值观通过融入各种日常业务活动、制度规范要求和企业各种形象标识，形成与这种精神文化相匹配的组织氛围。而这种组织氛围，对员工的思维和行为将产生重大而深刻的影响，即企业质量文化能够在企业发展中发挥重大作用。组织氛围决定了员工更容易做出什么样的质量行为，当下的员工行为方式就是组织质量文化真实状况的反映。如果其与企业倡导的质量文化存在偏差，则管理者需要反思是什么因素在影响员工工作方式，哪些思维和意识与公司要求不符，牵引员工行为的制度和目标是否恰当，是否需要通过沟通和培训来影响员工，提升员工素质和能力，改变其行为，而不仅仅依靠制度处罚来解决问题。表 4.8 列举了 PCB 企业质量管理活动中各级人员的不当质量行为，为了杜绝这类行为，质量文化建设需要发挥关键作用。建立与企业价值观相适应的企业成员行为习惯，是企业质量文化形成的标志。

表 4.8　应避免的不当质量行为

情　景	高级管理者	现场管理者	操作者
质量态度	仅追求利润、产值和交付，忽视产品质量保障，默许下属违反质量原则的行为	仅追求产量和进度，忽视产品质量保障	接受缺陷产品进入，对可能发生的质量异常不预防，对已经发生的质量异常不反馈
质量资源	未提供足够的质量保障资源	安排新员工进行产品检验，安排严重超出标准工作量的生产计划	对设备、设施、环境维护不力
质量执行	默许质量工作不按规定执行，制定限制质量工作开展的激励政策，不参与或不组织质量改进工作，对质量改进对策有效性不关注	默许员工使用不合格的仪器检验；默许员工降低标准检验；默许修理板不送检，出现严重质量问题；不及时停线整改出现的严重质量问题，不上报，私自处理	不检验、不按规定标准检验，发现缺陷继续作业，私自调整检测设备参数，私自关闭检测设备报警
质量记录	对各种假数据、假记录、假报告行为监督不力	不及时检查各种数据、记录、报告的准确性和完整性	不及时记录，甚至假记录，发现导致检验结果不准确或缺陷漏出的异常不反馈
不合格品	不参与审批可靠性质量问题的不合格品报告，默认下级不当的不合格品报告审核结果	不参与审核不合格品报告，默认下级不当的不合格品报告审核结果	不合格品未标识隔离，私自放行不合格品，私自返工

4.3.2　企业质量文化建设

制造型企业在质量文化形成的早期阶段，参与激烈的市场竞争并快速发展的过程中，员工群体通过各类质量管理实践活动积累的经验，对质量概念以及质量管理思想的理解，会逐渐积淀到企业或企业员工的行为方式上。这些经验和理解进一步与员工群体的民族文化和价值观相融合后，会自然产生行为习惯和制度规范。考虑到制造业的特点，客户消费或购买过程与产品的生产过程常常是分离的，因此，质量活动往往呈现追求结果一致性和符合性的价值倾向。此时，质量文化的特点表现出强烈的制度特征，即依据对标准、规范、法律制度等评价准则的符合性来定义或衡量产品质量或工作质量。质量工作制度化、规范化是管理的进步，但从另一个角度看，也会使企业员工对客户要求变化的感受表现出不敏感性和缺乏主动性。因此，企业发展到一定阶段后，主动梳理道德和精神层面的质量精神、质量方针等内容，建立以客户为中心的价值观，开展质量文化建设是必然的选择。这将引导企业从"准质量文化"向真正的质量文化过渡，提升企业的质量竞争力。

参考国标 GB/T 32230–2015《企业质量文化建设指南》中企业质量文化建设的工作框架和基本原则，质量文化建设包含四个过程，见表 4.9。明确的质量文化定位是质量文化建设工作开展的前提，合理的组织与管理能够为质量文化建设工作的开展奠定良好的基础，有效的质量文化推进措施有助于质量文化建设工作的宣传贯彻，持续的测量、评价和改进是企业质量文化建设工作不断提升的重要保证。

表 4.9　质量文化建设工作过程和工作事项（来源：GB/T 32230：2015）

工作过程	工作事项
质量文化定位	明确发展方向和期望目标，明确质量价值观，确定质量方针，设定成效标准
组织与管理	组织领导职责，日常管理职责，管理方法和手段
质量文化推进	行为规范与制度建设，教育和培训，沟通与宣传，员工激励
测量、评价与改进	成效测量，数据与信息，分析与评价，改进与创新

企业文化建设要从企业存在的问题入手，以问题为导向，提出系统解决方案，推动组织实施战略变革。结合 PCB 企业的实际，打造企业质量文化有以下几个关键要素。

发挥领导的作用

企业最高领导在组织内文化的形成中扮演着至关重要的角色。企业家的个性、喜好、价值倾向及行为选择，都可能对企业文化产生深刻影响。质量文化建设取决于领导者的心胸和境界，企业文化实质上就是企业家文化。

首先，企业的最高领导应该努力成为示范榜样，身体力行、言行一致地倡导公司质量文化。这比制度本身更有说服力和推动力。实际上，领导如何做事，会被员工看在眼里，学习并模仿。很多时候，企业《员工行为规范 / 员工手册》执行不理想，主要原因不是员工不自觉，也不是员工积习难改，而是企业员工看到上司并没有遵守这些规范。

其次，企业的最高领导应该不断学习，提高理论水平，积极参与质量实践。随着企业不断快速发展，组织规模和业务越来越大、越来越复杂，企业家仅凭过往的成功经验很难解决新阶段出现的各种问题和组织发展需求。自身的短板会被放大，甚至影响企业的业务发展。实际上，企业不同发展阶段的各种管理问题绝大多数都已经被研究和实践过，了解和学习是最简单的解决方法。仅凭自己的摸索和尝试，既费时费力，失败的风险也会增加，难免会使企业发展出现动荡或停滞。

再次，企业最高领导应该真正解决问题，不能不顾实际资源状况，只管提出高标准的绩效要求。高标准的前提是有高的投入，这样员工才能鼓起勇气全力尝试，创造令组织惊喜的效果和成绩。只把困难留给执行员工，而不是尽最大可能创造条件支持，不是与员工结为一体，自然无法创造良好的组织气氛。

当然，企业最高领导还应该高度重视质量文化建设。通过沟通交流、教育引导、精神和物质激励来团结队伍，在实战中提供足够的资源来锻炼队伍，接受失败、认可成绩，坚持质量第一的思想，鼓励队伍不断进步。

以客户为中心的价值观牵引

内外客户的满意度无疑是企业日常工作的重中之重。外部客户是企业产品和服务的直接用户，也是最权威的评判者。外部客户的满意与否直接影响企业市场份额的保持和增长，进而影响企业各项目标的实现，对企业的稳定可持续发展及生存都有着重要影响。随着 PCB 行业的快速发展，以客户满意为核心构建质量文化的理念已被广泛认同。以客户满意为核心的企业不会为了一时的利益而忽视客户的需求，失信于客户；也不会因为少许麻烦和成本而忽视客户的抱怨，拖延推诿，导致客户遭受更大的损失。只有以客户的利益和需求为导向，企业才能获得更大的市场机会，支持客户的技术发展，共同分享蓝海的红利。

在全力满足外部客户需求的同时，企业也不能忽视内部客户的满意度，这同样是企业质量文化建设的核心。员工满意是确保客户满意的必要前提条件之一。难以想象一个满意度不高的员工如何保证客户的满意。因此，企业需要致力于推动以人为本的质量文化建设，健全企业的沟通渠道，努力创造条件，让员工意识到他们工作的结果对自身和社会的意义，值得为之奋斗。当员工感受到自己的意见受到尊重时，他们会感到自己的命运掌握在自己手中，从而愿意充分发挥自己的能力，将企业的事当成自己的事。通过员工不断追求和自我实现的过程，企业也将获得强大的内聚力和驱动力。

提高员工职业素质

邓小平同志说过“质量问题从一个侧面反映了民族的素质”，这句话充分体现了员工素质对企业质量水平的重要影响。高素质的员工队伍是企业提供高质量产品和服务的根本保障。员工素质取决于其心理和意识、知识和眼界、管理和操作技能。员工行为由 90% 的态度和 10% 的知识组成，因此质量教育的首要任务是质量意识教育。通过心态的改变带来观念的转变，进而促使行为的改变，从个人行为的改变扩展到集体行为的改变，最终形成新的习惯、新的价值观及新的文化。

质量意识教育应覆盖企业的高层管理者、中低层管理者和基层员工。高层管理者需要树立“质量意识”和“危机意识”，理解质量是企业生存的基础，是企业竞争的希望。高层管理人员要学习新的质量价值观和行为准则，并以身作则。中低层管理者需要明确他们对产品质量负有直接责任，熟练掌握确保产品质量的基本原则、各项规章制度和技术标准。产品质量的好坏将直接影响他们在企业中的发展。基层员工人数众多，质量意识教育的重点是规范操作的意识、不能弄虚作假的意识、出现各类问题及时反馈的意识，让他们成为在质量上可信赖的执行者。

沟通、宣传，着力解决基层员工的麻烦，创造和谐环境

全员参与和融合是企业质量文化建设的基本原则之一。有效的宣传和沟通是鼓励全员参与、促进业务融合的主要手段。质量文化的不断发展和优化，需要全体员工参与质量文化建设活动，并从情感和理智上认同，从行为和习惯上践行企业的质量价值观。质量文化建设与质量管理方法融合，需要与企业其他管理活动融合，提高各项管理活动的质量和效率。因此，企业应利用各种宣传资源和沟通联络方式，在全体员工、客户、供应商和合作伙伴中，发送与传递质量价值观、质量方针和质量行为准则等企业文化的内容。

在组织层面，沟通宣传工作应由确定的人员负责，职责明确，并能够评价其工作的成效。组织要建立和保持公司内外部沟通和宣传的渠道畅通。宣传工作应该有目的性地推进，有计划、有内容、有方法地开展，而不是为宣传而宣传，不应沦为口号运动。宣传工作应有的放矢，确保其有效性和针对性。

在员工层面，沟通宣传工作首先要保证各级员工都能够充分获得企业的各类信息。企业要将战略措施、经营方法、规范制度、日常经营数据等信息准确传递给员工。其次，无论是上下级沟通，还是水平方向沟通，都应基于认可和互信展开。企业要选择员工（信息接收者）能够接受和理解的沟通方式，对沟通宣传信息进行准确、完整的解释和说明，以帮助员工更好地工作，提高效率。著名的霍桑实验告诉我们，当员工受到上级的关注或重视时，他们的学习和工作效率会大大增加。此外，管理者应耐心听取员工对管理的意见和抱怨，让他们尽情地宣泄。

管理者之间的企业决策沟通也是非常重要的，这个过程是一种适应和磨合。保持经常性、多渠道沟通，营造和谐包容、积极进取的氛围，有助于看清问题、解决抱怨、促进理解、消除隔阂。通过充分交换意见，更容易达成观念上的共识，从而形成管理层共同面对困难的决心，形成相互配合的态度，并全力以赴地投入各种资源，开展实际行动，实现组织期望的目标。

案例　ZH科技集团质量文化建设纲要

为了履行富国强军的神圣使命，应对太空经济时代的机遇和挑战，推动我国从航天大国向航天强国迈进，ZH科技集团提出了加快构建航天科技工业新体系，建设国际一流大型航天企业集团的目标。这对质量文化建设提出了新的更高要求。为适应新形势和新任务的需要，推动质量文化建设深入开展，特制定本纲要。

一、质量文化建设的目标和原则

（1）目标：广大员工牢固树立零缺陷质量意识，杜绝人为责任造成的重大质量问题和质量事故；建成适应四大主业发展的质量行为规范体系并落实；构建集团公司多级质量管理体系，各研究院和专业公司及所属单位的质量管理体系有效性、成熟度和集成化程度大幅度提升；形成具有国内领先和国际一流技术能力的质量专业技术机构和质量专业队伍；具有航天科技工业特色的质量管理方法得到推广应用，适用的国外先进质量管理方法得到引进并结合实际加以推广应用；产品成熟度、型号任务成功率得到显著提高，研制风险得到有效控制，客户满意度得到大幅度提升；形成一批国内外知名品牌，整体质量形象达到国际一流水平。

（2）原则：突出特色的原则，领导推动的原则，以人为本的原则，全员参与的原则，继承创新的原则，注重实效的原则。

二、质量文化的内涵（图4.11）

（1）指导思想：严肃认真，周到细致，稳妥可靠，万无一失。

（2）质量座右铭：零缺陷——第一次就把事情做对、做好。

（3）质量理念：质量是政治，质量是生命，质量是效益。

（4）质量价值观：以质量创造价值，以质量体现价值。

（5）质量道德观：诚实守信，尽职尽责。

（6）质量方针：一次成功，预防为主，精细管理，持续改进，客户满意，追求卓越。

（7）质量行为准则：严、慎、细、实。

三、质量文化建设的五项重点工作

（1）零缺陷质量意识培育和宣传工作。

（2）质量行为规范体系建设和落实工作。

（3）质量专业技术机构和专业队伍建设工作。

（4）先进质量管理方法研究与推广应用工作。

（5）客户关系管理和品牌塑造工作。

四、要　求

（1）加强领导，统一思想。

（2）系统策划，持续推进。

（3）落实责任，建立机制。

图 4.11　航天企业质量文化结构与内涵

4.4　零缺陷质量文化

4.4.1　零缺陷质量管理基本理论

“零缺陷”（zero defects, ZD）是美国管理大师克劳士比质量管理哲学的集中表述。1979年，《质量免费——确定质量的艺术》一书出版后，零缺陷质量管理理念和方法在全球获得普遍认可。

零缺陷质量管理的核心思想是“第一次就把正确的事做正确”（do the right thing right the first time）。对组织而言，“正确的事”指向企业战略与方向，“正确做事”指向公司运营与管理系统，“第一次”指向公司的能力和竞争力。而具体的工作过程，都是由输入与输出组成的一个创造增值活动的“面”，输出是客户期望的正确的产品或服务。

零缺陷质量管理的基本思想是创建“有用的和可信赖的”组织，变革的目标是使组织成为客户心中有用的和可信赖的组织，使每个人成为有价值和值得信赖的人。组织要注重满足员工、客户和供应商的需求和成功。

零缺陷管理理念的核心工作是坚持“四项原则”。

· 质量就是“符合要求”：产品或服务的提供者是质量的责任主体，必须完全了解任务的全部要求，对自己的工作负责并做出承诺，对使用或接收工作输出的客户负责。
· 预防产生质量：产品或服务的提供者要在全部工作场所采取预防活动，而不仅仅是事后检验。
· 工作准则是零缺陷：错误是由能力不足和漫不经心引起的，零缺陷的心态意味着不害怕错误、不接受错误、不放过错误，从来不认为错误是不可避免的，尤其是微不足道的错误。
· 用财务表现来衡量质量：不符合要求而产生的不必要花费称为不符合成本（PONC）。当产品或服务的提供者知道做错事的费用是多少，他们的控制行动自然会变得更加主动。了解 PONC 有助于引起领导的关注，确定质量行动的优先次序，并衡量改进的成果。

支持四项基本原则落地的四大工具：过程模式作业表、衡量作业表、PONC 统计表和共同改进计划表。学习这四大工具可以更清晰地理解四项基本原则在实际工作中的展开思路及方法。

零缺陷质量改进过程管理有 14 个步骤：管理层的决心、质量改进团队（QIT）、质量衡量、质量成本评估、质量意识、改正行动、零缺陷计划、主管教育、零缺陷日、目标设定、错误成因消除（ECR）、赞赏、质量委员会、从头再来。运用承诺与教育之“心法”，团队与制度之“手法”，以及工具、方法之“技法”，在“质量即利润”的主题下，致力于彻底改变产品或服务的提供者做人做事的方式，从而对组织及个人的事业和生活产生积极影响。

相较于经典的六西格玛质量改进 DMAIC 的步骤，零缺陷质量改进更突出“决心”“意识”“赞赏”和“教育”等以人为核心的要素。改进的目的不仅是解决质量问题，还关注人的做事方式和能力，并对此产生积极影响。

对企业的质量管理水平发展阶段评价，零缺陷首次将成熟度思想引入质量管理，构建了著名的质量成熟度方格：不确定期、觉醒期、启蒙期、智慧期、确定期，见表 4.10。定性地描述了企业的质量管理从不成熟走向成熟的过程，有助于组织清晰认识自身的质量管理水平和能力，实现持续改进。

表 4.10　质量管理成熟度评估表（来源：中国克劳士比研究院）

评估项目	第一阶段 不确定期	第二阶段 觉醒期	第三阶段 启蒙期	第四阶段 智慧期	第五阶段 确定期
管理层的认识态度	不理解质量是管理的工具，将“质量问题”归咎于质量部门	认识到质量管理或许有价值，但不愿投入时间或金钱来改进	参加质量改进计划，对质量管理有较多认识，比较支持和协助	参加活动，完全了解质量管理基本原则，并充分认识个人在持续改进中的角色	认为质量管理是企业管理系统中的基本部分
质量管理的地位	质量是制造部门或工程部门的事；组织内可能没有检验部门，比较注重产品的评估和分类	任命强力的质量负责人，但他的基本任务仍是使生产顺畅，是生产或其他部门的一部分而已	质量部门向管理高层负责，所有评估结果纳入正式报告，质量经理在企业管理层有一定的地位	质量经理成为企业重要的一员，报告有效的工作情况、采取预防措施、参加与客户有关的事务及指派的特别活动	质量经理列席董事会，预防成为基本重点，质量被认为是企业的先导
问题处理	头痛医头、脚痛医脚，无法解决问题，也没有清楚的质量标准，组织内各部门互相攻击	组成工作小组来解决重大问题，却没有长远的整体处理问题的策略和方法	建立通畅的纠错活动和沟通渠道，公开面对问题，并有计划地加以解决	问题在其发展初期就能被发现，所有部门都接受公开的改进建议，并实施改进行动	除了一些极少的例外，问题都已被预防了
质量成本占营业额	报告：未知数 实际：20%	报告：3% 实际：18%	报告：8% 实际：12%	报告：6.5% 实际：8%	报告：2.5% 实际：2.5%
质量改进活动	没有组织质量活动，也不了解这样的活动	“兴趣”所致时会尝试一些短暂的改进活动	完全了解并落实每个步骤，已实际执行 14 个改进步骤	继续实施 14 个改进步骤，并开始“走向确定”	质量改进是日常可持续的活动
企业质量心态总论	“我们不知道为什么我们的质量会有问题”	“是不是总会有质量问题？”	“经过管理层的承诺和质量改进活动，我们已能够确定并解决我们的问题”	“缺陷预防是我们日常工作的一部分”	“我们知道为什么我们没有质量问题”

4.4.2　零缺陷质量文化变革

相较于六西格玛的统计技术管理特征和ISO质量管理体系的文件化管理特征，零缺陷理念具有强烈的质量文化特征。

零缺陷质量文化变革是建立以零缺陷质量管理理念为行为习惯的过程。例如，传统的质量管理理念认为，每个工作过程都由各种变量组成，因此，存在一定数量不符合的情况在所难免。而零缺陷理念则认为，建立在可接受质量水平（AQL）之上的质量管理方法既不科学也不经济，生产过程应该拒绝任何缺陷，并明确提出“第一次就把事情做正确”。当然，企业经营中不能简单将“零缺陷”理解为产品缺陷在数学意义上的绝对为“零”，更重要的是每个人对待自己工作的态度。要将工作缺陷的目标设定为零，同时要树立正确的质量意识和观念、养成良好的工作行为和习惯，将个人心灵缺陷的目标也设定为零。在此基础上，企业应有效地运用零缺陷和其他各种质量工具方法，不断地、持续地开展各种预防活动和过程质量控制活动，减少甚至避免工作中的失误，最终实现零缺陷的结果。类似的行为习惯还有由技术、产品导向转化为客户导向，由经验式管理转变为流程式、精细化管理，由检验质量管理转变为成本质量管理，等等。

克劳士比指出：“改变文化并非教人们一些新技术，或用新的东西取代他们的行为模式，而是要改变价值观并提供角色模式，它只能通过心智的改变来完成”。因此，零缺陷质量文化变革强调以人为中心，树立员工正确的工作意识和态度，提升员工素养及对质量方法和工具的运用能力，打造团队合作氛围。特别强调的是，首先要转变企业管理层对零缺陷质量文化的观念，使管理层深刻理解质量变革的迫切性，形成集体信念，下定以零缺陷为目标的决心，这样才能让管理者投入必要的时间和金钱，积极参与到质量管理工作中来。改变管理层自己是最难的，也是最重要的。

质量管理是一种系统的方法，目的是确保所有的组织活动都按原先的计划进行。毕竟，质量管理更像芭蕾舞，而不像曲棍球。管理层的要务是创造出使缺陷预防成为可能的工作态度和管理方法，通过这些态度和方法防止问题的发生。

教育应该贯穿组织的整个发展阶段，质量变革的教育可以用“6C”表示。

- 领悟（comprehension）：从管理高层到员工，真正理解质量的重要性。
- 承诺（commitment）：制定质量政策并承诺坚决落实。
- 能力（competence）：通过教育和培训系统地执行质量改进和过程监控。
- 沟通（communication）：组织成员要共享成功经验，使每个人都能理解质量的目标。
- 改正（correction）：关注预防与绩效提升。
- 坚持（continuance）：将质量管理变成一种组织生活方式。

通过衡量推进质量文化变革，评估PONC值可以衡量质量改进成果。目前，大多数企业的质量管理依然习惯通过产品良率等指标来评价质量管理水平和产品质量的状况，质量成本（COQ）并没有成为一种衡量质量改进成果的指标。零缺陷质量文化变革要求各部门完成衡量体系设计，对运营中的PONC进行识别，并定期回顾PONC指标改进和达成情况。根据推行的进度和结果，树立标杆和正面典型，及时进行精神和物质上的激励，牵引质量文化变革持续深入。

案例　FP 公司零缺陷质量文化变革，推动质量战略实施[1)]

FP 公司成立于 1999 年 3 月，主要设计、生产、加工、组装各类型的 PCB 产品和 IC 载板产品，包括高密度互连积层板、挠性板和刚挠结合板、半导体测试板、5G 高频高速背板、封装基板等产品，PCB 样品快件交货周期为 3 ~ 5 天。2010 年在深交所上市，在中国、英国、美国建立了生产基地。多年来，FP 公司在 PCB 快件、样板和小批量的细分行业排名第一，2018 年完成交货订单超过 25 万种，是典型的大规模定制化电子电路基板制造企业。

“我们信心满怀，却没有清醒地认识到在快速发展的过程中我们仍有许多没有真正构建起来的能力。当 2011 年市场环境发生变化时，我们发现自己变得无能为力，步履艰难……出路在哪里？满眼都是问题，而真正需要解决的问题是什么？几年来，我们一直在思考。我们有清晰的战略目标却就是难以前进，公司规模变大了，业务变多了，职能部门也增多了，行动难以一致，互相牵制，内耗严重。”——“创质量效益之路 建质量效益之业”2014 年年会 总经理发言

一、PCB 质量战略（2015—2017）

质量战略分析

（1）企业战略需求。

- 使命：助力电子科技持续创新。
- 愿景：成为世界一流的硬件方案提供商。
- 核心价值观：客户为先、快速高效、持续创新、共同成长。
- 战略目标：到 2020 年，实现销售收入 50 亿元人民币。
- 质量方针：做电子电路之精品，以质量赢得客户的信赖。
- 质量承诺：在自己的岗位上，把工作一次做对，提供满意的产品和服务，赢得客户的信赖和尊重。

（2）管理要素变化：现阶段，企业发展最重要的管理要素已经由快速交付转变为质量。

（3）企业坚持走差异化的发展战略是非常清晰的，提供高质量的产品才能符合客户的要求。

内部环境

- 合格率：前 3 年公司合格率在 89% ~ 92% 波动，总体上没有形成质量突破。与行业企业对标，产品合格率处于较低水平。
- 质量成本：未有效关注质量成本（PONC）并开展相关工作。
- 质量成熟度评价：2014 年，公司处在质量成熟度较低阶段，“觉醒期与启蒙期”之间。
- HW 管理要素评价：2014 年，公司绝大多数质量要素打分在 1 ~ 3，总分 46。质量体系运作维护对“三性”的关注与提升不足够。
- 质量组织和职能：质量职能模块缺失或不完善（质量策划、改进），质量工作流程缺失，质量人员质量技术能力水平不足，质量统计、分析、共享信息化水平能力低。

外部环境

- 客诉率：2014 年末，客诉率在 0.7% ~ 1.3% 波动，客诉恶化趋势已得到遏制并好转。与行业企业对标，产品客诉率处于中等偏上水平。
- 客户满意度：2014 年末，13.81% 的外部客户表示不满意，客诉管理牵引不足，客户满

1）案例源自 FP 公司零缺陷质量文化变革项目，关键信息有调整。

意度水平与行业领先水平有明显差距。

关键差距

· 客户满意：以客诉率和产品合格率为主的质量指标不能满足内外部客户的需要，与行业水平存在差距。
· 组织能力：主要质量管理职能模块都存在不同程度的功能不完整，核心人才比较欠缺，质量管理能力不足，与更高质量目标达成的要求存在差距。
· 质量文化：质量管理培训不足，员工质量意识和行为与未来企业战略要求不匹配。

质量战略制定

（1）质量使命宣言。

· 愿景：让 FP 成为国际电子电路行业一流质量的代名词。
· 质量方针：做电子电路的精品，以质量赢得客户的信赖。
· 价值观：客户为先、快捷高效、持续创新、共同成长，以质量赢得未来。
· 零缺陷：客户化思维、主动承担责任、事前预防。

（2）质量目标。

· 内外部客户：重点客户次数≤ 1 单 / 年， KPI 考核全部为 A 级；产品合格率≥ 97%。
· 财务：内部产品 PONC（报废 \ 返工 \ 修理）削减 20%，外部客诉 PONC 每年削减 30%。
· 竞争力：质量管理成熟度达到 QM 级，750 分。
· 员工能力：依据岗位能力素质模型，工程师及以上人员能力胜任比例 90%。

（3）质量策略。

· 价值引领，提升经营能力。财务层面，通过开源和节流两个方向创造价值，促进经营。
· 客户为先，提高产品质量和客户满意度。客户层面，以客户为中心，通过产品质量和客户满意度双引擎驱动。
· 健全流程，打造核心竞争力。内部流程，健全客户服务、产品质量保证及改进、PONC 管理、质量平台四大核心流程。
· 共同成长，打造组织能力。学习成长，持续夯实人力、信息、组织基础。

战略地图

FP 公司的质量发展战略地图如图 4.12 所示。

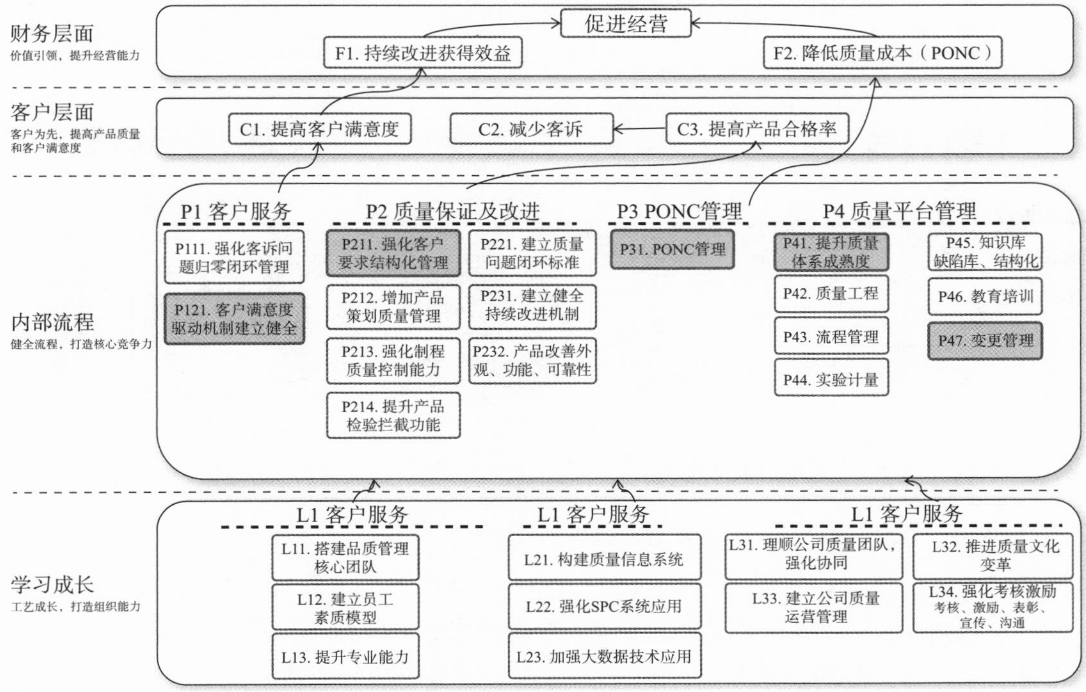

图 4.12 FP 公司的质量发展战略地图

二、质量战略实施，零缺陷文化变革

零缺陷质量文化变革之整体规划

四期三步走，推动质量文化建设，如图 4.13 所示。

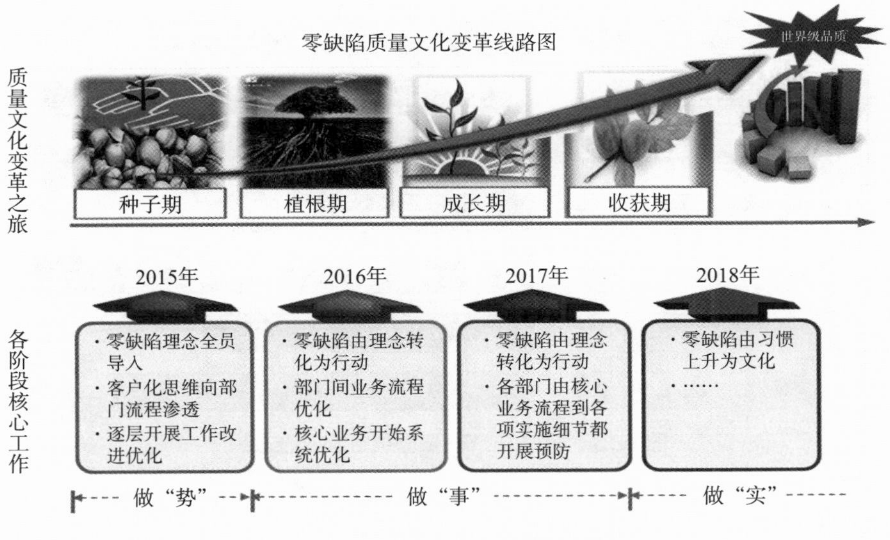

图 4.13 FP 公司零缺陷质量文化变革线路图

零缺陷质量文化变革之年度主题

年度关键任务聚焦，全力形成绩效突破，如图 4.14 所示。

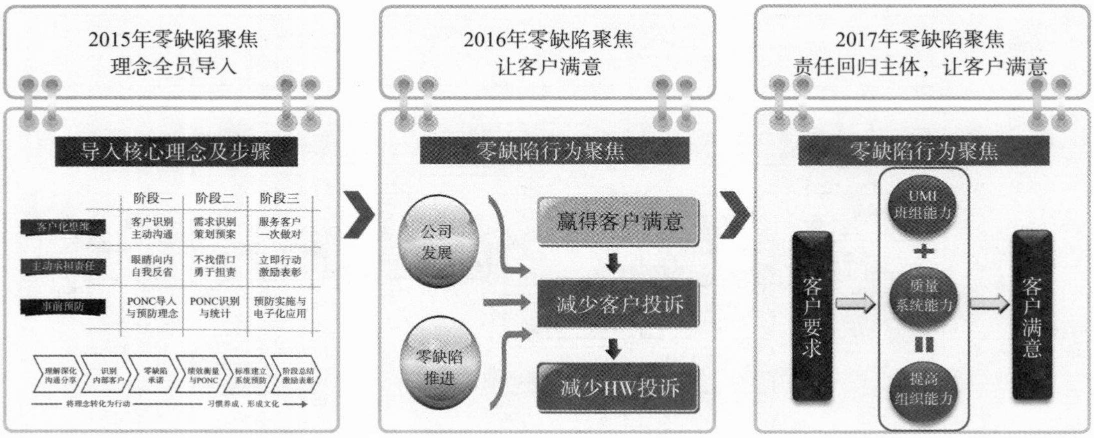

图 4.14　FP 公司零缺陷质量文化变革年度主题

零缺陷质量文化变革之组织能力提升

- 推动 ZD 班组建设，提升和改善班组指标、班组氛围和主管能力。面向最小 ZD 组织单元，清晰解析班组正确的工作目标；正确确定实现班组目标的各种工作要求；让员工具备把工作做对、做好的能力；让员工乐意为达成班组目标而努力。
- 开展精益六西格玛活动，如图 4.15 所示。以 DMAIC 方法论指导，开展绿带、黑带项目，培养技术、管理和骨干员工。
- 在工厂推广 TPM 活动。

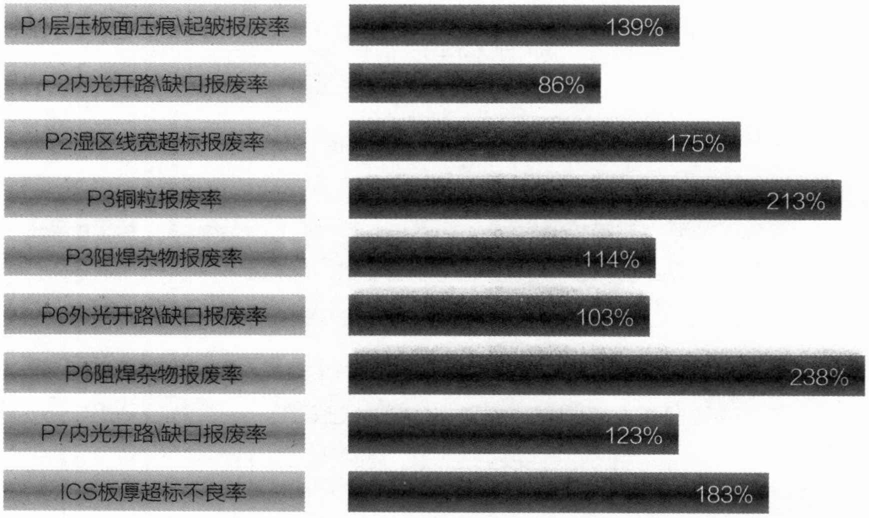

图 4.15　2017 年六西格玛项目及改善效果

零缺陷质量文化变革之行为准则

FP 公司质量行为准则如图 4.16 所示。

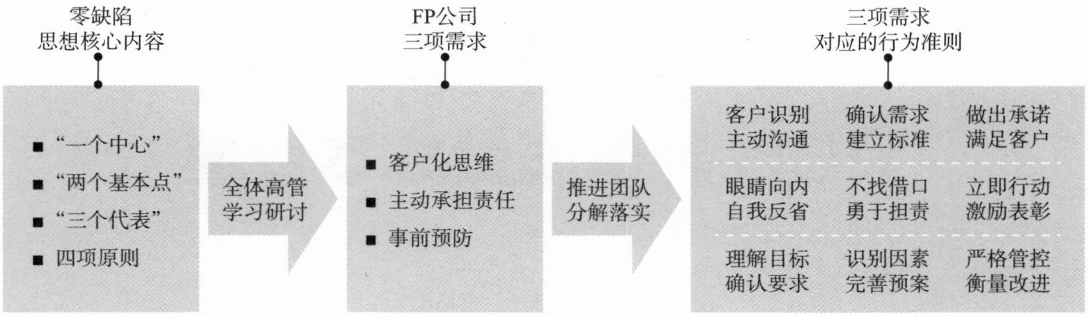

图 4.16　FP 公司质量行为准则

三、成　果

客户满意

· 2016 年四季度起连续两年获得重点客户 HW 连续 8 个季度 A 级评价，达到行业供应商阶段最佳质量水平。

· 2017 年获得索尔思光电、FINLINE、NCAB 等重点客户"优秀质量供应商奖"。

· 2017 年客诉次数比 2016 年下降 59%，2018 年客诉次数比 2017 年下降 30%；

· 2018 年 ICS 载板业务正式成为韩国三星认证供应商（目前中国大陆唯一）。

财务表现

· 2016 年企业净利润同比上年增长 33%， 2017 年上半年企业净利润增长 41%。

内部运营

· 2017 年产品综合合格率提升超过 2%，PONC 削减超过 3000 万元人民币。

· 培养了一批熟练掌握 UMI 班组运作的工序主管，UMI 班组指标达标率提升到 87%。

第 5 章 PCB 制造质量成本管理

在日常管理工作中，质量、成本和效益之间的关系是一个焦点。对于企业，赚取利润是重要目标之一。一般情况下，企业管理者思考问题的出发点是财务报表的数据，并结合经营经验和对当前环境的判断来做出行动决策。管理者通常能够意识到重大质量问题会严重影响客户满意度，导致订单减少，但对生产线上某种质量缺陷对企业利润造成的具体影响常常较为模糊。而质量活动能够带来多少直接利润、提升多少客户声誉、减少多少隐性损失，他们了解得较少，因为财务数据很难反映这些信息。

质量管理者通常从已发生或可能发生的质量问题角度采取措施，但投入控制和改进的质量问题是不是工厂当前损失最严重的？提出的质量策划是不是避免质量问题发生的最经济方案？这些质量决策有时因缺少成本分析而变得不容易令人信服，由此会产生企业管理层和质量管理团队方向上的不一致。当某些质量工作未能带来理想的业绩提升时，有可能被视为非增值活动而遭到忽视，从而造成质量与成本存在矛盾的假象。

质量管理者要学会用效益说话。一方面，可以更准确地把握质量工作的重点；另一方面，也能让企业管理者更容易看到并重视管理中存在的质量问题，从而愿意投入人力和资金来支持质量改进工作。当管理团队达成一致意见时，才有可能在客户满意的基础上实现财务收益的最大化，达成组织质量管理的目标。

本章将重点介绍质量成本的概念和基本原理，以及质量成本管理的内容和作业质量成本管理方法，并结合实际案例讲解质量经济效益的相关内容。

5.1 质量成本概述

5.1.1 质量成本理论的形成与发展

早期实践并提出质量成本理论的有美国的朱兰、费根堡姆、W.J. 马瑟和哈罗德 · 弗里曼等质量专家。20 世纪 40 ~ 50 年代，费根堡姆在任职通用电气公司期间提出了一套质量费用报告体系，将质量预防费用和检验费用与不合格产品造成的厂内损失和厂外损失一起考虑，并向最高管理层提供质量报告。这是已知最早的质量成本管理实践活动。

1951 年，朱兰在《质量控制手册》（第 1 版）的第 1 章“质量经济学”中，借用“矿中黄金”的比喻论述了不合格品上的成本好似一座金矿，可以对其进行有利的开采，从而为企业增加利润和带来经济效益。这是最早提出质量成本一般性概念的论著。1961 年，费根堡姆在经典著作《全面质量控制》第 5 章中明确将质量成本分为预防成本、鉴定成本和损失成本三类（PAF 模型），为质量成本在全面质量管理中的应用奠定了理论基础，后来被美国质量控制协会及英国标准局所采用。

早期的质量成本管理模式局限于企业内部的职能型管理，主要从质量成本的四项构成进行分析、计量和报告，重点研究产品的质量成本状况，关注的是质量不合格引起的各种支出（不符合成本，PONC）。这种模式范围相对狭窄和不完整，也被称为传统质量成本管理理论。

20 世纪 80 年代以后，随着质量管理理论的发展，质量成本的研究更加深入，涉及领域也不断扩大。全面质量管理、精益六西格玛、ISO 9000 质量管理体系和零缺陷质量管理的广泛实施，对传统质量成本理论形成了冲击。现代质量成本理论更加关注质量水平的动态变化，隐性质量成本的优化，长期战略质量成本的最优及质量文化的协同。质量成本目标不仅限于总质量成本的最低，而是追求质量成本和质量收入的损益最优化，通过“质量 – 成本 – 利润”分析模型，追求质量经济效益的最佳。

现代质量成本理论的研究范围也扩展到产品全寿命周期，从作业质量成本扩展到外部质量保证成本，从用户质量成本延伸到社会质量成本的概念，从产品质量财务管理发展到作业质量成本管理、研发质量成本管理和战略质量成本管理等范围。

5.1.2　质量成本相关概念和分类

质量成本相关概念

质量成本（quality cost）是为保证和提高产品质量而发生的费用，以及因未达到质量水平而产生的损失之和。在某些情况下，还包括组织对外部做出质量保证而支出的费用。

- 预防成本（prevention cost）：用于预防产品质量不能满足客户满意所支付的费用，如管理人员工资、质量培训费、质量管理活动费、质量改进措施费、质量评审费、质量奖励费用、新产品评审费、工序能力研究费等。
- 鉴定成本（appraisal cost）：评定产品是否满足规定的质量要求所支付的费用，如检验人员工资、试验检验费、来料检验费、检验设备维修费和折旧费、监督抽查和可靠性试验费、检验人员差旅费等。
- 内部损失成本（internal failure cost）：产品交货前不满足规定的质量要求所损失的费用，如报废损失费、返修费、降级损失费、停工损失费、产品质量事故处理费等。
- 外部损失成本（external failure cost）：产品交货后不满足规定的质量要求，导致索赔、修理、更换等所损失的费用，如索赔费、退货损失费、折价损失费、保修费、相关运杂费等。
- 外部质量保证成本（external quality assurance cost）：为提供客户要求的客观证据所支付的费用，包括特殊的和附加的质量保证措施、程序、数据、证实试验和评定的费用（如由认可的独立试验机构对特殊的安全性能进行试验的费用）。
- 质量损失（quality loss）：不能满足客户的要求或期望，从而导致资源浪费或丧失潜在利益所造成的经济损失，包括产品报废、返工、返修等造成的有形损失，以及丧失潜在利益、影响组织信誉等所造成的无形损失。
- 显性质量成本（explicit quality cost）：根据国家现行成本核算制度规定列入成本开支范围的质量费用，以及由专用基金开支的质量费用。

- 隐性质量成本（implicit quality cost）：未列入国家现行成本核算制度规定的成本开支范围，也未列入专用基金，通常不是实际支出费用，而是反映实际收益的减少，如产品降级、降价、停工损失等。
- 不符合成本（price of nonconformance, PONC）：质量不满足规定要求，给组织造成的经济损失，这是质量损失中明显可见的部分。“不符合”包括产品的不合格和过程的不合格。
- 寿命周期成本（life cycle cost）：产品在预期的寿命周期内，从论证、设计、试验、试制、生产、使用、维修和保障直到退役处置所需要的全部费用。
- 质量成本要素（quality cost element）：细化后的功能、任务或费用，如果对它们适当组合，可以构成质量成本分类目录。从财务管理角度，也称为质量成本科目和细目。如质量策划是预防成本要素，过程检验是鉴定成本要素，返工属于内部损失成本要素，客户退货则是外部损失成本要素。

质量成本分类

质量成本性质特殊，构成复杂，为方便质量成本的管理，可以从不同角度按不同标准进行分类。

- 按形成过程分类：设计质量成本、采购质量成本、制造质量成本、销售服务质量成本。
- 按经济用途分类：预防成本、鉴定成本、内部损失成本、外部损失成本及外部质量保证成本。
- 按存在形式分类：显性质量成本和隐性质量成本。
- 按控制效果分类：控制成本（投资性成本）和控制失效成本（结果成本）。
- 按经济性质分类：材料成本要素、工资成本要素、折旧费用要素、其他质量成本要素（如质量管理部门、检验部门发生的办公费、差旅费、劳动保护费、各种摊销费和因质量原因引起的减产损失、降级损失、折价损失、索赔等）。

5.1.3 质量成本相关标准

国标《质量管理 实现财务和经济效益的指南》（GB/T 19024-2008/ISO 10014：2006）和《质量管理 组织的质量 实现持续成功指南》（GB/T 19004-2020/ISO 9004：2018）等标准都对质量成本管理提出了具体要求，旨在帮助组织最高管理者提高对质量管理体系能够为其组织带来财务和经济效益的正确理解和认识，促进其有效应用质量管理体系的管理原则，加强有效管理，实现财务与经济效益，从而提高收益率、增加收入、改进预算绩效、降低成本、改进现金流、提高投资回报等。

国军标《质量管理体系的财务资源和财务测量》（GJB 5423-2005）、核工业行业标准《核工业质量成本管理指南》（EJ/T 699-2007）和电子行业标准《质量成本管理指南》（SJ/T 10466.4-1993）等标准，从专业产品管控和市场竞争的需要出发，对质量成本管理进行了具体规范。这些标准明确了质量成本管理的组织和职责，提出了质量成本管理的策划和目标，实施了质量成本要素的识别与会计科目设计，规范了质量成本数据的收集、核算和分析，以及对质量成本分析结果的报告、管理效果评价和后续重点改进项目的推进。这些标准为我国企业实行质量成本核算、管理和质量成本经济性分析提供了指南。

5.2　质量成本相关基本理论

5.2.1　传统质量成本模型

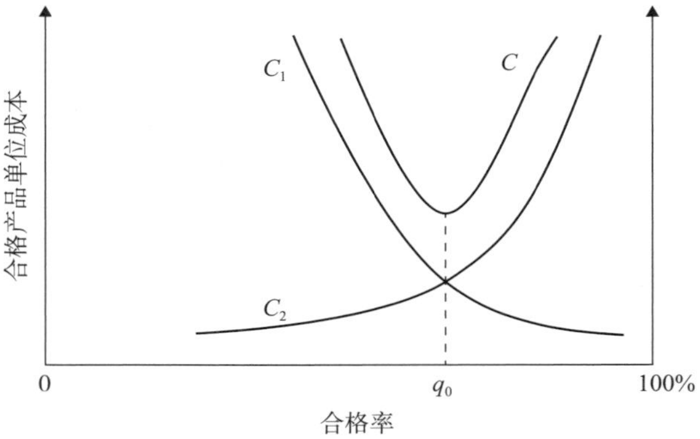

图 5.1　经典质量成本模型

总质量成本及其四项构成与产品质量水平的关系，可以用质量成本特性曲线表示，如图 5.1 所示。其中，C_1 为内外部损失成本之和，随着产品合格率的提高而减小，与产品质量反向变化；C_2 为控制成本，是预防成本和鉴定成本之和，随着产品合格率的提高而增大，与产品质量同向变化；C 为总质量成本，为 C_1 和 C_2 之和。C_1 和 C_2 的交点即控制成本与损失成本之和最小的点，是总质量成本最低点，也就是最佳质量成本点，对应的 q_0 点也称为最经济质量水平点。

传统质量成本管理的目标是在一定质量水平下使总质量成本最低。基于田口玄一和 K.K.Govil 等质量成本模型，我们可以研究质量成本最低点。这里选择柯布－道格拉斯生产指数函数建立数学模型，以求解最佳质量成本水平（曾方红，1998；崔丽，2004）。

设 $P(q)$ 为控制成本，$F(q)$ 为损失成本，$C(q)$ 为总质量成本，有

$$\begin{aligned} P(q) &= \alpha_1 q^{\beta_1} \\ F(q) &= \alpha_2 q^{-\beta_2} \\ C(q) &= P(q) + F(q) \end{aligned} \tag{5.1}$$

式中，α_1、α_2、β_1、β_2 均大于零。

由此对总质量成本 $C(q)$ 求导：

$$\frac{\mathrm{d}C(q)}{\mathrm{d}q} = \alpha_1\beta_1 q^{\beta_1-1} - \alpha_2\beta_2 q^{-\beta_2-1} = 0$$

无论质量水平 q 高于 q_0 点还是低于 q_0 点，质量成本均高于 q_0 点，处于不经济状态。因此，q_0 点为最经济质量水平点。

$$q_0 = \sqrt[(\beta_1+\beta_2)]{\frac{\alpha_2\beta_2}{\alpha_1\beta_1}}$$

5.2.2　现代质量成本模型

近年来，质量管理技术不断发展，企业在质量成本管理方面取得了良好业绩。自 20 世纪 80 年代以来，以 ISO 9000 为代表的质量管理体系在全球范围内得到广泛推广，数百万企业获得了质量管理体系认证，企业质量管理水平不断提高。1996 年，美国摩托罗拉公司在其年度质量通报会上总结了过去九年推行六西格玛活动的成果，质量水平从 4σ 提升至 6σ，具体成绩包括消灭了 99.6% 的过程缺陷，每单位因质量缺陷引起的费用降低了 86% 以上，制造成本累计节约超过 90 亿美元。这充分说明，提高质量水平可以为企业带来巨大的经济效益。同一时期，质量管理大师克劳士比的“零缺陷”概念得到广泛认可，其强调首次就把事情做正确，人人坚持

第一次做对，不让缺陷发生或流至下道工序，从而减少处理缺陷和失误的成本，大幅提高作业质量和效率，显著提升经济效益。

另一方面，传统质量成本理论的一些局限性也逐渐被提出和研究。

（1）传统质量成本模型强调，在某个可接受的质量水平（AQL），质量成本之间的关系，是一个质量水平下的静态质量成本展示。

（2）质量要符合用户要求，而不仅仅是符合企业标准。客户满意是质量投入的目标，若达到客户满意所需质量的投入无穷大，则企业将无利润，这显然不符合商业逻辑。

（3）传统质量成本特性曲线显示，当 $q > q_0$ 时，随着 q 的增大，C 也随之上升，反馈出好的产品质量所花费的质量成本比差的产品质量高，这与企业实践结果不一致。达到六西格玛质量水平的企业，其质量成本率往往处于更低水平。

（4）质量成本主要在制造领域被认识，搜集和分析的质量成本要素局限在现行的会计核算制度中，分析质量活动与财务业绩之间的关系被限定在一个较小范围内。影响工序质量的因素包括人、材料、设备、作业方法等，忽视任何一种因素都会使预防成本不全面，从而妨碍企业整体的优化管理行为。

传统的质量控制和质量保证活动以生产和服务中既定的“容差”或某种质量水平为前提，即在一定质量水平下寻求最经济的质量成本——实质是现阶段可接受的质量成本。现代质量管理认为，质量的经济性是在不断接近理想质量水平的质量改进中实现的，组织的质量目标应当是追求更高的质量水平，直至达到零缺陷（刘玉敏，2007）。新的最优质量成本模型总结了这一理念，如图 5.2 所示。当生产过程中大量开展质量预防活动并采用新技术、新材料时，产品内部损失率降低；自动化、智能化技术辅助大量降低了人工操作过程的失误率；自动检测和测试设备降低了人工判定缺陷的失误率；缺陷问题处理的及时性大幅提高。这使得企业能够不断降低包括隐性质量成本在内的损失成本，当质量水平接近或达到零缺陷时，总质量成本也达到最低点。当 $q > q_0$ 时，随着 q 的增大，企业信誉增加，订货量增加，市场份额上升，无形损失减小。

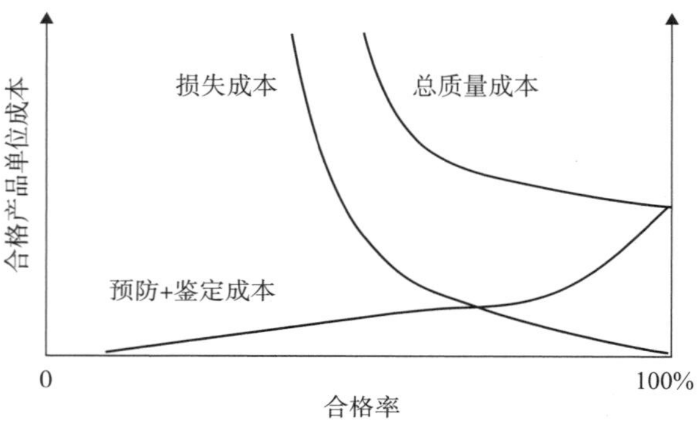

图 5.2　最优质量成本新模型

质量水平通常用合格率表示。在六西格玛管理中，质量改进活动的效率可用 σ 水平来衡量。σ 水平反映了质量改进活动的实际结果与目标之间的差距或偏离程度。达到完美质量水平或零缺陷是一个长期、复杂、渐进的过程，可分为 n 个质量改进阶段。每一阶段的效率用不同的 σ 水平表示，即 $k\sigma$，$k=1,2,\cdots,n$。$k\sigma$ 表示第 k 个改进阶段的质量水平。根据式（5.1），有

$$C_{\mathrm{T}}(k\sigma,\ k\sigma)=C_{\mathrm{P}}(k\sigma)+C_{\mathrm{F}}(k\sigma)=Pe^{k\sigma}+Fe^{-k\sigma} \tag{5.2}$$

式中，$C_{\mathrm{T}}(k\sigma, k\sigma)$、$C_{\mathrm{P}}(k\sigma)$ 和 $C_{\mathrm{F}}(k\sigma)$ 分别表示质量水平为 $k\sigma$ 时的总质量成本、预防 + 鉴定成本和损失成本；参数 P 和 F 均为正数，随着质量水平 $k\sigma$ 的提高而改变。

可以证明，总质量成本曲线是一个开口向上的抛物线，最优的总质量成本在曲线最低点取得，此时有 $C_{\mathrm{P}}(k\sigma)=C_{\mathrm{F}}(k\sigma)$，即 $Pe^{k\sigma}=Fe^{-k\sigma}$。

最优的总质量成本：

$$C_T(k\sigma,-k\sigma)=2Pe^{k\sigma}=2Fe^{-k\sigma}=2(PF)^{\frac{1}{2}} \tag{5.3}$$

式（5.3）表明，随着质量水平的提高，系数 P 和 F 发生变化，总质量成本 C_T 也相应地发生改变。上述质量成本数学模型是一个动态模型，如图 5.3 所示。

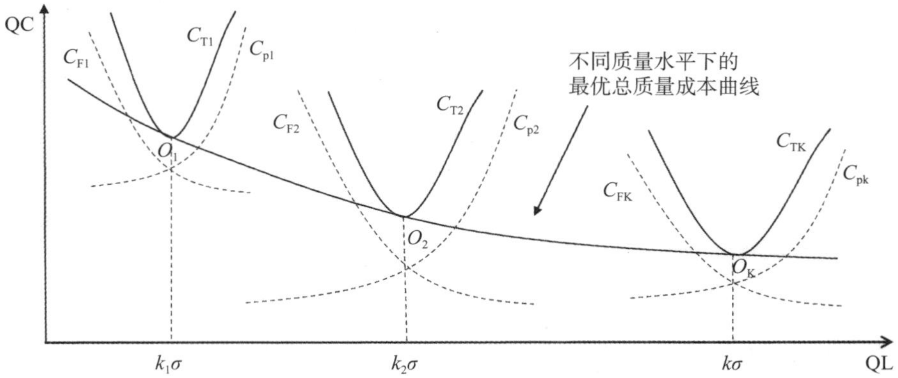

图 5.3　不同质量水平下的质量成本关系曲线

随着技术进步，持续推进的质量改进活动进一步识别深层次的质量问题，其根因也得到更广泛的探究，更多质量问题得以解决。当质量水平从 $k_1\sigma$ 提高到 $k_2\sigma$ 、 $k_3\sigma$ 时，相应的预防和鉴定成本曲线从 C_{p1} 下移到 C_{p2}、C_{p3}，表明预防和鉴定成本在不断减小。同样，随着质量水平的继续提高，产品的内部故障和外部故障出现的概率不断降低，内部损失成本、外部损失成本以及总的损失成本也相应减小。控制成本和损失成本二者综合作用的结果，使得总质量成本不仅减小，而且减小的幅度更快、更大。

5.2.3　隐性质量成本

制造企业对于生产经营中的显性质量成本有成熟的管理理论和控制体系，但对隐性质量成本的认识和了解却还不充分，往往容易忽视对隐性质量成本的管理。近年来，对隐性质量成本内涵的研究形成了共同认识，即隐性质量成本是由不良质量造成的无形质量损失。它客观存在，但这种无形损失并不体现在会计账目或财务报表中，难以计量和评估，具有不确定性和动态性，因此难以控制。隐性质量成本虽然不直接发生实际支出，但增加了企业的各项开销和损失，提升了产品成本，减少了企业利润，并对企业未来的收益产生影响，甚至使企业品牌遭受损失。

日本学者伊藤嘉博将隐性质量成本分为三类。

（1）由于产品质量低劣使消费者负担的成本，包括给客户造成时间浪费、人身健康危害，给社会造成资源浪费、社会生产效率降低、污染损失等更广义范围的无形损失和潜在损失。

（2）由于产品质量不满足客户要求，生产厂家所遭受的损失，包括停工或等待损失，如缺料、设备故障、操作失误、信息传递、技术要求提供、环境超标；产能损失，如人力缺失、计划偏差、运输不畅；产品降级降价损失；返工造成的产能、人力、物力损失，生产延误成本；生产线突发产品异常，投入“灭火”的人力、物料、时间等浪费；过多存货损失等可以衡量的内部隐性损失。还包括产品出厂后不满足客户要求所造成的可以衡量的产品降价损失、付款延迟损失和不可衡量的企业声誉和品牌损失、客户流失等外部隐性损失。

（3）为确保和维持“过剩质量”（客户不需要的多余质量），生产厂家所负担的成本，包括研发设计的产品在材料、功能、外观等方面远远超出客户要求，控制和检验的标准超出客户要求，提供的包装、运输和服务超出客户要求等。

隐性质量成本难以测量是实施隐性质量成本管理的一个难题，企业声誉、品牌损失、客户抱怨等外部隐性损失确实难以精确量化。目前已有的测量方法包括质量损失函数法、综合评分法、模糊综合评判法、过程能力指数法、乘数法、市场调查研究法等。日本质量专家田口玄一将工程和统计技术结合，提出用质量损失函数（QLF）来估算质量损失的方法具有代表性。田口玄一认为，只要产品的质量特性值偏离目标值，就会产生损失和隐性质量成本，损失不仅限于未达标产品，达标产品也会引发损失。质量损失函数计算公式如下：

$$L(y)=K(y-m)^2 \tag{5.4}$$

式中，L 为每单位产品的隐性质量损失；K 表示损失系数；y 为质量特性的实测值；m 为质量特性的目标值。

QLF 法建立的基础是所涉及的五类质量指标——可测量并用于评价性能（质量）的任何指标，概括起来如下。

· 额定最好：最小波动，如尺寸、电压输出。
· 望小：如胀缩等特征值最小化。
· 望大：如抗拉强度等特征值最大化。
· 属性：如外观数据。
· 动态：随输入而变的响应值。

n 件产品的质量特性值分别为 $y_1, y_2, \cdots, y_n$，对应的隐性质量损失为

$$L(y_i)=k(y_i-m)^2, i=1,2,\cdots,n$$

$L(y_i)$ 的算术平均值，即 n 件产品的隐性质量损失为

$$\bar{L}=\frac{1}{n}\sum_{i=1}^{n}L(y_i)=k\left[\frac{1}{n}\sum_{i=1}^{n}(y_i-m)^2\right] \tag{5.5}$$

从式（5.5）可以看出，产品功能波动所造成的损失与偏离目标值的差的平方或平均平方偏差成正比。这说明，不仅不合格品会造成损失，即使合格品也会造成损失。而且质量特性值偏离目标值越远，造成的损失就越大。这是田口玄一对于产品质量概念的新观点。

隐性质量成本的产生与产品质量不良和作业质量不良有直接关系，根本原因有以下三个。

· 组织对客户不断变化的质量要求缺乏准确理解。在科学技术快速发展的今天，产品需要快速响应市场变化，客户个性化需求多样，这区别于工厂使用一套标准规范的做法，多种客户标准不容易掌握，工厂难以应对。
· 质量工作缺乏系统和细致性。隐性质量成本隐藏于产品制造的每一道工序、每一台设备、每一个动作，对每一个员工的工作都提出了明确要求，但很多企业的质量工作重点落在关键工序和顶层工序，很难深入到动作级和最小过程环节，因此无法真正看到和解决存在的缺陷问题。
· 质量预防投入不足，思想观念固化。企业存在“检验锁定”依赖，习惯靠检验解决问题，而不是投入足够的预防工作，提前进行失效模式分析、风险分析、瓶颈分析，通过制定质量计划和人员教育培训等工作来解决问题。对目前的工作方式和方法极少复盘和反思，

思想僵化，认为一切就是这样，一切只能是这样。

对于隐性质量成本的控制，在质量管理方面应大力宣导零缺陷的质量理念，以零差错为目标建立员工作业质量标准体系，以零缺陷为目标优化质量管理体系，以零流失为目标建立客户关系管理系统。在财务管理方面，应建立新的会计核算方法，能够对质量成本追根溯源，将隐性质量成本纳入企业质量成本核算体系，还应强化数字化管理，将隐性质量成本显性化。在供应链管理方面，应选择技术强、产品质量稳定、质量控制体系完善的战略性供应商，消除上游的隐性质量成本。在运营管理方面，推动全员参与，推行“总账不漏项，人人都管事，事事有人管，管事凭效果，管人凭考核”日清日毕的日管模式。

5.2.4 质量效益评价

1979 年，克劳士比在《质量免费——确定质量的艺术》一书中指出，“质量是免费的”，企业不应将提高质量的努力视为成本，而应视为降低成本的一种途径。正如前文所述，通过提高质量水平，企业可以获得高额经济回报。这种观点突破了“高质量需要高成本”的传统观念，主张将不合格产品数量降至零符合成本效益原则。克劳士比认为，产品质量的系统是预防而非检验，那些不合格产品越来越少的公司比继续使用传统 AQL 模型的公司更具竞争力。

事实上，克劳士比的零缺陷理论是从质量效益的角度看待质量的。仅核算质量成本不足以评价质量管理和质量效益的好坏，它只是影响的一个方面。质量资金运动作为一个完整的过程，包括质量费用投入和质量收入产出两个部分。要完整地反映质量管理取得的效益，必须对质量收入、质量成本和质量损益进行核算。这突破了“质量是以成本为代价”的观念，而这正是传统质量成本管理所忽略的。1998 年，国际标准 ISO 10014《质量经济性管理指南》发布，2006 年更名为《质量管理 实现财务和经济效益的指南》，确立了现代质量经济性概念的内涵，包括质量成本和质量收益两个方面。

从经济学和财务学角度来看，成本并不是评价质量效益的唯一指标，而是其中一个重要指标。评价质量效益，除了看其成本，还应看与其相关的质量收入（或产出）——也叫质量收益。用质量收入（或产出）减去质量成本得到的质量净收益（利润）才是评价的主要指标。质量效益等于质量收益除以质量成本，反映了质量收益与质量成本的比值关系。质量、成本和收益（利润）三者之间的“质－本－利”模型如图 5.4 所示，S 为质量收入曲线，C 为质量成本曲线，U 为质量效益曲线，q 为质量水平。

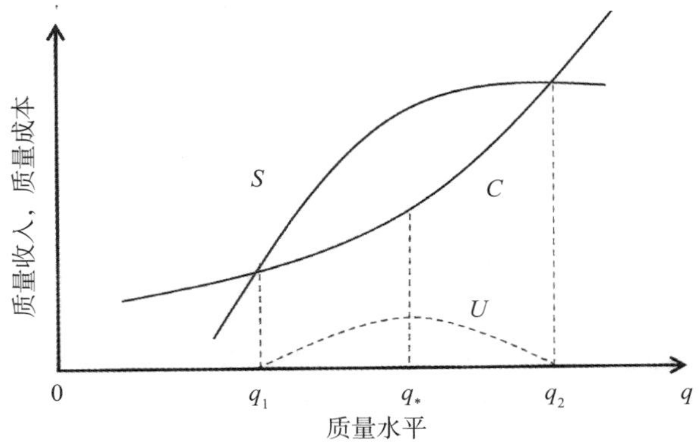

图 5.4 质量收益曲线

质量收益＝质量收入－质量成本，对于静态的质量收益，有

$$U(q)=S(q)-C(q) \tag{5.6}$$

当质量水平 $q<q_1$ 时，$C(q)>S(q)$，质量成本大于质量收入，$U(q)<0$，质量效益为负。在“较差的质量”区域，组织生存和发展的唯一出路就是改进产品质量，营销技巧并不会起到很好作用。

当质量水平 $q_1<q<q_2$ 时，$S(q)>C(q)$，质量收入大于质量成本，$U(q)>0$，质量效益为正。在最佳质量水平附近，质量收益显著大于质量成本，组织具备了显著的质量优势，市场份额稳定增长，客户忠诚度较高且流失率较低，市场开发相对容易，利润率也因市场份额较大而具有优势。

对式（5.6）求导，令 $\mathrm{d}U(q)/\mathrm{d}q=0$，有

$$\mathrm{d}S(q)/\mathrm{d}q=\mathrm{d}C(q)/\mathrm{d}q$$

可知，当质量水平 $q_1<q<q_*$ 时，边际质量收入大于边际质量成本，边际质量效益随着质量水平的提升而增大；当质量水平 $q_*<q<q_2$ 时，边际质量收入小于边际质量成本，边际质量效益随着质量水平的提升而减小；当质量水平 $q=q_*$ 时，边际质量收入等于边际质量成本，质量效益 $U(q)$ 达到最大值。

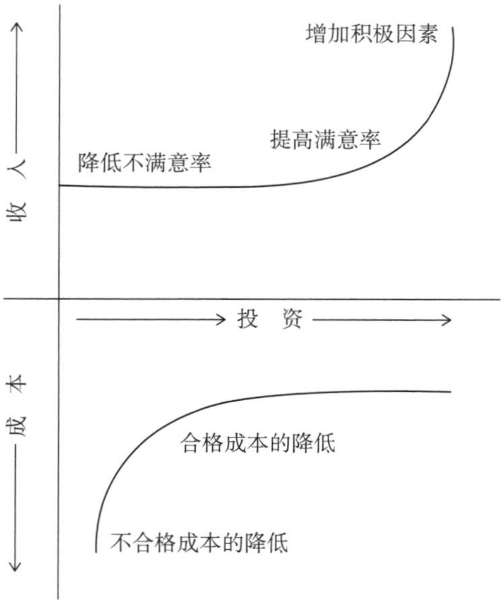

图 5.5　质量经济模式（ISO）

当质量水平 $q>q_2$，$C(q)>S(q)$ 时，质量成本大于质量收入，$U(q)<0$，质量效益为负。

对于动态的质量收益，受到“学习曲线”对质量成本的影响，质量水平 q 达到 100% 时，质量收入 S 达到最大值，质量成本最低，此时 U 达到最大值。

总结前面介绍的几种理论模型，可以理解质量对组织带来收益增加的影响主要来自两个主要方面：一是通过质量对客户满意和客户忠诚的影响来增加业绩，二是通过对质量水平的提升来影响业绩提升。对应企业质量战略中的企业财务层面，对质量的要求是在经济上发挥开源和节流作用，既要创造更多的客户满意来实现溢价收益、份额扩大收益、商誉收益和实实在在的订单量增加，也要不断减少内外部的各种损失，包括隐性质量损失，同时降低合格成本（质量过剩），具体如图 5.5 所示。

5.3　质量成本管理

5.3.1　质量成本管理概述

质量成本管理是企业相关部门对质量成本进行预测、计划、核算、分析、控制和考核等一系列有组织的活动，目的是通过对质量成本体系中各项目数据的分析、比较和研究，为各级决策者提供依据，发现有价值的质量改进方向，提高组织绩效。质量成本核算是质量成本管理的基础，分析与控制是质量成本管理的重点，考核实施是质量成本管理的关键。

具体来说，质量成本管理的内容如下。

· 建立健全企业质量成本管理的组织体系，财务和质量部门要发挥关键作用。
· 制定质量成本管理责任制度。
· 根据企业的实际情况，识别质量成本要素，设置质量成本的二三级科目。
· 结合现实情况，综合各种信息，对质量成本进行预测，编制质量成本计划。
· 组织质量成本核算。
· 进行质量成本分析和控制。
· 撰写质量成本分析报告，发现质量成本优化重点项目，为领导决策提供依据。
· 定期对质量成本管理工作进行评价和考核，保持质量成本管理体系正常运行。

近年来，随着企业管理能力的提高及市场竞争的需要，质量成本管理向战略质量成本管理发展。与传统质量成本管理相比，战略质量成本管理在价值属性、全面性和长期性三个方面更加完善和丰富，对企业实际质量成本管理工作更具指导性，效果更加显著，具体见表 5.1。

表 5.1　传统质量成本管理与战略质量成本管理对比（段远刚，2018）

项　目	传统质量成本管理	战略质量成本管理
管理视角	传统部门职能型管理	与企业战略结合，立足企业战略，注重质量成熟度建设
管理重点	以作业链管理为主	重塑业务流程及价值管理，注重研发质量成本管理及客户满意度管理
管理期限	以短期管理为主	中长期管理，遵循长期最优质量成本理论
质量目标	结合实际确定最佳质量合格率目标	管理目标由传统的可接受最佳百分比目标到“零缺陷”
成本目标	追求质量成本总额最低	通过加强预防、鉴定质量成本投入，追求质量损失成本最低
管理模式	以企业内部静态管理为主	借助互联网、大数据平台实行动态管理，考虑学习曲线效应，遵循动态质量成本最优理论
管理范围	以显性质量成本管理为主	显性质量成本管理、隐性质量成本管理并重
质量成本报告	对质量成本报告应用不深入	质量成本报告应用更加广泛、深入，作用发挥更加显著
质量文化	注重质量文化建设的“术”，关注业务层面的质量文化建设	注重质量文化建设的“道”，形成与质量企业管理思想、管理哲学相匹配的质量文化
质量经济性	重视职能管理，对质量经济性分析关注较少	质量收入、质量成本、质量效益并重，重视“质 – 本 – 利”经济性分析，重视质量绩效提升
管理方法	趋势分析、结构分析	趋势分析、结构分析、流程再造、精益六西格玛

从价值属性来看，降低质量成本是传统质量成本管理的重点，而战略质量成本管理则关注质量成本、质量收入和质量效益的“质 – 本 – 利”经济性分析，重视整体质量绩效提升。从全面性来看，战略质量成本管理的内容更加全面，显性质量成本管理和隐性质量成本管理并重，注重质量成熟度建设。从长期性来看，战略质量成本管理考虑的周期更加长远，目标是动态质量成本最优。

从 PCB 行业看，尽管质量成本直接影响企业的经营绩效，但行业内企业质量成本管理的现状并不理想。根据笔者掌握的质量管理体系运行情况和质量合格率数据，能够在质量管理体系框架内持续推动质量成本管理工作的企业只是少数，仅限于行业头部。这类企业建立了质量成本体系规范文件，主要针对不符合成本（PONC）进行改善，以质量损失成本管控为主。

PCB 企业的产品质量管理以检验拦截为核心，进行物理化学实验、半成品检验、AOI 检测、BBT 电性能检测和产品最终检验。鉴定成本投入固定且巨大，预防成本投入则相对较少。更多企业重点针对返工、返修、报废、库存过多、客诉赔偿等开展专项质量损失成本控制工作，系统性相对较差。从行业合格率看，大多数企业质量水平处于 $3\sigma \sim 4\sigma$，由此可以估算出质量成本与销售额的比率一般在 10% ~ 20%，企业的质量管理尚在启蒙期。

归纳 PCB 行业企业质量成本管理水平有限的原因，主要有以下几点。

· 对质量成本没有予以足够的重视。大多数企业的高层领导，特别是质量管理领导对质量成本管理了解较少，质量工作的重点放在保证产品的使用价值（即产品质量）上。质量目标以产品符合性为出发点，关注合格率和客诉率等指标，与财务层面的绩效指标关联不多，要求不高。

- 企业财务部门的质量成本管理职能不健全。产品成本属于财务管理上的成本形态，法律法规明确规定了其开支范围和计算方法，目的是计算总成本、确定利润和缴纳税金。而质量成本属于管理会计上的成本形态，其开支范围和计算方法没有非常明确的规定。这对企业财务管理的质量、技术能力和财务资源提出了更高要求，也使得财务推动质量成本管理工作难度大幅度增加。
- 对质量预防重视不足。这导致日常过程不合格和产品不合格数量较多，不合格率较高，形成内外部损失大量支出。企业为了减少损失，往往习惯性地采取加强检验的方式，使鉴定费用增加，并继续减少预防费用来控制总质量成本，结果是质量管理始终处于非良性运作状态。

当然，近几年，国内的 PCB 企业成长迅速，推进质量管理和质量成本管理方面的变革逐渐增多。以精益六西格玛活动、零缺陷质量活动和标杆管理活动为主要形式的质量成本改善，取得了明显进展，不仅赢得了客户认同，也给企业带来了实实在在的良好效益。

5.3.2　质量成本科目（成本要素）设置和计算

企业质量成本管理的前提是质量成本科目设置，按照经济用途对质量成本进行分类，有助于企业对质量成本进行确认、计量、归集和汇总，从而获得满足质量管理需要的成本信息。以下以美国质量协会（ASQ）质量成本委员会推荐的质量成本要素，作为 PCB 企业进行通用性质量成本科目设置的参考。由于业务模式不同，建立会计核算科目时，尤其是明细科目时，应该结合企业的具体情况而定。并不是所有质量成本要素都必须包括在内，也可能存在质量成本要素识别不完整的情况，需要补充。关键是业务活动与发生的质量成本应相互匹配。

一般显性质量成本科目设置，一级科目为质量成本，二级科目为预防成本、鉴定成本、内部损失成本、外部损失成本和外部质量保证成本，二级科目下设若干项三级、四级、五级科目，详见表 5.2。

质量成本的计算方法有以下几种。

- 劳务资源量法：核算用于特殊项目的人工费用总和的方法。当一个人同时处理几件工作，或多人不定期参与处理某项事务时，将所有人员在这项事务上参与的时间总和乘以单位时间薪资。
- 薪资法：基于个人的工资、福利与相关活动的工时数相乘得到的费用，即所有的人工费用。用单位薪资乘以质量工作的时间即可得出 PONC。
- 单价法：适合对物料或产品损失进行计算。首先，确定不符合要求行为的数量。其次，发现纠正每个不符合要求行为的平均成本，包括为检验每个 PONC 所花费的成本。最后，将平均成本与报告期内出现的 PONC 数相乘，得到总数。
- 理想偏差法：当某些项目非常复杂，不容易计算各项 PONC 时，可采用理想偏差法。参照规模和技术难度相似的项目费用和总额，通过实际观察其中各项实际发生与会计统计结果的修正参数，计算实际 PONC。
- 会计法：主要收集账户中存在的项目，包括额外运输费、保险费、担保费、材料费、赶工费、废品处理费用等，适合专业单位对部门内的 PONC 进行统计核算。

表 5.2　质量成本要素（ASQ）

序　号		成本要素
1.0 预防成本	1.1	市场营销 / 客户 / 用户
	1.1.1	客户需求市场研究
	1.1.2	客户感受调查
	1.1.3	合同文件审阅
	1.2	产品设计和开发
	1.2.1	质量设计过程审核
	1.2.2	设计质量支持活动
	1.2.3	产品设计鉴定试验
	1.2.4	服务设计鉴定
	1.2.5	现场试验
	1.3	采购预防成本
	1.3.1	供应商审查
	1.3.2	供应商评定
	1.3.3	供应商质量策划
	1.3.4	采购订单技术数据审查
	1.4	运行（制造或服务）预防成本
	1.4.1	确保运行过程的有效性
	1.4.2	运行质量策划
	1.4.2.1	质量测量设计和控制设备
	1.4.3	质量策划的支持运行
	1.4.4	操作员质量培训教育
	1.4.5	操作员 SPC/ 过程控制
	1.5	质量管理
	1.5.1	管理薪资
	1.5.2	管理支出
	1.5.3	质量规划的策划
	1.5.4	质量性能报告
	1.5.5	质量培训教育
	1.5.6	质量改进
	1.5.7	质量体系审核
	1.6	其他预防成本
2.0 鉴定成本	2.1	采购鉴定成本
	2.1.1	接受检查和测试
	2.1.2	测量设备
	2.1.3	供应商产品的鉴定
	2.1.4	货源检查和控制方案
	2.2	运行（制造和服务）鉴定成本
	2.2.1	按计划运行、检查、测试、审核
	2.2.1.1	人工检查
	2.2.1.2	产品或服务的质量审核
	2.2.1.3	检查和测试用材料
	2.2.2	安装检查和测试
	2.2.3	制造专项测试
	2.2.4	过程控制测量
	2.2.5	实验室支持
	2.2.6	测量（检测）设备
	2.2.6.1	折旧限额
	2.2.6.2	测量设备支出
	2.2.6.3	维护和校对的人工
	2.2.7	外部认可和认证
	2.3	外部鉴定成本
	2.3.1	现场性能评估
	2.3.2	产品的专项评估
	2.3.3	现场库存和备件的评估
	2.4	测试和检查数据的评审
	2.5	质量评估杂项
3.0 内部损失成本	3.1	产品损失成本
	3.1.1	设计变更措施
	3.1.2	设计变更导致的返工
	3.1.3	设计变更导致的报废
	3.1.4	生产联络成本
	3.2	采购损失成本
	3.2.1	拒收采购材料的处置成本
	3.2.2	采购材料的替换成本
	3.2.3	供应商纠正活动
	3.2.4	拒收供应货物的返工
	3.2.5	无法控制的材料损失
	3.3	运行损失成本
	3.3.1	材料审核和纠正措施成本
	3.3.1.1	处置成本
	3.3.1.2	处理问题和损失分析成本
	3.3.1.3	调查支持成本
	3.3.1.4	运行纠正措施
	3.3.2	返工和修理的运行成本
	3.3.2.1	返工
	3.3.2.2	修理
	3.3.3	重新检查测试成本
	3.3.4	外部运行
	3.3.5	运行废弃成本
	3.3.6	降级的最终产品和服务
	3.3.7	内部失败劳动损失
	3.4	其他内部损失成本
4.0 外部损失成本	4.1	投诉调查或用户服务
	4.2	返还产品
	4.3	翻新改进成本
	4.3.1	召回成本
	4.4	保修索赔
	4.5	负债成本
	4.6	罚款
	4.7	客户商誉
	4.8	销售损失
	4.9	其他外部损失

5.3.3 质量成本的基本分析

组织应设置各种单据、账簿和表格来收集成本数据，包括预防成本费用单、鉴定成本费用单、内部损失成本费用单、外部损失成本费用单、隐性成本费用单和质量成本汇总表等。通过数据收集和核算，初步掌握组织质量成本发生的实际状况，并进一步分析。采用排列图分析法、指标分析法和趋势分析法等，能够找出影响质量成本的关键问题，拟定解决办法，不断进行质量改进以降低成本，从而提高组织的经济效益。

质量成本完成情况分析

主要分析一定时期内质量成本总额及质量成本构成项目的变化，定量地表明质量成本计划完成情况。传统的质量成本总额，主要关注显性质量成本，其计算公式为

总质量成本 = 显性质量成本 = 预防成本 + 鉴定成本 + 内部损失成本 + 外部损失成本

而现代质量成本观，总质量成本是指为确保满意的质量而支付的费用，以及没有获得满意的质量而导致的有形的和无形的损失，因此，还要包括隐形质量成本和外部质量保证成本。

总质量成本 = 显性质量成本 + 隐形质量成本 + 外部质量保证成本

进一步测算质量成本计划实现率和质量成本变化率：

质量成本计划实现率 = 本期质量成本总额 / 本期质量成本计划总额 × 100 %

质量成本变化率 =（本期质量成本总额 − 上期质量成本总额）/ 上期质量成本总额 ×100 %

质量成本构成情况分析

质量成本构成比例为预防成本、鉴定成本、内部损失成本、外部损失成本、隐性质量成本分别占总质量成本的比率。以预防成本为例，其计算公式如下（其他各项质量成本相同）：

预防成本率 = 预防成本 / 质量成本总额 ×100 %

图 5.6 展示了总质量成本曲线上最佳质量成本点附近的区域。当质量损失成本＞ 70%，而质量控制成本＜ 30%，预防成本＜ 10% 时，处于质量改进区域，需制定突破性改进措施。当质量损失成本约 50%，而质量预防成本约 10% 时，处于质量适当区域。如无重点改进项目，可重点进行质量管控活动。当质量损失成本＜ 40%，质量控制成本＞ 50% 时，处于质量过剩区域，可适当降低质量检验标准、减小检验量。

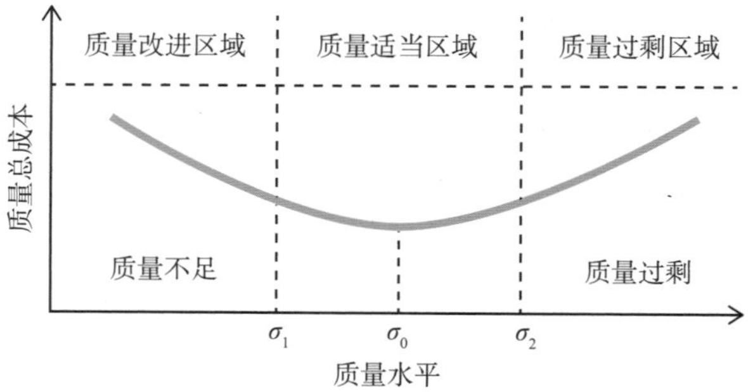

图 5.6　总质量成本曲线图

质量成本相关分析

分析质量成本与其他经济指标的比例，与同期同类指标做比较，可以分析质量成本的变动

趋势，反映质量成本管理的有效性。

质量成本率是某时期企业总质量成本与企业总成本之比。产值质量成本率是某时期企业总质量成本与企业总产值之比。销售额质量成本率是某时期企业总质量成本与企业总销售额之比。比率分析能反映质量的状况及其对财务绩效的影响。

质量成本率 = 总质量成本 / 企业总成本 ×100 %

产值质量成本率 = 总质量成本 / 企业总产值 ×100 %

销售额质量成本率 = 总质量成本 / 企业总销售额 ×100 %

利润质量成本率 = 总质量成本 / 产品销售利润总额 ×100 %

销售收入外部损失成本率 = 外部损失成本 / 销售收入总额 ×100 %

通过以上指标可以看出不同时期质量成本率的变化情况。质量成本率降低说明质量成本管理工作取得了成效，质量水平获得了提高。不同行业产品的质量成本率会因产品结构和要求的复杂性而有所不同，如简单低公差产品，总质量成本占销售额 0.5% ~ 2%；传统机械加工产品，总质量成本占销售额 1% ~ 5%；精密工业产品，总质量成本占销售额 2% ~ 10%；电子及航天产品，总质量成本占销售额 5% ~ 25%。而同一行业的企业，因质量管理水平不同，或者所处的质量管理成熟度阶段不同，质量成本率也不相同。一般企业质量管理处于不确定期，质量成本率 20% ~ 25%；处于觉醒期，质量成本率 18% ~ 20%；处于启蒙期，质量成本率 12% ~ 18%；处于智慧期，质量成本率 8% ~ 12%；处于确定期，质量成本率 2% ~ 8%。

质量与质量成本水平分析

灵敏度（R）是描述质量控制成本（预防和鉴定成本）与内外损失成本之间弹性关系的指标，代表单位损失费用减少时所花费的预防和鉴定成本。通过分析灵敏度，可以了解质量投入与产出的变化关系。

R = 报告期质量控制成本 /（报告期损失成本 – 基期损失成本）

结合总质量成本曲线，灵敏度 R 越小，说明需要更多改进；R 越大，表明投入的预防和鉴定成本在降低损失成本方面效果显著，改进越有意义；R 相对稳定，接近或处于适宜区，表示质量成本降低空间不大。

完成质量成本数据的收集和分析后，质量管理部门可编制质量成本报告，以总结质量成本管理活动。质量成本报告的目的是为企业领导和各有关职能部门提供质量成本信息，便于评价质量成本管理效果及质量管理体系的适用性和有效性，确定质量工作重点及质量和成本目标。报告可以是图表式、陈述式或报表式，内容包括：①质量成本数据信息；②质量成本构成、对比和相关经济效益指标分析，以及典型事件分析；③质量成本效益评价和建议。

5.4 作业质量成本管理

5.4.1 作业质量成本计算

在企业竞争日趋激烈的环境下，组织内部管理不断提升的需求日渐强烈，传统质量成本管理显现出明显的局限性。传统质量成本管理的基本特征是以产品为中心，质量成本从产品成本中分离出来，质量成本管理的各个环节主要围绕一定产品的质量成本而展开，对成本发生的本源及其动因缺乏了解（林万祥，2002）。20 世纪 80 年代后，美国出现了以“作业”为核心的成本计算（ABC）和管理应用（ABCM），取得了显著的管理效益，备受西方国家关注。这种新的计算和管理体系为质量成本管理提供了新思路。结合质量管理体系的过程原则，通过对质量作业的确认和划分，将质量成本核算深入到“作业”层面反映企业质量费用情况的方法，被称为作业质量成本法。

作业质量成本法是以作业为核心，确认和计量耗用企业资源的所有作业，将耗用的资源成本准确地计入作业，然后选择成本动因，将所有作业成本分配给成本计算对象（产品或服务）的一种成本计算方法，如图 5.7 所示。该方法将质量有关活动的成本分配到具体的作业、过程、产品和部门，明晰成本的本源，削减非增值、无成本收益的活动成本，把直接成本和间接成本（包括期间费用）作为产品（服务）消耗作业的成本同等对待，拓宽了成本的计算范围，使计算出来的产品（服务）成本更准确真实。

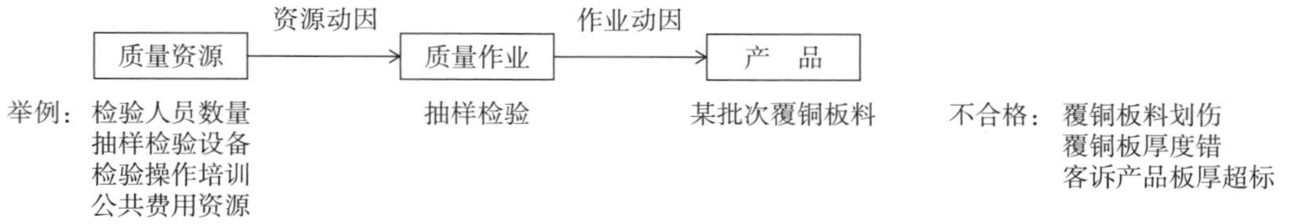

图 5.7　作业质量成本法

作业质量成本计算的基本原理是，以质量作业为对象，按质量作业使用的资源消耗量，计算各个作业的质量成本，并按作业动因将质量作业成本分配到各种产品，以计算产品总质量成本和单位成本。制造过程是由一系列质量作业组成的作业链，每完成一项质量作业都要消耗一定的资源，产品质量成本实际上就是制造和运送产品所需全部质量作业所消耗的资源成本之和。

作业质量成本核算的基本流程如图 5.8 所示，概括如下。

- 识别主要质量作业和质量作业中心。质量作业指企业保证和提高产品质量的活动。在生产部门的几十个，甚至数百个作业过程中，产品制造所需的质量作业很多。因此，识别质量作业时，可依据关键多数原则，识别出主要的质量作业过程，并归类汇总分析各类细小的作业。质量作业中心是指围绕某一重要业务过程的质量关联作业所组成的集合体，一般企业与质量成本管理有关的作业中心包括质量评审作业中心、质量培训作业中心、质量检验作业中心、质量改进作业中心、内部外部故障作业中心、质量管理作业中心和设备维护作业中心等。
- 将质量作业耗费的费用和资源，按“资源动因”分配到质量作业（成本库）。资源动因是资源耗用量与作业量之间的关系。作业耗用资源，作业种类和数量决定着资源的耗用量。收集全部质量费用，包括材料成本要素、工资成本要素、折旧费用要素及构成作业质量成本的其他质量成本要素等，归集到质量作业（成本库）下。
- 将各质量作业中心的成本，按照“作业动因”分配到产品。作业动因是质量作业耗用量与产品产出量之间的关系，各项质量作业是最终产品或服务消耗的方式和原因，其反映了产品或服务消耗作业的情况，同时也作为成本分配到产品中去的标准。

以覆铜板来料检验为例，质量作业为 IQC，职责是对供应商提供的各种材料，依据公司物料检验规范进行全检或抽检，确保只接收合格物料。在这里，送货批次量决定了 IQC 工作量，覆铜板批次量与产品检验工作量之间的关系就是作业动因，不同板料耗费的检查工作时长不同，作业动因体现为检测人员从事检验工作所消耗的工作时间。而产品检验工作量决定需要投入的

① 根据同质性进行归类整理，划分质量作业中心

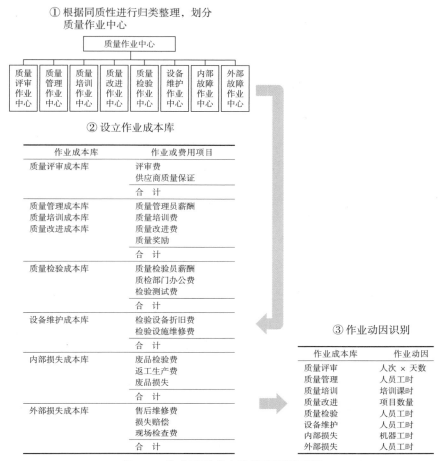

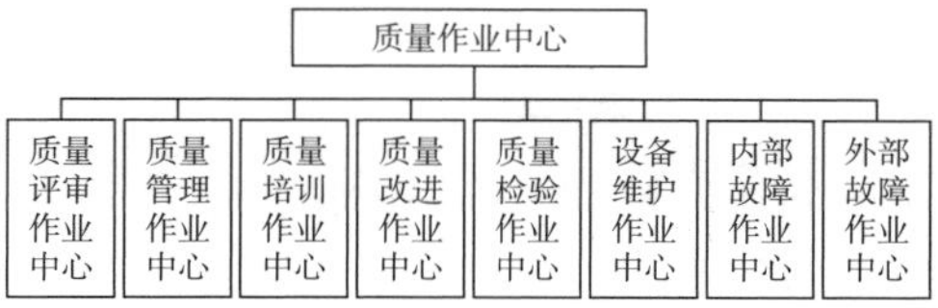

② 设立作业成本库

作业成本库	作业或费用项目
质量评审成本库	评审费 供应商质量保证
	合　计
质量管理成本库 质量培训成本库 质量改进成本库	质量管理员薪酬 质量培训费 质量改进费 质量奖励
	合　计
质量检验成本库	质量检验员薪酬 质检部门办公费 检验测试费
	合　计
设备维护成本库	检验设备折旧费 检验设施维修费
	合　计
内部损失成本库	废品检验费 返工生产费 废品损失
	合　计
外部损失成本库	售后维修费 损失赔偿 现场检查费
	合　计

③ 作业动因识别

作业成本库	作业动因
质量评审	人次 × 天数
质量管理	人员工时
质量培训	培训课时
质量改进	项目数量
质量检验	人员工时
设备维护	人员工时
内部损失	机器工时
外部损失	人员工时

图 5.8　作业质量成本核算流程图示例

检验人员数量和检验工时，检验工作量与人员数量之间的关系就是资源动因。由此，可建立起资源量和产品的关系，即将质量成本与具体产品、过程和部门关联起来。

5.4.2　作业质量成本管理

以“作业”为核心的计算体系和管理体系，是形成作业质量成本管理的前提。作业质量成本管理的基本原理是以作业质量成本计算为中介，动态反映各种质量作业活动，在分析和优化质量作业的基础上，对质量作业及其成本进行动态控制，以提高作业质量成本管理水平。基本步骤如下。

（1）质量作业分析，主要是对质量关联的作业及成本进行分析，判断质量作业活动是增值作业还是非增值作业。对于增值作业，应优化其资源投入和效率；对于非增值作业，应尽量减少和消除，以减小资源消耗，增加企业价值。

例如，对于物料抽样检验，检验鉴定作业不完全属于增值作业，但相较于供应商端的供应链质量管理要求和审核控制，来料检验工作受控性强，能减小来料损失，避免内部损失，从而增加企业价值。因此，这类作业不能简单视为非增值作业而取消，而应不断优化资源投入和效率，使其质量成本达到最优。

（2）成本动因分析。成本动因是驱动成本的本源，质量作业成本动因分析旨在减少、消除低效和无效作业及其耗费的资源，从而优化质量作业和质量成本。

例如，板材厚度选择错误就是一个成本动因。通过因素分析找出产生或影响这一成本动因的各种因素，并制定控制对策，进行有效的作业控制，可以降低作业成本。作业质量成本动因分析在作业质量成本管理中占有重要地位。

（3）建立绩效评价体系。科学的绩效评价体系应体现各个作业中心责权利的统一，以利于作业质量成本管理的持续改善和不断创新。

5.5　质量经济效益分析

5.5.1　质量经济效益的概念和内容

在日常质量管理活动中，质量管理人员常常会遇到一些处理起来颇为棘手的质量问题。例如，生产流程中是否需要设置检验点，以及采用全检还是抽检的产品检验方式；出现不合格品时是否要全部返工返修，还是直接报废更为合理；为提升生产效率，是否应牺牲产品合格率等。这些问题实际上属于质量经济效益评价的范畴，需要从经济效益的角度，应用经济分析的方法对不同质量水平和不同质量管理措施进行分析和评价，从中挑选出能使质量和经济效益达到最佳的质量管理方案（银路，1991）。

经济效益是劳动耗费与所取得的有用成果的比较，简而言之，就是经济活动中投入和产出的比较。一般理解为“投入少，产出多，经济效益就好；反之，经济效益就差”。企业质量经济效益是将质量管理与企业经济效益结合，对质量管理提出更高要求，要求经济地开展质量管理工作，最大限度地创造企业经济效益：提高质量，使得产品的使用价值得到提高，从而扩大市场和产品销量；提高质量，减少报废和返工返修损失；提高质量，减少退货、索赔、降价、客诉处理等损失；研究质量投资的经济性、质量设计的经济性、生产效率的经济性、不合格品处置的经济性，使单位产品成本降低，提高生产效率。

企业质量经济效益分析的内容如下。

- 产品设计过程质量经济性分析：对客户要求的产品质量水平、产品可靠性、产品质量三次设计（系统、参数和容差）、产品质量改进和生产工序能力等进行经济性分析。
- 产品制造过程质量经济性分析：对不合格品率、返修、质量检验、工序控制和生产效率等进行经济性分析。
- 售后服务质量经济性分析：对产品质量与销售利润关系、产品质量与售后费用、保修费用、广告费用和交货期进行经济性分析。

另外，质量与社会经济效益的关系，也是质量经济效益分析的内容之一，包括对提高产品质量为用户带来的直接经济效益分析，和提高产品质量为全社会带来的经济效益的经济性分析。

5.5.2　质量经济效益分析基础

产品质量是生产制造成果在使用价值上的体现，是企业获取经济效益的重要前提。产品质量如果不符合客户的要求，其使用价值就不能得到客户的认可；如果产品质量超出客户的需求，制造过程的耗费就会形成浪费。因此，研究质量水平与经济性的最佳状态具有现实意义。在成本最低、经济效益最高的质量水平下开展质量管理工作，会在良性氛围中得到各方支持，这更有利于质量管理水平的提高和发展。

展开质量经济效益分析，涉及成本、费用、收益、利润等基础财务知识。这里不介绍这些基础知识，但仍强调对多个质量方案进行经济性比较的基本原则。

第一，质量管理的原则是满足客户要求，企业应将客户利益和社会利益置于首位，努力实现企业经济效益、客户利益和社会利益相互统一。

第二，质量优化目标是利润最大化或成本最低。

第三，掌握收入和成本相差的部分。研究 A、B 方案的利润差异，可调查其构成要素的收入与成本的变化：

$$\text{利润}_{A-B} = \text{收入}_{A-B} - \text{成本}_{A-B} \tag{5.7}$$

利润 $_{A-B} > 0$，方案 A 在经济性上占优；利润 $_{A-B} < 0$，方案 B 占优。比较利润或成本时，要关注成本总额或利润总额的变化，切忌使用单位产品的利润和成本平均值计算。

第四，明确比较对象和约束条件。对于经济损益问题，首先应该明确工序能力状态、工作时间、加工时间等各种限制条件，不确定的客观因素将令分析失去意义。比较对象可以是营销收入，可以是利润值等。比较对象不明确的研究容易产生歧义，如涉及不同的时间周期、价格指标体系时，应消除不可比因素后再比较。

对于制造型企业，质量经济效益分析时的生产工序产能状态不同，采用的分析思路和计算方法也不同，了解和掌握短期内生产工序的产能状态至关重要。

- 产能不足状态：受硬件设备、技术水平及管理水平等因素的限制，产能无法满足销售量，如能增加产量，销售收入和利润自然增加。
- 产能过剩状态：受订单量限制，产能可以满足销售量，继续产出也不能增加销售收入，只能增加库存，这时会出现人员、设备等空闲。
- 中间状态：产能不足与过剩之间，产能不足与过剩交替出现。

以 PCB 制造的阻焊工序为例，某阻焊车间每天可生产 1000 片板，每片板的价格为 150 元，板材、油墨等物料的变动成本为 80 元，人工费用为 30 元，折旧费用等固定费用为 20 元，利润为 20 元。如生产板因加工不当而报废，损失有多大?

当工序处于产能不足状态时，每天最大的产出就是 1000 片板，设备等制造能力已经充分发挥，没有多余的产能了，1 片板报废（或所有不合格产品报废），意味着只有 999 片板可以交付下一工序，如果后工序可以全部完成成品，没有再出现质量问题，则销售额会减少 1 片板的收入，即损失 150 元。这说明，工序产能处于不足状态，生产过程中出现不合格报废品，损失的就不仅是一件合格产品的成本，而是一件合格产品的全部销售收入。

当工序处于产能过剩状态时，某天只有 1000 片板的订单，则销售额固定。1 片板报废，可以用最快的速度补投 1 片板（PCB 生产流程较长，实际补投难度极大），最后仍然能交付 1000 片板，那么损失只是这 1 片板的成本及可变费用。当然，在这个案例中，每片板的材料成本为 80 元，而其利润只有 20 元，再投即意味着亏损。在实际生产中，出现一定数量的报废时，是否补投应根据整个订单来权衡。

以下列举几个实际生产中的质量问题处理案例，具体讲解如何进行质量效益分析。

5.5.3　不合格品返工返修或报废处理的经济性分析

在 PCB 工厂中，检验工序对不合格品的处置方式有退货、报废、返工、返修、挑选和特采等。其中，返工是为了使不合格产品符合要求而采取的措施，如外形尺寸不合格经过返工后达到客户要求的控制公差范围；返修是为了使不合格产品满足预期用途而采取的措施，如开路板返修后恢复导电性能。一般认为，除非客户明确不允许对某些类型的缺陷板进行返工返修，不合格品弃而不修是浪费行为，而且工序的产品报废率也会高一些。然而，仅从经济性角度看，这种认识也存在片面性。最基本的判断标准是，返工返修的各种投入总和不应大于新产品生产的投入总和。返工返修的经济性分析，就是从经济角度对返工返修中涉及的各种因素进行综合分析，以提高企业的经济效益。

以单一的阻焊工序为例，某阻焊车间每天可生产 1000 片板，工序不良率为 10%。如出现阻焊面严重污染，可褪除阻焊层后返工，重新丝印（规定只允许进行一次阻焊返工），也可直接报废。采用何种方式处理不良产品，要分析其经济性。

假设每片板价格为 150 元，板材、油墨等物料的变动成本为 80 元，阻焊油墨材料和退除加工费用为 10 元，人工费用为 30 元，折旧费用等固定费用为 20 元，利润为 20 元。

当工序产能过剩时，某天只有 1000 片板的销售订单，每天销售收入是固定不变的，比较生产成本差异即可确认不同处理方式的经济性。生产工序的问题板处理时间充足，褪去污染的阻焊层，再重新丝印一层阻焊即可。此时，人工和设备的费用已经投入，无须重复计算，只需要计算增加阻焊油墨等材料的费用和褪除阻焊层的费用，生产成本为 80×1000=80000（元），10% 的不良品返修成本为 10×100=1000（元），总成本为 81000 元。报废后补投 100 片板的总成本为 80×1000×1.1=88000（元）。可见，报废导致损失增加了 7000 元，补投的实际生产时间也较长，阻焊工序不返修是不明智的。

当工序产能不足时，情况变得复杂。每天最大产出量是固定的，返工也需要消耗有限的产能，这会使工序的实际产出量减小。此时，返工与不返工，工厂生产合格品数量、生产成本和销售收入会随着新生产和返工的产品数量而变化，需要比较返工与不返工的利润。

设每天实际产出 X 片板，返工 $0.1X$ 片板，生产时间固定为 8h（简单起见，不考虑加班）。原来每天可以出货 1000 片板，即每片板的生产时间为 0.48min，返工褪除阻焊的煮板时间较长，不良批次板处理时间按 30min 计算，则每天可实际交付生产板数为

$$0.48X + 0.48 \times 0.1X = 480 - 30$$

$$X = 852$$

$$\text{收入} = 150 \times 852 = 127800\text{（元）}$$

$$\text{成本} = 80 \times 852 + 10 \times 85 + \text{人工费用} + \text{折旧等费用} = 69010 + \text{人工费用} + \text{折旧等费用}$$

$$\text{利润}_{\text{返工}} = \text{收入} - \text{成本} = 58790 - \text{人工费用} - \text{折旧等费用}$$

不返工时，全部作业时间用于新产品，每天实际交付生产板数为 900。

$$\text{收入} = 150 \times 900 = 135000\text{元}$$

$$\text{成本} = 80 \times 900 + \text{人工费用} + \text{折旧等费用} = 72000 + \text{人工费用} + \text{折旧等费用}$$

$$\text{利润}_{\text{正常}} = \text{收入} - \text{成本} = 63000 - \text{人工费用} - \text{折旧等费用}$$

由于人工和折旧的费用相同，因此，可比较返工与不返工处理的利润差异，$\text{利润}_{\text{返工}} < \text{利润}_{\text{正常}}$，说明不返工更明智。

以上例子相较于实际生产环境显得简单，仅限于单一工序。相关价格、费用等数据也因不同工厂、不同产品而异。实际场景下准确的效益分析，必须收集各类生产条件的完整数据，全方位考虑实际生产状况，进行更复杂的测算，才能获得可用于决策的准确分析结论。

5.5.4　提升生产效率导致合格率降低的经济性分析

产品良率是质量管理工作的重要指标之一。不断提升的产品良率，显示了质量工作的成效。企业质量管理部门通常会积极投入人力，排除各种困难，力图获得最佳的质量改进效果。然而，生产部门的感受和评价有时却不甚理想，原因之一可能是质量部门较少考虑质量改进活动的经济利益。毕竟，生产工厂的核心绩效指标是实际产出、销售收入及利润。从经济效益角度看，只有当质量改进的各种投入少于产出提升带来的收入时，工厂才能获得收益。

以单一的阻焊工序为例，某阻焊车间每天可生产 1000 片板，工序不良率为 10%，不良品不返修，直接报废。由于产能不足，决定优化烘板参数和改变丝印方式，以缩短生产时间，提高工序产量 20%，达到每天 1200 片板。但调整参数和工艺后，阻焊工序的产品良率下降，不良率增加到 16%。请分析产量提升后的工序利润变化情况。

假设每片板价格为 150 元，其中板材、油墨等物料的变动成本为 80 元，人工费用为 30 元，折旧费用等固定费用为 20 元，利润为 20 元。

在产能不足状态下，产能提升后，每天合格品增加 1200×（1−16%）−1000×（1−10%）=108 片板，增加收入 $_{B-A}$ =150×108=16200（元）；每天产出增加 200 片板，增加制造成本 $_{B-A}$ =80×200=16000（元）。

根据式（5.7），利润 $_{B-A}$ = 收入 $_{B-A}$ − 成本 $_{B-A}$ =16200−16000=200（元）。显然，产量提升后工序的利润是有增长的，说明工序可以进行产能提升。当然，本案例中人工成本和固定费用都不变，不良板报废、不返修，条件被简化，实际应用还要考虑更多条件。在真实的生产环境中，若利润增长不大，却要付出不良率大幅度提高的代价，那么如何决策主要取决于管理者的意愿。

当工序产能过剩时，每天的销售订单量固定不变，销售收入固定不变，根据式（5.7）比较成本的变化情况即可看到产能提升前后经济性的差异。工序产能提升前，每天实际合格品数量 =1000×（1−10%）=900 片，销售量只能是这么多。产能提升后，由于良率下降，产出合格品数量 =900×［1/（1−16%）］=1071。以每天工作 8h 计算，原每片板加工时间为 0.48min，效率提升 20% 后，总加工时间由 480min 缩短为 428min，节约了 52min。比较生产成本变化，效率提升后，多生产 71 片板，增加成本 71×80=5680（元）。节约的时间所带来的成本降低，能否覆盖增加的成本，决定了效率提升的经济性：节约时间内的水电等费用相应减少，工人是否能安排其他生产任务……

这个案例给质量工程师们的启示至少有两点：①某些条件下产能提升、产品良率下降，从经营角度看不一定意味着经济损失，“产品合格率越高，公司效益就越好”并非绝对正确；②若产能可以提升，则更高产能水平下的良率才是真实的质量水平，如何在更高的产能下将 16% 的不良率降低到 10%，甚至更低才是质量工作的方向。

5.5.5　检验点设置经济性分析

在 PCB 企业中，质量检验依旧是质量管理的主要内容和产品质量控制的重要手段。无论规模大小，PCB 企业都会在生产过程中设置多个检验点，如 AOI 检验、半成品检验、电性能测试和成品终检等。设置这些检验工序的目的是拦截不合格品，防止其继续向下道工序流动，从而避免内部质量损失的扩大和不合格品流出工厂，进而在客户端造成严重的质量事故和质量赔偿。质量检验除了拦截不合格品，还具有反馈工序质量管理状况和工序能力变化等作用。

讨论质量检验的经济性，要综合考虑不合格品带来的内部和外部损失，以及以控制质量检验为代表的鉴定成本，获得最经济的质量检验，即不合格转序或出厂造成的损失，与检验这些不合格品所产生的成本之和最小。

是否设置检验点，取决于其避免的质量损失是否大于设置检验点的费用。PCB 企业的质量检验，一般除了来料检验和部分破坏性检验采用抽检，其他产品检验以全检为主。全检费用为

$$I = n \times i$$

式中，n 为此批板数量；i 为每片板的检验费用。

设产品不良率为 p。显然，n、i 不随不良率 P 变化。若一片不合格板的质量损失为 l，则这批产品的质量损失为

$$L = n \times p \times l$$

对整批生产板进行全检和不检验，付出的检验费用和造成的质量损失的关系如图 5.9 所示。在两线的交点 M，两者相等，$n \times i = n \times p_0 \times i$，$p_0 = i/l$。

当 $p > p_0$ 时，不检验造成的质量损失大于全检费用，设置检验点的经济性更好。

当 $p < p_0$ 时，不检验造成的质量损失小于全检费用，不设置检验点的经济性更好。

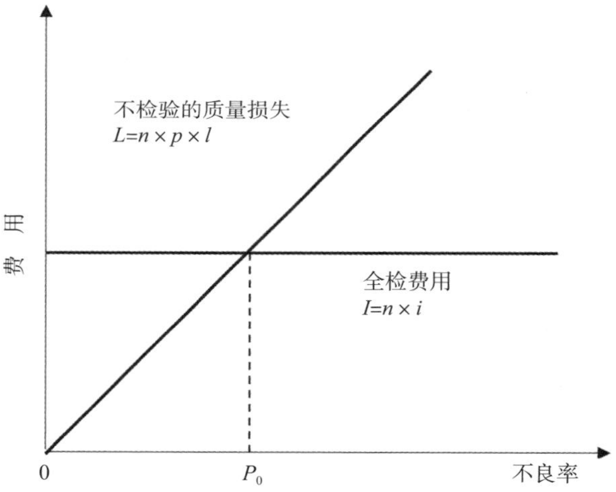

图 5.9　检验的经济平衡点（千住镇雄，1971）

第 6 章
PCB 制造质量管理体系和流程管理

PCB 制造企业完成 ISO 9000 质量管理体系、ISO/IATF 16949 汽车行业质量管理体系、TL 9001 电信行业质量管理体系、ISO 14000 环境管理体系和 ISO 27001 信息安全管理体系等认证，是获得国内外终端客户供应商资格的必要条件之一。商业方面的驱动力促使企业必须推动质量管理体系的建设。从客户的角度看，获得质量体系认证表明供应商具备质量保障能力，能够稳定地提供符合要求的高质量产品。而从 PCB 企业的角度看，质量管理体系认证不仅能够获得客户认可，还可以建立起规范的质量管理模式，带来良好的质量绩效，因此，非常值得投入。

然而，实际情况却不尽如人意。不少企业发现质量管理体系发挥的作用有限，与之前的预期相差甚远。应该认识到，进入规范化发展阶段的 PCB 企业，建立质量管理体系只是工作的起点。编写 SOP 文件只意味着组织开始从管理角度梳理和解决问题。如果管理者不能理解质量管理体系所展现的质量管理理念，不能坚持质量管理体系的基本原则，没有持续推动质量预防，没有积极进行质量改进以获取质量突破（如六西格玛），没有持续实施全面质量管理（TQM）实践，质量管理体系的作用将非常有限。因此，PCB 企业对 ISO 9000 质量管理体系的理解、实施和有效维护至关重要。

本章重点介绍 ISO 9000 质量管理体系的基本概念、基本原理和核心原则，围绕质量管理体系评审与维护、质量管理体系有效性等问题展开讨论，并结合实际案例，讲解流程管理的基本理论和方法。

6.1 ISO 9000 质量管理体系概述

6.1.1 概　述

质量管理体系是由组织结构、岗位和职责、策划、运行、方针、惯例、规则、理念、目标，以及实现这些目标的过程和资源组成的有机整体。ISO 9000 质量管理体系标准，又称 ISO 9000 族标准，由国际标准化组织（ISO）所属质量管理和质量保证技术委员会（TC176）制定。该标准总结了先进企业的质量管理实践经验，在统一质量管理和质量保证的术语和概念，囊括质量形成过程直接影响产品质量的全部要素，以及质量控制和质量保障的全部要素，并归纳具体的质量管理体系方法的基础上形成的。该标准旨在帮助组织建立、实施并有效运行质量管理体系，是质量管理体系通用的要求或指南。实施 ISO 9000 标准，运用系统的思想和方法，有利于组织持续改进，提高产品质量，增强组织的运作能力和质量管理水平。企业拥有健全完善的质量管理体系，会让客户确信其能够满足质量要求，生产的产品质量可以得到充分保证，有利于企业经营业绩的提高和持续健康发展。

ISO 9000族标准最初由西方企业的质量保证活动发展而来。二战期间，许多国家在采购军事装备时，不仅对产品特性提出要求，还对供应商的质量保证提出要求，以确保军用产品满足战争需要。美国是最早发布有关质量保证标准的国家。1959年，美国发布MIL-Q-9858A《质量大纲要求》等一系列针对武器生产和承包商评定的质量保证标准，在全球范围内产生了很大的影响，带动了一些工业发达国家先后制订和发布用于民品生产的质量管理和质量保证标准。20世纪70年代，英国标准协会（BSI）首先开展单独的质量保证体系认证业务，使质量保证活动由第二方审核发展到第三方认证，受到了各方的欢迎，进一步推动了质量保证活动的迅速发展。这期间，尽管质量保证标准已形成趋势，但各国的质量标准含义不同，有时甚至相互矛盾。考虑到1992年欧洲自由贸易协定即将生效，欧洲国家之间及与之有贸易往来的国家之间，质量要求一致成为关键的战略目标，对供方质量体系的审核也成为国际贸易和国际合作的前提，国际标准化组织在1986年颁布了第一版ISO 9000系列标准，包括ISO 8402《质量 术语》；1987年发布了ISO 9000《质量管理和质量保证标准 选择和使用指南》、ISO 9001《质量体系 设计开发、生产、安装和服务的质量保证模式》、ISO 9002《质量体系 生产和安装的质量保证模式》、ISO 9003《质量体系 最终检验和试验的质量保证模式》、ISO 9004《质量管理和质量体系要求 指南》等6项标准，统一了各国的质量管理和质量保证活动。1988年12月，我国宣布等效采用ISO 9000族标准，《质量管理和质量保证》（BG/T 10300）系列国家标准自1989年8月1日起作为推荐性标准在全国正式实施。ISO 9000系列标准在消除贸易壁垒、增进全球贸易繁荣和发展，以及提供有效的质量管理方法，提高产品质量和客户满意度等方面具有积极影响，得到了各国企业的普遍关注和采用。

6.1.2　ISO 9000族标准的构成和演变

ISO 9000质量管理体系诞生至今已超过35年，ISO/TC 176标准已更新到第5版。表6.1列举了ISO 9000族标准1987版、1994版、2000版、2008版和2015版的核心标准内容。2000版后的ISO 9000族标准更符合当代企业的管理理念及市场环境要求，核心标准包括ISO 9000

表6.1　ISO 9000族标准

1987版	1994版	2000版	2008版	2015版
ISO 8402：1986《质量管理和质量保证 术语》	ISO 8402：1994《质量管理和质量保证 术语》	ISO 9000：2000《质量管理体系 基础和术语》	ISO 9000：2005《质量管理体系 基础和术语》	ISO 9000：2015质量管理体系 基础和术语
ISO 9000：1987《质量管理和质量保证标准 选择和使用指南》	ISO 9000-1：1994《质量管理和质量保证标准 第1部分：选择和使用指南》	ISO 9001：2000《质量管理体系 要求》	ISO 9001：2008《质量管理体系 要求》	ISO 9001：2015 质量管理体系 要求
ISO 9001：1987《质量体系 设计开发、生产、安装和服务的质量保证模式》	ISO 9001：1994《质量体系 设计、开发、生产、安装和服务的质量保证模式》	ISO 9004：2000《质量管理体系 业绩改进指南》	ISO 9004：2009《可持续性成功的管理 质量管理方法》	ISO 9004：2018《质量管理 组织的质量 实现持续成功指南》
ISO 9002：1987《质量体系 生产和安装的质量保证模式》	ISO 9002：1994《质量体系 生产、安装和服务的质量保证模式》	ISO 19011：2000《质量和（或）环境管理体系审核指南》	ISO 19011：2002《质量和（或）环境管理体系审核指南》	ISO 19011：2018《管理体系审核指南》
ISO 9003：1987《质量体系 最终检验和试验的质量保证模模式》	ISO 9003：1994《质量体系 最终检验和试验的质量保证模式》			
ISO 9004：1987《质量管理和质量体系要素 指南》	ISO 9004-1：1994《质量管理和质量体系要素 第1部分：指南》			

《质量管理体系 基础和术语》，表述了质量管理体系的基础知识，并规定了质量管理体系术语；ISO 9001《质量管理体系 要求》，规定了对质量管理体系的要求，供组织在需要证实其具有稳定提供适用客户和法律法规要求的产品的能力时应用；ISO 9004《质量管理 组织的质量 实现持续成功指南》，帮助组织通过实施更广泛和深入的质量管理体系来获取可持续的利益；ISO 19011《质量和（或）环境管理体系审核指南》，提供了审核质量管理体系和环境管理体系的指南。以下针对不同版本的质量管理体系标准，就核心理念、基本原理、主要变化和局限性等方面进行说明。

1987 版和 1994 版 ISO 9000 族标准将质量定义在其专业范围内，被看作产品技术规范。质量环是建立质量体系的基本原理和理论模式，强调“说我所做，写我所说，做我所写”，制定程序文件、作业文件和质量记录，并应用先进的管理工具和技术，采取强有力的措施来提高作业质量以保证产品质量。明确提出质量要素结构，产品质量形成全过程共有 11 个直接要素：营销质量、设计和规范质量、采购质量、生产质量、生产过程的控制、产品检验、售后服务、搬运 / 储存 / 包装、标志和安装、测量和试验设备的控制、不合格品的控制、纠正措施等。支持与保障要素共 9 个：质量文件和记录、人员、质量成本的考虑、产品安全和责任、统计方法的应用、组织结构、质量职责和职权、质量体系审核、质量体系的评审和评价。

1994 版 ISO 9000 族标准是对 1987 版标准的有限修订，主要标准结构和理论保持不变，引入了新的概念，如过程和过程网络、受益者、质量改进、产品（硬件、软件、流程性材料和服务）等。早期 ISO 9000 族标准提出了三种质量保证模式，主要针对生产硬件产品的企业，尤其是规模较大的企业。将质量管理体系贯穿于产品质量形成的全部过程，强调检验、控制不合格品、文件化，反映出传统的“质量是检验出来的”质量控制手段。更多地强调质量管理体系的符合性，缺少对客户满意或不满意信息的监视，有局限性。

进入 21 世纪，全球经济快速发展，“变革”和“创新”成为企业经营的主题。2000 版 ISO 9000 族标准首次进行重大调整，标准内容上不再使用“质量保证”概念，标准结构与其他管理系统兼容，与 ISO 9004 标准协调一致。质量管理体系建立的理论模型采用“过程方法”，强调过程导向，不再使用要素分类的方法，20 个质量管理体系要素分别归类于管理职责、资源管理、产品实现、测量、分析和改进五个模块。首次提出八项质量管理原则，其中“以客户为关注焦点”，以客户满意作为评价质量管理体系绩效的重要手段；强调最高管理者的作用；突出“持续改进”是改进质量管理体系的关键。这些原则高度概括了质量管理的一般规律，有利于企业理解和重点实施。该版标准不仅针对某种产品生产，对硬件、软件和服务企业都具有普遍适用性。

2008 年，ISO 推出新版 ISO 9001 标准，质量管理体系上无大的修改。特别要指出的是，该版标准增列了信息系统内容，明确组织的信息系统已是影响组织管理体系运作和满足客户要求的重要因素，信息技术对质量管理的影响开始显现。2008 版 ISO 9004 标准则进行了较大修订，强化 ISO 9000 体系在质量绩效方面的引导，由“业绩改进指南”迈向“持续成功管理”。提出体现组织发展方向和文化核心的“使命、愿景和价值观”，强调应对不断变化的环境，进行战略制定和部署，建立 KPI 系统，系统地提出了“标杆对比”，强化创新和学习。2000 版和 2008 版 ISO 9000 族标准的修订是成功的，吸引了全球更多的企业积极投入到贯彻质量管理体系标准的实践中。但 ISO 9004 缺乏对关键要素“战略”的关注，缺乏对绩效结果的水平、趋势、对比和整合方面的成熟度要求，缺乏对营造组织文化环境、组织治理以及社会责任方的系统要求，缺乏对组织持续成功至关重要的“客户与市场”和“经营结果”的要求，对卓越绩效的要求存在局限性。

ISO 9001：2015 于 2015 年 9 月正式发布，较之前版本进行了重大调整。其目标是为未来 10 年乃至更长时间，打造一套核心要求稳定的质量管理体系标准。考虑到质量管理体系自 2000 年来的变化，打造一套语言简洁易懂、与其他管理体系兼容和统一、能够促进组织有效实施和评定的质量管理体系，使体系运行和企业运行紧密联系，使企业在体系运行中真正受益，把关注焦点继续保持在有效的过程管理上。

与前版本相比，ISO 9001：2015 的关键变化如下。

（1）结构变化。为了更好地与其他管理体系标准结构保持一致，章节顺序采用符合 PDCA 循环的高阶结构，包括 10 章：范围、引用标准、术语和定义、组织环境、领导作用、策划、支持、运行、绩效评价、持续改进，见表 6.2。

（2）新增内容变化。新增组织环境条款，组织要认清其独特的内外部生存环境，清晰组织的定位，才能抓住环境变化带来的机遇并经受与组织环境有关的风险考验；新增组织的知识条款，组织不仅需要对文件进行管理，还需要对组织的知识进行管理，着重组织知识的传递。

（3）管理原则变化。原八项质量管理原则修订为七项管理原则。

（4）成文信息要求变化。新版标准不再强制要求质量手册和程序文件等形式的质量管理体系文件，以及各种质量活动的“记录”，统一用“形成文件的信息”取而代之。组织的质量管理体系应包括标准要求的形成文件的信息，和组织确定的为确保质量管理体系有效性所需的形成文件的信息。对于不同组织，质量管理体系形成文件的信息的多少与详略程度可以不同，这对于组织“文件化”的要求更加灵活，强调组织需要的是“文件化的质量管理体系”，而不是“文件的体系”，更加注重动作产生的结果和记录的证据性、灵活性和多样性。

（5）继续强化的要求。强化领导的作用，新版标准不再要求设置“管理者代表”，而是要求最高管理者亲身参与、支持和领导质量管理体系的活动，强调结果和绩效。

表 6.2　各个版本 ISO 9001 标准条款对比

1987 年	1994 年	2000 年	2008 年	2015 年
1 范围和应用领域 2 引用标准 3 定义 4 质量体系要求 4.1 管理职责 4.2 质量体系 4.3 合同评审 4.4 设计控制 4.5 文件控制 4.6 采购 4.7 客户提供产品的控制 4.8 产品标识和可追溯性 4.9 过程控制 4.10 检验和试验 4.11 检验、测量和试验设备 4.12 检验和试验状态 4.13 不合格品的控制 4.14 纠正和预防措施 4.15 搬运、储存、包装、和交付 4.16 质量记录 4.17 内部质量审核 4.18 培训 4.19 服务 4.20 统计技术 4.17 内部质量审核	1 范围 2 引用标准 3 定义 4 质量体系要求 4.1 管理职责 4.1.1 质量方针 4.1.2 组织 4.1.3 管理评审 4.2 质量体系 4.2.1 总则 4.2.2 质量体系程序 4.2.3 质量策划 4.3 合同评审 4.3.1 总则 4.3.2 评审 4.3.3 合同修订 4.3.4 记录 4.4 设计控制 4.4.1 总则 4.4.2 设计和开发的策划 4.4.3 组织和技术接口 4.4.4 设计输入 4.4.5 设计输出 4.4.6 设计评审 4.4.7 设计验证	1 范围 2 引用标准 3 术语和定义 4 质量管理体系 4.1 总则 4.2 文件要求 4.2.1 总则 4.2.2 质量手册 4.2.3 文件控制 4.2.4 记录控制 5 管理职责 5.1 管理承诺 5.2 以客户为关注焦点 5.3 质量方针 5.4 策划 5.4.1 质量目标 5.4.2 质量管理体系策划 5.5 职责、权限与沟通 5.6 管理评审 6 资源管理 6.1 资源提供 6.2 人力资源 6.2.1 总则 6.2.2 能力、意识和培训 6.3 基础设施 6.4 工作环境 7 产品实现	1 范围 2 引用标准 3 术语和定义 4 质量管理体系 ……	1 范围 2 引用标准 3 术语和定义 4 组织环境（增加） 4.1 理解组织及其环境 4.2 理解相关方的需求和期望（增加相关方的概念） 4.3 确定质量管理体系范围（强调界定质量管理体系的范围） 4.4 质量管理体系及其过程（原来为大项） 5 领导作用（增加，强调领导作用） 5.1 领导作用和承诺 5.2 方针 5.3 组织的岗位、职责和权限（取消管理者代表） 6 策划（增加，原来为小项，质量管理体系也需要整体策划） 6.1 应对风险和机遇的措施（策划时，要关注风险和机遇） 6.2 质量目标及其实现的策划（增加新内涵，更关注实施的策划） 6.3 变更的策划（有计划 / 有系统地变更，评估变更的风险）

续表 6.2

1987 年	1994 年	2000 年	2008 年	2015 年
4.18 培训 4.19 服务 4.20 统计技术	4.4.8 设计确认 4.4.9 设计更改 4.5 文件和资料控制 4.5.1 总则 4.5.2 文件和资的料批准和发布 4.5.3 文件和资料的更改 4.6 采购 4.6.1 总则 4.6.2 分承包方的评价 4.6.3 采购资料 4.6.4 采购产品的验证 4.7 客户提供产品的控制 4.8 产品标识和可追溯性 4.9 过程控制 4.10 检验和试验 4.10.1 总则 4.10.2 来料检验和试验 4.10.3 过程检验和试验 4.10.4 最终检验和试验 4.10.5 检验和试验记录 4.11 检验、测量和试验设备的控制 4.12 检验和试验状态 4.13 不合格品的控制 4.14 纠正和预防措施 4.15 搬运、储存、包装、防护和交付 4.16 质量记录的控制 4.17 内部质量审核 4.18 培训 4.19 服务 4.20 统计技术	7.1 产品实现的策划 7.2 与客户有关的过程 7.2.1 与产品有关要求的确定 7.2.2 与产品有关要求的评审 7.2.3 客户沟通 7.3 设计和开发 7.3.1 策划 7.3.2 输入 7.3.3 输出 7.3.4 评审 7.3.5 验证 7.3.6 确认 7.3.7 更改 7.4 采购 7.4.1 采购过程 7.4.2 采购信息 7.4.3 采购产品的验证 8 测量、分析和改进 8.1 总则 8.2 监视和测量 8.2.1 客户满意 8.2.2 内部审核 8.2.3 过程的监视和测量 8.2.4 产品的监视和测量 8.3 不合格品控制 8.4 数据分析 8.5 改进 8.5.1 持续改进 8.5.2 纠正措施 8.5.3 预防措施		7 支持（增加） 7.1 资源（原来为大项） 7.2 能力 7.3 意识 7.4 沟通（原属于质量管理体系，现属于支持） 7.5 形成文件的信息 8 运行（增加，不仅限于产品实现） 8.1 运行策划和控制 8.2 产品和服务的要求 8.3 产品和服务的设计和开发 8.4 外部提供过程、产品和服务的控制 8.5 生产和服务提供 8.6 产品和服务的放行 8.7 不合格输出的控制 9 绩效评价（增加，原为“测量 / 分析和改进”） 9.1 监视、测量、分析和评价 9.2 内部审核 9.3 管理评审（原来属于策划） 10 持续改进（增加，原来为小项，改为大项，强调持续改进的重要性） 10.1 总则 10.2 不合格和纠正措施

综上所述，ISO 9000 质量管理标准一直秉持“持续改进”的原则，不断反思质量管理和质量体系中存在的问题。在吸收大量质量管理实践经验基础上，从最早的一个产品的质量保证方法，逐渐发展成一套成熟的质量管理理论体系。将经济、技术、社会和环境四个方面确定为社会变革的主要驱动因素，ISO 期望通过监测这四个主要驱动因素，规避风险、抓住机遇，继续将国际标准提升为未来支持可持续发展转变的重要工具。

国际标准化组织在《ISO 战略 2030》中提出，ISO 的愿景是“让生活更便捷、更安全、更优质”，使命是“通过成员及其利益相关方，ISO 将人们聚集在一起，就应对全球挑战的国际标准达成一致”，三大目标是“ISO 标准无处不在、满足全球需要、倾听所有意见”。由此可见，ISO 作为国际标准化活动最活跃、影响力最大的国际标准化组织，未来 10 年标准化工作的努力方向是通过制定国际标准，支持全球贸易，推动包容和公平的经济增长，推动创新，让人类生活更加安全和优质。

6.2 ISO 9000 质量管理体系核心概念

ISO 9001：2015 的核心概念有以下三个。

- 过程方法：要求组织对每一个工作过程进行分析，包括分析输入和输出、需要投入的各种资源，并编写过程文件以指导作业。同时，组织应进行 KPI 考核以评估过程的绩效。
- 使用 PDCA 循环管理过程和体系。

· 基于风险的思维：要求组织确定需要应对的风险和机遇，并将其作为其他策划的输入。组织应确保整个质量管理体系考虑了对组织和用户的所有重要的风险，并策划、实施应对风险和利用机遇的措施。

6.2.1　过程方法

过程（process）是利用输入产生预期结果的一组相互关联或相互作用的活动，如生产产品或向内外客户提供服务等。

· 过程的“预期结果”称为输出，可根据相关语境称为产品或服务。
· 一个过程的输入通常是其他过程的输出，而一个过程的输出通常又是其他过程的输入。
· 两个或两个以上相互关联或相互作用的连续过程也可视为一个过程。
· 为增加价值，组织通常规划并控制过程以确保其受控运行。
· 对形成的输出难以或不经济地确认合格的过程通常被称为“特殊过程”。

从企业的角度看，过程是特定活动的集合，从输入（资源）开始，经过一系列活动及其相互关系，最终得到输出（目的）。这些活动在时间上存在先后或并行的关联，逻辑上存在决定或促进的相互作用。通过这些活动和关系，输入被转化为预期结果（输出），输出要考虑有效性。在现代企业中，几乎每个重要活动都涉及跨越多个传统组织职能的过程，如订单执行过程、生产设备购买过程等。过程的基本要素包括过程所有者、过程目标、职责和权限、过程绩效、过程风险。

过程概念的模型如图 6.1 所示。y 是 x 的函数，即

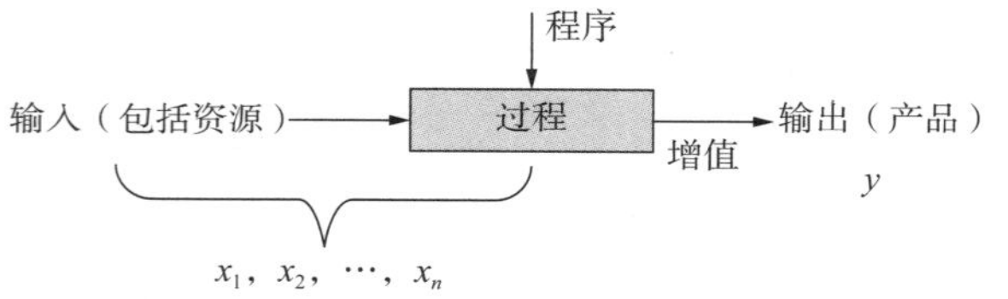

图 6.1　过程示意图

$$y = f(x_1, x_2, \cdots, x_n) \tag{6.1}$$

式中，y 是因变量，代表结果变量；x 是自变量，是独立因素，代表输入变量或过程变量。另外，关键过程输入变量称为 KPIV，关键过程输出变量称为 KPOV。

式（6.1）表明，输出结果变量受到输入变量的影响。过程输入可以是人员、设备和物料，也可以是决策和信息等独立因素——可分为可控因素和噪声因素，即不可控、不期望控制或控制费用昂贵的因素。

过程具有如下特性。

· 增值性。一个过程的输出价值大于输入价值，这被视为增值。组织的过程应具有增值性，非增值的过程需要进行优化或删除。增值过程可分为直接增值过程和间接增值过程。
· 层次性。过程可以根据活动数量分级分层，包括若干“子过程”。如前所述，PCB 制造流程通常可分为工序级、工步级、机台级和动作级。这种分级有助于过程控制和管理，层级越细，风险分析越细致，缺陷控制也越精细。
· 相关性。一个过程的输出是另一个过程的输入，形成过程网络。过程的输入和输出可以是一种，也可以是多种。组织运行的过程既有横向的产品价值链，也有纵向的管理活动链，最终形成一个过程网络。过程并不是孤立的存在，如果某个过程的输出达不到要求，必定会对下一过程产生不利影响，甚至会殃及整个过程系统的输出。因此，运用过程方法要从全局的角度来看待各个过程、子过程。

- 动态性。过程中的活动具有时序关系。
- 黑箱性。根据控制者对过程的了解程度，过程可分为黑箱、灰箱和白箱。黑箱是基本不了解或不能了解的过程，灰箱是大致了解或了解一部分的过程，白箱是基本了解的过程。组织应利用过程方法、先进技术探索和分析过程，以不断加强满足客户要求和提供产品的能力，实现组织目标和持续改进。

过程方法是管理和理解构成体系相互作用的过程，有助于更有效地产出稳定和可预测的结果。通过识别和管理组织所应用的过程，建立和实施适宜、充分和有效的质量管理体系，可以实现满足客户要求的结果，推动质量策划、设计、控制、检验和改进活动，从而实现组织目标和不断进步。

组织采用过程方法的具体内容：识别所有组织内应用的过程；确定过程所需的输入和输出；确定过程的顺序和相互作用；确定制度准则和方法，确保过程的运行和有效控制；确定并确保获得过程所需的资源；规定与过程相关的职责和权限；风险和机遇应对；评价过程，实施所需的变更，以确保过程预期的结果实现；改进过程和质量管理系统。

对过程模式进行分析、衡量和改进，以及对过程的经济性进行测算和分析，一般采用过程模式作业表（process model worksheet，PMW），又名“乌龟图”，如图 6.2 所示。PMW 以过程为基点，清晰展现了过程的输出、输出的结果和绩效要求，过程的输入和输入要求，以及“如何做”（how）、“使用什么资源”（what）、“由谁实施”（who）、“如何测量”（check）等要素。

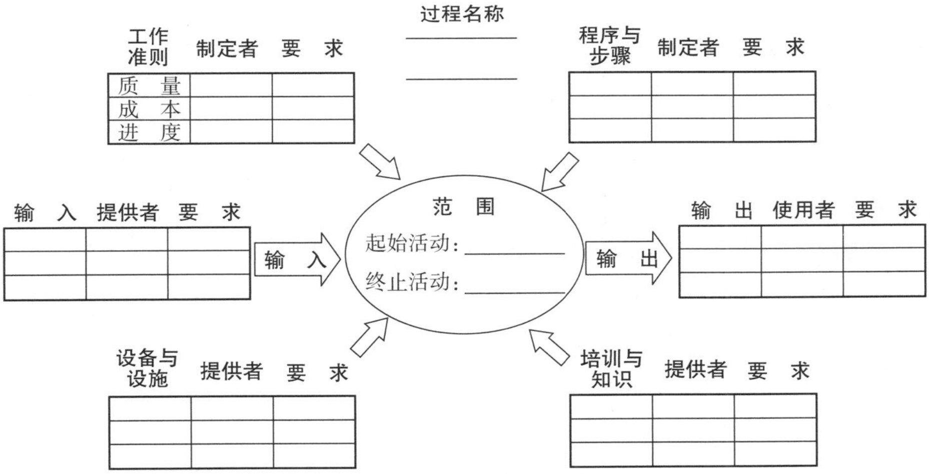

图 6.2 过程模式作业表

绘制一个实际工作过程的 PMW，第一步是明确过程名称，并确定过程的范围，包含单一或多个活动的工作任务过程，从起始活动到终结活动即为过程范围。第二步是完成输出部分，确定工作过程中所期望的输出、输出的使用者和要求。特别要注意的是，很多时候，人们习惯于在项目开始后，先考虑输入资源是否充足，而不是先明确输出及其要求，这往往会导致使用者的要求无法达成或造成资源浪费。

过程方法始于目标确定，终于目标实现，强调过程管理对目标的支持作用。其特点和价值在于组织识别过程以目标为导向，任何过程都应向其内部和外部客户提供符合要求的产品或服务，紧密围绕客户要求达成投入活动和资源。对目标实现情况进行考核和持续改进，每个过程都应如此，整个工作过程才会紧紧围绕客户要求展开，组织的目标实现才有保障，组织整体绩效才能螺旋式上升。

第三步是完成输入的内容。设施与装备类的输入包括工具、机器或其他装备，以及完成工作过程所需的设施。工作准则类的输入是关于质量、成本和进度的判定标准。有时成本和进度的标准会与质量标准产生冲突，工作准则就是参与工作过程的人们处理这种冲突时所持有的态度。程序与步骤类的输入包括工作过程自身的描述内容以及操作方法，包括任务指令、程序制度、作业指导书、控制要求和设备操作规程等。培训与知识类的输入包括知识、技能、能力、任职资格、岗位培训，以及完成工作过程所必需的经验。

采用衡量作业表，可以对过程模式进行衡量，分析输出是否符合要求及差距，并判定各项输入是否符合要求，从而制定或优化预防措施。衡量针对过程模式作业表中的具体“要求”展开，过程中主要或关键的“要求”需要衡量，未被满足的“要求”也需要衡量。

衡量作业表可细化为以下 11 步。

（1）要衡量什么过程？

（2）衡量过程中的哪一部分、哪一要求？

（3）为什么选择这个部分或这个要求？

（4）收集哪些数据？

（5）由谁负责收集数据？

（6）要用哪种图表示？

（7）由谁负责记录信息？

（8）谁需要定期获知这些数据？

（9）要如何将信息传达给上述指定人员？

（10）谁应该依据信息负责采取行动？

（11）谁应该负责该行动的跟踪检查？

总之，质量管理体系过程方法的应用宗旨是满足客户要求，增强客户满意度。组织要从增值的角度评价过程，努力实现过程绩效和过程有效性的结果，并基于客观的测量持续改进过程。6.5 节将重点讲解过程（流程）管理相关理论及其与 ISO 9000 质量管理体系的结合应用。

6.2.2 PDCA 循环

PDCA 循环，即计划（plan）—执行（do）—检查（check）—行动（act）循环的程序模式，是质量管理的基本方法。这是一种有效开展任何工作的合乎逻辑的程序，是对科学管理程序的高度概括，具有普遍适用性。PDCA 循环最早由著名质量管理专家休哈特提出，后由戴明博士发展和普及，因此也称为“戴明环”。PDCA 循环分为四个阶段。

· 计划（P）：制定行动计划，根据客户要求和组织方针配置资源，设定目标和行动计划。
· 执行（D）：按照计划实施具体的行动，将策略和方案付诸实践。
· 检查（C）：根据方针、目标和要求，监视和测量过程、产品和服务，并报告结果。
· 行动（A）：采取措施，以持续改进过程。

利用 PDCA 循环解决问题的八个步骤如下。

（1）分析现状：找出存在的质量问题，确认问题，收集和组织数据，设定目标和测量方法。

（2）分析原因：分析产生质量问题的各种原因或影响因素。

（3）找出主要因素：确定影响质量的主要因素。

（4）制定措施：针对质量问题的主要因素，提出行动计划，寻找可能的解决方案，组织测试并依据结果做出决策。

（5）实施行动：按照既定计划执行措施（协调和跟进），并收集过程和结果数据。

（6）评估结果：分析数据，评估执行结果，确认措施的有效性，标准化新的操作标准。

（7）标准化和推广：为巩固成果，采取措施以保证长期有效性，将新规则文件化，设定程序和衡量方法，分享成果和经验。

（8）提出新问题：将尚未解决的问题转到下一个 PDCA 循环，螺旋式提升。

2015 版质量管理体系推荐采用 PDCA 循环，并将其应用于质量管理体系全过程，结合过程方法和基于风险的思维，构建 ISO 9001：2015 标准。图 6.3 显示了基于 PDCA 循环的质量管理体系模型。

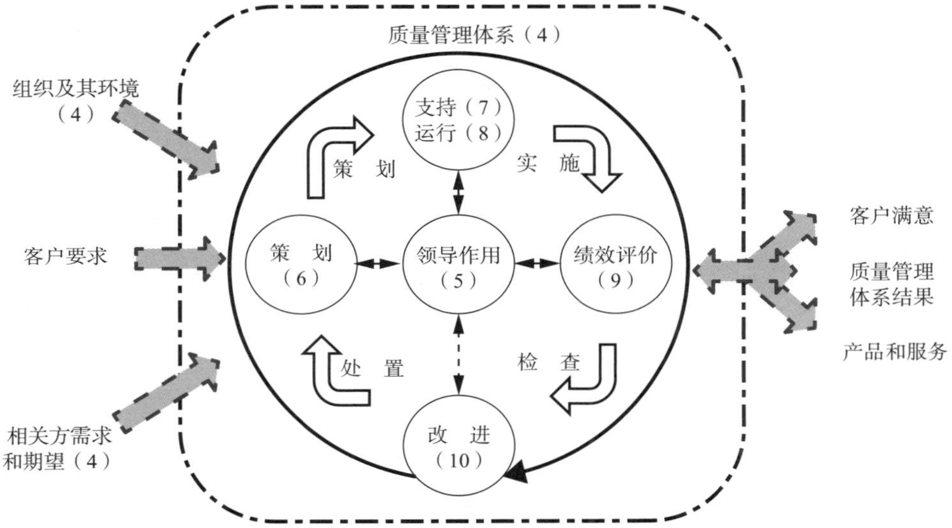

图 6.3　基于 PDCA 循环的质量管理体系模型

计划（P）

ISO 9001：2015 标准的第 6.0 条明确提出了策划要求。

- 6.1 在策划质量管理体系时，组织应考虑第 4.1 条所描述的因素和第 4.2 条所提及的要求，确定需要应对的风险和机遇。组织应策划应对这些风险和机遇的措施，实施这些措施，并评价措施的有效性。
- 6.2 组织应对质量目标及其实现进行策划。在策划质量管理体系时，需要设定相关职能、层次和过程的质量目标。实现质量目标时，需明确采取的措施、所需资源、负责人、完成时间及如何评价。
- 6.3 当组织确定需要对质量管理体系进行变更时，此类变更应经过策划并系统地实施（见第 4.4 条）。

在策划活动中，需要充分关注组织的环境，相关条款如下。

- 4.1 理解组织及其环境。

- 4.2 理解相关方的需求和期望。
- 4.3 确定质量管理体系的范围。
- 4.4 质量管理体系与过程方法。

执行（D）

ISO 9001：2015 标准的第 7.0 条和第 8.0 条明确提出了支持和运行的要求。

- 7.1 组织应评估现有内部资源的能力和约束，以及需要从外部供方获得的资源情况，以便为建立、实施、保持和持续改进质量管理体系提供所需资源，包括人员、基础设施、过程运行环境、监视和测量资源及知识等方面。除了资源，组织还需确保质量管理相关人员的能力、意识、沟通和形成文件的信息等方面的适当性。
- 8.0 组织在运行策划及控制、产品及服务的要求、产品及服务的设计及开发、外部提供过程、产品及服务的控制、生产及服务提供、变更控制，以及不符合输出的控制等方面实施运作管理的注意要点。

检查（C）

ISO 9001：2015 标准第 9.0 条提出了组织测量的要求。

- 9.1 监视、测量、分析和评价。组织应确定监视和测量的对象、实施监视和测量的时机，以及有效的监视、测量、分析和评价方法，特别是应监视客户对其要求和期望获得满足程度的感受。
- 9.2 内部审核。组织应按照策划的时间间隔进行内部审核，以确认质量管理体系的符合性，并评估其对组织质量目标的影响和过往审核的不合格项的改善情况。
- 9.3 管理评审。最高管理者应按策划的时间间隔对组织的质量管理体系进行评审，以确保其持续保持适宜性、充分性和有效性，并与组织的战略方向一致。

行动（A）

ISO 9001：2015 标准第 10.0 条提出了持续改进的要求。组织应确定和选择改进机会，并采取必要的措施，以满足客户要求和增强客户满意度。这包括对不合格项的改进，以及对质量管理体系的改进，以确保其具备适宜性、充分性和有效性。

特别要强调的是，任何 PDCA 循环在改进阶段都应超越原始的运行范围，形成螺旋式上升的轨迹。最终实现的效果如图 6.3 所示，“改进”的圆环超出 PDCA 循环的边界，显示出持续改进和优化的效果。

6.2.3 基于风险的思维

风险管理

ISO 9000：2015《质量管理体系 基础和术语》对风险（risk）的定义：不确定性的影响。

- “影响”是指偏离预期，可以是正面的或负面的。
- “不确定性”是指事件及其后果或可能性信息缺失或仅了解片面的状态。
- 通常用潜在事件和后果，或者两者的组合来表现风险的特性。
- 通常用事件后果（包括情形的变化）和相应事件发生可能性的组合来表示风险。
- “风险”一词有时仅在有负面结果的可能性时使用。

对风险定义的正确理解，需要分清问题和风险的差异。风险具有不确定性，通常需要采取控制措施来降低风险发生的可能性或严重性，从而减小风险事件的影响。而问题是确定的，通过制定和采取恰当的措施可以彻底解决问题，使之不再发生。

根据风险的定义，风险事件发生的可能性（概率）和事件发生的后果（影响）是决定风险等级的关键要素。两者相乘得到风险系数，可以用来对风险进行量化评估。对于一个项目或一个过程，可以识别出多个风险事件，既要关注单个风险等级，还要关注所有风险累加后造成的总体影响——项目 / 过程总体风险等级。

风险管理是一系列指挥和控制风险的协调活动，包括对风险的识别、评估、评价和有效控制，通过优化组合各种风险管理技术，妥善处理风险所致的结果，以最小的成本实现最大保障，这是组织所有活动的一部分。国际标准 ISO 31000：2009《风险管理原则与指南》和 IEC/ISO 31010：2009《风险管理风险评估技术》规定了风险管理的 11 项原则、框架和流程（图 6.4），并介绍了风险评估技术的选择及应用，适用于各行各业不同规模组织的风险管理。

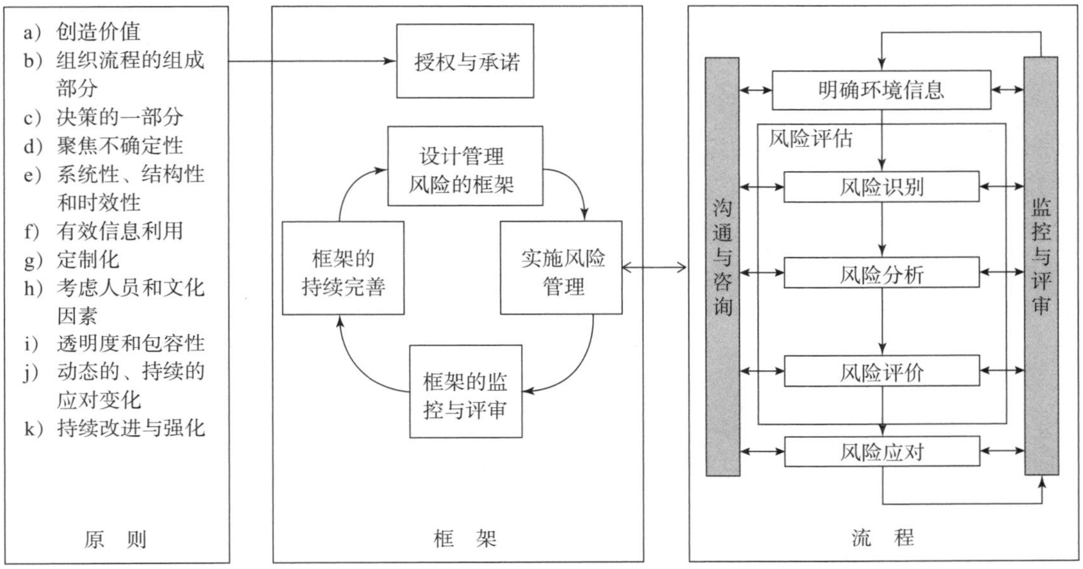

图 6.4　风险管理原则、框架和风险管理流程的关系

风险评估过程由风险识别、风险分析及风险评价构成。通过风险评估，管理者及有关各方可以更深刻地认识哪些风险可能影响组织目标实现，以及现有风险控制措施的充分性和有效性，为确定最合适的风险应对方法奠定基础。

在风险识别环节，识别可能对目标产生重大影响的风险源、影响范围、事件及其原因和潜在的后果。可采用文档审查、SWOT 分析、专家判断、信息收集技术、核对表分析、图解技术、假设分析、核对单分析等技术和工具。识别出的风险可记录在风险登记册中。

在风险分析环节，要分析导致风险的原因和风险源、风险后果及其发生的可能性，识别影响后果和可能性的因素，以确定风险等级。风险的等级不仅取决于风险本身，还与现有风险控制措施的充分性和有效性密切相关。风险分析可以是定性的、半定量的、定量的或它们的组合。定性风险分析的工具和技术有风险概率和影响评估、概率和影响矩阵、风险数据质量评估、风险分类、风险紧迫性评估、专家判断等。定量风险分析的工具和技术有数据收集和展示技术、定量风险分析和建模技术、专家判断等。

在风险评价环节，依据最低合理可行性（ALARP）原则，工业领域的风险可划分为高、中、低三个等级。对于高风险，必须不惜代价进行风险应对；对于中风险，应对应考虑成本与收益，并权衡机遇与潜在结果；对于低风险，无须采取应对措施。企业也可以根据自身产品和服务特点，制定风险评价标准。

根据风险评价的结果，应对方式有规避风险、转移风险（分担风险）、消除风险源、缓解风险、接受风险。每种风险应对策略，要根据风险的发生概率和对过程总体目标的影响来确定。规避和减轻策略通常适用于高影响的严重风险，而转移和接受策略则更适用于低影响的不太严重的风险。

质量管理中基于风险的思维

2015 版 ISO 9000 标准首次提出了“基于风险的思维”概念，要求企业在质量管理体系内创建风险评估流程，倡导企业树立“基于风险的思维”文化。对比 2008 版标准的“8.5.1 持续改进”“8.5.2 纠正措施”“8.5.3 预防措施”，新版标准有了明显变化。从标准结构上看，老版标准的“8.5 改进条款”列于文件最后部分，即质量改进阶段，而新版标准在策划阶段即提出组织需要识别风险和机遇，并制定应对措施。在组织最高层面和活动最早期，就要开始应对风险，这充分体现了预防为先的理念。

从对象范围上看，纠正措施和预防措施主要关注产品或制造过程中的不合格、不符合，而风险思维不仅针对产品和制造过程，还关注组织经营各方面的隐患，如财务风险、市场风险、供应链风险、人才培养风险和技术创新风险等。从产品质量到作业质量，从不合格到风险，组织的每个过程均可能存在不同程度、不同性质的风险，对象范围扩大有助于企业发现经营中的更多隐患。

从应对处理上看，预防的对象就是风险，不合格、不符合是风险已经发生的结果，已经发生再进行预防明显是事后行为，损失已经产生。ISO 9001：2015 标准提出“基于风险的思维”的核心理念是主动、积极行动，在风险还没发生时就开始识别、分析风险，制定控制措施，预防或降低风险的发生。

将“基于风险的思维”与“过程方法”的管理原则，一起融入质量管理体系及具体的某个过程（参考图 6.1）之中，是实现质量管理体系有效性的基础。ISO 9001：2015 质量管理体系中已嵌入完整的 PDCA 循环结构：计划（P）阶段要求识别和应对风险和机遇；执行（D）阶段要求执行策划中的风险控制措施；检查（C）阶段要求检查风险控制措施落实情况，进行风险评估；行动（A）阶段要求依据风险接受准则对风险是否可接受进行处理，最大限度地减小风险影响或利用出现的机遇。对于全业务管理过程、全产品和服务形成过程的风险因素识别与控制，基于风险的思维要贯穿于质量管理体系的始终，才能确保组织质量目标达成不偏离。

在具体的某个过程中，输入适当资源，输出有明确要求的结果，特别要注意首先识别输出环节存在的风险。对客户要求不能充分解读的风险，对产品适用的法律法规的合规性风险，会直接带来过程的失败以及成本的损失。例如，订单因物料缺货不能按时交付的风险，订单因人手不足不能按计划完成的风险，订单因质量报废不能按时交付的风险，订单设计或产品外观不符合客户要求的风险等，应对措施应同步反映到输入环节的风险识别上。对于输入环节的风险，产品实现过程的人员、设备、物料、方法、信息、资金、管理等要素都要进行策划和控制。IEC/ISO 31010《风险管理风险评估技术》介绍了数十种风险评估方法，恰当的风险识别技术选择以及技术组合，有助于组织识别和管理风险。例如，在电子产品行业，产品质量先期策划（APQP）、生产件批准过程（PPAP）、潜在失效模式与影响分析（FMEA）、测量系统分析

（MSA）及统计过程控制（SPC），这五大质量策划工具都有着成熟的应用和大量成功案例，是理想的质量策划和风险管理方法。第 7 章将详细介绍质量策划的有关理论和应用。

在实际风险管理工作中，形成文件化的信息管理也是重要内容之一，这有助于组织保持、沟通、变更、持续改进风险和机遇策划的方法和过程。还应注意质量风险沟通和质量风险审核。在质量风险管理过程中，决策者与其他环节人员应保持充分的沟通和信息共享，就识别的风险因素是否全面、对于风险因素可能性及严重性的评判是否合理、制定的改进措施是否得到有效落实等进行沟通。质量沟通贯穿于质量风险管理的各个阶段，要确保各环节沟通顺畅、理解统一。

6.3 ISO 9000 质量管理体系的实施和维护

6.3.1 质量管理原则

“原则”是一种基本信念、理论或规则，对工作方式有着深远的影响。质量管理原则（quality management principles，QMP）是质量管理的基本信念、规范、规则和价值观，被公认为质量管理的一般规律。ISO 质量管理原则由其专业 WG15 工作组在总结著名质量专家的理论、各国质量管理实践经验和理论精华的基础上编写而成，部分内容收录在《质量管理原则及其应用》中。此内容经过广泛征求意见，于 1997 年在国际标准化组织哥本哈根年会上正式通过并生效。

质量管理原则为编制和修订 ISO 9000 族标准提供了理论基础，为质量管理人员学习、理解和掌握 ISO 9000 族标准提供了帮助，为组织管理者树立质量理念、推动质量管理工作提供了理论依据。此外，在企业日常业务中，总会遇到规范制度无法覆盖的工作或特殊状况，而质量管理原则作为规范的延伸，有助于高层管理人员在工作规范无法触及之处做出判断和决策。对于组织的高层管理人员，质量管理原则比 ISO 9000 族标准的具体要求更重要。

ISO 9001：2015 标准将前版标准的八项质量管理原则修订为七项管理原则：①以客户为关注焦点；②领导作用；③全员参与；④过程方法；⑤改进；⑥循证决策；⑦关系管理。这些原则没有优先顺序，每个原则的相对重要性因组织而异，并随着时间的推移而变化。表 6.3 对这七项质量管理原则进行了详细解释。其中，以客户为关注焦点、持续改进、相关方共赢是企业应遵循的经营理念，领导作用是关键，全员参与是基础，过程方法和循证方法则是建立和实施质量管理体系的科学方法论。

特别要强调的是，质量管理原则不仅是质量意识和管理哲学，还适用于其他管理活动，代表了一种管理的境界。质量管理原则是管理文化的有形体现，也是质量文化建设的核心内容和抓手。组织可以以质量管理原则为基础，培育自己的质量文化，并将质量管理体系制度规范与质量文化融合，指导和约束全体人员的质量行为，真正打造高水平的质量管理。

表 6.3　七项质量管理原则（来源：ISO）

原　则	解　释	益　处	可采取的行动
以客户为关注焦点	质量管理的焦点是理解客户的要求并努力超越客户的期望	· 增加客户价值 · 提高客户满意度 · 提高客户忠诚度 · 增加重复业务 · 提高组织的声誉 · 收入和市场份额增加	· 了解客户当前和未来的要求和期望 · 在组织内沟通和传达客户要求和期望 · 将组织的目标与客户的要求和期望联系起来 · 进行策划、设计、开发、生产、交付和支持产品及服务 · 测量和监视客户满意度，并采取措施 · 确定有可能影响客户满意度的相关方的要求和期望，并采取措施 · 积极管理与客户的关系，以实现持续成功
领导作用	各级领导统一目标和方向，并致力于为组织质量目标实现创造条件	· 提高实现组织质量目标的效率 · 组织的过程更加协调 · 改善组织各层次、各职能间的沟通 · 提高组织及其人员获得结果的能力	· 在组织内持续沟通和传达使命、愿景、战略、方针和过程要求 · 在组织内各层级创建并保持共同的价值观和公平道德的行为模式 · 培育诚信和正直的文化 · 鼓励在整个组织范围内履行对质量的承诺 · 确保各级领导者成为组织中的实际楷模 · 提供履行所需的资源、培训和权限 · 激发、鼓励和表彰员工的贡献
全员参与	所有人员致力于价值实现，对组织来说必不可少	· 提高人员的参与程度 · 加深组织人员对质量目标的理解，激发其实现目标的动力 · 提高主动性和创造性，促进个人发展 · 提高员工的满意度 · 增强对组织的信任和相互协作 · 促进组织对共同价值观和文化的关注	· 与员工沟通，增进其对个人贡献的重要性的理解 · 提倡公开讨论，分享知识和经验 · 让员工确定绩效制约因素，主动参与改善 · 赞扬和表彰员工的贡献、钻研精神和进步 · 针对个人进行绩效的自我评价 · 为评估员工的满意度和沟通结果进行调查，并采取适当的措施
过程方法	将活动理解为一个连贯系统运作的相互关联的过程，就能更有效实现一致和可预测的结果	· 增强聚焦关键流程和改进机会的能力 · 通过高效协同的流程实现预期的结果 · 通过有效的流程管理、资源的高效利用和减少跨职能障碍来优化过程 · 使组织能够展示其具有向相关方提供一致、有效和高效的产品和服务的信心	· 定义系统的目标和实现目标所需的过程 · 建立管理流程的岗位、职责和责任 · 了解组织的能力，并在行动前确定资源状况 · 确定过程的相互关系并分析单个过程的变化对系统整体的影响 · 系统化管理过程及其相互关系，以高效地实现组织的质量目标 · 确保必要的信息可用于操作和流程改进，并监控、分析和评估整个系统的性能 · 管理影响过程输出和质量管理体系结果的风险
改进	成功的组织持续关注改进	· 提高流程绩效、组织能力和客户满意度 · 更加注重对根本原因的调查和确认，并采取措施纠正预防 · 提高对内外部风险和机遇的预测、反应能力 · 加强对突破性改进的考虑 · 有利于学习和提高 · 增强创新动力	· 培训各级人员应用工具和方法实现改进目标 · 确保员工有能力成功推动和完成改进项目 · 开发和优化流程，确保在组织的整个流程中实施改进项目 · 跟踪、审查和审计改进项目的计划、实施、完成和结果 · 认可并承认改进
循证决策	基于数据、信息的分析和评估的决策，更能够获得预期的结果	· 改进决策过程 · 改进对流程绩效和实现目标能力的评估 · 提高审视、监督能力 · 提高运营效率	· 确定、测量和监控关键指标 · 向相关人员提供所有需要的数据 · 确保数据和信息足够准确、可靠和安全 · 分析和评估数据和信息 · 培训人员具有分析和评估数据的能力 · 根据证据兼顾经验和直觉，做出决策并采取行动
关系管理	为了实现持续成功，组织要管理其与相关方（如供应商）的关系	· 增强组织及其相关方的业绩 · 良好的供应链，可提供稳定的产品和服务 · 共享资源和能力，管理质量风险，提高相关方创造价值的能力	· 确定组织与相关方（如供方、合作伙伴、客户、投资者、员工和社会）的关系 · 确定并优先处理利益相关方的关系 · 与利益相关方共享信息、专业知识和资源 · 测量业绩，并向相关方提供业绩反馈，以加强改进措施 · 与相关方建立协作开发和改进活动 · 鼓励和认可供应商和合作伙伴的改进成就

6.3.2　ISO 9000 质量管理体系的建立和认证

为通过认证审核，建立质量管理体系的主要步骤包括体系策划和设计、体系导入和试运行、内审和管理评审、认证审核。

（1）体系策划和设计：企业成立 ISO 9000 质量管理体系认证小组，确定职责和权限，负责 ISO 9000 质量体系认证总体策划。制定组织的质量方针和质量目标，识别客户和其他相关方的要求和期望，宣讲 ISO 9000 体系标准以增强质量意识，识别质量管理体系过程，规划质量管理体系结构、过程顺序和职能活动，确定并提供实现贯标所需的资源，组织人员设计、编写、修订、批准《质量手册》和《程序文件》。

（2）体系导入和试运行：在组织内发布实施审批文件，对企业质量管理体系文件进行全员教育和培训，执行公司质量管理体系规范，监控过程并保存运行记录，确认质量管理体系运行的符合性，对不适用规范进行修订，按照“文件控制程序”的要求进行操作。

（3）内审和管理评审：在质量管理体系运行 6 个月后，进行组织内部质量审核，评价每个过程的体系文件有效性。最高管理者组织评审质量管理体系，确认体系适宜、充分和有效。

（4）认证审核：向质量管理体系认证机构提出认证申请，准备并接受认证机构的现场审核。获得认证证书，或在整改认证审核不合格项后再次认证，最终获得质量管理体系证书。

6.3.3　ISO 9000 质量管理体系的维护

企业建立质量管理体系的目的是长期满足客户需求，稳定实现质量方针和目标，并实现组织的持续改进。维护质量管理体系，确保其持续有效运行，至关重要。企业各级领导是理解和掌握规范文件内容，坚持按质量体系要求和程序办事的原则，并向员工宣传、贯彻和培训，维护质量体系始终有效的决定性力量。质量管理部门是 ISO 9000 质量管理体系维护的直接责任者，工作重点如下。

（1）文件体系动态管理。质量体系文件化的意义在于，把企业运作过程的要求和规定等用文件化信息的形式规定下来，使业务活动具有可操作性、可重复性和可追溯性。因此，文件的版本管理、控制状态和存取管理，必须保持时时正确有效。企业的管理活动是动态的和开放的，随着某些因素变化，质量文件如作业文件等必须及时做出修订。平时的现场巡视、定期内审和管理评审，对于超过三年未修订的文件，需要特别评审文件的有效性。

（2）组织质量管理体系内部审核。内部审核也称第一方审核，由企业自己从受审核方获得证据并进行客观评价，一般可分为例行审核和特殊情况的专项审核。企业按年度编制内审计划，明确对部门或过程进行审核的时间，一年内应覆盖所有部门和所有过程。年度内审计划由最高管理者批准后实施。从企业角度讲，内审的目的不仅仅是对质量体系符合性的测量评审，更重要的是发现质量管理体系中存在的问题，开出不符合报告以令及时纠正，确保管理体系的有效性。

培养一支合格的内审员队伍是做好内审工作的前提。内审员应熟悉业务知识，了解质量管理基本知识，有一定的学历和经验，有良好的表达能力且品格正直。内审检查表是内审员进行内审的重要工具和内审的重要原始资料，是涉及审核内容及重点、次序、时间等的全面计划，用于确保审核覆盖面的完整性和代表性（表 6.4）。审核完成后，内审员要做好不符合项整改的跟踪、验证工作，及时向管理者汇报不符合项整改的完成情况，实现质量体系内审工作的闭环。

（3）组织管理评审。即质量管理体系评审，由企业最高管理者对质量体系的现状和适应性进行正式评价，确保企业质量方针、质量目标和质量体系的持续有效性、适宜性和充分性，达到 ISO 9000 的要求并满足客户的期望。管理评审每年不少于一次，间隔时间不超过 12 个月。

表 6.4　内审检查表内容示例

序号	内容	序号	内容
1	员工是否可以理解操作规范？	8	校准标签是否张贴在设备上？
2	当前工序文件是否完整，是否所有页面内容清晰，可辨识？	9	生产操作员工是否经过认证？是否经过规定培训？
3	是否有参考文件张贴在设备上，是否符合规范？	10	操作员是否根据规范执行要求的清洁等维护程序？
4	操作员是否根据规范文件完成生产记录？	11	生产操作程序是否符合规范？
5	生产记录不规范的情况是否有主管审核确认？	12	规范中列出的设备维护要求，操作是否有审核确认？
6	文件修正是否符合规范？	13	规范中列出的安全要求是否严格执行？
7	设备时间、温度等参数设置是否符合规范？		

管理评审应对质量体系各要素的审核结果、纠正和预防措施实施的效果、客诉情况、过程绩效和产品质量情况、外部供方的绩效、以往管理评审的不合格事项改进效果等，做出综合性评价。要强调的是，如果将阶段工作总结会议与质量管理体系评审会议合并召开，则不仅要提出业务绩效改进要求，更要对质量管理体系条款的有效性、适宜性和充分性存在的问题，改进的机会和资源需求等提出要求，并由质量管理部门组织责任部门进一步分析原因，做好预防措施和实施效果跟踪验证计划，保证质量管理体系不断改进和完善。

6.4　质量管理体系的有效性

6.4.1　有效性、适宜性和充分性

2000 版 ISO 9000 标准引入了术语“有效性”，它指的是所策划活动的实现程度和达到的结果程度，包括两个方面的含义：策划活动是否按规定准则执行，实施效果是否达到预期目标。质量管理体系的有效性可理解为：①企业建立的质量管理体系是否符合 ISO 9000 质量管理体系要求（认证有效性）；②组织按照 ISO 9000 族质量管理标准建立的质量管理体系实施是否能增值组织的经营业绩（体系有效性）。

制造类企业的质量管理体系有效性通常表现为：①充分满足客户需求，获得客户信赖，订单量增加，市场份额提升；②实现企业经营战略目标；③产品质量达到企业目标，合格率提高，客诉减少；④生产效率提高，订单及时交付；⑤管理成本、制造成本、质量成本降低，经济效益提高；⑥内部管理流程顺畅，质量管理具备持续改进能力，与生产和研发协同；⑦员工素质和质量意识提高，质量文化良好。

企业质量管理体系的有效性良好，质量方针和目标才能实现，体系还应具有充分性和适宜性。

· 充分性指的是质量管理体系的完善程度，如组织结构、程序、过程和资源充分被识别，是合理的、完善的、全面的，能够覆盖企业全部质量活动，且易于操作、管控和评价。
· 适宜性指的是质量管理体系质量保证模式、程序和文件要求与企业环境相适应的程度。体系应与企业的规模、销售业务模式、生产管理模式，产品结构特点、产品类型、人员素质和以往的管理经验等保持一致。

为满足客户要求或市场竞争，企业管理和技术活动都是动态的，质量管理体系需要具备随内外部环境的变化而及时调整和改进的能力，即管理体系持续的适宜性。以上可以简单地概括为“充分性是前提，适宜性是基础，有效性是目的”。

6.4.2　杜绝“两张皮”现象，实现质量管理体系有效性

在企业运营过程中，存在实际生产操作与质量管理体系要求不一致的“两张皮”现象，一张是质量管理体系文件规定的要求，一张是现场人员自己的工作流程和方法。工作不按制度规范执行，本身就可能导致产品不合格或报废的发生，不仅会影响质量绩效，在客户现场审核时也会经常被提出，严重影响客户对企业的质量评价，影响企业形象，甚至危害企业的订单获取。存在这种现象，说明企业规范管理水平存在差距，质量体系管理工作还不到位。

“两张皮”是质量管理体系规范与日常工作执行的割裂，与企业管理者、质量管理部门和业务执行单位有直接关系。个别企业把取得质量管理体系证书作为主要目标，把编写文件作为质量管理体系主要工作内容，质量管理者形式化思维严重，对质量方针、质量目标与企业经营重点的匹配，对质量管理手册、程序文件、作业指导书和记录等文件指导现场作业有效性等的要求很低，并没有将质量体系作为主要的管理抓手，持续建设、实施和投入。质量管理者的认识是关键，企业最高领导对质量管理的思想认识更是关键。最高领导对质量工作的态度、管理方式和知识水平，影响着质量管理实践的成败，对质量管理体系的有效运行有着最直接的、决定性的影响。因此，ISO 9000 标准特别强调领导作用。

许多企业在应对管理经营过程中发生的各种“变化”时存在困难，这是导致质量管理体系出现“两张皮”现象的系统性原因。这些变化包括企业在动态市场环境中受到市场因素和客户要求变化的影响，需要及时调整管理策略，导致组织结构或业务流程发生变化；为创造新商机和拓展市场，企业不断投入新产品研发，引进新技术和设备，带来新物料应用的变化；为提升管理水平，企业对内部运营的质量、效率和成本控制目标越来越高，组织不断改善绩效，带来管理和考核方式的变化；各部门和班组也在持续优化日常技术和生产活动，改善原流程的低效率和高成本，调整和改进工作细节以应对产品缺陷。发生变化时，无论是新增内容还是变更内容，如果管理体系文件调整不及时或不准确，就会导致文件与操作不一致。

提升质量管理体系的有效性，对 ISO 办、企业领导和员工提出了更高要求。减少质量管理体系“两张皮”现象的要点是关注质量体系文件更新的及时性和准确性，强化体系文件执行的遵从性和监督管理。

质量体系文件更新及时性

ISO 办应通过各级管理会议和各类工作总结，第一时间收集企业管理决策信息，识别其中对质量手册和程序文件产生影响的内容，建立体系文件修订计划，配合新管理制度实施，同步更新和使用体系文件。

建立现场 4M（人、机、物、法）变异管理流程，设立 ECN、PCN 审核节点，及时确认变更信息，跟进和同步变更信息到体系文件中，及时完成规范闭环。

提高体系文件的准确性

ISO 办对质量体系文件的整体策划，要与客户要求和企业战略相匹配，应细致梳理各级流程的输入、输出、活动和资源需求，确保企业质量管理体系文件拥有完善的基础。

新修订文件的审批，要重点确认现场实操验证的结果和文件使用部门的会签内容，对作业要点及影响、典型缺陷、设备 FMEA，以及设备保养重点等细节进行完整、清晰的说明和评价。

作为管理责任人，ISO 办要对文件制定 / 修订责任人建立考评办法。

对体系文件执行的遵从性

为提升标准遵守率，新制定或修订的文件应有组织地进行宣传、贯彻。以生产部门为例，首次生产前要对员工进行培训，由生产管理者持续督导员工熟练掌握作业技能，并进行认证。生产工序实施定人定岗管理，人员变化要进行管控，新调整人员要进行能力验证，确保现场规范生产要求 100% 被掌握和落实。

ISO 办等质量管理部门要建立作业规范准确执行的稽查计划，定期 100% 岗位全覆盖稽查体系文件规范执行的实际情况，统计稽查结果，并进行激励。

对体系文件执行的监督管理

针对外部客诉和内部不合格品处理等关键流程，企业要建立并推动质量标准检讨文化。发生任何产品严重报废问题、客诉问题，都应明确反思“有无标准？”“有无遵守标准？”“标准是否适合？”

质量管理团队应发挥领导作用，建立并优化稽查制度，严格监控现场情况，总结提炼风险，对风险进行防错、防呆改善，对文件进行标准化，最终实现制造现场通过标准管控。

6.4.3　管理体系融合，进一步提升质量管理体系有效性

ISO 9000 族标准建立了两类质量管理模式。ISO 9001 代表质量管理体系要求标准，特点是对质量管理体系具体活动提出通用或专业性要求，采用符合性评价。ISO 9004 代表卓越绩效评价指南标准，特点是应用质量管理原则，为提升组织整体绩效和持续性提供公认有效途径的信息，帮助已按要求建立管理体系的组织，使管理体系在持续发展方面发挥更大作用，采用成熟度评价。

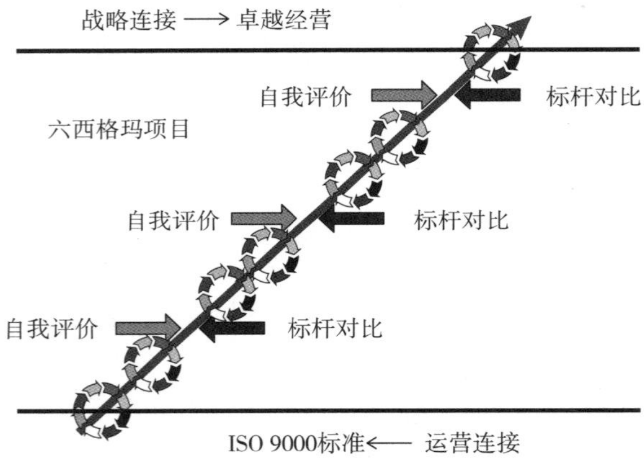

图 6.5　现代质量管理体系的要素

国际质量科学院院长格雷戈里·H. 沃森（Gregory H. Watson）指出，一个融合的质量管理体系有利于保证组织绩效。他建议的质量管理体系包括三个层次，如图 6.5 所示。基础层次是运用 ISO 9000 族标准，着眼于组织绩效的稳定。目标层次是实现绩效卓越化，运用美国波多里奇国家质量奖等卓越绩效准则制定目标和评价绩效结果。连接层次是一系列管理活动，通过自我评价及标杆对比来确定改进方向，通过识别和实施精益六西格玛改进项目来缩小和消除差距。其中提到的 ISO 9000 质量管理体系、精益六西格玛和波多里奇卓越绩效准则就是质量管理的关键要素和基本管理框架。

在实际的质量管理实践中，很多企业成功地将 ISO 9000 质量管理体系、精益六西格玛和波多里奇卓越绩效准则相互融合，充分利用各自特点，追求更高的组织绩效。表 6.5 介绍了三种主要质量管理框架的特点。形象的说法是，ISO 9000 如同一份通行规则，明确了组织需要遵守的纪律和规定；六西格玛是驱动工具，将组织向上向前不断推动；波多里奇卓越绩效准则是导航图和目的地，实时监测组织的路线和位置。

三种质量理论都采用以客户要求为导向、采用过程方法和以数据为基础的管理原则，并在帮助组织改进绩效和提升客户满意方面提供了不同的重点。卓越绩效更聚焦于整个组织在管理

表 6.5　主要质量管理框架的对比

内　容	ISO 9000 质量管理体系	精益六西格玛	波多里奇卓越绩效准则
管理原则	（1）以客户为中心	（1）真正关注客户	（3）关注客户
	（2）领导作用	（隐含）	（1）领导
	（3）全员参与	（隐含）	（5）关注员工
	（4）过程方法	（3）采取的措施针对过程	（6）关注过程
	（5）改进	（隐含）	（隐含）
	（6）循证决策	（2）以数据和事实驱动管理	（4）测量、分析与知识管理
	（7）关系管理	（5）无边界合作	（隐含）
	（隐含）	（4）预防性管理	（隐含）
	（隐含）	（6）力求完美但容忍失败	（隐含）
	（隐含）	（隐含）	（2）战略策划
	（隐含）	（隐含）	（7）结果
核心工作	程序化、规范化、文件化	数据收集、分析、改进	绩效结果
目的	促进国际贸易，保障市场公平；帮助企业质量管理起步，打造日常质量管理的基础平台	以数据为基础，追求完美，引导企业质量达到 6σ 水平；推动整个组织的过程改进和成本节约	选拔最高质量管理成就的少数典范；为实现最高绩效水平的组织提供准则、指南和评价机制

框架内的结果，评价和比较实施效果的优良程度。ISO 聚焦于产品和服务的符合性以保障市场公平，强调建立一个文件化的质量体系，通过过程控制、审核和改进确保能够稳定地提供满足规定要求的产品。六西格玛聚焦于检测产品的质量，按照 DMAIC 等方法，推动整个组织的过程改进和成本节约。

很显然，进一步提升质量管理体系的有效性，离不开其与卓越绩效准则、精益六西格玛、全面质量管理等理论的全面融合。企业可发挥 ISO 9000 体系质量管理标准化平台的作用，融合其他质量管理理论中的先进思想，在质量体系文件中体现，并在管理活动中融入过程的行动，构建关注组织绩效的质量文化。

6.5　ISO 9000 质量管理体系与流程管理

6.5.1　为什么要进行流程管理

以下是一个现实的例子，两家营业规模相当的企业在处理采购付款业务时，A 公司只需要 3 ~ 5 人，而 B 公司却需要 30 人。是什么导致了这样的差异？业务流程分析的结果显示，B 公司“订单”“验收报告”“发票”不一致，导致人员、资金和时间的大量浪费。对采购流程进行重组和系统化后，B 公司的流程效率和成本大幅度改善，可见流程管理对组织绩效的影响之大。

企业的所有经营管理及业务活动都是通过各种流程（过程）开展实现的，业务流程最终输出的是交付给客户的产品或服务。流程是将一个或多个输入转化为对客户有价值的输出的活动（迈克尔·哈默），许多企业已经认识到流程是取得更高绩效和价值创造的关键。

业务流程管理（business process management，BPM）是一种整合业务环节的全面管理模式，通过规范化手段打造端到端的卓越业务流程，以持续提高组织绩效为目的的系统化方法。具体来说，流程管理就是从流程的层面切入，关注流程是否增值，形成一套“认识流程、建立流程、运作流程、优化流程”的体系，并在此基础上开始一个“再认识流程”的新循环。这方面还有流程描述和流程改进等一系列方法、技术和工具（王玉荣，2002）。

传统企业组织架构设计采用垂直型金字塔式的职能部门结构，各职能部门各司其职，专业协作，生产率大大提高，这是职能化管理的经典模式。然而，随着市场变化和科技的快速发展，客户要求日益多样化，客户期望值日益提高，企业规模不断扩大，庞大的组织业务流程按职能部门运行而不是按工作流程运行，导致部门本位主义和以权力为中心的问题严重。职能部门缺乏对客户和企业整体目标的关注，导致局部绩效最优但企业整体绩效下降。此外，部门间信息不畅，组织协调成本居高不下，严重影响运营效率和灵活性。

建立流程管理体系，实施流程管理，将组织转变为流程化组织，从战略高度对业务流程进行规划和设计，支撑业务开展而不是面向职能权力。以客户要求和价值创造为导向，在设计的业务流程中沉淀组织的经验和知识，与员工融合，并利用 IT 系统将业务流程固化，摆脱粗放式管理。对业务流程制定关键绩效指标，定期分析评估和审核流程绩效，持续提升流程的运作效率和降低成本，通过流程绩效驱动组织绩效目标的达成。

从客户（流程输出的对象）的角度看，优秀的流程具有快速（fast）、正确（right）、便宜（cheap）、容易（easy）的特性。从质量管理体系的角度看，基于不同企业业务流程的规范制度，绩效是不同的。在高质量、高效率和低成本的业务流程基础上建立的 ISO 9000 质量管理体系规范，体系有效性自然优异。从 ISO 9001：2015 核心思想的变化和标准的最新要求来看，企业需要将质量管理体系和流程管理体系整合，充分利用流程管理在流程设计、流程控制和流程改进中的理论方法，打通端到端流程流通环节，在流程中融合质量体系和其他专业体系，持续实现组织卓越与高效。

6.5.2　流程优化的关键步骤

流程优化（business process improvement，BPI）是指从企业绩效出发，对现有业务流程进行调研、分析、梳理、完善和改进，打破部门壁垒，增强横向协作，进而提高企业运作效率，降低整体运营成本，最大限度地适应以客户、竞争、变化为特征的现代经营环境，保持企业的竞争优势。

流程优化的本质是查明现有流程中的缺陷，并加以改善。流程优化是一个循序渐进的过程，对现有流程进行规划、分析和优化，设计新的流程并付诸实施，给出综合评价和反馈，根据反馈再次优化，如此不断迭代循环，直至形成绩效优异的成熟企业。共有 5 个阶段，如图 6.6 所示。

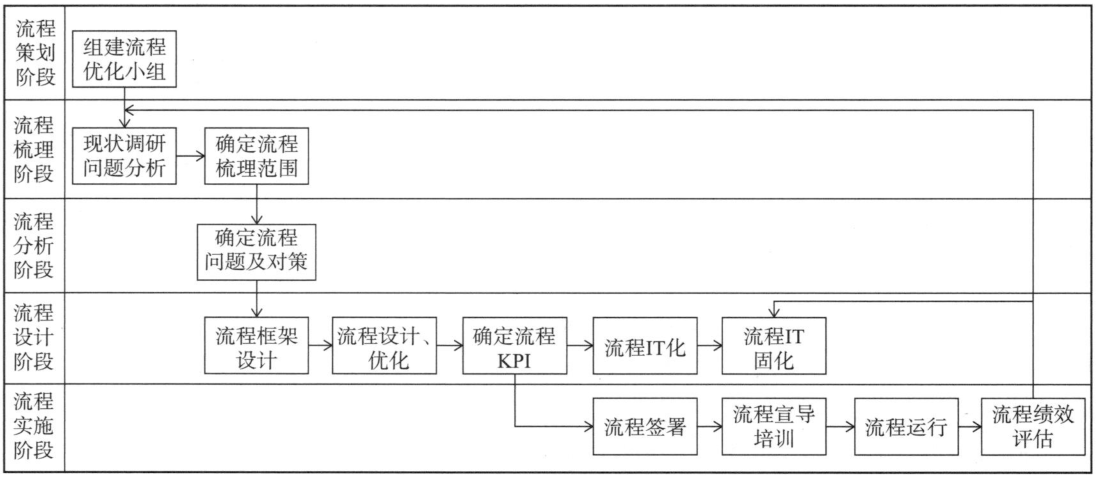

图 6.6　流程优化

（1）流程策划阶段：组建流程优化组织。

（2）流程梳理阶段：对企业现有业务流程进行系统、全面的收集和调研，通过绩效评价、客户反馈、检查控制等途径，评估当前管理流程的问题和不足，确定流程优化后要达到的目标。流程梳理工作本身的价值在于对企业现有流程的全面理解，以及实现业务操作的可视化和标准化。同时，应明确现有业务流程的运作效率和效果，找出这些流程存在的问题，特别是流程断点，如业务活动的断点、输入和输出断点、系统断点、流程监控断点、流程接口断点等，从而为后续的流程优化工作奠定基础。

在流程梳理阶段，识别流程问题点、缺陷点、断点的方法有以下几种。

- 流程价值分析法：对每个活动进行价值分析，诊断为实际增值的活动、组织增值的活动和浪费的活动，尽量减少浪费。
- 流程时间分析法：测量统计每个活动的耗用时间，包括操作时间、传递时间、等待时间、检查时间，重点分析时间占比大的活动并加以优化。
- 流程成本分析法：列出所有活动清单，计算每个活动的成本，确定总成本，识别成本占比较大的活动，分析其成本属性是固有成本还是浪费，尽量减少或消除浪费成本。
- 流程根因分析法：找出问题的根本原因并加以解决，而不仅仅关注问题的表面。
- 流程标杆分析法：瞄准标杆企业，找出差距和问题点，结合实际情况进行流程优化。

（3）流程分析阶段：对流程梳理中发现的问题进行差异分析、根因分析、性质分析、关系分析，找出原因所在，判断其严重性和影响机理，从中探求潜在的解决方案和改善机会，并对优化的可能性和时间性等问题进行研究，为后一步流程优化提供指引。

（4）流程设计阶段。首先，完成流程框架设计，包括核心业务流程设计及支持流程设计。核心业务流程反映核心业务活动链，包括影响部门运营的主要经营活动和管理活动，如营销、订单、采购、技术研发、质量活动等。支持流程通过提供必要的基础信息、辅助要素、协助手段等，支持核心业务流程的有效运行，如 IT、财务、人力资源等。

随后，针对当前业务流程中存在的问题进行调整、补充或修改，展示业务领域的基础活动、管理脉络及相互逻辑关系，明确纵向层次关系和横向层次关系，流程在流程体系框架中的位置，流程目标和范围。应注意的是，要征求流程涉及的各岗位员工的意见，说明原流程有哪些弊端，新流程应如何设计才具有可操作性。

最后，设计流程绩效 KPI，作为后续评判流程绩效和考核的依据。

在流程设计阶段，常用的流程优化方法有以下几种。

- 流程标杆分析法。
- ESIA 分析法：清除（eliminate）、简化（simplify）、整合（integrate）和自动化（automate）。重新设计流程的目的是以新的结构方式为客户提供价值，减少非增值活动，调整核心增值活动。
- 鱼骨图分析法。
- 头脑风暴法。
- ECRS 分析法：取消（eliminate）、合并（combine）、重排（rearrange）、简化（simplify）。具体技巧包括减少流程活动；用并行流程取代串行流程；责任下移；合并角色；多样化设计；关键活动细化设计，如提高个别步骤的效率；清除瓶颈；清除闭环。

· 德尔菲法：也称专家调查法，整理、归纳、统计专家意见，再匿名反馈，直至得到一致意见。
· SDCA 循环法："标准—执行—检查—总结（调整）"的标准化维持模式。PDCA 的作用是使企业管理水平不断提升，SDCA 的作用是防止企业管理水平下滑。

（5）流程实施阶段：签署流程改进方案后发布、实施，组织宣传培训，并在方案执行过程中检查、监督、评估工作风险，根据执行效果动态调整方案，待方案成熟后固化成型，进一步实现 IT 化。

6.5.3　确定关键流程

企业的流程很多，不可能在第一时间全部投入资源进行优化或重新设计，因此要选择关键业务流程，如图 6.7 所示。关键业务流程对客户满意度和企业丰厚回报的获得有非常重要的影响，企业应充分识别业务活动中的关键流程。流程的重要性与流程增值、流程的独特性和流程类型有关。

流程是否增值是判断流程重要性的关键要素。流程管理的核心在于增值，价值创造是企业存在的根本和追求目标。只有认清和区分业务活动中哪些流程是增值的及其增值能力，才能确定流程的关键性。

对流程独特性的理解，可以从一个企业区别于其他企业的成熟业务特色流程中看到。这些特色流程支撑的特殊业务模式，给企业创造了巨大的商业利益，以及与其他企业竞争的巨大优势，其重要程度不言而喻。

企业内部的流程可以分为战略性、战术性和运营性三类。战略性流程对企业来说相对重要。除单一要素的重要性，将三要素两两组合可以看到，增值高 / 独特、增值高 / 战略、战略 / 独特这几种类型的流程是最为关键的流程。

案例　订单变更流程优化[1)]

背　景

2016 年，某公司启动订单管理系统（OMS）建设项目。OMS 项目组开始前期的业务流程梳理工作，发现订单信息更改流程存在诸多问题，如某医疗客户投诉公司备货订单发货需求发出后，由于库存状态混乱、库存数量不清等问题，造成发货延期；某大客户备货发库存订单无法下单，导致不能及时发货给客户。因此，OMS 项目组决定以订单变更业务流程梳理为切入点，发现订单处理流程中的各种问题，理顺订单管理业务，并实现 IT 化。

建立流程小组

由销售系统订单管理部经理作为流程负责人，抽调订单管理部订单管理组、质量管理部体系组、IT 部 OMS 项目组人员组成订单变更流程梳理项目小组。

1）案例提供：童学艳等。

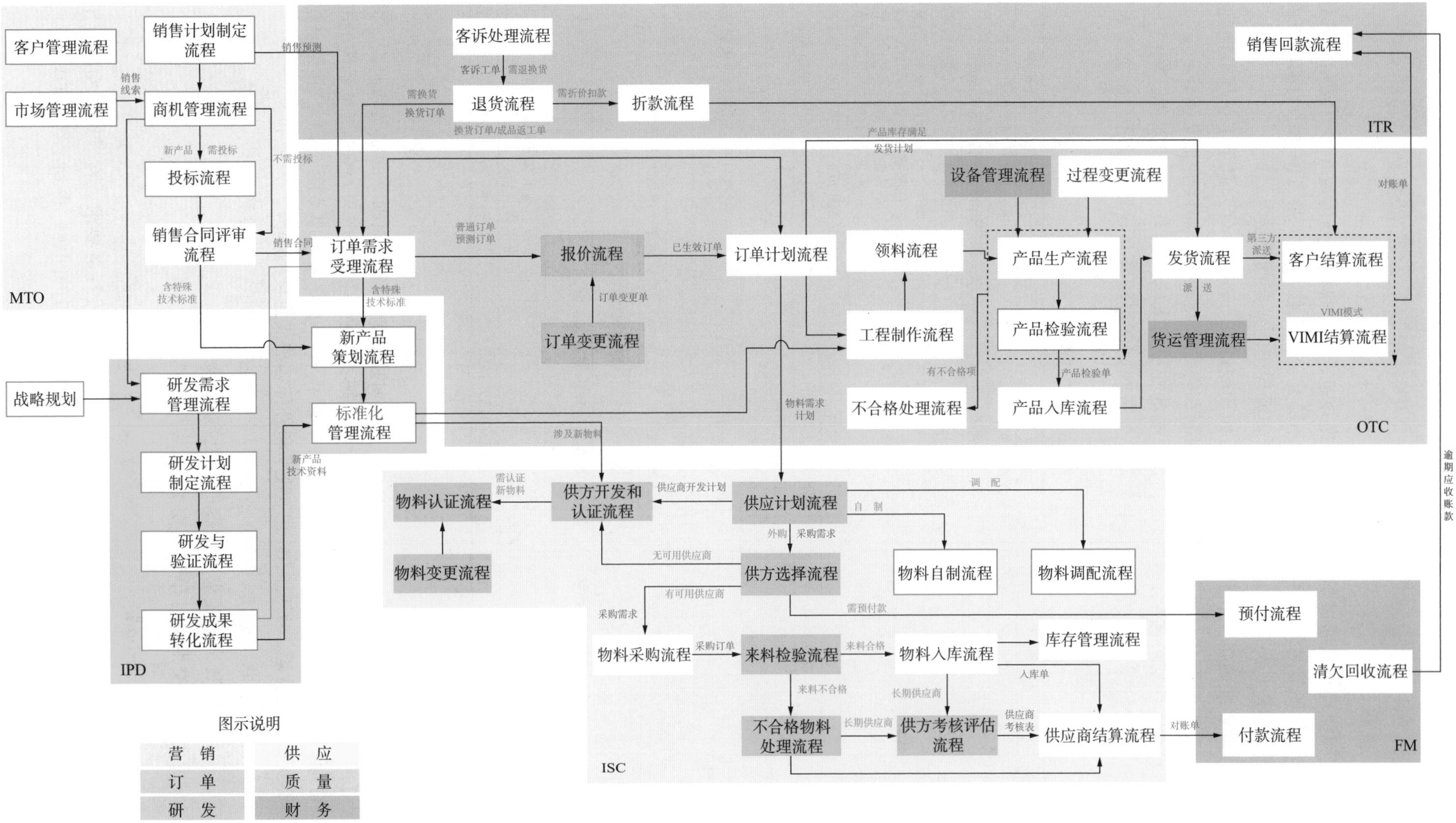

图 6.7 某 PCB 企业的业务流程

流程调研

流程梳理小组通过学习现有订单管理规范，与订单组充分沟通并参与实际订单处理工作，发现订单链各环节对外部客户要求的满足不够充分，工作目的多是方便自己当前的作业。汇总客户订单变更需求（表 6.6），并提出订单管理流程中的一些问题。

- 需要准确定义和分类各种订单，如预测订单、备货订单，避免下单环节混乱。
- 工作流程存在断点，存在管理漏洞和管理规则缺失，如订单变更环节。
- 入库计划与出货计划绑定，客户端的变更需求响应困难，造成发货、核销工作复杂化。
- 客户订单信息传递过程中失真，业务规则调整随意，导致后续客户出货要求无法满足。

表 6.6　客户订单变更需求汇总

<table>
<tr><th></th><th colspan="2">变更项目</th><th>变更时间</th><th>变更影响</th></tr>
<tr><td rowspan="15">客户订单变更</td><td rowspan="2">产　地</td><td></td><td>开料前产地变更</td><td>调厂导致生产计划需要重新排产，影响交期</td></tr>
<tr><td></td><td>开料后产地变更</td><td>原产地的半成品将造成浪费</td></tr>
<tr><td rowspan="3">交货数量</td><td rowspan="3">数量增加 / 减少</td><td>订单下达前变更</td><td>重新报价和预排交期，与原报给客户的交期不一致</td></tr>
<tr><td>订单下达后变更</td><td>① 影响生产计划和生产成本，需要重新排产和确认交期；② 如果增加数量后超出原产地产能，就需要重新下单，在其他工厂生产（客户一个型号对应内部多个型号）；③ 如果订单已经下达运单，则无法变更</td></tr>
<tr><td>订单入库后变更</td><td>① 影响半成品的成本；② 运单下单后无法变更</td></tr>
<tr><td rowspan="2">交付周期</td><td>交期提前</td><td>订单下达后交期提前</td><td>① 重新排程；② 运单下单后无法变更</td></tr>
<tr><td>交期延后</td><td>订单下达后交期延后</td><td>运单下单后无法变更</td></tr>
<tr><td rowspan="2">工程资料</td><td></td><td>订单下达前变更</td><td></td></tr>
<tr><td></td><td>订单下达后变更</td><td>① 影响价格；② 影响在线板和库存板；③在制品调厂，导致半成品的浪费</td></tr>
<tr><td rowspan="2">收货信息</td><td></td><td>订单入库前变更</td><td></td></tr>
<tr><td></td><td>订单入库后变更</td><td>运单下单后无法变更</td></tr>
<tr><td rowspan="3">订单类型</td><td rowspan="2">正常订单与备货订单的相互转变</td><td>正常订单在制过程中变更为备货订单</td><td></td></tr>
<tr><td>备货订单在制过程中变更为正常订单</td><td></td></tr>
<tr><td>正常订单与预测订单的相互转变</td><td>预测订单在制过程中需求计划的调整</td><td>当客户需求发生 ECN 变更时，在制预测订单报废，成本浪费</td></tr>
<tr><td>订单取消</td><td></td><td>已经下达工厂并已开料加工</td><td>① 影响半成品的成本；② 运单下单后无法取消</td></tr>
</table>

流程设计

项目小组讨论并制定了订单类型、订单阶段和订单输入原则等的定义和原则，同时制定了正常订单、备货订单和预测订单的处理业务规则，以及 APS 排产与 OMS 订单系统的交互规则。为保证原始客户订单信息准确，对订单变更流程进行了整体梳理（图 6.8），并结合信息化系统将订单变更分类管理，实现内部工作效率和外部客户满意度的提升。

- 非数量非交期类订单信息变更：工程资料变更；销售类变更，如客户收货地址、承运商、包装出货要求等内容的变更。
- 数量、交期类订单信息变更。

项目实施小结

通过梳理客户订单变更流程，顺利完成 OMS 建设任务要求。在后续的实际应用中，系统较好地满足了订单变更需求，没有发生订单错误和不及时的问题，得到了客户的好评。

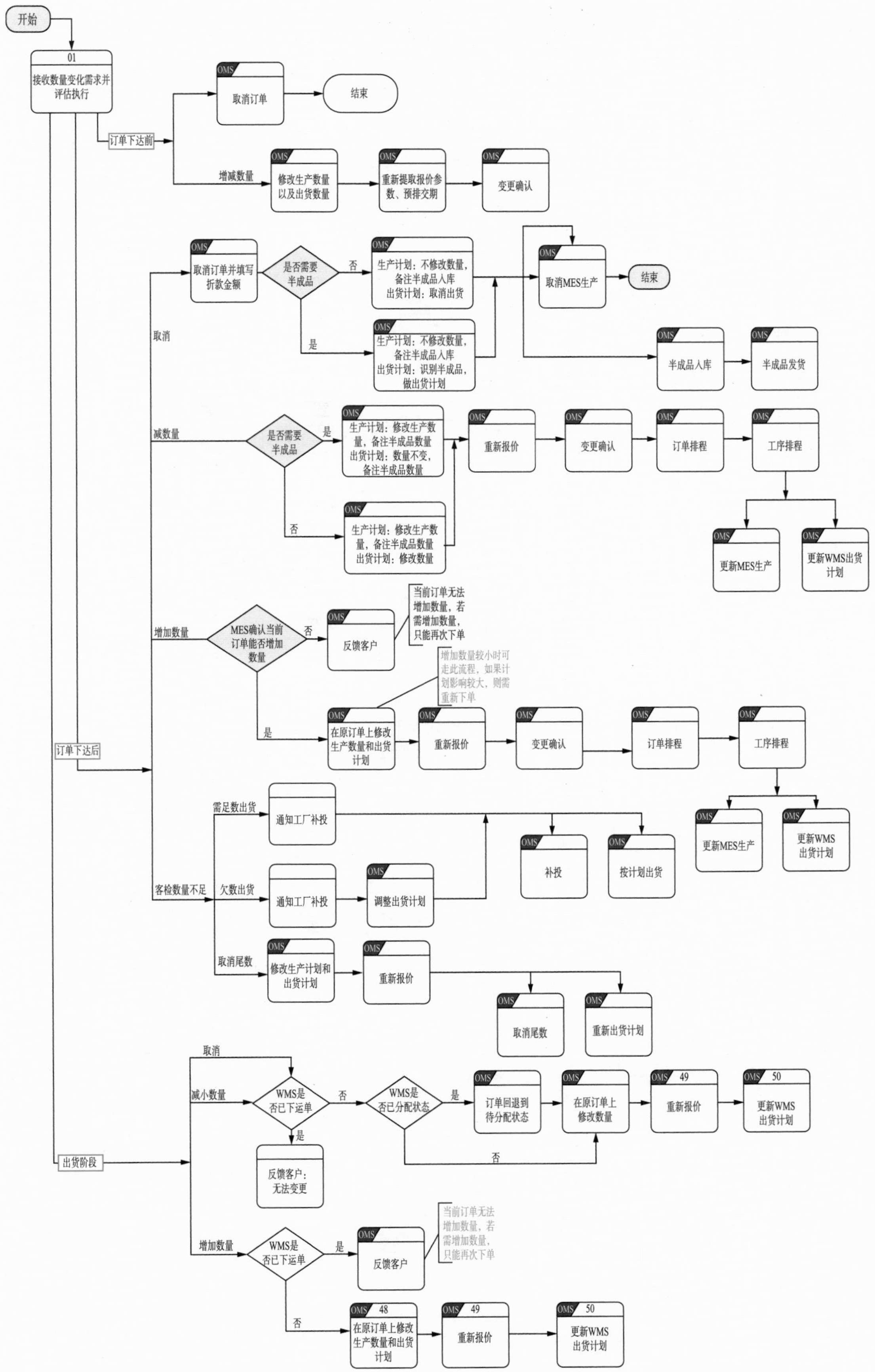

图 6.8　客户订单变更流程

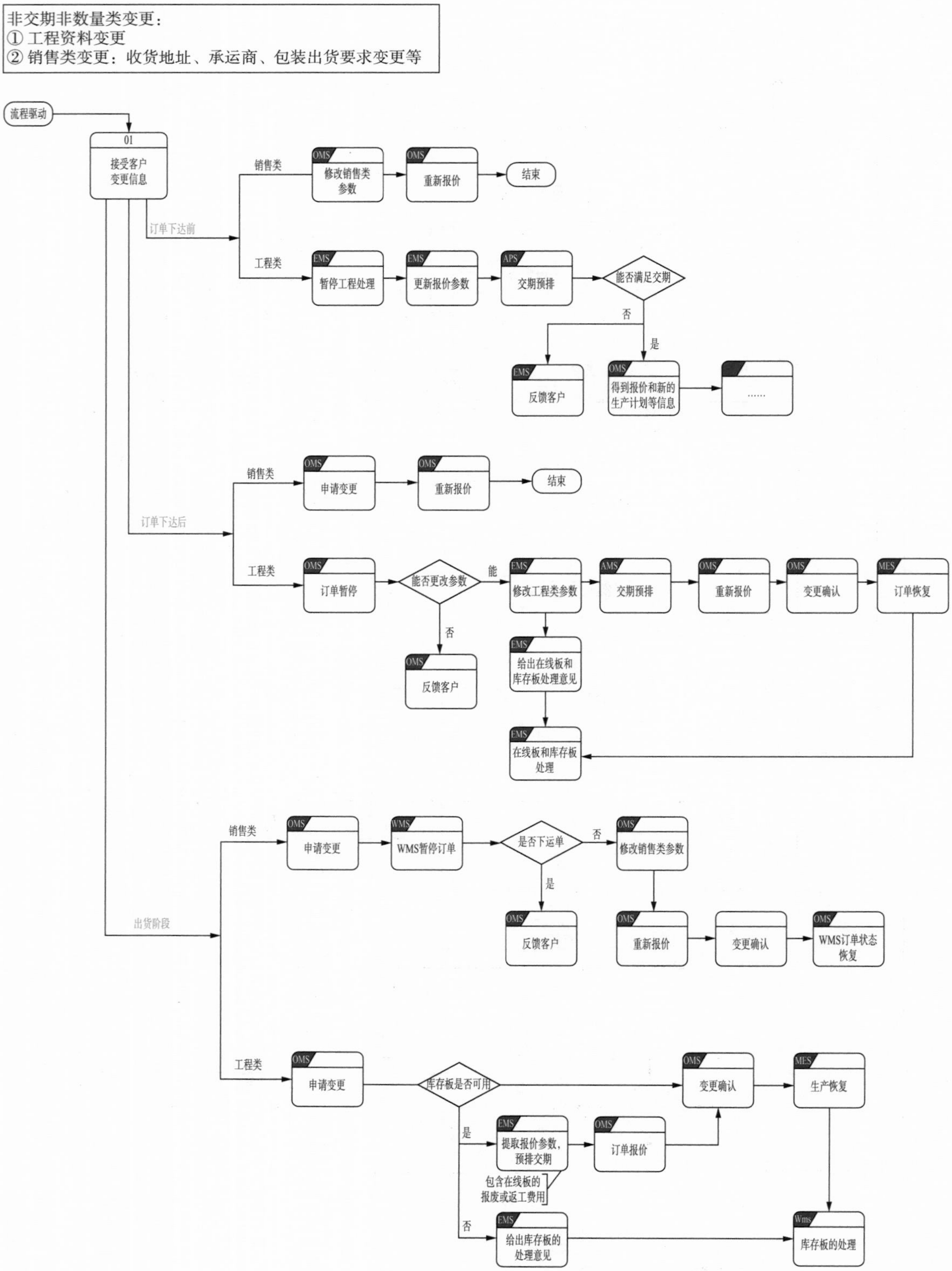
非交期非数量类变更：
① 工程资料变更
② 销售类变更：收货地址、承运商、包装出货要求变更等
流程驱动
01
接受客户变更信息
订单下达前
销售类
OMS 修改销售类参数
OMS 重新报价
结束
工程类
EMS 暂停工程处理
EMS 更新报价参数
APS 交期预排
能否满足交期
否
是
EMS 反馈客户
OMS 得到报价和新的生产计划等信息
……
订单下达后
销售类
OMS 申请变更
OMS 重新报价
结束
工程类
OMS 订单暂停
能否更改参数
能
否
EMS 修改工程类参数
AMS 交期预排
OMS 重新报价
OMS 变更确认
MES 订单恢复
OMS 反馈客户
EMS 给出在线板和库存板处理意见
EMS 在线板和库存板处理
出货阶段
销售类
OMS 申请变更
WMS WMS暂停订单
是否下运单
否
是
OMS 修改销售类参数
OMS 反馈客户
OMS 重新报价
变更确认
OMS WMS订单状态恢复
工程类
OMS 申请变更
库存板是否可用
是
否
OMS 变更确认
MES 生产恢复
EMS 提取报价参数，预排交期
包含在线板的报废或返工费用
OMS 订单报价
EMS 给出库存板的处理意见
Wms 库存板的处理

续图 6.8

第Ⅲ部分

核心质量管理活动与实践

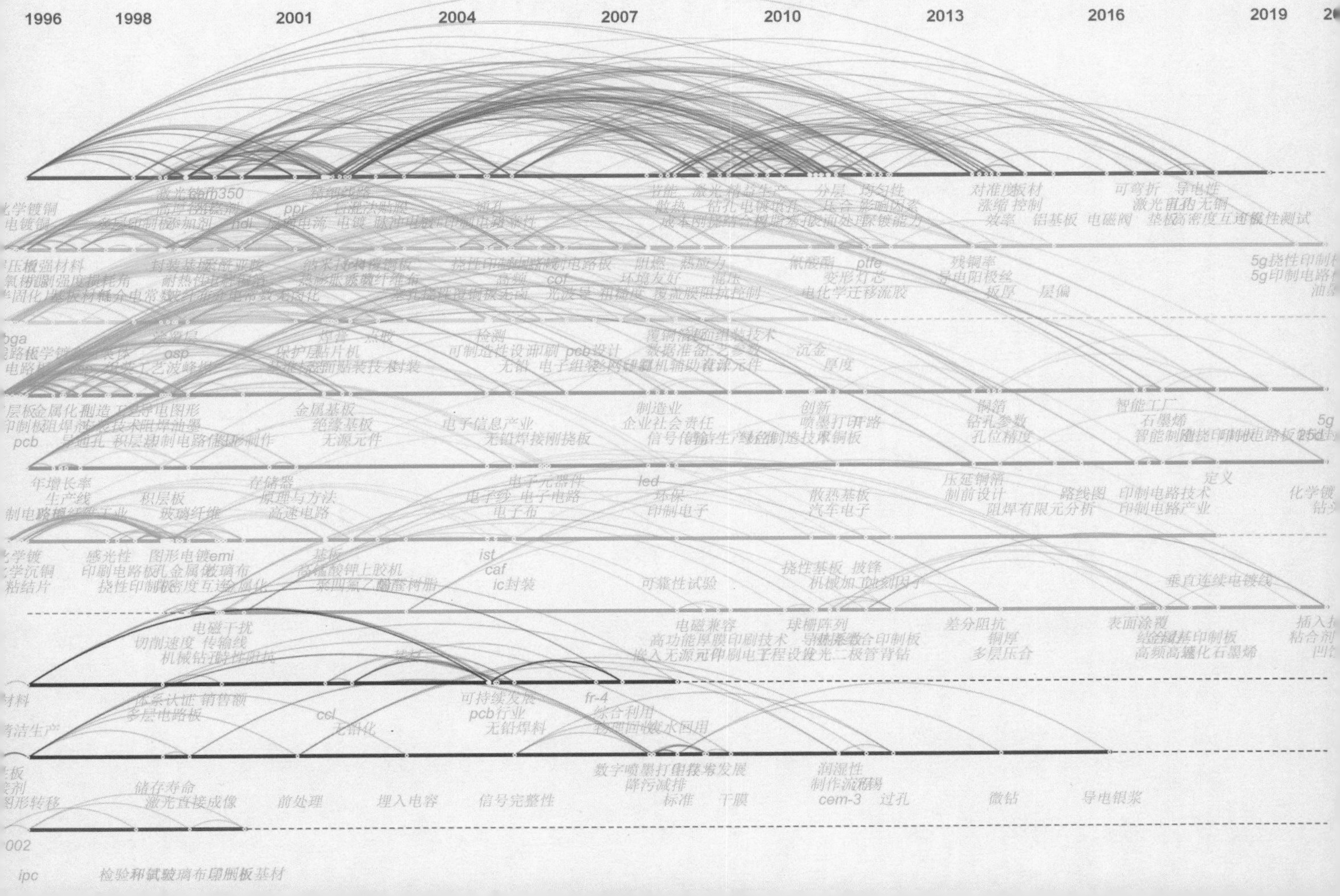

组织通过制定产品质量保证计划的质量策划活动，通过监控、检查和测试等质量控制活动，通过持续改进产品质量的质量改进活动，确保产品质量和服务满足客户要求。质量策划、质量控制和质量改进是产品质量形成的三项核心活动。这些活动从生产层面以技术、工具和方法等“物”的因素对质量管理产生影响，带有“技术”属性，并被认为能够直接影响组织的质量绩效。

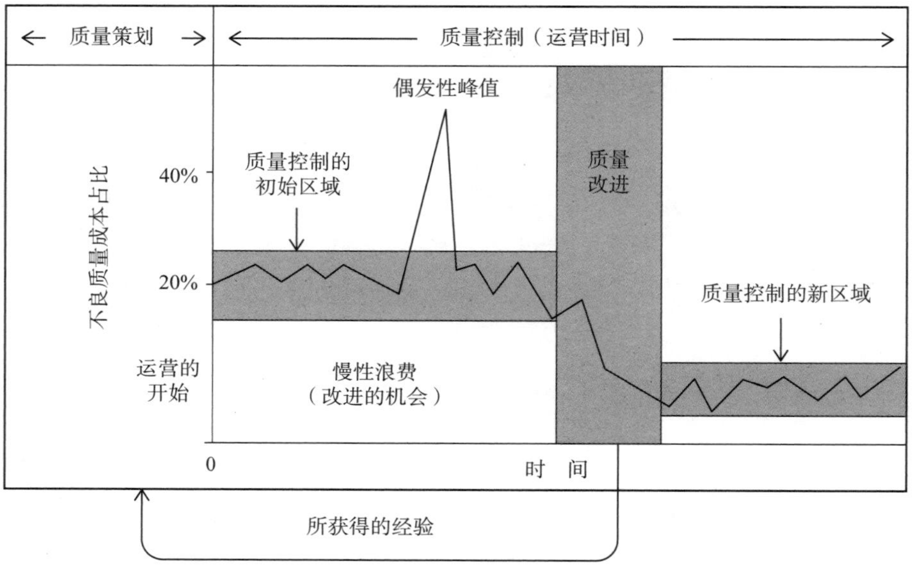

朱兰质量三部曲（来源：《朱兰质量手册》）

第 7 章
PCB 制造质量策划

产品或过程的质量策划和设计活动，是质量形成的第一要素。ISO 9001：2008《质量管理体系 要求》也指出，“组织必须策划和开发产品实现所需的过程，产品实现的策划应与质量管理体系其他过程的要求一致”。常用的质量策划方法有朱兰质量计划模型、产品质量先期策划（APQP）和六西格玛设计模型（DFSS），它们提供了有效的步骤、工具和技术指导。对这些方法中关键概念的理解和方法的应用，不仅有助于新产品开发，也对日常质量管理活动有帮助。

质量控制计划（CP）是质量策划活动的主要输出之一，对组织质量管理的有序性和有效性至关重要。通常，电子行业的客户要求 PCB 企业提供产品质量控制计划书，以评估 PCB 工厂的工艺和设备的能力，确认其质量管理能力，从而确保其有能力按时交付高质量产品。本章围绕产品质量控制计划的制定，重点关注质量功能展开（QFD）、关键质量特性（CTQ）识别、失效模式与影响分析（FMEA）等关键技术。本章将说明这些技术在 PCB 质量策划中的实际应用，并以 5G 新产品研发的质量控制计划编制为案例，阐明 PCB 制造质量策划的要点。

7.1 质量策划概述

7.1.1 质量策划定义

在 ISO 9000：2015《质量管理体系 基础和术语》中，质量策划（quality planning）被定义为质量管理的一部分，其目标是制定质量目标并规定必要的运行过程和相关资源以实现质量目标。要注意的是，质量计划可以是质量策划的一部分。质量计划（quality plan，也被称为质量控制计划，control plan，CP）指的是，对特定对象规定由谁、何时，以及如何应用程序和相关资源的规范。这些程序通常包括所涉及的质量管理过程，以及产品和服务实现过程。通常情况下，质量计划会引用质量手册的部分内容或程序文件。质量计划通常是质量策划的结果之一。简单来说，质量计划就是针对特定产品、项目或合同，规定专门的质量措施、资源和活动顺序的文件（ISO 8402）。

质量策划是质量实践活动，而质量计划是质量规范文件，是质量策划活动的结果之一。制定具有针对性的计划是为了达成或突破质量目标，或者维持现有生产质量水平。这不仅仅是为了满足相关规范的要求，更重要的是在实际的质量管理活动中发挥指导生产、保证质量的作用，以使客户满意。

质量策划活动可以分为质量管理体系策划，产品实现的策划，监视、测量、分析和改进过程的策划等。在 PCB 工厂中，实施某一产品、工艺、项目或合同的过程之前，可以启动质量策划活动，编制质量计划。以下列举了其中的一部分，实际情况并不局限于这些活动。

- 合同要求的质量计划。
- 重要的新产品研发和试制项目。
- 某型号大批量产品在研发、试产和批量生产前的质量保证项目。
- 提升产品主要经济性和可靠性指标的项目。
- 对物料、设备、工装、治具和环境等进行显著改变或新增的项目。

此外，还可以借鉴质量计划制定的方法来处理其他一些过程，包括新工厂的设计、重大客诉的分析和改善、质量变革和文化变革等。

7.1.2 质量策划的作用

质量策划是组织应对风险和机遇的措施。通过质量计划，清晰规定为使产品在生产期间达成全部质量要求所做的各项安排，明确内部客户期望的新增工艺技术和生产资源投入。质量策划有利于员工有效控制缺陷，顺利完成产品的关键、难度结构制作，进而保证外部客户要求的产品关键特性得以实现，实现良好的结果指标，令客户满意。

系统化的质量策划，通过规范的策划步骤，消除各种质量差距。

- 充分识别客户要求，而不是依据一般惯例或绝大多数客户的标准适用性来确定要求，从而消除理解差距。
- 充分确认内部设计能力，消除设计差距。
- 充分测量内部资源能力，消除过程差距，有效发现并及时补齐各类生产资源的不足，避免消耗大量人力、物力和财力后无法实现产品关键特性指标的要求，从而破坏企业信誉和品牌形象。
- 充分掌握内部人员作业能力，消除执行差距，有效发现并消除过程中各类细小偏差或错误，避免这些差距沿着质量链条传递和演变，形成反复不合格甚至报废的质量缺陷，或偶尔发生的损失巨大的严重质量事故。
- 充分梳理内部的管理习惯，消除运营差距，有效发现并消除管理漏洞和缺失，避免仅仅由员工担责，造成质量气氛恶劣，影响团队士气，导致质量荣誉感丧失。

7.1.3 质量策划模型

现代结构化的质量设计是一种用于计划满足客户需要特征并控制这些特征产出过程的方法论，目标是确保客户满意并避免过程中的不良情况。质量设计者需要承担双重责任，既要理解客户需求，也要了解过程的工艺技术和管理运营，这是相当具有挑战性的。采用一套稳健的设计方法和结构，有助于组织开发出创新性产品和服务，从而为组织创造价值。以下介绍几种主要的质量策划模型。

朱兰质量设计模型

朱兰质量设计模型诞生于 20 世纪 80 年代，其提供的质量设计步骤简单易懂，却指出了质量策划的关键要点，为后续质量计划编制方法论的发展奠定了基础。这一模型既可以整合到组织的新产品研发中，也可根据需要独立按项目实施。其步骤如下。

（1）确立设计目标。

（2）定义针对的市场和客户。

（3）发掘市场、客户和社会的需求。

（4）开发新设计特征以满足这些需求。

（5）开发或重新开发这些特征的过程。

（6）开发过程控制以将新设计转入运营阶段。

朱兰质量设计的起点是确定项目，通过使命陈述书明确项目的范围、目标和团队。接下来是识别客户和客户要求，客户是有特定要求并必须被满足的角色（包括外部客户和内部客户）。对客户要求的识别不限于产品功能，还包括舒适性、安全性、品牌文化和情感认同等。然后，将客户要求排序，与项目客户要求的产品或服务特征一一对应，并确定可测量、适宜、合规、可实现的特征目标。过程开发是一系列活动，用于确定操作人员设计质量目标实现的具体方法，特别强调过程的能力必须与产品要求一致。质量设计完成后，完整的质量计划输出给生产执行单位，生产产品、提供服务并确保准确无误地实现质量目标。图 7.1 展示了质量设计活动转化的核心过程，客户及其需求分析为产品设计提供基础，产品设计为过程设计提供基础，过程设计又为控制开展提供输入。

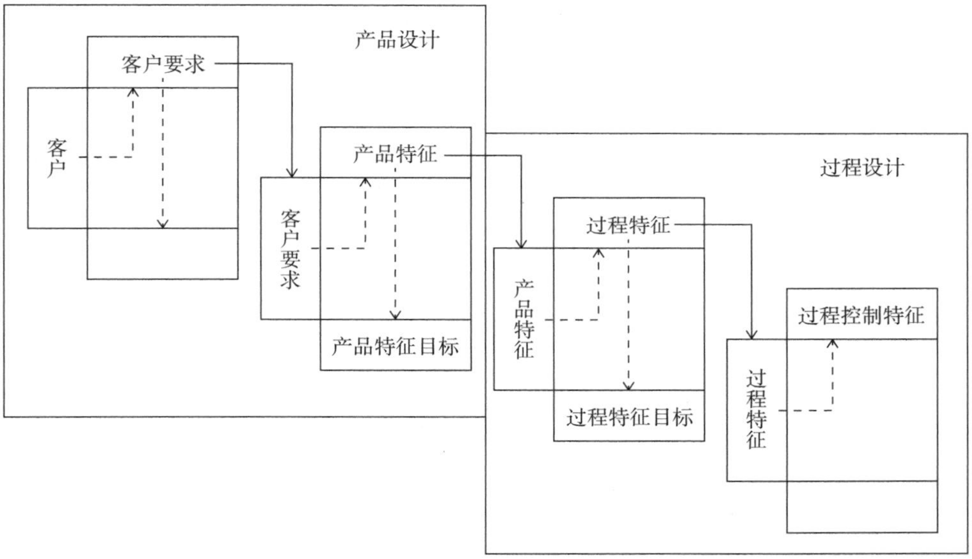

图 7.1　质量设计活动转化（来源：Juran Institute，Inc.）

质量设计需要收集、分析各种信息、需求和数据，可在不同设计步骤使用过程流程图、亲和图、头脑风暴、FMEA、选择矩阵、客户需求展开表、需求分析展开表、产品设计展开表、过程分析、故障树分析、对标分析、关键性分析、继承性分析、价值分析等工具。朱兰质量设计模型对于简单、经济的产品设计和过程设计非常有用，已被广泛应用于各个行业。

ISO 质量管理体系质量计划

ISO 10005《质量管理 质量计划指南》是 ISO 9000 族标准之一，为质量计划的制定、评审、接受、实施和修订提供指南。最早发布的是 ISO/DIS 9004-5-1994《质量管理和质量体系要素 第五部分：质量计划指南》，最新版本为 2018 版。

ISO 10005：2018 标准对质量计划相关名词和术语进行了定义，指出针对特定情况，如具体的合同、项目、过程、产品和服务，特别是某些大型复杂产品 / 项目的实现，制定质量计划非常重要。质量计划的制定应有明确的范围；描述质量计划的输入；说明特定情况下的质量目标及实现方法；确定组织内相关人员的责任；确定执行计划所需的资源类型和数量，如材料、产品和服务、人员、基础设施和运行环境、监视和测量资源；与客户及其他相关方进行沟通，并说明或引用沟通情况；描述设计和开发方法，以及设计和开发变更控制方法；确定为提供产品和服务所需的输入、实施活动和输出；确定监视和测量方法；确定不合格品的控制方法；说明标识和追溯方法；描述产品防护方法；规定针对特定情况的审核活动等。

最终编制成质量计划文件。质量计划的表达形式有多种，如文字描述、列表、流程图，表 7.1 给出了列表式质量计划的示例。

表 7.1　列表式质量计划

系列名称	工序流程图	工序名称	操作规程（编号）	要控制的质量特性（应检查的工序条件）	工序控制法				检验和试验项目	检验和试验方法	备　注
					工序控制规程（编号）	工序控制的图表或表格	工序控制负责人	抽样和测量方法			
A系列	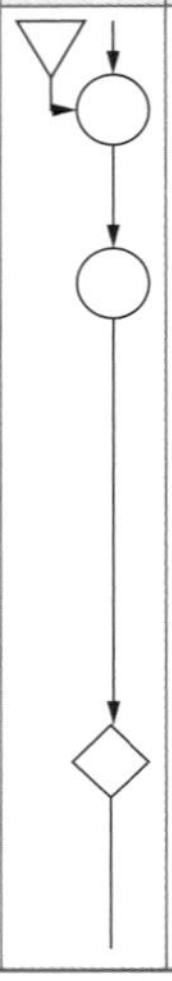	预热	WI–A1	（温度）		检查单 CS–A–1	操作员 A	2 次 / 日			
		成型	WI–A2	长度 L		控制图 CC–A–1	工长 A	5 个样品 / 批 用测微计			
				（温度）	IPC–AI	检查单 CS–A–2	操作员 B	1 次 / 每日			
				（压力）		检查单 CS–A–3	操作员 B	1 次 / 每日			
		产品试验	WI–A3	不合格率		控制图 CC–A–2	工长 B	全部产品	长度 L	全部产品	
									电气特性	10 格样品 / 批	

○ 制造；◇检验和试验；□储存。

ISO 10005 标准的制（修）订一直伴随着 ISO 9000 系列标准的演进，目前已经历了 3 个版本。质量计划的制定应引用质量手册内容或程序文件，作为质量管理体系文件的补充。该标准延续了 ISO 9000 质量体系的原则，强调以客户为关注焦点、领导作用、过程方法等，并引入基于风险的思维、考虑环境和监视实施质量计划等要点，使质量策划更有效、适宜和充分。相较之下，ISO 系列标准的质量计划侧重于质量体系的建立和管理，而不仅仅提供质量计划的方法论。

六西格玛设计（DFSS）

六西格玛设计（design for six Sigma，DFSS）是六西格玛管理的核心方法之一，建立在六西格玛标准的 DMAIC（定义 define，测量 measure，分析 analysis，改进 improve，控制 control）绩效改进方法基础之上，融入了大量统计技术分析，旨在实现对现有流程的突破性改善。DFSS 的目标是开发高质量产品，设计方法旨在使产品和过程中的缺陷率极低且可预测，从而使组织能够零缺陷地提供产品。1998 年，通用电气（GE）公司宣布所有新产品都要应用六西格玛设计，这一举措首先推动了 DFSS 模型的使用，并随后取得明显的业绩增长，进而推动了世界知名企业更广泛地应用六西格玛设计技术。

六西格玛设计涵盖多种流程，如早期的“定义—挖掘—设计—展开—展现”模型，以及后来的 DMEDI（定义 design，测量 measure，探索 explore，研发 develop，实现 implement）模型、IDDOV（识别 identify，定义 define，设计 design，优化 optimize，验证 verify）模型和 ICOV（识别 identify，特性实现 characterize，优化 optimize，验证 verify）模型，以及最具代表性的 DMADV（定义 define，测量 measure，分析 analysis，设计 design，验证 verify）模型等。

表 7.2 说明了 DMADV 各阶段的主要工作内容和设计输出。在定义阶段，项目正式启动，管理层做出战略性决策，建立项目团队，明确项目定位，确保目标和交付成果达成共识。测量阶段主要涉及收集和量化设计输入，识别关键客户，明确关键客户需求，并整理与之对应的产品关键质量特性（critical-to-quality，CTQ）。分析阶段的目标是确定高层次的设计方案和详细设计性能目标。设计阶段需要完成系统设计、过程设计、控制策略等领域的质量、供应链、生产方面的规划和规范。验证阶段通过样本测试、试制模型、试点运营验证性能设计目标，确保输出符合需求并符合预定用途。设计验证试验（DVT）后，还需要进行生产验证试验（MVT）或运营验证试验（OVT），通过后才能进入全规模量产阶段。

表 7.2　六西格玛设计 DMADV 各阶段的主要工作内容和设计输出

阶　段	定义（D）	测量（M）	分析（A）	设计（D）	验证（V）
主要工作内容	项目提出和论证，项目范围确定，目标确定，项目推进计划	识别客户，客户需求确定和展开，风险识别 FMEA，开发 CTQ 及展开，测量系统能力	能力差距分析，功能分析，明确系统和子系统功能要求，设计方案的讨论和确定，设计审核，客户确认	详细设计，全尺寸试样的设计；过程设计和样机的试制；优化设计的参数；制定统计公差；制定控制计划；初步验证；客户确认	制造质量验证，产品最终验证与确认；确认过程表现；试运行；生产转移
主要设计输出	项目可行性研究报告，FDSS 项目特许任务书	客户需求优先次序表，CTQ 优先次序表，基准性能，设计记分卡	最佳备选方案，定量设计元素，资源需求，子系统、系统细节设计要求，关键采购决策，更新设计记分卡，QFD 设计矩阵	详细的功能，设计参数和最佳公差，生产用图纸，工艺规范，作业规范，检验标准规范，可靠性分析结果，更新设计记分卡	设计验证试验报告，设计鉴定报告，变更计划，最终操作和控制文件、程序，培训和教育，DFSS 项目绩效报告

产品质量先期策划（APQP）

产品质量先期策划（advanced product quality planning, APQP）是支持开发满足客户要求的产品或服务的产品质量策划过程，也是组织与客户之间共享结果的标准方式。APQP 由美国汽车工业行动集团（AIAG）于 1994 年推出，是汽车行业实施 ISO/TS 16949 质量管理体系的关键内容之一。

客户期望组织能成为可信赖的合作伙伴，提供最佳的产品或服务，因此，组织应在产品全生命周期的各阶段采取预防性行动，识别并减少过程中的各种变异，早期发现问题，控制和降低风险，避免不合格品的出现，减少客户投诉和抱怨。通过制定各阶段的质量活动重点和作业方式，合理配置和利用资源，促进团队内部联系，确保步骤按时完成，保证产品研发、试生产和量产等阶段活动的有效性，以最低成本及时提供具有竞争力质量的产品。

APQP 的基本原则：横向跨职能小组合作，识别客户要求并定义范围，持续信息沟通，开发工具方法并进行培训，采用同步工程替代逐级推进，制定控制计划（CP）和项目进度计划等。

实际项目应用效果如图 7.2 所示，经过 APQP 的产品在投产后不合格数量和变更数量显著减少，生产处于受控状态；而未经过 APQP 的项目则可能面临混乱状态，出现大量问题或故障，需要采取“救火”行动。因此，通过 APQP 可以有效减少成本损失和时间浪费，确保产品质量的竞争力。

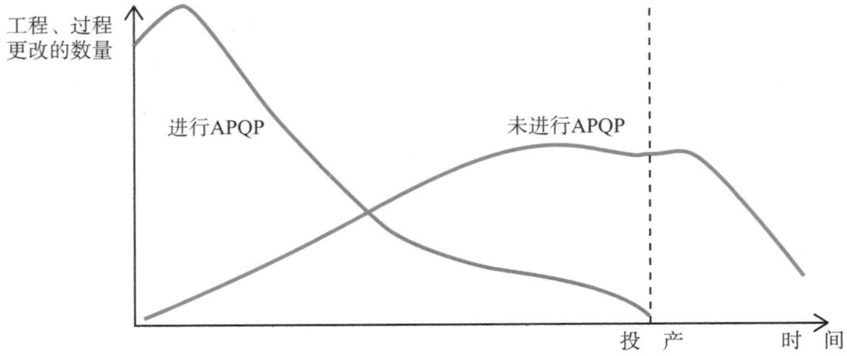

图 7.2　APQP 效果

产品质量先期策划和控制计划（APQP & CP）、潜在失效模式与影响分析（FMEA）、测量系统分析（MSA）、统计过程控制（SPC）和生产件批准程序（PPAP）并称为五大技术工具，始终贯穿产品实现的核心过程。PCB 行业的很多公司都通过了 IATF 16949 质量管理体系认证，APQP 是质量策划的主要方式之一，因此，APQP & CP 是本章的重点。

7.2　产品质量先期策划（APQP）

7.2.1　APQP 方法论

APQP 设计形成 PDCA 循环分为五个阶段，如图 7.3 所示。第一阶段，计划和确定项目；第二阶段，产品设计和开发；第三阶段，过程设计和开发；第四阶段，产品和过程确认；第五阶段，反馈、评定和纠正措施。

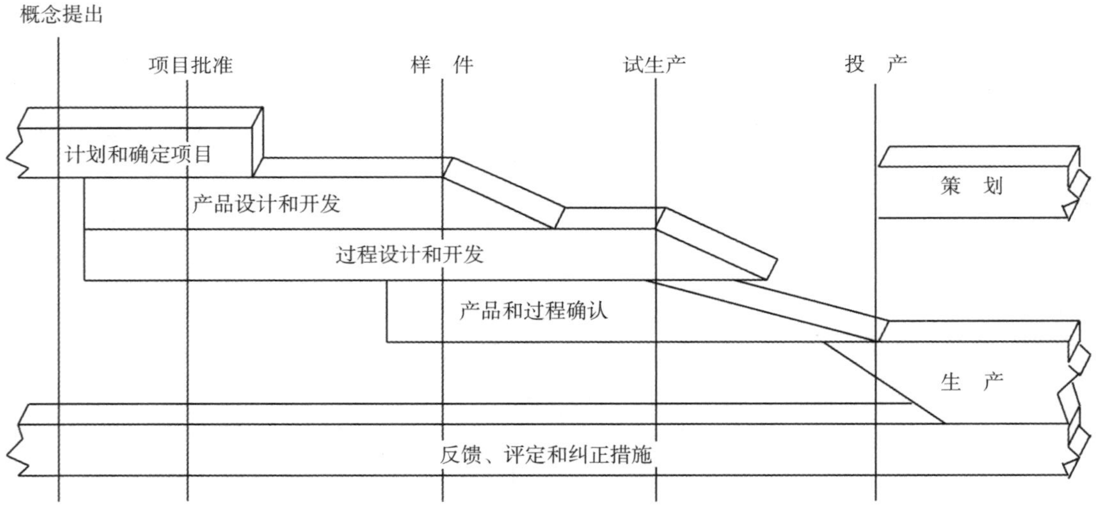

图 7.3　APQP 进度图

APQP 关注缺陷预防。采取防错方法，降低产品交付客户后产生问题的风险，是 APQP 的核心思想。其各个阶段的输入输出内容如图 7.4 所示，每个阶段的输出直接形成下一阶段的输入，部分内容可根据产品特点和生产流程的实际情况来选择；部分内容是 IATF 16949 体系强制要求，如特殊特性的识别、过程流程图、DFMEA、PFMEA 和控制计划等。

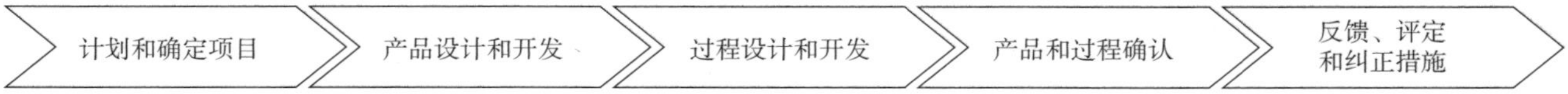

计划和确定项目

输入：
- 客户要求/呼声
- 业务计划/营销策略
- 产品/过程标杆数据
- 产品/过程设想
- 产品可靠性研究
- 客户资料输入

输出：
- 预可行性评估
- 可靠性和质量目标
- 初始材料清单
- 初始过程流程图
- 初始产品/过程特殊特性清单
- 产品保证计划
- 项目开发预算
- APQP推行计划
- 管理者支持

产品设计和开发

输出：
- DFMEA
- 可制造性和装配设计
- 设计验证
- 设计评审
- 样件制造–控制计划
- 工程图样
- 工程规范
- 材料规范
- 图样和规范更改
- 新设备、工装和设施要求
- 产品和过程特殊特性
- 样件控制计划
- 量具/试验设备要求
- 可行性承诺和管理者支持

过程设计和开发

输出：
- 过程流程图
- 车间平面布置图
- 特性矩阵图
- PFMEA
- 试生产控制计划
- 作业指导书
- 测量系统分析计划
- 初始过程能力研究计划
- 包装标准和规范
- 检验计划
- 产品/过程质量体系评审
- 管理者支持

产品和过程确认

输出：
- 试生产
- 测量系统评价
- 初始过程能力研究
- 产能评估
- 生产确认试验
- 生产控制计划
- 包装评价
- 质量目标/可靠性评价
- 试产总结
- 生产件批准PPAP
- 文件受控和发行
- 质量策划认定和管理者支持

反馈、评定和纠正措施

输出：
- 减少变差
- 降低成本
- 过程变更
- 改进质量问题
- 改进交付和服务
- 增进客户满意

图 7.4　APQP 各阶段的输入输出内容

跨职能小组是质量策划活动的实施单位，小组成员可包括技术、制造、材料控制、采购、质量、销售、现场服务、分承包方和客户方面的代表。小组成立后需要在每个阶段召开会议，推进项目阶段内的各项活动。

APQP 第一阶段，重点是输入客户的声音。收集和分析客户的图纸、标准、规范、CAD 数据、样件实物、客户建议 / 抱怨等信息，以及市场、行业和竞争对手的各类信息，是这一阶段的重点工作，具体方式有客户拜访、客户问卷调查、客户满意度调查、客户投诉和退货报告、客户质量标准、客户合同、设计文件和开发协议等。将客户要求 / 声音初步转化为可测量的设计目标，可确保客户的呼声不会消失在随后的设计活动中，而是进一步转化为设计要求，作为后续评价项目是否成功的主要测度依据。输出的质量目标需要兼顾内外部客户的要求，外部客户提出的产品功能、性能和可靠性指标是项目必须达成的要求。同时，组织内部应根据自身实际生产质量水平，制定成品合格率、一次合格率、材料成本要求和交付周期等目标，以及体系文件优化和团队能力提升等目标。

在这一阶段，还需要收集工厂各方面的实际情况信息，输出初始物料清单（BOM）、初始过程流程图、初始产品 / 过程特殊特性清单，为下一阶段对标比较、分析研究产品和过程设计提供输入。凭习惯和经验判断客户要求及工厂能力状况，往往会给后续工作带来很多不确定性影响。

APQP 第二阶段，重点是确定产品设计方案，对应 PCB 产品的策划，即样品制作阶段。产品设计应能满足生产量、交期和工程要求的能力，并满足质量、可靠性、投入成本和进度目标等。设计部门组织 DFMEA、可制造性分析等活动，明确物料、设备、方法等方面的能力差距，提出设计方案，制定试验计划，组织试验和验证。所有设计输出均要进行验证，采用样件制造来验证设计。组织应规定设计验证时机和验证方法，编制样件控制计划，确保样件制造过程中的产品尺寸测量、材料使用和功能试验有明确要求。输出的重点文件有：①工程图样，包含有加工图和装配图等，为生产制造、采购、检验等部门提供的产品设计文件；②工程规范（产品规范），即产品的规格标准，以识别部件或总成的功能、耐久性和外观要求，规定产品几何尺寸、功能、性能、外观（如适用）包装等方面的接收基准，是确定产品合格与否的依据；③材料规范，对产品选用材料的成分、化学 / 物理性能、包装、搬运、储存和使用等所规定的要求，是判定材料是否合格的基准。

跨职能小组全体成员输出新设备、工装和设施的要求、特殊产品和过程特性等内容，通过组织召开设计评审会，进行设计输入评审、技术评审、样件评审、工艺方案评审和最终产品评审，并输出小组可行性承诺。伴随项目进展，对项目进行可行性分析，提交并与管理者沟通评审内容，对存在的问题提出支持申请，直到问题得到解决。

APQP 第三阶段，为产品投入小批量、批量生产后能够达到设计要求，对过程开发和验证提供一个有效的制造系统，包括培训技能熟练和生产经验丰富的员工队伍；拥有工艺能力足够的生产设备和工治具、计量合格的计量工具、高效安全的物流运输设备；确定采用的优质原材料；新产品生产的质量控制计划和作业指导书，质量管控稽查表和 SPC 图，以及日管清单等管理文件；秩序井然的车间现场和温度、湿度、洁净度合格的生产环境，等等。生产工艺流程和试生产控制计划等临时作业规范是第三阶段的重点输出事项。

处于实际生产运营状态的 PCB 工厂，生产设备的实际工艺能力需要准确测定，依据初始过程能力研究计划和测量系统分析计划，使用性能指数 PPK 或稳定过程能力指数 CPK 来评价。当能力差距较大、明显存在不足时，补充更高工艺能力的设备是必要的。而能力存在一定差距时，依靠新产品设计适当修改，依靠工艺方法和工艺流程调整，特别考验跨职能小组的技术能力和管理能力，而管理者支持是必要条件：进行关键设备 / 设施 / 工具的投入，进行更多的组织其他资源投入，是质量策划项目成败的关键。

APQP 第四阶段，重点是通过试生产对产品设计进行验证，对过程设计进行验证，对质量策划进行确认。试生产需采用正式生产工装、设备、检具、环境（包括生产操作者）、设施和生产节拍，投入试生产的产品数量不得少于客户规定，验证由正式的生产工装和过程制造出来的产品是否符合技术规范要求，输出试验过程及产品的检验和试验报告，并评价测量系统有效性，确认量具的重复性和再现性达到要求。

试生产过程应对控制计划中的特性，按初始过程能力分析计划进行初始过程能力研究，评价生产过程，特别要关注新增设备 / 过程是否已经准备就绪。对包装设计进行确认，按合同规定的运输线路进行试装运，依据客户评价改进包装设计。根据实际生产结果信息更新试生产控制计划及相关的作业和管理规范，是跨职能小组的重点工作之一。在此阶段应安排一次管理者评审，评审和正式认定过程流程图、控制计划、过程指导书、量具和试验装备等关键项目可行、有效，并已经文件化，可实际投入批量生产。

质量策划项目接近尾声，跨职能小组须向客户提交生产件批准申请（PPAP），证明客户工程设计和规范要求已经被组织正确理解，并在实际生产过程中拥有持续满足这些要求的能力。PPAP 将等级 3 作为默认等级，应向客户提交保证书（PSW）、产品样品及完整的相关支持资料，包括设计记录、任何授权的工程变更文件、必要时的工程批准、DFMEA（如需要）、过程流程图、PFMEA、全尺寸测量结果、材料 / 性能试验结果的记录、初始过程研究、测量系统研究、合格实验的文件要求、控制计划、零件提交保证书、外观批准报告（AAR）、生产件样品、标准样品、检查辅具、客户的特殊要求等 18 个项目，具体由质量部门组织准备。

APQP 第五阶段，部件正式批准量产后，质量策划并不能终止，应继续不断倾听和解决客户新的呼声，持续让客户满意，减少内部特殊和普通原因变差，改进交付和服务。

质量策划工作常采用的工具方法有质量功能展开（QFD）、过程流程图、失效模式分析（FMEA）、测量系统分析（MSA）、过程能力评价（CPK）、实验优化设计（DOE）、几何尺寸和公差设计（GD&T）、计算机辅助设计（CAD/CAE）、价值工程（VE）、帕累托分析、甘特图计划，以及各类专用图表和模型等，如图 7.5 所示。针对跨职能小组和设计开发人员进行培训，会令整体策划工作高效率且结果有效。

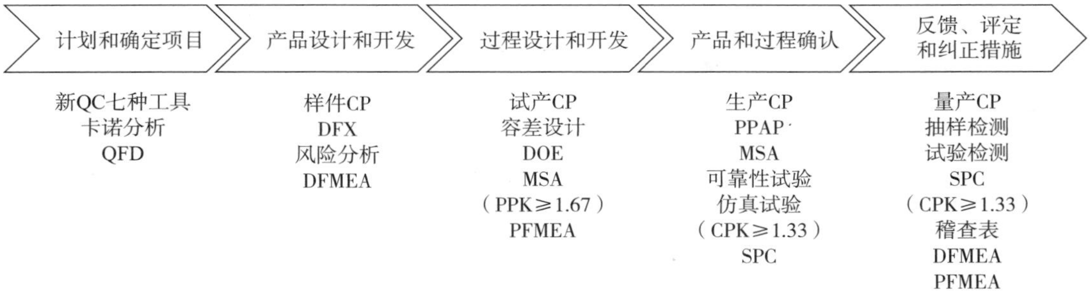

图 7.5　质量策划常用工具和方法

7.2.2　特性识别

特性是客户需要的产品或服务所具有的性质或特征。例如，汽车的一个特性是音响系统的音质可以满足驾驶者的收听要求，尽管这一特性对汽车驾驶性能影响甚微，但它满足了客户的其他需求。《朱兰质量手册》第 6 版指出，特性是组织设计产品和服务时必须考虑的内容。

产品特性（product characteristics）指的是工程资料中描述的产品零部件或总成的特点与性能，如产品尺寸、材质、外观等。过程特性（process characteristics）又称控制特性或过程参数，指的是控制或影响一个或多个产品特性的可测量数据或计数型数据测量的过程变量，与被识别的产品特性具有因果关系，如产品外形尺寸采用铣加工，铣刀的直径规格、铣刀的转速和行程等过程参数就是过程特性。

质量特性可定义为“与要求有关的产品、过程或体系的固有特性”（ISO 9000 标准）。达到适用性所需的有关产品、材料或工序的任何特征（特质、属性等），都是质量特性。但赋予产品、材料或工序的特性（如价格）不是它们的质量特性。质量特性是产品质量的载体，是产品或过程质量的主要表现形式。

根据失效后产生影响的程度，特性可分为一般特性和关键特性（KC）。特性失效对设备、装置的使用、操作、运行有轻微影响，这类特性称为一般特性。特性失效会影响产品的安全性或法规要求符合性，影响产品性能 / 功能的可靠性，这类特性称为关键特性。关键产品特性（KPC）是材料、零件、装配体、装备或系统的某些重要属性或特征，可以从产品上（尺寸、表面粗糙度等）、产品内（硬度、强度等）或产品本身（质量、性能等）测量到，它们的波动会显著影响产品的安装、性能、使用寿命和可制造性。关键控制特性（KCC）指的是影响输出的输入，这些特性是客户看不到的，只有实际发生时才能测量到。它是过程参数（温度、线速度、压力和黏度等），变差必须控制在目标范围之内。

在实际生产环境中，最终产品是一系列具体过程执行的结果，产品与过程存在转化关系，如图 7.6 所示。下道工序是上道工序的用户，产品特性形成被分配到每一个工序活动的过程中，如基板上的孔在钻孔工序形成，线路在图形转移、电镀和蚀刻工序形成，多层板在层压工序压合形成，等等。产品质量要求应转化为产品特性要求，作为检验、评价和考核的依据。产品特性对应制造过程中一个或多个相关过程特性，对每一个过程特征参数进行监控，对过程特性进

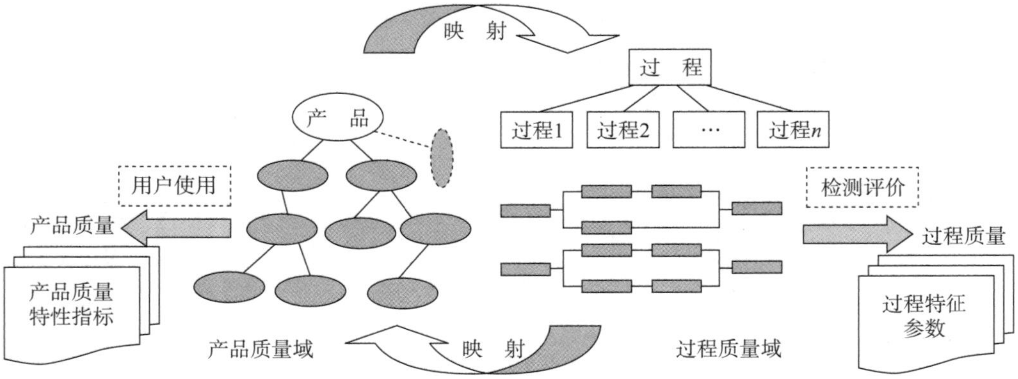

图 7.6　“产品质量—过程质量”映射模型

行检测评价，其结果合乎要求的程度反映了过程质量。对无法满足产品质量要求的过程进行改进，才能保证和提升产品质量，产品通过用户的使用而满足用户要求的程度形成了产品质量。

梳理和识别特性是设计活动的必要步骤，它有助于准确描述客户对产品的要求。从产品结构特性、产品性能特性、产品外观特性和产品制作材料特性等方面，详细分析客户的需求并将其同步到生产中，对应到产品技术特性和产品制造过程的控制特性上，有助于后续技术和生产的日常管理。特性识别需要由跨职能小组推动，一般由工艺研发和质量部门负责特殊产品特性的识别，生产工艺和质量部门负责特殊控制特性的识别。根据重要程度，识别顺序为：①涉及人身安全和政府法规等的法律规定；②客户指定的产品结构特性、质量标准要求和服务保障要求等；③产品的功能、性能和可靠性；④影响操作效率、成本、运输等方面的特性，根据制造经验识别；⑤产品失效分析中的质量缺陷。部分 PCB 产品特性见表 7.3。

表 7.3　PCB 产品特性（部分）

序　号	一　级	二　级	三　级	表征方式
1	层	层数	单面	层数，厚度，基铜厚度
2			双面	层数，厚度，基铜厚度
3			多层板	层数，芯板对位精度，层间对位精度，芯板厚度，基铜厚度，总厚度
4			HDI	层数，芯板对位精度，层间对位精度，芯板厚度，基铜厚度，总厚度
5	孔	通　孔	通孔（机械钻 / 激光）	孔径，孔径板厚比，孔位精度，孔到线间距，孔壁间距，金属 / 非金属
6			背钻孔 / 控深钻	背钻孔、通孔直径，背钻孔深，残桩值，背钻孔隔离环宽，背钻孔和通孔孔径差，钻穿层距表层的厚度，不可钻穿层距表层的厚度 K，背钻孔偏移度
7			半孔	孔径，孔径板厚比，孔位精度
8			压接孔	孔径，孔径板厚比，孔位精度
9			锥形孔	大孔直径，小孔直径，锥形孔角度，锥形孔深度，锥形孔钻孔方向
10			阶梯孔（铣）	金属 / 非金属
11			邮票孔	板厚，板尺寸，邮票孔间距，筋长度
12			槽孔	长槽孔（槽长大于孔径 2 倍），短槽孔（槽长小于孔径 2 倍）
13		盲　孔	1 ~ N 阶盲孔（机械 / 激光）	盲孔阶数，孔径，孔径深度比，孔位精度，下上孔径比
14		埋　孔	1 ~ N 阶埋孔	孔径，孔径板厚比，孔位精度

续表 7.3

序　号	一　级	二　级	三　级	表征方式
15		塞　孔	树脂塞通孔（全部 / 部分选塞）	孔径，孔径板厚比，板厚，塞孔饱满度
16			树脂塞背钻孔	孔径，孔径板厚比，板厚，塞孔饱满度
17			树脂塞盲孔	孔径，孔径板厚比，板厚，塞孔饱满度
18			阻焊全塞 / 半塞	孔径，孔径板厚比，板厚，塞孔饱满度
19			电镀填孔	孔径，孔径板厚比，板厚，拼板尺寸
20		盖　孔	树脂塞通孔（全部 / 部分选塞）POFV	孔径，孔径板厚比，板厚，包覆铜，基铜厚度
21			树脂塞背钻孔 POFV	
22			树脂塞盲孔 POFV	
23	槽	通　槽	金属 / 非金属化通槽（铣）	槽长度，槽宽度，槽深度，焊环
24		盲　槽	金属 / 非金属化盲槽	槽长度，槽宽度，槽深度，焊环
25		阶梯槽	金属化 / 非金属阶梯槽（铣）	槽长度，槽宽度，槽深度
26		埋铜块槽		槽长度，槽宽度，槽深度，槽底平整度，槽位移
27	图　形	导　线	线路	线路宽度，线路间距，定位精度，布线密度，孔到线间距
28		焊　盘	焊接盘	焊盘宽度，焊盘间距，焊盘密度，孔径，焊环，孔到盘间距
29			键合盘	焊盘宽度，焊盘间距，基材
30			定位盘 / 反光点	焊盘宽度，焊盘间距，定位精度
31			BGA 盘	焊盘宽度，焊盘间距，孔到盘间距
32		金手指	金手指（普通 / 三面包金 / 四面包金 / 内凹金手指）	板厚度，尺寸精度，金手指图形中心到板边尺寸精度
33			长短金手指	
34			分段金手指	
35	焊接镀涂层	孔　铜		沉铜层厚度，一次铜层厚度，二次铜层厚度
36		面　铜		一次铜层厚度，二次铜层厚度，镀层均匀性
37		包覆铜层		包覆铜长度
38		焊盘镀涂层	镀锡层 / 镀镍金层 / 镀镍层 / 镀硬金层 / 镀软金层 / 选择性镀硬金层 / 化学沉积镍金层 / 选择性化学沉积镍金层 / 化学沉积镍钯金层 / 沉银层 / 沉锡层 / OSP 层 / 喷锡层 / 喷铅锡层 / 选择性镀金 +OSP 层 / 选择性镀金 + 喷锡 / 选择性镀金 + 沉镍金 / 选择性镀金 + 沉银 / 选择性镀金 + 沉锡 / 选择性镀金 + 沉镍钯金	厚度，间距，平整度
39	防护涂覆层	阻　焊	阻焊层	完成铜厚，阻焊厚度，平整度，颜色，拐角阻焊厚度，硬度，附着力，两面不同颜色阻焊，单面阻焊
40			阻焊开窗	阻焊开窗宽度
41			阻焊桥	完成铜厚，阻焊桥宽度，阻焊桥对准度
42		蓝　胶		塞孔孔径，最小单边盖线，与阻焊最小间距，油墨厚度
43	标识涂覆层	字　符	字符 / 序列号 / 条形码 / 二维码	字符线宽，字符高度，字符对准度，颜色，字符到焊盘距离
44	导通涂覆层碳油			碳油间距，碳油盖线宽度，碳油距导体间距，宽度
45	边	非金属化边	外形边	外形尺寸长、宽，铜到外形边距离，侧壁形状，内角半径
46			V–CUT 线 / 跳 V–CUT 线 /V–CUT 半孔	V–CUT 线数量，角度，余厚，对准度，V–CUT 面数，跳刀次数，跳刀间距
47			倒角（金手指、非金手指）	倒角深度，角度，余厚，金手指边与外形边最小距离
48			桥连	筋长，邮票孔间距

7.2.3 过程流程图（变量流程图）

过程流程图系统展示了现有或为新产品设计的制造流程的全过程，包括加工步骤、检验步骤、返工线路、搬运、储存、特殊特性等基本信息，如图 7.7 所示。该图将人力资源、文件、程序方法、设备和测量仪器等各种信息都包含在过程的描述中，可用于分析整个制造和装配过程，揭示从开始到结束的设备、物料、方法和人员所有可能的变差源。在 APQP 第一阶段编制的初始过程流程图，经过第二阶段样件试制后，基本可以确定为正式的过程流程图，为后续编制 PFMEA 和控制计划等文件提供输入。

7.2.4 质量控制计划（CP）

质量控制计划是对零件制造所要求的体系和过程系统的文件化描述，是质量策划过程设计活动的核心输出之一。控制计划是动态文件，运用总体设计、选择和实施增值性控制方法，提供结构化信息，明确列出当前使用的控制方法和测量系统，最大限度地减少过程和产品变差，确保组织按客户要求制造出优质的产品。通常，制造过程的控制计划涵盖过程和设备维护这两个重要的生产要素，过程控制计划描述产品特性、过程参数及需测量和监控的供应商来料质量特性，维护控制计划描述需测量和监控的设备性能特性。一个质量控制计划可以适用于以相同过程、相同原料生产出来的一组和一系列产品。ISO/IATF 16949 标准规定了质量控制计划的详细要求，具体见表 7.4。

表 7.4 质量控制计划表

<table>
<tr><td colspan="6">□样 件 □试生产 □生 产
控制计划号</td><td colspan="3">主要联系人 / 电话</td><td colspan="2">日期（编制）</td><td colspan="2">日期（修改）</td></tr>
<tr><td colspan="6">零件号 / 最新更改水平</td><td colspan="3">核心小组</td><td colspan="4">客户工程批准 / 日期（如需要）</td></tr>
<tr><td colspan="6">零件名称 / 描述</td><td colspan="3">供方 / 工厂批准 / 日期</td><td colspan="4">客户质量批准 / 日期（如需要）</td></tr>
<tr><td colspan="5">供方 / 工厂</td><td>供方代号</td><td colspan="3">其他批准 / 日期（如需要）</td><td colspan="4">其他批准 / 日期（如需要）</td></tr>
<tr><td rowspan="3">零件 / 过程号</td><td rowspan="3">过程名称 / 操作描述</td><td rowspan="3">生产设备</td><td colspan="3">特 性</td><td rowspan="3">特殊特性分类</td><td colspan="5">方 法</td><td rowspan="3">反应计划</td></tr>
<tr><td rowspan="2">编 号</td><td rowspan="2">产 品</td><td rowspan="2">过 程</td><td rowspan="2">产品 / 过程范围 / 公差</td><td rowspan="2">评价 / 测量技术</td><td colspan="2">样 本</td><td rowspan="2">控制方法</td></tr>
<tr><td>容 量</td><td>频 率</td></tr>
<tr><td></td><td></td><td></td><td></td><td></td><td></td><td></td><td></td><td></td><td></td><td></td><td></td><td></td></tr>
<tr><td></td><td></td><td></td><td></td><td></td><td></td><td></td><td></td><td></td><td></td><td></td><td></td><td></td></tr>
<tr><td></td><td></td><td></td><td></td><td></td><td></td><td></td><td></td><td></td><td></td><td></td><td></td><td></td></tr>
<tr><td></td><td></td><td></td><td></td><td></td><td></td><td></td><td></td><td></td><td></td><td></td><td></td><td></td></tr>
<tr><td></td><td></td><td></td><td></td><td></td><td></td><td></td><td></td><td></td><td></td><td></td><td></td><td></td></tr>
<tr><td></td><td></td><td></td><td></td><td></td><td></td><td></td><td></td><td></td><td></td><td></td><td></td><td></td></tr>
<tr><td></td><td></td><td></td><td></td><td></td><td></td><td></td><td></td><td></td><td></td><td></td><td></td><td></td></tr>
</table>

质量控制计划应覆盖样件、试生产和生产三个不同阶段，包括以下要素。

- 基本数据：控制计划编号、零件名称、供应商、供应商代号、主要联系人、核心小组、编制日期、修改日期、客户工程批准 / 日期、供应商 / 工厂批准 / 日期、客户质量批准 / 日期、零件 / 过程号、过程名称 / 操作描述、生产设备等。
- 特性：拟监控与产品有关的特性和特殊特性，拟监控与过程相关的特性和特殊特性。
- 方法：产品 / 过程范围 / 公差通常从工程图、技术规范及其他来源获得，评价 / 测量技术基于监控指定过程或产品特性的检验、测量或试验设备，样本容量与需要监控的产品数量相关，抽样频次与对该产品进行测试或监控的频度相关，控制方法是用于监控指定工

序号	工艺流程 一级 工序	工艺流程 二级 工步	工艺流程 三级 站点	设备 名称	设备 编号	设备 设备能力确认（静态）	操作步骤 动作分解 信息核对	产品检查	调程序资料	参数调节	清洁	加工	搬运	储存	控制要求 操作要求	产品要求	物料要求	人员要求	设备参数要求	关联缺陷 根因	失效模式
1	光成像	减薄铜	二级溢流水洗	溢流水洗缸	A0219001	①微蚀速率：≥ 3μm ②最大加工板尺寸：610mm × 610mm（24in × 24in） ③最小加工板尺寸：200mm × 200mm（8in × 8in） ④板厚能力：0.1 ~ 6.0mm ⑤传送速度：0 ~ 7m/min ⑥减铜缸长度：3427mm ⑦减铜缸体积：900L	信息核对								①流程卡、实物板、MES 的型号、数量一致；②识别光电板、层压板、电镀板						
2														暂存	分型号存放						
3							确认减铜要求								查询 MES 系统指示的减铜完成铜厚要求，备注在流程卡上						
4													取板		双手戴手套，轻拿轻放						
5								来料铜厚检查							①全检并记录铜厚极差；②铜厚不合格，停止生产，开 NCN；③层压板正反两面各测 3 个点；④电镀板正反两面各测 5 个点；⑤光电板正反两面各测 9 个点	①铜厚极差 <12μm；②层压板铜厚与流程卡备注一致				来料未测铜厚	铜皮起泡
6									计算减铜量						①光电板：减铜量> 12μm，转 DES 线减铜；减铜量≤ 12μm，减铜线减铜；②层压板、电镀板：减铜线减铜					减铜过度	铜皮起泡
7										调节减铜速度					按 SOP 要求调节减铜速度				①传送速度范围：0 ~ 7m/min；②与减铜量的对应关系见 SOP	减铜速度慢	铜皮起泡
8								板面质量检查					上板		双手戴手套，轻拿轻放	板面无污染、划伤、凹坑					
9											溢流 DI 水洗								水流量、喷淋压力、电导率，见工艺控制表	减铜药水污染	铜皮起泡
10			减铜	减铜缸								减铜							H_2SO_4、H_2O_2、Cu^{2+} 的浓度、温度、循环量，见工艺控制表	药水温度、浓度过高	铜皮起泡
11			四级溢流水洗	溢流水洗缸							溢流 DI 水洗								水流量、喷淋压力、电导率		
12			吸水	吸水轮								吸水							吸水棉无破损，无卡板现象		
13			干板组合	烘干段								干板组合							温度见工艺控制表		
14			收板	自动收板机									收板						自动收板，过程中板不脱落		
15													下板		双手戴手套，轻拿轻放						
16								减铜质量检查							①抽检铜厚并记录各测试点数据；②铜厚不合格，停止生产，开 NCN；③层压板正反两面各测 3 个点；④电镀板正反两面各测 5 个点；⑤光电板正反两面各测 9 个点	①铜厚与 REP 指示一致；②板面无划伤，无污染					
17							信息核对								流程卡、实物板、MES 的型号、数量一致						
18													运输		轻拿轻放						
操作步骤							信息核对	产品检查	调程序资料	参数调节	清洁	加工	搬运	储存							
汇总 / 项							3	3	1	1	2	3	5	1							
分层失效点							0	1	1	1	1	1	0	0							
分层关键失效点							0	1	1	1	0	1	0	0							

图 7.7　过程流程图（部分）

艺或产品参数的方法。

- 反应计划：规定在过程或产品变得不稳定时应采取的对过程和产品的纠正行动，如调整参数、通知现场主管、标识、隔离、返工 / 返修、全检等。

质量控制过程由测量、检查和纠正三部分组成，控制计划确定了全制造过程的控制点、控制参数要求、检测方法、工具和纠正措施等内容，对各种操作、检测、测量、维修和维护工作提出明确要求，描述了过程的每个阶段所需的控制措施。

制定质量控制计划的核心步骤包括建立跨职能小组，确认客户要求特性，制作初始过程流程图，确认过程关键输出变量，确认过程关键输入变量，确认控制方法，确认抽样方法，确认测量系统有效性，确认有效实施要求，确定异常处理程序，制定控制计划初稿，评审及修正，控制计划批准，批准的控制计划实施。

制定质量控制计划的关键是将客户要求转化为产品结构规格，提出材料技术要求和生产过程流程图，进一步转化为过程的控制参数要求。常用的工具包括 FMEA 或 K–T“潜在问题分析”（PPA），用于确定关键的输入变量，减少样件试制阶段和整个制造过程中的质量风险。

7.2.5　失效模式与影响分析

参见 9.1.3 节“质量改进的前提——潜在失效模式与影响分析（FMEA）”。

7.2.6　常规 PCB 产品质量策划

PCB 是电子产品的基础部件，属于电子产品二级封装。在制造价值链中，板卡级的产品设计主要由终端厂家完成，PCB 制造则交由专业 PCB 工厂完成。基于这样的供应链分工特点，对比 APQP 标准流程，常规 PCB 产品质量策划可以省略产品的设计和开发步骤，如图 7.8 所示。区别于以产品设计为主的 APQP 流程，常规 PCB 产品的质量策划以样品设计和过程设计为主，成败的关键在于制造能力。

“客户要求识别→产品特性识别 / 过程特性识别→编制初始过程流程图→失效模式分析→风险评估清单→过程能力提升和验证→样品试生产控制计划制定→样品试生产→生产控制计划制定→生产总结→体系文件”是质量策划的推进主线。除客户要求的产品质量先期策划项目，对于超出制程能力、技术尚未成型的难度订单生产和客户的考试板项目，也可启动质量策划活动。

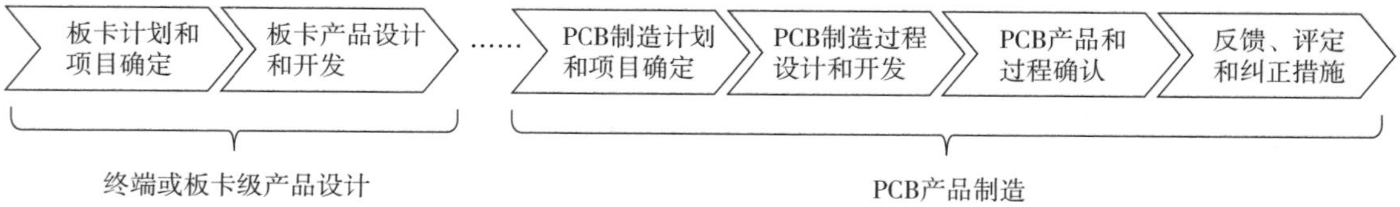

图 7.8　常规 PCB 产品的质量策划

参考 APQP 标准流程，常规 PCB 产品质量策划关键活动如图 7.9 所示。跨职能小组启动 PCB 产品质量策划活动，首先通过客户提供的电子工程文件包，提取客户设计基板的结构特性、功能要求和执行的质量标准，尽可能详细地收集订单基本信息，全面细致地掌握该基板的特点，输出为客户工程文件信息表 / 工程变更信息表、客户产品标准要求和客户材料标准要求。同时，企业应完成营销市场调研报告，明确这类新产品将会带来的订单量和销售机会，在此基础上制定项目目标，在跨职能小组内部形成项目重要性共识。

现状把握阶段，跨职能小组根据收集到的工厂和行业信息，以及工厂当前真实过程能力和产品质量状况，找到自己与客户新产品要求的差距，明确与行业标杆的差距，明确项目产品实现的关键产品特性（KPC），然后输出差距 / 风险清单。产品质量分析包括汇总分析客户过往的抱怨和退货等情况，工厂生产线的产品生产良率、一次合格率和返工返修数据，以及工厂生产线过程不合格数据。跨职能小组应该清楚，过往发生的质量客诉，特别是严重客诉，必须杜绝再次发生，否则会在客户面前出现极大的信誉损失，严重影响客户的信赖。而生产过程中一直存在的低良率报废缺陷会让交付变得不确定，这恰恰是通过质量策划项目提升流程能力的重点，不应该被忽视。工厂生产设备和测量系统实际能力分析，重点是测定已有生产线应对新型号产品特殊结构特性的能力，而不是生产常规基板订单的能力。例如，图形转移工序可稳定生产（2.0 ± 0.8）mil 线宽 / 间距的外层线路，碱性蚀刻机 CPK ≥ 1.33，蚀刻均匀性良好，但新型号产品的线宽 / 间距要求是（2.0 ± 0.5）mil，需要准确测定设备能力是否能满足要求。如不能满足要求，就要将线宽 / 间距列为关键产品特性（KPC），重点研究其工艺实现方案。能满足要求的，可列为重点或一般产品特性，主要采取管控措施，保证基板生产稳定无异常。

图 7.9 中的“工艺知识库”泛指组织积累的工艺技术方案、技术规范、经验或系统技术知识库，初始过程流程图、初始产品 / 过程特性清单、初始物料清单是基于工艺知识库整理出来的，并不是另起炉灶，新项目的工艺技术路线还是要在现有技术体系下发展和延伸。利用初始过程流程图进行 DFMEA 和 PFMEA，综合以上分析研究子项目，找出项目基板的特殊结构特征和难度程度，输出差距 / 风险清单。前期现状调研和分析的过程工作量巨大，需要投入足够的人力资源，全方位细致地了解企业实际情况，这无疑会为后续的工作打下良好的基础。

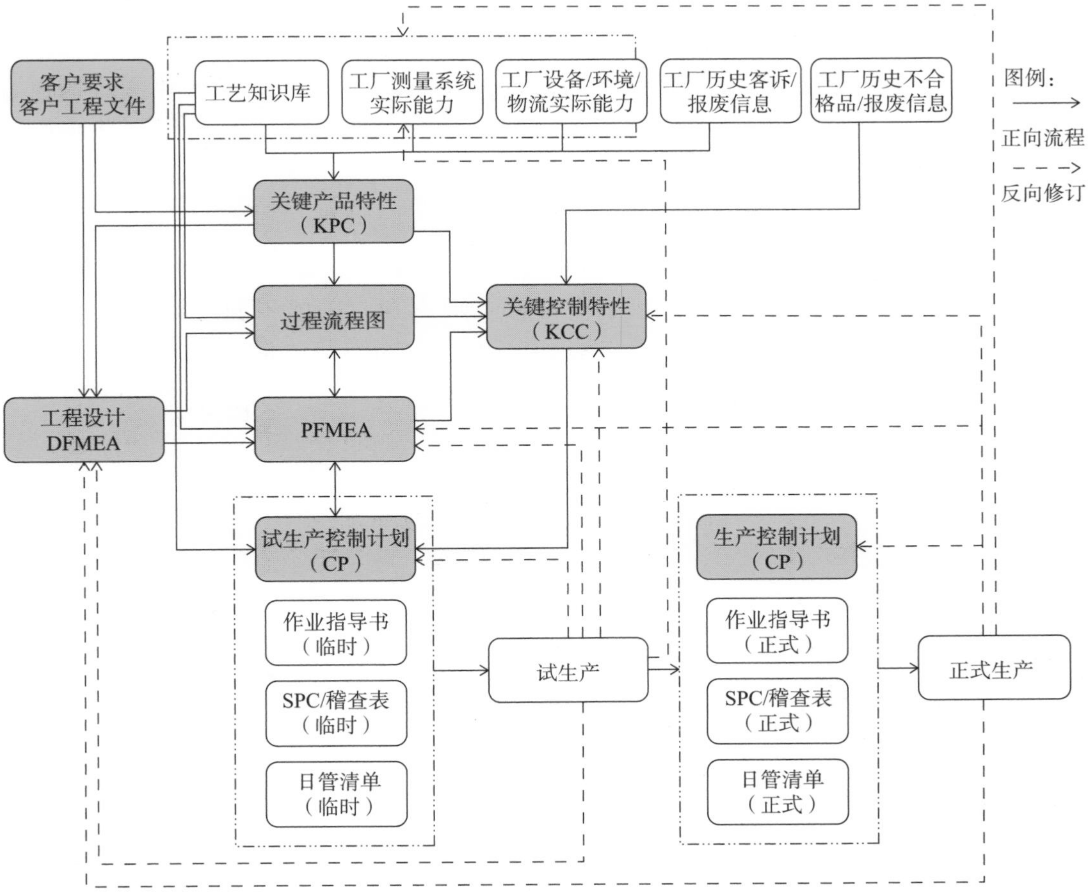

图 7.9　PCB 产品质量策划关键活动的关系

策划活动的核心步骤是，针对差距/风险制定优化和提升的试验方案，编制试样制造的工艺流程，优化对应生产工序的过程参数和条件，设计试验样板，进行方案测试。用于参数和方法验证的样板、试生产板，应该编制生产质量计划和临时生产作业指导书，指导测试和试验。特别需要提醒的是，技术部门是这些工作的主导者，工艺工程师的焦点往往是工艺难点，如层数＞40、节距＜0.4mm、板厚＞5.2mm、孔径＜0.2mm，这类高层数板的胀缩控制、孔到导体铜的短路风险、孔径板厚比＞26：1的小孔金属化等，都会让工程师们感到充满挑战，但由此也容易忽视一般性质量问题和PFMEA类文件的整理。因此，跨职能小组成员应该紧密配合，质量职能小组成员可以承担更多责任，关注这些相对细小的问题隐患，防止“小河沟里翻船”。测试完成后，依据测试结果，修订前期的设计方案和参数，修订临时规范。在开始小批量生产前，标准化的文件应准备到位。在实际产品实现的案例中，多次试生产的情况也很常见。对于难度极大的基板生产，质量策划过程就是工艺突破的过程，多种工艺流程的对比和反复测试非常必要。不断修正工艺流程、工艺参数、FMEA和控制计划，直到获得可以通过客户测试的产品，就是组织获得这类产品技术能力的过程。这个阶段的技术性很强，跨职能小组要安排足够的技术力量，甚至需要联系更多的企业资源加以支持。同时，初始过程能力PPK值未达到1.67时，应提出修缮或补充能力短板设备的建议，企业管理者应给予全力支持。一直存在的生产线技术能力短板，利用质量策划的机会加以补充，项目团队和生产线员工士气也会得到极大的提升。

投入批量生产之前，产品质量鉴定合格，与客户要求一致，说明前期策划和设计方案有效，反之应继续修订工艺方案。试产阶段投入的样板一般较少，主要目的是测试工艺方法的有效性，进行工艺参数优化和发现潜在的工艺问题。中试阶段投入的样板有所增加，主要目的是全工艺流程测试和产品性能检测。实际的量产，订单数量一般为数千片板，要提前测评生产线产能负荷。量产环境下的产品一致性问题，需要专题评估，如电镀铜厚均匀性，制作几片样板时没什么影响，但批量生产时可能会出现一定比例的线间残铜。每个批次都出现几片残铜板，非常影响生产线的生产效率，研发工程师和生产工艺工程师容易就此交流不畅，跨职能小组在组织项目评审时要多多关注。

特别要说明的是，在质量策划过程中，首先识别产品/过程关键特性，然后编制过程流程图、FMEA，最后是控制计划。原则上，过程流程图上的每一个工序都对应着FMEA，每一个FMEA的控制措施对应着控制计划。这三个文件都是动态的，需要不断更新。在编写FMEA的过程中，如果发现新的失效模式，可能会导致过程流程图的变化。同样地，在编写控制计划的过程中，如果发现新的需要控制的项目，也可能导致FMEA和过程流程图的更新。表7.5结合PCB的生产特点，展示了质量策划活动各阶段的输出文件，可供参考。

表7.5 常规PCB产品质量策划各阶段的输出文件

阶 段	目标确定	现状把握	过程设计和试板设计	试生产	生产
文件输出	质量策划项目计划 市场/销售调研报告 历史产品质量分析报告 客户文件信息表/工程变更信息表 客户产品标准 客户材料标准 可靠性/质量目标	初始过程流程图 初始产品/过程特性清单 初始物料清单 MSA计划 初始过程能力确认 DFMEA PFMEA 差距/风险清单	试板设计/验证对策表 试生产过程流程图 试生产控制计划 试生产工艺规范 试生产检验作业指导书 试生产包装作业指导书 新设备/新工装采购、验收计划 新物料采购、验收计划	试生产总结 试生产产品鉴定报告 试生产规范更改单 正式过程流程图 生产控制计划 生产工艺规范 检验作业指导书 包装作业指导书	生产总结 产品鉴定报告 规范更改单 质量策划项目总结和批准

案例　5G 基板产品质量策划项目[1]

项目背景和意义

5G 通信技术具有高速率、低延迟、高可靠、低功耗、超大连接量等特点，可满足人与物、物与物的通信需求，在工业控制、车联网、智能家居、移动医疗、环境监测等行业的物联网建设中有广泛应用。5G 基板具有高层数、高密度、低损耗、高散热量等特点（表 7.6），是通信领域高端 PCB 的代表性产品。5G 基板质量策划项目有助于企业提升制造技术能力，提升质量管理能力，确保产品质量一致性，获得战略客户的满意和认可。

项目小组建立

人员组成与职责：略。

项目目标

（1）目标（财务）：产值 1.25 亿元 / 年，预估利润 2500 万 / 年，利润率 20%。

（2）目标（外部）：客诉率≤ 0 单 / 季度，无批退，交货数量 300 片板 / 天。

（3）目标（内部）：报废率≤ 4%，工序一次合格率＞ 90%，准交率≥ 98%。

（4）目标（组织能力）：建立标准化的高速产品量产技术能力，健全高速产品工程设计规则，建立标准化的高速产品质量保障管理规则，从管理者到作业员均掌握相应技能。

表 7.6　5G 基板的技术特点

<table>
<tr><td>项目名称</td><td>BBU 5G 基板产品实现</td><td>项目编号</td><td></td></tr>
<tr><td>客户名称</td><td>×××</td><td>产品名称</td><td>BBU</td></tr>
<tr><td>生产型号</td><td>GM00×××WA0</td><td>编制人</td><td></td></tr>
<tr><td>5G 通信特点</td><td>PCB 产品要求</td><td colspan="2">PCB 技术管控特点</td></tr>
<tr><td rowspan="11">高速、高频</td><td rowspan="4">低损耗</td><td rowspan="2">高速、高频板材应用</td><td>中损耗、低损耗、超低损耗板材生产管控</td></tr>
<tr><td>高频材料应用（RO4350B、RO4370 等材料）</td></tr>
<tr><td>低粗糙度铜箔应用（RTF 铜箔、VLP 铜箔）</td><td>低粗糙度铜箔生产管控</td></tr>
<tr><td>背钻残桩管控（残桩长度≤ 8mil）</td><td>背钻残桩长度一致性管控（CPK ≥ 1.33）</td></tr>
<tr><td rowspan="7">阻抗一致性（线路阻抗、过孔阻抗）</td><td rowspan="5">常规线路阻抗公差≤ 8%
高阶线路阻抗公差≤ 5%</td><td>DK 一致性（高频材料）</td></tr>
<tr><td>介厚一致性（层压介厚公差 ±10%，不同位置介厚均匀性 CPK ≥ 1.33）</td></tr>
<tr><td>电镀铜厚均匀性（COV ≤ 8%，极差≤ 6μm）</td></tr>
<tr><td>减铜均匀性（陶瓷磨板、化学减铜）COV ≤ 5%</td></tr>
<tr><td>线宽 / 间距一致性（最小阻抗线线宽精度公差 ±0.4mil，CPK ≥ 1.33）</td></tr>
<tr><td rowspan="2">常规过孔阻抗公差≤ 10%
高阶过孔阻抗公差≤ 8%</td><td>背钻残桩长度管控（残桩 2 ~ 12mil，CPK ≥ 1.33）</td></tr>
<tr><td>过孔阻抗工程设计管控（孔径、焊盘、反焊盘尺寸设计）</td></tr>
<tr><td rowspan="4">高信号传输量</td><td rowspan="4">高层数</td><td rowspan="4">常规≤ 20 层，高阶 28 ~ 32 层</td><td>通孔 + 树脂塞、机械盲孔 + 树脂塞</td></tr>
<tr><td>高厚径比（常规 12 ：1，高阶 20 ：1）</td></tr>
<tr><td>板厚一致性（常规板厚≤ 3mm，高端 4 ~ 6mm，板厚公差 ±10%，CPK ≥ 1.33）</td></tr>
<tr><td>1 次或多次压合（2 ~ 3 次）</td></tr>
</table>

1）案例提供：宫立军、李文杰、刘文敏、邱勇萍、李艳国、罗畅等。

续表 7.6

项目名称	BBU 5G 基板产品实现	项目编号	
客户名称	×××	产品名称	BBU
生产型号	GM00×××WA0	编制人	
5G 通信特点	PCB 产品要求	PCB 技术管控特点	
高信号传输量	多通道，密集线路	线宽 / 间距小（最小 3.5mil/3.5mil）	细线宽 / 间距一致性管控（最小 3.5mil/3.5mil，CPK ≥ 1.33）
	小间距	最小孔到导体间距 5mil	最小孔到导体间距 5mil
高集成化（RRU+天线集成 AAU）	大尺寸	常规≤ 450×450mm 高阶 450×1200mm	大尺寸胀缩稳定性管控（层压、钻孔、阻焊、外形，CPK ≥ 1.33）
			大尺寸层压板厚均匀性
			大尺寸板等离子体蚀刻均匀性管控
高功率、高功耗	PCB 高散热性（埋铜块）	埋铜块平整度管控（铜块与 PCB 高低落差≤ 3mil）	埋铜块板平整度一致性管控（CPK ≥ 1.33）

▌项目计划

5G 基板产品质量策划任务书见表 7.7。

表 7.7　5G 基板产品质量策划任务书

客户名称	×××		产品型号	GM00×××WA0	修订人		修订时间	
项目名称	BBU 5G 基板产品实现				项目编号			
阶　段	任务名称	序　号	状　态	任务描述	责任人	支持人	输出成果清单	完成日期
1. 目标确定	产品质量特性信息识别	1.1	完　成	结合 5G 通信产品要求，全面识别 BBU 5G 产品板结构、外观、可靠性等特点，输出质量特性清单	刘 ××	李 ××	《BBU 5G 产品质量特性清单》	2 月 18 日
	客户要求识别	1.2	完　成	根据 BBU 板的设计、技术资料及客户重点关注内容，识别客户对产品、材料、包装、服务等方面的要求	刘 ××	罗 ×	《BBU 5G 产品质量特性清单》	2 月 20 日
	行业 5G 产品生产设备 / 工艺对标	1.3	完　成	收集行业内标杆企业的 5G 产品生产设备和工艺方法并对标差距	李 ××	李 ××	《5G 产品生产设备 / 工艺调研》	2 月 20 日
	目标制定与审批	1.4	完　成	确定项目目标	李 ××	李 ××	《BBU 5G 基板产品实现项目可行性分析报告》《BBU 5G 产品质量策划任务书》	2 月 28 日
2. 现状把握 / 风险识别	关键产品特性（KPC）识别	2.1	完　成	结合前期 5G 订单的历史良率、报废情况和实际制程能力，分析 BBU 5G 产品 KPC，输出产品制作难点	刘 ××	邱 ××	《BBU 5G 产品关键产品特性（KPC）清单》	3 月 15 日
		2.2	完　成	以 BBU 为例，输出 5G 产品检验、检测能力差距	谢 ×	/	《BBU 5G 产品关键检验特性清单》	3 月 15 日
	关键设计特性（KDC）识别	2.3	完　成	以 BBU 板的工程制作，输出用 D-FMEA 方法识别工程设计风险	周 ××	刘 ××	《BBU 5G 产品 DFMEA》《BBU 5G 产品工程资料清单》《BBU 5G 产品物料清单》	3 月 15 日
	初始工艺流程设计	2.4	进行中	结合各类信息，初步设计 BBU 板工艺流程图	胡 ××	张 ××	《BBU 5G 产品工艺流程图》	3 月 15 日
	制程能力研究	2.5	进行中	对工厂工艺制程能力进行评估，输出制程能力差距项和设备、物料补充计划	胡 ××	张 ××	《BBU 5G 产品制程能力研究总结》	3 月 15 日

续表 7.7

客户名称	×××		产品型号	GM00×××WA0	修订人			修订时间	
项目名称	BBU 5G 基板产品实现				项目编号				
阶　段	任务名称	序　号	状　态	任务描述	责任人	支持人	输出成果清单		完成日期
2. 现状把握/风险识别	关键过程控制特性（KCC）识别、风险分析	2.6	完　成	结合 BBU 设计及 KCC 要求，到工厂现场确认管控实际状况，识别存在的过程控制风险，输出 KCC 对应 P-FMEA	刘××	李××	《BBU 5G 产品关键过程特性（KPC）清单》《BBU 5G 产品 PFMEA》		3 月 20 日
	关键风险清单（KRL）及改善清单	2.7	进行中	依据前面识别的 KPC、FMEA、KTC 能力测试等，汇总识别风险清单及改善要求	刘××	胡××	《BBU 5G 产品风险清单》		3 月 30 日
	项目阶段评审	2.8	完　成	结合前期策划内容，对阶段输出内容进行复盘评审，识别需要进一步完善的内容	刘××	李××	《BBU 5G 产品质量策划阶段总结》		3 月 30 日
3. 过程设计/风险对策	生产制造过程控制计划制定	3.1	完　成	结合识别 KPC、KCC、FMEA，制定产品生产制造过程的控制计划	刘××	李××	《BBU 5G 生产制造过程控制计划》		4 月 15 日
	产品检测控制计划制定	3.2	完　成	结合 5G 产品难点设计等，输出 BBU 对应过程产品检测检验方法及抽样方案	谢×	李××	《BBU 5G 生产过程检验控制计划》		4 月 15 日
	改善需求跟进落实	3.3	进行中	依据风险识别的需要改善项目清单，跟进各单位落实情况	各责任单位	刘××	修订文件清单、设备合同		4 月 30 日
	员工培训	3.4	待进行	产品检测控制计划与生产制造过程控制计划、工艺及工序 SOP 内容最终更新完善后，转化为员工易于识别与理解的形式，组织对执行员工培训，让其掌握检测与操作要求	谢×	李××	BBU 5G 产品检测培训记录，BBU 5G 过程控制培训记录		4 月 30 日
4. 试板生产/验证	测试板生产与跟进	4.1	进行中	按策划内容，进行测试板生产，输出合格测试板	工厂	技术部/质量部	《BBU 5G 产品试生产总结》《BBU 5G 产品试生产产品鉴定报告》		5 月 30 日
		4.2	待进行	测试板制造过程跟进与产品实际质量数据信息，分析与优化完善产品检测与过程控制内容	谢×	/	优化后的《BBU 5G 产品工艺流程图》《BBU 5G 生产制造过程控制计划》《BBU 5G 产品检测控制计划》		5 月 30 日
	项目评审	4.3	待进行	组织对前期所有工作任务输出进行评审，确认是否具备正式生产能力，并申请正式生产	李××	李××	《BBU 5G 产品质量策划总结》		6 月 15 日
5. 成果固化	产品预防控制文件受控；策划规范修订	5.1	待进行	①BBU 5G 产品 D-FMEA 与 P-FMEA 签署与受控；②BBU 5G 产品检测控制计划签署和上网受控；③BBU 5G 生产制造控制计划签署和上网受控；④BBU 5G 产品关键控制点稽查表签署与受控；	刘××	李××	《BBU 5G 产品 D-FMEA》《BBU 5G 产品 P-FMEA》《BBU 5G 产品检测控制计划》《BBU 5G 生产制造控制计划》《BBU 5G 产品关键控制点稽查表》等		6 月 30 日
		5.2	进行中	策划规范文件修订	刘××	李××	完善后的《产品实现策划控制程序》《产品质量策划管理规范》		6 月 30 日

小组成员签名：

编制审核		审核		批准	

产品基本信息识别和要求解析

5G 基板产品质量特性见表 7.8。

表 7.8　5G 基板产品质量特性清单

项目名称	BBU 5G 基板产品实现			编制人	
客户名称	×××	项目编号		审核人	
生产型号	GM00×××WA0	产品名称	BBU	时　间	
类　型	项　目	指　标	类　型	项　目	指　标
基本信息	层　数	16	表面工艺	表面工艺	沉　金
	成品板厚	（3.0 ± 0.3）mm		金镍厚度	镍厚：≥ 3μm 金厚：≥ 0.05μm
	板材类型	TU–862 HF/IT–170GT	可靠性	分　层	5 次无铅回流焊不分层
	验收标准	××× 客户标准	其　他	图形精度 / 胀缩	± 0.125mm
	成品尺寸	732mm × 370mm		翘　曲	≤ 1.5mm
	拼板尺寸	16in × 32in（32in × 49in）		阻　焊	绿　色
	拼　板	1P=1U		最小阻焊桥	3mil
孔	厚径比	12 ： 1		字　符	白　色
	最小钻孔孔径	0.25mm	叠层结构图：		
	压接孔孔径	± 0.05mm			
	最小孔铜厚度	单点 20μm，平均 25μm			
	通孔数	119061			
	背钻数	2809			
	过孔工艺	树脂塞孔 +POFV（含背钻）			
	背钻残桩	≤ 8mil，最大深度 2.2mm			
	最小节距（BGA）	0.8mm（0.25mm 孔）			
	最小节距（散热）	0.55mm（0.25mm 孔）			
线　路	内层铜厚	1/1，1/2oz，2/2oz			
	内层最小线宽 / 间距	3.5mil/3.5mil			
	内层孔到导体	7mil			
	外层基铜厚	H/Hoz+ 镀层（POFV）			
	外层最小线宽 / 间距	4/5mil			
	外层线到盘	4.2mil			
对准度	内层孔到铜	7mil			
	对准度要求	同芯板≤ 3mil；不同芯板≤ 5mil			
阻　抗	阻抗控制	100Ω ± 8%、95Ω ± 8%、90Ω ± 8%、85Ω ± 10%、70Ω ± 10% L3、L5、（L12、L14）同层阻抗极差≤ 4Ω			

叠层结构图：

层	信　息			厚　度
顶层	=========================			0.5+镀层
	PP	TU-86P HF	1078+3313	6.678(mil)
L2	=========================			1 oz
	芯板	TU-862HF	0.18	7.080(mil)
L3	=========================			1 oz
	PP	TU-86P HF	1080×2	5.244(mil)
L4	=========================			1 oz
	芯板	TU-862 HF	0.15	6.000(mil)
L5	=========================			1 oz
	PP	TU-86P HF	3313×2	7. 368(mil)
L6	=========================			1 oz
	芯板	TU-862 HF	0.15	6.000(mil)
L7	=========================			1 oz
	PP	TU-86P HF	1080×2	4.969(mil)
L8	=========================			2 oz
	芯板	TU-862 HF	0.18	7.080(mil)
L9	=========================			2 oz
	PP	TU-86P HF	1080×2	5.007(mil)
L10	=========================			1 oz
	芯板	TU-862 HF	0.15	6.000(mil)
L11	=========================			1 oz
	PP	TU-86P HF	3313×2	7. 330(mil)
L12	=========================			1 oz
	芯板	TU-862 HF	0.15	6.000(mil)
L13	=========================			1 oz
	PP	TU-86P HF	1080×2	5.244(mil)
L14	=========================			1 oz
	芯板	TU-862 HF	0.18	7.080 (mil)
L15	=========================			1 oz
	PP	TU-86P HF	1078+3313	6.678(mil)
底层	=========================			0.5+镀层

结合 5G 基带单元（BBU）的质量特性识别信息，与行业内其他厂家 5G 基板产品设备配置情况对标，输入现有生产设备工艺能力评估结果（表 7.9）、现有检测设备的能力评估结果，以及该客户历史质量客诉回溯信息和该客户要求等信息，可以识别出目前生产 5G BBU 基板的关键产品特性（工艺难点），并可在此基础上输出初始工艺流程。

关键产品特性识别

5G 基板的关键产品特性见表 7.10。

表 7.9　生产设备工艺能力评估

项目名称	BBU 5G 基板产品实现				客户名称	×××		项目编号				
生产型号	GM00×××WA0				产品名称	BBU		编制人		审核人		
序号	工艺流程				工厂工艺能力测试			BBU 5G 项目		负责人	计划完成时间	状态
	工序	工步	设备 / 仪器名称	设备编号	测试项目	能力要求	是否合格	项目需求	是否满足			
1	内层图形	曝光	LDI		芯板 A/B 面对准度	≤ 3mil	CPK ≥ 1.33	同层芯板上下对位偏差 ≤ 3mil	是	张 ××	3 月 3 日	
2		酸性蚀刻	DES		线宽公差	± 0.5mil	5.5mil 线宽 CPK ≥ 0.77	阻抗精度：100Ω ± 8%、95Ω ± 8%、90Ω ± 8%、85Ω ± 10%、70Ω ± 10%；L3、L5、（L12、L14）同层阻抗极差 ≤ 4Ω	能力不足	张 ××	3 月 3 日	
3					蚀刻均匀性	8%	CPK ≥ 1.33			张 ××	3 月 3 日	
4	电子测试	阻抗	阻抗测试仪		阻抗一致性	·	CPK ≥ 1.33			胡 ××	3 月 14 日	
5	AOI	PE 冲孔	PE 冲孔机		PE 冲孔机精度	重复精度 < 1.5mil；位置精度 < 1.0mil	位置精度 < 0.27mil；重复精度 < 0.7mil	不同层芯板对位偏差 ≤ 5mil	产能不足	张 ××	3 月 3 日	
6	层压	排板			Pin-Lam 层间偏位	≤ 5mil	CPK ≥ 1.33			胡 ××	3 月 3 日	
7		压合	压机		压机平整度	平整度极差 ≤ 0.1mm；厚度均匀性 COV ≤ 10%	极差 ≤ 0.098mm；COV ≤ 5.24%			张 ××	3 月 3 日	
8	钻孔	钻孔	钻孔机		钻机孔位精度能力	± 3mil	CPK ≥ 1.65	内层孔到铜皮最小距离 7mil	是	张 ××	3 月 5 日	
9	电测	电测	飞针测试机		7mil 测试模块开短路	可检测	合格			邱 ××	3 月 14 日	
10	电镀	负片电镀	VCP		12 ∶ 1 深镀能力	镀通率 ≥ 85%	≥ 85%	通孔孔壁铜厚：平均 ≥ 25.00μm，单点 ≥ 20.00μm	是	张 ××	3 月 7 日	
11					面铜完成厚度；铜厚极差	面铜完成铜厚 ≥ 38μm；铜厚极差 ≤ 6μm	CPK ≥ 1.33	外层导体完成铜厚 ≥ 38μm		黄 ××	3 月 7 日	
12	钻孔	背钻	钻孔机		板厚公差	± 10%	CPK ≥ 1.33	所有背钻深度：最大深度 2.2mm；对应残桩长度 ≤ 0.2mm		邱 ××	3 月 10 日	
13					背钻孔残桩	0.05 ～ 0.2mm	CPK ≥ 1.33			张 ××	3 月 10 日	
14	陶瓷磨板	陶瓷磨板	陶瓷磨板机		减铜量	± 3μm	CPK ≥ 1.33	树脂塞孔后陶瓷磨板减铜量 ± 3μm	是	邱 ××	3 月 11 日	
15	外层图形	曝光	LDI		胀缩	≤ ± 0.125mm	CPK ≥ 2.86	胀缩 ≤ ± 0.125mm	是	张 ××	3 月 12 日	
16	沉金	沉金	化学镍金线		镀镍厚度	3 ～ 8μm	CPK ≥ 1.33	镀层厚度 ≥ 3.00μm	是	黄 ××	3 月 13 日	
17					镀金厚度	≥ 0.05μm	CPK ≥ 1.33	镀层厚度 ≥ 0.05μm	是	黄 ××	3 月 13 日	
18	终检	功能测量	针规		压接孔孔径公差	± 0.05mm	合格	压接孔孔径公差 ± 0.05mm	是	邱 ××	3 月 13 日	
19		外观检查			翘曲高度	≤ 1.5mm	合格	翘曲 ≤ 1.5mm	是	邱 ××	3 月 14 日	

表 7.10　5G 基板关键产品特性（KPC）清单

项目名称		BBU 5G 基板产品实现		客户名称	×××	编制人		时　间
生产型号		GM00×××WA0		产品名称	BBU	审核人		时　间
序号	产品结构分类	KPC	标准要求（客户）	同类产品质量水平	过程加工能力	过程检测能力	能力差距（难度）	对策（建议）
1	孔	孔铜厚度	平均≥ 25.00μm 单点≥ 20.00μm	一次合格率61.1%	BBU 板厚径比 12：1，且总孔数＞12w，要求深镀能力≥ 85%，实际工厂 12：1 孔深镀能力≤ 80%，能力不足	切片 + 四端子测试，能力满足	中	VCP，试板优化电镀参数
2		残桩长度	所有背钻深度（最大深度 2.2mm）对应残桩长度≤ 0.2mm		超工厂能力，2.2mm 背钻深度无法保证残桩长度≤ 0.2mm，工厂无 CCD 钻机 + 背钻钻机	切片，能力满足，难度大	高	①背钻前按平均板厚极差 0.05mm 分堆；②采用背钻专用 BD 钻刀；③使用 CCD 钻机背钻，设置 0.8mm/ 段进行分段；④试板确认各位置、各深度背钻孔与附连条位置残桩长度对应关系，差异超过 4mil 时需分区设置深度；⑤新增背钻孔 3D 形貌检查设备
3		孔径公差	压接孔孔径公差 ±0.05mm	合格率100%	压接孔孔径公差 ±0.05mm	针规抽测 + 检孔机，能力满足	低	按规范操作
4		树脂塞孔	树脂塞孔凹陷≤ 50μm		MASS 树脂塞孔机可塞 12：1 以下产品，实际塞孔凹陷深度≤ 50μm，能力不足	切片 +AOI，能力满足	中	①选择性树脂塞孔，试板优化铝片及塞孔、固化参数；②塞孔研磨后采用 AOI 检验饱满度及气泡
5	图形对准度	同层芯板对位精度	同层芯板上下对位偏差≤ 3mil		手动曝光 ±2.0milLDI 曝光 ±0.5mil	切片 + 激光检查，能力满足	低	按规范操作
6		不同层芯板对位精度	不同层芯板对位偏差≤ 5mil	合格率 93%	Pin-Lam 能力满足，但压机和 Pin-Lam 钢板产能不足。PE 冲孔机能力不足。	激光检查，能力满足	高	①开料后烘板，保持材料胀缩一致性；②大尺寸熔合 /Pin-Lam；③板边增加孔到导体电测附连条、同心圆；④板边增加层间胀缩测试附连条；⑤试板测量层间胀缩值，优化层间胀缩和整体胀缩，输出层间胀缩预放系数；⑥选用孔位精度在 ±50μm 以内的钻机；⑦调用其他工厂钢板和设备
7		内层孔到铜皮距离	内层孔到铜皮最小距离≤ 7mil	内短报废率9.3%	Pin-Lam 最小孔到导体距离 5.5mil	万用表抽测，能力满足	中	
8	线路	铜厚均匀性	要求树脂塞孔后陶瓷磨板减铜量 ±3μm		工厂陶瓷磨板设备老化，无法研磨 3.2mm 以上板	铜厚测量仪，能力满足，难度大	中	引进新设备
11		面铜厚度	面铜完成铜厚≥ 38μm		1/2 oz 基铜加工后厚度≥ 40.4μm，电镀铜厚极差≤ 6μm，实际工厂负片电镀均匀性极差 16μm，能力不足	切片，能力满足	中	电镀设备优化
12		阻抗公差	100Ω±8%、95Ω±8%、90Ω±8%、85Ω±10%、70Ω±10%，内层 L3、L5、（L12、L14）同层阻抗极差≤ 4Ω	8% 阻抗合格率 66%	内层 90Ω 阻抗 PPK=1.16/CPK=1.30，能力不足	阻抗测量仪，客户对阻抗信号上升时间 25ps，工厂上升时间 150ps，设备能力不满足	高	①设计优化：试板进行介电常数反推，优化线宽 / 间距；②分区补偿 / 调整：客户指定网络采用试板反推后分区补偿线宽，线宽偏差＜ 0.4mil；③采用负片电镀工艺，脉冲 VCP 生产；④采用负片蚀刻工艺，蚀刻均匀性控制在 95% 以上；⑤使用大尺寸 LDI+ 干膜曝光；⑥新增 20GHz 网络分析仪
13		线宽公差	内层最小线宽 / 间距 3.5mil/3.5mil	合格率 20%	内层最小线宽极限能力 3mil（整板回形布线极限能力 4.5mil），3.5mil/3.5mil 线宽 / 间距合格率仅 20%	线宽测量仪，能力满足	高	
9	镀覆层	镍厚	≥ 3.00μm		3 ~ 8μm	厚度测量仪，能力满足	低	按规范操作
10		金厚	≥ 0.05μm		0.05 ~ 0.125μm	厚度测量仪，能力满足	低	按规范操作
14	成品板	翘曲高度	翘曲高度≤ 1.5mm，翘曲度≤ 0.5%		具备量产能力	针规 + 翘曲机，能力满足，难度大	低	按规范操作
		拼板尺寸	16in×32in（32in×49in）		最大拼板尺寸 23in×30in	数显卡尺 + 二次元测量，能力满足	低	按规范操作
15		胀缩	胀缩≤ ±0.125mm		≤ ±0.1mm	二次元测量，能力满足	低	按规范操作
16 17		板厚公差	3.0mm±10%	合格率100%	工厂实际能力 3.0mm，板厚公差 ±10%	千分尺 + 板厚测量仪，能力满足	低	按规范操作

▌初始工艺流程

简单的工步级工艺流程：

开料→裁切→磨边→圆角→打标→烘板→内层前处理→贴膜→曝光→显影→酸性蚀刻→褪膜→PE冲孔→内层AOI→棕化→烘板→Pin-Lam排板→压合→X-Ray冲孔→铣边→打码→减薄铜→树脂钻孔/钻孔→去毛刺→烘板→除胶→沉铜→板镀→沉铜→负片电镀→镀锡→背钻→碱性蚀刻→褪锡→去毛刺→阻焊前处理→烘板→选择性树脂塞孔→塞孔终固化→陶瓷磨板→除胶→沉铜→全板电镀（POFV）→外层前处理→贴膜→曝光→显影→酸性蚀刻→褪膜→外层AOI→半成品抽测阻抗→阻焊前处理→丝印→预烘→曝光→显影→印字符→终固化→喷砂→板边包胶→沉金→水洗烘干→阻抗测试→二钻→铣板→成品清洗→电测→功能检查→外观检查→包装→装箱→入库。

▌产品制程风险识别（PFMEA）

5G基板制程风险识别见表7.11。

▌生产控制计划（部分）

部分5G基板关键过程控制计划见表7.12。

▌检验控制计划（部分）

部分5G基板检验控制计划见表7.13。

▌稽查表（部分）

见表7.14。

▌项目总结

本项目周期三个半月，投入的基板顺利完成生产计划，顺利通过各项产品外观检测和可靠性检测，按时交付客户使用，并获得客户满意的评价，具体产品检测报告及体系文件等内容略。

注：该质量策划案实际内容非常丰富，囿于篇幅限制，这里仅选择部分节点内容，用于说明质量策划活动的开展。

表 7.11　5G 基板制程

序号	一级流程	二级流程	三级流程		KCC	控制要求	KCC 失效模式描述	潜在失效影响					严重度 S		探测控制
	工序	工步	过程步骤					对下工步产品影响	可视程度	检出方式	对后工步产品影响	影响	分数	等级	
1	内层图形	曝光	法	参数使用	文件预放系数	预放系数根据试板确认，胀缩值 ≤ ±0.125mm	使用预放参数错误	内层胀缩超标	不可见	机检	板层偏位超标、内短		7	严重	项目：X-Ray 胀缩测量 频次：首板
2			机	设备状态	设备精度状态	LDI 曝光精度 ±0.5mil	曝光对位精度超标	内层位置偏差超标	不可见	机检	板层偏位超标、内短		7	严重	项目：每批 X-Ray 层偏检查 频次：首板
3		内层蚀刻	法	参数使用	蚀刻参数	依据试板参数确认蚀刻参数，线宽公差 ±8%	蚀刻参数不当	线宽超标	不可见	机检	阻抗超标、线细	信号干扰	7	严重	项目：线宽测量、A0I 检查 频次：抽测
4					首板确认	首板确认线路宽度，取一套板核对基铜厚度，采用线宽测量仪测量线宽			不可见	机检			7	严重	项目：线宽测量、A0I 检查 频次：抽测
5			机	设备状态	蚀刻线喷淋系统、喷嘴状态	按规范频率进行保养和检查，无阻塞，角度正确	喷嘴阻塞		可见	目检			7	严重	项目：线宽测量、A0I 检查 频次：抽测
6	层压	排板	法	排板作业	排板数量	叠板数量≤ 3 块 / 叠	排板数量错误	偏位	可见	目检	压合偏位、内短		7	严重	项目：目视 频次：首板
7					排板动作	双手对称叠板，销钉孔同时对称下压	排板手法错误	偏位	可见	目检			7	严重	项目：目视 频次：抽检
9					牛皮纸数量	①钢板之间使用 5 张牛皮纸 ②上下底盘各使用 20 张牛皮纸 ③底盘位置可交替使用新旧牛皮纸，靠近板一侧使用新牛皮纸	牛皮纸数量错误	固化性能下降	不可见	破坏	分层、起泡		8	严重	项目：目视 频次：抽检
11		压合	法	参数使用	压合参数	温度、压力、时间、真空度，料温曲线满足 TU862 规格书要求，固化温度≤ 5℃	压合程序错误	分层、起泡	可见	目检			8	严重	项目：目视 频次：首板
12								固化性能下降	不可见	破坏	分层、起泡		8	严重	项目：目视 频次：首板
13	钻孔	钻孔	法	设备选择	CCD 钻机	CCD 钻孔，层压胀缩分堆	钻机选择错误	钻孔偏位	不可见	机检	短路		8	严重	项目：目视 频次：全批
14				上板作业	叠板数量	一块一叠，禁止多块叠板钻孔	叠板数量错误	钻孔偏位	不可见	机检			6	严重	项目：目视 频次：抽检
15					铝片使用	采用铝片垫板	钻孔垫板选择错误	钻孔偏位	不可见	机检			8	严重	项目：目视 频次：全检
16				参数使用	钻孔参数	①采用 M6 钻孔程序 ②分三段钻孔	钻孔参数不当	孔粗超标	不可见	破坏	孔壁分离、孔开		5	轻微	项目：目视 频次：首板
19				工具准备	钻刀刀径	钻刀依据刀径表确认，钻孔公差 < ±0.025mm，无披锋	钻刀刀径错误	成品孔径超标	不可见	机检	短路		7	严重	项目：针规 频次：抽检
22	电镀	负片电镀 VCP	法	参数使用	电镀参数	根据首板切片铜厚确认电镀参数（电流密度、电镀时间）	电镀参数错误	孔铜厚度不足、面铜厚度不足	不可见	机检	阻抗超标		7	严重	项目：目视 频次：首板
23									不可见	机检			7	严重	项目：目视 频次：首板
24	钻孔	背钻	法	参数使用	背钻深度	①背钻前按平均板厚极差 0.05mm 分堆 ② FA 需确认各位置、各深度背钻孔与附连条位置残桩长度对应关系，差异超过 4mil 时须分区设置深度 ③首板残桩须控制在 5 ~ 8mil 以内	未进行信息确认	背钻残桩长度超标				信号干扰	7	严重	项目：切片 频次：首板
25							未分堆		不可见	破坏			7	严重	项目：切片 频次：首板
26							未分区设置深度						7	严重	项目：切片 频次：首板
27					背钻钻孔参数（转速、分段参数）	①按系统指示面次背钻； ②使用 CCD 钻机进行背钻，分三段生产	背钻参数错误	背钻孔堵孔					8	严重	项目：目视 频次：首板
28									不可见	破坏			8	严重	项目：目视 频次：首板
29				工具准备	背钻刀径	①背钻不允许换刀径生产 ②不允许关闭测刀径功能 ③背钻刀径 = 通孔刀径 +8mil	背钻刀径错误	背钻偏孔，背钻孔壁残铜	不可见				2	轻微	项目：目视 频次：首板
30													2	轻微	项目：目视 频次：首板
31					背钻钻刀类型	采用背钻专用 BD 钻刀	背钻钻刀类型错误	背钻孔堵孔	不可见	破坏			2	轻微	项目：目视 频次：首板
34	树脂塞孔	树脂塞孔	物	物料准备	树脂油墨	采用新开罐树脂或完全脱泡树脂	树脂油墨有气泡	树脂塞孔空洞、凹陷	不可见	破坏			3	轻微	项目：目视 频次：首板
35			法	塞孔作业	塞孔面次、塞孔速度等参数	从背钻面塞孔，一次塞穿，塞孔速度 2mm/s	塞孔参数错误	树脂塞孔空洞、凹陷	不可见	破坏			3	轻微	项目：目视 频次：首板
37	陶瓷磨板	陶瓷磨板	机	设状态备	研磨均匀性	生产前进行整刷，然后做磨痕测试，陶瓷磨刷磨痕按 2 ~ 6mm 控制	磨痕宽度超标	露基材、铜厚不均	不可见	机检	阻抗超标、开路		6	严重	项目：目视 频次：首板
38				研磨作业	研磨次数	磨板次数不能超过 3 次，3 次之后还有树脂磨不干净，局部手工打磨处理	磨板次数超标		可见	目视			8	严重	项目：目视 频次：全批
39	外光成像	酸性蚀刻	法	参数使用	蚀刻参数	依据首板参数确认蚀刻参数，线宽公差 ±8%	参数错误	线宽超标	不可见	机检	阻抗超标		7	严重	项目：线宽测量、A0I 检查 频次：抽测
40	电测	阻抗测试	法	阻抗测试作业	阻抗测量范围选取	①阻抗线长 < 6in，取值范围 20%~80% ②阻抗线长 > 6in，取值取 6in 以内线长 20%~80%	阻抗取值错误	阻抗超标	不可见	机检		信号干扰	7	严重	项目：阻抗测试频次：抽测

风险识别（PFMEA）

探测度 *D*	风险序数 RPN	潜在失效原因 \ 机理（回答 KCC 失效模式为何发生）	预防控制（预防失效原因 \ 失效模式发生）	发生频度 0	建议
5	210	现场作业预防参数由软件给出，员工不做调整。此板生产要求：按试板进行参数调整，但流程和方法不全、不清晰，执行存在偏差或错误。工程师跟进一样存在人为理解偏差	完善规范，对试板和预防系数调整规范方法和审批流程	6	完善试板工作流程及对应触发规则
5	140	没有按规定频率检查曝光机对位精度和真空度	①生产翻面时板角与台面对位销钉对齐 ②放板后抽真空，目视真空度是否达标	4	
4	196	实际现场没有区分高精度与常规阻抗生产参数（蚀刻速度、压力、精度）	完善规范	7	专项研究完善高精度阻抗与常规阻抗生产参数
4	84	未进行首板阻抗线宽测量	订单生产前，取一套板核对基铜厚度，调整蚀刻参数，采用线宽测量仪测量线宽，并做好线宽记录	3	
4	112	没有给出足够的保养时间，没有及时排查喷嘴的堵塞、喷嘴角度等问题	①每周大保养：清理喷嘴的结晶与杂物，确认喷嘴方向、出液流量 ②每日设备维护点检：确认喷嘴是否出液，是否明显流量变小 ③每日化验分析药水浓度	4	①重新评估保养延期时的产线监控方法 ②增加保养后验收标准和责任人
5	105	生产前员工按要求查看工卡上板材及板厚信息，但因技能掌握不熟练，计算叠层时出现错误，导致叠层超标	依据板厚、销钉长度计算层压叠板数量	3	
4	84	现场存在单人排板的情况，在套销钉孔时不能做到对称下压，板面受力不均导致孔破	双人排板，套销钉后对称下压	3	
4	96	规范规定牛皮纸的使用数量，但没有给出合适的牛皮纸数量清点方法，实际生产时牛皮纸需要员工手动清点数量，费时费力，容易出错	新旧牛皮纸交替使用，14 张旧牛皮纸，7 张新牛皮纸	3	
5	120	压合排板后，多种压合程序订单一起生产，内围工卡放混，导致外围识别错误，选错压合程序	明确压合作业操作流程，排板后一次放出一种压合程序订单，依据管控叠层信息选择压合程序	3	
6	96	压合名称相似，程序调用使用错误	减少压合程序种类，依据材料类型制定集中类型压合程序供选择	2	
3	72	CCD 钻机产能不足，使用普通钻机生产	难度订单生产计划跟进，安排设备产能	3	
4	48	员工不知道特殊材料类型，未识别此订单要求，按照常规板叠板生产	根据工卡上板材类型、压合板厚、最小刀径来确认叠板数量，5G 订单只允许一块一叠	2	
3	72	员工不知道高速板材的盖板要求，直接使用酚醛树脂盖板生产	除背钻板使用酚醛树脂盖板外，其他钻孔均使用铝片盖板	3	
5	175	多种钻孔资料放在一起，未进行有效区分，员工调错钻孔资料	调钻孔资料时核对工卡型号位数与资料的型号位数及版本号	7	对钻机资料库内存放文件作出规定，如生产某型号时，资料库只能存放该型号资料，使用完后立即删除，再拷贝下一款订单资料
4	84	①钻机本身不具备刀径测试功能或该功能已损坏，无法使用 ②规范要求出现断刀时进行返钻，但对于返钻过程中出现的异常断刀报警没有明确处理方法，导致员工在返钻时关掉断刀检测功能，返钻后忘记重新开启断刀检测功能	开启钻刀检查功能，生产中禁止关闭测刀功能	3	增加规范，定期检查钻机测刀功能，纳入 QA 过程稽核查项
5	210	电镀首板后不知道需要进行首板铜厚切片确认，导致批量生产时铜厚超标	电镀首板实验切片确认铜厚	6	修订规范明确 5G 产品铜厚检测抽样方式及抽样数量。切片只打一个切片测量孔铜厚度，但不会检测铜厚极差，无法监控面铜极差是否合格
5	105	电流参数输入错误，电流参数计算错误（陪镀条面积、镀板数量错误）	电镀刷卡自动带出铜厚、电镀面积信息，员工输入挂板数、电流密度、时间	3	
5	105	规范要求员工生产前核对 MES 备注背钻要求，包括深度、刀径、层面等信息，但机台上没有查询电脑，需要到公用电脑上查询，然后手动登记在工卡上，可能会出现员工未查询或者登记工卡错误的情况	背钻前依据层压板厚调整背钻深度	3	
5	175	①生产员工不知道如何计算背钻深度，如铝片厚度等 ②首板切片出现背钻深度超标时，生产员工不知道如何调整参数	背钻前依据层压板厚调整背钻深度	5	新增层压板厚自动测量分堆设备
5	175	没有明确规定背钻首板切片的制作流程和责任人，导致切片和数据测量、登记都是背钻员工在做，实际执行流程混乱，过程缺少监督	由工序员工进行背钻首板切片，确认残桩长度	5	①规范 5G 产品背钻切片的执行流程，明确各步骤的责任人 ②规范明确背钻切片抽样数量及抽样点。背钻切片只测一个角切片，无法保证残桩长度均匀性（要求整版残桩≤ 8mi）
5	120	背钻前未核对工卡信息，未识别特殊材料背钻参数，按普通背钻参数设置	核对工卡信息，高速材料设置对应钻孔参数	3	
5	240	规范有要求，但实际未执行背钻分段	规范有规定，培训执行	6	建议将背钻分段检查纳入 QA 检验项目中
5	30	规范要求员工生产前核对 MES 备注背钻要求，包括深度、刀径、层面等信息，但机台上没有查询电脑，需要到公用电脑上查询，然后手动登记在工卡上，可能会出现员工未查询或者登记工卡错误的情况	开启背钻刀径测刀功能	3	
5	30	员工更换寿命到期的刀具时，没有要求对更换新刀具进行检查，也没有提供相应的检查工具	生产中禁止关闭测刀报警功能	3	
5	30	生产时，背钻专用刀与常规钻刀未区分放置，钻刀混用	背钻钻刀与常规钻刀分开领用，生产时分开放置	3	
5	45	①塞孔树脂油墨未脱泡或脱泡时间不足 ②员工不知道回收后的树脂油墨不能满足生产要求，导致错误使用油墨	树脂塞孔前油墨脱泡 6h，禁止使用回收油墨塞孔	3	
5	45	员工不知道背钻树脂塞孔和正常的树脂塞孔有区别，生产前没有识别工艺类型	首板确认塞孔质量	3	
5	90	生产员工不知道 5G 板件的磨板参数设置区别，统一按照一种参数生产，导致批量不合格	磨板前会核对工卡上板材、板厚、生产尺寸、厚径比等信息，来确定选择磨板参	3	
3	72	员工在正常陶瓷磨板后发现有树脂塞孔不良，直接返塞再次进行陶瓷磨板，不清楚这样操作带来的质量风险	陶瓷磨板后检查有塞孔空洞后，由工艺 QA 评估是否可以返工	3	
4	196	实际现场没有区分高精度与常规阻抗生产参数（蚀刻速度、压力、精度）	无	7	专项研究完善高精度阻抗与常规阻抗生产参数
4	168	5G 订单阻抗测试有特殊要求（取值范围 20%~80%，信号上升时间 25ps），工厂阻抗测试员工不清楚如何调整取值区间及设备参数，日常由技术中心测试	无	6	修订规范，明确阻抗测试参数调整的步骤及方法

表 7.12　5G 基板关键过程控制计划（部分）

序号	工艺流程		关键控制特性					关联缺陷	评估测量技术			样本要求		记录表单	应急处理计划		执行人
	一级流程	二级流程	控制对象	控制要求			重要度		方式类别	仪器	控制方法	容量	频率		NCN	应急处理	
	工序	工步	类别	对象	控制属性	参数 / 公差											
1	层形内图	曝光	机	LDI 曝光机	曝光能量	依据曝光能量尺确认曝光参数	严重	缺口开路	人工	曝光能量尺	首板做曝光尺，曝光尺等级 9 ～ 11 级	1 次	每批	《曝光能量尺记录表》	×	调整曝光能量参数，重新制作曝光尺	曝光岗位员工
2			法	胀缩	预放系数	首板确认胀缩值	严重	层偏内短	自动化	X-Ray 钻靶机	测量每块板每层压合后胀缩值	100%	每批	《胀缩值登记表》	√	①通知工艺调整预放系数 ②通知 QA 确认产品风险	激光钻孔岗位员工
3		酸性蚀刻	法	内层蚀刻	蚀刻参数	依据首板参数确认蚀刻参数，线宽公差 ±8%	严重	阻抗超标	人工	线宽测量仪	首板确认线宽精度，首板线宽公差 ±8%，根据首板线宽确认蚀刻参数	100%	每批	《内层蚀刻线宽首板记录表》	√	①通知工艺调整蚀刻参数，重新首板确认 ②通知 QA 确认已生产产品的处理方式	蚀刻岗位员工
4	层压	排板	法	排板方式	排板数量	叠板数≤ 3	严重	压合偏位内短	人工	目视	排板完成后检查排板数量	1 次	每开口	/	×	①重新调整排版数量 ②通知 QA 确认已生产产品处置方式	排板岗位员工
5					套销钉孔质量	套销钉孔无破损	严重		人工	目视	每层排板时检查四边销钉孔是否有破损	100%	每批	/	×	①调整排板手法，套孔时对称下压，确保销钉孔无破损 ②问题板做标识通知 QA 压合后确认	排板岗位员工
6					销钉长度	使用 38mm 销钉	严重		人工	目视	排板前检查使用销钉长度	1 次	每开口	/	×	①重新调整销钉长度 ②已生产板做好标记，通知 QA 确认风险	排板岗位员工
7					牛皮纸数量	①钢板之间使用 5 张牛皮纸 ②底盘上下各使用 20 张牛皮纸，新旧牛皮纸按 2：1 控制	严重	分层起泡	人工	目视	排板时检查核对	1 次	每开口	/	×	调整牛皮纸数量，已排板通知 QA 确认产品风险	排板岗位员工
8					钢板厚度一致性	1.6mm 或 2.0mm 钢板，且钢板厚度极差在 0.1mm 以内	严重	压合偏位内短	自动化	游标卡尺	测量钢板厚度极差是否超标	100%	每开口	/	×	①禁止使用不合格钢板 ②挑选合格钢板使用	排板岗位员工
9		压合	法	压合程序	压合程序	按 IT170GRA 压合程序	严重	压合程序错误导致分层、起泡	自动化	目视	选择 IT170GRA 压合程序	1 次	每炉	《层压压合记录表》	√	①通知工艺、主管确认并调整压合参数 ②通知 QA 确认产品风险	压合岗位员工
10	钻孔	钻孔	法	钻孔参数	叠板数量	1 块 / 叠	严重	钻孔偏位	人工	目视	钻孔前检查数量是否正确	100%	每轴	/	√	①调整钻孔叠板数量，并反馈主管确认 ②通知 QA 确认产品风险	钻工岗位员工
11					钻孔参数	采用 M6 专用钻孔参数分三段钻孔	轻微	孔粗超标、孔口披锋、钻孔堵孔、多孔、少孔	人工	目视	钻孔前检查钻孔参数是否正确	1 次	每趟	/	√	①调整钻孔参数，并反馈主管确认 ②通知 QA 确认产品风险	钻工岗位员工
12					钻刀刀径	按照工卡指示选择钻刀	严重	成品孔径超标	自动化	刀径测量仪	生产前开启刀径测量功能，每次换刀前自动测量刀径	1 次	每趟	/	×	确认刀径异常报警原因并确认	钻工岗位员工
13					钻孔辅助材料选用	钻孔盖铝片	严重	钻孔偏位	人工	目视	目视检查是否有盖铝片	1 次	每趟	/	×	①钻孔调整为盖铝片 ②通知 QA 确认产品风险	钻工岗位员工

表 7.13　5G 基板检验控制计划（部分）

序号	流程	检验项目	检验标准要求	抽样频率	检测设备 / 工具	检测设备信息				检验 / 测试方法要点	检验 / 测试记录	检验 / 测试记录人
						设备工具型号 / 编号	是否校准	设备精度 / 误差	重复性 & 再现性			
5	钻孔	钻孔偏位	无偏位破环	首　板	激光检测	均　程	/	/	/	每轴取首板，X-Ray检查合格后方可批量生产	首板偏位检查记录	钻孔作业员 / 半检
		钻孔披锋、毛刺、多孔、少孔、孔损等	无毛刺、多孔、少孔、孔损等，披锋＜ 10μm	全　检	10 倍放大镜	10X/MP2-PD-197	/	/	/	使用目视 +10 倍放大镜辅助检查	缺陷明细	
6	减薄铜	铜厚	减至 12 ± 1μm	首　板	CMI	MM615/MP2-PD-294	是	± 5%	/	减铜前均匀测量每面 5 个点，减铜后相同位置对比测量，首板合格方可批量生产	铜厚测量记录	减薄铜作业员 / 半检
7	通孔沉铜	沉铜背光	沉铜背光，要求≥ 9 级	每批次	金相显微镜	BX51/MP2-QA-019	是	示值误差 ± 3%，物镜放大倍数误差 ± 5%	6.17%	沉铜后切片确认背光 9 级以上方可转序，沉铜至电镀时间＜ 4h	背光检测记录	实验室作业员
8	通孔板镀	孔铜厚度	5 ～ 8μm，孔铜厚度不足时调整第二次镀铜参数	首　件	金相显微镜	LV100ND/MP2-QC-042	是	示值误差 ± 3%，物镜放大倍数误差 ± 5%	0.73%	抽测生产板板边切片	切片检测记录	实验室作业员
9	通孔负片电镀	面铜厚度	面铜厚度≥ 43μm，面铜极差 ± 3μm，密集孔口和大铜皮铜厚差异＜ 5μm	首　件	CMI、金相显微镜	面铜测试仪：MM615/MP2-PD-294 金相显微镜：LV100ND/MP2-QC-042	是	面铜测试仪误差 ± 5%，金相显微镜示值误差 ± 3%，物镜放大倍数误差 ± 5%	金相显微镜 0.73%	① 使用金相显微镜抽测切片孔口面铜 ② 使用 CMI 测量大铜面	① 切片检测记录 ② CMI 测量记录	
		孔铜厚度	平均≥ 28μm，单点≥ 28μm	首　件	金相显微镜	LV100ND/MP2-QC-042	是	示值误差 ± 3%，物镜放大倍数误差 ± 5%	0.73%	抽测生产板板边切片	切片检测记录	实验室作业员
		孔壁质量	孔壁质量：孔粗、芯吸、钉头等满足要求	首　件	金相显微镜	LV100ND/MP2-QC-042	是	示值误差 ± 3%，物镜放大倍数误差 ± 5%	0.73%	抽测生产板板边切片	切片检测记录	
		介质厚度	各层介质厚度是否在公差范围内	首　件	金相显微镜	LV100ND/MP2-QC-042	是	示值误差 ± 3%，物镜放大倍数误差 ± 5%	0.73%	抽测生产板板边切片	切片检测记录	
10	背钻	背钻孔质量	①所有背钻深度（最大深度 2.2mm）对应残桩长度需控制在 5 ～ 8mil 以内 ②背钻相对一钻偏孔＜ 4mil，确保孔壁铜完全被钻掉	首　件	金相显微镜	LV100ND/MP2-QC-042	是	示值误差 ± 3%，物镜放大倍数误差 ± 5%	0.73%	①抽样检测采用金相显微镜对切片进行测量 ②全检采用鹰眼进行背钻 3D 形貌检测	背钻切片检测记录 /3D 形貌检测记录	钻孔作业员 / 实验室作业员半检

表 7.14 稽查表（部分）

序号	缺陷	一级流程 工序	二级流程 工步	关键控制点 控制项目	关键控制点 控制要求	现行控制要求	重要度
1	孔无铜	钻孔	钻孔	钻孔参数	①使用新刀或研 1 钻刀，按照 M6 材料钻孔参数生产（转速、进刀速、孔限） ②盖铝片		高
		钻孔	钻孔	孔口毛刺处理	钻孔后 2 次去毛刺，第二次关闭磨刷，只开高压水洗		高
		沉铜	沉铜	沉铜次数	2 次沉铜，第二次直接从沉铜缸开始		中
		电镀	负片电镀 / 图形电镀	镀通率	12 ：1 深径比镀通率≥ 85%		高
		电镀	负片电镀 / 图形电镀	保养	按保养要求定期进行碳处理、换缸		高
		电镀	负片电镀 / 图形电镀	电镀参数	根据首板切片铜厚确认电镀参数	①根据 FA 测试情况，确认采用直流 VCP 还是脉冲图形电镀 ②按含孔面积设置参数，FA 确认电镀参数，切片取最大 BGA 中央的孔	高
		实验室	实验室	切片	切片确认孔铜厚度，切片取密集孔、BGA 区域最小孔		中
2	残桩长度超标	工程	MI	背钻深度	背钻残桩长度≥ 2mil，且符合单板设计要求		高
		层压	铣边	板厚	背钻前按平均板厚极差 0.05mm 分堆		高
		钻孔	背钻	背钻深度	①FA 需确认各位置、各深度背钻孔与附连条位置残桩长度对应关系，差异超过 4mil 时须分区设置深度 ②首板残桩长度须控制在 5 ～ 8mil	①背钻前按平均板厚极差 0.05mm 分堆 ②采用背钻专用 BD 钻刀 ③按系统指示面次背钻 ④使用 CCD 钻机进行背钻，设置 0.8mm/ 段进行分段 ⑤FA 需确认各位置、各深度背钻孔与附连条位置残桩长度对应关系，差异超过 4mil 时须分区设置深度 ⑥首板残桩长度控制在 5 ～ 8mil	高
				背钻参数	①按系统指示面次背钻 ②使用 CCD 钻机进行背钻，设置 0.8mm/ 段进行分段		中
				背钻钻刀	采用背钻专用 BD 钻刀		中
3	层偏、内短	内层图形	曝光	同芯板偏位	①使用 LDI 曝光机时，曝光机精度 ±0.5mil ②使用底片时，手动对位偏差≤ 2mil ③同芯板上下层间偏位≤ 3mil	按 LDI 曝光机作业指导书生产	高
		内层图形	曝光	预放系数	预放系数根据 FA 确认，首板胀缩值≤ ±0.125mm		高
		层压	排板	排板方式	①按 MI 叠层结构 ②钢板一致性 ③每开口≤ 5	①排板前确认芯板、PP 规格数量，排板完不可剩余 ②采用 Pin-Lam 制作，叠板完成后重新确认芯板数量和顺序 ③叠板时用全新牛皮纸，上下各 20 张 ④需用同一厂家的钢板，钢板厚度 1.3mm 以上 ⑤记录排板数量及压机编号	高
			压合	层压参数	①参数使用：根据板材类型选择，全接料温线≥ 3 根 / 炉 ②FA 确认固化度	①参数使用：TU-862 HF，全接料温线≥ 3 根 / 炉 ②FA 确认固化度、翘曲度	中
		钻孔	钻孔	钻机偏摆	主轴偏摆≤ 15μm	采用大台面钻机，偏摆≤ 15μm 指定钻机	中
				钻孔 CPK	钻孔后出孔面孔位精度测量，孔位精度公差 ±2mil，CPK ≥ 1.33	过孔位 CPK 机检测	高
				钻孔参数	①高速材料使用 M6 钻孔参数 ②5G 板 1 块 / 叠 ③钻孔盖铝片	①TU-862HF（经特别测试制定），分 3 段 ②依据胀缩分堆，每堆板进行首件试钻，每次单边试钻一个孔，以便多次调整	高
4	树脂塞孔凹陷、空洞	工程	MI	流程设计	①树脂塞孔后必须增加塞孔 AOI 流程 ②高速材料且有背钻孔设计的板件，增加塞孔前烘烤，以避免树脂塞孔裂纹或塞孔凹陷 ③塞孔流程增加塞孔面次说明：单面背钻、双面背钻、BGA 面向等		高

续表 7.14

序 号	缺 陷	一级流程	二级流程	关键控制点		现行控制要求	重要度
		工 序	工 步	控制项目	控制要求		
4	树脂塞孔凹陷、空洞	树脂塞孔	树脂塞孔	塞孔前烘板参数	塞孔前烘板，155℃ /120min	① 塞孔前烘板，155℃ /120min ② 采用新开罐树脂或完全脱泡树脂 ③ 从背钻面塞孔，一次塞穿，塞孔速度 2mm/s ④ 分段固化：80℃ /30min，120℃ /30min，150℃ /40min	高
				树脂油墨要求	采用新开罐树脂或完全脱泡树脂，禁止使用回收油墨		中
				塞孔面次、塞孔速度	从背钻面塞孔，一次塞穿，塞孔速度 2mm/s		高
				固化参数	分段固化：80 ℃ /30min，120 ℃ /30min，150℃ /40min		中
		陶瓷磨板	陶瓷磨板	陶瓷磨板检查	板面以及孔口不允许有树脂残留，不允许板面露基材；凹陷最大 3mil		高
				磨痕宽度	生产前进行整刷，然后做磨痕测试，陶瓷磨刷磨痕按 2 ~ 6mm 控制，不织布按 8 ~ 12mm 控制	① 生产前进行整刷，然后做磨痕测试，陶瓷磨刷磨痕按 2 ~ 6mm 控制，不织布按 8 ~ 12mm 控制 ② 磨板不能超过 3 次，3 次之后还有树脂磨不干净的，局部手工打磨处理	中
				研磨次数	磨板不能超过 3 次，3 次之后还有树脂磨不干净的，局部手工打磨处理		高
		AOI	AOI	塞孔 AOI	采用专用树脂塞孔 AOI 设备		高
				返修	按树脂塞孔返工返修规范执行，具体参考《返工返修规范》中的树脂塞孔凹陷、空洞返工方法		中
		FQC	AVI 检查	AVI 机参数设定	AVI 机参数设定完全满足树脂塞孔检测要求，防止漏检		高
5	板厚超标	工 程	MI	叠层设计	① 板边铺铜，不可采用大铜块方式，需在 0.58in 以内铺铜点，负片层改成方块 ② 取消交货单元外的外形线避铜 ③ 内层所有无铜区按规范铺满铜点 ④ 所有 1mm 以上的孔，内层孔内铺单边 –4mil 的焊盘，外层不铺 ⑤ 对称叠层设计，不同层间残铜差异满足规范要求		高
		层 压	压 合	压合程序（温度、压力、时间、真空度）	料温曲线满足规格书要求，固化度≤ 5℃	按照 TU862 压合程序生产	高
				压机平整度	极差 0.1mm，厚度均匀性 COV ≤ 10%		高
				压机温度均匀性	极差≤ 10℃		高
				压机升温速率	根据 TU862HF 材料规格书升温速率要求		高
6	阻抗超标	工 程	MI	阻抗设计	阻抗按高精度阻抗要求设计，设计值与要求值偏差＜ 1Ω（高精度阻抗偏差≤ 0.5Ω）		高
		电子测试	阻抗测试	线宽公差	首板确认蚀刻参数，线宽精度按公差 ±8% 管控，蚀刻 COV ≤ 5%	① 显影后确认干膜线宽与 CAM 稿差异＜ 0.1mil ② 首板确认蚀刻速度，线宽公差 ±8% ③ 线路密集面、厚铜面朝下 ④ 首板检测线宽极差在 0.4mil 以内，送检 AOI 合格后批量生产	高
				电镀铜厚均匀性	负片电镀铜厚极差≤ 6um	① 根据 FA 测试情况，确认采用直流 VCP 还是脉冲式图形电镀线 ② 按含孔面积设置参数，FA 确认电镀参数，切片取最大 BGA 中央的孔	高
				减薄铜均匀性	减薄铜均匀性 COV ≤ 5%	根据首板确认减薄铜参数，减铜至 12 ± 1μm	中
				介质厚度均匀性	介质厚度公差 ±10%	① 用板厚测量仪测量板厚，采用九点法 ② 按平均板厚差异 50μm 分堆	中
				半成品阻抗	外层蚀刻首板确认半成品阻抗，半成品阻抗公差依据成品阻抗进行换算		高
				阻抗测量范围选取	① 阻抗线长＜ 6in，阻抗取值 20% ~ 80%，阻抗线长≥ 6in，阻抗取值按前 6in，取 20% ~ 80% 区间 ② 阻抗设备频宽≥ 18GHz	① 线长≤ 6in，阻抗取值 20% ~ 80% ② 线长＞ 6in，阻抗测量按 6in 内的 20% ~ 80% 取值	中

第 8 章 PCB 制造质量控制

质量控制是核心质量管理活动之一，在生产和服务过程中，控制影响质量的各项因素是获得满意产品质量的必要环节。PCB 企业致力于制造过程质量控制，以确保制造过程的符合性，从而稳定地满足客户的质量要求。在企业内建立质量控制体系，使企业具备风险预警和应急能力，对产品制造过程的稳定形成控制能力，对产品质量水平的稳定形成控制能力，防止制造过程向负面变化，确保企业质量目标的达成。

对每一个过程特性进行持续控制，使各种与过程质量控制相关的活动形成反馈回路，这是最简单、实用和有效的过程质量控制模式，包括确定控制对象 / 质量控制点、明确质量计划 / 标准、明确监测方法、投入质量检验和数据收集、消除不合格等。本章将介绍如何进行过程质量控制，以及过程质量控制涉及的通用技术，如统计过程控制（SPC）、过程能力指数（CPK）测量系统分析（MSA）等，并以 PCB 制造中的可靠性问题控制、划伤 / 擦花缺陷控制和异物控制等实际案例来说明。

8.1 概　述

8.1.1 质量控制的概念

如前所述，过程（process）是指一组将输入转化为输出的相互关联或相互作用的活动。控制（control）是通过对过程特性进行监测，确保结果符合要求，遇到问题能及时采取纠正行动，消除导致异常的原因，以维持过程稳定且受控的活动。控制包括产品控制、过程控制、服务控制，以及采购控制、设备设施控制等，是管理的四大基本职能之一，也是组织实现目标的重要手段。

过程质量控制（process quality control）可理解为对销售、研发、设计、制造等企业运营过程，为使产品或服务符合客户要求，保持产品或服务具备稳定的质量水准所采用的质量控制技术和实施的检测、监控与改进等质量管理活动。“符合性”和“稳定性”是过程质量控制的两个衡量指标。

影响过程质量的因素分为普通因素和特殊因素两类。普通因素在过程中始终存在，无法控制或难以控制，通常称为“公差”，导致普遍的、固有的、可接受的过程质量变差。一个过程只受普通因素影响时，输出结果呈现统计规律性并可预测，被称为受控状态（统计控制状态、统计稳态）。而导致非普遍、非固有、异常的过程质量变差的原因叫做特殊因素。特殊因素通

常只是少数变异 / 异常，如设备故障、药水污染、操作错误、参数错误等，偶尔存在但影响显著，会使过程失控。我们应及时确定过程中的特殊因素，采取措施消除它，使过程进入稳态。

实现过程产品质量兼具“符合性”和“稳定性”（表 8.1），需要充分的过程能力，不断减小普通因素的波动，并确保过程处于受控状态，消除特殊因素的影响，从而生产出客户满意的产品。

表 8.1　过程状态分类

		受控状态（统计稳态）	
		受　控	不受控
过程能力（技术稳态）	充　分	过程受控且能力充分	过程失控且能力充分
	不　足	过程受控且能力不足	过程失控且能力不足

质量控制（quality control，QC）与质量保证（quality assurance,QA）在概念上有所不同。QA 来源于早期版本的 ISO 9001 质量体系，突出对外部客户的产品质量要求进行保障，主要是事先的质量保证类活动，以预防为主，目的在于确认组织对运营过程的控制，使产品绩效符合客户要求；一般包括供应商质量保证、可靠性保证体系、产品设计质量保证、质量预警体系、质量会议及报告体系、质量数据及质量追溯、质量回溯和根因分析等，责任主体是企业的质量保证部门。QC 更强调对企业内部运营过程和产品的持续控制，主要是事后的质量检验类活动，期望发现并及时处置错误。绩效评价在内部运营过程中实时进行，管理者和员工都能够及时获得绩效是否符合的信息，并及时行动，以客观检验结果为基础进行过程质量持续改进。

质量控制（quality control）与质量改进（quality improvement）在概念上的差异如图 8.1 所示。不论是持续渐进式改进还是突破式改进，不论是局部改进还是整体性改进，都是为了将平均绩效提升到新的水平或者减少当前的变异。质量控制强调日常状态下质量绩效围绕其均值波动，出现失控情况时应该及时进行恢复，保持过程稳定的意义丝毫不亚于质量改进带来的收益。在制造企业中，质量改进的责任主体一般是中高层管理人员，计划和改进占据了他们绝大部分时间。企业的质量和技术水平往往是由顶层领导的能力和意愿决定的。而质量控制的执行责任人是中层和基层的员工，其时间主要用在控制和维持工作上，特别是对生产设备和生产环境的维护保养体现了员工队伍的能力和素质。当然，企业管理者疏于现场过程控制工作的监督时，往往会出现质量失控情况。

PCB 企业生产过程受到良好控制，产品质量可靠，产品质量水平稳定，符合客户需求和期望，能够为企业带来诸多收益。

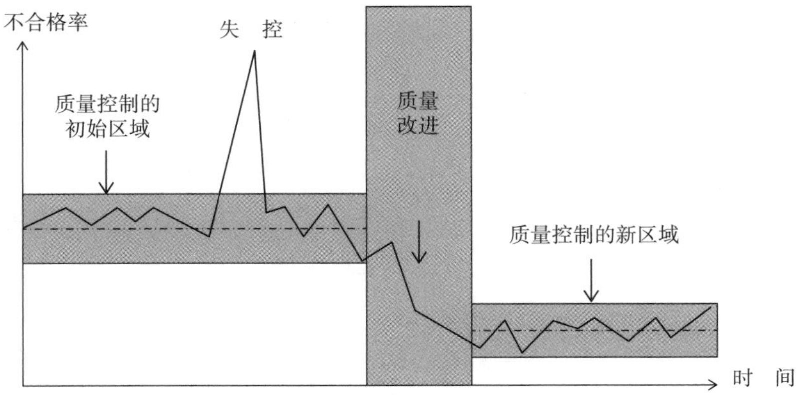

图 8.1　质量控制与质量改进

· 稳定的质量水平可降低废品率和返工率，从而降低生产成本，提高生产效率和盈利能力。
· 稳定的质量水平可提供可靠的数据和标准化的工作指导，为企业持续改进和创新提供有力的支持和保障。
· 稳定的质量水平使得产品具有高度的规格合格率和一致性，可以满足客户对于产品质量稳定性的期望，提高客户满意度和忠诚度。
· 稳定的质量水平可以树立企业的品牌形象和信誉度，增强企业在市场中的竞争力，赢得客户的信赖和支持。

8.1.2　过程质量控制的基本机理和流程

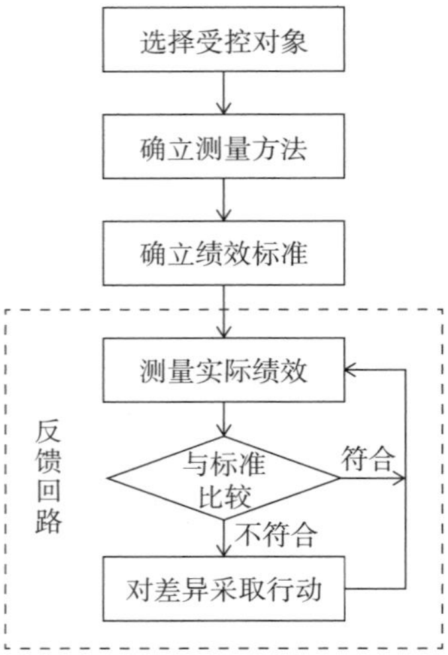

图 8.2　质量控制流程图（来源：《朱兰质量手册（第 5 版）》）

引用生物学理论，维持系统（过程）的稳定状态需要通过反馈回路的负反馈机制来实现，即将系统的输出变为决定系统功能的输入。质量控制也是通过这一机制实现的，如图 8.2 所示。将产品或服务的某个特征视为受控对象，并将测量的实际结果与质量标准进行比较。如果结果符合质量标准，说明制造过程是稳定的。如果结果不符合，负反馈机制就会发挥作用，要求对过程进行分析和纠正，以确保生产的产品合格，并促使制造系统恢复常态，确保受控对象的特性符合性持续良好。

制造过程质量控制强调现场质量管理，主要工作流程如下。

（1）确定质量控制点，编制质量控制点明细表，编制质量控制和检验检测方法有关的文件。建立质量指标体系，明确产品技术指标、数据统计方法，以及现场质量管理岗位职责、考核和奖惩等管理制度。

（2）质量管理部门组织对生产、工程、工艺、设备人员和操作人员的培训和教育，确保生产工序关键过程或关键质量特征值得到重点控制，生产工序处于稳定的控制状态。

（3）确保产品和过程质量检验工作持续有效展开，生产自检与专职检验密切结合，不合格产品能够及时被发现和反馈，不流向下工序，不流到客户手中。

（4）掌握生产原材料、人员和生产过程的状况，了解工序在制品和出货产品的质量状况，在此基础上及时组织工艺、质量、设备和生产功能小组进行不合格处理，分析不合格原因，快速纠正错误，保持过程稳定和产品符合客户要求。进一步进行不合格统计分析，找出质量变差的原因，提出改进措施，分清责任，防患于未然，并不断完善现场质量控制的规范和制度。

8.2　过程质量控制的通用技术

8.2.1　统计过程控制（SPC）

▌概　念

20 世纪 20 年代，贝尔电话实验室沃尔特·休哈特博士领导的质量控制研究小组提出了统计过程控制（statistical process control，SPC）的概念，并绘制了第一张不合格率控制图（P 图）。

SPC 技术基于数理统计和概率论原理，通过抽样检测数据绘制控制图，对过程中的各个环节进行评估，监控波动情况，及时发现和修正偏差，确保过程输出处于可接受且稳定的水平，保证产品的一致性。SPC 技术使质量管理从事后的产品检验方式转变为生产过程中以预防控制为主的方式，虽然当时尚未实现实时监控，但依然大大减少了企业生产过程中出现的不合格，提高了产品合格率。

控制图亦称常规控制图，以一条中心线（CL）为基准，由统计方法确定的上控制限（UCL）和下控制限（LCL）组成。采用 3σ 法则，在中心线上下绘出控制限，如图 8.3 所示。控制图通过从过程中以近似等间隔抽取数据，并与控制限进行比较评估，判断过程是否处于控制状态。当工序中只有普通因素（普通变差）出现时，质量特性服从正态分布，质量特性数据的 99.7% 会落在控制限之内。如果实际的变差超过了控制限，说明生产工序中有特殊因素（特殊变差）影响产品质量，必须对工序进行检查和纠正恢复。

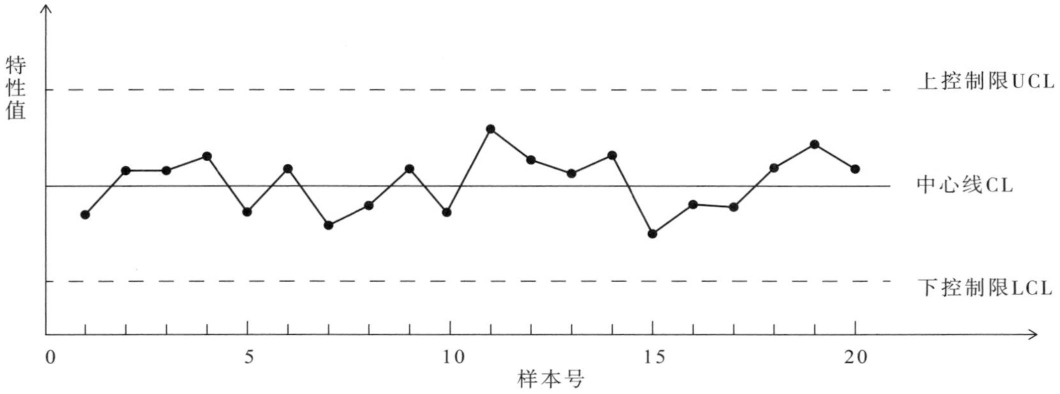

图 8.3 控制图示例

控制图的类型与控制项目

根据控制特性数据的统计性质，控制图可按表 8.2 分类。

表 8.2 控制图的分类

数据类型	统计规律	控制图类型	适用范围
计量型数据（连续型变量）	正态分布	均值－极差 ($\bar{X}$–R)	长度、质量、强度、纯度、温度、时间等
		均值－标准差 ($\bar{X}$–S)	过程数据自动采集、数量，子组样本容量较大
		中位数－极差 ($\tilde{X}$–R)	便于现场直接在控制表上找到中位数值
		单值－移动极差 (X–MR)	过程数据测量成本高，或测量是破坏性的
计数型数据（离散型变量）	二项分布（计件特性）	不合格率 p	过程的不合格率为常数 p，且产品的生产是独立的
	泊松分布（计点特性）	总不合格率 np	对象样本大小相同的不合格数的控制
		不合格数 c	相同检查项目，特定单位内样本容量不变，所出现的不合格数
		单位产品不合格数 u	相同检查项目，特定单位内样本大小发生变化时，了解平均单位所出现的不合格数

控制图可用于掌握生产设备和工艺装备的实际精度，分析判断生产过程的稳定性，及时发现生产过程中的异常现象，为产品质量评定提供依据，等等。PCB 工厂日常管理建立的控制图有质量指标类（如不合格率、单位不合格数等），关键物料特性类，过程特性类（如生产设备精度、工艺参数和生产工序药液等），产品质量特性类（如尺寸、厚度等），部分项目见表 8.3。

表 8.3　PCB 制造的部分控制图项目

工　序	工艺 / 设备	药　液	产　品	项　目
层　压	棕　化			微蚀量、剥离强度
		棕化预浸缸		MP 预浸剂、C–30
		棕化缸		C–30、棕化剂 MP
			板厚度	压合板厚
钻　孔	激光钻机			孔位精度、孔径均匀性、盲孔下上孔径比
	X–Ray 钻靶机			钻靶精度
	机械钻孔			孔位精度
			激光孔	下孔径
			孔	孔位精度
沉　铜	沉　铜			沉铜速率、蚀刻速率、除胶速率
		膨胀缸		膨胀剂 E、pH
		除胶缸		NaOH、MnO_4^-
		还原缸		H_2SO_4、H_2O_2、还原清洁剂 E
		微蚀缸		ZA–200
		后浸缸		H_2SO_4
		预浸缸		预浸液 B
		活化缸		Pd、pH
		加速缸		加速剂 WAS
		化铜缸		化铜添加剂 P、化铜基本剂 P、还原剂 Cu、NaOH
镀　铜	电镀线			电镀均匀性
		普通电镀线		$CuSO_4$、Cl^-、H_2SO_4、ST901–AM、ST901–BM
		填孔电镀线		$CuSO_4$、Cl^-、H_2SO_4、EVF–2AF、EVF–2BF、EVF–YF
			铜　面	表铜厚度（顶、底层）、孔铜厚度、抗拉强度、伸长率
光成像	前处理			微蚀量
		LDI 曝光机		LDI 对位精度
		前处理线		H_2O_2
		显影缸		Na_2CO_3
		蚀刻缸		Cu^{2+}、HCl、比重
			线　路	线宽 / 间距
			金手指	宽度 / 间距
蚀　刻		蚀刻缸		Cu^{3+}、HCl、比重、pH
阻　焊	前处理			微蚀量
	UVDI 曝光机			对位精度
		前处理		Cu^{2+}、稀释率
		显影缸		Na_2CO_3
			阻焊层	阻焊偏移、阻焊开窗、阻焊厚度、阻焊固化度
镀　金	前处理			微蚀量
		镀金前处理		H_2O_2
		微蚀缸		ZA–200
		镍缸		Ni^{2+}、$NiBr_2$
		预镀金		比重
		镍金缸		比重
			镀覆层	镍厚、电镀金粗糙度 Ra、光泽度 *B*
			金手指	宽度、间距
外　形	锣　机			孔位精度、铣外形精度
			尺　寸	长、宽、孔到边距离
OSP	前处理			微蚀量
		微蚀缸		H_2O_2

续表 8.3

工　序	工艺 / 设备	药　液	产　品	项　目
OSP		预浸缸		#177
		涂覆缸		有效成分
			镀覆层	膜厚度

控制图的绘制与使用

在过程管理中使用控制图，需要提前进行准备工作。选择的控制对象应该是客户明确要求或内部具有关键影响的产品质量的关键特性，通过这些特性能够获得计量或计数数据，且测量系统条件合格。控制对象的生产工序应符合受控状态，否则应首先对过程进行管理控制。一般把用于了解现状的控制图称为分析用控制图。当过程稳定且过程能力达到要求后，可将分析用控制图的控制限延长，转化为控制用固定控制图。

绘制控制图的基本步骤如下。

（1）收集、汇总数据，合理分组。绘制分析用控制图，确定合理的子组大小、频率和数据是保证控制效果和效率的关键，要能够确保变差的原因有机会出现，能够检验和判断过程的稳定状态。当子组大小为 4 或 5，子组数为 20 ~ 25 时，基本可以满足要求。抽样数据应保证在基本相同的生产条件下，间隔一定时间获得。

（2）计算控制图有关参数，公式见表 8.4。例如，绘制均值 – 极差控制图，应计算每个子组的平均值 $\bar{X}$ 和极差 R。

表 8.4　控制图参数计算公式

控制图名称	步　骤	计算公式	备　注
$\bar{X}$–R	（1）计算各子组均值 $\bar{X}_i$ （2）计算各子组极差 R_i	$\bar{X}_i=\frac{1}{n}\sum_{j=1}^{n}X_j$ $R_i=\max[X_i]-\min[X_i]$	$\bar{X}_i$：第 i 组均值 max[X_i]：第 i 组最大值 min[X_i]：第 i 组最小值
$\bar{X}$–S	（1）计算各子组均值 $\bar{X}_i$ （2）计算各子组标准差 S_i	$\bar{X}_i=\frac{1}{n}\sum_{j=1}^{n}X_j$ $S_i=\sqrt{\frac{\sum_{j=1}^{n}(X_j-\bar{X}_i)^2}{n-1}}$	$\bar{X}_i$：第 i 组均值 S_i：第 i 组标准差
$\tilde{X}$–R （Me–R）	（1）计算各子组中位数 $\tilde{X}_i$ （2）计算各子组极差 R_i	$\tilde{X}_i=X_i\left(\frac{n+1}{2}\right)$($n$为3或5) $R_i=\max[X_i]-\min[X_i]$	$\tilde{X}_i=X_i\left(\frac{n+1}{2}\right)$：按大小排列的第 i 组数据中第（n+1）/2 个位置上的数
X–R_S （X–MR）	计算移动极差 R_{S_i}	$R_{S_i}=\lvert X_i-X_{i-1}\rvert$	i=2, 3, ⋯, k
p	计算各子组不合格率 p_i	$p_i=\frac{(np)_i}{nk}$	$(np)_i$：第 i 组的不合格率
np	计算总不合格率 $\bar{p}$	$\bar{p}=\frac{\sum_{j=1}^{n}(np)_i}{nk}$	n_i：第 i 组的子组容量
c	计算平均不合格数 $\bar{c}$	$\bar{c}=\frac{\sum_{j=1}^{n}c_i}{k}$	c_i：第 i 组的不合格数
u	计算各子组的单位不合格数 u_i	$u_i=\frac{C_i}{n_i}$	n_i：第 i 组的子组容量 c_i：第 i 组的不合格数

（3）计算控制图中心线和控制限，计算公式见表 8.5。以绘制均值 – 极差控制图为例，应计算所有数据的平均值 $\bar{\bar{X}}$ 和平均极差 $\bar{R}$，再计算控制限，如图 8.4 所示。均值控制图的中心线 $CL=\bar{\bar{X}}$，上控制限 $UCL=\bar{\bar{X}}+A_2\bar{R}$，下控制限 $LCL=\bar{\bar{X}}-A_2\bar{R}$；极差控制图的中心线 $CL=\bar{R}$，上控制限 $UCL=D_4\bar{R}$，下控制限 $LCL=D_3\bar{R}$。其中，A_2、D_4、D_3 为常数，可通过《计量控制图计算控制限的系数表》（GB/T 4091–2001）查找。

表 8.5　控制图的中心线和控制限计算公式

控制图名称		中心线（CL）	上、下控制限（UCL 与 LCL）	备　注
$\bar{X}-R$	$\bar{X}$	$CL=\bar{\bar{X}}=\frac{1}{k}\sum_{i=1}^{k}\bar{X}_i$	$UCL=\bar{\bar{X}}+A_2\bar{R}$ $LCL=\bar{\bar{X}}-A_2\bar{R}$	（1）当 LCL 为负值时，取 0 为自然下限 （2）A_2、A_3、D_4、D_3、m_3A_2、B_4、B_3 见控制图系数表
	R	$CL=\bar{R}=\frac{1}{k}\sum_{i=1}^{k}R_i$	$UCL=D_4\bar{R}$ $LCL=D_3\bar{R}$	
$\bar{X}-S$	$\bar{X}$	$CL=\bar{\bar{X}}=\frac{1}{k}\sum_{i=1}^{k}\bar{X}_i$	$UCL=\bar{\bar{X}}+A_3\bar{S}$ $LCL=\bar{\bar{X}}-A_3\bar{S}$	
	S	$CL=\bar{S}=\frac{1}{k}\sum_{i=1}^{k}S_i$	$UCL=B_4\bar{S}$ $LCL=B_3\bar{S}$	
$\tilde{X}-R$ （Me–R）	$\tilde{X}$	$CL=\bar{\tilde{X}}=\frac{1}{k}\sum_{i=1}^{k}\tilde{X}_i$	$UCL=\bar{\tilde{X}}+m_3A_2\bar{R}$ $LCL=\bar{\tilde{X}}-m_3A_2\bar{R}$	
	R	$CL=\bar{R}=\frac{1}{k}\sum_{i=1}^{k}R_i$	$UCL=D_4\bar{R}$ $LCL=D_3\bar{R}$	
$X-R_s$ （X–MR）	X	$CL=\bar{X}=\frac{1}{k}\sum_{i=1}^{k}X_i$	$UCL=\bar{X}+2.660\bar{R}_S$ $LCL=\bar{X}-2.660\bar{R}_S$	
	R_s	$CL=\bar{R}_S=\frac{\sum_{i=2}^{k}R_{S_i}}{k-1}$	$UCL=3.267\bar{R}_S$ $LCL=0$	
p		$CL=\bar{p}=\frac{\sum_{i=1}^{k}(np)_i}{\sum_{i=1}^{k}n_i}$	$UCL=\bar{p}+3\times\sqrt{\frac{\bar{p}(1-\bar{p})}{n}}$ $LCL=\bar{p}-3\times\sqrt{\frac{\bar{p}(1-\bar{p})}{n}}$	
np		$CL=\overline{np}$	$UCL=\overline{np}+3\sqrt{\overline{np}(1-\bar{p})}$ $LCL=\overline{np}-3\sqrt{\overline{np}(1-\bar{p})}$	
c		$CL=\bar{c}=\frac{\sum_{i=1}^{k}c_i}{k}$	$UCL=\bar{c}+3\sqrt{\bar{c}}$ $LCL=\bar{c}-3\sqrt{\bar{c}}$	
u		$CL=\bar{u}=\frac{\sum_{i=1}^{k}c_i}{\sum_{i=1}^{k}n_i}$	$UCL=\bar{u}+3\sqrt{\frac{\bar{u}}{n}}$ $LCL=\bar{u}-3\sqrt{\frac{\bar{u}}{n}}$	

（4）绘制控制图。

（5）判断过程是否稳定受控。按分析用控制图中点的分布状况判稳判异，若没有异常情况，可确认过程处于稳定受控状态。若发现过程不稳定，则要分析原因，然后剔除异常子组，重新计算中心线和控制限，再判断过程是否稳定。特别要注意的是，如果剔除异常数据后数据不足，则应重新收集数据，重新计算中心线和控制限。

（6）判断过程能力是否达到要求。在过程受控的情况下，还需要判断过程能力是否达到基本要求，即 CP 或 CPK ≥ 1（或 1.33），具体过程能力研究见下一节。过程能力不能满足要求时，应采取措施减小各种普通原因引起的变差，而仅增加产品检验，返工或返修缺陷产品，甚至放宽标准出货只能让过程能力不断下降。对于采取改善管理系统措施后的过程，要重新抽取子样进行计算，建立新的控制限，并绘制新的控制图。

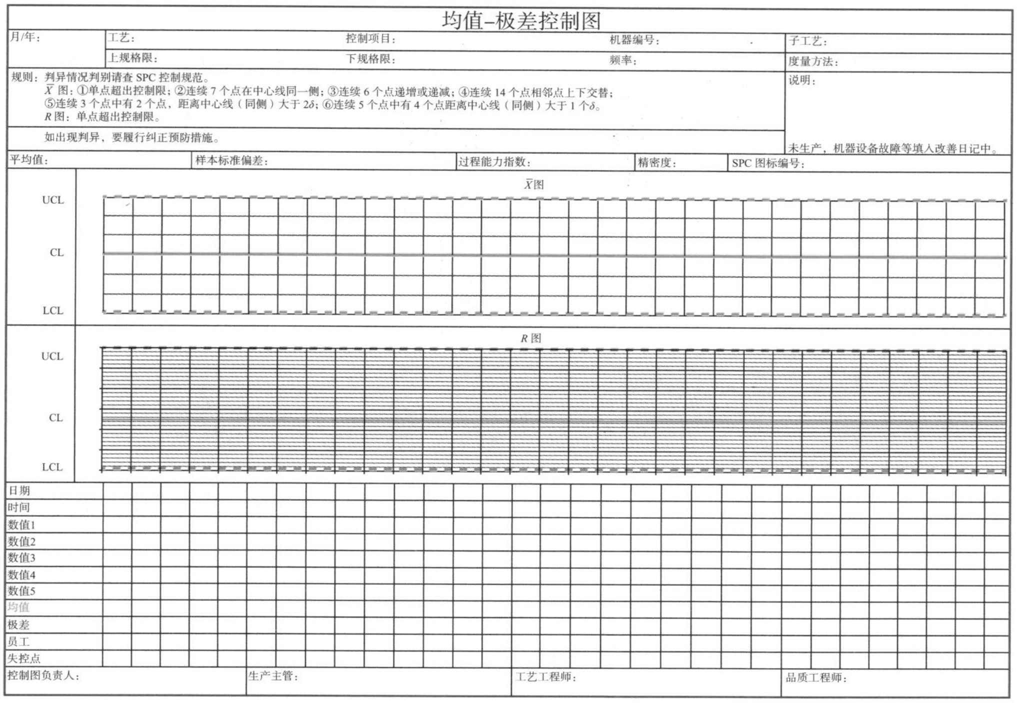

图 8.4　均值 – 极差控制图示例

在控制图使用过程中，判断过程是否受控，可依据国家标准 GB/T 4091–2001《常规控制图》给出的 8 种判异准则进行检验。发生这些准则规定的任何情形，都表明已出现变差的可查明原因，必须加以诊断和纠正，如图 8.5 所示。

- 准则 1：1 个点落在 A 区以外，虚报率为 0.27%。
- 准则 2：连续 9 个点落在中心线同一侧，虚报率为 0.38%。
- 准则 3：连续 6 个点递增或递减，虚报率为 0.28%。
- 准则 4：连续 14 个点相邻点上下交替，虚报率为 0.44%。
- 准则 5：连续 3 个点中有 2 个点落在中心线同一侧的 B 区以外，虚报率为 0.27%。
- 准则 6：连续 5 个点中有 4 个点落在中心线同一侧的 C 区以外，虚报率为 0.51%。
- 准则 7：连续 15 个点落在中心线两侧的 C 区内，虚报率为 0.33%。
- 准则 8：连续 8 个点落在中心线两侧且无一在 C 区内，虚报率为 0.01%。

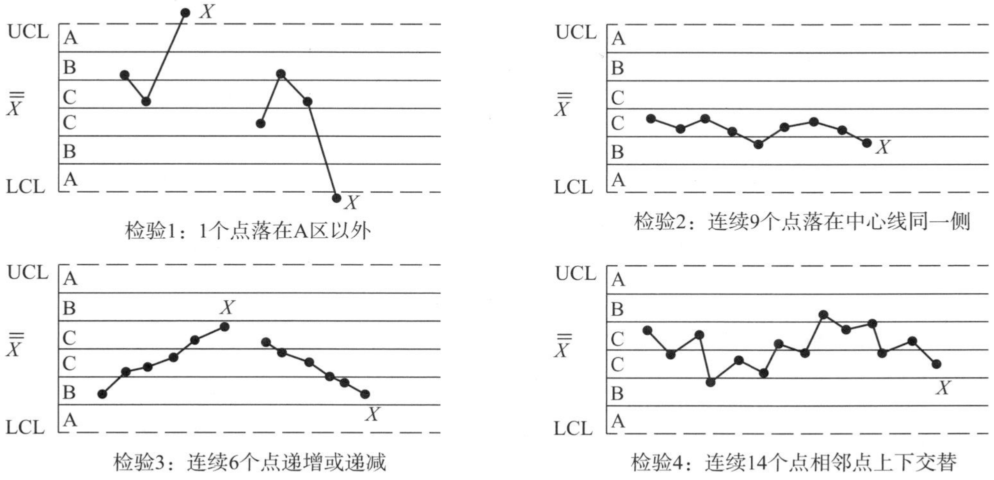

图 8.5　控制图可查明原因的检验（GB/T 4091–2001）

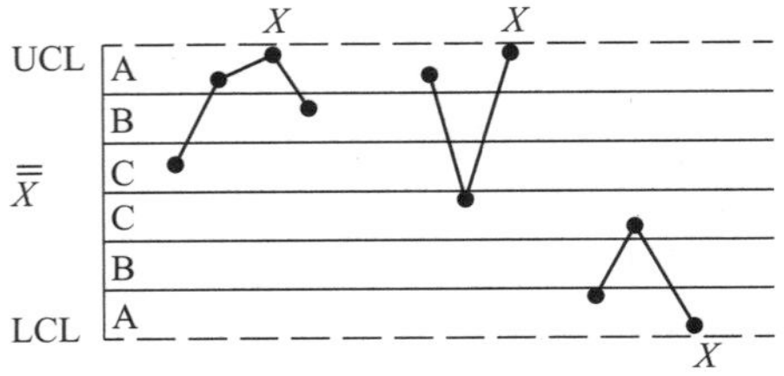

检验5：连续3点中有2个点落在中心线同一侧的B区以外

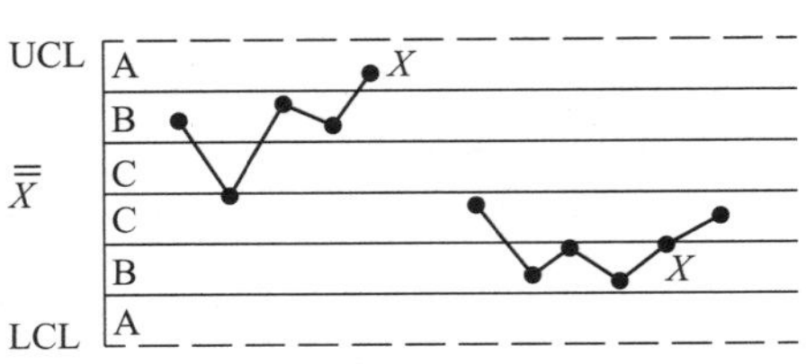

检验6：连续5点中有4个点落在中心线同一侧的C区以外

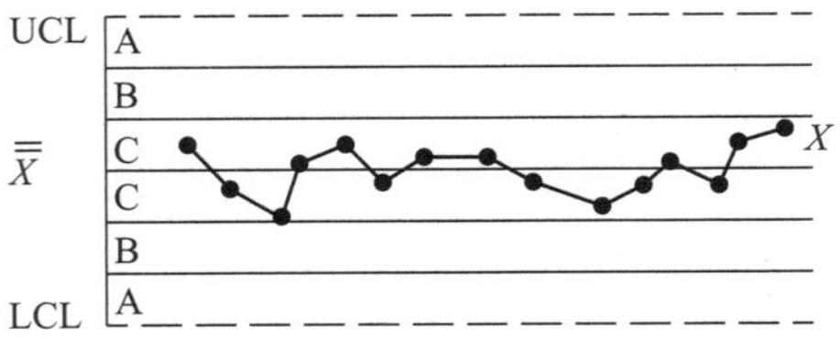

检验7：连续15个点落在中心线两侧的C区以内

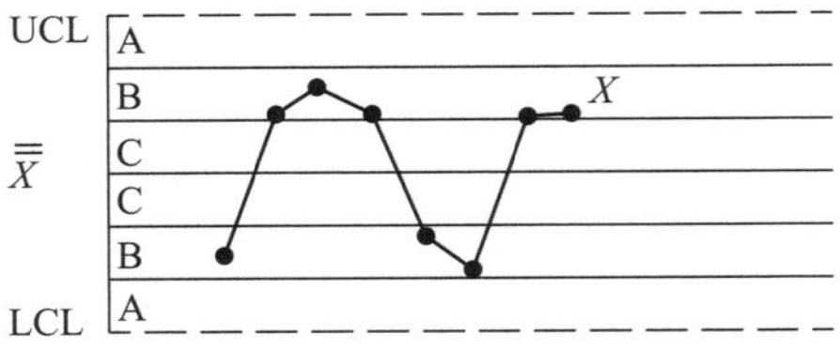

检验8：连续8个点落在中心线两侧且无一在C区内

续图 8.5

案例　前处理铜面粗糙度控制图绘制

对样品的表面粗糙度（Ra、Rz）进行监控，可通过表面轮廓数据判断超粗化药水前处理效果，确保铜面贴附干膜、湿膜、阻焊等具有良好的附着力。

（1）确定控制对象：铜面粗糙度。

（2）控制图选择：单值－移动极差（*X*–MR）控制图易于理解，可以在每得到一个数据后描点，计算量最小，适用于昂贵的、费时的、破坏性的测试，本案例选用该类型控制图。

（3）确定过程和要求：某工序前处理 SOP 中的微蚀量控制规定为（1.0 ± 0.5）μm，实际控制量为（1.0 ± 0.2）μm；生产操作须严格按照 SOP 要求执行；过程中如有参数变更或者作业条件变更，要随时记录。

（4）采用抽样方法收集数据：子组样本容量 5，取子组数 25，样本测试频率 1 次 / 周，见表 8.6。

表 8.6　单值－移动极差控制图数据表

子组号	结果 1	结果 2	结果 3	结果 4	结果 5	均值	移动极差	极　差	最大值	最小值
1	446	449	422	407	433	431.4	–	42	449	407
2	495	514	492	489	458	489.6	14	56	514	458
3	377	422	412	418	388	403.4	11	45	422	377
4	409	418	410	408	402	409.4	29	16	418	402
5	441	433	407	411	456	429.6	33	49	456	407
6	419	404	425	409	413	414	28	21	425	404
7	392	381	371	376	369	377.8	2	23	392	369
8	429	411	413	419	449	424.2	15	38	449	411
9	477	441	451	465	486	464	7	45	486	441
10	491	477	462	473	498	480.2	9	36	498	462
11	454	463	446	438	442	448.6	11	25	463	438
12	460	469	472	477	465	468.6	8	17	477	460
13	455	423	445	467	457	449.4	27	44	467	423
14	440	456	434	428	435	438.6	16	28	456	428

续表 8.6

子组号	结果 1	结果 2	结果 3	结果 4	结果 5	均值	移动极差	极　差	最大值	最小值
15	470	469	445	441	471	459.2	2	30	471	441
16	413	449	432	447	454	439	11	41	454	413
17	408	409	410	415	407	409.8	33	8	415	407
18	428	422	420	438	452	432	24	32	452	420
19	480	455	481	444	436	459.2	13	45	481	436
20	458	467	416	449	455	449	6	51	467	416
21	443	450	441	450	423	441.4	24	27	450	423
22	415	460	421	416	453	433	18	45	460	415
23	441	450	423	454	411	435.8	2	43	454	411
24	434	445	428	452	438	439.4	19	24	452	428
25	481	444	436	471	471	460.6	21	45	481	436
均　值						439.49	15.96	35.04		

（5）计算出均值图控制限。

均值图中心线 CL=439.49

均值图上控制限 $UCL = \bar{X} + 2.660\overline{R_S} = 439.49 + 2.660 \times 15.96 \approx 481.94$

均值图下控制限 $LCL = \bar{X} - 2.660\overline{R_S} = 439.49 - 2.660 \times 15.96 \approx 397.04$

（6）计算极差图控制限：

极差图中心线 CL=15.96

极差图上控制限 $UCL=3.267\overline{R_S}=3.267 \times 15.96 \approx 52.14$

极差图下控制限 LCL=0（D_3 为 0）

（7）绘制单值 – 移动极差控制图（图 8.6），判断生产过程是否处于稳定状态（略），计算过程能力指数（略）。若满足生产过程质量要求，可将控制图转换为正常使用，对生产过程进行连续监控。

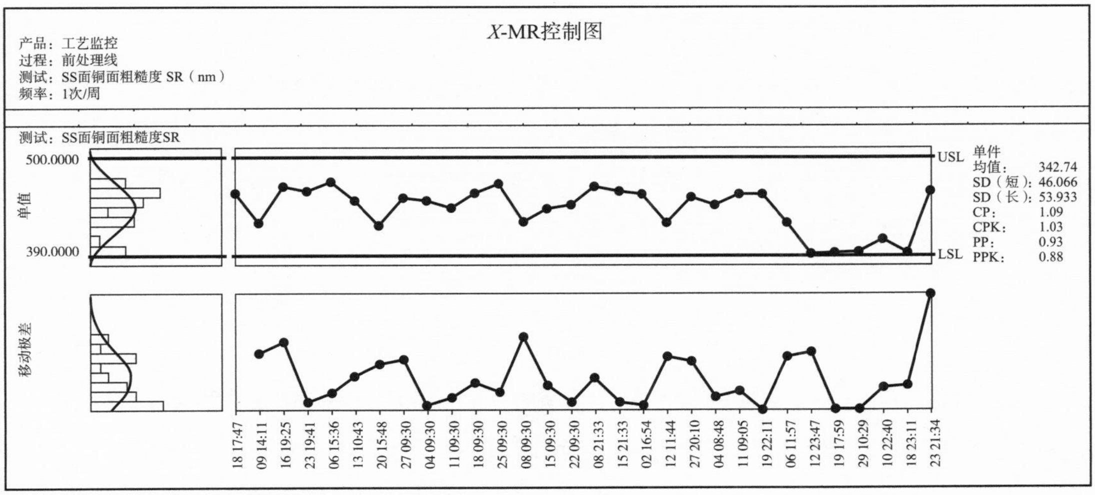

图 8.6　单值 – 移动极差控制图示例

8.2.2 过程能力研究

过程能力

为了控制和管理产品的质量，需要了解生产过程的实际状态，确认过程是否处于稳态，必须了解过程实现产品质量的能力。过程能力（process capability）是指过程（工序）在一定时间内，处于稳态下的生产加工能力。它是过程的固有属性，即操作者、机器（设备）、原材料、工艺方法、检验方法和生产环境等基本质量因素保持一致的状态下，过程加工产品的质量特性值的波动幅度（分散性）。

当产品质量特性服从正态分布 $N(\mu,\ \sigma^2)$，μ 为过程特性值的总体均值，σ 为过程特性值的总体标准差（受控状态下等于过程固有变差 σ_c），通常以 3σ 原则确定其分布范围（$\mu\pm3\sigma$），处于该范围外的产品仅占产品总数的 0.27%，故用 6σ 描述过程能力，记为 $6\sigma_c$，它表示过程固有的加工能力和加工精度。此外，反映过程能力满足产品技术要求（公差、规格等质量标准）的程度的参数叫做过程能力指数，是过程能力对容差（公差）范围要求满足程度的量值。

过程能力指数的计算

当质量数据分布中心与容差（公差）中心重合时，过程能力指数记为 CP，表示短期能力。

双向公差无偏移短期过程能力指数 CP 按下式计算：

$$\mathrm{CP}=\frac{T}{6\sigma}=\frac{\mathrm{USL}-\mathrm{LSL}}{6\sigma_c} \tag{8.1}$$

式中，T 为规格范围（客户要求）；USL 为上控制限；LSL 为下控制限；σ_c 为受控状态下的子组内标准差，由 $\bar{R}/D_2$ 或 $\bar{S}/C_4$ 给出。

单侧无偏移短期过程能力指数 CPU、CPL 按下式计算：

只有上控制限要求 $$\mathrm{CPU}=\frac{\mathrm{USL}-\mu}{3\sigma_c} \tag{8.2}$$

只有下控制限要求 $$\mathrm{CPL}=\frac{\mu-\mathrm{LSL}}{3\sigma_c} \tag{8.3}$$

例如，清洁度、噪声等仅需要上控制限的单向公差，其下控制限视为零；零件寿命等仅需要下控制限的单向公差，其上控制限视为无穷大。

在实际生产中，分布中心通常与容差（公差）中心有偏离，实际过程能力指数记为 CPK。当过程有偏移时，考虑双向公差，不合格率增大，CP 值减小，计算公式需要修正为

$$\mathrm{CPK}=(1-k)\,\mathrm{CP}=\frac{T-2\varepsilon}{6\sigma_c} \tag{8.4}$$

式中，ε 为均值与规格中心的绝对偏移量；k 为均值与规格中心的相对偏移量。

当过程无偏移时，CP 表示加工过程的一致性，CP 越大，过程能力越强。当过程有偏移时，CPK 表示过程中心 μ 与公差中心 M 的偏移程度，CPK 越大，偏离越小，则过程能力越强。过程能力按 CP 值可划分为 5 个等级，根据实际等级的高低，在管理上可以做出相应的判断和处置，见表 8.7。

表 8.7　过程能力指数 CP 评价表

CP 值的范围	级　别	过程能力的评价参考
CP > 1.67	1	过程能力过高（视具体情况决定修正）
1.67 > CP > 1.33	2	过程能力充分，技术管理能力很好，应当维持
1.33 > CP > 1.0	3	过程能力正常，技术管理能力勉强，应当提高
1.0 > CP > 0.67	4	过程能力不足，技术管理能力很差，应当改善
0.67 > CP	5	过程能力严重不足，应停工并采取紧急措施

过程性能指数的计算

过程性能（process performance）是指不考虑过程是否受控，也不要求过程输出的产品质量特性服从某个正态分布的状态下的实际加工能力，即长期加工能力。过程性能反映的是过程的实际属性，是过程总变差 σ_P 的 6 倍，记为 $6\sigma_P$。其中，σ_P 用所有测量数据计算的标准差 S 来估计。

双向公差无偏移过程性能指数 PP 按下式计算：

$$PP=\frac{USL-LSL}{6\sigma_P} \tag{8.5}$$

单侧无偏移过程性能指数 PPU、PPL 按下式计算：

只有上控制限要求　$$PPU=\frac{USL-\mu}{3\sigma_P} \tag{8.6}$$

只有下控制限要求　$$PPL=\frac{\mu-LSL}{3\sigma_P} \tag{8.7}$$

有偏移过程性能指数 PPK 按下式计算：

$$PPK=(1-k)PP \tag{8.8}$$

过程性能指数 PP 反映的是当前过程能力，PP 越大，质量波动越小，过程性能越强，合格率越高。PPK 在反映过程波动性的同时，也反映当前过程样本均值与公差中心 M 的偏移情况，PPK 越大、越接近 PP，样本均值与公差中心 M 的偏离越小，过程管理水平越高。

案例　铣刀尺寸加工能力对比测试

某厂目前使用的铣刀品牌为 JZ。为降低物料成本，采购部门引进了新的供应商 SL，并组织工艺和质量部门进行物料测试。铣刀评估测试项目包括理化性能和工艺能力两大类，具体内容见表 8.8。本案例旨在说明铣外形尺寸加工能力测试分析，因此其他测试项目省略。

铣外形尺寸加工能力测试方案：分别使用 JZ 和 SL 铣刀进行铣外形效果对比。选用刀径为 0.6mm 的铣刀，测试板为板厚 1.6mm 的光板，叠板数为 2。连续铣削 100mm × 50mm 的图形，外形尺寸公差为 ±0.1mm。使用相同的机器、相同的铣轴、相同的加工参数，先后进行铣板，以排除机器和加工参数差异带来的影响。最后测量两种铣刀铣出的板的外形尺寸。

测试设备：大量四轴铣床、游标卡尺。

评估指标：CPK ≥ 1。

表 8.8　铣刀评估测试项目

测试项目		测试方法	测量工具	最少试样数	评估指标
理化性能	铣刀外观	立体显微镜检查	立体显微镜	20	铣刀螺纹排布应均匀，无缺口
	铣刀直径	千分尺测量	千分尺	20	+0.01mm/−0.04mm
	铣刀柄径	千分尺测量	千分尺	20	3.175mm（+0.mm/−0.008mm）
	铣刀刃长	游标卡尺测量	游标卡尺	20	不小于标称规格
	铣刀总长度	游标卡尺测量	游标卡尺	20	（38.0 ± 0.2）mm
	刀具角度	立体显微镜检查	立体显微镜	20	± 2°
	螺旋角	立体显微镜检查	立体显微镜	20	± 1°
工艺能力	铣板效果	立体显微镜检查	立体显微镜	20	样品外观完好，无披峰，整齐平整
	铣板外形尺寸	游标卡尺测量	游标卡尺	20	外形尺寸公差：± 0.1mm
	铣刀寿命	机器记录	机器记录	5	铣刀寿命：5 ～ 10 月
	铣刀磨损情况	立体显微镜检查	立体显微镜	20	样品外观良好，无缺口破损，无锈迹

（1）按规范要求进行铣外形加工，记录检测数据，见表 8.9。

（2）基于记录数据，利用 Minitab 软件绘制直方图、正态概率图，确认数据服从正态分布。

表 8.9　外形尺寸数据

料　号	板　厚	板　材	叠板数	尺寸要求
测试板	1.6mm	IT−180A	2	100mm × 50mm
单元编号	供应商 JZ		供应商 SL	
	长度 /mm	宽度 /mm	长度 /mm	宽度 /mm
1	99.99	49.97	100.00	49.96
2	99.98	50.01	100.01	50.00
3	100.02	49.95	100.00	50.02
4	99.96	49.95	100.02	50.01
5	99.98	49.99	99.99	50.01
6	100.00	50.00	100.00	50.01
7	99.98	49.99	100.04	49.98
8	99.98	50.00	100.02	49.99
9	99.97	50.00	100.03	50.00
10	99.96	49.99	100.00	49.98
11	99.99	50.01	100.03	50.01
12	99.98	49.98	100.02	50.04
13	99.99	49.99	100.00	50.02
14	99.99	49.99	100.01	50.03
15	99.99	50.00	100.02	50.00
16	99.98	49.99	100.02	50.00
17	100.02	50.03	100.02	50.00
18	99.97	49.98	100.03	49.98
19	100.00	49.98	100.01	50.01
20	99.99	50.00	100.02	49.98
MIN	99.96	49.95	99.99	49.96
MAX	100.02	50.03	100.04	50.04
AVE	99. 986	49.991	100.014	50.002
R	0.060	0.080	0.050	0.080
STD	0.0160	0.0189	0.0132	0.0193
CPK	1.77	1.57	2. 14	1.68
标准	（100 ± 0.1）mm	（50 ± 0.1）mm	（100 ± 0.1）mm	（50 ± 0.1）mm

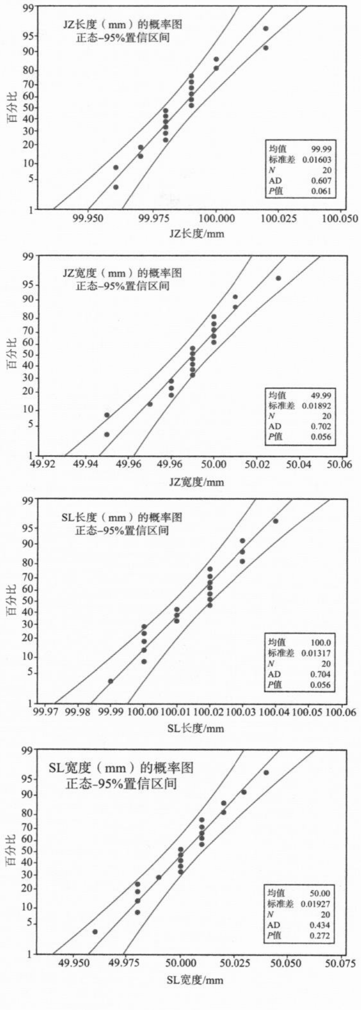

（3）利用 Minitab 软件绘制控制图（图 8.7），确认过程受控。外形宽度控制图略。

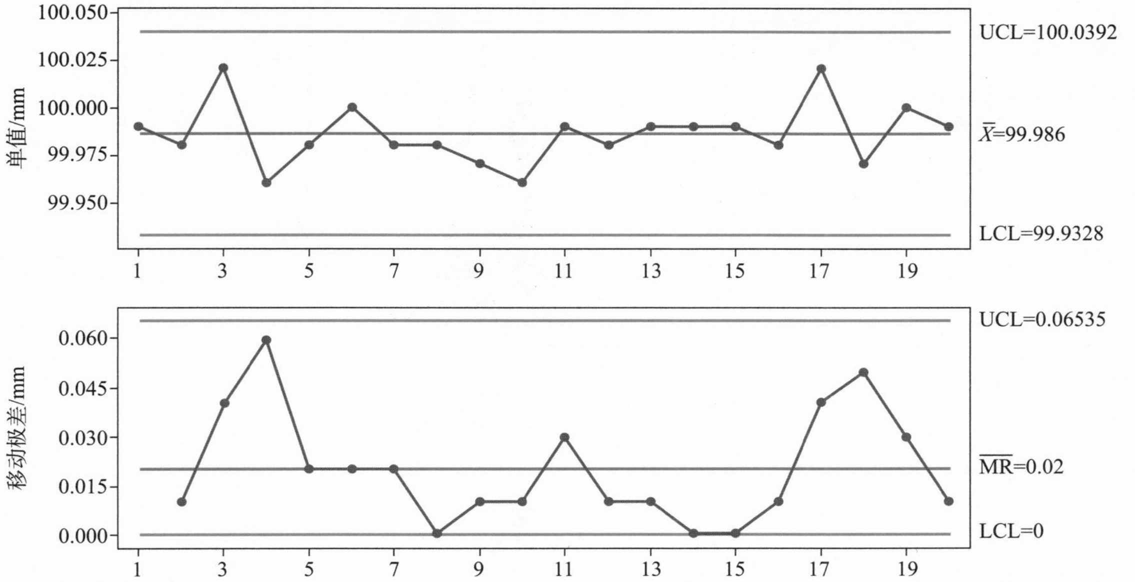

（a）JZ 长度的单值－移动极差控制图

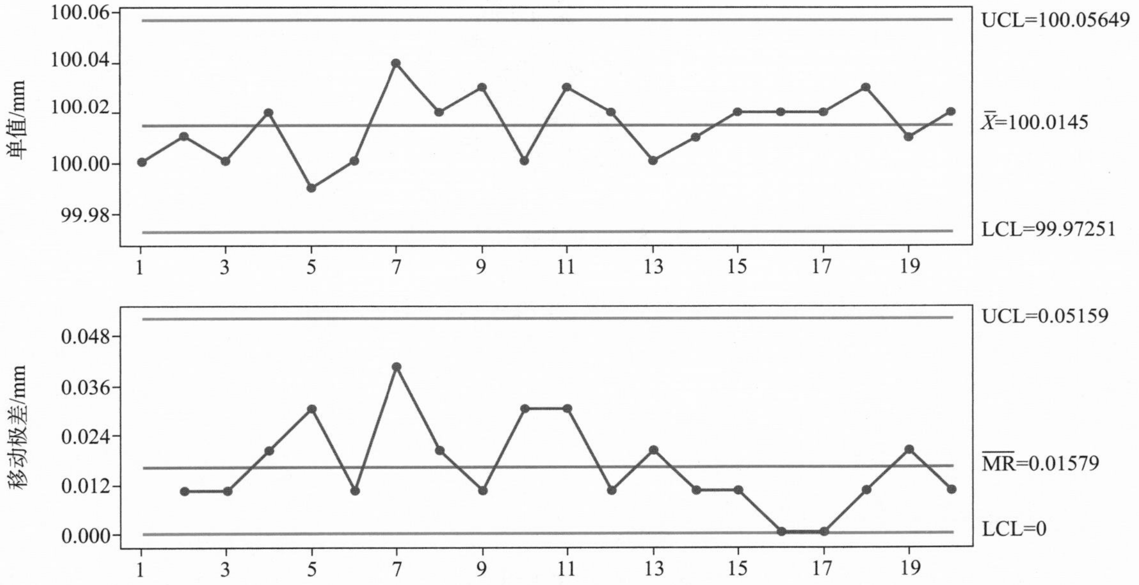

（b）SL 长度的单值－移动极差控制图

图 8.7　测试板外形长度的单值－移动极差控制图

（4）在数据服从正态分布、过程受控的前提下，计算长度和宽度方向的铣加工能力 CPK 和 PPK：JZ 长度 CPK=1.77、PPK=1.79，宽度 CPK=1.57、PPK=1.59；SL 长度 CPK=2.14、PPK=2.16，宽度 CPK=1.68、PPK=1.70，如图 8.8 所示。

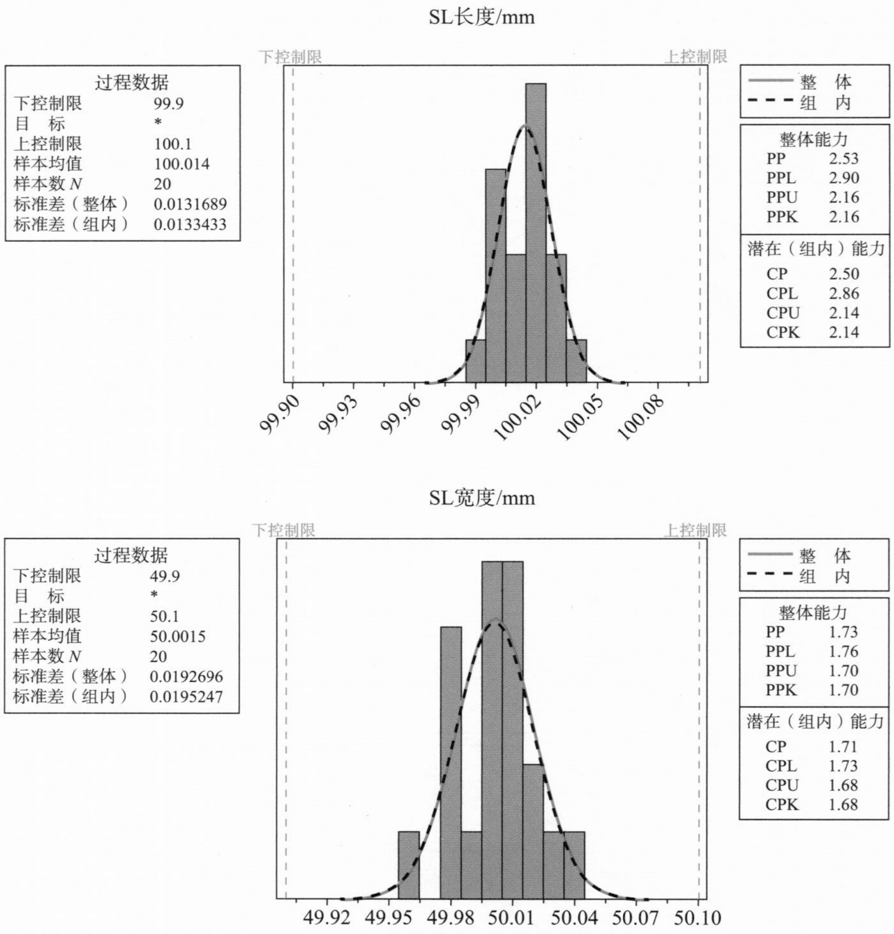

图 8.8　SL 铣外形加工过程能力

（5）结论：SL 铣刀尺寸加工测试板长度 CPK=2.14、PPK=2.16，宽度 CPK=1.68、PPK=1.70，满足 CPK ≥ 1 的要求，与 JZ 铣刀相比加工能力差距不大，铣外形尺寸加工能力满足公司需要。

8.2.3　测量系统分析（MSA）

ISO/TS 16949：2002 标准明确要求，对于每种测量和试验设备系统得出的结果中出现的变差，必须进行统计研究。这一要求适用于控制计划中提及的测量系统，所用的分析方法以及接收准则应符合客户测量系统分析参考手册的要求。

概　念

测量的定义是为具体事物赋值以表示它们之间关于特定性的关系（Eisenhart C，1963）。赋值的过程即测量过程，所赋予的值即测量值。数据是进行决策的基础。在测量现有的流程或因果关系前，为保证数据质量，防止测量系统的变差掩盖制造过程的变差，导致做出第一类错误（生产者风险）和第二类错误（消费者风险）的判断，首先要确认测量系统是有效的。

测量系统是一个流程，是用来获得测量结果的整个过程，如图 8.9 所示。它的输出是经过测量值分析后得出的结果，输入包括被测量对象，以及构成测量系统的测量者、测量仪器、测

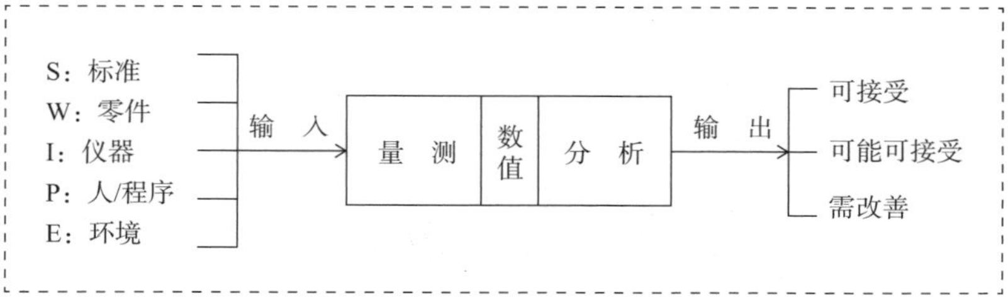

图 8.9　测量系统的组成

量标准、测量方法和环境。需要注意的是，测量设备并非等同于测量系统，它仅是测量系统的一个组成部分。

测量系统分析（MSA）是对测量系统进行有效监管的一个手段，使用数理统计和图表方法对测量系统的变差量进行分析，以评估测量系统对于被测特性是否合适，并确定测量系统变差的主要成分。

测量系统应具备统计特性，即测量系统应该是受控的，并且有足够的分辨率和敏感度，以确保测量数据有效。测量系统受控，在可重复条件下，其变差只能是普通原因而不能是特殊原因造成的。对于产品控制，测量系统的变异性要小于公差；对于过程控制，测量系统的变异性小于制造过程变差。测量仪器的分辨率可定义为其能够读取的最小测量单位。通常要求测量仪器的分辨率必须小于或等于最小测量单位 / 公差的 10%，测量系统的有效分辨率不大于最小测量单位 / 过程变差的 10%。

变差（variation）是指在相同条件下，多次测量的结果变异程度，用标准差 σ 表示。测量结果的总变差（TV）一部分来自被测对象（PV），一部分来自测量系统本身——可以分为测量设备变差（EV）和测量人员变差（AV），如图 8.10 所示。考虑测量系统的重复性和复现性（gauge repeatability and reproducibility，GRR），测量结果的总变差可表示为

$$\mathrm{TV}=\sqrt{(\mathrm{GRR})^2+(\mathrm{PV})^2}$$

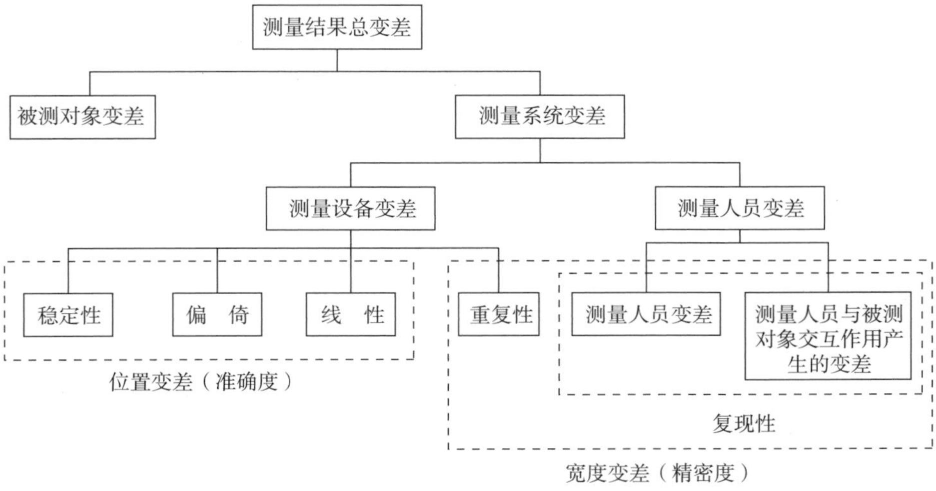

图 8.10　测量结果变差的来源

测量系统的测量结果变差包括偏倚（bias）、稳定性（stability）、线性（linearity）、重复性（repeatability）和复现性（reproducibility）5 种类型，按性质可分为位置变差（准确度）和宽度变差（精密度）。高质量的测量系统输出既要求精密度高，又要求准确度高。

偏倚通常称为准确度（accuracy），是相同产品或过程的同一特性的测量均值与真值（或基准值）之差。测量系统对偏倚越敏感越好。

线性是在测量设备预期的工作范围内偏倚的差值，反映偏倚随量程的变化，用于评价测量系统测量不同尺寸对象时的准确性和矫正规律。

稳定性也称漂移，是指用相同的测量系统测量同一基准或产品的同一特性，测量结果随时间的变差，反映偏倚随时间的变化，用于评价测量系统是否长期可用。

重复性通常称为设备变差，是指同一评价人多次重复使用同一台测量设备，测量同一产品的同一特性时获得的测量变差。

复现性通常称为评价人变差，是指不同的评价人使用同一台测量设备分别测量同一产品的同一特性时获得的测量变差。

MSA 研究

测量系统在投入使用前和使用过程中需要进行 MSA，如新购买的测量设备投入使用前；维修后经校验合格的测量设备投入使用前；在 APQP 过程中，控制计划所涉及的测量系统投入量产前；当新产品存在较大的产品变差、良率不佳时；以及更换测量操作人员后。

在实施 MSA 之前，质量管理部门应制定 MSA 计划（表 8.10），涵盖所有用于测量产品 / 过程特性的测量设备。该计划应确定需要评估的待测质量特性、MSA 测量特性及时间安排等内容。

进行 MSA 研究，事先要确定评价人员的数量、样品数量和重复读数次数。评价人员应来自日常操作仪器的人员，样品应从过程中选取并代表整个工作范围。MSA 研究所用的测量设备应具备足够的分辨力，测量方法应确保按照测量程序执行。

在试生产阶段，MSA 用于确认测量系统是否满足设计规范要求，发现环境因素是否对系统有显著影响。主要内容包括偏倚分析、线性分析、稳定性分析、重复性和复现性等，如图 8.11 所示。在批量生产阶段，MSA 重点是持续监控变差的主要原因，包括确定量具的 GRR、计量器具的校准和维修，以确保测量系统持续可靠，并及时发现系统变差随时间推移的情况。

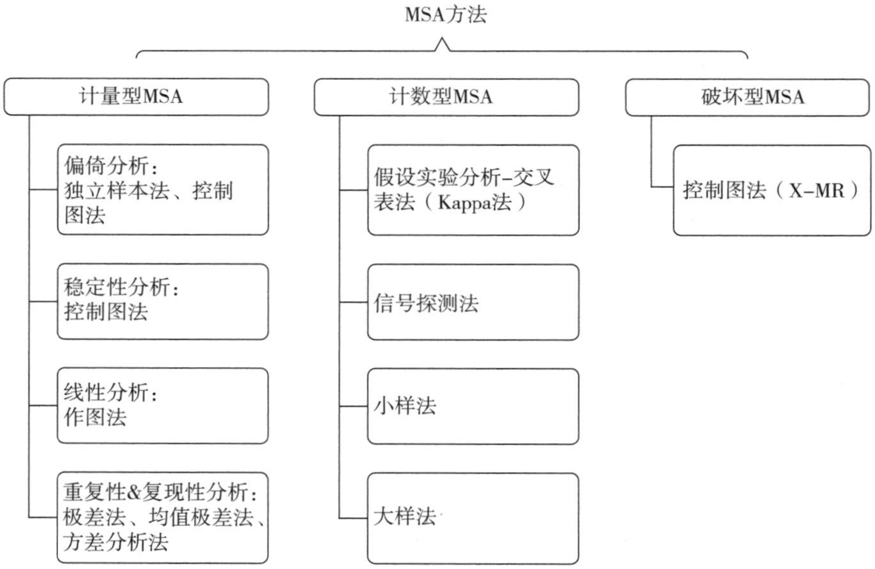

图 8.11　MSA 方法

表 8.10　A 工厂年度 MSA 计划（示例）

1. MSA 工作依据：《WWQ-QWI-8571MSA 工作规范》。
2. MSA 计划制定的依据：CP 涉及的测量系统。
3. MSA 执行对象：汽车板生产过程中涉及的产品特性和过程特性的测量系统；非汽车板不做硬性要求，参考客户要求。
4. 抽样原则：汽车板优先考虑；当月无汽车板生产时，选取公差控制最严格的产品作为抽样对象，在整个公差范围内均匀抽样。如果非汽车板公差控制比当月生产汽车板严格，除非客户特别要求，通常不必再抽汽车板重测。
5. MSA 执行时机：无汽车板生产时，按《MSA 月度执行表》执行；有汽车板生产时，需评估汽车板的公差范围。
6. 测量系统分类：产品特性测量系统做重点评估；（关键）过程特性测量系统做一般评估；其他特性测量系统做选择性评估。
7. MSA 评估方法选用原则：计量型测量系统有人为因素需做 GRR 评估，测量范围较宽的系统做线性评估，使用频率较高的系统做稳定性评估，偏倚选做；计数型测量系统需做假设实验分析 – 交叉表法评估；破坏性测量系统需做破坏性分析。

序号	仪器 / 设备	编　号	所在工序	测量范围	分度值	内部公差	评估特性		MSA 测量特性						频率 / 周期	计划月度
							产品特性	过程特性	偏倚	线性	稳定性	GRR	假设分析法	破坏性		
1	电子天平	WWQ–QA–004	化学实验室	0 ~ 210g	0.0001g	± 0.0001g		微蚀量样片			√	√			1 年	5
2	紫外可见分光光度计	WWQ–QA–013	化学实验室	–4 ~ 4A	0.001A	/		OSP 膜厚						√	1 年	5
3	原子吸收分光光度计	WWQ–QA–014	化学实验室	/	0.001A	/		金属离子浓度				√			1 年	6
4	板厚测量仪	WWQ–PD–069	层　压	/	0.001m	± 0.006m	层压板厚				√				1 年	6
5	剥离强度测试仪	WWQ–QA–009	物理实验室	0 ~ 49N	0.01N	± 1.0%	导体剥离强度							√	1 年	6
6	镀层厚度测试仪	WWQ–PD–057	电　镀	/	0.001μm	第一、二层，± 10%；第三层，± 15%	表面镀层厚度				√	√			1 年	5
7	多功能推拉力机	WWQ–QA–084	物理实验室	0 ~ 100g	0.001g	± 1.0%	键合强度、锡球结合力							√	1 年	5
8	复合式影像测量仪	WWQ–PD–038	AOI	0 ~ 600mm	0.001mm	± 4.1μm	线　宽					√			1 年	5
9	复合式影像测量仪	WWQ–PD–043	外　形	1 ~ 600mm	0.001mm	± 4.8μm	外形尺寸				√	√			1 年	7
10	孔位精度测量仪	WWQ–PD–087	CNC		0.001mm		孔位精度			√	√	√			1 年	7
11	孔位精度测量仪	WWQ–PD–088	Laser		0.001mm		孔位精度				√	√			1 年	7
12	金相显微镜	WWQ–QA–015	生产部	0 ~ 1000μm	0.01μm	50 倍，± 20μm；100 倍，± 10μm，200 倍，± 5μm；500 倍，± 2μm；1000 倍，± 1μm	线宽、金手指宽、导体 / 介质层 / 阻焊厚、开窗		√	√	√	√			1 年	5
13	金相显微镜	WWQ–QA–097	物理实验室	1 ~ 1000μm	0.01μm	50 倍，± 20μm；100 倍，± 10μm；200 倍，± 5μm；500 倍，± 2μm；1000 倍，± 1μm	线宽、金手指宽、导体 / 介质层 / 阻焊厚、开窗		√	√	√	√			1 年	6
14	离子污染度测试仪	WWQ–QA–032	物理实验室	0 ~ 10 μg NaCl/cm^2	0.001μg	± 5.0%	板面离子清洁度							√	1 年	5
15	千分表 / 大理石台	WWQ–QA–028 WWQ–QA–029	FQA	0 ~ 25.4mm	0.001m	± 0.009m	成品板厚					√			1 年	8
16	针规	WWQ–QA–021	FQA	0.200 ~ 1.180mm	/	± 0.01m	翘　曲					√			1 年	8
17	铜厚测试仪	WWQ–PD–010	电　镀	/	0.1μm 可调	± 3.0%	表面铜厚		√		√	√			1 年	8
18	铜厚测试仪	WWQ–PD–011	塞　孔	/	0.1μm 可调	± 3.0%	表面铜厚				√	√			1 年	8
19	数显千分尺	WWQ–PD–073	阻　焊	0 ~ 25mm	0.001mm	± 0.002mm；平面度误差 ≤ 0.0015mm	板　厚					√			1 年	9
20	数显千分尺	WWQ–PD–074	阻　焊	0 ~ 25mm	0.001mm	± 0.002mm；平面度误差 ≤ 0.0015mm	板　厚					√			1 年	9
21	酸度计	WWQ–QA–003	化学实验室	0 ~ 14	0.01	± 0.01		化学药水 pH				√			1 年	10
22	CVS	WWQ–QA–104	化学实验室	/	/	/		光剂含量			√				1 年	11
23	AOI	/	AOI	/	/	/	外观缺陷						√		0.5 年	10
24	AOI 外观检验员	/	AOI	/	/	/	外观缺陷						√		1 年	7
25	AFVI	/	FVI	/	/	/	外观缺陷						√		0.5 年	10
26	FVI（含 FQA）外观检验员	/	FVI	/	/	/	外观缺陷						√		1 年	7
27	BBT	/	BBT	/	/	/	开 / 短路						√		1 年	9

案例 终检人员 MSA（假设实验分析 – 交叉表法）

背　景

终检是 PCB 入库前的最后生产环节，由 FQC、FQA 检验员对产品外观进行检查，或用 AVI 设备检测后确认产品外观缺陷是否符合标准。终检工序可有效拦截外观缺陷产品，防止缺陷产品流入客户手中，对客户满意度达成意义重大。

采用假设实验分析 – 交叉表法，对终检人员进行 MSA，可以确定检验员是否能够正确判断缺陷与客户标准的符合程度，是否能够正确区分合格品和不合格品，以及他们自己或与其他检验员之间重复检查的一致性。根据检验员漏判和误判的实际情况，可以判定其检验能力是否足够，需要在哪些方面进行有针对性的培训教育，以提升检验员的检验水平，减少漏检问题的发生。

MSA 准备

（1）MSA 方法选择。假设实验分析 – 交叉表法是一种常用的计数型 MSA 方法，可以在基准值已知或未知的情况下进行。在基准值已知时，可评价测量人员之间的一致性，也可以评价测量人员与基准值的一致性和测量有效性、漏判率和误判率，从而判断测量人员分辨缺陷的能力。

（2）外观检验样品准备。检验工序负责人收集或制作包含 50 种外观缺陷的实物样板，并对缺陷进行编号。注意，缺陷处不能有缺陷名称提示。

（3）评价人确定。终检工序的所有 FQC 和 FQA 检验员，本案例以 3 人为例。

收集实物样板检查数据

随机选择评价人，对实物样板进行检验，对编号的缺陷进行判定：1 表示可接受的决定，0 表示不可接受的决定，记录数据到表 8.11 中。

表 8.11　假设实验分析 – 交叉表法数据记录表

部　品	操作员 A			操作员 B			操作员 C			基　准
	1	2	3	1	2	3	1	2	3	
1	1	0	0	0	0	0	0	0	0	0
2	0	0	0	0	0	0	0	0	0	0
3	1	1	1	1	1	1	1	1	1	1
4	0	0	0	0	0	0	0	0	0	0
5	0	0	0	0	0	0	0	0	0	0
6	0	0	0	0	0	0	0	0	0	0
7	0	0	0	0	0	0	0	0	1	0
8	1	1	1	1	1	1	1	1	1	1
9	0	1	0	0	0	0	0	0	0	0
10	0	0	0	0	0	0	0	0	0	0
11	1	1	1	1	1	1	1	1	1	1
12	0	0	0	1	0	0	0	0	0	0
13	0	0	0	0	0	0	0	0	0	0
14	0	0	0	0	0	0	0	0	0	0
15	0	0	0	0	0	0	0	0	0	0
16	1	1	1	1	1	1	1	1	1	1
17	0	0	0	0	0	0	0	0	0	0
18	0	0	0	0	0	0	0	0	0	0
19	0	0	0	0	0	0	1	1	0	0
20	0	0	0	0	0	0	0	0	0	0
21	1	0	1	1	1	1	1	1	0	1
22	0	0	0	0	0	0	0	0	0	0
23	1	1	1	1	1	1	1	0	1	1
24	0	0	0	0	0	0	0	0	0	0

续表 8.11

部　品	操作员 A			操作员 B			操作员 C			基　准
	1	2	3	1	2	3	1	2	3	
25	0	0	0	0	0	0	0	0	0	0
26	0	0	0	0	0	0	0	0	0	0
27	1	1	1	1	1	1	1	1	1	1
28	0	0	0	0	0	0	0	0	0	0
29	0	0	0	0	0	0	0	0	0	0
16	1	1	1	1	0	1	1	1	1	1
31	0	0	0	0	0	0	0	0	0	0
32	0	0	0	0	0	0	0	0	0	0
33	1	1	1	1	1	1	1	1	1	1
34	0	0	0	0	0	0	0	0	0	0
35	0	0	0	0	0	0	0	0	0	0
36	0	0	0	0	0	0	0	0	0	0
37	1	1	1	1	1	1	1	1	1	1
38	0	0	0	0	0	0	0	0	0	0
39	0	0	0	0	0	0	0	0	0	0
40	0	0	0	0	0	0	0	0	0	0
41	0	0	0	0	0	0	0	0	0	0
42	1	1	1	1	1	1	1	1	1	1
43	0	0	0	0	0	0	0	0	0	0
44	0	0	0	0	0	0	0	0	0	0
45	0	0	0	0	0	0	0	0	0	0
46	0	0	0	0	0	0	0	0	0	0
47	0	0	0	0	0	0	0	0	0	0
48	0	0	0	0	0	0	0	0	0	0
49	0	0	0	0	0	0	0	0	0	0
50	0	0	0	0	0	0	0	0	0	0

注：1 表示可接受的决定（基准：1 表示合格）；0 表示不可接受的决定（基准：0 表示不合格）。

分　析

对 3 人的检验结果交叉计算 Kappa 值。Kappa ≥ 0.75，表示 3 人的检验一致性较好，继续进行分析；Kappa ≤ 0.4，表示 3 人的检验一致性差，应停止计算，查找原因并改进。同样，分别计算 3 人的检验结果与基准的一致性。根据 3 人的检验结果，计算有效性、漏发警报率和误发警报率。具体分析结果和判断标准见表 8.12。

$$\text{Kappa} = \frac{p_o - p_e}{1 - p_e}$$

式中，p_o 为判定结果一致的数量之和（对角线单元中观测值的总和）；p_e 为判定结果一致的期望数量之和（对角线单元中预期值的总和）。

有效性 =（做出正确判定的缺陷数 / 总缺陷数）× 100%

漏发警报率 =（将不合格判为合格的次数 / 基准不合格总数）× 100%

误发警报率 =（将合格判为不合格的次数 / 基准合格总数）× 100%

结　论

从 Kappa 值和有效性看来，该测量系统是可靠的。3 人的漏发警报率均在可接受范围内，但 C 的比例相对较高，需加强培训以提升其技能，降低不良品流出的风险；3 人的误发警报率也在可接受范围内，但 C 相对较高，需加强培训以减少生产者成本浪费。

表 8.12　假设实验分析－交叉表法数据分析表

A 与 B 交叉表			B		总　计	p_0	p_e	Kappa
			0	1				
A	0	数　量	114	2	116	0.97	0.65	0.90
		期望数量	90.5	25.5	116			
	1	数　量	3	31	34			
		期望数量	26.5	7.5	34			
总　计		数　量	117	33	150			
		期望数量	117.0	33.0	150.0			
B 与 C 交叉表			C		总　计	p_0	p_e	Kappa
			0	1				
B	0	数　量	113	4	117	0.95	0.65	0.87
		期望数量	90.5	26.5	117.0			
	1	数　量	3	30	33			
		期望数量	25.5	7.5	33.0			
总　计		数　量	116	34	150			
		期望数量	116.0	34.0	150.0			
C 与 A 交叉表			A		总　计	p_0	p_e	Kappa
			0	1				
C	0	数　量	112	4	116	0.95	0.65	0.85
		期望数量	89.7	26.3	116.0			
	1	数　量	4	30	34			
		期望数量	26.3	7.7	34.0			
总　计		数　量	116	34	150			
		期望数量	116.0	34.0	150.0			
A 与基准交叉表			基　准		总　计	p_0	p_e	Kappa
			0	1				
A	0	数　量	115	1	116	0.98	0.65	0.94
		期望数量	90.5	25.5	116.0			
	1	数　量	2	32	34			
		期望数量	26.5	7.5	34.0			
总　计		数　量	117	33	150			
		期望数量	117.0	33.0	150.0			
B 与基准交叉表			基　准		总　计	p_0	p_e	Kappa
			0	1				
B	0	数　量	116	1	117	0.99	0.66	0.96
		期望数量	91.3	25.7	117.0			
	1	数　量	1	32	33			
		期望数量	25.7	7.3	33.0			
总　计		数　量	117	33	150			
		期望数量	117.0	33.0	150.0			
C 与基准交叉表			基　准		总　计	p_0	p_e	Kappa
			0	1				
C	0	数　量	114	2	116	0.97	0.65	0.90
		期望数量	90.5	25.5	116.0			
	1	数　量	3	31	34			
		期望数量	26.5	7.5	34.0			
总　计		数　量	117	33	150			
		期望数量	117.0	33.0	150.0			

评价人的 Kappa	A	B	C	评　价	
A	–	0.90	0.85		≥ 0.75 ☑　一致性好，可接受
B	0.90	–	0.87		<0. 75 □　一致性差，应改善
C	0.85	0.87	–		
基　准	0.94	0.96	0.90		

接受准则			
决定测量系统	有效性	漏发警报率	误发警报率
评价人可接受	≥ 90%	≤ 2%	≤ 5%
评价人可接受——可能需要改进	≥ 80%	≤ 5%	≤ 10%
评价人不可接受——需要改进	<80%	> 5%	> 10%

实测数据			
评价人	有效性	漏发警报率	误发警报率
A	94.00%	1.71%	3.03%
B	96.00%	0.85%	3.03%
C	92.00%	2.56%	6.06%

漏发警报：将不合格判为合格。误发警报：将合格判为不合格。系统有效性不作为最终结论的判定依据，仅供参考。

8.3 PCB 制造的质量控制点 / 控制对象

8.3.1 质量控制点 / 对象的选择

质量控制点简称质控点，又称质量控制对象，是为了保证过程或工序处于受控状态，在一定的时期和条件下，在产品制造过程中必须重点控制的质量特性、关键产品结构、薄弱制造环节或管理环节，具有动态特性。质量管理部门需要组织识别质量控制点，并采取特殊的管理措施和方法，实行强化管理，使过程或工序处于良好控制状态，以确保达到规定的质量要求。

从宏观角度看制造过程，如概要流程图所示（图 8.12），制造过程的输出受输入的影响，关键过程输入变量（KPIV）对关键过程输出变量（KPOV）的变异有显著影响。输出给客户的产品应该符合客户要求，避免产品失效的发生和输出是外部客户满意的前提，是质量控制首先要重点对待的关键工作。进一步，工厂需要控制与产品失效相关的关键过程输入变量，其能力正常且稳定不仅能减少内部的产品报废，还能使企业获得更好的财务收益，让内部客户满意。识别和归类 KPIV、KPOV，明确 PCB 制造过程的质量控制点，有助于高效推进质量管理工作，维持生产过程稳定，保持和提升质量水平。

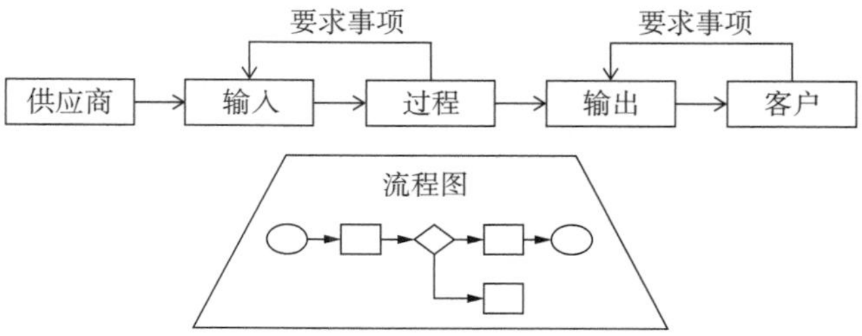

图 8.12 概要流程图

从监视和测量角度看制造过程，需要识别对产品形成起决定性作用的关键过程，以及输出不能由后续测量或监控加以验证的特殊过程，产品投入使用后缺陷问题才变得明显的特殊过程。对关键过程和特殊过程实施明确的质量控制管理，监控其变化，才能保证生产稳定性和产品质量一致性。关键过程和特殊过程是非常重要的质量控制点。

具体到某个过程或生产工序，PCB 制造的过程控制涉及成百上千个关键产品特性（KPC）和关键控制特性（KCC）。KCC 与 KPC 存在映射关系，它们来源于但不限于以下方面。

- 客户设计要求的产品特性及对应的过程控制特性。
- 客户要求转换的产品特性及对应的过程控制特性。
- 产品设计、制造过程失效模式及对应的过程控制特性。
- 行业、政府的标准和法规要求及对应的过程控制特性。
- 保护人身安全和环境的要求及对应的过程控制特性。

过程质量决定产品质量，为获得良好产品质量，要在众多质量特性中识别过程控制的对象，对关键产品特性和关键控制特性实施主动的、重点的控制。

质量控制点原则上应选择对产品的适用性（性能、精度、寿命、可靠性、安全性等）有严重影响的关键特性、关键结构或重要影响因素；对制造工艺有严格要求，对下工序生产有严重影响的关键质量特性、结构；质量不稳定时出现不合格的项目；客户反馈的重要不良项目。质量控制点应建立在影响产品质量的关键环节上，不能太多，否则会对生产起到抑制作用，不利于生产运作。采用 FMEA 等工具，可全面评估过程风险。根据笔者的制造管理经验，刚性板的技术类质量控制点可选择分层、可焊性、ICD、树脂塞孔、对准度、精细阻抗等，管控类质量控制点可选择杂物、划伤、氧化、工艺时间（holding time）、错混漏等。

8.3.2 控制过程输出——控制失效 PCB 产品的流出

从客户的角度来看，PCB 出现失效（不符合）并输出到客户处，会对 IQC 造成不能及时收货的麻烦，对 SMT 生产线焊接调试和正常生产计划造成影响，在后续的部件可靠性测试中不能顺利通过，甚至引发严重的质量事故，对市场端造成恶劣影响。因此，PCB 厂家需要控制这些产品缺陷的产生和流出。

- 工程设计类缺陷：涉及客户设计文件的信息遗漏或误解，导致工艺指示存在偏差或错误，以及 CAM 处理对文件进行了错误的调整，进而导致产品批量质量事故。属于严重缺陷。
- 功能性缺陷：实物 PCB 的特征不符合客户设计的规格，包括板材类型、铜箔类型、板厚、板层数、线路宽度 / 间距、盘尺寸（BGA、QFP 等）、孔位置偏移、孔数、孔径（包括最小通孔、背钻孔、沉头孔、压接孔、非金属化安装孔等）、孔壁铜厚及质量、塞孔（树脂、油墨）质量、POFV 盖覆铜厚和附着力、电镀填孔厚度及质量、背钻孔径和深度、背钻残桩（stub）长度、阻焊膜颜色和附着力、阻焊层厚度和对准度、阻焊桥宽度和附着力、镀覆膜厚度和附着力（HASL、水金、ENIG、ENEPIG、OSP、沉锡、沉银、蓝胶等）、字符和标记的颜色、全外形尺寸（槽、V-CUT、金手指等）、板层对准度、板翘曲度等。属于严重缺陷。
- 电性能类缺陷：PCB 产品不具备最基本的互连导通功能，不符合信号传输的完整性和稳定性要求，包括线路开路、线路短路、绝缘不良、阻抗不合格、无源互调（PIM）等。属于严重缺陷。
- 可靠性缺陷：镀层断裂（镀铜结晶）、可焊性不良（镍腐蚀）、分层起泡、内层互连失效（盲孔 ICD、通孔内层 ICD）、阳极导电金属丝（CAF）和表面离子迁移（SIR）等。属于严重缺陷。
- 外观类缺陷：残铜、线路缺口、阻焊面杂物、阻焊面色差、金属面和阻焊面划伤、板面和金属面压痕、字符模糊和脱落、金属面氧化和污染、金属面粗糙和剥离、板边缘损伤、各种修补痕迹等，影响 PCB 外观，有的客户会在一定范围内接受，但也有客户因产品电性能要求（如光电板或 IC 载板）而有着非常严格的限制。属于重要缺陷或轻微缺陷。
- 包装类缺陷：产品数量、坏板数量、附带物数量、产品周期、隔纸使用、湿度卡使用、包装袋使用、干燥剂使用、标签信息、装箱防护等的错、混、漏，会直接影响产品防护，影响产品存储和运输，以及产品入库的效率，甚至影响客户生产计划执行和效率。属于重要缺陷或轻微缺陷。

拦截失效产品，防止失效产品的流出，特别是防止严重缺陷流入客户生产线，是 PCB 制造质量控制工作的第一步。

不同类型的产品缺陷分属不同的部门或工序负责检验，如工程部 FAE 小组负责检查工程设计和生产资料；生产部电测工序负责开短路等电性能测试；终检 FQC、FQA 小组负责产品外观和功能性检验；实验室负责产品可靠性测试和切片制作，检查产品的可靠性，以及孔和其他结构的加工符合性等。考虑到 PCB 制造的特点，每一类缺陷的拦截依靠责任工序自己完成，其他部门或工序并不能给予更大的协助，如终检工序是无法发现孔内铜厚不合格的，也不能判断 PCB 是否存在电性能缺陷，这就形成了事实上的多个工序直接面对客户的情况，如图 8.13 所示。参考实际工作经验，PCB 工厂各个部门基本上会认同终检是最后一道生产工序，因此会错误地将终检理解为拦截的最后一道工序，事实上拦截的最后一道工序是工程部 FAE、生产部电测工序、实验室、终检和仓库 OQC，每个单位都要为某一种类型的产品缺陷流出承担直接责任。

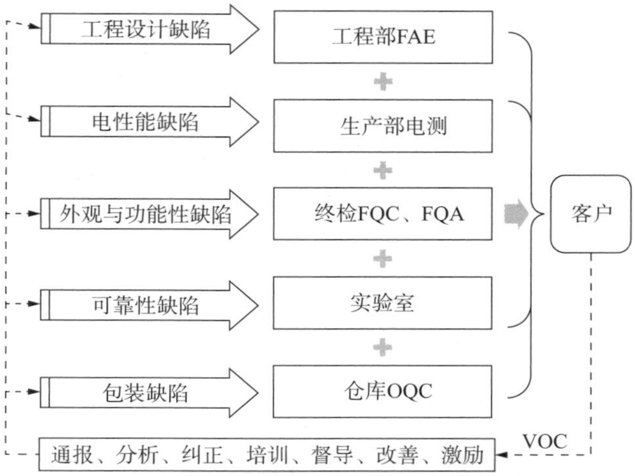

图 8.13　PCB 产品缺陷检验拦截组织结构图

质量部门对拦截的统一管理是非常必要的。质量部门应强化 5 个最后拦截单位的责任意识，使其明确自己在检验拦截上的重要作用，清楚自己的工作绩效会直接影响客户满意度，以及客户对企业质量绩效的评价。特别是生产部门管理的电测工序和质量部门管理的实验室，在赶产量、保交货或人手短缺时，可能会忽略工序的质量拦截责任，将内部生产任务放在首位，放松检验拦截的执行标准。质量部门应组织及时反馈重大客户投诉，深入分析问题根本原因，坚决实现问题技术和管理双归零，完成问题闭环管理。质量部门应梳理各种质量缺陷的工艺流程和 FMEA，明确过程管控的关键控制点（KCC），监督检查检验拦截工序的实际执行情况。同时，应整理历史客诉案例，定期组织培训教育，提升拦截工序的能力。质量部门应统一组织质量检讨会议，定期通报客诉检讨情况，组织评价客户端绩效达成情况，评估和激励检验拦截单位。

8.3.3　控制过程输入——PCB 制造的质量影响因素

扎紧篱笆，检验拦截是质量控制最传统的管理方法，其在现实制造环境中虽然依然有着不可替代的作用，但不能将其作为 PCB 制造质量管理的唯一手段。树立“预防为主”的核心观念，对制造过程进行全面质量控制，才是提升企业质量水平和能力的关键工作。

对于形成产品质量的人、机、料、法、环、测（5M1E）六大生产条件，必须严密监控。其中，人（man）指的是制造产品的人员，生产执行者、指挥者和决策者是生产管理的难点。人员在各岗位所应具备的素质素养、技术能力、专业知识、协调能力、管理能力等，会对产品的制造质量产生直接或间接的影响。机（machine）指的是制造产品所用的设备，以及运送、装载、夹具、模具等工治具。保持产品良率对机器设备正常运转有着严格要求，一旦设备出现显性或隐性的故障，制造过程中就会出现不合格品。设备的加工精度和加工能力不稳定，加工能力必然会下降。料（material）指的是制造产品所用的原材料，包括半成品、配件、原料等。原材料、零部件的质量存在问题，最终产品质量必然会有缺陷。法（method）指的是制造产品所用的工艺方法、工艺流程、工艺参数和工艺标准等。环（environment）指的是产品制造过程所要求的环境条件，如温湿度、洁净度等。测（measurement）指的是采取的各类质量检查和反馈活动，以及采用的方法，配备与产品特性、精度要求相适应的监视和测量资源的情况。

8.3.4　控制 PCB 的制造过程

结合 PCB 产品的特点，产品实现过程需要关注的控制对象有以下几个方面。

- 设计和开发：需要控制提供订单生产资料的过程，如 MI、底片、钻带、铣带、测试文件等；对提供工艺技术文件、工艺规程、作业指导书和检验标准等的过程进行控制。

· 生产制造：需要重点控制多层板压合过程、机械和激光钻孔过程、等离子清洗过程、化学沉铜过程、电镀铜过程、树脂塞孔过程等特殊过程。这些过程无法直接测量或监控全部输出，只能通过破坏性试验抽样验证。特别是化学沉铜过程、电镀铜过程、图形转移过程、阻焊印刷过程和表面涂覆等关键过程，设备精度要求高、加工难度大、操作技能要求高、生产过程变化大，需要重点控制，以避免主要功能、性能丧失或经济损失。
· 运作管理：从管理角度，采购过程、外包检测 / 校准过程、物流服务等直接影响过程的稳定和能力，需要进行控制。同时，产品追溯和标识、产品放行、变更和产品不合格处理等也是重要的控制对象，因为它们涉及产品制造质量水平的提升。

8.4　PCB 制造质量控制管理

8.4.1　PCB 制造质量控制的规范文件

质量控制的目的是确保制造企业所有关键运营过程、生产出的产品和服务，能够稳定地满足内外部客户的质量要求。依据图 8.2 所示的过程质量控制模式，选择受控对象，使之成为反馈回路的中心，明确控制要求，编制关于受控对象的控制标准和程序文件，建立检验检测方法，实施绩效测量来监视过程，发现不符合并采取纠正行动，是过程质量控制工作普遍而有效的做法。具体到 PCB 制造，过程质量控制活动如图 8.14 所示。对产品和服务提供的控制活动，ISO

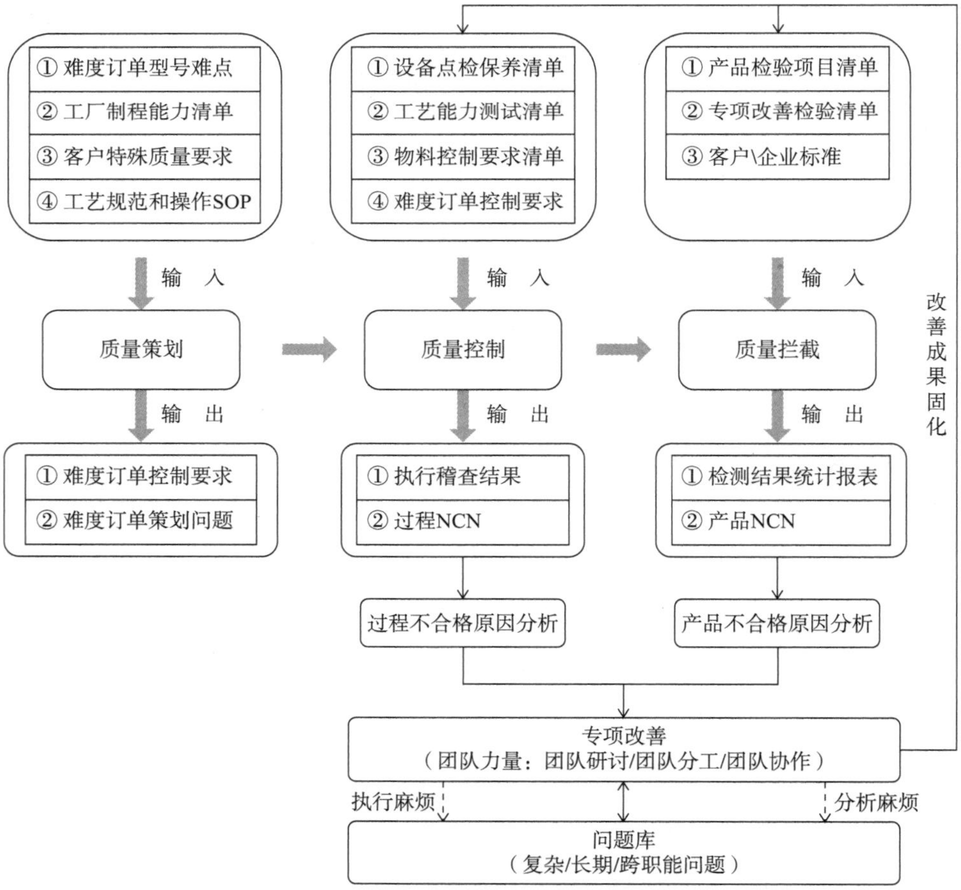

图 8.14　PCB 制造质量控制活动关系图

9001：2015 标准第 8.1 条提出的要求如下。

- 确定产品和服务所要达成的质量特性信息和质量目标。
- 建立以下内容的规范文件：过程，产品和服务的接收。
- 确定所需的资源（生产、测量设备等），以使产品和服务符合要求。
- 按照规范文件实施过程监视和测量。
- 在必要的范围和程度上，确定并保持、保留成文记录信息，以证明过程已经按策划进行，产品和服务符合要求。
- 执行放行、交付和不合格管理活动。

过程质量控制的依据是规范文件，表 8.13 列举了部分 PCB 生产过程涉及的规范文件。编制各类规范文件，并使“人机料法环测”等输入条件符合规范文件要求，使生产线具备产出符合客户要求产品的能力，具备基础的静态能力，是生产和质量受控的前提条件。

表 8.13　PCB 过程质量控制部分规范文件清单

过程名称	质量手册	程序文件	部分程序文件 / 作业指导书
过程设计 / 开发	7.1	《产品质量先期策划》	《工程制作规范》
	7.2	《生产件批准程序》	《工程制作标准》
	7.3	《ECN 管理程序》	《样板制作控制规范》
	8.1	《文件及资料的控制》	《FA 工作指引》
			《客户需求信息管理规范》
			《先期产品质量控制之策划》
			《潜在失效模式与影响分析》
产品实现	7.5	《过程控制程序》	《生产操作规范》
		《过程检验和试验》	《物料管理规范》
	8.2.3	《最终检验和试验》	《设备保养手册》
	8.2.4	《生产工具管理程序》	《工装夹具管理》
	8.4	《检验和试验状态控制》	《工艺文件》
	8.5	《物料的控制及追溯》	《洁净房控制要求》
		《生产过程中产品标识及追溯》	《控制计划》
		《抽样检查》	《特殊工艺控制》
		《记录控制程序》	《特殊工艺板控计划》
		《数据和资料的分析和使用》	《质量检验规范》
		《搬运、储存、包装、防护和交付》	《半成品质量检验》
		《客户财产控制》	《成品质量检验》
			《电子测试》
			《计量仪器操作规范》
			《物理测试仪器操作规范》
			《异常处理手册》
			《工序失效模式判定》
			《重大批量报废处理规范》
			《首板、抽检不合格处理操作指引》
			《返工处理运作规范》
			《在制品追溯方法》
			《包装要求》
			各种质量记录
人力资源管理	6.1	《员工培训管理程序》	《员工培训管理工作指引》
	6.2		《目标管理与员工激励管理工作指引》
			《员工手册》
内部审核	8.2.2	《内部质量体系审核》	《内部审核工作指引》

续表 8.13

过程名称	质量手册	程序文件	部分程序文件 / 作业指导书
采购及供应商管理	7.4	《供应商选择、认可及评估控制》	《供应商审核管理规范》
	7.4.1	《采购控制》	《采购控制程序》
	7.5.3	《物料的控制及追溯》	《特殊物料管理规范》
	7.5.4	《来料检验》	《物料有效期控制规范》
	7.5.5	《不合格品控制》	《不合格物料管理规范》
			《物料检验及控制规范》
		《外协控制程序》	《半成品外协运作程序》
工具管理	7.5	《生产工具管理》	《MI 制作指引》
			《阻抗设计指引》
			《底片制作指引》
			《钻带制作指引》
测量仪器管理	7.6	《计量控制》	《计量仪器操作规范》
		《测量系统分析》	《计量器具检定周期表》
			《计量检定程序》
过程和产品维护与控制	7.6.3	《实验室管理》	《实验室化学分析方法》
	7.5.1	《化学分析及物理测试》	《SPC 管制点设置一览表》
	8.1	《检验和试验状态控制》	《测试设备能力一览表》
	8.2.3	《统计过程控制》	《印制板物理测试方法》
		《工程实验管理》	《物理测试仪器操作规程》
			《可靠性测试板制作指引》
设施、设备、环境控制	6.1	《设备管理程序》	《设备管理规范》
	6.3	《基础设施管理程序》	《工具管理规范》
			《备件管理规范》
			《物流管理规范》
			《设施、设备作业指导书》
			《设备保养细则》
	6.4		《洁净房控制要求》
			《5S 活动推行规定》
不合格品控制	8.3	《不合格品控制程序》	《MRB 工作指引》
		《纠正及预防行动》	《暂时停工指令》
			《重大批量报废处理规范》
文控管理	4.2.3	《文件及资料的控制》	《程序文件控制工作指引》
	4.2.4	《记录控制程序》	《作业规范文件制作指引》
			《资料控制工作指引》

工厂实时投入的每款 PCB 产品的结构、批次数量和客户要求各不相同，具体的制造要求也会有所不同。生产、质量、技术工程师要通过编制质量控制计划等规范文件，清晰而有针对性地描述某个产品或过程的控制特性，以及与之相关的“人机料法环测”作业过程的所有控制要点和方法，确保输入的制造条件与每个产品的制造要求动态适配，一一对应。质量控制计划等文件经过主管部门审批后由人力资源部门组织培训，生产线员工应牢牢掌握相关内容。在 PCB 产品的设计、生产制造和存储运输过程中，员工依据质量控制计划，依据 SOP、工艺技术规范、检验规范等文件，针对生产的关键过程和特殊过程的控制要点，严格执行维护保养、检点控制和生产作业。对产出产品进行检验控制、测量比对，记录生产过程和产品的相关信息，并检讨不合格品异常，落实过程控制措施，才能获得稳定的产品质量。

显然，动态性的质量控制计划在产品质量控制中非常关键，是对过程进行控制的纲领性文件。针对性、系统性和细致程度决定了质量控制计划的有效性。不同 PCB 产品的结构往往是不同的，有的带树脂塞孔，有的要求背钻，有的要求焊盘镀金……PCB 制造流程设计必然存在差异，不同工厂的设备和药水等物料的使用也各不相同，制造流程自然不完全一样。因此，不同过程的失效模式分析需要有针对性，FMEA 要识别输出关键缺陷，全面评估各种风险，由此才能得到与产品实现要求相对应的有效的控制计划。下面以具体的产品可靠性缺陷控制为例，介绍质量控制计划等文件的应用。

技术类质量控制案例　分层起泡缺陷的质量控制规范编制[1)]

背　景

无铅工艺的推广，PCB 焊接温度的提高，对覆铜板材料性能、制程控制提出了更高的要求。PCB 产品发生功能性、可靠性缺陷，会给企业带来巨大的经济损失和声誉损失，分层起泡缺陷就是这方面的常见问题。将分层起泡缺陷列为重点控制对象，研究各种类型的分层起泡缺陷，有效控制失效的发生，对工厂质量管理目标和经营利润目标达成都具有重大意义。

分层起泡缺陷管控思路

（1）提前预防。质量部门组织对分层起泡问题进行全面系统的梳理，明确问题发生机理和控制要求，在收集、整理企业和行业内对分层起泡缺陷的各类研究的基础上，编制分层起泡控制计划等规范文件。梳理内容如下。

· 产品结构分类，并匹配恰当的生产制造流程。

· 失效模式分析与风险分析。

· 缺陷与生产工序 / 机台 / 工位对应。

· 缺陷与生产工序 / 机台 / 工位的关键控制特性（KCC）对应。

（2）PQA 工程师和实验室工程师，对过程控制特性实施稽查管控，对产品控制特性进行检验拦截。

（3）记录过程稽查结果和产品检测结果，反馈不合格品信息。

（4）分析导致不合格的根因，纠正产品制造方面的错误，完善质量控制规范，持续提升缺陷控制能力，杜绝缺陷问题再次发生。

缺陷定义

IPC-A-600H《印制板的可接受性》2.3.3 条定义了基材表面下的分层缺陷：出现在基材内的层与层之间、基材与导电铜箔之间，或印制板任何其他层内的分离现象。表面出现可见的局部膨胀和分离的分层，通常被称为起泡。

基材表面下的分层缺陷多发生在芯板基铜与 PP 树脂之间、PP 树脂之间、芯板基铜棕化面与 PP 树脂之间、芯板基材的树脂与玻纤之间、层压铜箔与 PP 树脂之间。为方便文件表述，常规多层板发生分层缺陷的位置常以字母编号，如图 8.15 所示。可以采用类似的方式，对各种结构的 PCB 进行分层缺陷位置编号。

根据对大量 PCB 分层起泡案例的分析汇总，不同类别 PCB 产品的特征结构发生分层缺陷的位置见表 8.14。

1）案例提供：邱勇萍、李坚、宫立军等。

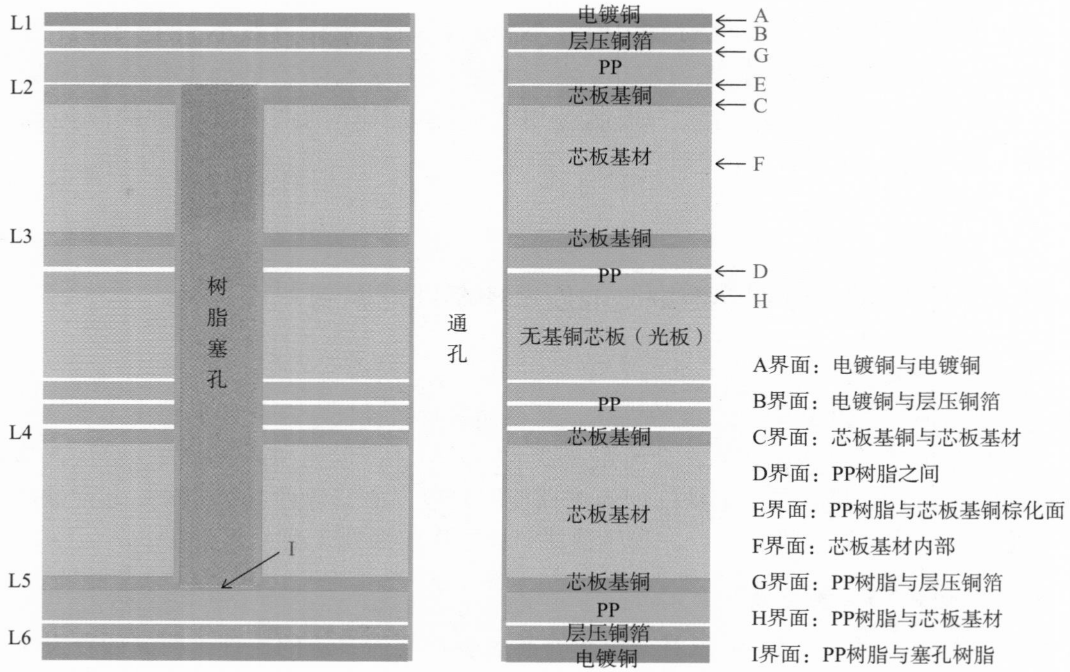

图 8.15　常规多层树脂塞孔板的分层位置定义

表 8.14　PCB 产品的特征结构与分层位置识别表

产品类别	特征结构及易分层界面								
	特殊板材	内层厚铜	内层无铜区	厚芯板	密集孔	内层大铜皮	POFV	埋　孔	盲　孔
单双面通孔板	C, F	/	/	C, F	C, F	/	/	/	/
多层镀通孔板	C, D, E, F, H	E	H	H	C, D, E, F, H	C, D, E	A, B, I	/	
HDI 盲孔板	C, D, E, F, H	E	H	H	C, D, E, F, H	C, D, E	A, B, I	C, D, E, I	C, D, E

缺陷机理

PCB 由树脂、玻璃纤维、铜箔等多种材料在加热加压条件下，通过物理化学作用相互结合而成。不同材料具有不同的热膨胀系数，如在 20 ~ 50℃，环氧树脂约为 56×10^{-6}/℃，铜箔约为 17×10^{-6}/℃，玻璃纤维约为 5×10^{-6}/℃。受到热冲击时，不同材料的膨胀程度不同，会导致内部应力释放。同时，有机类材料受热后可能会分解、挥发气体，气化膨胀等作用力与内部应力相互作用，导致 PCB 内部某些工程设计和加工不良（如漏烘板流程设计不当、材料吸湿、异物夹杂、铜厚不足、棕化膜面异常等）、材料界面结合力不佳的位置发生分离，从而出现分层起泡现象。

产品结构带来的分层风险识别

根据实际数据统计确定 PCB 产品类别及产品特征结构，并结合工厂设备等资源的特点整理产品制造流程图。产品结构导致的分层缺陷，应在产品设计阶段及材料选用方面进行控制。以带有特殊结构的双面板和多层板为例，表 8.15 将产品结构与生产流程站点，以及分层缺陷位置对应，建立了因果联系。

制造过程带来的分层风险识别

为了全面、系统地识别 PCB 工艺流程中的分层风险，需要对相关的 PCB 生产流程进行动作分解，评估每个动作可能导致分层起泡的风险，见表 8.16。一般情况下，工艺流程图会按加工顺序排列工序级、工步级、机台级流程的每一个加工步骤，并在 SOP 中对工艺参数、设备维护保养、物料和生产操作等做出明确规定，提出生产过程需要特别注意的各类事项等。对工艺流程进行 FMEA，可以逐级评估工序级、工步级、机台级的风险，如表 8.16 中的棕化缸评估，Cu^{2+} 浓度超标会导致棕化不良，引发棕化膜层与 PP 树脂间的分层。

除此之外，操作过程的信息核对、产品检查、程序资料调用、参数调节、清洁、搬运、储存等动作也要引起足够的重视，进行梳理和分析。例如，表 8.16 中棕化生产前设备线速度调整的动作，如果没有使用正确的参数，就会出现棕化膜层不合格的情况。再如，在棕化作业完成后，生产板暂存有明确的时间管控要求，如果板件不能在规定时间内完成后续生产，板面吸湿就会引发严重的分层。这些动作级风险需要全面识别。

汇总整理分层缺陷故障树，按 PCB 产品类别整理分层缺陷故障树，可以将各个分层界面对应的失效模式展示出来，与生产流程的每个机台、站点、动作对应，并明确失效机理，如图 8.16 所示。

汇总失效模式，进行分层失效风险等级评估。以带 POFV 结构的多层板为例，分层失效风险评估见表 8.17。

过程预防分层缺陷控制计划整理

针对各类PCB产品的分层风险，制定对应的预防控制措施，编制《××产品分层失效控制计划》（表 8.18）、《生产过程预防关键控制清单》、《产品检测关键控制清单》，以及《××产品分层缺陷稽查表》，以便生产主管、质量工程师和主管每天现场稽查，及时纠正不合格过程操作，快速处置不合格产品。

产品分层缺陷检验拦截控制要求整理

根据 FMEA 评估风险重要性，制定《分层缺陷检验拦截控制清单》（表 8.19），以便检验工序、实验室等单位记录、汇总稽查产品检测结果，每天通报统计信息，用于生产、质量部门组织分析和改善。

分层缺陷质量控制规范文件编制

- 《分层缺陷预防控制管理规范》
- 《PCB 加工流程分解表（分层缺陷）》
- 《单双面镀通孔板各界面分层缺陷故障树》
- 《多层镀通孔板各界面分层缺陷故障树》
- 《HDI 盲埋孔板各界面分层缺陷故障树》
- 《HDI-POFV 板各界面分层缺陷故障树》
- 《分层缺陷整体预防控制计划》
- 《生产过程预防关键控制清单》
- 《产品检测关键控制清单》
- 《分层预防控制稽查表（QA）》
- 《分层预防控制稽查表（实验室）》
- 《分层缺陷板分析模版》
- 《分层客诉板信息统计表》
- 《分层报废板信息统计表》

表 8.15　不同产品结构的分层失效分析（部分）

产品	产品结构分析							分层失效分析			
	加工工艺流程	特征结构									
		特殊板材	内层厚铜	内层无铜区	厚芯板	密集孔	内层大铜皮	分层界面	失效模式	失效站点	风险点
双面板通孔结构	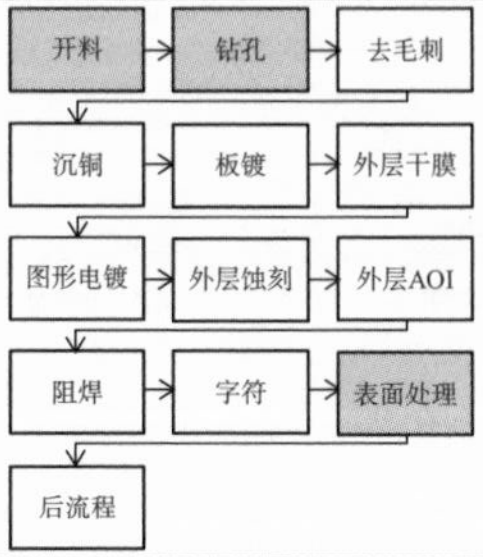	/	/	/	/	是	/	F 界面	钻孔裂纹	工程设计	密集孔（孔距 0.7mm 以下）识别，漏设置跳钻流程
		是	/	/	是	是	/	C 界面	板吸湿	工程设计	厚芯板（板厚 0.46mm 以上）、密集孔（孔距 0.7mm 以下）、特殊板材，漏设置烘板流程
		/	/	/	/	/	/	F 界面	芯板不良	来料检验	板材剥离强度等性能测试不全面或漏失，未充分识别板材性能
		/	/	/	是	/	/	F 界面	钻孔裂纹	钻　孔	钻孔导致基材拉裂
		/	/	/	/	是	/	F 界面	树脂固化不足	沉铜前烘板	钻孔后树脂再固化不足
		/	/	/	/	/	/	C 界面	板吸湿	喷锡前烘板	喷锡前，未烘板预热、去除水汽
多层板通孔结构	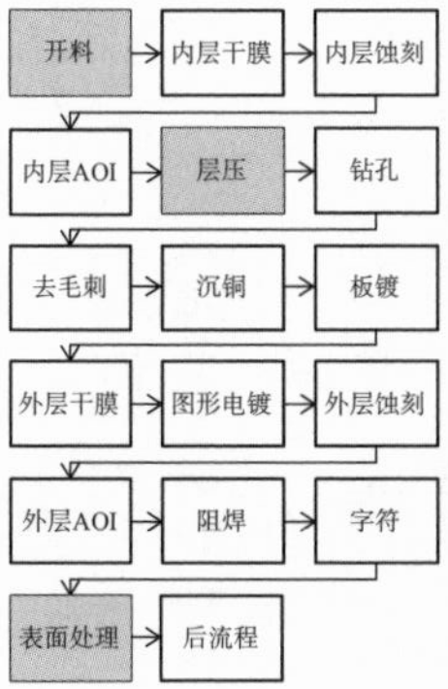	/	/	/	/	是	/	F 界面	钻孔裂纹	工程设计	密集孔（孔距 0.7mm 以下）识别，漏设置跳钻流程
		特殊板材	/	/	是	是	/	E 界面	板吸湿	工程设计	厚芯板（板厚 0.46mm 以上）、密集孔（孔距 0.7mm 以下）、特殊板材、盲孔子板识别，漏设置烘板流程
		/	是	是	/	/	/	D 界面	无铜区欠压	工程设计	无铜区识别，铺铜设计不合规
		/	/	/	/	/	/	F 界面	芯板不良	来料检验	板材剥离强度等性能测试不全面或漏失，未充分识别板材性能
		/	/	/	/	/	/	D 界面	PP 不良	来料检验	PP 含胶量等性能测试不全面或漏失，未充分识别 PP 性能
		/	/	/	/	/	/	D 界面	PP 不良	物　控	PP 存储不当（温湿度、时间），导致变质
		/	/	/	/	/	/	D 界面	PP 不良	物　控	PP 开料过程导致折伤，漏布纹
		/	/	/	/	/	/	D 界面	PP 不良	物　控	PP 运输过程中未密封，出现损伤或吸湿
		/	/	/	/	/	/	D 界面	PP 不良	层　压	PP 存储不当（温湿度、时间），导致变质
		/	/	/	/	/	/	H 界面	光板污染	层　压	光板板面污染
		/	/	/	/	/	/	E 界面	棕化膜不良	棕　化	棕化来料，板面粘胶
		/	/	/	/	/	/	E 界面	棕化膜不良	棕　化	棕化药水异常，导致棕化不良
		/	/	/	/	/	/	E 界面	杂　物	棕　化	棕化线清洁保养不到位，棕化表面黏附脏污
		/	/	/	/	/	/	E 界面	棕化膜不良	棕　化	棕化膜擦花、露铜
								E 界面	基材铜不足	棕　化	棕化多次返工
		/	/	/	/	/	/	E 界面	棕化不良	棕　化	棕化后停留超时，棕化膜破坏
		/	/	/	是	/	/	E 界面	板吸湿	棕化后烘板	厚芯板吸湿，未按要求烘板（执行烘板，烘板高度，烘板参数）
		/	/	/	是	/	/	E 界面	板吸湿	棕化后烘板	生产不及时，厚芯板二次吸湿
		特殊板材	/	/	是	/	/	E 界面	板吸湿	棕化后烘板	特殊板材吸湿，未按要求烘板（执行烘板，烘板高度，烘板参数）
		/	/	/	/	/	/	E 界面	棕化膜裂解	排　板	排层高度不足，导致压合峰温过高，升温速率超标，棕化膜裂解
		/	是	是	/	/	/	D 界面	无铜区欠压	排　板	未按要求，旋转叠板
		/	/	/	/	/	是	D/E 界面	杂　物	排　板	预叠、叠板、排板过程中带入杂物
		/	/	/	/	/	/	E 界面	棕化膜裂解	层　压	压机异常，导致峰温，升温速率不正常
		/	/	/	/	/	/	E 界面	棕化膜裂解	层　压	压程选择错误，峰温过高，升温速率不匹配
		/	是	是	/	/	/	E 界面	棕化膜裂解	层　压	内层大铜皮设计的板，导热速率过快，压程不匹配
		/	/	/	/	是	/	F 界面	钻孔裂纹	钻　孔	钻孔导致基材拉裂
		特殊板材	/	/	/	是	/	F 界面	树脂固化不足	沉铜前烘板	钻孔后树脂再固化不足
		/	/	/	/	/	/	C/D/E/F 界面	板吸湿	喷　锡	负片工艺板（板边铜包裹），生产板喷锡加工时未钻防爆孔
		/	/	/	/	/	/	C/D/E/F 界面	板吸湿	喷锡前烘板	喷锡前，未烘板预热、去除水分

表 8.16 棕化工艺流程分解及分层失效分析（部分）

工艺流程 一级	二级	三级	机台			操作步骤								控制要求					关联缺陷	
工序	工步	站点	机台名称	编号	设备能力确认（静态）	信息核对	产品检查	调程序资料	参数调节	清洁	加工	搬运	储存	操作要求	产品要求	物料要求	人员要求	设备参数要求	失效模式	失效后果
层压	棕化	酸洗	酸洗缸	A0303001	①棕化剥离强度 ≥ 2.0lb/in ②全线微蚀速率：45 ~ 65μm ③最大加工尺寸：625mm × 812mm ④最小加工尺寸：200mm × 200mm ⑤板厚：0.05 ~ 3.0mm（小于 0.1mm 芯板，需带板条制作） ⑥速度范围：0 ~ 6m/min ⑦离子污染度：≤ 6.0μg NaCl/in^2	信息核对								流程卡、实物板、MES 的型号、数量一致			技工		/	/
													暂存	分型号存放			技工		/	/
												取板		双手戴手套，轻拿轻放			技工		/	/
						确认棕化要求								确认流程指示与板厚			技工		棕化膜不良	E 界面：内层铜箔棕化面与 PP 树脂分层
									调节棕化线速度								技工	①正常压合板：2.6 ~ 3.2m/min ②激光钻孔板：1.5 ~ 1.8m/min	棕化膜不良	E 界面：内层铜箔棕化面与 PP 树脂分层
							板面质量检查					上板		①全检 ②板厚＜0.1mm 需带板条，＞3mm 不允许生产 ③线路面、翘曲方向朝下 ④放板间距≥ 5cm	①无划伤、板损 ②板边 PE 孔无破损、偏位 ③同心圆无偏位		技工		杂物	E 界面：内层铜箔棕化面与 PP 树脂分层
											酸洗						技师	NaPS、H_2SO_4、Cu^{2+} 浓度，温度，喷淋压力，详见工艺控制表	/	/
		二级溢流水洗	溢流水洗缸							二级溢流水洗（自来水）							技师	水流量、喷淋压力，详见工艺控制表	/	/
		清水洗	清水洗缸							清水洗（自来水）							技师	水流量、喷淋压力，详见工艺控制表	/	/
		碱洗	碱洗缸								碱洗						技师	除油剂浓度、温度、喷淋压力，详见工艺控制表	/	/
		三级溢流水洗	溢流水洗缸							三级溢流水洗（DI 水）							技师	电导率、水流量、喷淋压力，详见工艺控制表	/	/
		清水洗	清水洗缸							清水洗（DI 水）							技师	电导率、水流量、喷淋压力，详见棕化线工艺控制表	/	/
		预浸	预浸缸								预浸						技师	活化剂浓度和循环量，温度，详见工艺控制表	棕化膜不良	E 界面：内层铜箔棕化面与 PP 树脂分层
		棕化	棕化缸								棕化						技师	MS-500、H_2O_2、H_2SO_4、Cu^{2+} 浓度和循环量，温度，详见工艺控制表	棕化膜不良	E 界面：内层铜箔棕化面与 PP 树脂分层
		三级溢流水洗	溢流水洗缸							三级溢流水洗（DI 水）							技师	电导率、水流量、喷淋压力，详见工艺控制表	/	/
		清水洗	清水洗缸							清水洗（DI 水）							技师	电导率、水流量、喷淋压力，详见工艺控制表	/	/
		风刀赶水	烘干段								风刀赶水						技师	温度，详见工艺控制表	板吸湿	E 界面：内层铜箔棕化面与 PP 树脂分层
		干板组合	烘干段								干板组合						技师	温度，详见工艺控制表	板吸湿	E 界面：内层铜箔棕化面与 PP 树脂分层
							棕化质量检查					下板		①全检 ②双手戴手套，轻拿轻放 ③板与板之间隔无硫纸	①颜色不发红，色泽均匀 ②无滚轮印，无露铜，无脏污 ③无擦花、板损		技工		棕化膜不良	E 界面：内层铜箔棕化面与 PP 树脂分层
						信息核对								①流程卡、实物板、MES 的型号、数量一致 ②识别烘板要求			技工		板吸湿	E 界面：内层铜箔棕化面与 PP 树脂分层
												运输		轻拿轻放			技工		棕化膜不良	E 界面：内层铜箔棕化面与 PP 树脂分层
													暂存	①无烘板要求的板暂存在待生产区 ②有烘板要求的板放置在传递窗	超过 24h 需返棕化		技工		板吸湿	E 界面：内层铜箔棕化面与 PP 树脂分层

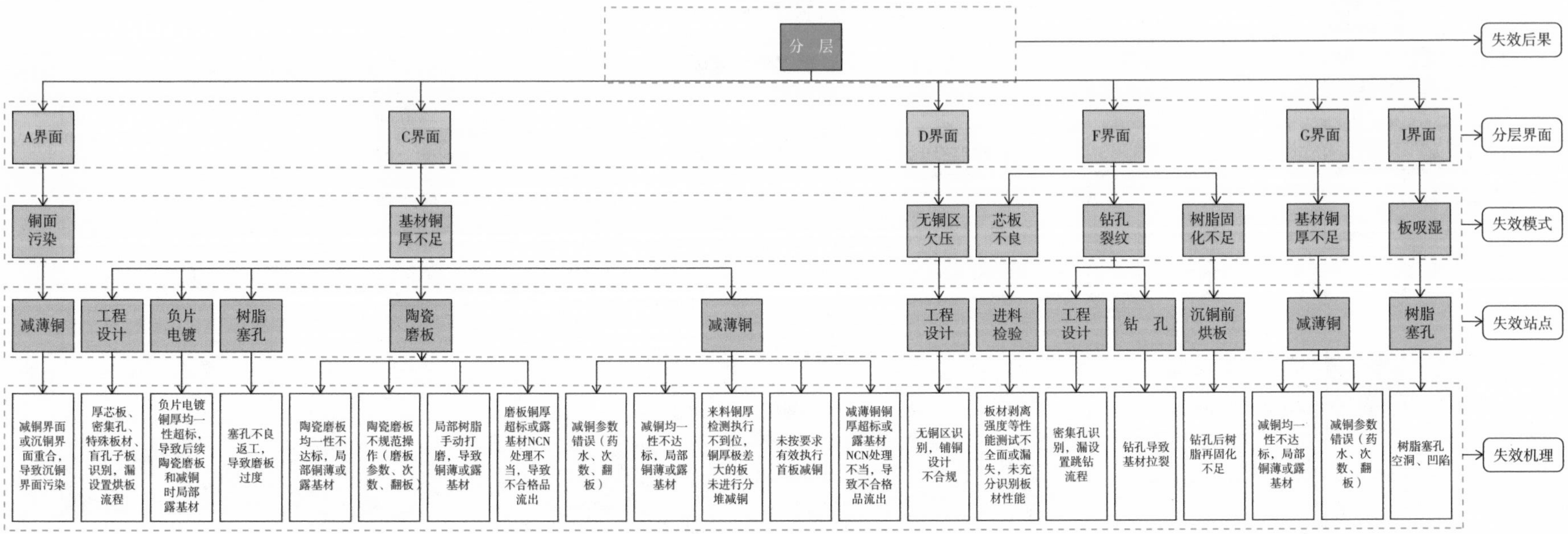

图 8.16　分层缺陷故障树示例（部分）

表 8.17　带 POFV 结构多层板的分层失效风险评估（部分）

流程		要求		失效模式	失效后果	风险评估				
一级	二级	KPC	KCC			严重度	风险频次	探测度	风险系数	等级
工程设计	CAM	热应力	0.46mm 以上厚芯板，小孔距（0.7mm 以下），特殊板材，盲孔子板烘板流程设置	板吸湿	E 界面，内层铜箔棕化面与 PP 树脂分层	7	4	5	140	A
工程设计	CAM	热应力	跳钻程序设置	钻孔裂纹	F 界面，芯板内树脂分层	7	4	5	140	A
工程设计	CAM	热应力	无铜区（圆形，直径≥ 1.8in；非圆形，长边≥ 3in，且短边≥ 0.8in）识别，铺铜设计	无铜区欠压	D 界面，临层 PP 树脂与 PP 树脂分层	7	4	5	140	A
层压	棕化	热应力	棕化线清洁保养，滚轮药水无黏胶等脏污物	杂物	E 界面，内层铜箔棕化面与 PP 树脂分层	7	4	5	140	A
层压	棕化后烘板	热应力	特殊板材烘板（120 ± 5）℃，120min；芯板厚度≥ 0.46mm，盲孔子板需进行烘板（120 ± 5）℃，60min	板吸湿	E 界面，内层铜箔棕化面与 PP 树脂分层	8	4	5	160	S
层压	排板	热应力	台面清洁，铜箔清洁，不允许带入杂物	杂物	C 界面，基材铜箔与 PP 树脂分层	7	5	6	210	S
层压	排板	热应力	厚铜板或无铜区叠加板，旋转叠板	无铜区欠压	D 界面，临层 PP 树脂与 PP 树脂分层	8	3	5	120	A
层压	压合	热应力	压机升温速率：1.5 ~ 2.5℃ /min；真空度≤ 50mbar；峰温≤ 200℃；压机温度均匀性极差≤ 10℃	棕化膜裂解	E 界面，内层铜箔棕化面与 PP 树脂分层	9	2	7	126	A
层压	减薄铜	热应力	减铜药水浓度：H_2O_2，35 ~ 50g/L；H_2SO_4，70 ~ 110g/L；Cu^{2+}，≤ 45g/L，微蚀速率≥ 3μm，减铜均匀性 COV ＜ 5%	基材铜不足	C 界面，基材铜箔与 PP 树脂分层	8	4	6	192	S
层压	减薄铜	热应力	电镀或陶瓷磨板后的板，最小铜厚≥ 12μm，铜厚极差≤ 12μm	基材铜不足	C 界面，基材铜箔与 PP 树脂分层	8	4	6	192	S
钻孔	钻孔	热应力	孔距＜ 0.7mm，采用跳钻程序	钻孔裂纹	E 界面，内层铜箔棕化面与 PP 树脂分层	9	3	5	135	A
阻焊	陶瓷磨板	热应力	最小铜厚≥ 15μm，铜厚极差≤ 15μm	基材铜不足	C 界面，基材铜箔与 PP 树脂分层	8	4	5	160	S

表 8.18　带 POFV 结构多层板分层失效控制计划（部分）

流程		KCC	失效后果	风险等级	预防控制					执行人	监督管理方法		监督人
一级	二级				方式	具体方法	频率	样本量	记录表单		监督方法	频率	
工程设计	CAM	0.46mm 以上厚芯板，小孔距（0.7mm 以下），特殊板材，盲孔子板烘板流程设置	板吸湿	A	IT 化	按照技术中心给出的规范，工程 CAM 开发软件脚本，设置烘板流程	1 次 / 单	100%	订单流程卡	CAM 人员	现场巡查，不合格立即改善	1%	工艺组难度板策划工程师
工程设计	CAM	跳钻设计	钻孔裂纹	A	IT 化	工程 CAM 通过软件脚本识别密集孔订单，按照技术中心给定的规则输出跳钻程序	1 次 / 单	100%	钻孔文件	CAM 人员	钻孔文件抽查	1%	工艺组难度板策划工程师
工程设计	CAM	无铜区（圆形直径≥ 1.8in；非圆形，长边≥ 3in，且短边≥ 0.8in）识别，铺铜设计	无铜区欠压	A	防呆	无铜区识别，属于无铜则需要铺铜设计，否则无法生成文件	1 次 / 单	100%	TGZ 文件	CAM 人员	TGZ 文件	1%	工艺组难度板策划工程师
层压	棕化	棕化线清洁保养，滚轮药水无黏胶等脏污物	杂物	A	人工	保养清洁，更换过滤棉芯、过滤网，更换并清洗水洗缸；棕化段后吸水绵压辘清洗；清洁棕化线酸洗段、碱洗段传送滚轮结晶；清洁烘干段滚轮	1 次 / 班	/	棕化线工艺控制表	岗位员工	现场巡查，不合格立即改善	每班	主管 / QA
层压	棕化后烘板	特殊板材烘板（120 ± 5）℃，120min；芯板厚度≥ 0.46mm，盲孔子板烘板 120 ± 5℃，60min	板吸湿	S	IT 化	烘板流程设置：工程 CAM 通过软件脚本，按照技术中心给出的烘板规范，设置烘板流程	1 次 / 单	100%	订单流程卡	CAM 人员	现场巡查，不合格立即改善	1%	难度板策划工程师
					人工	生产执行：有棕化后烘板流程的订单，按要求参数进行烘板，烘板时叠板高度≤ 5cm	1 次 / 批	100%	棕化后烘板记录表	岗位员工	现场稽查：实际烘板时的叠板高度，烘板参数及烘板记录	每班	主管 / QA
层压	排板	台面清洁，铜箔清洁，不允许带入杂物	杂物	S	人工	每班次 6s 工作，确保无杂物	1 次 / 班	/	维护保养记录	岗位员工	现场确认 6S 效果	每班	主管
					人工	排板清洁：用蜡布擦拭镜面钢板表面，用蜡布擦拭铜箔光面，蜡布要区分使用；放铜箔时，垂直抖动铜箔上可能存在的杂物，确保排板过程中无杂物带入	1 次 / 张	100%	/	岗位员工	现场稽查：实际排板时使用蜡布清洁预叠板、钢板、铜箔	每张	主管 / QA
					人工	层压内围洁净度测试，按万级管控	1 次 / 周	/	层压洁净度测试报告	QA 工程师	洁净度测试报告审核，不达标立即组织工序进行 6S 整顿	每次	工厂质量经理
层压	排板	厚铜板或无铜区叠加板，旋转叠板	无铜区欠压	A	人工	排板时，通过旋转，保障层与层图形错开	1 次 / 张	100%	/	岗位员工	现场巡查，不合格立即改善	每班	主管 / QA
层压	压合	压机升温速率：1.5 ~ 2.5 ℃ /min；真空度≤ 50mbar；峰温≤ 200 ℃；压机温度均匀性极差≤ 10℃	棕化膜裂解	A	人工	升温速率测试、峰温测试、温度均匀性测试，确保设备无异常	1 次 / 周	1 台	压机制程测试报告	工艺工程师	测试报告审核，不达标立即整改	每次	质量工艺经理
层压	减薄铜	减铜药水浓度：H_2O_2，35 ~ 50g/L；H_2SO_4，70 ~ 110g/L；Cu^{2+} ≤ 45g/L，微蚀速率≥ 3μm，减铜均匀性 COV ＜ 5%	基材铜不足	S	人工	定期进行减铜均匀性测试	1 次 / 月	/	减薄铜制程测试报告	工艺工程师	测试结果审核，不达标立即改善	每次	质量工艺经理
					人工	①减铜药水浓度监控、化验分析；②微蚀速率测试；③添加药液后进行复测	1 次 / 班	1 份	减薄铜药水分析单	实验室化验员	工艺确认药水分析结果，不合格立即停线，调整药水后再复测	每次	实验室主管、工艺工程师
					人工	依据化验结果，进行药水添加或排放，并通知实验室复测	1 次 / 班	1 份	减铜药水添加记录	岗位员工	复测确认药水添加结果	每次	实验室化验员
层压	减薄铜	电镀后的板、陶瓷磨板后的板，最小铜厚≥ 12μm，铜厚极差≤ 12μm	基材铜不足	S	人工	区分来料板类型，分开料或层压后的板，电镀或陶瓷磨板后的板两类	1 次 / 批	100%	/	岗位员工	现场巡查，不合格立即改善	每班	主管 / QA

续表 8.18

流程		KCC	失效后果	风险等级	预防控制					执行人	监督管理方法		监督人
一级	二级				方式	具体方法	频率	样本量	记录表单		监督方法	频率	
层压	减薄铜	电镀或陶瓷磨板后的板，最小铜厚 ≥ 12μm，铜厚极差 ≤ 12μm	基材铜不足	S	人工	①来料检验：正反两面各测试 5 个点，全测。②分堆。③首板制作。④批量生产：按照首板确定的参数，分批次减铜。⑤最小铜厚 < 12μm，分开放置，并开出 NCN	1 次 / 批	100%	首板铜厚记录表、来料铜厚板差记录表	岗位员工	现场巡查，不合格立即改善	每班	主管 /QA
					人工	①单板铜厚极差 > 15μm，工艺工程师跟进制作。②电镀或磨板后的板，最小铜厚 < 12μm，成品板需全批回流验证筛选。③出现露基材，需报废	1 次 / 批	100%	NCN 处理记录	QA 工程师	NCN 产品处置审核	每班	质量经理 QA 主管
钻孔	钻孔	孔距 < 0.7mm，采用跳钻程序	钻孔裂纹	A	人工	有跳钻程序的订单，执行跳钻，不得更改程序	1 次 / 批	100%	/	岗位员工	现场巡查，不合格立即改善	每次	工艺工程师
阻焊	陶瓷磨板	最小铜厚 ≥ 15μm，铜厚极差 ≤ 15μm	基材铜不足	S	人工	磨痕测试，保障磨板效果：磨痕宽度	1 次 / 班	/	陶瓷磨板工艺控制表	岗位员工	现场审核签字《工艺控制表》	每班	工艺工程师
					人工	磨板均一性、削铜量工艺测试	1 次 / 周	/	陶瓷磨板制程测试报告	工艺工程师	测试报告审核，不达标立即整改	每次	质量工艺经理
					人工	①磨板次数 ≤ 3 次，每次磨板需要翻板（上下左右对调）。②3 次磨板打磨不尽，每增加一次磨板前用九点法测铜厚，最小铜厚 ≥ 15μm。③不允许手动打磨	1 次 / 批	100%	打磨记录表	岗位员工	现场查核作业情况与记录，发现不合格，立即组织检讨改善	每班	主管 /QA
					人工	①最小铜厚 < 12μm，不允许减铜，且成品板应全皮回流验证筛选。②出现露基材，需报废。③单板铜厚极差大于 15μm，后流程有减薄铜，需通知工艺跟进制作	1 次 / 批	100%	NCN 处理记录	QA 工程师	NCN 产品处置审核	每班	质量经理 QA 主管

表 8.19　分层缺陷检验拦截控制清单

一级站点	二级站点	控制要求
半　检	减薄铜	①开料或层压后的板减薄铜，随机抽测 2 片，采用双面 5 点法测量铜厚，铜厚 < 7μm 时隔离产品，开出 NCN。②电镀或磨板后的板，≤ 3 片全测，> 3 片随机抽测 3 片，采用双面 9 点法，优先测量铜面发白区，需测量 3 个数据
	陶瓷磨板	①磨板后两面各取 9 点进行测量。②最小铜厚 < 12μm，或后流程为减薄铜时铜厚，极差 > 15μm，隔离产品，开出 NCN。③陶瓷磨板次数：非返工板，打磨次数 ≤ 3 次，超出 3 次需测量铜厚；每次返工磨板前测量铜厚，根据铜厚控制打磨次数，≤ 2 次
成品检验	实验室	①回流验证：抽样，每批次 ≥ 2PCS；回流次数标准，一般客户无铅回流 2 次，重点客户无铅回流 5 次；发现分层，需要确认回流次数，并再次取样复测；树脂塞孔订单，100% 回流一次筛选。②热应力测试：抽样，每批次 1 个样；切片，取密集孔 BGA 处
	终　检	①全批 100% 目检板边，检出板边分层。②全批 100% 目检板内，检出板内分层（白斑），起泡
	生产工序	铜厚超标责任工序，对过程存在基铜不足 NCN 的板，全批次无铅回流一次筛选
NCN 管理	QA	①磨板露基材或铜厚 ≤ 5μm，筛选报废，其余板在成品入库前 100% 回流筛选。②基铜不足 NCN，成品 100% 回流筛选。③铜厚极差 > 15μm，要求工艺跟进生产。④分层报废需按分层分析模板进行分析，组织检讨改善

8.4.2　质量控制工作重点

质量部门是质量控制工作的直接管理单位，质量保证工程师或 PQA 工程师是质量控制现场工作的直接责任人。根据《日常稽查规范》和《产品稽查规范》，他们的工作职责如下。

- 围绕过程控制点清单，稽查监督生产工序对质量控制计划的执行情况。
- 根据生产过程实际情况，维护和更新过程控制点清单及相关规范文件。
- 稽查监督生产现场跨职能小组（CFT）的过程控制工作进展和质量情况（图 8.17），如定期维护生产设备、对关键设备进行稳定性测试、维护生产环境清洁、实验室产品检验等。
- 监督工厂不合格品（NCN）处理过程，跟进改善措施的实施及关闭，防止同类异常再次发生。
- 针对影响综合合格率和客诉率较大的质量问题进行专案改善，如批量产品报废。
- 监督变更管理（ECN/PCN）的执行，预防生产条件变化带来的质量不稳定。
- 整理质量案例，对员工进行质量案例培训。

在实际 PCB 制造过程中，PQA 工程师因忙于处理生产线突发事件，往往容易陷入事后补救的循环，花费过多时间进行“救火”，忽视或放松对生产现场的控制要求。这可能导致生产工序能力下降，甚至制程失控。因此，PQA 工程师应坚持积极管理生产工序，主动维持生产现场设备、环境、物料等条件的稳定状态和能力，重点关注关键过程和关键产品的各个控制点，这是确保整个工厂正常运作的前提。

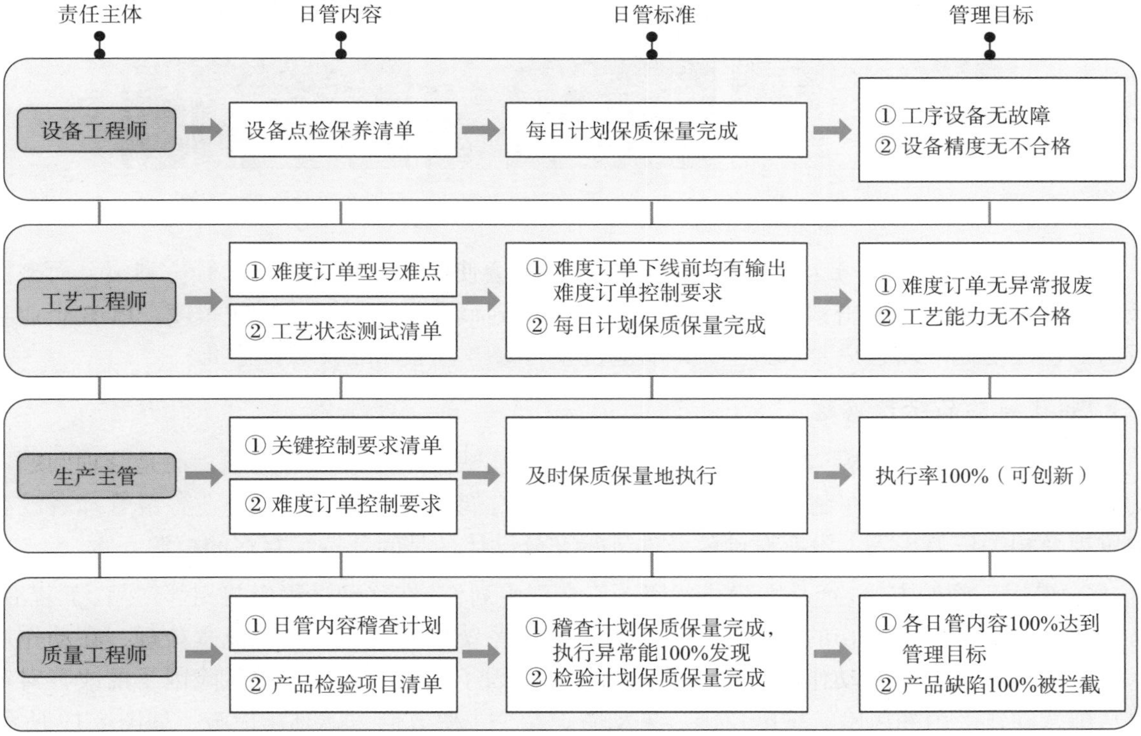

图 8.17　生产现场质量控制跨职能小组的日管内容

管理类质量控制案例　板面划伤（擦花）的管控[1)]

背　景

部分 PCB 工厂因各种条件限制，导致产品返工或报废的板面划伤（擦花），往往居于各种缺陷不良率排名的前列，每年带来数百万元甚至千万元的直接内部质量成本损失，其实际的产品报废率≥ 1%，远高于行业优秀企业的水平（报废率≤ 0.2%）。而另一方面，板面划伤问题很难得到根本性解决，每隔一段时间，PCB 工厂的质量和生产部门就会因为划伤报废量急剧上升，严重影响产品交付和工厂利润，不得不组织一次对划伤问题的检讨、纠正和改善，以减少客户不满意和利润损失。如此反复，不能实现划伤报废率的稳定控制，无法突破“划伤改善怪圈”。

缺陷定义

依据 IPC-A-600H CN《印制板的可接受性》标准，划痕是一种 PCB 外部或从表面可观察到的瑕疵，导致导体宽度和厚度减小的缺陷。划痕可出现在 PCB 板面的线路导体、焊盘、金手指、铜面、阻焊面等不同位置，IPC 标准对各种划痕都有具体规定。本文关注的划伤（擦花）是板与板之间，板与设备、工具等物体之间发生直接接触，或者与其之间夹杂的硬质异物发生接触，导致的板面损伤的统称，包含擦花、刮伤、划痕等相关的各种缺陷，如图 8.18 所示。

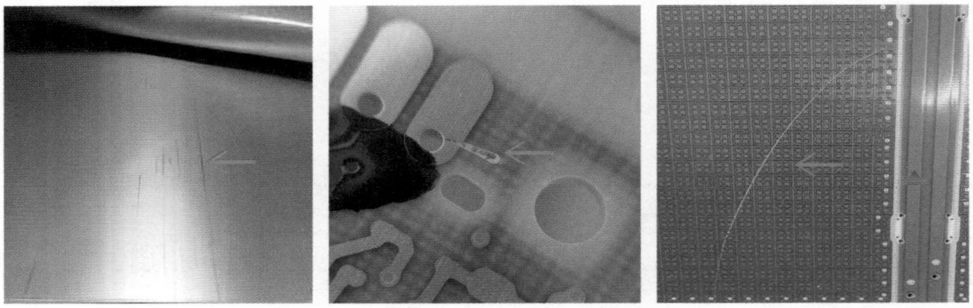

图 8.18　开料、外层线路和阻焊工序的板面划伤图示

按受力大小，接触可分为碰撞和摩擦两种。摩擦会使浅表面出现长条状轻微划痕，而碰撞会使板面受到较大的外力冲击，造成板面较深的三角形划痕，导致产品不良或报废。PCB 企业实际执行的划伤接受标准以客户要求为主，缺省情况下可参考行业标准或 IPC 标准。

划伤缺陷的防控思路

（1）树立正确的观念。在 PCB 生产过程中，划伤缺陷不是技术性问题，而是管理问题。产品的碰撞 / 摩擦可能发生在制造的任何一个环节，具有偶然性和普遍性。企业各级管理者没有足够的重视及相关资源投入，没有对硬件条件进行充分设计，是问题持续存在的根源。

（2）采用正确的方法。产品在静止状态下不会产生划伤，在移动过程中与相邻产品、工装治具、设备等摩擦碰撞是产生划伤的根本原因。因此，要在系统层面开展全制造流程梳理，在动作层面深入细致地识别每个移动动作的风险，确定划伤风险因子。对于划伤关键风险因子的改善对策，可以从削减动作、消除风险、适配设施、主动防护几个主要方向考虑具体措施，如图 8.19 所示。

（3）实施正确的管理。划伤缺陷带来的内部损失巨大，工厂需要建立长期管控机制（类似于工厂安全管理），安排专人专责，防止划伤问题反复发生。主要工作内容包括建立和维护划伤控制规范标准；确定划伤控制目标和激励制度；组织划伤风险日常巡查管控；建立动作标准并开

1）案例来源：FP 零缺陷项目，黄小龙、胡梦海、王满、李文杰、宫立军等。

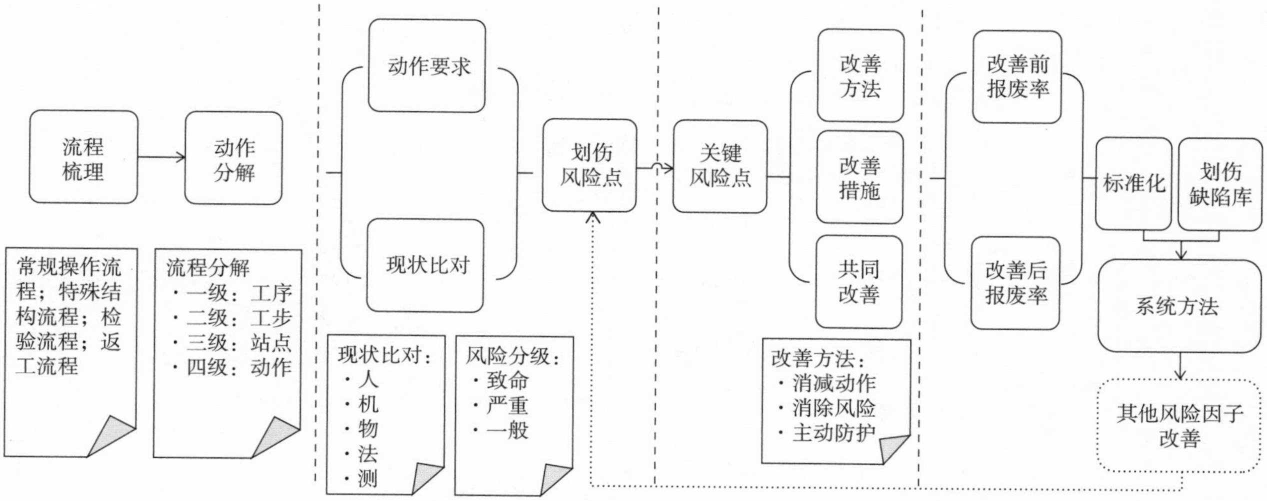

图 8.19　划伤风险梳理、改善流程

展培训教育，对员工的操作加以约束和固化，使其养成习惯；完善划伤缺陷库，积累划伤控制实施的经验和知识，同时协助相关人员使用缺陷库，快速解决工序划伤问题。

流程梳理，动作分解，风险识别

将产品生产流程分为常规操作流程、特殊结构流程、检验流程、返工流程等几类，对流程中的所有移动动作和加工动作进行解析。以 PCB 制造为例，湿区的工序级流程如图 8.20 所示。流程动作分解是划伤改善的基础，对存在碰撞风险的动作进行风险等级评估，输出为表 8.20、表 8.21。

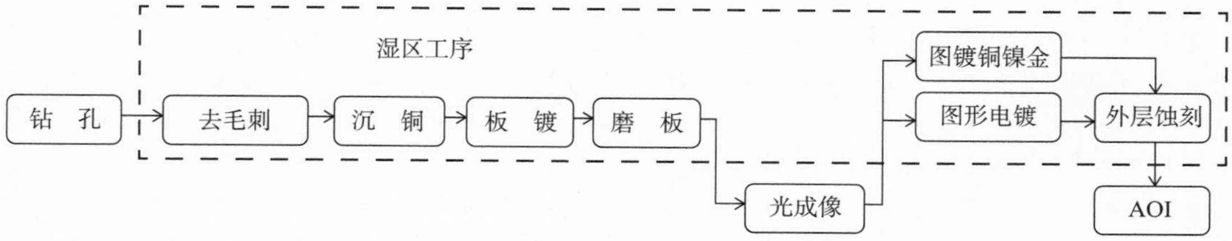

图 8.20　湿区工艺流程

表 8.20　湿区部分工步级流程

序　号	工　步	流程类别	输入状态	站点、动作解析	输出状态
1	去毛刺	操　作	去毛刺前暂存架上	搬上运板车→转运至上板机→自动上板→磨板→自动下板→转运至沉铜前暂存架	沉铜前暂存架上
2	沉　铜	操　作	沉铜前暂存架上	暂存架找板→转运至沉铜挂架→插架→上飞巴→沉铜→下飞巴→转运至泡板缸	电瓶车上暂存
3	板　镀	操　作	电瓶车上暂存	泡板缸找板→提取挂架→取板→上飞巴→电镀→下飞巴→暂存至插架推车	插架推车上暂存
4	……	……	……	……	……
5	铜厚检查	检　验	暂存车上暂存	手动搬运至铜厚测量暂存车→取板→铜厚测量→插架→转运至暂存台	暂存车上暂存
6	……	……	……	……	……
7	铜厚不足返工	返　工	插架推车上暂存	取板→上飞巴→电镀→下飞巴→暂存至插架推车	插架推车上暂存

表 8.21 湿区部分工步动作风险识别清单

工　序	工　步	动　作	控制要求	现　状	划伤风险
湿　区	去毛刺	转　运	板与板、设备、工具无碰撞摩擦划伤	板与板之间有相对移动，板内有铜屑，板边披锋摩擦划伤	致　命
		上　板		设备异常卡板，掉板	严　重
		去毛刺		设备异常卡板，撞伤	严　重
		下　板		设备异常卡板，掉板	严　重
		转　运		板与板之间有相对移动，板内有铜屑，板边披锋摩擦划伤	致　命
	沉　铜	清　板	板与板、设备、工具无碰撞摩擦划伤	板与板之间有相对移动，板内有铜屑，板边披锋摩擦划伤	致　命
		转　运		板与板之间有相对移动，板内有铜屑，板边披锋摩擦划伤	致　命
		插　架		板与挂篮碰撞摩擦，发生频率较高	严　重
		上飞巴		板与板、设备、工具之间无相对移动	无
		沉　铜		板与板、设备、工具之间无相对移动	无
		下飞巴		板与板、设备、工具之间无相对移动	无
		转　运		转运至泡板缸内，大小板混放，无间隔，板与板碰撞多	致　命
	全板电镀	提取挂架	板与板、设备、工具无碰撞摩擦划伤	板与板、设备、工具之间有相对移动	无
		取　板		直接取多块板，余下的插到泡板槽中，板与板撞伤	严　重
		上飞巴		多块板一起上板，板与板摩擦	严　重
		电　镀		板与板、设备、工具之间有相对移动	无
		下　板		多块板一起上板，板与板摩擦碰撞	严　重
		插　架		多块板一起插架，板与板摩擦碰撞	严　重
		转　运		板与板、设备、工具之间有相对移动	无

碰撞或摩擦的概率很高，需要特别控制才能避免的划伤，属于致命性风险。碰撞或摩擦的概率较低，只在设备等异常时才会发生的划伤，属于严重性风险。而碰撞或摩擦的概率极低，理论上存在划伤的可能，属于一般性风险。将划伤与过程动作联系起来，明确风险因素与报废率的对应关系，可以预测流程报废率的水平，评估报废成本损失。

改善对策制定

（1）削减动作，减少划伤风险因子。产品移动次数越少，产品划伤风险越低；人手直接搬动次数越少，产品划伤风险越低。因此，在流程梳理和风险动作识别后，可考虑通过减少生产流程环节、减小移动距离和减少搬运动作来改善划伤缺陷。例如，工厂前工序使用斜背推车进行 PCB 产品转序，来料需要先放置在暂存架上保存。使用“W 形 / 斜背推车 + 暂存架”时，转运对应三个搬运动作：从推车搬运到暂存架，从暂存架搬运到推车，从推车搬运到生产设备。为减少搬运次数，需要优化现有的生产板暂存方式。此外，湿区设备布局无序，增加了运送路径、暂存区域和投入，同时也增加了至少三个额外动作。通过对标行业标杆，改善转运方式为“L 架转运推车 +L 形放板架 +L 架暂存台”（图 8.21），实现工序间、工序内产品、推车与 L 架整体移动，减少搬运动作。实施该方案后，消除了 16 项致命划伤风险动作，占 AOI 前工序致命风险点的 76%，预计前工序划伤报废率可控制在 0.2% 左右，每月减少划伤 PONC 8.5 万元。

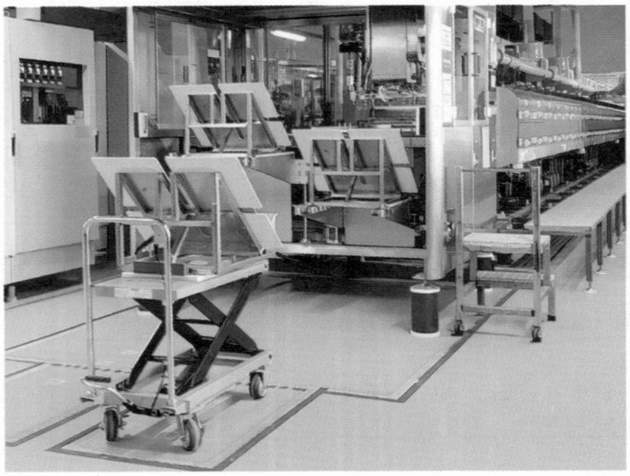

图 8.21　L 形放板架及推车

（2）减少设备设施类风险因子。生产设备、板装载和运送工具、生产作业桌台、生产辅助工具和设施等直接接触 PCB 产品，若发生故障，必会引发板面划伤风险。在本案例中，湿区划伤风险识别发现，水平设备的传动轮因磨损而运转不畅，存在卡板风险；大量使用的自动上下板机和机械手出现故障，存在叠板和掉板划伤风险。沉铜泡板缸存在致命风险，原因是泡板缸内板过多，翻板、找板困难，缸内未放隔板、从中间放入板件、板间夹杂质等划伤风险因子需要重点改善。改造方案是加大沉铜泡板缸，避免操作不便，防止碰撞划伤；缸底设置筛网状夹层，保证缸液清洁，防止异物划伤；统一放置隔板，降低板划伤风险（图 8.22）。

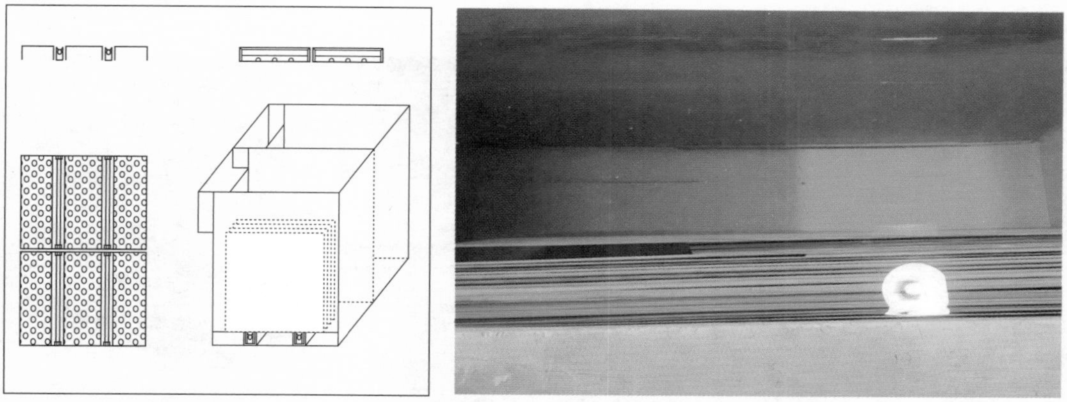

图 8.22　改造沉铜泡板缸

（3）消除硬质异物类风险因子。生产过程中外部带入或加工产生的硬质异物，如开料板边毛刺、板边破损铜屑、铆钉碎屑、铝片碎屑、铣板碎屑、胶片上的硬质异物等，若没有管控或及时清除，会造成板面划伤。以层压工序为例，通过对多批次产品的跟进，发现 90% 的划伤缺陷发生在铣边后，呈三角形，多分布在元件面（CS 面），集中在靠板边 100mm 区域（图 8.23）。针对铣边过程的三角形划伤，可使用吸尘装置清洁板面和板边的粉尘，每块板隔牛皮纸，在暂存架上存放。根本措施是使用盖板防止板边披锋，逐块下板，并通过清洗线清除板面粉尘。

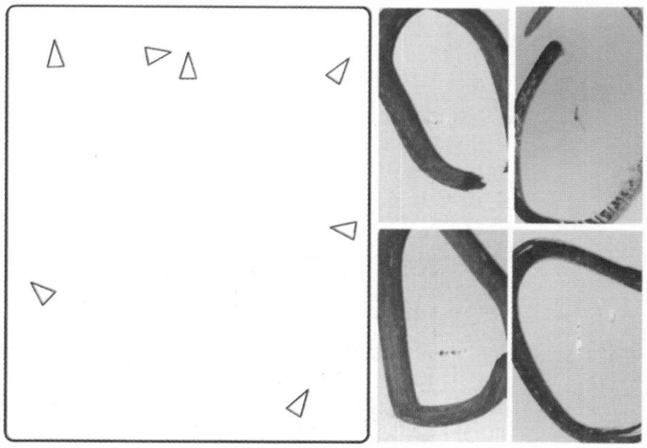

图 8.23　板面划伤位置

（4）增强板件防护。对板件进行物理隔离，隔胶片、隔新闻纸、隔珍珠棉、插隔离架等，是 PCB 工厂常用的划伤控制办法。在工厂管理规范中，应详细规定每个生产工序、工步的防护要求。对于特殊结构板，如大尺寸、超薄板、软质材料、大金面、光电金手指等，应采用针对性防护措施，使用或设计专用载具载盘来运输，确保有效防护。

管理控制

通过制造流程的全面梳理，划伤风险因子的识别和确认，以及对各类划伤风险的改善和控制，持续对生产工序员工进行培训教育，并监控和纠正生产过程，本案例成功实现 2 年内划伤报废率下降 0.4% 以上，改善幅度超过 38%，划伤报废损失减少 400 万元以上。

后续用于划伤控制的主要规范包括《PCB 工厂各工序控制划伤规范》《PCB 产品运输路径规范》《PCB 产品取放标准》《PCB 产品取放作业规范》和《划伤缺陷标准库》，部分内容示例如图 8.24、图 8.25 所示。

图 8.24　取放板操作标准（来源：FP 公司操作规范）

缺陷名称	阻焊划伤
责任工序	阻焊、字符
缺陷定义	阻焊丝印预固化后、字符丝印前，阻焊划伤，漏出金属铜层
案例描述	① 阻焊划伤，漏出铜层 ② 划伤缺口位置字符完整
根因分析	阻焊丝印预固化后的搬运、取放过程中操作不规范，导致板与工具、板与板擦伤，漏铜
后　果	线路漏铜，影响外观和电气性能
对策措施	① 双手持板，轻拿轻放 ② 普通板每块板隔胶片，使用猪笼架插架转运
参照标准 IPC/ 企业标准	阻焊上划伤标准 ① 划伤没有漏铜 ② 划伤没有漏基材 ③ 距板 450mm 垂直目视检查，发白位置区域≤ 5 处，发白线条最大尺寸≤ 10mm
典型划伤图片	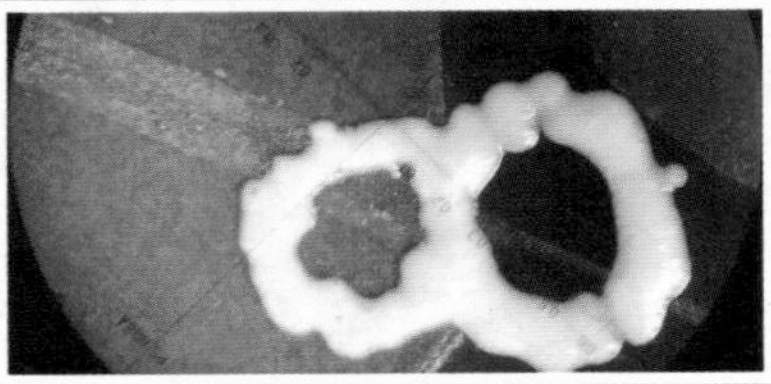

图 8.25　划伤缺陷标准

管理类质量控制案例　管控洁净区域异物，减少异物类缺陷 1)

缺陷定义

异物或杂物、外来夹杂物，统称为异物，是指任何并不属于 PCB 本身的金属或非金属物体。生产环境中的异物可分为内源性异物（产生）和外源性异物（带入）。异物类缺陷是指异物导致的产品缺陷，有异物直接导致缺陷和间接导致缺陷两种。

洁净室（clean room）是指空气悬浮粒子浓度受控的房间，其建筑结构、装备和使用方式都致力于减少该区域内异物的介入、生成和滞留。洁净度（cleanliness）是指洁净区环境内单位体积空气中大于或等于某粒径的悬浮粒子数量。通过定期检测净化车间的洁净度，并有效控制和改善异物颗粒，可以确保洁净车间生产正常进行。

PCB 生产中的层压、光成像、阻焊等工序对洁净度有特定要求，执行标准见表 8.22。PCB 行业常说的“百级”“千级”“万级”是基于过去旧标准的洁净度等级，对应国家标准 GB 50073-2013（等效标准 ISO 14644-1）的 5、6、7 级。在这些标准中，0.5μm 和 5μm 粒径的悬浮颗粒是主要检测对象。粒径≤ 0.5μm 颗粒数量超标，表示环境系统硬件存在问题；粒径≥ 5μm 的悬浮颗粒超标，则说明洁净区域管理出现了问题，因为 5μm 以上的颗粒已经可见且会沉降，这可能对 PCB 产品的结构完整性和符合性产生实际质量影响。

表 8.22　空气洁净度等级标准

空气洁净度等级（N）		大于或等于所标粒径的粒子最大浓度限值（空气粒子数 / 立方米）					
US209E	ISO 14644	0.1μm	0.2μm	0.3μm	0.5μm	1.0μm	5.0μm
1	ISO Class 1	10	2				
2	ISO Class 2	100	24	10	4		
3	ISO Class 3	1 000	237	102	35	8	
4（十级）	ISO Class 4	10 000	2 370	1 020	352	83	
5（百级）	ISO Class 5	100 000	23 700	10 200	3 520	832	29
6（千级）	ISO Class 6	1 000 000	237 000	102 000	35 200	8 320	293
7（万级）	ISO Class 7				352 000	83 200	2 930
8（十万级）	ISO Class 8				3 520 000	832 000	29 300
9（百万级）	ISO Class 9				35 200 000	8 320 000	293 000

异物缺陷分类

在 PCB 制造过程中，异物是引发多种产品缺陷的根本原因。各种来源的异物附着、夹持或嵌入基板，会严重影响 PCB 产品的合格率，导致返工、报废，甚至引发客诉。根据异物的材质、大小和在基板上出现的位置，可能导致以下类型的缺陷。

- 板内：分层、内部短路等。
- 孔内：镀层铜瘤、孔径小、孔堵塞、孔打开等。
- 线路 / 焊盘：断路、导体损伤、凹坑等。
- 表面 / 表面下：阻焊杂物、外来夹杂物、短路等。

残留的异物可能直接导致层压工序出现层压异物分层、内部短路等可靠性缺陷；间接导致光成像工序出现内层芯板线路断路报废和线路缺口修补；直接导致阻焊工序出现阻焊异物等外观缺

1）案例来源：王宏涛、李文杰、宫立军等。

陷，导致大量产品返工。这些异物缺陷不仅降低了质量水平，还会给生产工序带来巨大的经济和时间成本损失。

异物来源

外源性异物和内源性异物是洁净房内异物的两种来源。图 8.26 总结了洁净区域主要的异物类型。可以观察到，随着人员、产品、物料、工具，以及部分非相关物品的进出，大量的异物和杂质会被带入洁净区域。同时，洁净房内的人员、设备、物料、生产板、工装治具、厂房设施等也会在生产活动中不断产生各种异物。这些金属或非金属的物体呈现颗粒状、块状、丝状、长条状、碎渣状、油污状等，会在洁净房内通过空气和实物等介质不断移动、传播和沉积。

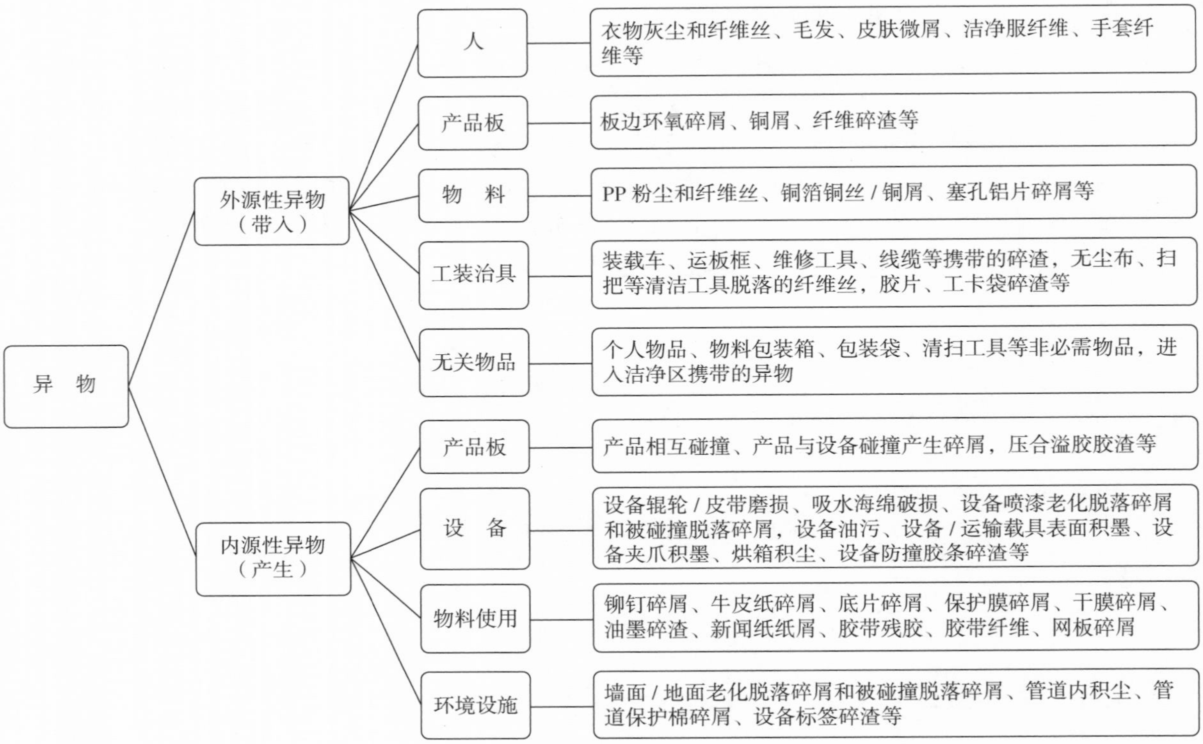

图 8.26　异物类型

异物导致产品缺陷的机理

在洁净房内，各种异物会通过直接接触、漂浮沉降、静电吸附及中介物二次污染（反粘）等方式，附着于板面或混入物料中（如半固化片或油墨），形成异物缺陷产生的潜在风险。

这些非 PCB 产品本身的物体，部分在加工过程中未能及时有效清除，长时间停留在板内或表面的不同位置，会直接导致 PCB 产品缺陷。另一些异物间接影响板的加工过程，如吸附在感光干膜上的异物可能在曝光时遮挡线路，导致线路干膜曝光不完整，最终导致后续显影、蚀刻工艺中的开路或缺口报废。

以铝片碎屑为例，图 8.27 展示了异物故障链的发展过程。进行塞孔铝片钻孔时，孔口位置产生大量碎屑和铝金属丝，若未及时清除，金属碎屑会残留在塞孔铝片上。由于阻焊前处理工艺未规定对铝片进行表面清洁，携带碎屑的铝片进入阻焊工序的洁净房。塞孔时，铝片与板面接触，铝屑附着于板面，并在丝印时使线路相连并被油墨层覆盖。最终，电测工序检测到铝丝短路，导致生产板报废。此外，外观检查还会发现阻焊下存在杂物，确认为铝屑，导致 PCB 报废。

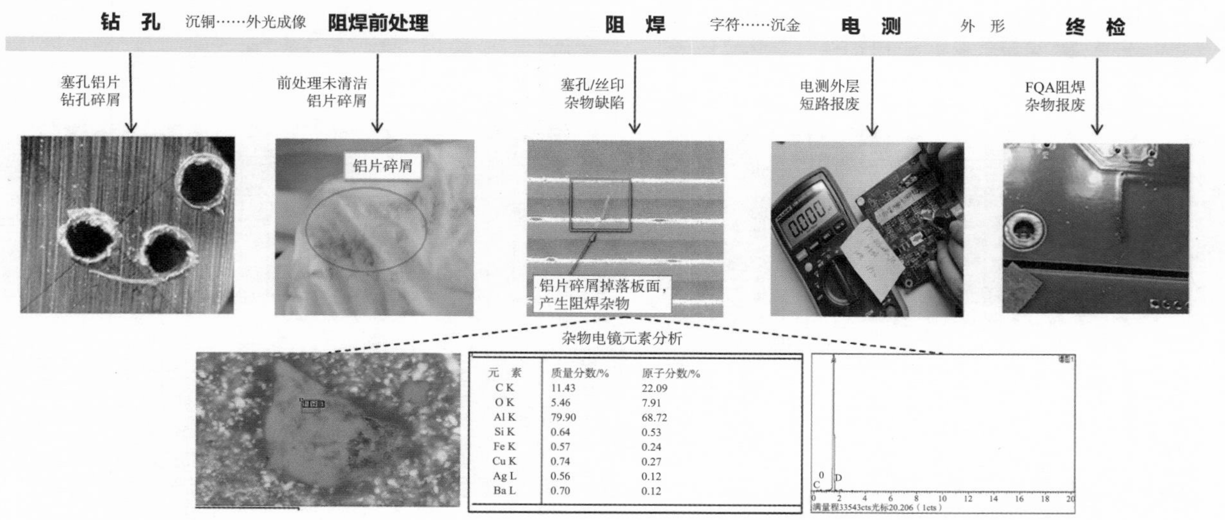

图 8.27　铝片碎屑故障链

▌建立异物管控清单

梳理和识别洁净区域内各工序工步异物带入、产生和传播的潜在风险，并评估其风险大小，是洁净房杂物管控的基础工作。根据 PCB 厂家生产设备配置和生产环境的具体情况，以及产品制造流程和工艺要求，异物管控清单（图 8.28）的建立过程主要包括生产流程分解、物品清单整理、异物源识别和异物风险评估等步骤。这个过程可以将各类异物与生产过程对应起来，以便全面系统地掌握异物风险，从而建立异物管控规范和异物控制计划，用于员工日常作业指导和管理人员日常稽查监督。

▌异物管控

洁净区域的异物管控强调全面性和普遍性，不同于某个突发缺陷的改善——只需找出关键根因进行控制。日常异物管理不能只关注个别重点，需要全面管控生产过程中的各种异物。依据异物管控清单，控制异物的产生或输入、传播和扩散，控制其与产品的接触和作用，才能减少异物缺陷，降低其对产品质量的影响。异物控制的基本原则见表 8.23。

洁净区域管理可以从设施管理、人员管理、物品管理、设备管理、公共区域管理等 5 个维度展开，见表 8.24。

异物类缺陷的预防，生产管理者应承担首要责任，管理者的持续监督控制是异物受控的关键。依据管理岗位异物日管清单，工序领班和主管应参与异物清理清洁工作，检查现场的各种异物风险是否已被消除。生产、质量、设备经理应每天审视洁净区域异物管控的关键要点，如设备设施的关键部位，防止严重缺陷发生。应根据洁净度测试数据、工序质量数据分析工序良率趋势，确保工序异物水平处于受控状态。

操作岗位需要将洁净房杂物管理措施落实到具体操作上。依据操作岗位异物日管清单，生产员工、设备工程师等应每天按规范要求，准时、规范地完成本岗位异物检查和清除工作，并提交记录表供上级审核。为确保生产员工、设备工程师等有能力完成异物控制工作，管理者应提供足够的培训和实操训练，保证杂物管控要求持续落实。

工步	物品清单				失效模式						失效后果			
	物品类别	物体名称	接触形式	作用	异物名称	异物图片	异物图谱	异物来源	产生机理	异物导致缺陷概率	缺陷名称	缺陷特征	典型图片	判断方法
	产品	板边	–	–	PP 屑 / 铜屑	略	略	产生	板边加工产生碎屑	高	缺口开路	内层有杂物形状，缺口开路边沿平整	略	百倍镜观察
	产品	板边 / 板角	–	–	干膜屑		略	产生	干膜超出板面，曝光后硬化碎屑	高	缺口开路	缺口开路边沿平滑，无杂物残留	略	百倍镜观察
	产品	报废孔 / 切片孔	–	前工序报废标识	干膜屑	略	略	产生	标识孔处干膜曝光后硬化脱落，形成碎屑	高	缺口开路	缺口开路边沿平滑，无杂物残留	略	百倍镜观察
	产品	返工板	–	–	干膜屑	略	略	产生	干膜未退干净	中	缺口开路	缺口开路边沿平滑，无杂物残留	略	百倍镜观察
前处理	工装夹具	工单袋	直接接触	工卡放置	残胶	略	略	产生 / 带入	工单袋异物二次污染板面	中	缺口开路	胶状物质 / 杂物残留在缺口开路位置	略	百倍镜观察
前处理	设备	水洗缸缸盖	间接接触	板面清洁	杂物颗粒	略	略	带入	现场环境中异物残留	中	缺口开路		略	
前处理	设备	烘干段	直接接触	烘干	黑色颗粒	略	略	产生	烘干段风管内存在黑色异物	高	缺口开路		略	
前处理	设备	翻板机底部	直接接触	暂存冷却	黑色粉状	略	略	产生	皮带磨损掉屑	中	缺口开路		略	
前处理	设备	收板机皮带	直接接触	传动	皮带屑	略	略	产生	零件老化磨损掉屑	低	缺口开路		略	
前处理	设备	密封胶条	间接接触	密封	点状残胶	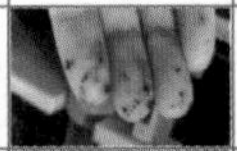	略	产生	密封条老化掉屑	低	缺口开路	胶状物质残留在缺口开路位置	略	百倍镜观察
前处理	设备	挡水滚轮	直接接触	传送过程中压板	残胶		略	带入	残胶黏附滚轮，二次污染板面	高	缺口开路	胶状物质残留在缺口开路位置	略	百倍镜观察
收放板	设备	收板机支架	直接接触	收板冷却	纤维丝	略	略	产生	支架纤维杆与 PCB 摩擦掉屑	中	缺口开路		略	
收放板	工装夹具	手推车把手	间接接触	推车辅助	残胶	略	略	产生	手推车把手粘贴胶带破损掉屑	中	缺口开路	胶状物质残留在缺口开路位置	略	百倍镜观察
收放板	工装夹具	胶片	直接接触	隔离产品	各种异物	略	略	产生 / 带入	胶片碎屑，其他异物二次污染	高	缺口开路		略	百倍镜观察
贴膜	设备	预热机内部	–	贴膜前预热	板边屑	略	略	带入	板边屑吸附	中	缺口开路		略	
贴膜	设备	预热机顶部	–	贴膜前预热	灰尘	略	略	带入	环境碎屑吸附	低	缺口开路		略	
贴膜	设备	二次压膜轮	直接接触	增加结合力	干膜屑	略	略	带入	裁切产生干膜屑二次污染板面	中	缺口开路	缺口开路边沿平滑，无杂物残留	略	百倍镜观察
曝光	设备	曝光机	直接接触	图形转移	各种异物	略	略	带入	吸附的各种碎屑二次污染板面	高	缺口开路		略	百倍镜观察
曝光	工装夹具	台车	间接接触	运载	碎屑	略	略	带入	掉落碎屑、干膜屑二次污染	中	缺口开路	缺口开路边沿平滑，无杂物残留	略	百倍镜观察
曝光	工装夹具	台车隔板	间接接触	粘贴挡板	残胶	略	略	产生	粘贴胶带掉落	低	缺口开路	胶状物质残留在缺口开路位置	略	百倍镜观察
	人	头发	–	–	头发	略	略	产生	头发掉落	低	开路	内线开路边沿平整，开路宽度一致	略	百倍镜观察
	人	无尘衣	–	异物防护	布屑	略	略	产生 / 带入	无尘衣质量差，使用破损	低	缺口开路		略	百倍镜观察
	环境	清洁工具	–	环境清洁	丝状毛屑	略	略	产生	拖布、扫把等掉纤维	低	缺口开路		略	
	环境	包装箱	–	防护	纸屑	略	略	产生	纸箱破损掉屑	低	缺口开路		略	
	环境	传递窗	–	过滤	灰尘	略	略	带入	长期未更换，过滤失效	低	缺口开路		略	
	环境	地面漆	–	地面防护	地面异物	略	略	产生	地面漆面砸伤、破损	低	缺口开路		略	
	环境	冰水管保温棉	–	冰水保温	保温棉屑	略	略	产生	过程碰撞掉屑	低	缺口开路		略	
	环境	铝合金墙角	–	防护	铝合金氧化物	略	略	产生	保养药水渗入腐蚀	低	缺口开路		略	
	环境	垃圾桶	–	放置垃圾	各种异物	略	略	带入	生产垃圾碎屑二次污染板面	低	缺口开路		略	
	环境	高效过滤网	–	过滤杂物	灰尘	略	略	带入	从过滤网缝隙进入的杂物	低	缺口开路		略	

图 8.28　光成像异物管控清单（部分）

表 8.23　异物控制的基本原则

维　度		管理原则	内容说明
洁净房管理	异物产生控制	不带入	① 非洁净房物品坚决不带入 ② 非必需物品坚决不带入 ③ 进入洁净房的物品必须去除外包装等，清洁后经风淋门进入 ④ 洁净房内的运载、清扫工具等专用，与外部隔离
		不产生	① 洁净房物品以不产生杂物的材质为主 ② 洁净房物品摆放、搬动和使用，应避免碰撞和摩擦 ③ 生产设备有异物产生预防性维护规范
	缺陷产生控制	减少接触	① 物品未经过清洁，不能直接与板接触 ② 尽可能减小接触面积 ③ 尽可能减少接触次数
		静电消除	① 进入洁净房人员穿戴防静电洁净服和防静电手环 ② 生产线安装除静电装置 ③ 洁净房内工治具采用防静电材料，采取防静电措施
		环境清洁	① 每个生产工步、生产设备、生产区域有清洁规范要求 ② 及时固定异物、及时清走异物 ③ 异物存储应隔离，避免二次污染
		板面清洁	① 生产前必须进行板面检查，清除可视杂物 ② 每个工步有清洁动作规范

表 8.24　洁净区管理要点

维　度	具体模块	要　点	管理制度 / 表单
设施管理	① 更衣室管理 ② 风淋门管理 ③ 洁净房设施管理 ④ 传递窗	① 更衣室的工鞋更换、工衣更换、衣柜清洁等应杜绝异物传播 ② 风淋室时间设定、风淋口方向设定、地面和墙壁除尘应有规定 ③ 控制洁净房的回风系统管理、温湿度管理、静压差管理、静电管理 ④ 传递窗禁止双向打开，有通话设备，内部无明显异物	制度： ① 班组查核制度 ② 洁净度测试制度 ③ 班组早会制度 ④ 操作岗位日管清单制度 ⑤ 洁净房例会管理制度 表单： ①《洁净房管理控制计划》 ②《洁净房异物管理清单》 ③《洁净房各岗位日管清单》 ④《洁净房常见物品使用清单》
人员管理	① 人员穿戴管理 ② 人员进出管理 ③ 人员活动管理	① 制定防尘服穿着管理规定 ② 制定风淋门使用规定 ③ 物品转运，应抬起搬运，禁止在地面拖拉，注意防止撞击墙壁等产生杂物 ④ 洁净房内禁止打闹、奔跑，要控制走动速度	
物品管理	① 物品选择管理 ② 物品进出管理 ③ 存放使用管理	① 不是洁净房必须使用的物品禁止带入，纸箱、物料外包装等须在洁净房外部拆除 ② 物品应通过物料风淋门或人工通道风淋门进入 ③ 洁净房内不能大量堆积物料 ④ 物品存放区应合理规划，不能造成清洁死角 ⑤ 按要求密闭保存余料或废弃物，防止杂物扩散	
设备管理	① 设备使用管理 ② 维护保养管理	① 设备表面应不易掉漆或使用不锈钢材质，出现掉漆时应及时清除 ② 制定具体保养事项和频率，包括清除设备内杂物、灰尘等 ③ 新进设备时，洁净房应全面防护、隔离、清洁 ④ 设备零配件需要时才可带入，不能存放在洁净房内 ⑤ 设备保养维修后需要清洁生产现场	
公共区域管理	① 清洁工具管理 ② 清洁标准和方法管理 ③ 杂物清单管理	① 清洁工具应洁净房专用，禁止使用毛刷类工具 ② 洁净房内应设置清洁工具放置区域 ③ 规定各区域清洁方法和标准	

8.5　PCB 产品质量检验

8.5.1　质量检验基础

概　念

质量检验是通过观察和判断，对产品质量控制结果进行综合性评价的环节，通过评审、监视、测量、检验和试验等活动，查明产品的一个或多个特性及特性值，确认结果是否符合规定的要求，从而确定体系、过程、产品、服务或活动的状态。

质量检验的必备条件

- 熟悉产品、熟悉业务、训练有素、高度重视质量工作的检验队伍。
- 可靠有效的检验检测设备。
- 完整有效的检验标准和规范。
- 健全有效的检验管理流程和制度。

质量检验类型

根据产品实现阶段，制造企业应完成的质量检验通常包括来料检验（incoming quality control，IQC）、过程检验（in-process quality control，IPQC）和成品检验（final quality control，FQC）三种基本类型，见表 8.25。此外，客户可以要求有资质的第三方实验室对制造厂家提交的产品进行鉴定检验，评估厂家的生产能力。客户也可以要求厂家在成品检验的同时对产品进行可靠性测试，以确保产品在规定时间内具备规定功能。

表 8.25　产品质量检验的三种基本类型

检验类型	来料检验（IQC）	过程检验（IPQC）	成品检验（FQC/OQC）
定　义	原材料、辅料、外协件入库前的接收检验，是工厂制止不合格物料进入生产环节的首要控制点	也称工序检验，对生产过程做巡回检验，对生产过程中的在制品进行检验	也称最终检验，按客户要求或有关标准进行成品外观及符合性检验，确保客户接收
检验项目	物料外观类特性，物料规格类特性，物料物理、化学和机械类特性	在制品外观类特性，在制品规格类特性，在制品物理、化学、机械类特性	成品外观类特性，成品规格类特性，成品物理、化学、机械类特性
检验方法	全检，抽检，专职检验	首件自检、互检、专检相结合，过程控制与抽检、巡检相结合，多道工序集中检验，产品完成后检验，逐道工序检验，抽检与全检相结合	全检，专职检验
职　责	按标准检验原材料并记录，处置和呈报原材料异常，处置生产线投诉的物料异常	对生产过程做巡回检验，包括首件检验、材料核对、巡检；对生产过程中的产品进行检验并记录；处置和呈报产品异常	在入库和交货前按客户标准对已完工的成品进行检验并记录，制作客户要求提供的出货检验报告

质量检验方法

产品质量检验根据样本数量可分为全检和抽检两种。全检是对产品进行 100% 逐一检验。当产品较少、精度要求很高、产品不符合标准可能导致严重后果时，通常采用全检。例如，PCB 产品的线路完整性、电性能和外观特性通常采用全检。抽检则是根据抽样方案（如国家标准 GB/T 2828.1–2012），从待检产品中随机抽取样本进行检验，通过样本检验结果与标准比较来判断总体质量状况。抽检无法保证每个产品的质量都符合要求，但可以在一定概率下确保每批产品的质量符合要求。抽检具有检验成本和时间优势，特别适合破坏性检测项目，如 PCB 物料的 IQC，PCB 产品的孔内切片检验、内层切片检验和可焊性检验等可靠性项目。

在过程检验中，产品需要进行首件检验和末件检验。生产和质量人员可以采用自检、互检、专检、巡回检验和固定检验等多种方式来保证产品质量，避免不合格产品流入下工序。首件检验是对非连续操作或操作条件变化后的第一件产品或几件产品进行的检验，可有效防止出现批次超差、返修、报废等情况。末次检验是在主要依赖模具、工装保证产品质量的加工场合，对批量加工完成后的最后一件或几件产品进行的检验。巡回检验要求检验人员在生产现场按照检验计划规定的时间、频次和数量对制造工序进行产品质量检验，而固定检验是在固定检验点对产品进行集中检验。

完成各种过程检验后，检验人员应及时记录清晰、准确、完整，并加盖检验印章或签名。同时，对产品、包装、容器或运载工具进行标识，以便保留质量检验活动和结果的客观证据，确保检验结果具有可追溯性。

质量检验的作用

根据客户图纸、客户技术标准、企业或行业技术标准，采用相应的检验检测方法判定产品是否符合规定，鉴别产品质量状况，是质量检验的基本功能。

质量检验在拦截和把关方面发挥着关键作用，因此具有现实意义。通过严格的质量检验，可以剔除不合格品，减小外部投诉损失，提升客户满意度，控制不合格品流入下工序，防止制造不良品损失继续扩大。因此，在现行的生产质量管理体系中，质量检验的作用至关重要，不可替代。

质量检验具有质量预防作用，前置检验可被视为过程控制和质量预防的一种手段。产品质量是在设计和制造阶段就应该考虑的，事后的质量检验仅能发现问题，但无法改变系统和产品的不足，也不会提升产品的价值，且检验成本较高。因此，事后检验不应被视为唯一的质量管理手段。通过增加检验人员或设备来维持质量水平的做法，在企业质量管理实践中很难获得成功。

因此，有目的地设立前置检验点、首件检验和巡检是非常必要的。在明确生产过程的质量控制关键点和产品要求的前提下，有目的地设置前置检验点和检验项目，尽可能控制检验成本的同时，重视分析和利用产品检验反馈的质量数据信息，提前预测产品不合格的情况，可进一步发挥质量检验的价值。

8.5.2　PCB 产品检验标准

根据 GB/T 2000.1-2014《标准化工作指南》的定义，标准是为了在一定范围内获得最佳秩序，经过协商一致制定并由公认机构批准，共同使用或重复使用的规范性文件。在 PCB 行业，验收标准是评价 PCB 产品质量的统一尺度，是评价者和被评价者判断同一产品质量特性的共同依据。电子电路标准体系包括国际标准、国家标准、行业标准和企业标准，如图 8.29 所示。

图 8.29　部分 PCB 标准示例

（1）国际标准：国际电工委员会（IEC）TC91 印制电路技术委员会制定和颁布的 IEC 60326、IEC 62326、IEC 61188 等系列标准，是国际通用的 PCB 标准，包括基础标准、材料标准和成品标准。

（2）国家标准：国际电子工业联接协会（IPC）开发了大量的 PCB 标准，经 ANSI 批准后成为美国国家标准，包括 IPC-T-50《电子电路互连与封装术语及定义》等基础标准，IPC-2221《印制线路板设计通用标准》等设计标准，IPC-4101《刚性及多层印制线路板用基材规范》、IPC-4562《印制线路板用金属箔》等材料标准，IPC-6011《印制线路板通用性能规范》、IPC-A-600《印制线路板的可接受性》等成品标准，IPC-4552《印制电路板化学镀镍/沉金（ENIG）镀覆性能规范》等制造标准，IPC-TM-650《试验方法手册》等测试标准；IPC-A-610《电子组件的可接受性》、IPC J-STD-003《印制线路板可焊性测试》等装配标准。

中国国家标准有中国印制电路标准化委员会制定的 GB/T 4721-4725《印制电路用覆铜箔层压板通用规则》等系列的材料标准，GB/T 4588.4《多层印制板总规范》系列的产品和设计有关标准；GB/T 4677《印制板测试方法》系列的试验方法。中国国家军用标准主要等效采用美国 MIL 标准，有 GJB 362《刚性印制板总规范》系列标准和 GJB 2142《印制线路板用覆金属箔层压板总规范》系列标准等。

此外，业内常见的其他国家/地区标准还有日本工业标准（JIS）和日本印制电路协会标准（JPCA）、欧洲电工标准化委员会标准（EN）、德国标准化学会标准（DIN EN）、英国标准学会标准（BS EN）和韩国标准（KS）等。

（3）行业标准：按工业类别，中国印制电路行业标准主要有电子工业（SJ）系列标准和航天工业（QJ）系列标准，以及中国电子电路行业协会（CPCA）系列标准。

（4）企业标准：由电子行业企业和 PCB 制造企业开发的企业标准，其中具有代表性的有华为 DKBA 3178《刚性 PCB 性能规范及验收标准》系列、中兴 Q/ZX12.201.1《印制电路板检验规范——刚性印制电路板》系列等。

PCB 质量标准的文件使用优先顺序如下。

- 客户 PCB 设计文件、客户采购文件或客户企业标准。
- 与客户约定的国际标准、国家标准等，如约定依据 IPC 标准进行产品验收。
- 企业标准。

8.5.3 PCB 产品检验技术

人工目检（MVI）与自动外观检验（AVI）

人工目检（MVI）是由检验员直接用双眼观察板面或使用一定倍数的放大镜辅助检查 PCB 板面，以发现产品表面及孔内各种缺陷的检验方式，如图 8.30 所示。尽管人工目检是最原始的检验方式，但由于其灵活度高、检验效率高、检验成本低，并且对部分特殊缺陷的辨识度高，因此在 PCB 生产过程中的工序自检、半成品检验和成品检验环节，依然是应用最为广泛的产品检验方式之一。成品终检外观目检工作流程及检验要点见表 8.26。

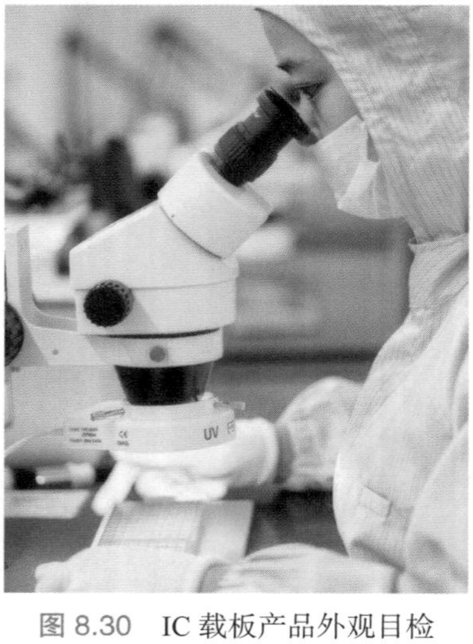

图 8.30　IC 载板产品外观目检

正常人观察物体清晰且不疲劳的距离称为明视距离，大约为 25cm。此时人眼的极限分辨率为 100μm，发现 10μm 大小的缺陷

表 8.26　终检外观目检工作流程及检验要点

岗　位	工作流程	工作要点	执行人
外观检验	来料确认	检验光桌上只允许同时存在一个型号的待检板，叠高不超过 16cm；板与 MI 一致，同一批板周期一致；取放板必须佩戴手套	检验员
	查询指示	从 MES/ERP 查找各流程的参数及工艺备注、生产备注、订单备注中关于检验的信息；拿一块实物板对照指示要求，所有检验项要求与实物一致	检验员
	电测标识检查	检查板边是否画测试线；如要求有盖章，则每块板翻检一次是否盖测试章	检验员
	附着力测试	用 2in 长的 3M 胶带测试阻焊层、金手指或焊盘部位的附着力	检验员
	板边检查	≤ 50 块板一叠，对齐检查外形尺寸是否一致，必须检验 4 个方向；检查板边 / 槽位有无粉尘、毛刺、损坏，有无漏铣槽、分层；检查金手指倒边、漏倒角、倒角过深 / 过浅、翘起、缺角等；检查 V–CUT 有无漏加工、歪斜、过深、过浅、偏位、加工不全	检验员
	孔检查	开上灯或下灯检查；NPTH 内有无铜或杂物；有无多钻 \ 漏钻 \ 漏铣槽、堵孔、孔内毛刺、阻焊入孔；检查锥形孔和阶梯槽孔的方向；有阶梯孔的，要单独翻检	检验员
	外观检查	双手持板边，检验板面每个区域，板面图形复杂的检验时间不得短于 10s / 面；目检板面、次板面（白斑、棕化不良、压痕、铜箔起皱、层压杂物、划伤、露铜）、阻焊（阻焊不均、阻焊起泡、掉阻焊桥、塞孔不良、阻焊色差、阻焊划伤、杂物）、字符（字符不清、字符上焊盘、板面白油、字符变色、漏印字符）、焊盘（导体缺损、压痕、划伤、铜粒）、线路（导体缺损、压痕、划伤、铜粒、开短路、残铜、锯齿）、金手指（划伤、凹坑、铜粒、露铜、氧化、上绿油、起泡）、反光点（露铜、缺损）、表面处理（氧化、划伤、颜色不良）、其他（红标签、混周期等）；对于关键产品或关键位置，可采用 10 倍以上的放大镜检验	检验员
	记录报表 / 转序	合格板放在左边，不合格板放在右边；合格板在板边画个人标识线，清点合格数，并在 MI 文件上签名；不合格板按返工 / 返修、报废、让步分类处理，所有缺陷均记录在《终检检验记录表》	检验员

存在困难。因此，人工目检仅适用于常规 PCB 产品。随着 PCB 向高密度、微型化发展，高密度电路布线的手机类 HDI 板、IC 载板等产品的检验，需要增加放大镜等辅助设备，但结果依然不理想。由于日常生产要求高产出，对于重复、单调、严格的检测任务，人工目检很难满足稳定性和精确性要求。鉴于此，自动外观检测设备（AVI）不可或缺。

自动光学检测（AOI）

自动光学检测（AOI）是一种基于光学原理对 PCB 表面进行扫描成像，将获得的图像与标准板 CAM 资料作比较分析，通过图像处理算法发现线路图形缺陷的技术手段。在 PCB 生产过程中，AOI 主要用于多层板内层和半成品板外层的线路图形检测。

图 8.31　AOI 检测设备（来源：Camtek）

AOI 设备如图 8.31 所示，由硬件系统和软件系统组成。硬件系统包括运动控制工作台、光源、摄像系统和光学系统等部分。其中，光源除了照明，还起到增强缺陷区域和良品区域对比度，尽可能增大待测边界显著程度的重要作用。常见的光源类型有 LED、荧光灯、卤素灯和特殊光源。摄像系统实现 PCB 图像实时采集、读入图像和显示图像等功能，有面阵设备和线阵设备两类。软件系统具有图像数据处理和分析功能，采用数字图像处理技术进行图像预处理、缺陷检测和识别。

图 8.32 展示了 AOI 设备的检测流程。在图像获取阶段，光源系统提供照明，光学成像 CCD 扫描 PCB 实物，图像传感器（光电转换器）滤光及吸收铜面反光后转换成模拟电信号，经模数转换器转化为数字信号。在图像处理阶段，利用 PCB 基材与铜的灰阶值不同的特性，将

低于指定阈值的像素转换成黑（基材）像素，高于指定阈值的像素转换成白（铜）像素，形成二维灰度图像，即二值图，如图 8.33 所示。在检测阶段，对比标准 CAM 图像与二进制图像，运用逻辑算法进行分析、判断分类和过滤。检测算法有参照对比算法（RC）、无参照验证算法（DRC）以及两者结合的混合算法三类，具体有 L 算法、T 算法、H 算法、Nick 算法、CUT 算法、CLR 算法、SPK 算法、MIC 算法等。经过逻辑对比后，AOI 设备把判定为缺陷的位置显现出来。最后，AOI 设备将判定为缺陷的板面位置发送给修理站（verify & repair station，VRS），由人工再次确认缺陷是否符合检验标准，并视不合格情况进行修补。

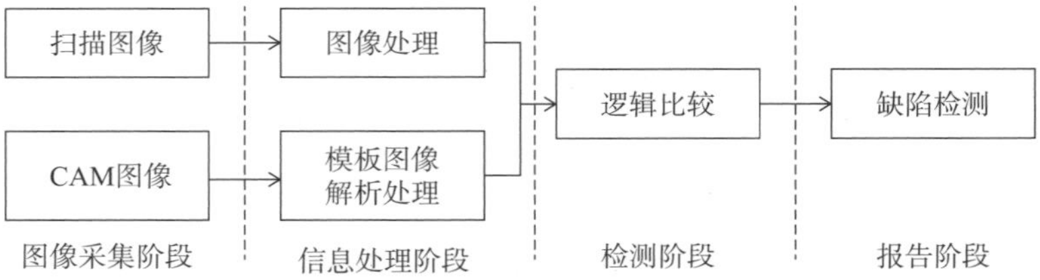

图 8.32　AOI 设备的基本检测流程

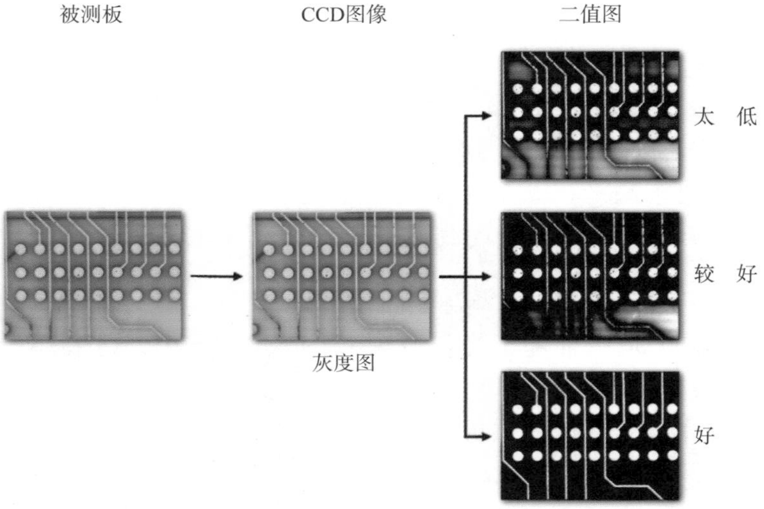

图 8.33　图像转换原理

AOI 设备的理想状态是高检出率和低误报率，能够兼顾质量和生产效率。这与设备参数设置和日常控制密切相关。针对不同的生产料号，需要提前设置钻孔板、干膜板、裸铜板、线路层、电源层、混合层、大铜面、孔、焊盘、线宽和间距等参数，关注板面的氧化状况、盖孔模式等信息。使用优化后的参数尤为重要，要重点关注以下关键参数。

- 分辨率。分辨率的设定影响细微缺陷检测能力和线宽 / 间距测量精准度。像素值越小，检测敏感度越高。常规像素选择兼顾检测效果和生产能力；检测优先像素选择可获得最佳检测结果，分辨率较高；生产优先像素选择可提高产出能力，分辨率低于常规值。
- 灰度值。在图像二值化处理中，设定的阈值称为临界值。阈值设得过大会导致铜被误认为基材，即间距变大；阈值设得过小会导致基材被误认为铜，即线路变宽。
- 容差 / 敏感度。容差设定直接影响轮廓图与设计 CAM 资料对比的差异结果。容差设得越小，软件对比过程中的差异越敏感，检测到的缺陷点越多。
- 缺陷确认与屏蔽。对通孔的屏蔽会直接导致部分缺陷的漏检。

电性能测试（E-Test）

PCB 裸板电性能测试（E-Test）俗称"通断测试"，其作用是测试 PCB 裸板线路网络的电性能状况，确保线路电性能符合设计要求，没有任何短路、开 / 断路、绝缘不良等缺陷。电性能测试包括导通测试和绝缘测试。导通测试用于发现线路是否存在开路、微开路等缺陷，通过测量 PCB 裸板同一线路网络内各节点间的电阻值来判定。绝缘测试则是测量 PCB 裸板不同线路网络间的绝缘电阻值，以判断是否存在短路、微短路等缺陷。

电性能测试有接触式测试和非接触式测试两种。接触式测试是目前 PCB 厂家常用的测试方式，常见的测试设备有专用针床测试机、通用针床测试机和无针床移动探针测试机。非接触式测试主要采用电子束测试、导电胶测试和电容式测试等方法。

专用测试机的特点是其治具针床是为一种型号的 PCB 定制的，治具成本高、时间周期长、制作复杂，且可测试线路密度较低，因此多用于量产化、单一品种的 PCB 测试。通用测试机的特点是使用通用网格（grid）或斜插探针夹具测试系统，治具依据 PCB 线路布线网格的间距和密度设计，单密度系统按网格间距 0.100in、密度 100 点 /in^2，四密度系统按网格间距 0.050in、密度 400 点 /in^2，在薄玻璃环氧树脂绝缘隔板上钻出测试针孔，然后按裸板测试点要求插测试针使用。通用测试机治具制作简单，测试针可重复使用，治具成本较低，测试密度较高，适用于小批量 PCB 测试。移动探针测试机也叫飞针测试机（图 8.34），依靠 4 ~ 8 个独立控制的探针逐一测试各条线路的两端，不使用治具。移动探针测试机测试成本低、灵活性高、周转快、测试精度高，可测试极高密度的难度板（测试间距小于 50μm），但也有测试设备贵、测试速度慢的缺点，适用于生产样品及小量 PCB 产品测试。

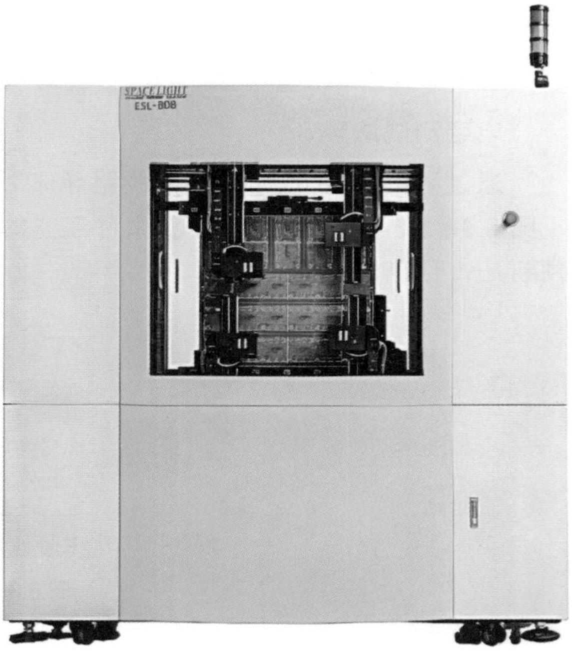

图 8.34　移动探针测试机（来源：宇之光）

电性能测试根据原理可分为电阻测试和电容测试，电阻测试法又可分为二线法和四线法，而二线法是 PCB 行业普遍采用的测试方法。

电阻测试法：二线法

建立一个测试回路，所测得的阻抗结果为馈线电阻和待测线路阻值之和。当待测线路阻值较大、开路条件设置为 10 ~ 25Ω 时，由于馈线电阻较小，可以忽略不计，采用二线法能够准确测量待测线路是否开路。然而，当待测线路阻值较小（如孔内无铜或孔内铜厚不足），馈线电阻无法忽略，甚至可能大于待测线路电阻时，采用二线法无法精确测量低阻值（$< 1\Omega$），判断待测线路是否开路就会变得不够准确。

电阻测试法：四线法

四线法又称开尔文四线检测，如图 8.35 所示，有电流和电压两个独立回路。电压回路必须具有极高的输入阻抗，以确保流经被测线路的电流极小，近似为零。由于电压表的内部阻抗非常高（兆欧级），远远大于电压回路的馈线电阻，以致几乎所有电流都通过待测线路，测量

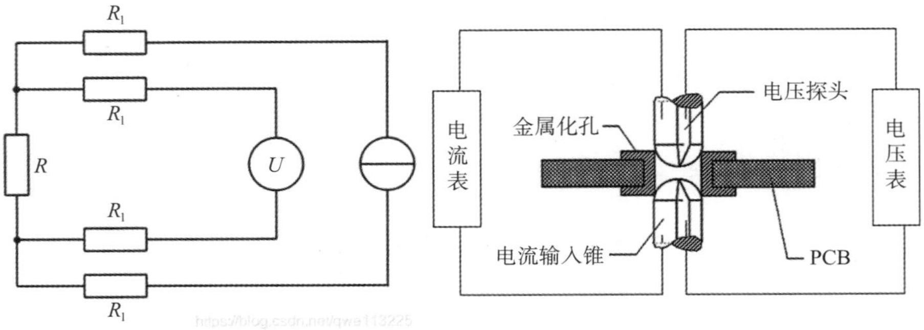

图 8.35　四线法

到的电压几乎等于待测线路本身的压降，馈线电阻可以忽略不计。因此，通过开尔文四线测试可以准确测量待测线路的微小阻值（精度可达毫欧级）。目前，四线法广泛用于 PCB 孔电阻测量，以防止孔开缺陷流入客户端，已成为常规电性能测试项目。

电容测试法

通过测量 PCB 板面上不同线路导体形状与测试机台感应板面（传感器板）之间的实际电容（图 8.36），并与根据 Gerber 文件建立的参考电容（容差为 ±20%，自行设定）进行比较，以判断是否存在开路或短路。

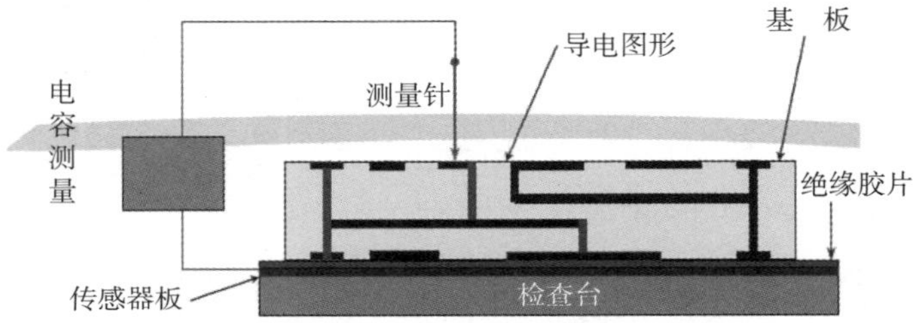

图 8.36　电容测试法示意图

在 PCB 上同一网络的测试点所测得的电容由于图形面积相同而相等。某些点的电容变小并超出参考值设定范围，表明线路网络中存在图形面积变小的情况，需要确认是否存在开路。同样地，对于不同网络，如果多组测试点的电容增大并超出电容参考值范围，则需要确认网络之间是否存在短路。

测试完成后，测试机会生成开路 / 短路测试文件，对检测出的异常点进行复检，并与 PCB 的正反面数据进行对比，最终确认开路或短路情况。

使用电容测试法，每个端点只需与测试探头接触一次，不像电阻法测试需要多次向同一点注入信号，省去了许多测试步骤，测试速度得以大幅度提高。

微切片

微切片是评估 PCB 内部质量特征符合性的主要方式，如图 8.37 所示。通常用于监控生产制程的变异或确保出货产品的质量，同时也用于识别、分析和评估失效产品或其他试验后的 PCB 质量状况。通过制作微切片，显示缺陷的真实形貌，有助于揭示问题的真相。表 8.27 归纳了相关的质量特征及缺陷。

微切片有垂直切片、水平切片、背光切片和斜切片几种。垂直切片是剖切片与基板平面垂直的切片，主要用于检测孔壁、镀层、介质等的质量，也用于验证钻孔孔径、层间偏位、塞孔

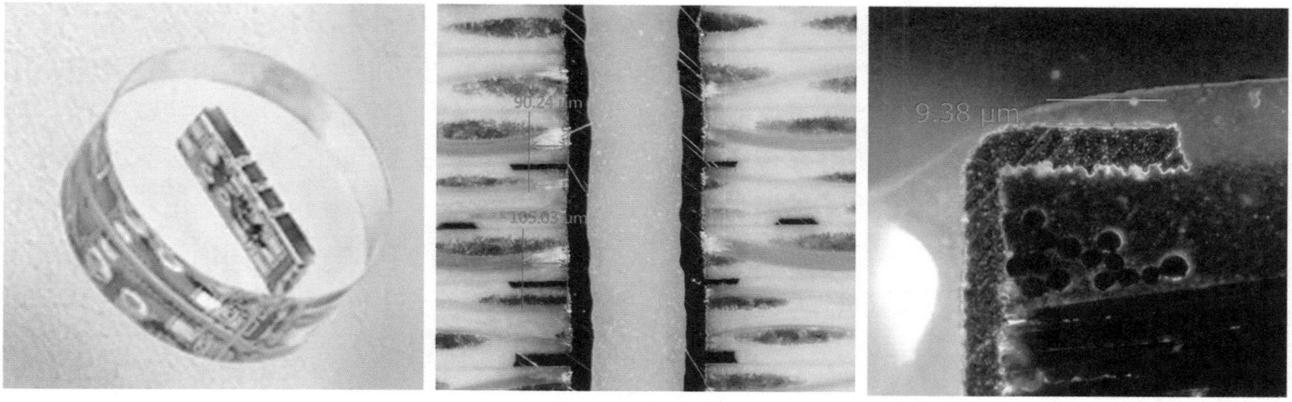

图 8.37　利用金相切片观察 PCB 内部

表 8.27　通过微切片可观测的 PCB 质量特征及缺陷

PCB 结构	阻焊	金手指	线路	叠层	镀层	孔
质量特征	阻焊层厚度，阻焊层平整度，塞孔填充	手指宽度，手指间距，镀层厚度，圆弧率	线宽 / 间距，线形	介质层厚度，总板厚，层间对准度，埋铜块	基铜厚度，镀铜层厚度，涂覆层厚度，内层铜厚	孔径，孔对准度，孔位精度，孔铜厚度，镀通率，树脂填充，背钻
测　量	厚度，平整度	宽度 / 间距	蚀刻因子，线宽 / 间距	层间对准度，厚度，铜块平整度，铜块倾斜，铜块边缘缝隙	镀涂层厚度，电镀填孔凹陷	盲孔孔径，塞孔深度，孔壁粗糙度，孔铜厚度，深镀能力，背钻深度，背钻残桩长度，控深孔与阶梯孔深度，叠孔对准度
观　测	塞孔裂纹，阻焊超厚，阻焊厚度不足	涂覆层厚度不足，手指宽度 / 间距不足	过蚀 / 欠蚀，线宽不足，间距不足	树脂起泡，层压空洞，分层，焊盘翘起导致树脂破裂，粉红圈，树脂破裂，异物，玻纤破裂，PP 空洞，基材空洞，白斑，树脂回缩，显布纹，露织物，层间重合度	镀层增宽，镀层突沿，焊盘起翘，负凹蚀，基铜破裂，镀层空洞，楔形空洞，玻纤空洞，镀层起泡，镀锡层空洞，镀层铜瘤，镀层烧焦，镀层粗糙，镀层厚度不足，镀铜结晶，盲孔表面处理镀层不连续，盲孔电镀封孔	孔偏，孔内毛刺，孔壁破裂，箭头，钉头，内层铜烧焦，树脂与孔铜拉离，孔拐角破裂，玻纤突出，D 缺陷，灯芯效应，正凹蚀，孔铜断裂，除胶不净，磨板导致孔口下陷，盲孔镀层裂纹，盲孔电镀封孔，盲孔孔底树脂残留，盲孔绿油入孔，盲孔偏位

等的质量，是最常用的切片。水平切片是剖切片与基板平面平行的切片，通常用于孔位精度、内层短路等质量问题的原因调查。背光切片是将一排孔纵向磨去一半，并将背部基材磨到很薄且光滑，不封胶，通过背光灯观察沉铜情况所用的切片。斜切片是封胶后对其直立方向进行 45° 或 30° 斜剖斜磨，观察斜切平面上各层导体线路的变异情况的切片。

微切片制作流程：烘烤→取样→热应力→预磨→封胶→抽真空→研磨→抛光。

样品板可以是待出货成品板、图形电镀 / 全板电镀的首板，或其他工艺测试板。取样前，样品板要经过 6h 的（120 ± 5）℃烘烤。然后使用铣机取样，样品应具备足够的有效孔数供观察和分析，剖切的有效孔应不少于 3 个。使用砂纸将切片边缘磨平，去除毛刺，并将待测面预磨至孔边缘 0.5mm 左右处。随后，用胶将处理后的试样固定在模盒中，缓慢倒入水晶胶进行封胶，并放入真空腔中抽真空以去除气泡。静置 20 ~ 30min 后，取出切片进行研磨。

研磨是微切片的关键步骤，要先用 180 ~ 600 目砂纸将切片粗磨至两行平行孔壁即将出现，然后用 1000 ~ 1200 目砂纸细磨到接近孔中央的位置，再用 2000 ~ 5000 目细砂纸微磨，消除切片表面刮痕。研磨过程中要随时观察打磨效果，不能出现过磨及欠磨；用力要均匀，避免出现喇叭孔。最后，取 0.05μm 氧化铝抛光粉加水搅拌成膏状，涂在抛光绒布上，对切片抛光 3 ~ 5min，以完全去除切片微划痕。抛光后的切片须清洗擦干，观测前再作微蚀处理。

可靠性测试

可靠性（reliability）是指产品或系统在规定条件下，在规定时间（$t>0$）内完成规定功能的能力。可靠性可以从狭义和广义两个范围理解，狭义的可靠性是产品设计和制造赋予的一种固有特性，而广义的可靠性需要综合考虑产品设计、制造、安装环境和维修性等因素。在此，我们侧重讨论工厂可控的 PCB 产品的狭义可靠性。

可靠度 $R(t)$ 是对可靠性的概率度量，表示产品在规定条件下和规定时间内完成规定功能的概率。可靠度描述的是产品持续工作的概率，失效次数越小，可靠度越高，产品无故障工作的时间越长。因此，可靠度与失效率 $\lambda(t)$ 和积累失效概率 $F(t)$ 有关。失效率是评估产品可靠性的常用特征之一。典型的产品失效率曲线（浴盆曲线）表明，产品使用会经历早期失效期、偶发失效期和耗损失效期三个阶段。严格的 PCB 产品出货检验有助于减少客户端的早期失效。积累失效概率 $F(t)$ 与可靠度 $R(t)$ 的关系为 $R(t)=1-F(t)$，随着时间的推移，产品的积累失效概率 $F(t)$ 会越来越大，可靠度会越来越低。

PCB 需要在特定环境或机械应力下持续工作，温度（高热、热循环、冷热循环、湿热、高湿热）、湿度、气压、工作电流、工作电压、盐雾、酸雾、机械冲击、振动和跌落等环境因素的影响，可能引发孔铜断裂、基板层分离、导体铜绝缘不良、介质绝缘不良、线路 / 焊盘脱落、阻焊层脱落、可焊性不良等过应力失效或损耗性失效（图 8.38），使得耐热性能、机械性能、绝缘性能、耐腐蚀性能、可焊接性能和电性能等发生变化，表现出产品不可靠，甚至出现产品功能丧失等致命性故障。其中，大部分耗损故障是通过事前检测或监测可预测到的故障。因此，在 PCB 成品出货前，工厂要依据不同客户的要求，完成指定项目的可靠性检测，评价该批次 PCB 产品的可靠度。这对于产品质量保证和客户满意有着重要意义。

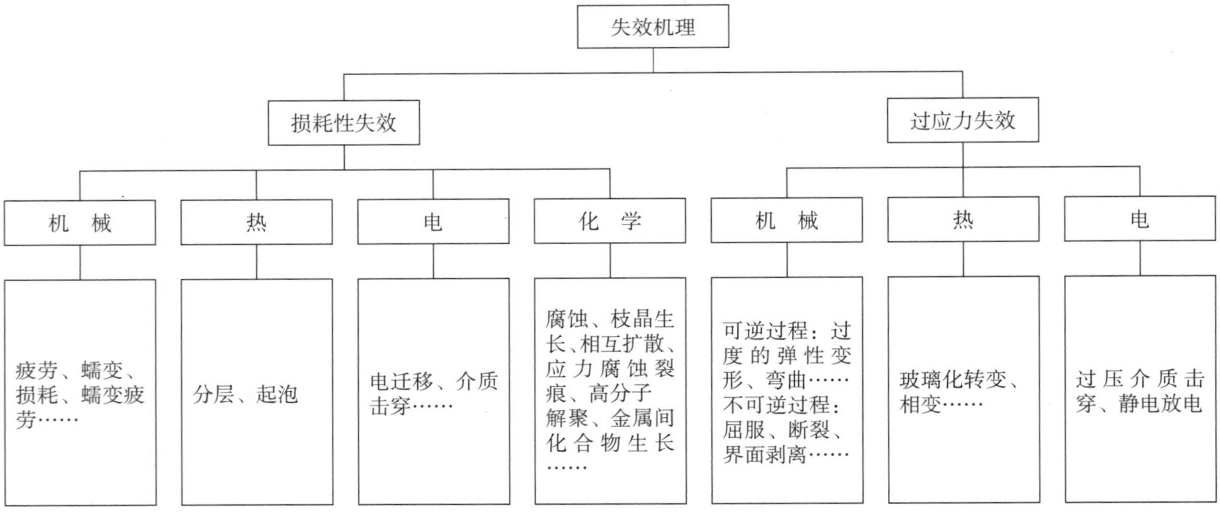

图 8.38　环境因素引发 PCB 产品失效的机理

表 8.28 列举了 PCB/HDI 板 /IC 载板的主要可靠性测试项目。可靠性测试是对产品在各种环境条件下进行的模拟试验和使用试验，通常可分为环境试验、寿命试验和特殊试验三大类。由于产品的寿命通常较长，为了缩短可靠性测试周期，一般进行加速试验（即适当提高应力等级）。加速试验的环境应力水平不应超过产品的平均耐受能力，过高的应力水平可能导致过应力失效（即在实际使用过程中不会出现的失效），这样就失去了试验条件模拟实际使用情况的意义。

表 8.28 PCB/HDI 板 /IC 载板的主要可靠性测试项目

试验项目	设备名称	常用参考标准	测试目的	样品要求	测试范围	评 定
热应力（thermal stress）	小锡炉	IPC-TM-650 2.6.8E	耐热性	尺寸不超过 50mm × 50mm，最少有 3 个最小导通孔	（288 ± 5）℃、10s、3 次	无分层、白斑、孔铜断裂、阻焊脱落及其他可视缺陷
回流测试	回流炉	IPC-TM-650 2.6.9E	耐热性	实际产品上对应的图形	板面（260 ± 5）℃、时间 20 ~ 30s、5 次	不得有裂纹、分层、起泡、孔断、阻焊起泡剥落等异常现象
热冲击（thermal shock）和连通性	冷热冲击试验箱低电阻测试仪	IPC-TM-650 2.6.7.2B	连通性	IPC-2221 菊花链附连条，有 100 ~ 200 个孔通过线路连接	规定了 A、B、C、D、E、F 条件，条件 D：从 -55（0/-5）℃到 +125（0/-5）℃高温，一次循环 15 分钟，100 次循环中途不得停断	电阻变化率 <10%；无分层、白斑、孔铜断裂、阻焊脱落及其他可视缺陷
热循环（TC）	热循环试验箱	JESD22-A104D	连通性	样品尺寸介于 152.4mm × 152.4mm 和 400mm × 400mm 之间	温湿度环境分 A、B 两个等级 300/500/1000 个循环	无阻焊脱落、分层、起泡，孔铜断裂及其他可视缺陷
互连应力（IST）	IST 测试仪	IPC-TM-650 2.6.26B	连通性、绝缘性	IPC-TM-650 2.6.26 专用 IST 孔链图形的测试条	根据板 T_g 类型及板厚确定 IST 测试的测试温度条件及循环数，最小循环数＞ 150	电阻变化率 ＜ 10%
高加速应力（HAST）	高加速寿命试验箱湿热试验箱	JESD22-A110C	耐湿性、绝缘性、连通性	PCB、IC 载板成品，如需要焊接进行电阻检测，焊点为完成孔径 0.8mm 以上的孔或直径 3mm 以上的盘	（130 ± 2）℃，85% ± 5% RH，0.23MPa，168h	无阻焊脱落、分层、起泡，孔铜断裂及其他可视缺陷
高温蒸煮（PCT）	高温蒸煮箱	JESD22-A102C	耐湿性、绝缘性、连通性	PCB、IC 载板成品	（121 ± 2）℃，100% RH，0.21MPa，168h	无阻焊脱落、分层、起泡，孔铜断裂及其他可视缺陷
高温储存寿命	高温试验箱	JESD22-A103C	连通性	PCB、IC 载板成品	条件 B 温度：150（-0,+10）℃、500/1000h	无阻焊脱落、分层、起泡，孔铜断裂及其他可视缺陷
介质耐电压	耐压测试仪	IPC-TM-650 2.5.7	绝缘性	客户指定测试点或标准测试板上的固定测试点	一般选择耐电压性能最薄弱的区域	250V、30s（导体间距小于 80μm）；500V、30s；1000V、30s，导体间没有闪光、火花或击穿
耐湿及绝缘电阻（SIR）	高低温湿热试验箱 & 绝缘电阻测试系统	IPC-TM-650 2.6.3F	绝缘性	IPC-TM-650 2.6.3 图形设计：Y 形和梳形设计	（100 ± 10）V 偏压，3 级：25（+5/-2）℃，85% ~ 93% RH，20 个循环，共 160h	Ⅱ 级标准，≥ 100MΩ；Ⅲ 级标准，≥ 500MΩ
电化学迁移		IPC-TM-650 2.6.14.1	绝缘性	使用 IPC-B-25A（B、E、D 类型）测试板	温 / 湿度环境（40 ± 2）℃，93% ± 2% RH、（65 ± 2）℃，88.5% ± 3.5% RH 或（85 ± 2）℃、88.5% ± 3.5% RH，静置 96h；加 10V DC 偏压，放置 500h	静置后绝缘电阻＜ $10^7\Omega$，失效；测试过程中 3 次或以上出现 $R<10^7\Omega$ 即判定样本失效
CAF 测试		IPC-TM-650 2.6.25A	绝缘性	IPC-9253 的测试板设计；IPC-9255 和 9256；IPC-9691 标准图形	（85 ± 2）℃、87%（+3%/-2%）RH、无偏压，放置 96h；然后（85 ± 2）℃、87%（+3%/-2%）RH、100V DC 偏压，放置 500h	静置后绝缘电阻＜ $10^7\Omega$，失效；测试过程中 3 次或以上出现 $R<10^7\Omega$ 即判定样本失效
玻璃化转变温度（T_g）	动态热机械分析仪	IPC-TM-650 2.4.24.2（DMA 法）	基材固化度	试样为长 22.5mm、宽 6.25mm 的有机薄膜条材料，最小厚度为 5μm	测试温度范围为室温 ~600℃	>200℃
可焊性测试	小锡炉	IPC J-STD-003C 4.2.6/4.2.8	连通性	尺寸不超过 50mm × 50mm，每批测试至少有 30 个待测孔	锡铅焊料，温度（235 ± 5）℃；无铅焊料，温度（255 ± 5）℃，［（3 ~ 5）± 0.5］s	样品表面至少 95% 的面积润湿良好。其余表面允许出现小针孔、缩锡及粗点，不允许集中在同一区域
附着力	/	IPC-TM 650 2.4.28	连通性、外观可靠性	半成品或成品 PCB，或按图样设计的测试板	3M 600 型压敏胶带	无阻焊膜、镀层剥落或浮起
剥离强度（peel srength）	剥离强度测试仪	IPC-TM-650 2.4.8C	附着力	成品 PCB、棕化板、覆铜板		成品及覆铜板，≥ 8.8N/cm；棕化板，≥ 6.86N/cm
拉脱强度（pull strength）	拉脱强度测试机	IPC-TM-650 2.4.21	附着力	镀通孔孔径不大于 1.0mm 且焊环不能被绿油覆盖；方形或圆形焊盘，焊盘最长边或直径在 0.3 ~ 1.5mm		焊盘拉脱强度≥ 497psi；没有焊盘起翘、松脱；镀通孔拉脱强度≥ 2000 psi；没有孔环焊盘起翘、松脱
耐化学试剂	恒温水浴锅	IPC-TM-650 2.3.4	外观可靠性	阻焊膜已固化的在制品或成品板	无水乙醇、丙酮、异丙醇、75% 异丙醇 +25% 水、氢氧化钠、盐酸等浸泡	不允许有阻焊膜或油墨粗糙、发黏、起皱，起泡、变色分层、白斑等缺陷
混合气体（MFG）		IPC-TM-650 2.3.24.2	耐腐蚀性	带金手指成品板		硝酸腐蚀测试 2h 后样品无腐蚀物、无起泡
离子污染度	离子污染测试仪	IPC-TM-650 2.3.26	绝缘性、耐湿性	已经完成表面镀层处理的成品板；棕化半成品板；阻焊前处理后的板		成品，≤ 1.56 μg/cm²；棕化后、阻焊前处理测试板，≤ 1.0 μg Nacl/cm²

8.6 质量控制闭环——不合格处理

不合格既是工厂内部质量控制的重点，又是外部客户审核的焦点。不合格管理是全寿命质量管理的重要内容，不合格管理的作用不仅仅体现在发现并消除现有的不合格，更体现在预防和控制不合格的再次出现。对于 PCB 生产企业，客诉会从外部施加压力来驱动组织质量改进，而不合格管理过程则是组织内部驱动质量稳定的力量。工厂内部以不合格管理为抓手，通过不断地、快速地纠正来获得生产过程的稳定，进一步以预防问题复发为标准，消除生产过程中导致偏差的根本原因，从而完成质量控制的闭环。

8.6.1 概　念

不合格

根据 GB/T 19000-2016《质量管理体系 基础和术语》的定义，不合格指“未满足要求”。在这一定义中，“要求”可以涵盖多个方面，包括规定的、特定的要求，明示的要求、隐含的要求，法律法规的要求，以及相关方的期望和要求等。缺陷是不合格的一种特定形式，指产品未能满足与期望或规定用途相关的不合格情况。区分不合格和缺陷的概念至关重要，因为其中涉及法律内涵，特别是与产品或服务的责任问题相关。当缺陷牵涉到产品的责任时，客户对产品使用的期望可能受到供应方提供信息的影响，因此组织应予以关注。

一般而言，不合格包括产品和过程两个方面。产品不合格指产品的一个或多个质量特性不符合企业、行业质量标准或客户的相关技术要求（如技术条件、检验规范、图纸工艺等）；也可以泛指在过程状态异常的情况下生产、存储或测量存在质量隐患，尚未经过鉴定确认的产品。而过程不合格指产品形成过程中的人、机、物、法、环、测等任一过程特性不满足生产规范要求的情况，过程不合格通常是产品不合格的直接原因。

DRB

异常处置评审委员会（disposition review board，DRB）是针对生产过程中发现的可疑半成品或成品，由流程负责人或质量管理工程师召集，与相关部门共同商议处理方案的机制。DRB 会议在设备出现故障、生产参数异常、超出 SPC 控制线、产品合格率低等情况下启动，以防止过程异常导致的不良品流入下工序。

MRB

异常物料评审委员会（material review board，MRB）是针对所有检验工序发现的异常产品，无法确定缺陷时的处理机制。根据不确定缺陷的情况，MRB 会议可由质量管理责任人召集，与相关部门商议合理处理方案。MRB 会议对产品的审核意见有：①放行；②让步；③返工 / 返修；④报废；⑤退换货。

NCN

过程不合格项分析与改善报告统称质量异常警报 / 不合格品报告（non conformance notification，NCN），有 MRB 和 DRB 两种路径。检验工序或生产工序人员发现产品存在质量异常或生产过程有潜在质量风险且符合相应发送标准时，应第一时间对异常产品进行隔离，通知生产工序负责人并停止后续相同类型产品的继续生产。

返 工

返工是为使不合格产品符合要求而采取的措施，如通过使用原工艺或替代工艺，使不合格产品符合要求或规范的再加工。

返 修

返修是指为使不合格产品满足预期用途而采取的措施。返修可影响或改变不合格产品的某些部分。返修成功未必能使产品符合要求，可能需要让步。

让 步

让步是对使用或放行不符合规定要求的产品的许可。对最终成品外观、非重要功能有轻微影响，但不影响产品实际性能的，交付前让步应以客户同意为原则，过程中让步应以后制程加工的产品符合客户要求为原则。

8.6.2 不合格处理流程与管控要点

不合格分级

产品及产品形成过程涉及多个质量特性要求，这些质量特性的重要程度并不相同。不合格是质量特性偏离规定要求的表现，而这种偏离因质量特性的重要程度不同和偏离规定的程度不同，对产品适用性的影响也不同。按照不合格处理要求，工厂应对所有的不合格进行分级，将产品质量可能出现的不合格，按其对产品适用性的影响，列出具体的分级表，据此实施管理。PCB 产品的不合格可以分为严重、重要和一般三级，见表 8.29。

表 8.29 不合格分级示例

等 级	标 准	特殊管控点
严 重	① 可靠性问题（分层起泡、线路剥离、孔内无铜、孔铜断裂、阻焊剥离、可焊性不良、ICD、CAF 等） ② 全批次报废	① 异常物料处置及 NCN 评审需工厂负责人、质量经理、生产经理及责任部门经理会签 ② 质量经理或责任部门经理应全程主导不合格品处置 ③ 异常处理要闭环，措施要标准化 ④ 出现可靠性问题，应立即停产同型号产品，确认是否需要停线整顿
重 要	① 样品板首板连续两次不合格，量产板首板不合格 ② 同型号同批次单一缺陷不良率≥ 30% ③ 同型号同批次单一缺陷报废率≥ 10% ④ 员工严重违规（产线异常状态下继续生产，生产过程未点检或未进行自主检查等） ⑤ 药水分析结果超出管控规格 ⑥ 工序产出良率低：AOI ≤ 95%，FVI ≤ 90%，BBT ≤ 98% ⑦ 终检外观检查连续两批及以上退前工序	① 异常物料处置及 NCN 评审需 QC 主管、生产经理及责任部门经理会签 ② 应通过 NCN 会议方式，由质量部门进行重点管理 ③ 异常处理应闭环，措施应标准化 ④ 工序良率≤ 70% 时，该工序应停线整顿 ⑤ 药水、环境等超出规范要求的控制规格，工艺维护计划未执行，设备未保养或定期检测等情况，应立即停线整顿
一 般	其他质量异常	异常物料处置及 NCN 评审应反馈工序主管、QC 主管、责任部门主管会签

不合格处理流程

常规 PCB 产品的不合格处理流程如图 8.39 所示。依据《工序自主检查标准书》和《NCN 类型划分及发送标准》，当工序人员发现产品存在质量异常或生产过程有潜在质量风险时，应第一时间对异常产品进行隔离，停止后续同类型产品的继续生产，并通知工序负责人。

确认异常属实后，工序人员应在系统中发出《质量异常警报 / 不合格品报告》。异常缺陷信息应准确、清晰，内容可按 5W2H 方式描述，包括什么时间、什么地点、什么人、发现了什么异常、异常数量是多少、为什么会发生、如何发生的。必要时可添加测量结果或缺陷图片，

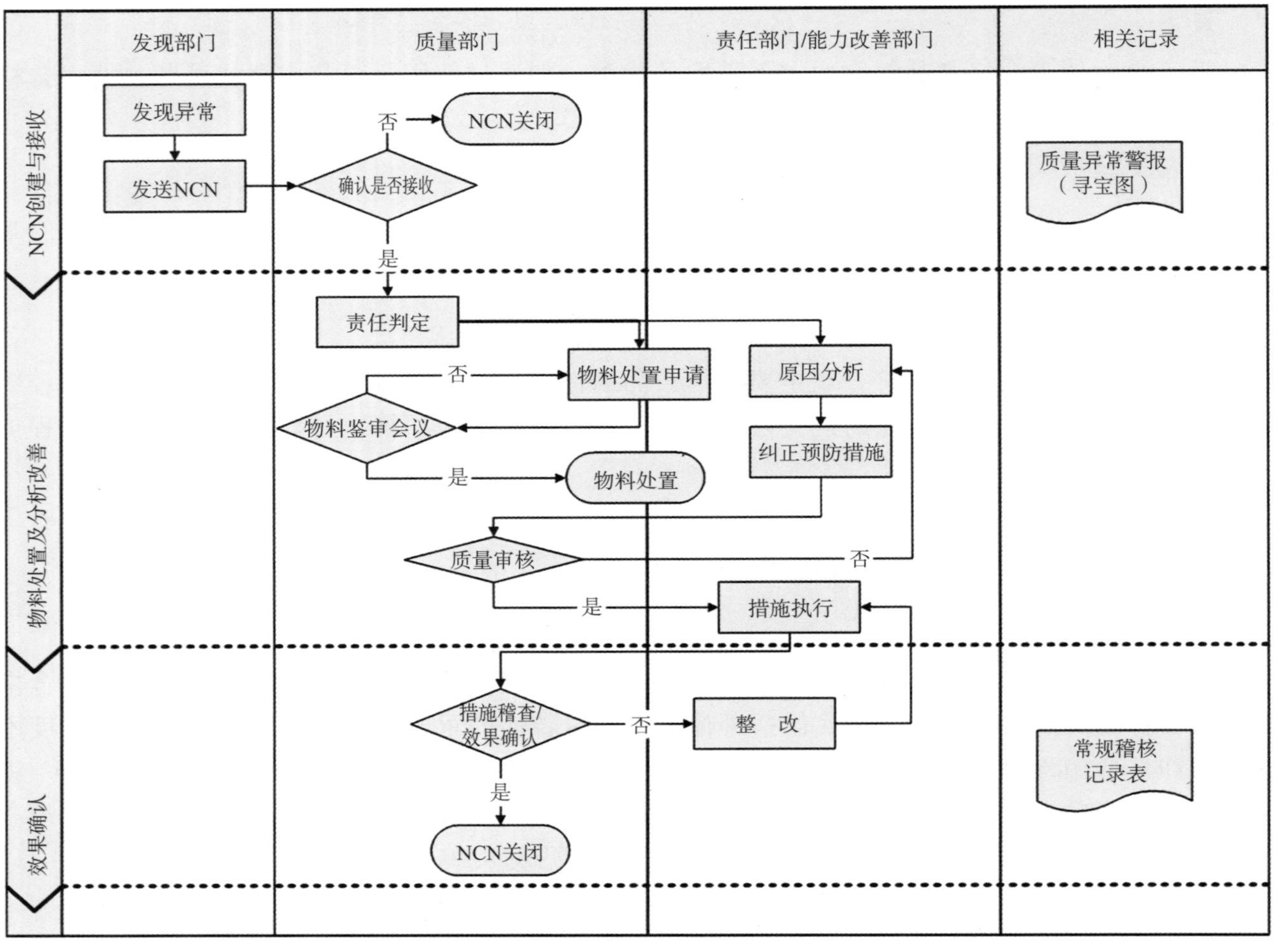

图 8.39　不合格处理流程

以及必要的数据或缺陷特征描述等。

质量管理部门根据《NCN 等级划分标准及结案要求》、《自主检查标准书》、对产品的影响、异常问题和缺陷的描述，判定接收或关闭处理。当质量问题的风险等级较高（重要或严重）且会直接导致产线无法正常生产，或在制品有较大的质量风险时，质量管理部应发出《停线通知单》申请停线，并对受影响批次进行暂停处理。

针对不合格品和受影响的产品，由责任部门主导风险评估及物料处置，物料处置方案经质量管理部、责任部门及物料处置主导部门会签后执行。对于严重和重要的 NCN，责任部门负责分析根本原因，并在 48h 内提出相应的改进措施，提交《质量异常警报》给质量管理部审核。责任单位应充分运用 5M1E 或 5Why 方法深入解析问题，并检讨管理行为是否有效。不合格原因分析不到位，未找到根本原因，可能导致问题复发。

审核通过的《质量异常警报》由质量管理部进行稽查确认，未落实执行的记录在常规稽查表中，由责任工序继续整改；确认合格的，经审核后通知责任工序恢复生产，记录复线时间，收回“停线”标识。对根因采取的措施应及时在《工序作业指导书》《工序工艺技术规范》等文件中固化，形成质量控制闭环，连续稽核一段时间后 NCN 可结案。

案例　铜面烧伤不合格处置[1]

问题描述

不合格事件描述如图 8.40 所示。

产品型号	2hb03521	批　次	1449002201 1449003201	生产工序	激光钻孔	发现时间	2016.10.09
不合格名	铜面烧伤	产品数量	16 片 ×3	不合格品数量	16 片 ×3	不良率	100%

不合格事件描述及图片说明

2hb03521-1449002201/1449003201 批次板在外层闪蚀 AOI 首板检查过程中，发现元件面部分孔周边存在明显缺陷，同时孔边存在发白的现象。产品生产日期：10 月 3 — 4 日晚班。

不合格产品生产过程排查

产品生产过程无异常，自检项目无异常。

员工抽检时发现以下疑似缺陷并保存图片，由于夜班无工程师跟进，员工判断为激光钻孔后产生的胶渣，继续生产余下所有产品。

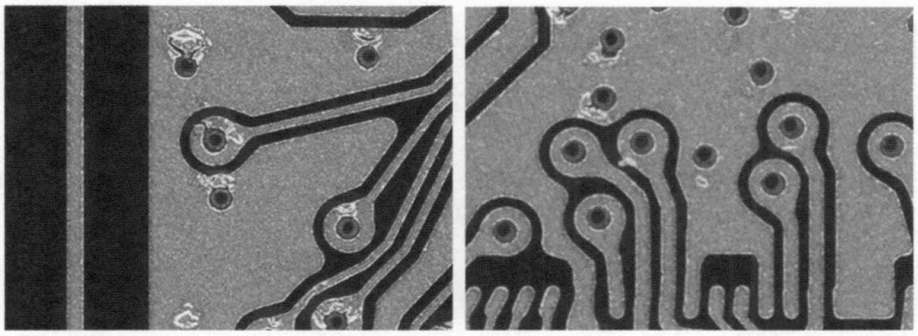

图 8.40　不合格事件描述

原因分析

质量三标准分析

（1）有无标准？有标准。激光钻孔后有首板检查和过程抽检，针对 VIP 自主检查主要为孔径检查和孔偏检查。

（2）是否遵守标准？遵守标准。员工进行了首板检查和过程抽检，对规定的检查项目均做了检查记录，未发现异常。

（3）标准是否适合？合适。标准不仅规定了常规检查项目，还设有“其他异常”项用于记录非常规异常，同时要求工程师对所有异常进行判定和处理。

5Why 分析

（1）为什么激光钻孔后没有发现异常？

员工在抽检过程中发现了异常，但由于是夜班生产，工程师未能及时确认，且此类缺陷以前从未发生过。员工判断是激光钻孔后残留的钻污，未及时通知工程师。

（2）为什么该型号板出现此类异常？

该型号板的板厚为 0.15mm，孔径为 100μm，基铜厚度为 2μm（实际约 2.4μm），经光成像前处理后，基铜会被微蚀 0.80μm 左右，剩余基铜厚度约为 1.6μm。由于板厚较大，孔径较大，激光钻孔加工的能量较高，怀疑是高能量加工底面时，垫板反射的激光烧伤了顶面。

（3）为什么前批次 AOI 没有反馈此类问题？

烧伤铜面主要集中在孔周围，只有当板面和垫板表面存在一定间隙时，激光才会反射到板面。

1）案例提供：SHC 等。

生产这几个批次时，垫板已使用 20 天以上，表面残留许多凹坑，激光束射到凹坑上时，会反射到板面，烧伤铜面。

（4）为什么只有正面存在烧伤缺陷？

激光钻孔先加工正面，再加工背面，两面加工完成后进行 VIP 制作。加工正面时，只有部分孔被击穿，且击穿的孔径很小，射到垫板上的激光能量很低，不足以烧伤铜面。而加工背面时，孔已经被完全打通，孔径较大，射到垫板上的激光能量很大，反射后就烧伤了正面的铜面。

根本原因分析

由于激光钻孔时的能量较高，加工背面时激光射到孔底，击中垫板上的凹坑，然后反射回铜面，导致孔附近的铜面被烧伤。

设计验证试验

（1）分别使用旧垫板和新垫板，对比激光钻孔后的正面情况。如图 8.41 所示，使用旧垫板时，正面出现铜面烧伤，铜面残留钻污较多；使用新垫板时，正面未出现铜面烧伤，铜面残留钻污较少。

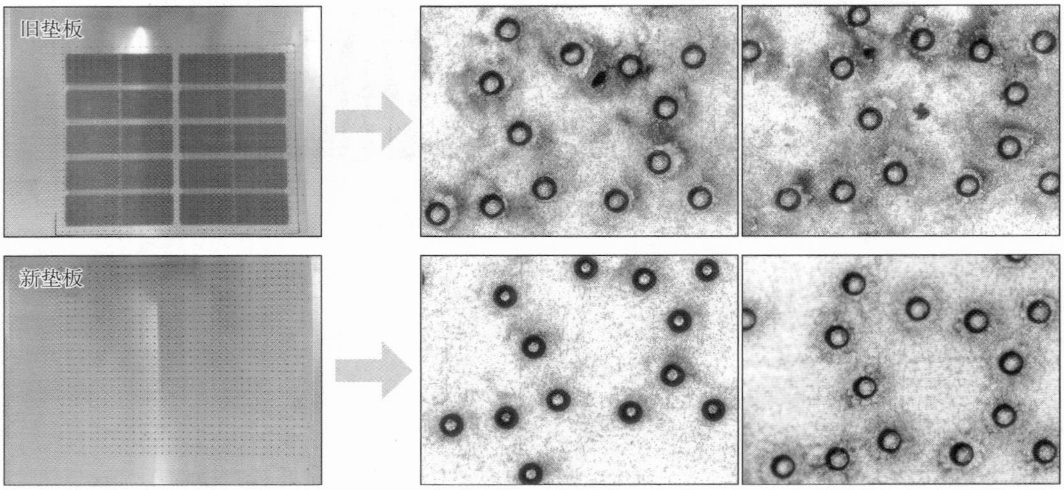

图 8.41　新旧垫板的激光钻孔效果对比

（2）使用旧垫板，分别采用不同激光参数钻孔，观察正面情况。高能量加工时，颈部尺寸（neck size）控制在 70μm 左右，通孔尺寸（via size）按 70μm ± 10% 控制。低能量加工时，颈部尺寸控制在 50μm 左右，通孔尺寸按（50 ± 10）μm 控制。验证试验说明，在使用较高能量，且垫板较旧的情况下，会出现铜面烧伤缺陷，如图 8.42 所示。

脉宽：15/2μs
能量：5.6mJ
枪数：1+2
掩模板厚度：1.3mm

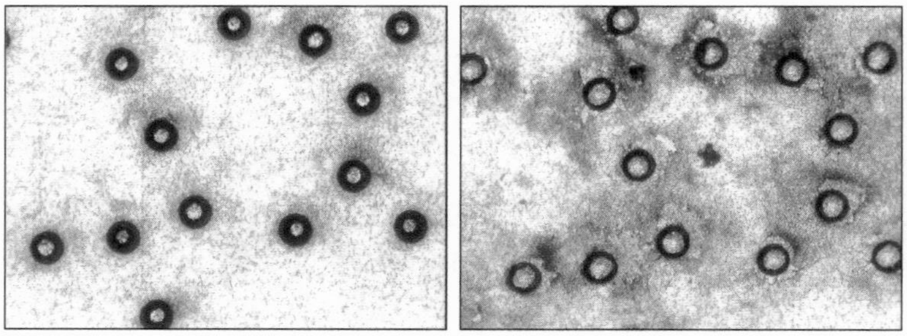

脉宽：15/2μs
能量：11.00mJ
枪数：1+2
掩模板厚度：1.4mm

图 8.42　旧垫板不同能量参数的激光钻孔效果

临时措施

（1）产品处理措施：报废处理。

（2）临时文件措施：无。

改进措施

（1）早发现：该异常属于自检项目中的“其他异常”。对员工进行宣导，提高员工的质量意识，发现任何异常均须向工程师反馈，确认后再生产。

（2）防止发生：制定垫板返磨及更换标准，下发技术变更通知书（technical change notice，TECN）；优化工艺参数，尽量使用较低能量加工。

（3）防止再发生：按 TECN 要求定期返磨并更换垫板，自检过程中关注同类异常；考虑电镀填孔的效果，减小凹陷，同时减小颈部尺寸，加工能量也相应降低。工程师负责更新颈部尺寸控制标准，并对相应加工参数进行优化。

（4）防止流出：提高员工的质量意识，有异常即反馈，无工程师跟进时可暂停异常板制作。

标准化

（1）更新颈部尺寸控制标准。

新标准：颈部尺寸 =（50 ± 10）μm，如图 8.43 所示。

××××公司质量体系文件	文件编号：×××-TSOP-D66（B）
	生效日期：
文件名：激光钻孔自主检查标准书	

1. **目的：**明确该工步产品检验方法，确保产品质量。
2. **范围：**适用于激光钻孔工序
3. **职责：**制造技术工程师负责作业指导书的修订，该工步员工负责按此开展生产作业。
4. **检查标准：**

序号	检验项目	检验标准	检测点/位置说明	检验工具	检验方法	图示说明	检查比例	异常处理方法	记录方法
1	孔位精度	偏移<30μm，CPK>1.67	全板正反面	激光通孔 AOI	检查机判定	/	100%	通知工程师处理	$\bar{X}-R$
2	孔　偏	微孔允许相切，但不允许破盘	全板正反面	金相显微镜 激光通孔 AOI	肉　眼		100%	通知工程师处理	《自主检查记录表》
3	孔　径	上孔径：目标孔径±10μm 下孔径：(70±10) %×上孔径 中孔径：(50±10) μm	全板正反面	金相显微镜	肉　眼	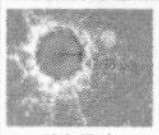 开窗尺寸  底铜尺寸	3片/批 5点	按照RFC反馈处理×××-TQR-D07（A）	
4	孔未钻穿	未出现钻穿底铜与未钻到底铜	全板正反面	激光通孔 AOI	检查机判定	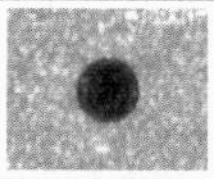	100%	通知工程师处理	
5	孔底残胶	残胶面积≤10%孔面积； 不允许孤立残胶	全板正反面	激光通孔 AOI	检查机判定	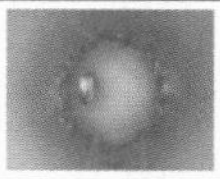	100%	通知工程师处理	
6	漏钻孔	不允许漏钻孔	全板正反面	激光通孔 AOI	检查机判定	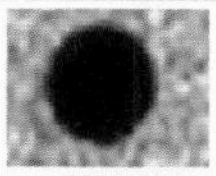	100%	通知工程师处理	
7	钻穿底铜	不允许损伤底铜	全板正反面	激光通孔 AOI	检查机判定	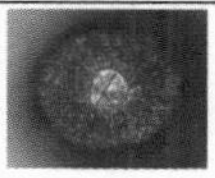	100%	通知工程师处理	

※注：标准每个批次为30片，如生产板数量少于30片，则以实际产品数量为准。

图 8.43　激光钻孔自主检查标准书

（2）优化加工参数。

脉宽 =–15/2μs；能量 =5.6mJ；枪数 = 1+1；掩模板厚度 =1.3mm。

（3）制定垫板返磨及更换标准。

返磨频率：1 次 / 周。

返磨方法：使用磨钢板线返磨，每次返磨重复 4 次，在每周一磨钢板线保养前完成。

注意事项：激光钻孔需准备至少 2 套垫板，当一套被拆去返磨时，安装另一套用于激光加工。

更换频率：1 次 / 月。

更换方法：拆下旧垫板，报废处理，安装新制作的垫板。

注意事项：需提前制作新垫板，由生产部门负责采购相关铝板，由外形工序负责加工导气孔。加工导气孔后，由层压工序负责打磨新垫板，除掉孔边毛刺，新垫板过磨钢板线应不少于 10 次，具体看毛刺去除效果。

第 9 章
PCB 产品制造质量改进

质量改进是 ISO 9000 质量管理体系的七项原则之一，是核心质量管理活动。面对不断变化的外部竞争环境和内部经营环境，企业推动质量改进、学习和创新活动，可以为产品、服务、过程和管理体系的升级提供输入，从而帮助组织实现期望的结果。持续成功的组织必然会持续关注质量改进。

本章重点介绍质量改进的相关概念和作用，围绕精益六西格玛技术，介绍质量改进工具和推行要点，并通过 PCB 制造的实际案例展示质量改进的绩效。

9.1 质量改进概述

9.1.1 质量改进的定义和作用

根据 ISO 9000：2015《质量管理体系 基础和术语》的定义，改进（improvement）指的是提高绩效的活动。改进活动可以是一次性的，也可以是循环的，循环活动即持续改进（continual improvement）。企业在持续进行改进活动时，必须不断改进产品或服务形成的全过程，通过审核发现、数据分析或其他方法，寻求改进机会和制定改进目标，使产品或服务水平在循环活动中不断提升。

质量改进（quality improvement）是质量管理的一部分，致力于增强满足质量要求的能力。质量要求可以涉及任何方面，如有效性、效率或可追溯性。质量改进是一个变革过程，要求企业主动采取行动，对质量现状进行评价和分析，以识别改进范围；设定改进目标；寻找可能的解决办法来实现目标；评价并实施选定的解决办法；测量、验证、分析和评价实施结果以确保目标达成；将更改纳入文件体系。这些活动能够增强组织对调查和确定根本原因及后续预防和纠正措施的关注，提高组织对内外部风险和机遇的预测和反应能力，使过程质量水平显著提高，提升组织能力和客户满意度。跨部门的突破性质量改进和企业全员参与的渐进性质量改进，是质量改进的两种基本路径。

质量管理大师朱兰是突破性质量改进的积极倡导者。20 世纪 50 年代，朱兰确立了通用突破程序，并在 1979 年发行《朱兰论突破》系列录像带，对许多组织的质量突破起到了推动作用。朱兰认为，企业领导应创建一种体制来提升改进率，通过实现少数关键（帕累托原理）突破，使组织能够胜过竞争对手并满足利益相关者的需求。他认为，“突破”意味着“有组织地创造有利的变化并实现前所未有的绩效水平”，如实现六西格玛水平（3.4 DPMO[1)]）或 10 倍于当前过程绩效水平的改进。质量突破会显著降低成本并提升客户满意度。突破性质量改进不同于设计和控制，质量三部曲示意图（第 176 页）表明了这种区别。图中显示，质量不良成本最初约为总产出的 25%，这些慢性浪费固化在过程中，“设计便是如此”。通过突破性质量改进项目，组织浪费减少到约 5% 甚至更低。突破使浪费降低到前所未有的水平。图中还显示了一个偶发性峰值，浪费突然增大 50% 以上。这种非预期的意外可以迅速恢复到 20% 左右的长期水平——这并不符合突破的定义，正确的理解是这是一次快速纠正的“救火”行动，表明根因分析和纠正措施有效。突破性质量改进的投入回报率很高。朱兰分析了一些年销售额在 10 亿美元以上的大企业的公开报告，发现每个质量突破项目平均能削减成本 10 万美元（1985 年），而实现突破的成本投入大约只需 1.5 万美元，或总收入的 15%。

渐进式质量改进即持续改进，以日本企业界主流的 Kaizen（日语“改善”的发音）管理理念为代表。Kaizen 起源于二战后美国军工业广泛采用的 TWI（training within industries，工业内部培训）和 MT（management training），其字面意义是通过改（Kai）而变好（Zen），强调形成一种质量文化氛围，依靠涉及每个人的团队奋斗，采取系统方法和合理化建议制度，利用低投入、小变化而高效的渐进性改进，积累连续不断的小步改进，推动企业螺旋式进步。与 TPM、流程再造、六西格玛等突破性质量改进相比，Kaizen 要求每位管理人员及作业人员以相对较少的费用不断改进自己的岗位工作，通过持续进步获得巨大的回报，实现质量改进目标。日本质量改进大师今井正明认为，丰田成功的关键在于贯彻了 Kaizen 经营思想。他形容丰田公司的装配工厂有一种活跃的气氛，员工的每个动作都有明确的目的，没有懒散现象。在一般工厂，你会看到未加工完的零件堆积，装配线停下来检修，工人无所事事。而在丰田，生产过程像设计的舞蹈，工人像舞蹈演员：取零件、安装、质量检查……这一切都在完美的环境中进行。

Kaizen“黄金”法则

（1）如果发生问题，首先去现场确认——“Gemba Kaizen”，意思是到“事件发生的地方”持续改进。

（2）检查发生问题的对象。

（3）立即采取暂时性措施。

（4）查找问题产生的真正原因。

（5）使应对措施标准化，以避免类似问题再次发生。

Kaizen 基础理念

（1）Kaizen 与企业领导。管理者有“维持”和“改进”两项基本责任。维持包括保持当前技术及与企业工作有关的标准活动，也包括培训和纪律。中层和基层的组长、主管等管理者是日常维持的主要责任者，他们需要努力使每个作业人员都按照标准流程完成工作。在改进方面，强调基层员工的职业道德、参与意识和工作自律性，通过工作交流和小组活动使岗位工作不断完善和进步。企业的中高层管理者是改进、改造和创新的责任者，主要通过新技术、新工艺、新设备的大量投入来取得巨大进步。

（2）过程和结果。过程方法是质量管理的基本原则，Kaizen 同样强调以过程为主的思考方式，因为只有改进过程才能得到更好的结果。与西方企业重视结果的思考方式不同，Kaizen

1）DPMO：defect per million opportunities，百万机会缺陷数。

特别强调人在过程中的作用。通过对全员进行相关改进工具的培训，全员参与的合理化建议制度，以及中高层领导的专案改善制度，由外部专家、总经理或董事长给出指引，推动企业形成以人为核心的持续改进氛围与文化。

（3）PDCA/SDCA。工作过程开始阶段往往不稳定，可采用 S（标准化）—D（执行）—C（检查）—A（调整）循环标准化过程，然后引入 P（计划）—D（执行）—C（控制）—A（调整）循环稳定过程。针对企业存在的各种问题，利用 PDCA 循环寻求改进，阶梯式上升，一个循环结束后，进入下一个更高级的循环，循环往复，永不停止。

（4）以数据说话。针对需要解决的问题，明确问题产生根因、流出根因和管理根因，首先要收集并分析数据，才能真正判定问题。这是解决问题和提出改进措施的基础，不能仅凭个人感觉、猜测或经验解决问题。

（5）下一工序就是客户。当我们面对外部客户时，要以客户的要求为标准，接受客户的审核和监督，不接收、不产生、不流出不合格品给客户。下一工序也是客户，是内部客户，也适用这样的原则。

Kaizen 手段

（1）标准化。标准（规范）是 Kaizen 的固定组成部分，Kaizen 把标准作为指导工作的最佳方式或方法，是进一步质量改进的基础。标准建立过程首先要经过 Gemba Kaizen 活动，消灭浪费，消灭混乱无序等状况，而不是简单记录当前的工作方式。然后才能制定标准，并在此基础上不断完善标准。

（2）5S。5S 是日语整理（Seiri）、整顿（Seiton）、清扫（Seiso）、清洁（Seiketsu）和素养（Shitsuke）的简称。整理是指区分生产现场必需品和非必需品，非必需品应及时清理。整顿是指将必需品定位置、定品目、定数量，并加以标识，以便拿取，实现零时间寻找。清扫是指使工作现场和设备干净整洁，保养完好。清洁是指维持整理、整顿、清扫的成果，并标准化、制度化。素养是指企业内所有人都要养成良好的习惯，即养成高效习惯、提高安全意识。通过这五个步骤，企业可以改善工作环境，提高工作效率，培养员工良好的职业素养，提高产品质量，增强员工归属感，促进持续改进，提升企业竞争力。

（3）消除浪费（Muda，日语“浪费”）。Muda 指的是没有使产品增值的活动或过程，造成现场 Muda 的原因有 7 类：运输过程 Muda（走动过多、运输过多等）；动作 Muda（动作重复、动作多余、动作幅度过大、弯腰等）；加工 Muda（无谓加工精度、多余功能、加工余量过大等）；次品 / 返工 Muda（生产不良品）；等待 Muda（设备开停不均衡、人员或设备在等待等）；库存 Muda（大量原材料、在制品及成品库存）；过量生产 Muda（过早生产、库存 / 资金占用等）。使用价值流映射图（value stream mapping，VSM）显示过程信息流和产品流情况，可识别浪费的根源，分离增值活动和非增值活动，帮助企业精简和优化生产流程。

（4）目视化。目视化是指将设备、物料、质量、工具、标准等特性的极限值，以色彩化、图表化、图形化的方式描述，并公开展示，使人员可直接快速感知现场状态，提示和辅助员工自主管理或控制，达到提高产品质量和劳动生产率的目的。在 5S 活动基础上，目视化展示和目视化控制是目视化管理的主要内容，如图 9.1 所示。

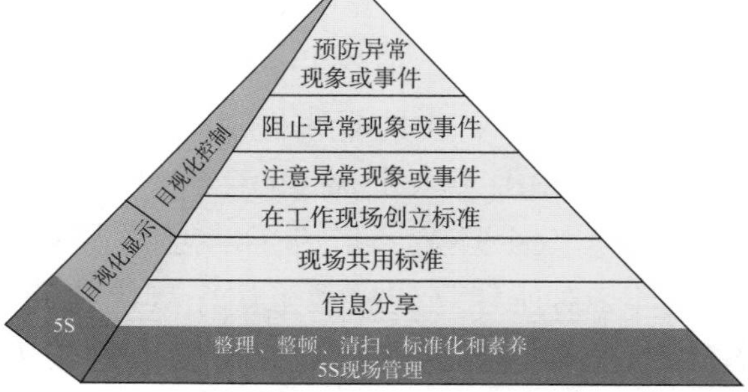

图 9.1　目视化管理的主要内容

通过设立普通或电子化看板，分享质量、产出量、成本和交货期的目标、计划、结果和趋势等最新信息；通过标语、团队照片和荣誉展示，激励团队士气；通过场所名称、功能标识和通道标识，对生产车间区域进行标准化管理；通过生产工具、运输载具、设备、物料、产品等的位置标识，对放置区域进行定位管理；这是目视化显示的应用。

通过在生产现场摆放标准流程和检验标准等规范内容，明确作业过程标准要求；通过不良产品案例展示、设备维修时限标识、设备管路阀门标识、泵运转状态标识和生产操作要点标识等，提醒员工注意异常事件管控；通过各类设备异常信号灯、声音报警器和颜色提示，阻止异常现象的产生；通过设备点检点、过程监测点等标识，各种参数值范围标识等，预防异常现象的发生；这些是目视化控制的应用。

Kaizen 实施步骤

（1）选择需要改进的关键流程。

（2）画出价值流程图。

（3）开展持续改进研讨会。

（4）营造改进文化。

（5）推广到整个企业。

9.1.2　质量改进模型

质量问题从发现到分析根因、寻求解决方案，并根据现场环境制定纠正预防措施的过程，通常会用到质量改进工具或模型。质量改进模型为质量改进活动的开展提供规范化指导，提供一套结构化、系统化的步骤和方法，帮助质量改进团队识别和解决问题，从而保证质量改进效果。在现代质量管理理论与实践中，主要的质量持续改进模型有戴明环 PDCA/PDSA、SEA-SEL 及六西格玛 DMAIC 等，近年来基于客户满意、知识学习和质量成本等的质量改进模型也陆续被开发出来。

（1）PDCA/PDSA 模型：PDCA 循环是美国质量管理专家戴明博士于 20 世纪 50 年代初提出的一个经典的循序渐进的质量管理模型。PDCA 循环建立在过程模式的基础上，把组织内部的所有活动细化为一个个过程，通过计划（plan）、执行（do）、检查（check）和行动（act）连续循环，推进持续质量改进，使组织内的各项事务都得到有效控制，并向预定的目标发展。PDSA 模型是在 PDSA 模型的基础上进一步演化出来的，将“检查”（check）阶段拆分为“研究”（study）和“检查”（check）两个阶段，强调学习和数据分析的重要性。PDSA 模型强调数据的收集和分析，在实施过程中对数据进行研究和学习，从而做出更有根据的决策和调整，相比 PDCA 模型更加明确强调学习的意义和重要性，更适用于创新和试验的场景。

（2）SEA-SEL 模型。PDCA 循环描述了在稳定均衡或近似稳定均衡的环境中的计划和学习的普遍模式，但客户需求和激烈竞争时刻影响企业环境，很多设计问题、输出与设计变量之间的关系复杂且非线性，且通常是未知的。PDCA 模型较难适应复杂环境下的质量改进需求。SEA-SEL 模型针对 PDCA 进行了改进，包括选择（select）—试验（experiment）—适应（adapt）三个环节，形成了动态的非线性系统，充分体现了适应性设计的思想。模型中包含正反馈环，对所建立的模型采用序贯优化的方法，逐轮缩小参数的优化范围，直至求出满意结果。SEA 模型是应用过程中进行持续质量改进的典型模型，不仅可以提高产品质量系统的稳健性，还可以有效提高系统的设计效率。

进一步将学习过程融入动态环境，可以得到选择（select）—试验（experiment）—学习（learn）的 SEL 动态环境模型。SEA-SEL 模型用动态适应和以行为体为基础的学习取代均衡稳定环境的 PDCA 虚拟模型，它包含正反馈环，当过程受到其他行为体的正反馈影响时，系统中的主体能够与环境或其他主体进行交流，在交流过程中“学习”并积累经验。使用 SEA-SEL 模型有助于肯定成功经验并将其标准化，总结失败教训，并在下一个质量改进循环中继续改善未解决问题。

（3）DMAIC 模型。DMAIC 模型是六西格玛所倡导的过程质量突破管理方法，包括定义（define）、测量（measure）、分析（analyze）、改进（improve）、控制（control）五个步骤，更适合产品或过程已经存在的不能满足客户要求或者性能还不充分的质量改善。DMAIC 模型是在进一步深化和细化 PDCA 循环的基础上发展起来的更加科学和严谨的定量质量改进方法。

9.1.3　质量改进前提——潜在失效模式与影响分析（FMEA）

FMEA 介绍

不论是作业质量改进、产品质量改进还是过程质量改进，不论是以增收为目的还是以减损为目的，不论采用突破式质量改进方法还是渐进式质量改进方法，质量改进的前提都是确定改进对象。组织首先要明确差距、风险或存在的质量缺陷问题。对于 PCB 产品，与组织预期或客户规定用途有关的不合格，即产品或过程缺陷，是最常见的质量改进对象。

失效模式与影响分析（failure modes and effects analysis，FMEA），通过对产品（系统、子系统、零部件）各组成部分 / 过程步骤进行事前分析，发现、评价产品 / 过程中的潜在失效模式、失效影响和失效起因，评估产品 / 过程中失效的潜在风险。针对降低风险确定措施优先级，并提出预防和 / 或检测控制措施，对产品 / 过程进行优化和改进，以不断完善。FMEA 是电子信息、汽车制造等行业及其供应商的 ISO/TS 16949 质量体系要求的五大核心工具之一。2019 年 6 月，AIAG 和 VDA 联合发布了以过程为导向的新版 FMEA。

FMEA 是一种面向团队的、系统的定性分析方法，由失效模式（FM）和影响分析（EA）两部分组成。失效（failure）是指执行要求功能的某项能力的终结（GB/T 5226.1-2019/IEC 60204-1：2016）。失效模式（failure modes）是失效的表现形式，潜在失效模式（potential failure mode）是有可能发生、也有可能不发生的失效。失效后果是指产品或过程发生的缺陷。例如，对 PCB 进行减薄铜加工，使外层基铜厚度不足 5μm，这种潜在的失效模式可能会导致基铜起泡的失效后果。

FMEA 是指通过分析失效模式对系统的安全和功能的影响，提出可能采取的预防改进措施，以减少过程缺陷，提高过程质量。简单来说，FM 用来发现问题，EA 用来分析问题并解决问题。FMEA 可分为 DFMEA（设计）、PFMEA（过程）和 FMEA-MSR（监视及系统响应的补充）三类，分别应用于产品的开发研制阶段和生产制造阶段。

FMEA 顺序及风险评价

无论是设计还是过程，FMEA 顺序如图 9.2 所示。

FMEA 有 7 个关键步骤。

（1）策划和准备。在所有相关部门内选择直接相关、实践经验丰富的人员，包括设计、制造、售后服务、质量、可靠性等相关人员，组成一个小组。确定包含和不包含的项目内容，如

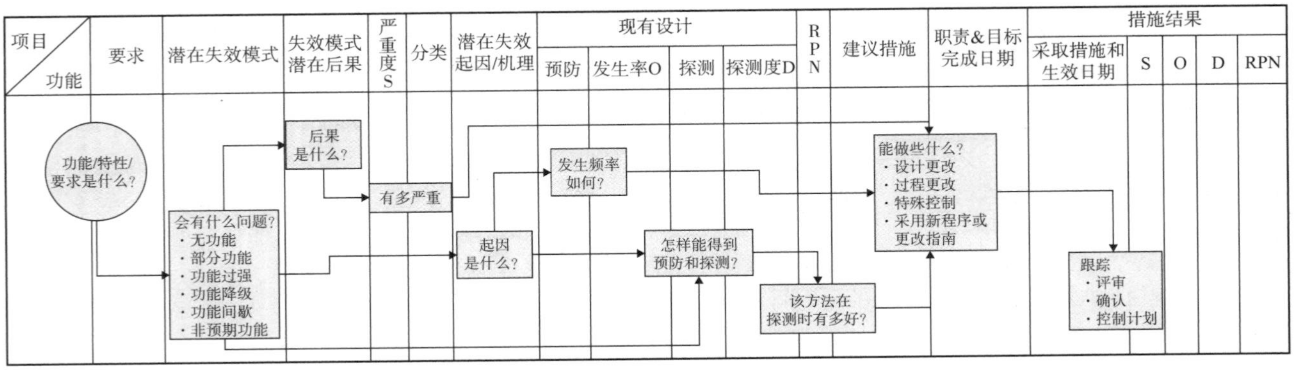

图 9.2　标准的 FMEA 顺序

系统、子系统或零部件或制造过程。制定项目计划。

（2）结构分析。使用数字模型、结构图、过程流程图建立可视化的分析范围。终端客户、OEM 安装和制造工厂、供应链厂商和法律法规这四个主要需求均应在 FMEA 中予以考虑，确定过程步骤和子步骤。

（3）功能分析。识别和理解已确定范围相关的功能、要求和规范，阐明项目设计意图或过程目的，可视化产品 / 过程功能。将相关要求与客户功能关联，将要求或特性与功能关联。

（4）失效模式分析。确定失效模式的途径或方式是产品或过程未能符合设计意图或过程要求。有很多类似的例子，如汽车 PCB 孔壁铜厚不能小于 25μm，不能满足这一要求时，就存在孔铜厚度不足的失效模式。系统一般具有多种功能，进行系统失效模式分析时，要分析系统在每种功能下的可能失效模式。

以多层 PCB 压合过程为例，需要实现 PCB 板线路间和层间的绝缘功能，内层微短、内层短路、层压杂物、内层开路等失效模式会影响绝缘功能；需要实现 PCB 板厚度、外形尺寸及内层对准的机械功能，板厚超标、叠层错误、翘曲超标、层偏、尺寸胀缩等失效模式会影响机械功能；需要实现 PCB 的耐热性能，分层、起泡、白斑等失效模式会影响耐热性能，等等。这通常称为一级失效模式。

进一步还要说明系统的失效模式是在哪个任务剖面的哪个任务阶段发生的，也就是二级失效模式、三级失效模式。压合工序的棕化处理，有棕化膜结合力不足、棕化膜色差、棕化膜污染、棕化膜漏铜、棕化膜杂物、棕化膜电阻率超标、棕化膜水汽残留等多种失效模式；预排工步，有芯板结合力不足、内层偏位、PP 错混、芯板叠层错误、叠层杂物等多层失效模式。

压合过程的各工步都有对应的二级失效模式。三级失效模式以各机台的过程参数不符合和操作动作不符合为主，如棕化线微蚀段酸洗缸铜离子含量超标、喷淋压力超标、药水温度超标、硫酸含量超标等过程失效模式会影响板面氧化物、手指印和化学物残留等的去除；棕化线棕化段过氧化氢浓度超标、硫酸浓度超标、棕化剂浓度超标、药水温度超标、药水流量不足，会影响棕化膜的结合力强度；棕化线 DI 水洗段 DI 水流量不足、水洗压力不足，DI 水电导率超标，会影响板面酸性残留物的去除。

（5）风险分析。失效影响应根据客户可能发现或经历的情况来描述，风险确定依据失效的结果、严重度来分析，并对需要采取的措施进行优先排序（AP）。

识别潜在要因。失效原因分析是为了找出每个“引起故障的设计、制造、使用和维修等有关因素”，这是一种直接关联，其后果是失效模式。失效原因分析从直接原因和间接原因两个方面进行。直接失效原因是系统本身引起故障的物理的、化学的、生物的或其他的过程；间接失效原因是设计、制造、装配和人为因素等造成的。

进行失效影响评估。FMEA 过程的重要步骤之一是评价风险。风险顺序数（RPN）法采用严重度（S）、发生率（O）和检测度（D）三个因素对潜在的故障模式进行风险评估，评级范围为 1 ~ 10，见表 9.1、表 9.2、表 9.3。通过将三个因素相乘，确定每个潜在的故障模式的 RPN 值，高 RPN 值的失效模式应优先控制和预防。

$$\text{RPN} = \text{严重度} \times \text{发生率} \times \text{探测度} \tag{9.1}$$

其中，严重度代表失效对客户产生影响的级别，发生率代表失效的要因可能发生的频度，探测度代表对产品或过程控制检测失效要因或失效模式的程度。

表 9.1　PFMEA 严重度建议评价标准

后　果	对产品的影响	严重度	后　果	对过程的影响
不符合安全和 / 或法规要求	没有预警的情况下，潜在失效模式影响车辆安全操作和（或）设计不符合政府法规	10	不符合安全和 / 或法规要求	可能在没有预警的情况下危害操作者
	有预警的情况下，潜在失效模式影响车辆安全操作和（或）设计不符合政府法规	9		可能在有预警的情况下危害操作者
基本功能的损失或降级	基本功能损失（车辆不能操作，但不影响车辆安全操作）	8	大规模中断	产品全部报废，流水线停工或停止出货
	基本功能损失（车辆可操作，但降低了功能的等级）	7	显著中断	生产运转一定会产生部分废品，背离最初过程，包括流水线速度降低或升高
舒适功能的损失或降级	舒适功能损失（车辆可操作，但舒适 / 便利功能损失）	6	一般	100% 需脱线返工，是被承认的
	舒适功能降级（车辆可操作，但舒适 / 便利功能降低）	5		部分需脱线返工，是被承认的
令人不舒服的项目	外观或听见噪声，车辆可操作，不符合项被大部分客户注意到（> 75%）	4	一般中断	在加工前 100% 须在位置上返工
	外观或听见噪声，车辆可操作，不符合项被很多客户注意到（50%）	3		加工前部分须在位置上返工
	外观或听见噪声，车辆可操作，不符合项被有辨别能力的客户注意到（< 25%）	2	微小中断	过程、操作或操作者的轻微不便利
无影响	无可辨别的后果	1	没有后果	没有可辨别的后果

表 9.2　PFMEA 发生率建议评价标准

失效发生可能性	可能的失效率	等　级
非常高：持续性失效	≥ 100 次每 1000 个；≥ 1 次每 10 辆	10
高：经常性失效	≥ 50 次每 1000 个；≥ 1 次每 20 辆	9
	≥ 20 次每 1000 个；≥ 1 次每 50 辆	8
	≥ 10 次每 1000 个；≥ 1 次 100 辆	7
中等：偶然性失效	≥ 2 次每 1000 个；≥ 1 次每 500 辆	6
	≥ 0.5 次每 1000 个；≥ 1 次每 2000 辆	5
	≥ 0.1 次每 1000 个；≥ 1 次每 10 000 辆	4
低：相对很少发生失效	≥ 0.01 次每 1000 个；≥ 1 次每 100 000 辆	3
	≥ 0.001 次每 1000 个；≥ 1 次每 1 000 000 辆	2
极低：不太可能发生失效	失效通过预防控制消除了	1

表 9.3　PFMEA 探测度建议评价标准

探测机会	探测可能性	过程控制探测的可能性	等　级
没有探测机会	几乎不可能	没有控制；不能探测或不能解析	10
在任何阶段不太可能探测	非常微小	失效模式和 / 或错误（要因）不易探测（如随机检查）	9
加工后问题探测	微　小	操作者通过目测 / 排列 / 耳听法做事后失效模式探测	8
开始时问题探测	非常低	操作者通过直观 / 目测 / 排列 / 耳听法在位置上做失效模式探测或使用特性测量（行 / 不行、手动转矩检查等）做加工后探测	7
加工后问题探测	低	操作者使用变量测量或在位置上使用特性测量做事后失效模式探测（行 / 不行、手动转矩检查等）	6
开始时问题探测	一　般	操作者在位置上做变量测量，或通过位置上的自动控制探测差异零件并通知操作者（光、杂音等）。在设置上或首件检验时执行测量（仅对于设置要因）	5
加工后问题探测	一般高	有自动控制探测变异零件并锁住零件，预防进一步加工的事后失效模式探测	4
开始时问题探测	高	有自动控制在位置上探测变异零件并自动锁住零件，预防进一步加工的失效模式探测	3
错误探测和（或）问题预防	非常高	有自动控制在位置上探测错误并预防制造中变异零件的错误（要因）探测	2
探测不能用；防错	几乎确定	以夹具设计、机械设计或零件设计所做的错误（要因）预防。因为过程 / 产品设计的防错项目，不会产生变异零件	1

（6）改进优化措施。制定改进优化措施的最终目标是降低严重度、发生率、检测度或同时降低这三项的指标值，通过 FMEA 方法来发现潜在问题，排除缺陷，进而消除故障。为了达到这个目标，必须按照最高的 RPN、最高的严重度、最高的发生率这样的顺序来确定失效模式的优先顺序。项目小组负责为措施实施分配职责和任务期限。

（7）文件化。将采取的措施文件化，包括对实施措施的效果进行确认、采取措施后进行风险评估。组织内部以及与客户、供应商之间针对降低风险的措施进行沟通。

PCB 产品 FMEA 案例：外层板贴膜工步失效模式分析（部分）

PCB 外光成像工序贴膜工步的功能和要求见表 9.4，过程潜在失效模式与影响分析见表 9.5。

表 9.4　外光成像工序贴膜工步的功能和要求

范　围	功能和要求
工序功能要求（一级：外光成像）	在外层板面上蚀刻出符合设计要求的外层金属图形
工序功能要求（二级：贴膜）	在经过前处理的铜面上黏附一层干膜类光致抗蚀剂，作为图形转移载体
工序特性要求（二级：贴膜）	· 前留铜 1.0 ~ 3.0mm，后留铜 1.0 ~ 3.0mm · 干膜平整、边缘平齐、无贴膜起泡、起皱 · 表面无碎屑掉落 · 无卡板、划伤 · 无掉胶 · 圆孔、槽孔无破孔
一级流程	电镀→外光成像→ AOI →阻焊
二级流程	外层前处理→贴膜→曝光→显影→酸性蚀刻→褪膜
三级流程	入板→板面清洁→预热→中心定位→贴膜→后压→翻板冷却→收板
来料要求	· 铜面粗化均匀 · 板厚在标准要求范围内 · 无叠板、卡板 · 保证铜面烘干 · 无板边粉尘、毛刺、板面杂物 · 无板边空洞

表 9.5　外光成像工序贴膜工步的过程潜在失效模式与影响分析

工序流程	过程功能 / 特性要求（普通产品 / 特殊产品 / 制程能力）	潜在失效模式	失效模式潜在后果	严重度 S	潜在失效原因 / 机理	频度 (O)	类别	现行过程控制：现行过程控制（预防）：项　目	产品 / 过程 规格 / 容差	频率	频率单位	现行过程控制（探测）：探测项目	产品 / 过程 规格 / 容差	频率	频率单位	探测度 D	RPN	建议措施	责任及目标完成日期	措施结果：采取的措施	严重度（S）	频度（O）	探测度（D）	RPN
……																								
贴膜	①干膜压至板件表面，与铜面结合良好；②干膜无起皱 / 起泡；③板边 / 板面无干膜碎屑；④干膜底下无杂物；⑤干膜无划痕；⑥干膜与铜面结合力良好	干膜起泡	导体缺损、开路	7	贴膜压力设置不合理	1	法	贴膜压辘压力设置	（0.5 ± 0.05）MPa	1 次	每型号	SCADA 系统监控	压力超标时报警	1 次	实时	7								
					贴膜机总供给压力不足	1	法	检查总压力表	（0.525 ± 0.075）MPa	1 次	每班					7								
					贴膜压辘温度不足使得板面温度不足，导致干膜未能充分流动，附着力变差	1	法	贴膜压辘温度设置	（110 ± 10）℃	1 次	每型号	SCADA 系统监控	超标时设备报警	1 次	实时	7								
								检查上下压辘温度（中心和两端）	贴膜过程中在（110 ± 10）℃内	1 次	每班	实测出板板面温度	在（55 ± 10）℃内	1 次	每班	7								
					温度传感器精度不足，与实测值的偏差过大	1	机	温度传感器稳定性	温度传感器精度稳定，与实测值相差在 1℃以内	1 次	每季度					7								
					贴膜压辘老化，导致温度不足	1	物	压辘使用寿命记录	不超过 40 天	1 次	每周	贴膜压辘更换	压辘无破损	1 次	30 ~ 45 天	7								
					板传送速度快，压膜时间过短	1	法	传送速度设置	设置在（2.8 ± 0.5）m/min	1 次	每型号					7								
					板传送速度波动大，压膜时间不准确	1	法	传送系统稳定性	符合设备规格要求 ±（设置值 × 2%）m/min 以内	1 次	每季度	传送系统校准及维修	符合设备规格要求 ±（设置值 × 2%）m/min 以内	1 次	8 年	7								
					贴膜压辘硬度不足，干膜容易起皱	1	物	测量压辘硬度	（68 ± 2）H	1 次	每月	压辘更换 / 重新包胶	（68 ± 2）H	1 次	硬度超标时	7								
					压条温度不足，干膜未能紧贴板边，导致干膜起皱	1	机	压条设置温度	设置值 50℃	1 次	每型号	SCADA 系统监控	温度超标时报警	1 次	实时	7								
								上下压条温度	（50 ± 10）℃	1 次	每班													
					压条将干膜粘贴至板边，作用时间不足，导致结合力减弱	1	机	贴膜时间设置	在（2 ± 1）s 内	1 次	每型号	检查显示器贴膜时间	（2 ± 1）s	1 次	每型号	7								
					上下贴盘压力不足	1	机	压辘上下贴盘压力	（0.25 ± 0.05）MPa	1 次	每班	检查上贴盘压力表	（0.25 ± 0.05）MPa	1 次	每班	7								
		干膜起皱	导体残铜、短路	7	上贴盘压力不足，无法固定板面	1	机	上贴盘压辘压力	（0.25 ± 0.05）MPa	1 次	每班	检查上贴盘压力表	（0.25 ± 0.05）MPa	1 次	每班									
				7	下贴盘压力不足，无法固定板面	1	机	下贴盘压辘压力	（0.35 ± 0.05）MPa	1 次	每班	检查下贴盘压力表	（0.35 ± 0.05）MPa	1 次	每班									
		贴膜速度不达标	导体缺损、开路	8	速度不达标			传送速度设置	设置在（2.8 ± 0.5）m/min	1 次	每型号													
		前后板边留铜超标	开路、导体缺损	7	留铜过小，板面容易产生干膜碎；留铜过多，导致线路不完整	1	法	前后留铜设置	2mm	1 次	每型号	前后留铜距离监控	在（2 ± 1）mm 内	1 次	每班	7								
						1	法	留铜精度校准	符合设备验收规格要求	1 次	精度超标时					7								
		铜面黏附杂物	导体缺损、短路、开路、残铜	7	传送轮清洁度不足	1	环	贴膜段贴膜传送轮清洁	贴膜传送轮清洁，无杂物、余胶	1 次	每班	目视检查传送轮	传送轮清洁，无杂物 / 余胶	1 次	每天	7								
					贴膜机表面和内部清洁度不足	1	环	表面和内部保养	贴膜机身和内部清洁，无杂物	1 次	每周					7								
		干膜上黏附杂物	导体针孔、缺损、开路、槽内无铜，孔内无铜	7	切刀寿命到期，磨损严重	1	物	检查切刀更换	切刀锋利、无顿口、无破损	1 次	超使用次数	目视检查切刀	切刀锋利、无顿口、破损	1 次	每天	7								
								切刀使用次数设置	不超过 12 万次	1 次	每型号	设备监控	超标时设备报警	1 次	实时	7								
					贴膜压辘清洁度不足	1	环	贴膜压辘清洁	压辘清洁、无杂物	1 次	每班	目视检查压辘	压辘清洁无杂物 / 余胶	1 次	每天	7								
					贴盘清洁度不足	1	环	贴盘清洁	贴盘吸气孔无堵塞	1 次	每班	目视检查贴盘	贴盘无杂物 / 余胶 / 破损	1 次	每天	7								

工序流程	过程功能/特性要求（普通产品/特殊产品/制程能力）	潜在失效模式	失效模式潜在后果	严重度S	潜在失效原因/机理	频度(O)	类别	现行过程控制								探测度D	RPN	建议措施	责任及目标完成日期	措施结果				
								现行过程控制（预防）				现行过程控制（探测）								采取的措施	严重度（S）	频度（O）	探测度（D）	RPN
								项 目	产品/过程 规格/容差	频率	频率单位	探测项目	产品/过程 规格/容差	频率	频率单位									
贴膜	①干膜压至板件表面，与铜面结合良好；②干膜无起皱/起泡；③板边/板面无干膜碎屑；④干膜底下无杂物；⑤干膜无划痕；⑥干膜与铜面结合力良好	干膜上黏附杂物	导体针孔、缺损、开路，槽内无铜，孔内无铜	7	压条清洁度不足	1	环	压条清洁	压条清洁、无杂物、余胶	1次	每班	目视检查压条	压条清洁无杂物/余胶	1次	每天	7								
					贴膜压辘清洁度不足	1	环	贴压辘清洁	压辘清洁、无杂物	1次	每班	目视检查压辘	压辘清洁无杂物/余胶	1次										
					贴膜盘清洁度不足	1	环	贴盘清洁	贴膜盘吸气孔无堵塞	1次	每班	目视检查贴盘	贴盘无杂物/余胶/破损	1次										
		干膜质量不达标	各种缺陷	8	干膜质量不达标	1	物	干膜类型	符合验收要求	1次	每型号													
		干膜选用错误	各种缺陷	8	干膜类型与图形设计不匹配	1	法	干膜类型	符合生产指示要求	1次	每型号													
		干膜划伤	导体缺损、开路、划伤，槽内无铜，孔内无铜	7	贴膜压辘破损或磨损干膜	1	物	压辘磨损情况	压辘无破损	1次	每班	贴膜压辘更换	压辘无破损	1次	30～45天	7								
					压条磨损、老化	1	物	压条磨损情况	压条无严重磨损	1次	每班	压条更换	压条无严重磨损	1次	3～6个月	7								
					传送滚轮划伤干膜	1	机	传送滚轮磨损情况	传送滚轮无严重磨损	1次	每班	传送滚轮更换	传送滚轮无严重磨损	1次	6个月	7								
		干膜与板面结合力不足	导体缺损、开路，线宽超标，焊盘尺寸超标，槽环尺寸超标，孔环尺寸超标，槽内无铜，孔内无铜	7	贴膜压力设置不合理	1	法	贴膜压辘压力设置	（0.5±0.05）MPa	1次	每型号	SCADA系统监控	压力超标时报警	1次	实时	7								
					贴膜机总供给压力不足	1	法	检查总压力表	（0.525±0.075）MPa	1次	每班					7								
					贴膜压辘温度不足使得板面温度不足，导致干膜未能充分流动，附着力变差	1	法	贴膜压辘温度设置	（110±10）℃	1次	每型号	SCADA系统监控	超标时设备报警	1次	实时	7								
								检查上压辘温度（中心和两端）	贴膜过程中在（110±10）℃内	1次	每班	实测出板板面温度	在（55±10）℃内	1次	每班	7								
								检查下压辘温度（中心和两端）	贴膜过程中在（110±10）℃内	1次	每班	实测贴膜压辘温度	在（110±5）℃内	1次	每班	7								
					温度传感器精度不足，与实际温度的偏差过大	1	机	温度传感器稳定性	温度传感器精度稳定，与实测值相差在1℃以内	1次	每季度					7								
					贴膜压辘老化，导致温度不足	1	物	压辘使用寿命记录	不超过40天	1次	每周	贴膜压辘更换	压辘无破损	1次	0～45天	7								
					板传送速度快，压膜时间过短	1	法	传送速度设置	设置在（2.8±0.5）m/min	1次	每型号					7								
								设备速度偏差	≤（设置值×2%）m/min	1次	每型号					7								
					板传送速度波动较大，压膜时间不足	1	机	传送系统稳定性	符合设备规格要求±（设置值×2%）m/min以内	1次	每季度	传送系统校准及维修	符合设备规格要求±（设置值×2%）m/min以内	1次	8年	7								
		板损	板损	6	贴膜段运输平台卡板		机	卡板情况	无卡板导致板损	1次	每班													
		圆孔、槽孔破孔	孔内无铜、槽内无铜	7	贴膜压力设置不合理	1	法	贴膜压辘压力设置	（0.5±0.05）MPa	1次	每型号	SCADA系统监控	压力超标时报警	1次	实时	7								
					贴膜机总供给压力不足	1	法	检查总压力表	（0.525±0.075）MPa	1次	每班													
					贴膜压辘温度不足，干膜未充分软化	1		贴膜压辘温度设置	（110±10）℃	1次	每型号	SCADA系统监控	超标时设备报警	1次	实时	7								
						1		检查上压辘温度（中心和两端）	贴膜过程中在（110±10）℃内	1次	每班	实测出板板面温度	在（55±10）℃内	1次	每班									
						1		检查下压辘温度（中心和两端）	贴膜过程中在（110±10）℃内	1次	每班	实测贴膜压辘温度	在（110±5）℃内	1次	每班	7								
					贴膜压辘老化，导致温度不足	1		压辘使用寿命记录	不超过40天	1次	每周	贴膜压辘更换	压辘无破损	1次	30～45天	7								
					板传送速度快，压膜时间过短	1		传送速度设置	设置在（2.8±0.5）m/min	1次	每型号					7								
					板传送速度波动大，压膜时间不足	1		传送系统稳定性	符合设备规格要求±（设置值×2%）m/min以内	1次	每季度	传送系统校准及维修	符合设备规格要求±（设置值×2%）m/min以内	1次	8年	7								

……

9.2　六西格玛理论

9.2.1　发展沿革

六西格玛（6σ）是一套基于统计分析技术的系统化、集成化的业务质量改进方法。

六西格玛管理起源于 1986 年美国摩托罗拉公司的通信部门，由麦可尔·哈瑞、比尔·史密斯和理查德·施罗德创立。20 世纪 70 年代，当时全球领先的无线通信领导者摩托罗拉不断遭受日本电子企业的市场挑战。由于竞争不力，摩托罗拉丢掉了音响市场，被迫将电视机业务出售给日本松下，寻呼机等通信产品业务的领导地位也受到严重威胁。通过反思，摩托罗拉内部认识到“糟糕的产品质量”是丢掉客户的根本原因。因此，从 1987 年开始，摩托罗拉正式推动六西格玛改进，并制定了看起来不可能实现的目标。通过不懈努力，在 1987—1997 年的 10 年里，摩托罗拉的销售额增长了 5 倍，利润每年增加 20%，六西格玛项目带来的收益累计达 140 亿美元，股价平均每年上涨 21%。其间，摩托罗拉于 1988 年获得美国国家质量奖。

真正促使六西格玛为全球 500 强企业所关注、接受和大力推广，使其走入世界众多知名企业的是美国通用电气（GE）公司。1995 年，GE 传奇总裁杰克·韦尔奇（Jack Welch）将六西格玛提升到企业战略层面，要求用 5 年时间实现摩托罗拉 10 年所达到的目标。之后的 20 年里，GE 每年进行数千个至上万个六西格玛项目，使公司股票市值增长了 30 多倍，达到 4500 亿美元，公司排名从世界第 10 提升为世界第 2。“依靠质量取胜”让 GE 取得了巨大的经营成功。

六西格玛是技术创新的结果，是建立在全面质量管理基础上的崭新质量改进理念和技术。六西格玛质量管理注重发现隐藏的问题，通过收集数据并研究分布规律，利用正态分布分析可能存在的缺陷数量，追求“又精又准”。通过减少波动、不断创新，持续改进企业业务流程，实现缺陷率逼近 3.4 DPMO 的质量水平，达成客户满意和企业最大收益。近二三十年，六西格玛不断被大量企业实践应用，已经发展成为质量领域最为重要的管理理论之一。

9.2.2　概　念

在统计学中，σ（西格玛，SIGMA）的含义是“标准差”，用于描述过程的特性值相对于均值（$\bar{X}$）的偏离程度，反映不同数据间的离散程度，以及过程输出数据的波动大小，并定义事件发生的可能性。类似于温度、质量和长度等指标，西格玛可以用于比较不同物体的物理特性，以及不同业务流程是否达到预先设计的质量标准，是衡量过程作业能力的指标。如图 9.3 所示，波动小的过程有更多 σ 落在过程中心和最近的控制限之间。

涉及的统计学概念如下。

- 均值（$\bar{X}$）：总体均值，$\overline{X}=\frac{1}{n}\sum_{i=1}^{n}X_i$。
- 中位值（$\tilde{X}$）：按大小顺序排列时处在中间位置的值。
- USL/LSL：上控制限 / 下控制限。
- 总体标准差（σ）：方差的平方根，$\sigma=\sqrt{\frac{\sum_{i=1}^{n}\left(X_i-\overline{X}\right)^2}{n}}$。其中，$X_i$ 为样本的值，$\bar{X}$ 为所有样本的均值，n 为样本数。

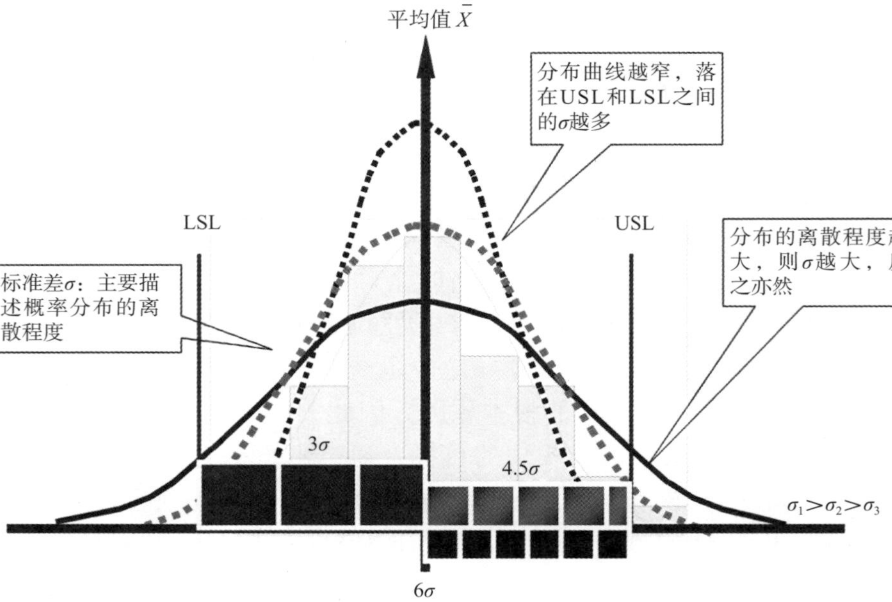

图 9.3　标准差 σ 的统计意义

- 工序能力（Z 值）：均值与上下控制限之间的标准差数，$Z=(X-\bar{X})/\sigma$。当目标值（T）和上下控制限的距离是 σ 的 4.5 倍（Z）时，说明工序具备 4.5σ 的工序能力。Z_{st} 代表短期过程能力，Z_{lt} 代表长期过程能力。Z_{st} 反映的是工序的技术能力，即最佳条件下的工序能力，通常采用较短时间内收集的数据来计算，仅代表共有原因引起过程误差时的工序能力。Z_{lt} 反映的是工序技术和管理控制的能力，采用测量数据的均值代替目标值 T 来计算，代表共有和特殊原因共同作用时的工序能力。

西格玛方法将过程输出的平均值、标准差与产品质量要求的目标值和控制限联系起来作比较。从表 9.6 可以看出，西格玛值与单位产品缺陷（DPU）、百万机会缺陷数（DPMO）和故障 / 错误发生的概率等指标直接相关。σ 越多，过程状态越好，满足质量要求的能力越强，不合格率越低。同时，更多的 σ 意味着过程成本降低，周期时间缩短，客户满意度提升。

表 9.6　西格玛与 DPMO、DPU 的对应关系

西格玛	CP	CPK	DPMO	DPU	不良状况
2			308537	69.15%	
3	1.00	0.50	66807	93.32%	减小约 5 倍
4	1.33	0.83	6210	99.38%	减小约 11 倍
5	1.67	1.17	233	99.9767%	减小约 26 倍
6	2.00	1.50	3.4	99.99966%	减小约 68 倍

注：考虑 1.5σ 漂移。

六西格玛的本质是设定一个过程质量目标。过去通常认为，如果过程的分布中心加减 3σ 后仍在设计容差范围内，那么说明过程能力足够，此时的工序合格率为 99.73%，已经达到非常良好的质量水平。当然，在没有任何分布偏移的情况下，仍存在 0.27% 的不合格率，即每百万件产品中有 2700 件不合格品。而经过 10 个工序的加工过程后，产品质量水平将降至 $(99.73\%)^{10}=97.33\%$，即每百万件产品中有 26674 件不合格品。

以 2022 年全球汽车销量排名第一的丰田公司为例，它销售的 1050 万辆汽车中有超过 26 万

辆是不合格的。实际上，汽车生产过程远不止 10 个生产工序，以每个工序 99.73% 的合格率水平计算，这意味着丰田全年可能无法生产出一辆完全合格的汽车。

而以六西格玛为目标，考虑过程分布出现 1.5σ 漂移的情况，落在六西格玛之外的概率只有 3.4×10^{-6}（3.4 DPMO），即有 99.99966% 的机会是无缺陷的。六西格玛的实质就是避免错误，追求零缺陷生产，要求在任何事情上从一开始就做到成功。

9.2.3　六西格玛改进模式——DMAIC

六西格玛改进方法论

DMAIC 是六西格玛质量改进的基本思路，解决质量问题的基本路径。对于实际生产过程，六西格玛项目的定义（define）、测量（measure）、分析（analysis）、改进（improve）和控制（control）5 个步骤，构成一套成熟的质量改进实施流程，通过周而复始、持续不断地推进改进活动，实现企业绩效的持续提升。

生产过程是一组以输入为起点、以输出为终点的活动，可以用函数来表示：

$$y=f(x_1,x_2,\cdots,x_n) \tag{9.2}$$

式中，y 是因变量，取决于其他变量，代表结果，是与客户相关的输出；x 是自变量，是工序的输入和过程变量，与原因有关。

DMAIC 方法如图 9.4 所示，从识别客户要求开始，收集、了解和分析客户所关心的问题，从而确定需要研究的关键产品质量特性，并确定结果变量 y。对变量 y 进行统计描述和测量，评估过程的表现，寻找改善空间，并制定质量改进目标。随后，在过程中发现影响关键产品质量特性的因素，确定少数关键输入变量或过程变量 x，并在分析基础上建立 y 与 $f(x)$ 的关系。进一步改进 x，使问题 y 不断优化，并将基于统计推断的解决方案转化为实际操作的改进方案。通过监控关键过程和关键参数，确保优化结果长期保持。

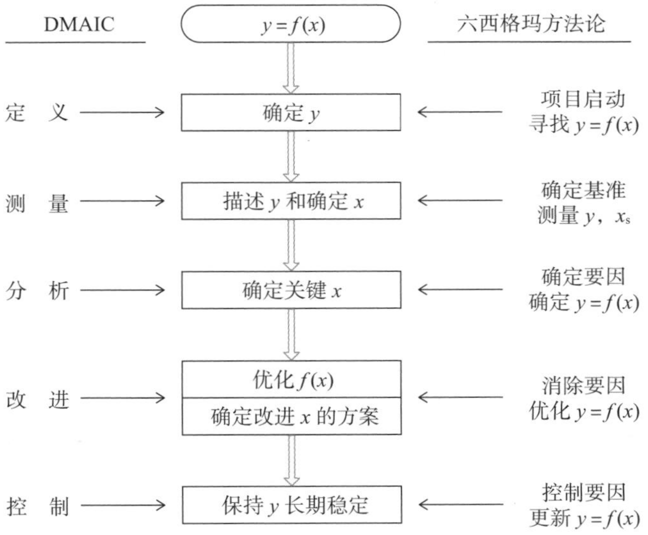

图 9.4　DMAIC 方法

六西格玛 DMAIC 方法强调关注众多利益相关方，通过优化过程来满足内外部客户的需求。它要求组织具备收集和解释信息的能力，用事实和数据证明需要解决的问题的关键性，用事实和数据来证明问题的原因。DMAIC 解决的不仅是一个固有过程的微小改进，而是真正的改变、真正的创新，且改善方案需要被证实。

六西格玛项目团队与项目选择

一般来说，六西格玛项目是指一个确定的团队在规定时间内运用六西格玛方法（DMAIC 或 DFSS）寻找最佳方案并实现预定目标的特定过程。

六西格玛项目团队主要由负责项目的领导（黑带）、项目核心成员（绿带）、业务人员、技术专家、财务人员和项目指导人（资深黑带）或倡导者组成。积极主动的团队成员和经过专业训练的团队领导同样重要。团结向上、高效务实、欣赏赞美是六西格玛项目团队合作的基本理念。

六西格玛项目的选择应该是有意义的、有价值的和可管理的。根据与企业战略发展方向相关的财务、客户、内部流程和学习成长等维度的 KPI 要求，能力较弱的维度指标应作为六西格玛项目选择的重点。

六西格玛改进不仅关注产品质量，还关注 PCB 产品缺陷率严重偏高的改进，也可以选择缩短制造和交付周期、缩短服务和交付的响应时间、提高生产制造能力、提高效率、提高产品研发和过程能力、降低生产成本等项目。

一个好的六西格玛项目应该具备以下特征。

- 能够解决客户不满意的焦点问题。
- 能够改进端到端的业务流程。
- 能够对关键业务 KPI 目标产生影响。
- 项目目标应该是具体的、可测量的、可行的、相关的、有时间限制的，符合 SMART 原则。
- 项目范围合理，4 ~ 6 个月能够完成。

具体到 PCB 产品质量改进项目选择，输入客户历史 VOC 数据及 QFD 分析，输入产品缺陷统计数据及分析等内容，利用柏拉图汇总展示产品质量数据信息，是确认工厂关键改善项目的常用方法，如图 9.5 所示。由此可确定目前工厂急需改善的项目。例如，最关键的客户抱怨是产品外观不良，还是某类可靠性问题；报废最多的生产单位是阻焊工序，还是电镀工序；报废最多的缺陷是板面划伤，还是孔内无铜，等等。从统计数据出发，依据 80/20 原则，抓大放小，选择一两个主要缺陷点，集中力量进行改善，可以快速扭转质量表现不佳的局面。

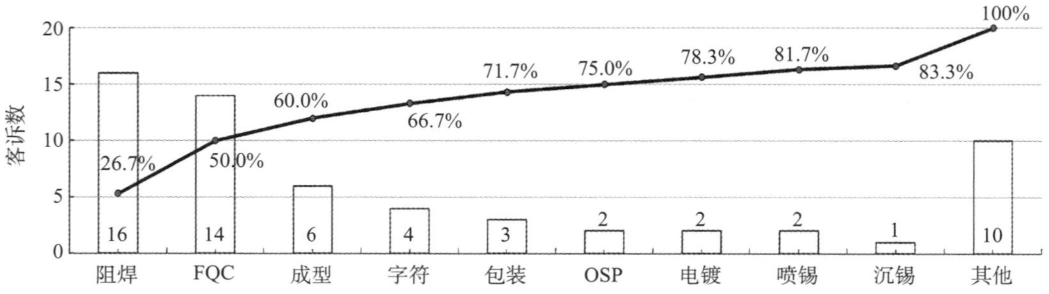

图 9.5 某工厂生产工序客诉分布柏拉图

定义阶段

定义是 DMAIC 的第一步，首要目的是确保团队专注于正确的事项，明确问题或缺陷，清晰地定义问题或缺陷，确定客户需求并将其转化为问题或缺陷 y，这些是解决问题的开端。定义的主要任务见表 9.7。

表 9.7　六西格玛 DMAIC——定义

工作内容	工作输出	可用工具
① 问题描述及缺陷定义 ② 客户需求分析 ③ 绘制流程图 ④ 目标和推进计划	① 问题定义及测量标准 ② 客户声音（VOC）解析，明确客户关心的关键质量特性（CTQ） ③ 概要流程图 SIPOC/ 细化流程图 ④ 经济效益评估结果，章程 / 项目推进计划	VOC、CTQ、SMART 原则、柏拉图、SIPOC、客户调查、抽样统计、QFD、矩阵表、雷达图、KPI\KONO 模型、水平对比、甘特图、项目管理等
阶段任务	寻找问题 $y = f(x)$，定义问题 / 缺陷 y，确定目标	

（1）问题 / 缺陷描述。六西格玛项目启动时，项目团队对问题 / 缺陷（以下简称“问题”）的描述往往来自主观经验和感受，对问题的理解也比较宏观和主观，一般并不知道问题的真正原因所在。因此，在定义阶段要准确说明问题 y 是什么，y 的衡量标准是什么，y 的衡量方法是什么，以及 y 改进达成的效果和目标是什么。

对问题的描述可以采用 5W2H 方法：是什么问题（What）？哪个客户在抱怨（Who）？在何时发生（When）？在何处发生（Where）？为什么会发生（Why）？问题出现多少次（How many）？问题的严重程度及损失有多大（How much）？问题的描述越具体越好，而且要能够测量。

聚焦缺陷问题改善时，要准确描述缺陷形态 / 特征是什么，在什么情况下、用什么工具、谁、用什么方法检测，判断基准是什么，以及缺陷变化的趋势特征是什么。例如，在阻焊杂物（y）的改善项目中，阻焊杂物报废率 = 阻焊杂物报废成品面积 /（阻焊工序成品面积 + 阻焊杂物报废成品面积）。根据实际情况，阻焊杂物的定义和检验标准应来自客户标准、国际标准、国家标准或企业内部的检验标准，见表 9.8。

表 9.8　阻焊杂物定义与标准

缺　陷	定　义	合格标准	图　片	检验方法
阻焊杂物	PCB 基材 / 铜面与阻焊膜之间夹杂的外来异物，或阻焊膜内存在的外来异物	客户标准：阻焊下不允许有任何导电异物；非导电异物边缘距最近导体边缘 0.125mm 以上，且异物本身最大尺寸不超过 0.8mm，每面不超过 3 处 不合格：超出以上任一条件	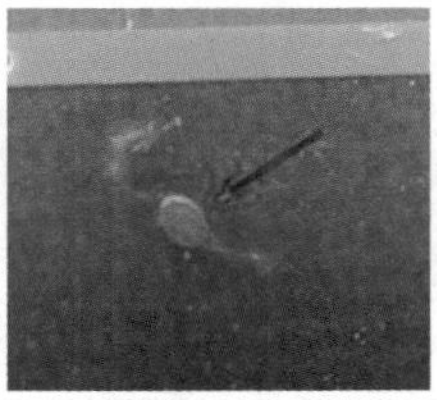	目视检验；10 倍刻度镜检验

在描述问题的过程中，不要主观分析问题产生的可能原因，也不要凭经验提出问题解决方案。讨论过程中切忌对相关人员或组织的表现不佳进行责备。

（2）客户需求分析。正确理解客户声音（VOC）、企业声音（VOB）和员工声音（VOE）是产品质量保证的前提。在六西格玛项目中，准确解析 VOC，并将其转化为质量关键特性和关键流程特性的测量指标，是团队能否解决最重要问题、能否完成项目目标的关键。

通过销售、客户服务、技术支持和财务等经常与客户联系的部门，采用问卷调查、拜访面谈、专题研讨等方法收集客户端 VOC 数据。通过企业内部数据库，收集过往客户投诉信息、邮件沟通信息和工程确认信息等客户端历史 VOC 数据。使用 QFP 等工具分析后将这些信息转化为客户期望且对客户来说很重要的产品或服务特性，即关键客户需求（CCR），团队就可以聚焦关键的、具有共性的客户问题。

举例来说，某客户对其采购的 PCB 板面平整度提出了极高的要求（VOC），导致工厂内部报废率超标严重（*y*）。为改善内部损失状况，六西格玛团队与客户进行了多次沟通，了解到该 PCB 产品用在客户新研发的新型号笔记本电脑触摸板处，板面不平整（凸起高度超过 20μm）会导致信号反馈不佳（CCR）。分析客户要求后，PCB 阻焊面平整度及阻焊异物修补后的阻焊面平整度（CTQ）成为生产过程中需要改进的特性。通过有效控制这两个产品特性，生产即可满足客户要求。

（3）流程图绘制。概要流程图（图 8.12）和细节流程图是整个六西格玛项目的基本输入。绘制流程图，对产生问题 *y* 的过程进行图形描述，补充流程中各种说明信息，有助于详细剖析该过程，了解生产责任人员的每一步是如何完成的，了解动作的先后顺序和物料、信息的流向；有助于评估流程价值，判断该过程是否有存在的价值；有助于识别过程潜在影响因素，识别数据收集点，为测量系统分析和数据收集做准备。总之，绘制流程图可以避免在没有清晰了解过程是如何运作的情况下就试图解决问题和改进过程。

（4）绩效目标制定。六西格玛项目改进目标可依据客户要求的提升标准、行业标杆对比结果、项目最佳历史指标来确定，也可以依据工厂过往 3 ~ 6 个月的实际业绩数据，按 90/50 原则确定：当短期能力 $Z_{st} < 3.0$ 时，把现状缺陷水平降低 90% 作为改善目标；当短期能力 $Z_{st} \geqslant 3.0$ 时，把现状缺陷水平降低 50% 作为改善目标。达到目标后评估财务直接收益和无形间接收益。仍以阻焊杂物改善项目为例，以某工厂 2019 年 1—4 月阻焊工序杂物缺陷报废率平均值作为基线，年减少报废 PONC = 2019 年 1—4 月月度报废 PONC × 改善幅度 ×12，杂物改善财务直接收益为 18.9 万元。间接收益包括提升工厂整体交期水平，提升客户满意度，完善阻焊工序管理方式。

（5）项目计划制定。为了确保六西格玛项目的有效实施，项目团队要依据 DMAIC 的 5 个步骤制定项目里程碑计划，确定项目完成时间。团队可以采用甘特图等进一步细化计划，包括工作、控制、交流、承诺和评估活动，以及这些任务的负责人，指导改善团队的行动。具体内容见表 9.9。

表 9.9　项目计划表示例

项目阶段	序号	关键事项	输出	05 月					06 月				07 月					08 月				备注
				WK18	WK19	WK20	WK21	WK22	WK23	WK24	WK25	WK26	WK27	WK28	WK29	WK30	WK31	WK32	WK33	WK34	WK35	
定义阶段	1.10	项目背景（为什么要做这个项目）	项目背景																			
	1.11	问题陈述	问题陈述																			
	1.12	确定指标定义与计算公式	指标定义																			
	1.13	收集项目基线数据，确定项目目标	基线 / 目标																			
	1.14	项目立项书编制与签核	项目立项书																			
	1.15	团队组织分工与团队合影	组织架构图																			
	1.16	项目工作计划定制	课题计划																			
测量阶段	2.10	制作细节流程图	流程分析图																			
	2.11	制作数据收集计划	数据收集计划																			
	2.12	测量系统分析实验	MSA 报告																			
	2.13	测量系统改善	改善方案																			
	2.14	工序质量缺陷数据收集	质量记录表																			
	2.15	内外部质量缺陷鉴定（识别共性、个性问题）	缺陷类别表																			
	2.16	内外部质量缺陷多维度分层、聚焦	柏拉图																			
	2.17	DM 阶段项目评审	审评报告					评审														
分析阶段	3.10	焦点问题原因分析（5Why、FMEA 等）	潜在原因																			
	3.11	现行控制点与措施有效性评估	FMEA 评估表																			
	3.12	关键原因改善措施研讨与制定	改善措施清单																			
	3.13	控制点设置与控制方法改善措施研讨与制定	改善措施清单																			
	3.14	筛选因子，根因验证，确定根因	根本原因（变异源）																			
	3.15	根本原因汇总归类	因果矩阵表																			

续表 9.9

项目阶段	序号	关键事项	输出	05 月					06 月				07 月					08 月				备注
				WK18	WK19	WK20	WK21	WK22	WK23	WK24	WK25	WK26	WK27	WK28	WK29	WK30	WK31	WK32	WK33	WK34	WK35	
改进阶段	4.20	根本原因改善行动计划	改善行动计划																			
	4.21	改善方案验证	验证效果																			
	4.22	试运行及效果跟踪	指标跟踪表																			
	4.23	AI 阶段项目评审	评审报告														评审					
控制阶段	5.10	建立控制标准与方法	标准文件																			
	5.11	指标趋势跟踪机制	指标趋势图																			
	5.12	控制措施制定	控制措施																			
	5.13	项目改进效果跟进，收益计算	财务收益																			
	5.14	改善与控制阶段项目评审，项目关闭	总结报告																		评审	

测量阶段

改进一个过程必须先了解这个过程，并明确当前的过程能力状况，如理解并绘制过程的概要流程图和细节流程图，测量基准绩效，测量产生问题的过程，制定数据收集计划，测量关键产品特性（输出 y）和过程参数（输入 x），测量潜在失效模式，测量检测系统能力，测量过程的短期能力。主要任务见表 9.10。

表 9.10　六西格玛 DMAIC——测量

工作内容	工作输出	可用工具
① 确定测量对象，收集数据 ② 验证测量系统 ③ 问题聚焦	① 测量系统分析和改进 ② 数据收集计划 ③ 问题分层，目前的绩效水平	检查表，直方图，箱线图，抽样统计，统计软件（JMP、Minitab），CP、CPK、PPK、测量基础，GR，MSA，项目管理等
阶段任务	测量 $y=f(x)$ 或关键因子 x_s，明确测量方法，测量工序能力，将改善对象 y 具体化	

（1）测量系统分析（MSA）。测量系统是由人、量具、测量方法和测量对象构成的集合，通过测量操作为实体赋值，对关键过程分析有影响。测量系统应具备良好的准确性和精确性。对于连续型数据测量，通常用稳定性、偏倚、精度、线性和分辨率等统计特性来表征；对于离散型数据测量，误判率通过评价人自身、评判人与标准、评判人之间等几个方面来确定。关于 MSA 的理论，可参考 8.2.3 节。

开始测量并收集数据之前，对测量系统进行评价，分析和纠正测量系统存在的问题，防止测量系统波动过大以致去真纳伪，或者导致进行特性要素显著性分析时显著性发生变化，从而失去改进机会，影响质量改进的最终效果。

在六西格玛项目中，对测量系统进行分析，是确保测量数据有效的必要步骤。仍以阻焊杂物改进项目的缺陷检验工序为例，阻焊显影后 PCB 需要进行半成品检验，3 名检验员的首次检验记录见表 9.11。

表 9.11　首次阻焊杂物半成品检验 MSA 数据记录表

样　本	标准值	检验员 A 第 1 次	检验员 A 第 2 次	检验员 B 第 1 次	检验员 B 第 2 次	检验员 C 第 1 次	检验员 C 第 2 次
1	NG	NG	NG	NG	NG	NG	NG
2	NG	NG	NG	NG	NG	NG	NG
3	OK	OK	NG	OK	OK	NG	OK
4	OK	OK	OK	NG	OK	OK	OK
5	OK	OK	OK	OK	OK	NG	OK
6	NG	NG	NG	NG	NG	NG	NG
7	NG	NG	NG	NG	NG	NG	NG
8	NG	NG	NG	OK	NG	NG	NG
9	OK	NG	OK	OK	OK	OK	OK
10	OK	OK	OK	OK	OK	OK	OK

续表 9.11

样　本	标准值	检验员 A 第 1 次	检验员 A 第 2 次	检验员 B 第 1 次	检验员 B 第 2 次	检验员 C 第 1 次	检验员 C 第 2 次
11	OK	NG	NG	OK	NG	NG	NG
12	OK	OK	OK	OK	OK	OK	OK
13	NG	OK	NG	NG	NG	NG	NG
14	OK	OK	OK	OK	OK	OK	OK
15	NG	OK	OK	NG	NG	NG	NG
16	NG	OK	NG	NG	NG	OK	NG
17	NG	OK	NG	NG	NG	OK	NG
18	NG	NG	NG	OK	OK	OK	OK
19	OK	NG	OK	OK	OK	OK	OK
20	NG	NG	NG	NG	NG	NG	NG

测算结果如图 9.6 所示。首次 MSA（左图）3 名检验员的误判率均大于 5%，测量系统不可接受；检验员整体认同一致性为 65%，小于 90%，测量系统同样不可接受。此外，检验员 B 自身的一致性较差，检验员整体与标准的一致性较低，说明检验员对标准的掌握不牢。

针对首次 MSA 不合格的原因进行组织检讨，发现有两点需要改进：检验员检板过快，检验

检验员自身
评估一致性

检验员	检验数	相符数	百分比	95% 置信区间
1	20	19	95.00	（75.13，99.87）
2	20	17	85.00	（68.11，96.79）
3	20	18	90.00	（68.30，98.77）

* 相符数：检验员在多个试验之间，他 / 她自身标准一致

每个检验员与标准
评估一致性

检验员	检验数	相符数	百分比	95% 置信区间
1	20	17	85.00	（62.11，96.79）
2	20	16	80.00	（56.34，94.27）
3	20	17	95.00	（62.11，96.79）

* 相符数：检验员在多次试验中的评估与已知标准一致

评估不一致

检验员	OK/NG	百分比	NG/OK	百分比	Mixed	百分比
1	0	0.00	2	22.22	1	5.00
2	0	0.00	1	11.11	3	15.00
3	0	0.00	1	11.11	2	10.00

*OK/NG：多个试验中误将标准 NG 者一致评估为 OK 的次数
*NG/OK：多个试验中误将标准 OK 者一致评估为 NG 的次数
*Mixed：多个试验中所有的评估与标准不相同者

检验员之间
评估一致性

检验数	相符数	百分比	95% 置信区间
20	14	70.00	（45.75，88.11）

* 相符数：所有检验员的评估标准一致

所有检验员与标准
评估一致性

检验数	相符数	百分比	95% 置信区间
20	13	70.00	（40.78，84.61）

* 相符数：所有检验员的评估与已知的标准一致

检验员自身
评估一致性

检验员	检验数	相符数	百分比	95% 置信区间
1	20	19	95.00	（75.13，99.87）
2	20	20	100.00	（86.09，100.00）
3	20	19	95.00	（75.13，99.87）
4	20	18	90.00	（68.30，98.77）

* 相符数：检验员在多个试验之间，他 / 她自身标准一致

每个检验员与标准
评估一致性

检验员	检验数	相符数	百分比	95% 置信区间
1	20	19	95.00	（75.13，99.87）
2	20	20	100.00	（86.09，100.00）
3	20	19	95.00	（75.13，99.87）
4	20	18	90.00	（68.30，98.77）

* 相符数：检验员在多次试验中的评估与已知标准一致

评估不一致

检验员	OK/NG	百分比	NG/OK	百分比	Mixed	百分比
1	0	0.00	0	0.00	1	5.00
2	0	0.00	0	0.00	0	0.00
3	0	0.00	0	0.00	1	5.00
4	0	0.00	0	0.00	2	10.00

*OK/NG：多个试验中误将标准 NG 者一致评估为 OK 的次数
*NG/OK：多个试验中误将标准 OK 者一致评估为 NG 的次数
*Mixed：多个试验中所有的评估与标准不相同者

检验员之间
评估一致性

检验数	相符数	百分比	95% 置信区间
20	16	80.00	（56.34，94.27）

* 相符数：所有检验员的评估标准一致

所有检验员与标准
评估一致性

检验数	相符数	百分比	95% 置信区间
20	16	80.00	（56.34，94.27）

* 相符数：所有检验员的评估与已知的标准一致

图 9.6　培训前后阻焊杂物半成品检验 MSA 对比

不仔细，导致漏检；检验员未严格执行检验标准，检板前未对照标准，完全按照自己感觉判断，导致漏检和错检。为此，质量部重新整理阻焊杂物检验标准，并重新对检验员进行培训。再次 MSA（右图）数据显示，3 名检验员的漏判率和误判率均为 0，且认同一致性为 90%，测量系统可接受。

（2）缺陷数据收集与问题聚焦。六西格玛项目的实施需要依据数据分析结果进行决策，以确定问题 y 的基准。为确保收集的数据是有意义且有效的，改进团队应制定数据收集计划（表 9.12），明确要收集的具体数据信息，包括数量、时间、地点、收集人，以及收集数据时的注意事项等，以减少数据收集时间，降低数据收集难度。

表 9.12　阻焊杂物数据收集计划示例

序　号	登记日期	生产型号	缺陷形态	班　别	生产员工	是否塞孔	是否套印阻焊	油墨颜色

将收集到的数据加以分类整理，并从不同维度汇总统计。对于离散型数据，柏拉图是常用的问题聚焦分析工具。按照 80/20 原则，可以确定改进的主要焦点和方向，帮助项目团队将有限资源投入到对结果影响最大的关键问题上。对于连续型数据，可以用 Minitab 等软件进行过程能力分析，确认工序过程能力是否足够，是否存在加工精确度问题或加工准确度问题。量化数据有助于聚焦制程中存在的不足。

在阻焊杂物改进案例中，从不同的维度统计分析收集的数据，如图 9.7 所示。对比报废 / 产量发现，阻焊员工的报废品种与产量比例基本相同，排除了人员因素对杂物报废的影响。从油墨颜色分析，绿油板报废占总体报废款数的 77.2%，而绿油订单占总订单的 80% 左右，排除了油墨颜色对杂物报废的影响。从塞孔工艺分析，塞孔板与非塞孔板的杂物报废比例为 7∶3，而塞孔板与非塞孔订单的比例也是 7∶3，排除了塞孔工艺对杂物报废的影响。从班次维度分析，晚班的杂物报废率高于早班，主要是管理因素导致的，可以直接从管理方面进行改进。从缺陷形态分析，板面纤维丝状、油墨渣状和渣状杂物占比超过 70%。因此，阻焊杂物改进应聚焦于纤维丝、油墨渣和渣状物。

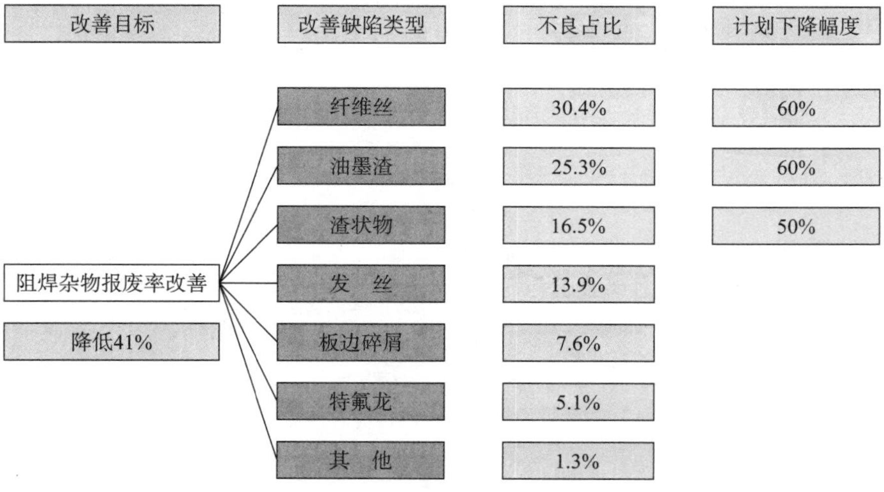

图 9.7　阻焊杂物缺陷分类统计

分析阶段

经过测量阶段的问题聚焦，分析阶段要回答“什么错了”或者“什么做得不够”，这是DMAIC改进模式中最难把握的阶段。需要通过挖掘潜在原因，提出对于问题原因的假设，筛选影响问题的关键因子，然后验证真因，排除非关键因子，直到项目团队最终找出问题的根本原因。

一般来说，挖掘影响焦点问题的可能原因，使用细节（要素）流程图、5Why和脑力激荡法。筛选及评估可能原因，使用因果图（鱼骨图）、C&E矩阵和FMEA等工具；验证及确定根本原因，使用图形分析、统计分析和专业分析等方法。分析阶段的主要工作见表9.13。

表 9.13　六西格玛 DMAIC——分析

工作内容	工作输出	可用工具
① 挖掘潜在原因 ② 筛选关键因子，发现变量关系 ③ 验证关键因子	① 流程分析报告 ② 影响项目 y 值的输入因素 x ③ 确定关键因素 x 并排序	八大浪费、因果图、原因筛选、相关性分析、假设检验、对比实验、回归分析、多变异分析（ANOVA）、作业时间分析、动作分析、TPM、统计软件等
阶段任务	筛选、确定影响 $y=f(x)$ 的关键变量 / 关键要因	

（1）细节流程图，挖掘潜在影响因子。利用流程图详细描述生产流程，列出每个生产步骤的主要输出变量，再列出和阐明输入变量，为输入变量增加流程规格，可以梳理出该过程可能对问题 y 产生影响的全部因子 x_s 清单，进一步识别关键过程输入变量（KPIV）和关键过程输出变量（KPOV）。具体案例见表9.14。

表 9.14　阻焊杂物细化流程图识别潜在影响因子示例

x								流　程		y			
输入（原因）	类　别				操作规格 / 标准			二　级	三　级	输出（聚焦的问题）	相关强度		
					上　限	中　值	下　限				强	中	弱
收板机皮带掉碎屑					收板机目视无杂物，手摸无碎屑			前处理	内围接板	渣状物			
翻板架掉碎屑					收板机目视无杂物，手摸无碎屑					渣状物			
放板车碎屑	C			S	放板车目视无杂物，手摸无碎屑					渣状物			
烘箱内部清洁程度		U	X	S	用手摸无异物			预　烘	预　烘	渣状物			
静置时架子叠放导致架上碎屑掉落板上	C		X	S	插板架叠放要求，先上层，后下层					渣状物			
感温线使用状况	C		X		感温线表面无折痕、线丝					纤维丝			
拉板车清洁情况		U	X	S	拉板车清洁无异物			静　置	静　置	渣状物			
回风口出风洁净度	C		X	S	无尘室洁净度要求达万级					渣状物			
板放置于地面					板禁止放在地面上					渣状物			
静置区地面脏污		U	X	S	无尘室洁净度要求达万级					纤维丝			
静置时架子叠放导致架上碎屑掉落板上		U	X	S	不允许插板架叠放静置					渣状物			
索纸频率	C			S	规范要求 5 ~ 7 块索纸一次			丝印 1	索　纸	油墨渣			
网板封网		U			按作业要求封网				丝印 1	渣状物			
新闻纸掉纸屑		U	X		要求无纸屑					渣状物			
油墨等纸箱包装带入内围	C		X	S	纸箱不允许进入内围					渣状物			
无尘纸擦拭搅油刀导致纤维丝黏附开油刀		U			搅油刀刀柄禁止用无尘纸包裹					纤维丝			
垫板摩擦掉碎屑		U			使用垫板之后需对台面进行清洁					渣状物			
搅油机橡胶垫掉碎屑黏附桶底		U			搅油机要求无胶垫碎屑					渣状物			
网板清洁状况		U			网板使用前使用无尘布擦拭清洁，无可视杂物					渣状物			
插板架清洁状况		U	X		插板架无可视干油墨					油墨渣			
丝印机台面环境		U	X		塞孔机台面无可视杂物					油墨渣			
员工着装	C		X	S	洁净服穿戴整齐、佩戴手套			丝印 1	丝印 1	纤维丝			

续表 9.14

x							流程		y			
输入（原因）	类别			操作规格 / 标准			二级	三级	输出（聚焦的问题）	相关强度		
				上限	中值	下限				强	中	弱
静置区环境	U	X	S	无尘室洁净度要求达万级			静置 1	静置 1	渣状物			
静置区环境	U	X	S	无尘室洁净度要求达万级					纤维丝			
插板架叠放	U	X	S	不允许插板架叠放静置					渣状物			

注：C 代表可控输入变量，改变它可以看到其对输出变量的影响；U 代表噪声变量，它影响输出，但是很难或不可能控制；S 代表标准运营程序，是在标准程序中明确规定的定性变量，如启动程序等；X 代表关键输入变量，关键流程输入变量 KPIV 对关键流程输出变量 KPOV 的变异有显著影响。

（2）因果图和因果矩阵图（C&E 矩阵），筛选关键因子。因果图也被称为鱼骨图或石川馨图，用来揭示过程输出缺陷或某个特定问题与其潜在原因之间的关系。例如，产生阻焊异物缺陷的一个潜在原因是固化烘箱内存在异物。通过按人、机、物、法、环分类，可以分类识别固化烘箱内各种异物的来源，如图 9.8 所示。

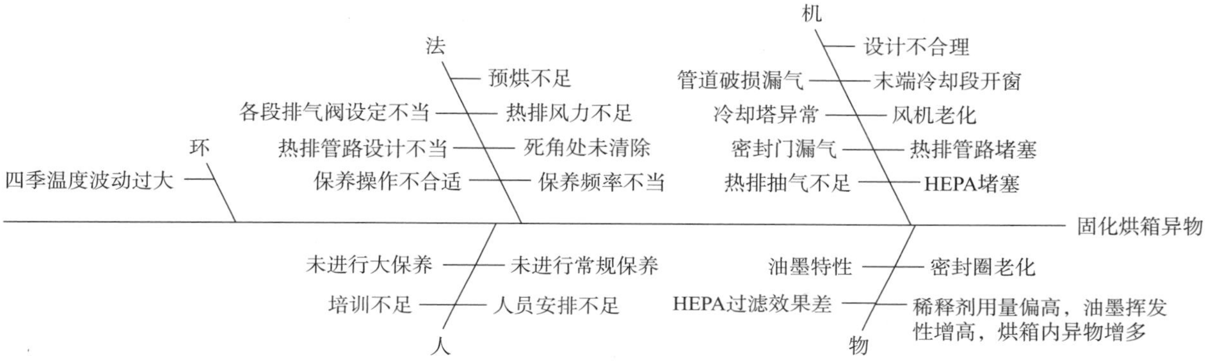

图 9.8　阻焊异物来源分析：固化烘箱产生异物的因果图

当预期解决的问题比较复杂，有多个缺陷形式且它们的影响互相关联，无法分开来考察和解决时，因果矩阵（C&E 矩阵）是一种有效的分析工具。C&E 矩阵基于问题 y 对客户的重要程度进行打分评估，并与从流程图和鱼骨图得到的 x_s 对应，对 y 和 x_s 的关联程度进行打分评估，然后将 x_s 按优先次序排序。这样，可以确认输入和输出变量之间的关系，评估流程输入（原因）对流程输出的影响显著性，从诸多输入中找出关键的少数输入，帮助团队选择重点因子，有针对性地进行验证分析。

（3）采用图形工具分析的真因验证。采用图形工具了解数据特征，通过数据分析确保图形分析发现的变异真正具有显著性，选择正确的分析工具能够鉴别问题的根本原因。常用的图形工具有帕累托图、直方图、箱线图、点图、散点图、矩阵图、推移图和多变量图等。

直方图是一组数据分布情况的图示，适用于描述输入因子 x 和输出 y 为离散型数据时的分析。它表示了数据的位置、分布和形状，从中可以观察到可能的奇异点或缺失数据。柱高代表出现频次，宽度代表数据范围，这样更容易看出波动的类型，如正常型、缺齿型（数据不准确）、切边型（产品质量差，强制筛选）、离岛型（不充分检验，测量失误）、双峰型（两个独立过程）、高原型（多个独立过程）和偏态型（实际的规格限制）等。

箱线图是一种用最小值、第一四分位数、中位数、第三四分位数与最大值来表述数据集变异的图表。它可以粗略地表示数据是否具有对称性及其分布的分散程度，还可以展示小样本数据的变差，特别适合组间的变差比较，即两组或多组数据的比较。如图 9.9 所示，使用 0.15mm

钻刀，返磨三次，测量并对比每次返磨后钻孔的孔壁粗糙度，与控制标准 AVE+3σ ≤ 15μm 比较，以确认返磨次数对孔壁粗糙度的影响。

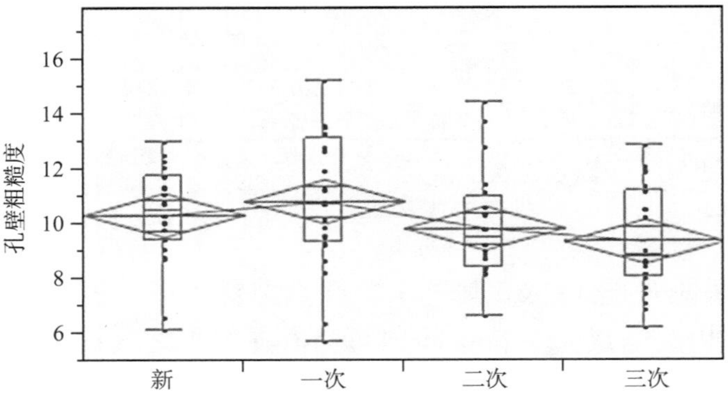

图 9.9 0.15mm 钻刀返磨后的孔壁粗糙度变化

散点图，也称为散布图，在回归分析中用来表示一组数据点在直角坐标系平面上的分布。图上的每一个点代表一对（x、y）连续型数据。可以用散点图表示因变量 y 随自变量 x 变化的大致趋势和相关性，据此选择合适的函数对数据点进行拟合。常见的散点图有强正相关、强负相关、非线性相关、弱正相关、弱负相关、不相关几种类型。

推移图，又称运行图或时间序列图（图 9.10），是以时间为横轴、变量为纵轴的图形工具，用于了解变量是否随时间变化呈现某种趋势。

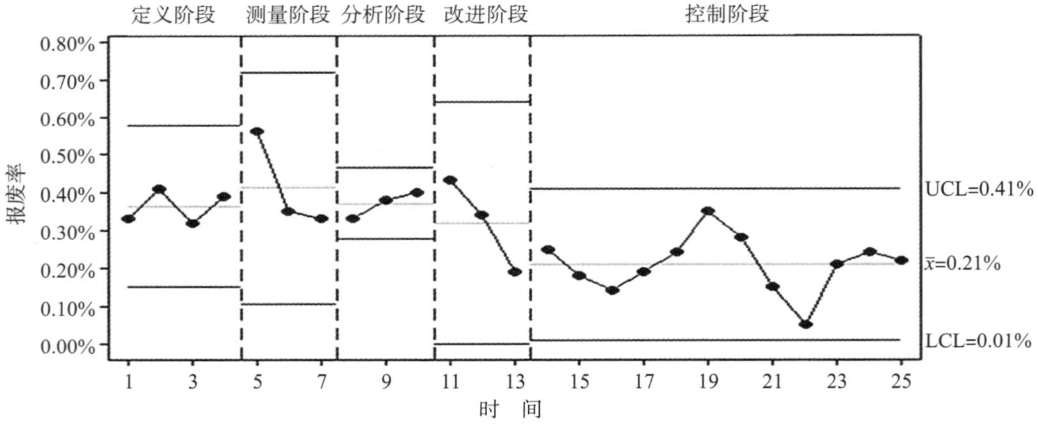

图 9.10 阻焊杂物改进过程的报废率变化推移图

（4）采用统计方法的真因验证——假设检验。在 PCB 质量管理中，经常会遇到因为某些限制而无法收集到全部产品数据，只能抽取一部分样本来估计总体数据的情况。例如，现场检验员怀疑 5# 锣机加工的板存在外形尺寸超出客户要求公差的情况，因此随机抽取 30 组并测量其尺寸公差，以评估该设备加工的所有板外形尺寸公差是否合格。这就是一个典型的可以使用假设检验方法来分析的实际问题。

假设检验是一种对某个总体先做出假设，再根据收集的样本数据，统计样本均值、方差等信息，依据小概率原理判断假设是否成立的统计推断方法。假设检验都是基于问题来组织的。例如，对于上述外形公差是否超标的问题，改善团队要将这类问题转变为统计语言或假设陈述，进行证明或推翻。假设一般成对设置，即原假设 H_0 和备择假设 H_1。原假设为最初假定是真的假设，上述例子中 H_0 可设定为 5# 锣机加工的板外形尺寸未超出客户要求的公差范围。备择假设与原假设相反，当概率判断拒绝原假设时，备择假设成立。

根据了解目的，假设检验可分为双边检验（two–tailed test）和单边检验（one–tailed test）两种。双边检验的拒绝域分布在曲线两边，当检验统计量落在拒绝域内时，拒绝原假设；单边检验的拒绝域分布在曲线左边或右边，当检验统计量落在拒绝域内时，拒绝原假设。

评估一个假设时可能会出现两种错误。

- 当假设为真时拒绝该假设，这是第 I 类错误（弃真错误），其概率为显著性水平 α，常取 $\alpha = 0.05$，（$1-\alpha$）为置信度。P 是 H_0 为真时却错误拒绝的概率，其临界值就是显著性水平 α。如果 $P < \alpha$，就可以拒绝原假设而接受备择假设；如果 $P > \alpha$，则不能拒绝原假设。
- 当假设为伪时接受该假设，这是第 Ⅱ 类错误（取伪错误），其概率通常用 β 表示，常取 $\beta = 0.10$。

假设检验的步骤如下。

① 建立总体假设，选择第 I 类错误的概率（α 值）。

② 选择样本统计量，如样本均值、样本标准差等。

③ 确定检验的拒绝域，决定拒绝原假设的检验统计量的取值范围。

④ 根据样本观测值，计算统计量的值，该统计量基于样本统计量和自由度。

⑤ 确定显著性水平，根据该水平判断差异是否显著，接受或拒绝原假设。

数据类型及其所服从分布的不同，假设检验的方法也不相同。连续型数据差异的显著性检验有 T 检验、U 检验、F 检验和 ANOVA 方差分析等方法，离散型数据差异的显著性检验有比率检验和卡方检验等方法。T 检验用于小样本（$n < 30$），总体标准差 σ 未知的正态分布，是了解一个或多个总体均值的差异是否显著的一种统计检验方法。例如，想了解一类或几类设备、物料和人员的能力差距时可使用 T 检验。U 检验（Z 检验）用于大样本（$n > 30$），总体标准差 σ 已知，按标准正态分布理论来推断差异发生的概率，了解一个或多个总体均值的差异是否显著。方差分析（analysis of variance，ANOVA）又称“变异数分析”或“F 检验”，用于两个及两个以上总体的方差是否存在显著性差异的检验。相对于平均值，它更注重变动的差异。总体比率检验用于比较不良率、报废率、占有率等总体中具有某些特定属性比率的显著性差异。卡方检验属于非参数检验，主要用于比较两个及两个以上样本率（构成比），以及两个分类变量的关联性分析。

在阻焊杂物改进项目中，钻刀和盖板是重要的工治具。钻刀返磨影响其对铝片的切削能力，盖板对铝片平整度和孔口质量有影响。为判断钻刀和盖板（x）对铝片孔内毛刺长度（y）有无显著影响，采用方差分析进行根因验证。

选用 0.4mm 钻刀进行现场试验，主要分为 4 组：①新刀不加盖板，其余参数不变；②新刀加盖板，其余参数不变；③返磨 4 次刀不加盖板，其余参数不变；④返磨 4 次刀加盖板，其余参数不变。使用 50 倍放大镜测量孔内毛刺长度，每组试验选取孔限附件的 10 个孔（孔限为 3000），试验数据见表 9.15。

- H_0 假设：钻刀和盖板对钻孔铝片的孔内毛刺没有显著影响。
- H_1 假设：钻刀和盖板对钻孔铝片的孔内毛刺有显著影响。

使用 Minitab 软件对试验数据进行测算，分析结果显示，P 值均小于 0.05，H_0 假设不成立，

表 9.15 孔内毛刺长度的数据记录（单位：mm）

试验	毛刺 1	毛刺 2	毛刺 3	毛刺 4	毛刺 5	毛刺 6	毛刺 7	毛刺 8	毛刺 9	毛刺 10	平均
① 新刀不加盖板	0.0610	0.0406	0.0610	0.0406	0.0610	0.0610	0.0813	0.0406	0.0813	0.0813	0.0610
② 新刀加盖板	0.0813	0.0406	0.0406	0.0610	0.0406	0.0610	0.0406	0.0406	0.0406	0.0406	0.0488
③ 返磨 4 次刀不加盖板	0.1422	0.0813	0.0813	0.1016	0.0610	0.0610	0.0813	0.1219	0.0610	0.0405	0.0833
④ 返磨 4 次刀加盖板	0.0610	0.0813	0.0610	0.0406	0.0610	0.0610	0.0610	0.0610	0.0610	0.0813	0.0630

H_1 假设成立，即刀具和盖板对铝片孔内毛刺长度有显著影响，但也可能存在其他因素对毛刺长度有影响，如图 9.11 所示。从数据分布来看，“新刀 + 盖板”组的孔内毛刺长度最短，但对于铝片的质量要求仍不合格。因此，要对钻孔方法进行优化，改进小组继续对钻孔落刀速度等参数进行分析和试验。

双因子方差分析：毛刺长度与新刀，盖板

来源	自由度	SS	MS	F	P
新刀	1	0.0033445	0.0033445	8.53	0.006
盖板	1	0.0026426	0.0026426	6.74	0.014
交互作用	1	0.0001652	0.0001652	0.42	0.521
误差	36	0.0141213	0.0003923		
合计	39	0.0202735			

$S = 0.01981$ $R^2 = 30.35\%$ $R^2_{调整} = 24.54\%$

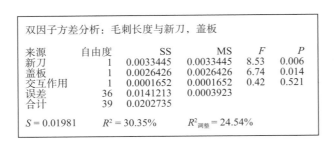

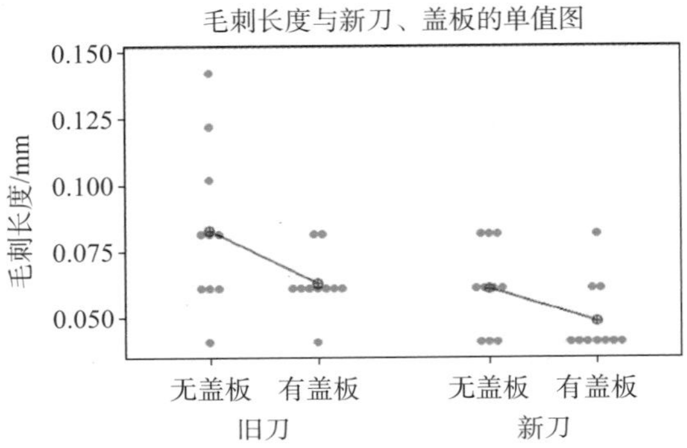

图 9.11 钻孔铝片毛刺和披锋产生原因的验证过程和结论

（5）采用统计方法的真因验证——相关分析、回归分析。统计学中的相关分析和回归分析是判定问题根因的常用工具，相关分析可以确认变量之间是否有关系，回归分析可以把变量间的关系用函数模型表示出来。

相关分析是研究两个或两个以上处于同等地位的随机变量间的相关关系的一种统计分析方法。散点图是数据相关性图示化展示工具，相关系数（R）反映两组数据的相关性强弱。R 取值从 −1 到 1，绝对值越大，x 和 y 的相关性越强。一般来说，样本量超过 25 时，R 绝对值达到 0.4，可认定两个变量间确实相关；R 值为正，x 和 y 正相关；R 值为负，x 和 y 负相关；R 值为 0，x 和 y 不存在相关性；R 值为 1，x 和 y 呈完全线性关系。以洁净房含尘量与板面缺陷的相关性为例，如图 9.12 所示，洁净房内大于 5.0μm 的大粒子数量是导致板面缺陷的关键因子之一，有明显的相关性；而 0.5μm 粒子数量不是缺陷发生的关键因子，相关性不明显。

回归分析是确定两种或两种以上变量间相互依赖的函数关系的一种定量分析方法。回归分析可以筛选重要因子，用一个变量去预测另一个变量，通过设置 x 的最佳水平使流程输出 y 最佳。按涉及变量的多少，回归分析可分为一元回归分析和多元回归分析；按因变量的多少，可分为简单回归分析和多重回归分析；按自变量和因变量之间的关系，可分为线性回归分析和非线性回归分析。囿于篇幅，这里仅对简单实用的一元线性回归模型进行概括性介绍。

一元回归只涉及一个自变量。当因变量 y 与自变量 x 之间呈线性关系时，称为一元线性回归。描述因变量 y 的均值或期望值如何依赖自变量 x 和误差项 ε 的方程，称为回归方程：

$$y_1 = b_0 + b_1 x_i + \varepsilon_i$$
$$i = 1, 2, \cdots, n$$

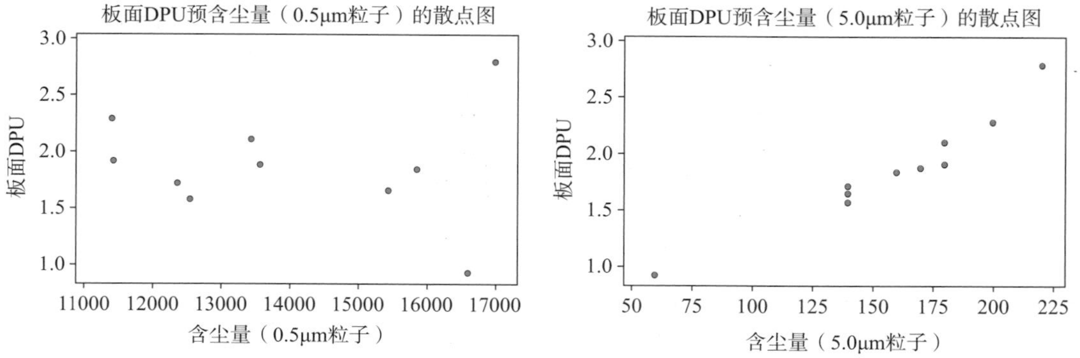

相关：含尘量（0.5μm粒子），板面DPU
含尘量（0.5μm粒子）和板面DPU的皮尔逊相关系数=−0.078
P=0.831

相关：含尘量（5.0μm粒子），板面DPU
含尘量（5.0μm粒子）和板面DPU的皮尔逊相关系数=0.966
*P*值=0.000

图 9.12　板面缺陷数量与洁净房含尘量的相关性验证

b_0 和 b_1 是回归系数，可使用最小二乘法估计——通过使因变量的观察值与估计值之间的离差平方和达到最小来求得。

一元线性回归方程实际就是我们熟悉的直线方程，其形式为 $y = b_0+b_1x$。其中，b_0 是截距；b_1 是 x 的系数，它反映了直线的倾斜度。给定一个 x 的取值，根据回归方程就可以得到一个预测的 y 值。因此，可以用回归方程进行预测。只有当两个变量具有线性相关性时，建立的一元回归方程才有实际意义，这需要检验两个变量间的线性关系是否显著。具体方法有相关系数检验和方差分析检验两种，方差分析检验将回归离差平方和（SSR）同误差平方和（SSE）加以比较，应用 F 检验来分析二者间的差别是否显著。

当然，该一元回归方程还需要确认其回归模型是否与数据拟合良好。采用残差分析进行模型的有效性确认，由 Minitab 软件生成的残差图如图 9.13 所示。

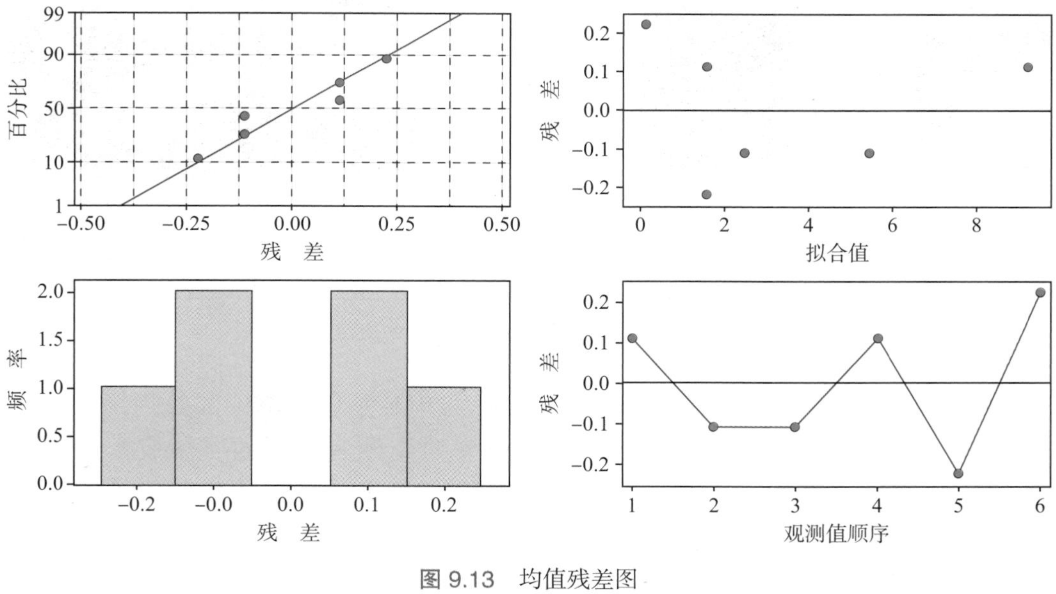

图 9.13　均值残差图

改进阶段

经过分析，项目团队对形成问题的真正原因有了比较准确的了解。生成解决方案是改进阶段主要任务，需要明确“做什么”，以便对问题的根本原因进行改进。改进阶段的重点任务见

表 9.16。对于 PCB 行业，依据工艺技术知识解决产品制造过程中的各类问题非常必要，因此，质量管理人员掌握工艺技术是工作的必要条件。同时，项目改进团队中的工艺、生产、设备工程师也需要发挥更大的作用，群策群力、头脑风暴、防错防呆、精益设计，对标行业先进方法，咨询行业专家经验，这些都是 PCB 产品质量改进的常用做法。而连续型因子、参数类因子的改善，可利用统计工具如回归分析和实验设计（DOE）等，进行参数及公差范围的最佳化。

表 9.16　六西格玛 DMAIC——改进

工作内容	工作输出	可用工具
① 找出改进方案 ② 优化改进方案 ③ 验证改进措施	① 针对每个关键因素 x，找出尽可能多的改进方案 ② 行动计划表 ③ 改善效果分析报告	5S、目视化管理、DOE、回归分析、对比分析、参数设计、责任矩阵、甘特图、客户满意度调查、统计基础、JMP 软件、项目管理等
阶段任务	优化 $y=f(x)$ 关键要因，进行验证实验，形成问题 / 缺陷解决方案	

（1）实施快赢措施。快赢措施是六西格玛项目中能够快速实施并且能够很快看到成效的改进措施。这些措施通常比较简单，不需要对系统进行重大改变，无须管理层批准，团队付出努力较少，也容易执行，却能在很短时间内给项目改进带来明显效果。项目团队可以在项目改进的 DMA 各阶段积累快赢措施，整理快赢改进措施清单（图 9.14），边分析边实施边改进。

<table>
<tr><td>工　序</td><td>阻　焊</td><td>工　步</td><td colspan="5">前处理收板段</td></tr>
<tr><td>y</td><td>渣状物</td><td>x（因子）</td><td colspan="5"></td></tr>
<tr><td>改善项目</td><td>阻焊杂物改善</td><td rowspan="2">改善类别</td><td>人</td><td>机</td><td>物</td><td>法</td><td>环</td></tr>
<tr><td rowspan="2">改善时间</td><td rowspan="2">2019 年 7 月 4 日</td><td></td><td>√</td><td></td><td></td><td></td></tr>
<tr><td>负责人</td><td colspan="5">胡　胜</td></tr>
<tr><td colspan="2">改进前</td><td colspan="6">改进后</td></tr>
<tr><td colspan="2"></td><td colspan="6"></td></tr>
<tr><td colspan="2">问题点
翻板机传送皮带偏长，导致运行过程跑偏，与设备摩擦产生碎屑</td><td colspan="6">改进内容
更换长度适合的皮带，要求皮带运行过程不跑偏</td></tr>
<tr><td colspan="2">效果确认
运行过程皮带无跑偏现象，皮带未出现因摩擦而掉碎屑情况</td><td colspan="6">标准化
每班点检皮带运行状况，每班生产前清洁翻板机</td></tr>
</table>

图 9.14　阻焊杂物改进快赢措施清单

（2）实验设计（design of experiment，DOE）。DOE 是以概率论和数理统计为理论基础，对实验进行合理安排，以较小的实验规模，较短的实验周期和较低的实验成本，获得理想的实验结果，并得出科学结论的方法的集合。实验设计有参数优化设计、稳健设计、配方设计和调优运算等类型，在六西格玛项目中常用来优化参数的单因子及部分因子实验设计、全因子实验设计和响应曲面设计。这里以 PCB 制造案例说明实验设计的主要用途，明确哪些自变量因子 x 会显著影响输出结果 y，明确因子对输出结果影响的程度，找出 x 与 y 之间的关系，因子间是否相互影响等。

实验设计中的基本术语如下。

· 响应变量：实验输出的结果 y。

· 因子 / 因素：实验过程中的不同输入自变量 x，如温度、时间、黏度等。

· 水平：实验中对因子的两个或更多不同设定取值，如温度取 10℃、20℃、30℃等。

· 因子主效应： 某因子变化时，输出平均值发生的变化。在主效应图上，图形斜率越大，说明该因子对输出的影响越大。如图 9.15 左图所示，温度影响是最显著的。

· 交互作用：如果因子 A 的效应依赖因子 B 所处的水平，则说明 A 与 B 之间有交互作用。如图 9.15 右图所示，温度和压力的交互作用较大。

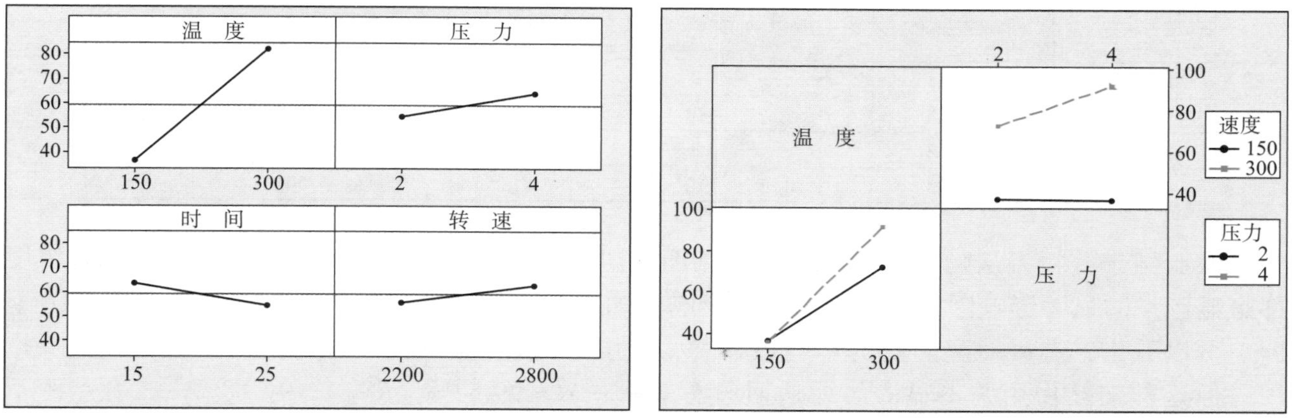

图 9.15　影响因子主效应图和互作用图

· 正交表：运用组合数学理论在正交拉丁方的基础上构造的一种规格化表格，是正交实验设计法的基本工具。以表 9.17 给出的 4 因素 3 水平正交表 $L_9(3^4)$ 为例，"L"表示正交表；"9"是行数，表示总实验次数；"4"是列数，表示因子个数；"3"表示每一因子可以取的水平数。利用 Minitab 统计软件的 DOE 模块可以生成标准正交表，如常用的 3 因素 2 水平正交表、7 因素 2 水平正交表等。

表 9.17　正交表示例

实验号	$L_9(3^4)$			
	1	2	3	4
1	1	1	1	1
2	1	2	2	2
3	1	3	3	3
4	2	1	2	3
5	2	2	3	1
6	2	3	1	2
7	3	1	3	2
8	3	2	1	3
9	3	3	2	1

实验设计过程必须遵循重复实验、随机化和划分区间三个基本原则，分为计划、实验和分析三个阶段，具体步骤如下：阐述目标→选择响应变量→选择因子及水平→选择正交表→实验并收集数据→选择分析模型并简化模型→残差分析→提出最优工艺参数→验证实验。

显影参数优化实例。为验证显影线参数设置的准确性，采用 RD-1229 干膜，通过改变影响因子的温度和浓度进行显影点（BP）测试，分析实验结果，评估和优化显影参数。依据表 9.18 中的参数水平，选择 $L_4(2^2)$ 正交表，完成 4 组实验，结果见表 9.19。

表 9.18　显影参数优化实验设计

流　程	子流程	输出 CTQ	控制范围	输入因子	SOP 要求	参数水平		指　标
						低	高	
HDI	显　影	显影点	40% ~ 60%	温　度	28 ~ 32℃	28℃	32℃	显影点
				Na_2CO_3 浓度	9 ~ 10g/L	9g/L	10g/L	

表 9.19　实验结果数据表

试验号	温度 /℃	Na_2CO_3 浓度 / ($g \cdot L^{-1}$)	显影点		
			R_1	R_2	均　值
1	28	9	58%	58%	58%
2	28	10	57%	57%	57%
3	32	9	51%	50%	50%
4	32	10	50%	50%	50%

实验结果分析。从帕累托图和效应正态图（图 9.16 上图）可以看出，温度和 Na_2CO_3 浓度都是显影点的显著影响因素，其中温度的影响更加显著。从主效应图和交互作用图（图 9.16 下图）可以看出，温度对显影点的影响最显著，温度和 Na_2CO_3 浓度对显影点的影响存在交互作用，但这种交互作用并不显著。评估回归总效果：$R^2 = 99.53\%$，$R^2_{调整} = 99.18\%$，二者差距不大，说明模型合适。

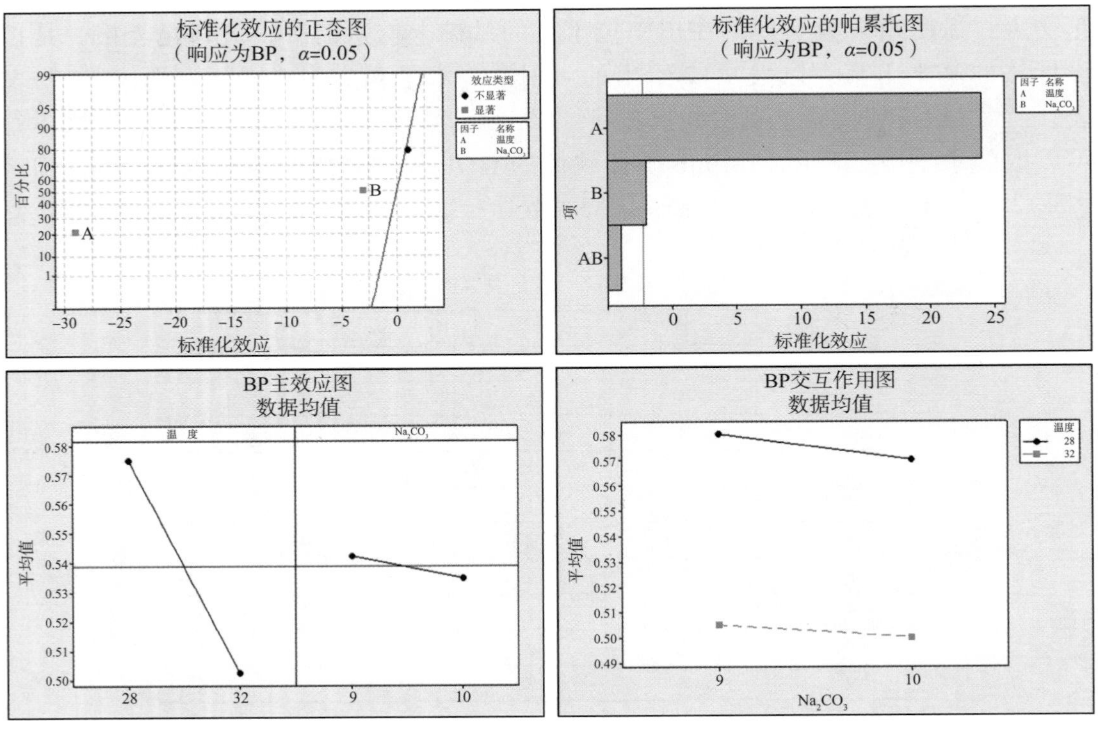

图 9.16　显影参数分析

参数评估与优化。将所有因子均调整至极限值（$T = 28℃$，Na_2CO_3 浓度 = 9g/L，BP = 58%；$T = 28℃$，Na_2CO_3 浓度 = 10g/L，BP = 57%；$T = 32℃$，Na_2CO_3 浓度 = 9g/L，BP = 50.5%；$T = 32℃$，Na_2CO_3 浓度 = 10g/L，BP = 50%），显影点均满足指标要求 BP = 40% ~ 60%，说明此模型合适。当温度设为 32℃，Na_2CO_3 浓度设为 10g/L 时，显影点可以达到 50%，此时输出

y 值最佳，也是最优参数。目前生产线 SOP 规定温度为 30℃，Na_2CO_3 浓度为 9g/L，显影点为 54.25%，符合目标要求，无须更改，如图 9.17 所示。

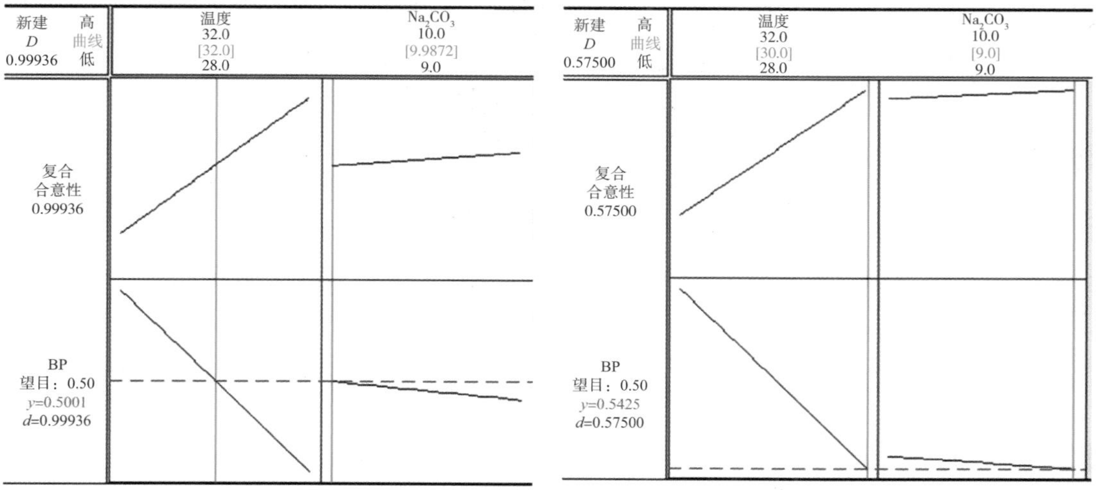

图 9.17　显影参数评估

参数验证。使用线宽为 45μm 的测试板按 SOP 规定参数曝光，使用参数 $T = 30$℃，Na_2CO_3 浓度 = 9g/L 进行显影，测试板正背面的线宽结果均在（45 ± 2）μm 范围内，过程能力如图 9.18 所示。

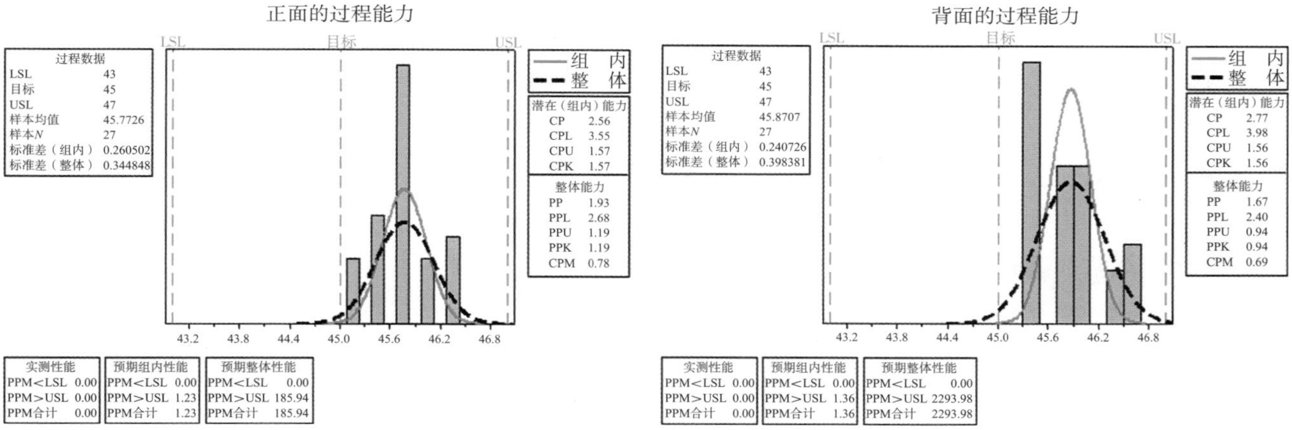

图 9.18　显影参数优化后的测试板线宽能力

控制阶段

控制阶段的重点是持续改进成果，确保员工按照新的工作方式固化并长期保持。为此，项目团队需要将改进阶段的成果规范化，形成一系列标准和控制计划，纳入企业文件体系，完善过程控制系统。控制阶段的重点内容见表 9.20。

表 9.20　六西格玛 DMAIC——控制

工作内容	工作输出	可用工具
① 制定工作标准 ② 实施监控过程 ③ 项目效益分析	① 作业指导书 ② 产品特性或过程特性控制图 ③ 项目总结	标准作业程序（SOP）、控制计划（CP）、目视化管理、防错（Poka-Yoke）、SPC
阶段任务	保持 $y = f(x)$，建立关键要因的测量系统、管理方法、管理系统	

对于现场实施过程控制的内容和方法，第 8 章已经做了介绍，这里不再赘述。

在六西格玛项目结束前，需要完成总结和报告的工作。除了要标准化各类改进措施，还要对团队成员的个人表现进行评估。团队成员应分享项目过程中的成长和心得，管理者应通过奖励来认可成功团队的工作。

六西格玛改进案例 改进 PCB 板厚超标，提升产品良率 1）

背 景

某工厂的板厚超标，不良率为 51.85%，缺陷排名第一，导致巨大的报废损失。同时，大量的筛选工作导致交期延迟，不仅降低了公司的竞争力，还对公司声誉造成了负面影响。为此，工厂组成了一个由厂长倡导、各部门参与的项目团队，利用六西格玛方法进行系统性和根本性的改进。

缺陷定义

y = 板厚不良率 = 板厚超出客户标准的条（Strip）数 / 测量的总条数。

客户标准：一条上各点板厚在标准值 ±15μm 内，且各点之间极差≤ 15μm。

细节流程图

常规双面板制造流程，流程图略。

测量系统分析

全生产流程中，材料出库、AOI 和阻焊固化后的三个工步涉及 MSA，使用的设备为同一台板厚测量仪。针对这台板厚测量仪进行 MSA 分析。3 名检验员分别测量 10 块板，每块板测量 3 次，并进行数据分析。

从运行图来看，每个样本的重复性和复现性均较好（每个方格基本为一条直线）。

从六合一图来看，变异主要来自部件本身；不同样本的 3 个测量值之间的极差很小，最大只有 1μm；不同样品在不同检验人员重复测量下的一致性较好；测量员和样品之间没有显著的交互作用。

结果：GRR = 10.91%，公差 = 12.47%，NDC = 12，MSA 结果合格，测量系统可接受。

问题聚焦

（1）目标层别：为确认板厚超标是因为客户的两个标准都不能满足，还是只有一个标准不满足，需要进行分析。抽取 10 片生产板，按图 9.19 进行板厚测量分析，结果如下：超过板厚公差 ±15μm 的条数为 0，CPK = 1.6，能力足够；极差＞ 15μm 的条数占 46.35%，CPK = 0.06，能力严重不足。

（2）位置层别：验证同一条内 6 个位置（1、3、5 的铺铜图形位置与 2、4、6 的未铺铜基材位置）的厚度是否有明显差异，对不同位置配对进行 T 检验，如图 9.20 所示。

· P_1 与 P_3 双样本 T 检验：$P < 0.05$，厚度差值均值 95% 置信区间为 10.7 ～ 12.8μm，为差异主要影响因素。

1）案例提供：李文杰等。

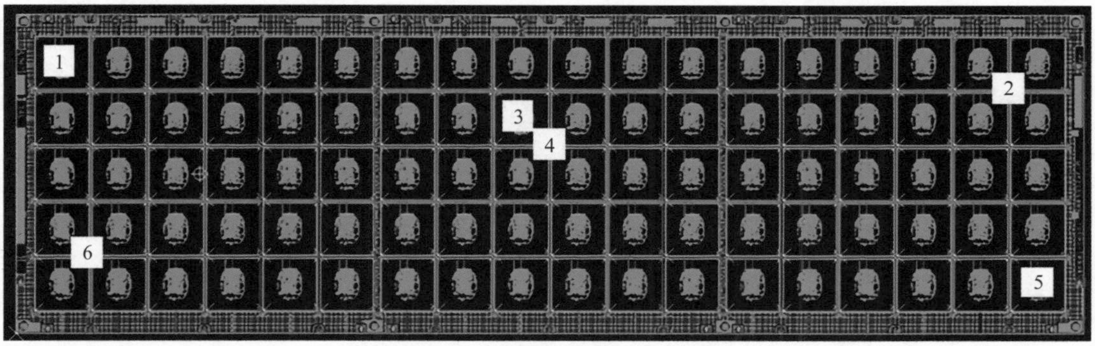

图 9.19　Strip 厚度测量位置图

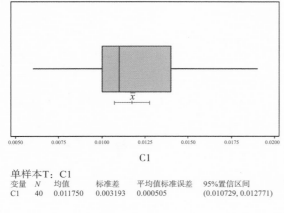

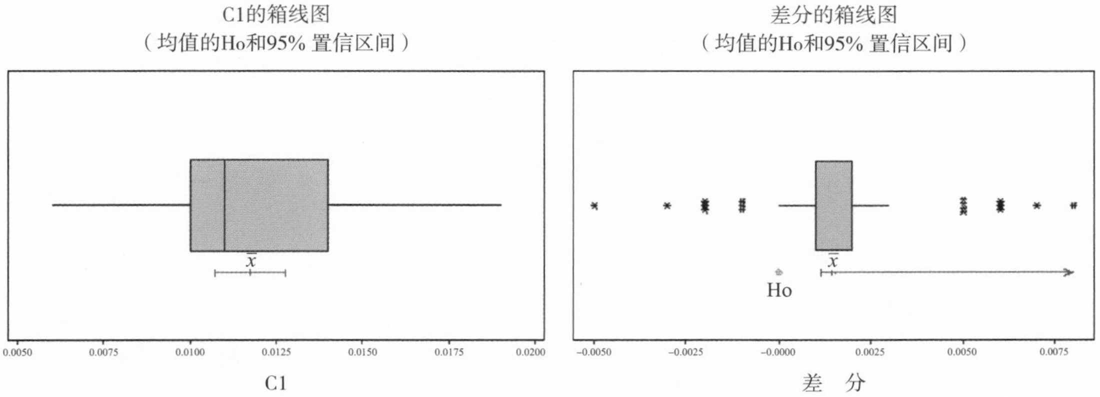

单样本T：C1

变量	*N*	均值	标准差	平均值标准误差	95%置信区间
C1	40	0.011750	0.003193	0.000505	(0.010729, 0.012771)

配对T检验和置信区间：3,4

3–4的配对T

	N	均值	标准差	均值标准误差
3	100	0.25533	0.02001	0.00200
4	100	0.25387	0.01992	0.00199
差分	100	0.001460	0.001914	0.000191

95%平均差下限：0.001142

平均差=0（与>0）的*T*检验：*T*=7.63　*P*=0.000

图 9.20　同一条板不同位置板厚 T 检验

- P_3 与 P_4 配对 T 检验：$P < 0.05$，厚度差值均值 95% 置信区间为 1.08 ～ 1.84μm。
- P_1 与 P_6、P_2 与 P_5 双样本 T 检验：$P < 0.05$，厚度差值均值 95% 置信区间为 0.2 ～ 1μm。

进一步验证同一片生产板上不同位置的板厚是否存在差异，对不同型号不同生产板位置进行厚度测量与分析，结果与同一条板不同位置板厚情况一致。

结论：P_1 与 P_4 之间的厚度差异最大；从 Strip 厚度分布来看，两边和中间厚、其他位置薄，而不同批次板厚分布均呈现生产板左右两边以及中间位置偏厚的特点（W 形）。

（3）流程层别：通过双面板的生产细节流程图可知，开料、电镀铜、阻焊三个工序会影响板厚。因此，将测试板按照流程顺序生产，在开料、电镀铜、阻焊后测量相同位置的板厚，分析厚度差异和过程能力稳定性，结果如图 9.21 所示。

- 开料、电镀工序后板厚极差均在 5μm 以内，无明显差异。
- 阻焊工序后板厚极差明显增大，其中有 50% 超出极差控制限，CPK = 0.02。可见，阻焊为重点分析工序。

（4）阻焊工艺层别：为进一步确认阻焊工序对板厚产生影响的关键因素，对丝印、滚涂、丝印 + 滚涂、丝印 + 滚涂 + 真空压膜几种工艺的板厚分布情况进行对比分析，结果如图 9.22 所示。

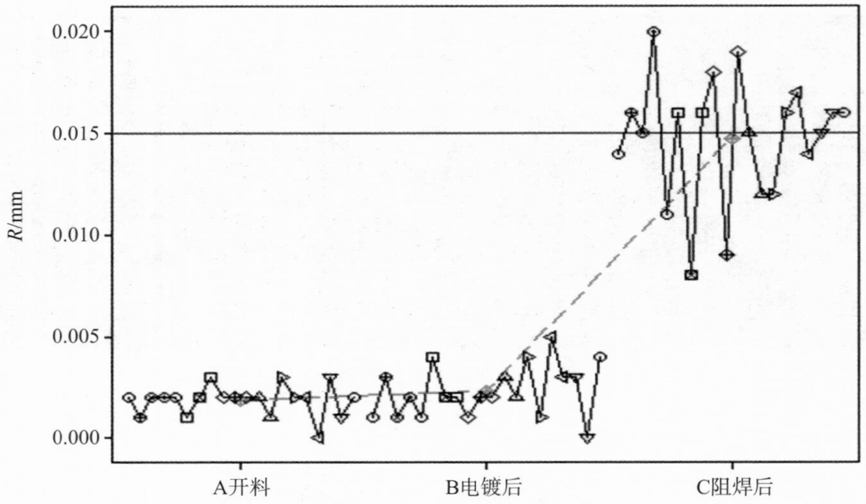

图 9.21 生产流程多变异图

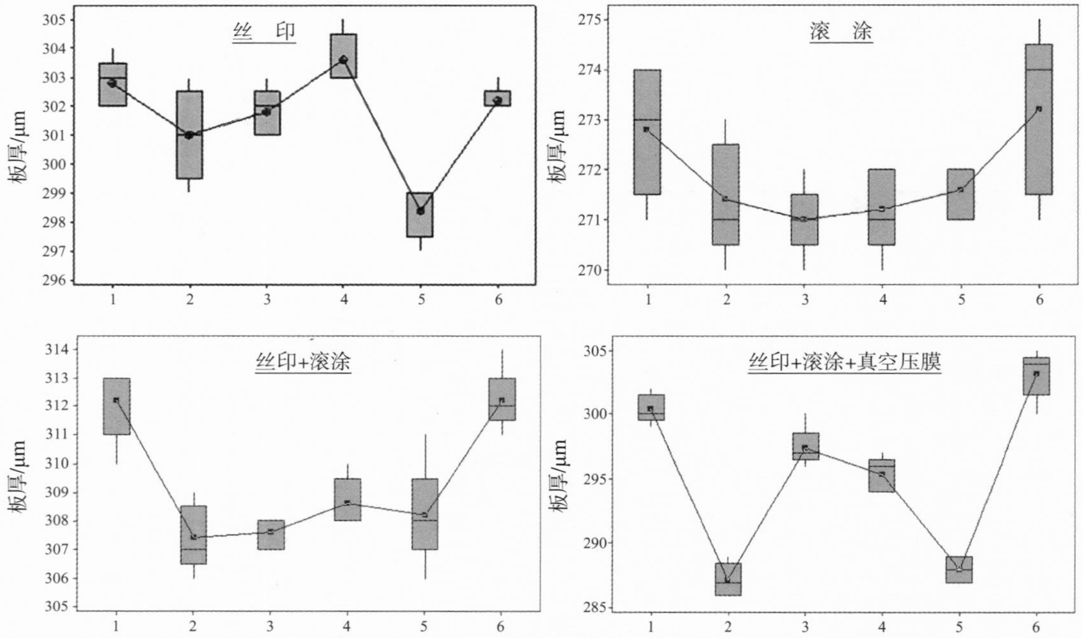

图 9.22 丝印、滚涂、丝印 + 滚涂、丝印 + 滚涂 + 真空压膜工艺的板厚分布情况

· 滚涂后呈现明显的 U 形，板两端偏厚——与滚涂制程有关。

· 真空压膜后呈现的 W 形，板中部偏厚——与真空压膜制程有关。

通过现场排查，滚涂后呈 U 形主要是滚轮变形导致的。使用新滚轮进行验证，板厚极差 < 15μm，CPK 由 0.06 提升为 0.32，不良率由 46% 降至 25%。

使用无图形光板确认丝印、滚涂、真空压膜的阻焊均匀性，丝印 $R = 4\mu m$、滚涂 $R = 4\mu m$、真空压膜 $R = 3\mu m$。结果如图 9.23 所示，制程固有能力导致的厚度偏差约为 7μm，小于目前的极差均值 11.7μm，说明制程与图形之间存在交互作用。

评估图形设计与各流程的交互作用，对单丝印、单滚涂、单压膜和全流程（开料→丝印→固化→滚涂→固化→压膜→固化）板厚极差变化进行测量分析，明确全流程后板厚分布呈 W 形，极差约 10μm，真空压膜与图形的交互作用呈 W 形。故障树如图 9.24 所示。

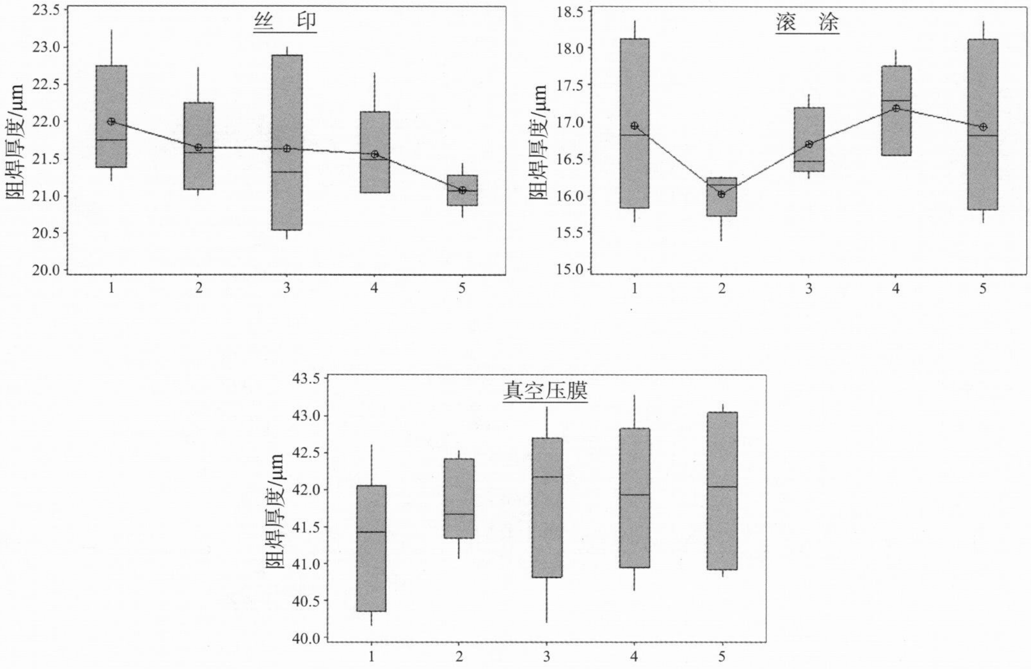

图 9.23　丝印、滚涂、真空压膜的阻焊均匀性

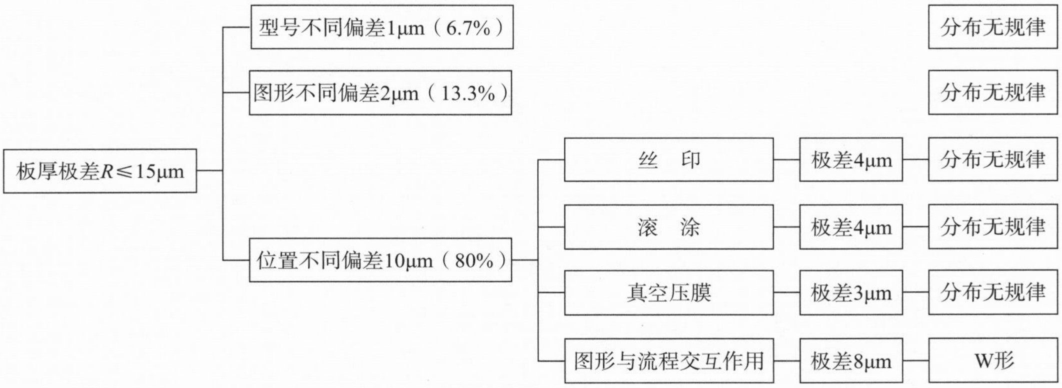

图 9.24　聚焦后的缺陷故障树

▌潜在因子挖掘

根据细节流程图（图 9.25），列出每个工步的“板单边厚”“板两端厚”“板 W 形厚”等输出问题，梳理影响这些问题的关键因子，并建立验证计划，见表 9.21。

▌关键因子验证

针对 W 形板厚问题，制订 x_1 板边图形形状和 x_2 板边图形大小（残铜率）的全因子设计方案，见表 9.22。

输入（原因）	类别					操作规格 / 标准（上限 / 中值 / 下限）	细节流程	输出（聚焦的问题）
							产品设计	
Strip 边网格设计	C		X				Strip 板边设计	板 W 形厚
Strip 边残铜率	C		X					板 W 形厚
							阻焊丝印	
台面水平度	C						检查台面是否平整	板单边厚
垫板翘曲	C			S		翘曲≤厚度的 4‰	检查垫板	板单边厚
网板张力	C			S		19 ~ 27N/cm^2	检查网板	板单边厚
网板水平度		U				两端相等	装网板	板单边厚
刮刀寿命	C			S		≤ 1000 片	检查刮刀	板单边厚
刮刀两端调整高度	C			S		两端相等	装刮刀	板单边厚
							阻焊滚涂	
滚轮是否破损、变形	C		X	S		8000m^2	检查滚轮	板两端厚
挡墨块是否平整		U					安装挡墨块和挡墨片	板单边厚
							阻焊压膜	
							真空压膜	
							板整平	

图 9.25　Strip 板厚细节流程图

表 9.21　关键因子验证计划表

编　号	y	焦点问题	x	y 与 x 之间的关系	验证方法	数据收集				
						数据类型	样品数 / 条	收集场所	收集者	完成时间
1	两边厚	滚轮是否破损、变形	滚轮变形	滚轮变形使生产板两边油墨变厚，板厚变大	快赢改进	连　续	20	阻焊半检	AA	8/12
2	板厚极差	垫板是否平整	垫板翘曲度	垫板不平整导致不同位置阻焊厚度差异，影响板厚极差	快赢改进	连　续	20	阻焊半检	AA	7/15
3		挡墨片是否平整	挡墨片平整度	挡墨片不平整导致不同位置阻焊厚度差异，影响板厚极差	快赢改进	连　续	20	阻焊半检	AA	8/12
4	W 形	Strip 板边铺铜面积大	板边图形大小	Strip 板边图形大小（残铜率）在真空压膜过程使板厚极差呈现 W 形	全因子实验	连　续	60	阻焊半检	BB	7/24
5		Strip 板边油墨流动性不好	板边图形形状	Strip 板边设计在真空压膜过程使板厚极差呈 W 形	全因子实验	连　续	60	阻焊半检	BB	7/24

表 9.22　残铜率和铺铜方式

标准序	运行序	中心点	区　组	铺铜方式	残铜率	y
1	1	1	1	−1（网格）	−1（100 × 1000）	Strip 极差增加量
2	2	1	1	1（六边形盘）	−1（100 × 1000）	

续表 9.22

标准序	运行序	中心点	区　组	铺铜方式	残铜率	y
3	3	1	1	–1（网格）	1（1000 × 100）	Strip 极差增加量
4	4	1	1	1（六边形盘）	1（1000 × 100）	
5	5	0	1	–1（网格）	0（400 × 100）	
6	6	0	1	1（六边形盘）	0（400 × 100）	

按照设计方案进行实验，收集数据，并进行方差分析和因子分析。结果如图 9.26 所示，图形大小（残铜率）与板厚极差之间存在曲线关系；板边图形焊盘形状优于网格形状，但板边图形形状与残铜率之间无明显交互作用。

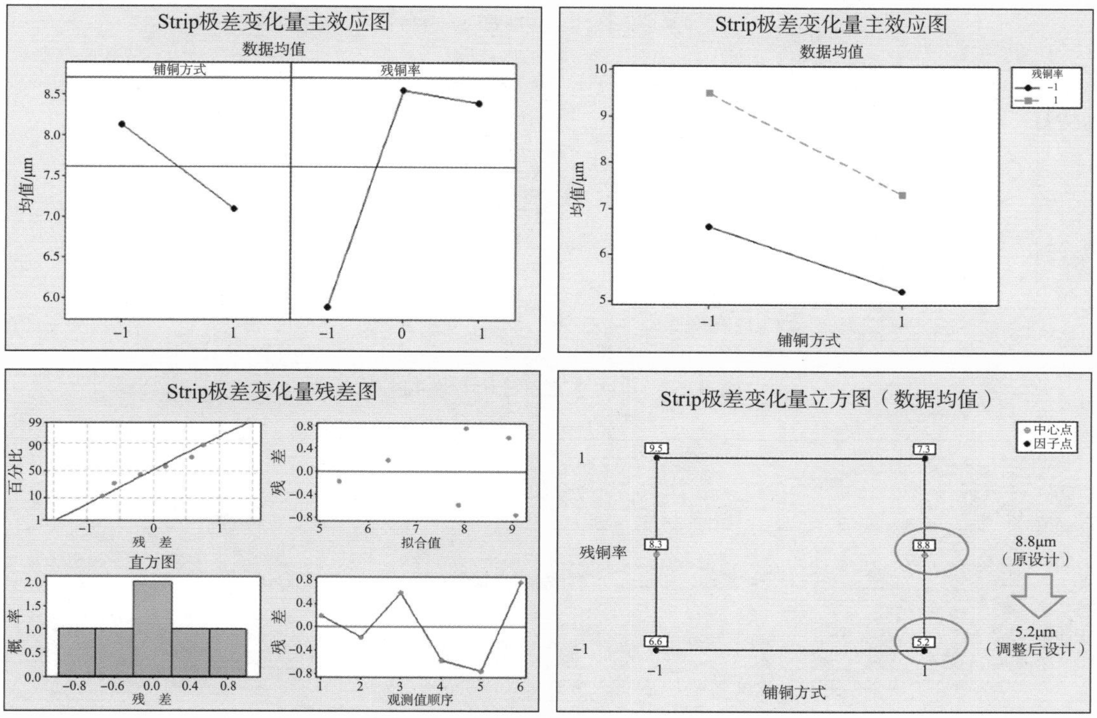

图 9.26　板边图形形状与残铜率因子分析

分析阶段结论

（1）现场改善：垫板翘曲、挡墨片不平整、滚轮变形问题进行快赢改善。

（2）板边设计优化：板边图形焊盘形状优于网格形状，真空压膜过程使油墨流动，铜面位置高于无铜位置，残铜率高，油墨无可流动位置，使 Strip 两端偏高，需要优化残铜率设计。

问题改善

设计两种铺铜尺寸：DOT A（400）和 DOT B（800）。分别按残铜率 0%、10%、20%、33%、40% 和 50% 铺设板边，测试阻焊工序后的板厚数据，并进行单因子方差分析和回归分析。结果如图 9.27 所示。

结论：①铺铜方式 DOT B 优于 DOT A；②残铜率与极差变化量呈现明显的二次关系，极差变化量 = 5.446–13.50 × 残铜率 1+24.56 × 残铜率 2，当残铜率为 27.5% 时，极差变化量最小；③新投入板进行实际效果验证，改善后板厚 CPK = 1.5，满足客户要求；④后续生产良率有了明显改善，如图 9.28 所示。

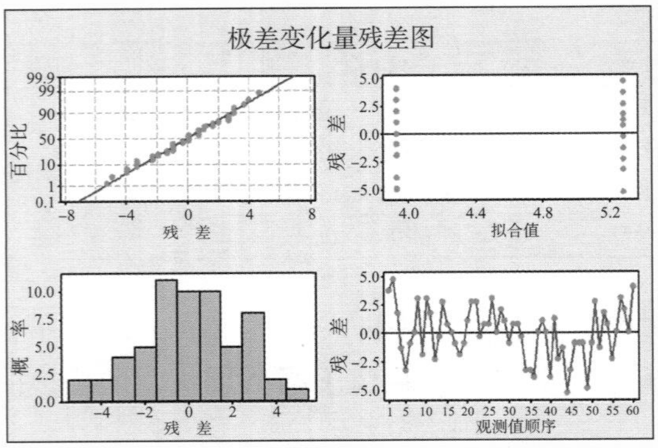

单因子方差分析：极差变化量与铺铜方式

来源	自由度	SS	MS	F	P
铺铜方式	1	27.34	27.34	5.17	0.027
误差	58	306.71	5.29		
合计	59	334.05			

S=2.300　R^2=8.18%　$R^2_{调整}$=6.60%

均值（基于合并标准差）的单组 95%置信区间

```
水平      N   均值   标准差  --+---------+---------+---------+-------
DOT A 30  5.283  2.427                    (---------*----------)
DOT B 30  3.933  2.164  (---------*-----------)
                        --+---------+---------+---------+-------
                        3.20      4.00      4.80      5.60
```

合并标准差=2.300

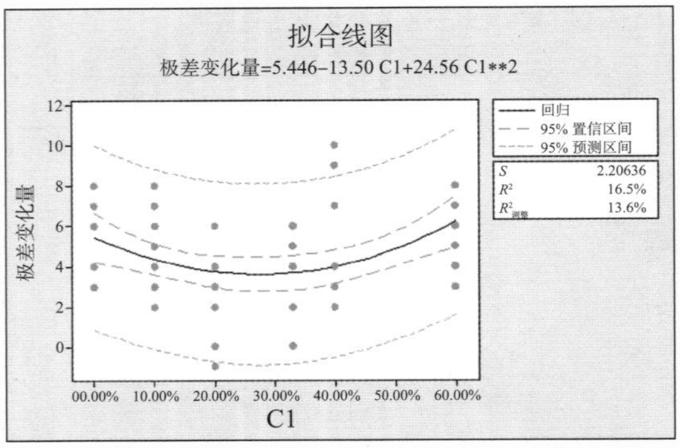

多项式回归分析：极差变化量与C1

回归方程为

极差变化量=5.446−13.50 C1+24.56 C1**2

S=2.20636　R^2=16.5%　$R^2_{调整}$=13.6%

方差分析

来源	自由度	SS	MS	F	P
铺铜方式	2	54.923	27.4615	5.64	0.006
误差	57	277.477	4.8680		
合计	59	332.400			

方差的序贯分析

来源	自由度	SS	F	P
线性	1	4.2027	0.74	0.392
二次	1	50.7203	10.42	0.002

图 9.27　单因子方差分析和回归分析

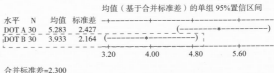

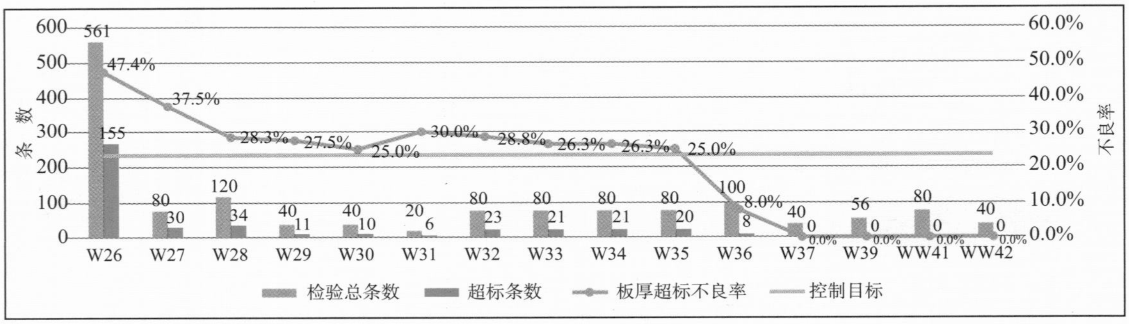

图 9.28　板厚超标缺陷改善推移图

问题控制

根据分析阶段结论对应的改善措施制定控制计划，共 5 项。同时，修改 CAM 规范和过程管理操作规范，标准化后续的设计和生产操作。

项目总结和表彰

略。

项目感言

还记得为了收集数据，一天用脚踩测量踏板 5000 次，记录数据超 3000 点。——CZJ&WQ

小心分析 3000 多个数据的关联性，确保结论准确，不能出错。——ZK

设计、投板、跟板，哪怕再忙，周日跟进，只为项目进度。——TYW&YZY

如果层别更细致，分析更全面，引入设计因素，项目周期可缩短 1 个月。——LCY

第10章 PCB制造客户满意度与客诉处理

质量理念的发展经历了从“符合性”到“适用性”再到“客户满意度”的转变，这标志着人们质量认识的飞跃，是对传统物理意义上产品或服务质量评价标准的突破，也抓住了质量评价的本质，使不同产品或服务之间的质量具有可比性。企业能够认识到客户满意度与企业竞争力和经济效益之间的正相关性，建立以客户为中心的服务，使客户获得百分百满意，从而使企业效益倍增。

本章重点介绍客户服务、客户满意度的相关概念和评价方法，以及PCB企业处理客户不满意和客户投诉的工作要点。同时，介绍PCB产品质量客诉的根因分析方法和8D报告编写要点，以及军品质量归零要点，并结合实际案例进行说明。

10.1 客户服务

10.1.1 顾客与客户

顾客是拥有显在和潜在需求的主体，是接受按其要求提供产品或服务的个人或组织（ISO 9000：2015）。公司唯一能够创造的价值来源于顾客，没有顾客就没有公司。顾客有狭义和广义的概念。狭义的顾客是指产品和服务的最终使用者或接受者；广义的顾客从过程的角度看，是过程输出的接受者。因此，公司作为一个系统，既有内部顾客，也有外部顾客。

“顾客”和“客户”这两个词在中文中的差别不大。“顾客”一词比较正式，相对泛指。而“客户”一词比较口语化，相对具体。在西方概念中，“顾客”（customer）和“客户”（client）的含义有所差异。最大的区别是顾客可以由任何人或机构来提供服务，而客户则主要由专人服务，客户的信息会详细记录在公司的资料库中，客户与公司之间的关系也比一般意义上的顾客更为亲近和密切。本章重点讨论公司质量部门与顾客之间的互动活动。基于PCB行业上下游企业之间的合作特点，本书更多地使用“客户”一词，并以外部客户为主。

“客户是上帝”“客户是企业存在的理由”“客户是企业的根本资源”“不是客户依靠我们，而是我们要依靠客户”……以客户为中心的经营理念如今得到了电子电路行业的普遍认同。公司不仅需要制造产品，更要构建良好的客户关系，建立忠诚的客户群是每一个PCB企业的核心任务。

10.1.2 客户服务概述

随着电子行业的市场竞争日趋激烈，除了在产品上不断实现技术和能力的突破，为客户提供周到、满意的服务也是企业竞争的一个焦点。

客户服务（customer service）指的是在产品或服务的整个生命周期内，组织与客户之间所有的互动。这些互动可能依托于实体产品，也可能是技术或智力付出，如通过面对面、电话或邮件等方式向客户介绍产品或服务，交流相关技术信息，提供安装说明和产品使用培训，维修维护和回访等技术性或非技术性活动，都属于客户服务工作。按照使用产品或者服务的时间，客户服务可分为售前服务、售中服务和售后服务。售后服务的重点可以归纳为支持服务及反馈与赔偿。公司为客户提供各种形式、全方位的服务，目标是让客户对产品和公司感到满意，并通过持续的满意度积累，使客户产生信赖感，从而与公司形成长期的合作关系，促进公司发展。

对于传统企业，效率是管理追求的核心，组织架构科层化（图 10.1 左），通过职能分工来提高组织内部资源的利用效率。但这种分工模式使得客户声音传递困难，也切断了客户服务的完整流程，客户必须跨越多个职能部门才能得到所需服务，没有一个职能部门对客户全面负责。传统企业的人员观念以企业为中心，认为客户服务工作只与销售部门的一线人员有关，与公司内部其他人员（特别是生产管理者）关系不大，公司内部与客户被分割开来。

现代企业推行以客户为中心的管理，目标是充分满足客户个性化需求，提高对客户需求的响应性。企业组织强调按端到端的业务流程组织资源，部门之间的边界模糊，强调供应链的协作与管理，以应对柔性化生产要求。从普通员工、部门到管理者，都要深入理解服务客户的理念，及时满足和服务客户的要求。即使是很少有业务机会直接面对客户的部门，也应该具有高度的客户服务意识，而高层管理者需要给予客户服务工作更大的支持和资源投入。

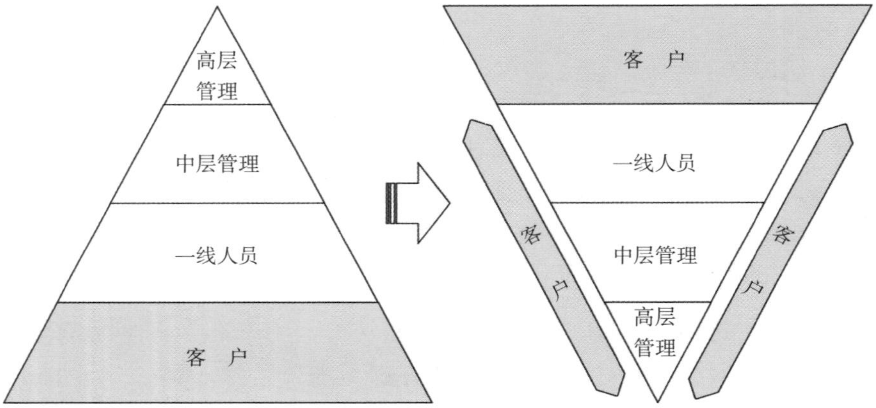

图 10.1 传统组织架构（左）与现代组织架构（右）（来源：《营销管理》，菲利普·科特勒）

让客户满意是客户服务的宗旨，客户的满意与否和公司提供的服务质量密切相关。服务质量取决于客户所感知的服务水平与客户所期望的服务水平之间的差距。已经被广泛接受和采用的 PATER 指数和 SERVQUAL 模型，从客户期望角度出发，对客户服务工作提出了 5 个评价要素：可靠性（reliability）、及时性（responsiveness）、专业性（assurance）、有形性（tangibles）和移情性（empathy）。这些要素可作为客户服务工作的主要方向。

- 可靠性：公司可靠地、准确无误地履行服务承诺的能力。可靠性要求公司避免各种错误，因为差错不仅会带来经济损失，还可能导致客户流失。
- 及时性：公司服务人员迅速对客户做出回应，提供有效服务和解决问题的能力。客户等待时间的长短反映了供应商是否把客户利益放在首位，也展示了供应商技术和管理水平的高低。缩短客户等待时间有助于提升客户满意度。

· 专业性：客户接触到的服务人员所体现出的业务能力，包括专业技术知识、沟通技能和精神面貌等。训练有素的客户服务人员能增强客户的信心和安全感，并化解公司失误带来的困扰和不满。

· 有形性：客户能接触到的有形服务设施和企业环境的现代化与专业化、员工的整洁仪表、标准规范的报告和文件等。

· 移情性：企业真诚关心客户，理解客户的处境，并利用所有资源帮助客户。

PCB 产品广泛应用于通信、医疗、汽车和日用消费等电子设备中。PCB 产品存在质量问题，轻则影响客户设备组装进度，重则导致终端设备功能无法实现或不稳定，出现部件级返修或报废，直接影响客户对供应商的满意度。如果存在隐患的设备进入市场，则可能造成更严重的经济损失，甚至酿成人员安全事故。因此，在 PCB 售后服务中，产品质量保证是非常重要的内容。针对客户的质量投诉，及时有效的整改对维持客户信心和稳定合作至关重要。

根据笔者多年的质量管理经验，面对 PCB 客户反馈的质量问题，特别是出现严重质量问题时，技术专业性、服务及时性和企业可靠性是解决问题的关键。但企业和客户之间的认识可能存在偏差。客户一般认为 PCB 工厂的客服人员能够及时反应并给出可靠承诺最为重要，现有问题的影响程度和后续交付产品的合格性是客户最关心的问题。在客户看来，及时性体现了企业对客户的重视程度，快速反应可以大大减小质量问题的影响。PCB 产品出现质量问题时，要快速定位问题，确定缺陷板的数量，了解在客户生产线的分布情况，是否有组装好的设备进入市场，以及工厂在制品数量等信息。快速排查这些信息并结合对质量问题初步原因的判断，可以大致确定质量事故的严重程度，有助于准确隔离客户生产线上问题批次的产品和市场端的隐患设备，防止损失进一步扩大。PCB 工厂快速响应，及时配合提供相关信息，有助于客户采取行动减少损失，并调整生产计划，减少对生产运营的影响。

但 PCB 企业往往会认为技术专业性是最重要的，有时甚至会忽略对客户要求的及时响应，埋头研究发生的质量问题原因和机理，使客户感觉到供应商没有积极配合解决问题。

对于服务可靠性的理解，客户认为出现质量问题并不是最可怕的，重要的是供应商能够切实对质量问题原因分析和整改给予时间上的承诺，对于再交付的产品不重复出现质量问题给予承诺，对于产品再交付时间和数量给予承诺。有些 PCB 供应商为了暂时缓解客户压力，甚至在不确定质量问题根因和改善难度的情况下，随意给出整改措施和时间承诺，最终导致无法杜绝质量问题再次发生，使客户承受二次经济和效率损失，造成更严重的市场影响。PCB 工厂应该正确理解服务可靠性的意义，实事求是，谨慎承诺，严格履行承诺，不能将承诺作为拖延时间的工具，以免造成客户更大的不信任。

10.2 客户满意度

10.2.1 概　念

根据 ISO 9000：2015 的定义，客户满意度（customer satisfaction，CS）是客户对其期望已被满足程度的感受。

· 在产品或服务交付之前，组织可能不知道客户的期望，甚至客户自己也不确定。为了实现较高的客户满意度，可能有必要满足那些客户既没有明示也不是通常隐含或必须履行的期望。
· 投诉是客户满意度低的最常见表达方式，但没有投诉并不一定表明客户满意。
· 即使规定的客户要求符合客户的愿望并得到满足，也不一定能确保客户满意。

现代营销学之父菲利普·科特勒认为，客户满意是指人通过对产品的可感知效果与其期望值相比较后，所形成的愉悦或失望的感觉状态。“满意”归根结底是一种感受，客户能否接受你的产品或服务最终由客户决定。

客户满意度指数（customer satisfaction index，CSI）是测量客户满意状况的量化数据，反映的是客户满意度水平，目标在于将客户满意度计量化，并作为经营指标，以此在产品、销售活动和企业文化形象三个主要影响客户满意度的维度，建立领先的经营策略。

美国营销学会手册中提到，客户满意度 = 客户期望 – 感知结果。客户满意是一个评价过程，如果客户性能感知不及客户期望，那么客户就不满意，甚至会产生抱怨；如果客户性能感知与客户期望相称，那么客户就满意；如果客户性能感知超过客户期望，那么客户就十分满意，甚至会感到惊喜。

客户长期的满意不仅会促使其重复购买，还会使其成为忠诚客户。客户满意度由三个层面构成，即产品满意度、服务满意度和理念满意度，涉及企业经营活动的具体内容见表 10.1。

表 10.1　客户满意度的构成

层　面	内　容
产品满意度	产品的功能、附属品的功能、产品的设计、产品的价格、产品的包装、使用说明书或手册、产品检测报告、售后服务记录卡、其他事项等
服务满意度	正确无误、交货准时；立即反应，准确及时地处理；充分提供知识和技能；热心接受委托，随时可取得联络，随叫随到；有礼貌、谦虚、衣着得体；倾听客户意见、语言细致易懂；企业和员工可信赖；注意客户隐私 、注意保密；生命和财产安全；理解客户处境和客户需求；适宜环境、设施、设备等
理念满意度	企业使命、愿景和核心价值观、企业品牌、企业社会责任、企业理念的人本定位、诚信经营等

客户满意度的基本特性如下。

（1）主观性。客户满意度与客户自身的特征如国籍、民族、年龄、知识背景、社会经验、收入状况、生活习惯、价值观念等有一定的联系，还与媒体宣传等有关，因此带有主观性。

（2）层次性。处于不同层次的人群对产品或服务的评价标准也不相同。如收入水平较低的人对产品功能性的满意要求更多，而收入水平较高的人群对服务性的满意要求更多。

（3）相对性。客户满意度总是相对于客户的某一期望而言的，而一段时间后期望也可能发生变化。

10.2.2　客户满意度理论模型

20 世纪 70 年代，西方经济发达国家基于社会和实验心理学，开始对客户满意度理论进行研究。1980 年，美国营销学家查德·L·奥立佛（Richard L. Oliver）提出了期望 – 实绩模型。他认为，客户会根据自己的经历、他人口头宣传、企业的声誉、广告宣传等因素，形成对企业服务实绩的期望，并将这种期望作为评估服务实绩的标准。根据这一模型，客户满意度由客户期望、实绩、实绩与期望之差三个变量决定。1983 年，罗伯特·B·伍德洛夫（Robert B.

Woodruff）等学者从心理学和管理学角度进行研究，提出需求也是客户满意度的基本决定因素，进一步补充了期望 – 实绩模型。

1989 年，美国密歇根大学商学院质量中心的克莱斯·费耐尔（Claes Fornell）博士提出了一个由多元方程组成的计量经济模型，即费耐尔逻辑模型。该模型主要研究和确定客户满意度指数的各种影响因素，以及客户满意度和这些因素之间的相关性。满意度来源于客户的评价，不能被直接观测。因此，需要将客户满意度看作一个潜变量，用多重指标的方法来测量。模型主要由 6 个结构变量构成，客户期望、客户质量感知和客户价值感知为原因变量，客户满意度、客户抱怨和客户忠诚为结果变量。如图 10.2 所示，“+”表示正相关，“–”表示负相关。费耐尔模型已成为世界上采用最多的客户满意度指数理论模型，美国客户满意度指数（ACSI）就是依据此理论建立的。

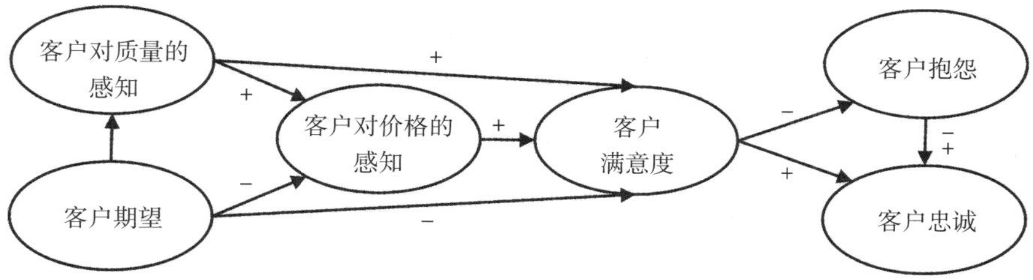

图 10.2　费耐尔逻辑模型（ACSI）

客户消费产品或服务的过程是一个产生需求、收集信息、对比评估、形成期望、决定使用产品或服务、使用体验到获得使用感受的全过程。客户质量感知（perceived quality）是指客户在使用产品或服务后对其质量的实际感受，这种感知是客户满意度的首要决定因素。客户价值感知（perceived value）是指客户在使用产品或服务过程中，对其所支付的费用和所得到的实际收益的感受。客户抱怨（customer complaints）是指客户对产品或服务质量等不满意，向企业或他人发出埋怨和牢骚。客户忠诚（customer loyalty）是指由于质量、价格、服务等诸多因素的影响，客户对某一企业的产品或服务产生感情，形成偏爱并长期重复购买该企业产品或服务的程度。客户抱怨是满意度的短期结果，客户忠诚是满意度的长期结果。

经研究，客户满意度与三个原因变量之间的关系明显，原因变量决定结果变量，互为因果关系：客户期望与满意度负相关，高的期望值会使满意度下降；客户质量感知与满意度正相关，即质量感知越高，满意度越高；客户价值感知与满意度正相关。原因变量之间也存在相关性，从而影响客户满意度。例如，客户期望与客户质量感知和客户价值感知负相关，即期望较高，实际感知会相应降低；期望较低，实际感知会相应提高。此外，客户质量感知影响客户价值感知，二者正相关。对于较高质量水平的产品或服务，客户对价值的感知也会较高，反之则较低。

结果变量之间，客户满意度与客户抱怨呈负相关，即满意度越低，抱怨和投诉越多；客户满意度与客户忠诚呈正相关，即满意度越高，客户越忠诚。关于客户抱怨和忠诚度，当它们正相关时，说明企业成功地将抱怨的客户转变为忠诚的客户；负相关，说明抱怨处理部门的方法不得当，使情况更加恶化，增加客户的不满意情绪。

从企业的层次看，较高的客户满意度能够提升客户忠诚度，降低价格弹性，提高市场份额，降低运输成本，降低失败成本和吸引新客户的成本，并帮助公司建立市场信誉。

10.2.3　PCB 行业客户满意度指标体系

客户对于企业的满意度，要使用专门的指标体系测评。电子电路行业的客户满意度测评指标设计和选择要充分考虑 PCB 产品的特点、PCB 企业与客户的合作模式，参考 ISO 9000 标准对客户满意度的测量和监视要求（如 ISO 9004：2000 8.2.1.2），以及瑞典客户满意度指数（SCSB）、美国客户满意度指数（ACSI）、欧洲客户满意度指数（ECSI）和中国客户满意度指数（CCSI）等专业客户满意度测评指数的观测变量来确定。

普通批量消费品的推动型生产模式，由企业主导，根据市场需求预测编制生产计划，先生产后销售。而 PCB 一般由客户自己完成产品设计，然后委托 PCB 厂家生产，客户驱动，需求拉动，客户在 PCB 产品定制过程中起主导作用。PCB 的生产过程不连续，被划分成很多工序，是典型的离散型制造，因为不同客户的需求不同，PCB 企业与客户是一对一的关系。正常的 PCB 工厂与客户都是长期合作，并不会像消费品交易一样“交易结束，联系中断”。PCB 生产是在客户提出需求订单之后才开始的，交货期可调整，客户享受延时服务，而不是一般消费品的即时服务。结合这些特点，PCB 行业客户满意度观测变量见表 10.2。

表 10.2　客户满意度指数的观测变量

结构变量	观测变量
企业形象	① 品牌形象，② 经营理念，③ 热情，④ 社会责任
客户期望（购买前）	⑤ 总体期望，⑥ 对客户要求（定制）满足的期望，⑦ 对可靠性的期望
客户质量感知(购买后)	⑧ 总体质量评价，⑨ 对客户要求（定制）满足的评价，⑩ 可靠性的评价，⑪ 与竞争对手的比较
客户价值感知	⑫ 给定质量对价格的评价，⑬ 给定价格对质量的评价，⑭ 与竞争对手比较
客户满意度	⑮ 总体满意度，⑯ 与预期比较（没有达到或超预期），⑰ 与理想的比较
客户抱怨	⑱ 投诉行为
客户忠诚	⑲ 重复购买的可能性，⑳ 提价承受度，㉑ 推荐的可能性

对于 PCB 产品，客户体验采购、使用及售后服务的全过程，整体评价后累积出客户满意度。因此，PCB 企业能否获得客户的好评，需要关注企业、产品和服务的每一个环节是否符合客户的期望。在采购 PCB 之前，电子行业用户会主动选择一定数量的供应商进行考评。工厂的技术能力是一条硬性指标，决定了 PCB 工厂能否完成订单任务。在技术能力的基础上，PCB 制造企业的形象也是客户满意度的决定性因素。企业的产品质量信息、价格水平、品牌口碑、商誉、广告标识及物流网络等方面的形象越好，与客户需求的匹配度越高，越容易让客户满意。因此，企业形象相关的指标需要列入观测。

PCB 产品交付后，客户对于总体质量认知包括对产品质量的认知和对服务质量的认知。相较于一般的外观问题或功能性问题，产品质量可靠性需要特别强调。例如 CAF 等缺陷，隐蔽性强，一段时间后受环境等的影响才会显现，这时往往隐患设备已经进入市场，出现问题会给客户带来巨大的经济损失，对客户满意度的影响是巨大的。在服务质量方面，前面提到的服务专业性、及时性和可靠性等指标，都可根据企业的实际情况列入观测。

此外，PCB 供应商要关注客户反馈的竞争对手信息和客户满意度。为了规避供应链风险，一家电子企业一般不会只选择一家 PCB 供应商来承担所有的供货，如国内某大型通信设备制造商就有超过 10 个 PCB 合作伙伴。因此，客户在进行供应商评价时，更多的是对这些竞争者的绩效表现进行比较。在客户满意度指数的观测变量中，客户投诉是一个非常重要的指标。PCB 产品质量的投诉和投诉处理过程对总体客户满意度的影响最大。如何避免存在质量问题的产品流入客户手中，以及出现投诉后能否妥善处理，转败为胜，重新让客户信赖，决定了企业能否与客户保持长期合作。

进一步，不同企业的经营策略和经营方式存在差异，要根据实际情况选择客户满意度指数对应的观测变量及具体考评指标，如合同评审及时率、交付准期率、客户投诉率等。Kano 模型（图 10.3）可用于绩效指标的分类，帮助企业了解不同层次的客户需求，找出客户和企业的接触点，找到客户满意的关键因素和提高客户满意度的切入点。

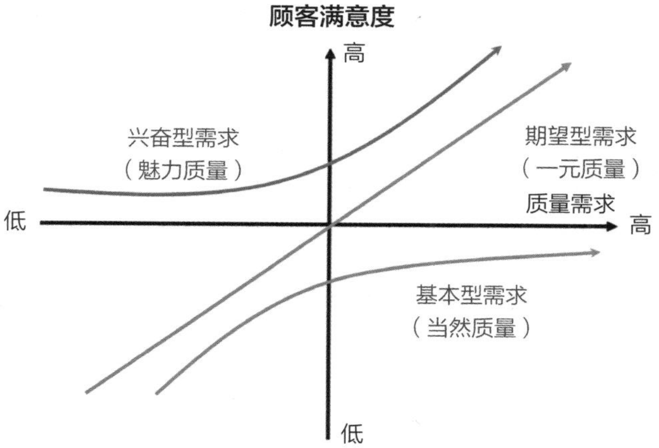

图 10.3　Kano 模型

Kano 模型由狩野纪昭（Kano Noriaki）博士提出，建立在客户满意度和质量特性的基础上。质量可分为无差异质量、魅力质量、期望质量、当然质量和无效质量五类，而对客户满意度起关键影响的是基本型需求、期望型需求和兴奋型需求。基本型需求是产品或服务"必须有"的属性或功能，如 PCB 上连通导线、元器件安装孔、焊盘表面的助焊层和板面的防焊涂层等，都是 PCB 产品必须具备的功能特征。当基本型需求得到满足时，客户不会为此表现出多满意，认为这是理所当然的。但当产品或服务未满足客户的需求时，客户会表现得非常不满意。例如，PCB 出现开路或短路的问题，基本上会导致客户直接投诉，抱怨随之而来。PCB 产品具有客户定制属性，技术规格很明确，产品和服务方面的设计要求都是基本型需求。要记住的是，这些需求的实现如果出现差错，客户会表现出强烈的不满意。因此，PCB 工厂的管理重点就是保证客户的基本型需求得到满足。

期望型需求是指企业提供的虽然优秀但并非"必须有"的产品或服务属性或功能。有些期望型需求甚至连客户自己都不太清楚，但他们希望得到。产品或服务的期望型需求满足得越多，客户满意度越高，反之亦然。一元质量的充足程度与客户满意度呈线性关系。以 PCB 产品为例，大多数客户服务工作都被视为期望型需求。例如，企业对质量投诉的处理及时，问题根因排查准确清晰，改善行动快速有效，后续再发生隐患的可能性很小，客户满意度自然就高。

兴奋型需求是指企业提供的一些完全出乎客户意料的产品或服务属性或功能。未提供这些属性或功能时，客户表现得无所谓。但提供这些属性或功能后，客户心生惊喜，客户满意度急剧上升，客户忠诚度自然就高了。例如，PCB 企业在工程处理阶段指出客户设计文件中的错误，避免了一个型号的产品出现重大质量损失，这可能会给客户留下深刻印象，让客户对企业的好感倍增。再如，2020 年深圳某医疗呼吸机企业的订单量激增数倍，其 PCB 供应商腾出工厂产能，并安排专人保证交期和质量，在极短时间内完成产品交付，顺利保证了客户设备的组装和发运，赢得了市场赞誉。为此，客户专门感谢了 PCB 供应商，双方的合作也因此上了一个新台阶。

10.2.4 客户满意度测评

实施完整的客户满意度测评，步骤如下。

（1）确定客户满意度指标及其重要性。企业在对提供的产品和服务进行细分后，会形成满意度指标。前一节已经对此进行了介绍。这些指标对客户的重要性不同，对客户满意度的影响也不同，因此必须确定各指标的重要性，并对其进行量化。CSI 相对重要性通常分为不重要、不太重要、一般、重要、非常重要五个等级，分别对应分值 1、2、3、4、5。各指标对客户的重要性可以经客户调查后，用下式计算：

$$V_i=\sum K_j R_{ij}$$
$$i=1,\ 2,\ 3,\ \cdots,\ n$$
$$j=1,\ 2,\ 3,\ \cdots,\ m$$

式中，V_i 为第 i 个指标对客户满意度的重要性；n 为影响客户满意度的指标个数；m 为评价各指标相对重要性的分类等级数；K_j 为指标相对重要性为 K_j 时对应的分值；R_{ij} 为客户对第 i 项指标选择第 j 项回答的比例。

（2）确定客户满意等级。客户满意具有主观性，一般分为很满意、较满意、一般、较不满意和很不满意，分别对应分值 5、4、3、2、1。

$$S_i=\sum X_j Y_{ij}$$
$$i=1,\ 2,\ \cdots,\ n$$
$$j=1,\ 2,\ \cdots,\ k$$

式中，S_i 为客户对第 i 个指标的满意度；n 为影响客户满意度的指标个数；k 为客户满意度的分类等级数；X_j 为客户满意度等级为 j 时对应的分值；Y_{ij} 为客户对第 i 项指标选择第 j 项回答的比例。

（3）调查问卷设计。客户满意度测评调查问卷一般包含引导词、填写说明、问题、结束语、被调查者的基本情况等内容。完成问卷调查后，要对问卷的有效性与真实性进行检验，确定问卷信度和效度。

（4）市场调查。市场调查方法可分为访问法、观察法和实验法三大类。根据制造企业的特点，访问法是客户满意度调查的常用方法，有人员访问、电话访问、邮寄调查、留置问卷调查、网上调查、神秘客户调查等形式。

（5）汇总分析及改进策略选择。企业得到各类客户满意度信息后，加以汇总分析，建立客户满意度二维分析模型（图 10.4），选择相应的措施，进一步改进企业的产品和服务，提高企业的市场竞争力。

图 10.4 客户满意度二维分析模型

案例　关注包装"错混漏"，提升客户满意度[1)]

背　景

在 AA 科技公司 2016 年度的客诉数据中，"包装类"缺陷共被投诉了 116 次，严重影响客户满意度。同时，战略客户 HW 曾在公司现场审核中多次对包装"错混漏"等问题及现场管理提出整改要求，但实际改善进展及效果并不明显。2017 年，AA 公司零缺陷工作的主题为"让客户满意"，重点将"客诉改善"作为提升客户满意度的载体，将包装"错混漏"问题列入重点改善项目。

问题展现

AA 公司产品型号众多，包装要求复杂，涉及外包装、内包装、实验板、质量、周期、标签等多方面的要求。然而，这些要求整理得不够细致，一般采用大段文字描述，有些甚至直接由销售部门转发给包装工序，要求生产线员工执行。如此一来，包装要求不明确的问题凸显，有些要求依赖员工自行解读，有些要求与当前包装工序无关，需要员工自行分辨。另外，客户包装要求的传递途径不统一，在出货管理系统的不同模块都可以找到，存在内容重叠或冲突的情况。

通过对客户投诉进行汇总分析，并与包装流程对比分析（图 10.5），确定了包装作业存在的主要问题：依靠人工清点控制成品数量，缺少防呆机制，对数量准确性的控制不足；一人多岗操作，追求速度，岗位自检自控不足，容易导致标签打错、贴错及报告漏放或放错箱等问题；多个型号同时操作，效率优先于质量，容易导致混板问题，等等。

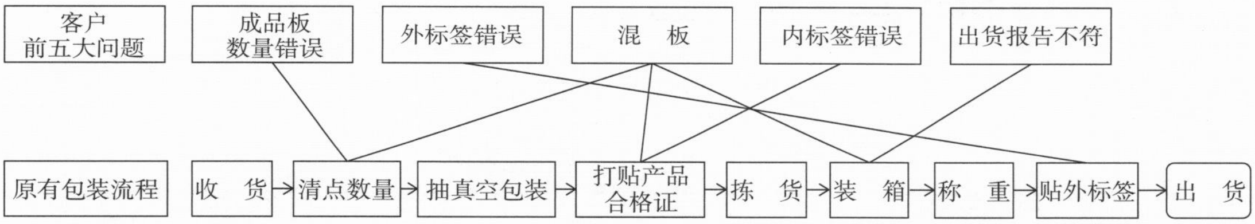

图 10.5　包装流程与客户前五大问题的对应关系

整体思路

经过初步现场调研，项目小组结合零缺陷的工作理念和方法，以"包装零客诉，大幅度提升客户满意度"为改进目标，重点从结构化客户要求、梳理完善包装作业流程和提升成品发货班组能力入手，牵引责任主体"主动承担责任"，次次做对，见表 10.3。

表 10.3　包装"错混漏"改进思路

策　略	目　的	关键内容	实施工具
做正确的事	清晰识别客户要求，确保完整、不遗漏，并以最有效的方式准确传达	客户包装要求管理	①要求结构化，②客户要求管理流程
正确做事	以流程的重新设计和完善为出发点，确保工作执行以"流程"为基础，并在"流程"中固化	成品包装管理流程	①流程优化，②过程模式作业表分析，③ FMEA，④质量因素控制表
次次做对	明确管理人员的自我定位，推动基层班组管理的基础工作稳定执行	基层班组管理	①班组零缺陷工作晨会，②"葡萄树"之基层员工行为 & 绩效管理
	打造有效的执行力，推动问题的及时解决和闭环提升	执行力	麻烦消除（ECR）系统
	基层现场管理，确保流程执行的周边配套高效合理	现场管理	6S 管理

1）案例提供：宫立军、汪晓、万洪冬、王雪涛、侯国等。

分析与对策

（1）结构化客户要求。理解、重构客户要求，层层展开、细化、分解，梳理出以“批、箱、包、块”为基础的结构化框架模型，如图10.6所示。确保具体要求唯一且为最小单元，并关联到操作工步。呈现给成品仓员工的包装要求应该简单、明确、易懂，内容仅和本岗位相关，内容不重叠、不遗漏，传递渠道统一，确保员工能快速、清晰地了解完成本岗位工作所需的全部作业要求信息。将结构化的客户要求汇总成表（表10.4），在发货信息系统中与公司的基础包装要求库、客户代码表、具体订单信息及作业岗位关联，形成给员工看的最终要求内容。

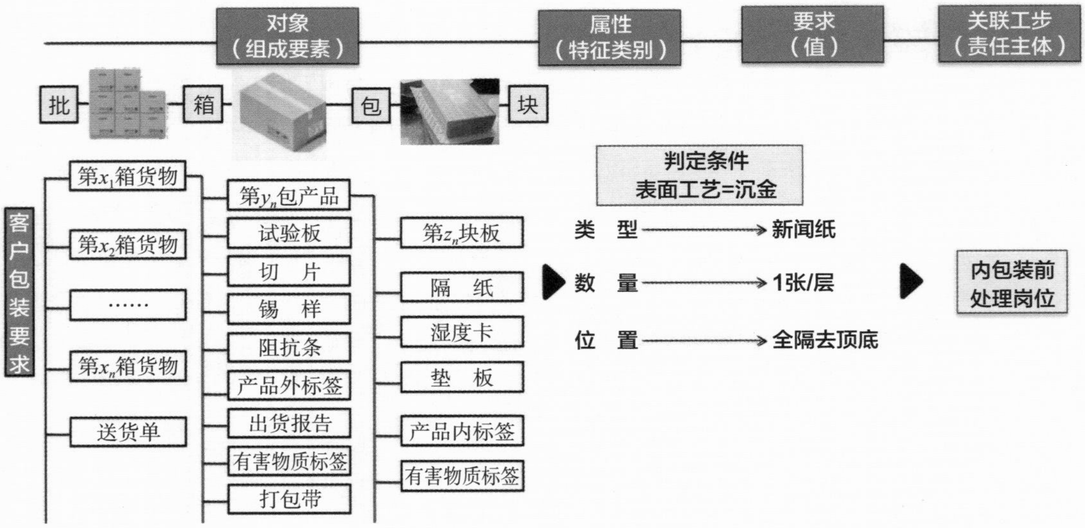

图10.6　包装要求结构化模型

表10.4　包装要求结构化示例

交货物对象							属　性	要　求				关联工步
批		箱		包		块		判定条件			值	
交货物批	/	/	/	/	/	/	总质量	/	/	/	≤ 70kg	发货作业员
	/	/	/	/	/	/	运输环境	/	/	/	非日晒、雨淋、受潮、受热、机械损伤和重物堆压	发货作业员
	/	/	/	/	/	/	送货方式	/	/	/	无要求	发货作业员
	/	/	/	/	/	/	交货条件	/	/	/	无要求	发货作业员
	/	/	/	/	/	/	打包要求	发货数量	≥	30箱	需要用货板将箱子包装好，并且在货架、四周及上下缠绕三四层打包膜	发货作业员
	/	/	/	/	/	/		货运方式	=	国内航空货运发货		发货作业员
	送货单	/	/	/	/	/	数　量	/	/	/	一式三份	发货作业员
		/	/	/	/	/	粘贴位置	/	/	/	外包装箱顶部	发货作业员
		交货物箱	/	/	/	/	交货物包放置方式	/	/	/	气珠膜面朝下放入箱内	装箱作业员
			/	/	/	/	单箱质量	/	/	/	≤ 18kg/箱	称重作业员、装箱作业员
			包装纸箱	/	/	/	类　型	/	/	/	常规纸箱	装箱作业员
				/	/	/	尺　寸	/	/	/	无要求	装箱作业员
			封箱胶	/	/	/	封装方式	/	/	/	箱口封三层封箱胶，侧面封一层封箱胶	装箱作业员
			打包带	/	/	/	打包方式	/	/	/	打包带打包，两纵一横	外包装
			外标签	/	/	/	数　量	/	/	/	1	打贴外标签作业员

续表 10.4

交货物对象						属　性	要　求				关联工步
批	箱		包		块		判定条件			值	
交货物批	交货物箱	外标签	/	/	/	粘贴位置	/	/	/	外箱短边侧面右上角	打贴外标签作业员
			/	/	/	尺　寸	/	/	/	100mm × 76mm	打贴外标签作业员
			/	/	/	颜　色	/	/	/	白色	打贴外标签作业员
			/	/	/	标签纸类型	/	/	/	防水标签	打贴外标签作业员
		RoHS 标签	/	/	/	数　量	/	/	/	每箱各一张	打贴外标签作业员
			/	/	/	尺　寸	/	/	/	/	打贴外标签作业员
			/	/	/	颜　色	/	/	/	/	打贴外标签作业员
			/	/	/	粘贴位置	/	/	/	外箱短边侧面右上角	打贴外标签作业员
		箱内填充物	/	/	/	材　料	/	/	/	泡沫板	装箱作业员
			/	/	/	填充厚度	/	/	/	无要求	装箱作业员
			/	/	/	位　置	/	/	/	四周 + 顶底	装箱作业员
		出货报告	/	/	/	报告类型	/	/	/	纸档、电子档	装箱作业员
			/	/	/	装箱位置	/	/	/	最上层	装箱作业员
			交货物包	/	/	周期数量	/	/	/	一包一个周期	二级包装作业员
				/	/	包装等级	表面处理	=	沉　银	三级	二级包装作业员
				/	/	包装余边	/	/	/	2 ~ 10cm	二级包装作业员
				/	/	包装质量	/	/	/	无要求	二级包装作业员
				/	/	每包数量	成品板厚	<	0.6mm	20	二级包装作业员
				/	/		成品板厚	<	1.0mm	15	二级包装作业员
				/	/		成品板厚	<	2.0mm	10	二级包装作业员
				/	/		成品板厚	<	3.0mm	5	二级包装作业员
				/	/	放置方向	/	/	/	相同，客户标记或快捷标记朝向 PE 膜	二级包装作业员
				内标签	/	数　量	/	/	/	每类标签每包一张	打贴外标签作业员
					/	粘贴位置	/	/	/	PE 膜左上角或铝箔袋左上角	打贴外标签作业员
					/	印章位置	/	/	/	不要盖在条形码和二维码上	打贴外标签作业员
					/	尺　寸	/	/	/	100mm × 76mm	打贴外标签作业员
					/	颜　色	/	/	/	白色	打贴外标签作业员
					/	材　质	/	/	/	不干胶	打贴外标签作业员
				干燥剂		数　量	/	/	/	1	二级包装作业员
					/	类　型	/	/	/	普通干燥剂	二级包装作业员
					/	位　置	/	/	/	短边侧面、屏蔽袋里面	二级包装作业员
					/	规　格	/	/	/	1g/ 包	二级包装作业员
				湿度卡	/	数　量	/	/	/	0	二级包装作业员
					/	类　型	/	/	/	6 点湿度卡	二级包装作业员
					/	位　置	/	/	/	/	二级包装作业员
				隔　纸	/	数　量	/	/	沉　银	1	分板点数作业员
					/	类　型	/	/		无硫纸	分板点数作业员
					/	位　置	/	/		全隔去顶底	分板点数作业员
				垫　板	/	方　式	板　厚	≤	0.9mm	底部	分板点数作业员
					/	方　式	使用板材	=	R04350B、R04003C	底部	分板点数作业员
				/	交货物板	/	/	/	/	/	前期终检

（2）包装作业流程梳理、优化。结合客户介绍的包装工序管理经验，与同行对标，包装业务流程优化应考虑的前提条件：来料单型号、单周期、单批次放置；单件流作业，每个岗位一次只处理一个型号；KCP 岗位专人专岗；一次只能打印一个型号编码的标签；补打标签需审核，剩余标签统一回收。重新设计的包装作业流程如图 10.7 所示。再次识别各工步的实际操作风险点，从人、机、物、法、环各方面进行潜在失效分析，确认关键控制点及对应问题点消除计划。

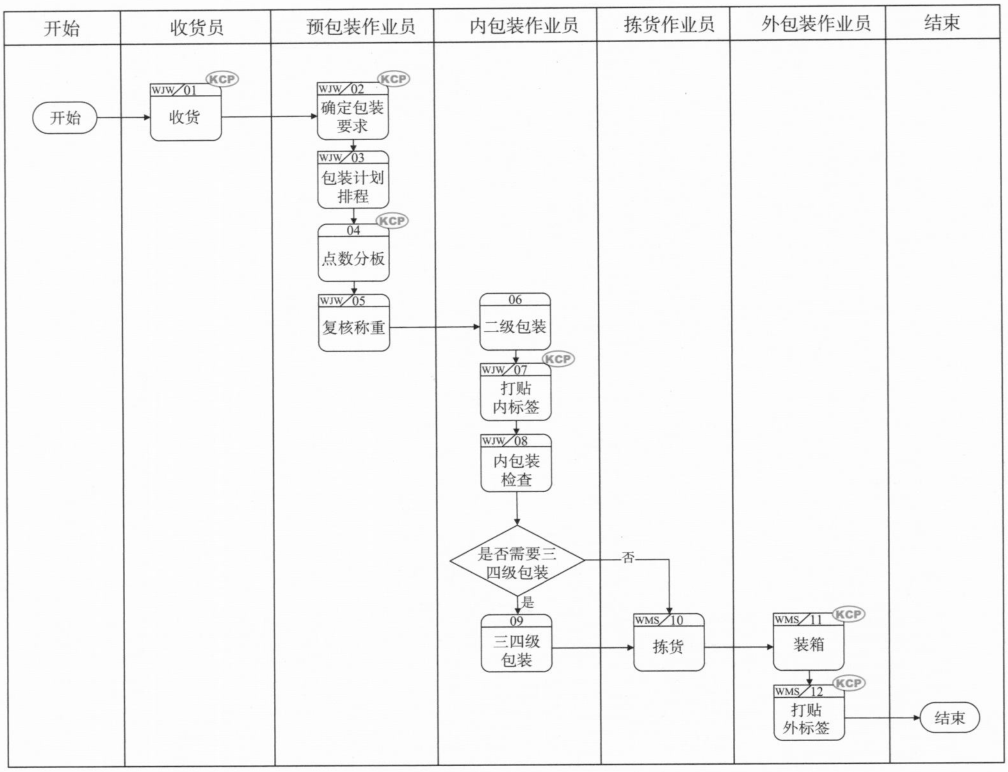

图 10.7　成品包装作业流程

（3）班组管理机制建立。明确工序日常管理要求，包括会议制度（含班组晨会及沟通会议）、“从下至上”问题反馈及沟通制度（含 ECR 看板）、培训制度（含案例库）等；输出流程 KPI，建立包装工序考核激励制度，积极引导员工做正确的事；制定每班《质量与安全因素控制点检表》，领班负责稽查流程关键点的运作情况，落实流程关键要求。

（4）其他重点改善事项。重新规划并调整现场布局，引进单件流水线，保证产品流顺畅，减少移动浪费；在“来料清点”“点数复核”和“打贴内标签”岗位增加电子秤复核；从优化后的现场布局需求出发，结合同行标杆做法，对现场操作台面统一进行优化、调整；增加排程看板、岗位要求看板，通过 RFID 扫描工卡获取信息，通过信息化系统开发实现信息全连通；增加分板机，提升操作效率；结合现场布局，产品摆放、操作区域等做好 6S 统一标识、三定。

成　果

2017 年项目实施期间，包装客诉大幅减少，仅发生 1 次包装客诉，客诉率比 2016 年 6—10 月下降 95.5%，年化 PONC 削减收益达 57.92 万元。包装改善项目期，战略客户连续两年没有包装投诉，得到了客户的好评。

10.3　企业客户投诉处理

10.3.1　概　述

客户投诉（complaint）是客户就产品、服务或反馈处理过程本身，向供应商表达不满，明示或隐含地期望得到回复或解决的行为。产品质量、交期、成本和服务等任何方面出现的问题，供应商应就在线生产、库存、运输途中涉及客户投诉风险的所有产品提供解决方案。

国际标准 ISO 10002：2004《质量管理 客户满意 组织处理投诉指南》明确提出，提高客户满意度的三个有效途径：创建一个以客户为中心并对产品进行公开反馈的环境；解决受理全部投诉；提高组织改进产品和服务的能力。对于提供产品的公司，如果没有第一次就把事情做对，客户提出不满意，客户投诉处理就可能成为强化或恶化客户关系的关键因素。供应商应该牢牢把握第二次机会，重新赢得客户的满意。

企业客户与个人客户投诉行为的诉求有所不同。个人客户对产品或服务不满意时，看重的是解决问题的公平性和经济性，如是否被公平对待、经济赔偿是否合理等。如果决定今后不再购买，可能会选择沉默而不再投诉。而企业客户考虑到供应链变更成本，发现产品质量存在问题时都会向供应商反馈（投诉），受个人因素的影响小。企业客户更在意当批次产品的使用风险和后续风险，不仅考虑经济赔偿，更强调事后要避免问题再次发生，促进供应商提升供货保障能力，保持供应链的稳定，降低企业供应风险。因此，企业客户对投诉处理的服务及时性要求高，关注供应商的态度，更注重质量问题纠正行动的有效性。

应对客户投诉，企业应具备以下基本条件。

- 组织应本着以客户为中心的理念，建立客户投诉的反馈渠道，如热线电话、专用电子邮箱等，公开接收反馈信息，并通过行动履行其解决投诉的义务。
- 组织应组建负责客户投诉处理的专业团队，建立报告及决策制度。
- 组织应建立适用于客户投诉处理的程序，使投诉处理辅助信息容易获取、理解和运用。
- 组织应建立客户投诉的管理制度，管理客户投诉处理的时效性和有效性，有能力推动组织内部纠正和持续改善，提高组织的产品质量和服务质量。

10.3.2　PCB 产品客户投诉处理

PCB 产品质量投诉类型

PCB 产品质量投诉，按缺陷类型可分为外观类投诉、功能性投诉、可靠性投诉、工程设计类投诉和数量错混类投诉等；按数量可分为批量、少量和单片投诉；按造成的损失可分为市场信誉损失级投诉、重大产品损失级投诉、生产线暂停损失级投诉和 IQC 检验退货级损失投诉等；按客户可分为战略大客户级投诉、大客户级投诉、潜力客户级投诉、普通客户级投诉和一般客户级投诉；按内部管理可分为重复投诉、严重绩效影响投诉、不合格品处理不当投诉等。

结合以上客户投诉的分类，可以建立客户投诉严重性评估矩阵，定性地了解客户投诉问题的性质，进一步将客户投诉分为重大客户投诉（损失金额大、市场影响大）、关键客户投诉（客户重点要求避免、内部反复发生、内部管理失职、产品功能性和产品可靠性等）和一般客户投诉。也可以量化评估客户投诉问题的严重性，帮助工厂明确重点，合理分配管理资源，对可能导致客户投诉的各类产品质量缺陷有目的地进行分类管控，最大限度地杜绝客户投诉和损失发生。

显然，交付战略级大客户的产品出现批量性孔内开路、分层起泡或可焊性等功能性和可靠性质量问题，导致投放到市场的设备可能存在故障隐患，这是不可承受的重大质量客户投诉。PCB 工厂轻则会面临数百万直接经济赔偿损失，重则会丢掉 PCB 产品的供货资格。因此，避免重大客户投诉和关键客户投诉是日常管理工作的重点。

客户投诉处理职责

PCB 质量客户投诉处理涉及销售部、质量管理部（客户服务部门）和客户投诉责任部门。依据流程管理的要求，质量管理部门是客户投诉处理流程负责人，对客户投诉处理全过程负责，并对公司客户投诉管理负责，承担公司级客户投诉指标。客户投诉责任部门是引发具体质量客户投诉问题的部门，需承担或参与客户投诉失效模式定位、根因分析和纠正预防措施的制定等工作，并主导客户投诉各项纠正和改善措施的实施，监控这些具体措施的日常执行，防止同类问题再次发生。销售部是客户连接的责任主体，负责收集各类问题板的缺陷信息、客户处产品的使用状态、客户内部人员联络，以及补板、返修、折款、赔偿等工作的跟进处理等。此外，企业高层管理者也负有重大客户投诉和关键客户投诉处理与监控管的责任。在客户眼中，严重的质量问题发生后，企业高层管理者的行动代表了企业处理问题的态度和整改纠正的决心，往往能够对客户信心修复发挥积极作用。

在客户投诉处理过程中，质量管理部门与客户投诉责任部门的相互配合是及时有效处理客户投诉的关键。8D 小组是具体问题处理的责任团队，小组成员由质量客户投诉工程师，责任部门的生产、质量、技术工程师和经理等组成，分工协作，快速定位缺陷、确定问题根因是基本工作目标。客户投诉工作不能简单地丢给某个成员，仅仅为了应付客户而了事。查明产品质量问题根因，并能够很好地控制，才是质量客户投诉处理工作的根本意义所在。

在某些规模很大的 PCB 企业，工厂或产品事业部较多，销售部门和中央质量管理部门（客户服务部门）作为统一客户服务的接口，这使得客户投诉处理的流程变长，人员协调更加复杂。鉴于此，可以考虑调整质量管理部门的职责，只保留质量管理职能，而客户投诉处理工作下沉到工厂或事业部，以贴近责任部门和客户，保障客户投诉处理的快速反应。

客户投诉快速响应原则

依据笔者多年的管理经验，PCB 客户投诉处理成功的关键在于快速响应和提供高质量的 8D 报告。回应客户投诉的速度慢，客户的不满情绪就会滋长，并可能要求惩罚性赔偿。因此，客户投诉工程师遵循“24831”的快速响应原则非常有必要。

“2”是指 2 小时内响应客户。客户投诉接口人员无论何时收到客户投诉，都应在 2 小时内通过电话、邮件等方式回复客户，告知已收到问题反馈，让客户知道反馈的问题得到了快速响应和重视，而不是无人理睬。同时，客户投诉工程师也可以在沟通中初步了解质量问题的详细情况，并约定开始处理问题的时间和所需的相关产品信息。

“4”是指 4 小时内暂停问题板生产。对客户反馈的质量问题进行初步判断，锁定问题板的生产批次，确定工厂内在制品、仓库存储产品、准备发运产品和在途产品，以及客户端在制品的情况。确定质量问题涉及的批次和数量范围后，发出暂停作业通知，避免损失扩大。

“8”是指 8 ~ 48 小时内给出问题应对的临时处理措施。在有实物板的条件下，准确定位客户投诉的失效缺陷，结合分析和过往经验，汇总产生缺陷的可能原因，确保在 1 个工作日内回复客户质量问题板是否需要报废、修理后使用或可替代使用的意见，以便客户调整生产线任务计划，避免客户端停机等待时间过长。

“3”是指 3 ~ 10 天内向客户提交正式的 8D 报告。进一步对生产过程或业务处理过程的各类记录进行排查和确认，从所有可能的原因聚焦到质量问题产生的根因，并完成验证试验，正式回复客户。

“1”是指 1 个月内闭环完结。公司制定的纠正和预防改善措施要在 1 个月内落实到位，开始执行后通知客户审核，关闭客户投诉处理。在实际的客户投诉处理过程中，如有缺少实物板等原因影响分析进度，客户投诉工程师应与客户供应商管理部门及时协商后续时间安排，让客户心里有数。

10.3.3　根因分析

概　念

处理客户投诉的本质是分析问题和解决问题，确保问题不再发生，让客户满意。实践证明，正确使用根因分析法（RCA）对问题进行分析，找到根因，确定原因和问题结果之间的关系，制定有效的整改措施并正确实施，可以有效防止质量问题再次发生。

根据 GB/T 2900.99–2016《电工术语 可信性》，原因（cause）是导致失败或成功的因素的集合，原因可来源于产品的规范、设计、制造、安装、操作或维修。根因（root cause）是用于分析的且不能进一步分析其原因的原因因素。关键事件通常有不止一个根因，在某些情况下，根因指的是不能进一步分析的关联因素（原因因素的割集）的组合。根因分析（RCA）是识别故障、失效或非期望事件原因的系统过程，要通过设计、过程或程序的变更使其消除。

质量问题发生的真正根因可以归为三类，如图 10.8 所示。

- 为什么发生（失效链 / 技术层面），即产生原因。
- 为什么会流出（检验 / 试验 / 抽检），即逃逸（流出）原因。
- 为什么体系允许（制度 / 流程 / 职责 / 资源），即系统（管理）原因。

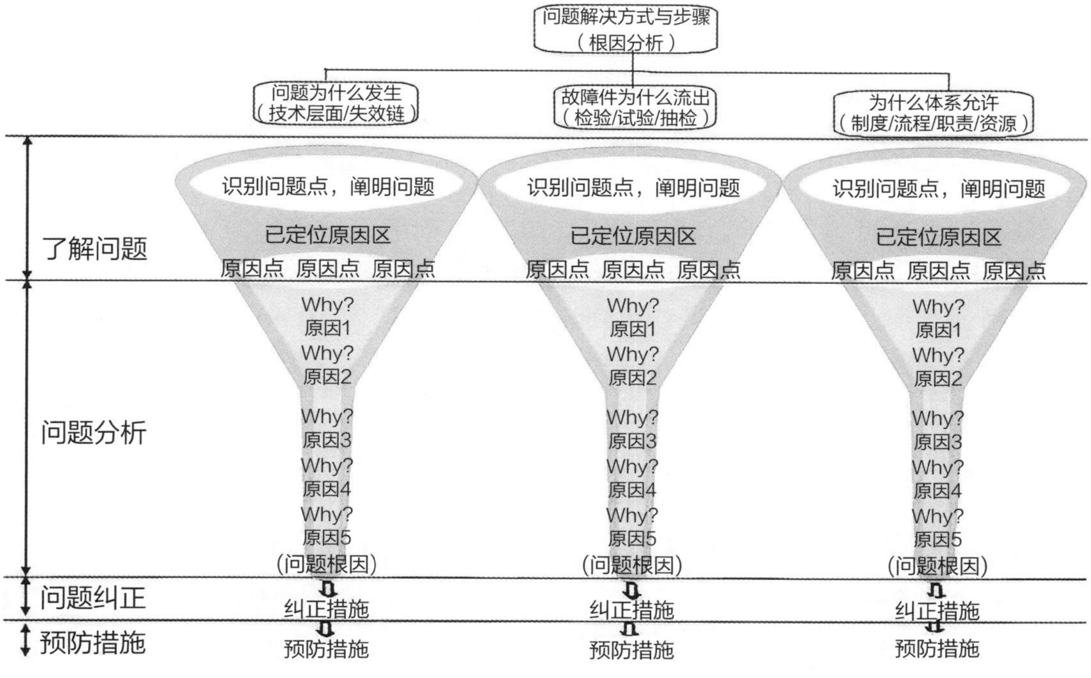

图 10.8　根因分析法

为此，丰田公司总结了质量目标达成的“三防”策略：防止发生、防止流出、防止再发生。

问题就像一个层层包裹的“洋葱”，可观察到的、可测量的是问题的外在表象，向内一层是问题的直接原因，改善直接原因的对策只是解决问题的临时对策。内层的核心才是根因。遵循现场、现实、现物的“三现”原则，结合5Why分析法，从结果和现象开始，依据因果关系探究问题，像“剥洋葱”一样层层分解、剖析至根因，获得永久对策才能解决问题。

根因分析标准和工具

根因分析和问题解决的相关技术标准有德国汽车工业协会（VDA）标准《解决问题的8D法》，国际电工委员会（IEC）标准AS/NZS IEC 62740：2016《根因分析》，美国汽车工业行动小组（AIAG）标准CQI-20《有效解决问题》，欧洲标准化委员会（CEN）标准EN 9136：2018《航空航天部门 根因分析与问题解决》。

分析根因的方法有很多种，见表10.5。

表10.5 按问题解决阶段推荐的根因分析方法

方　法	问题识别	围　堵	失效定位	根因分析	纠正措施	预防措施
5Why分析				高度推荐		
5W2H分析	高度推荐			高度推荐		
甘特图		高度推荐			高度推荐	
头脑风暴		推荐	推荐	高度推荐	推荐	
鱼骨图			推荐	高度推荐		
因果矩阵			推荐	高度推荐		
检查表	高度推荐	推荐	推荐	推荐	推荐	推荐
分布图	高度推荐	推荐	推荐	高度推荐	推荐	
实验设计				推荐	推荐	高度推荐
防错					高度推荐	高度推荐
FMEA			高度推荐			高度推荐
流程图	推荐	推荐	推荐	推荐	推荐	推荐
测量系统分析	推荐	高度推荐		高度推荐	高度推荐	高度推荐
SPC				推荐		高度推荐
柱状图、散布图、趋势图、帕累托图	高度推荐	推荐	推荐	高度推荐	推荐	推荐

5Why分析法

5Why分析法是通过连续发问“为什么”，以当前问题的结果作为下个问题的起点，持续追问，直到查明问题根源的方法。简单来说，运用5Why分析法就是要多问几个为什么，可能是3次，也可能是7次、8次。从问题产生到流出再到管理（图10.9），从不同的角度看问题，反复提问的真正目的是“刨根究底”，找到问题的根因，而不是一知半解、浅尝辄止。

5Why分析法强调通过不断追问来诊断和识别因果关系链，鼓励解决问题的人努力避开主观或自负的假设和逻辑陷阱，依据事实，结合掌握的知识和累积的专业经验，沿着因果关系链条顺藤摸瓜，追本溯源，直至找出问题的根因。

5Why分析要注意避免思维跳跃。许多工程师习惯按自己的经验来认识问题，而不是基于事实提问，这会导致跳过一个甚至几个环节，犯下逻辑性错误，无法建立起符合事实的因果关系链，也无法找到问题的根因。另外，还要避免将问题归咎于人，特别是只看到操作员工的习惯和心理上的“粗心大意、漠视规范”等，而不是深入探究问题机理。员工的习惯和心理问题可以通过培训、教育、处罚等措施加以改善，但这对问题的遏制显然是不充分的。技术方法、管理规范、设备硬件、软件系统等才是永久解决问题的关键，忽视这些方面的检讨，实际上是错失了从根本上改进的机会。

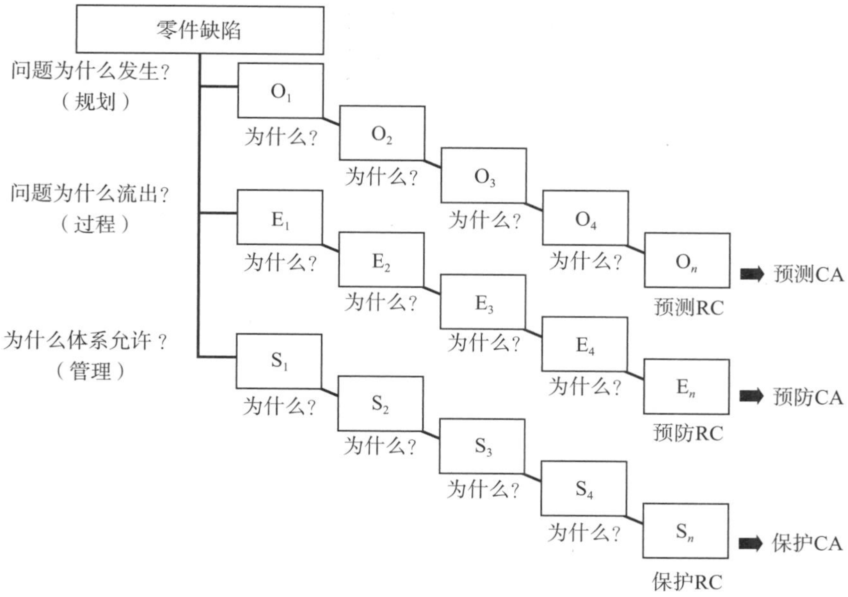

图 10.9　*n* 问为什么（来源：CQI-20）

案例　某客户反馈公司交付的板子“十”字对准标记下方的导电线路缺失，与原设计的 Gerber 文件不符，如图 10.10 所示。

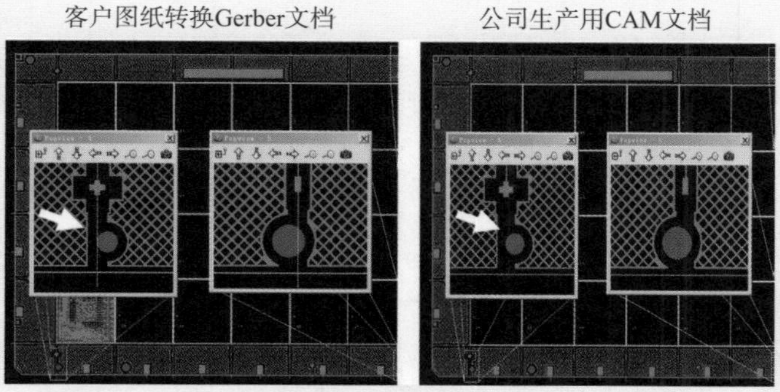

图 10.10　Gerber 文件对比

（1）为什么发生？

Why1：为何产品与原设计不一致？

原因：客户确认的 Gerber 图纸和厂内实际使用的 Gerber 图纸不一致。

Why2：为何客户确认的 Gerber 图纸与厂内实际使用的 Gerber 图纸不一致？

原因：预审工程师进行 DCR 审核时未发现 Strip 的电镀引线穿过 NPTH，文件下线前 CAM 工程师发现有此情况，将设计引线缩短但未与客户确认。

Why3：为何预审工程师进行 DCR 审核未发现，而 CAM 工程师缩短引线后未与客户确认？

原因：预审工程师所用的稽查单缺少该项目的检查项，而 CAM 工程师也没有建立异常问题反馈流程，仅靠口头询问确认，没有明确指定异常反馈对接人。

（2）为什么流出？

Why1：与设计不同的产品为何会流出？

原因：目前厂内常规检查流程无法检查出此类问题。

Why2：为什么目前常规检查流程无法检查出此类问题？

原因：目前外观检查仅针对缺陷进行，未对设计方面进行检查。

Why3：为何未对设计方面进行检查？

原因：因前期未考虑到这方面的风险点。

鱼骨图（石川图、因果关系图、特性要因图）

鱼骨图是石川馨先生提出的一种描述、整理和分析结果（特性）与原因（影响特性的因素）的简便而有效的方法，如图 10.11 所示。通过头脑风暴找出对质量特性有影响的主要和次要因素，按相互关联性整理成层次分明、清晰有序的鱼骨图，有助于透过现象研究本质。

鱼骨图有整理问题型、原因型（为什么产生问题）和对策型（如何改善问题）三种类型。原因型鱼骨图一般从“为什么发生某某问题”“为什么流出某某问题”“为什么管理没有发挥作用”几个角度展开分析，现场类“人、机、料、法、环、测”等因素，管理类“人、事、时、地、物”等因素，用不同的鱼刺标出，可以继续细化到三四级，然后归纳出一张包含所有原因线索的框架，方便分析者确定和展示问题产生的可能原因。

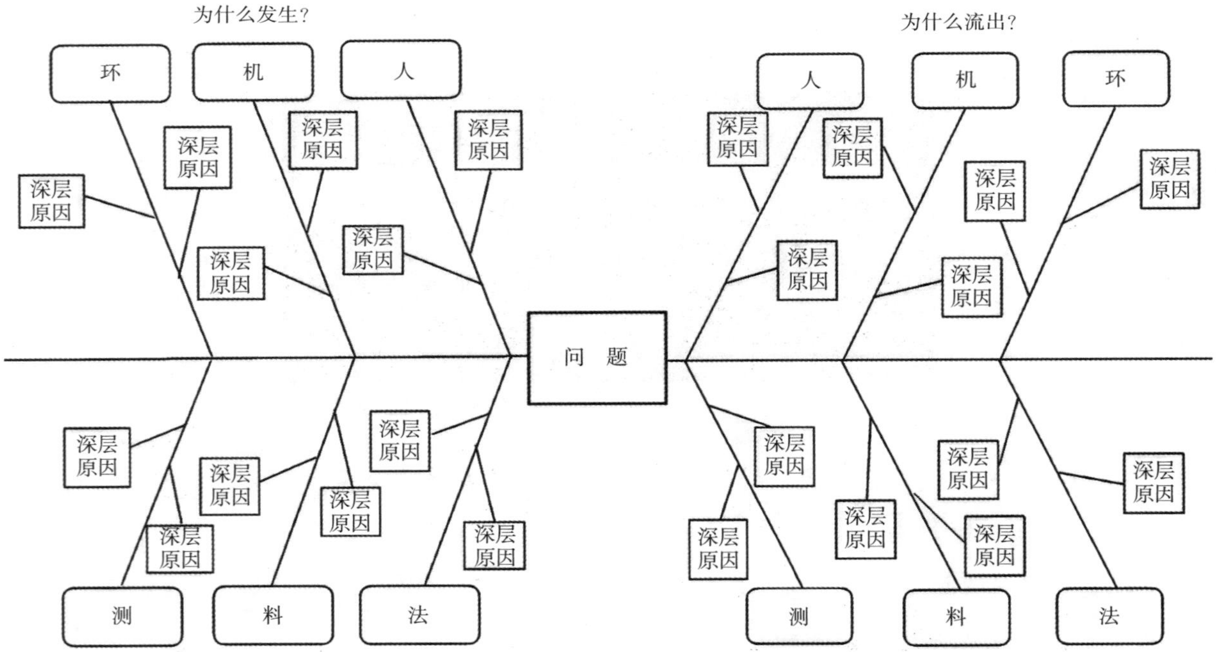

图 10.11　鱼骨图

10.3.4　客户投诉 8D 报告与案例

8D 报告应用要求

8D（8 disciplines）即问题解决八步法，是美国福特公司始创的一套符合逻辑的、结构化的质量问题解决方法。8D 以团队运作为导向，以事实为基础，避免个人主见介入，又称团队导向问题解决方法。在电子行业，国内外客户要求供应商在发生质量问题投诉后回复 8D 报告是普遍做法，特别是对于重复发生的、一直没有被解决的重大质量问题的投诉。

实际的客户投诉处理流程如图 10.12 所示，各个步骤的要点介绍如下。

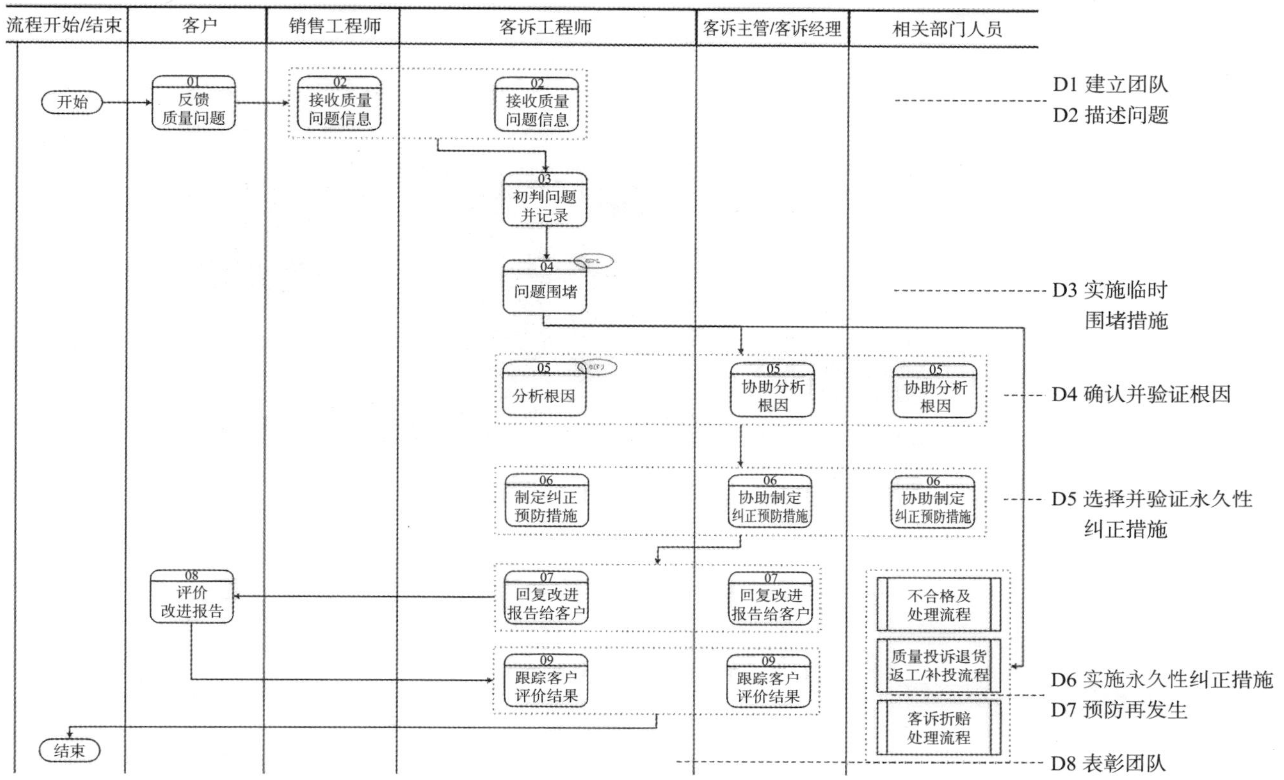

图 10.12　客户投诉处理流程

D1 建立团队

选择具有相应技能、知识、资源、权力的人，组成问题解决小组。这个小组通常是跨职能的，团队成员承担着不同的职责。小组应指定一位小组领导人，负责 8D 团队的组织、协调及管理工作，包括组织会议的召开、工作任务的分配、争议问题的解决等。

D2 描述问题

主要工作是识别“什么出了什么问题”，并采用 5W2H 方法准确描述问题。站在客户的立场，使用量化的术语详细说明与该问题相关的信息，描述实际状态与目标状态之间的偏差，包括问题发生的时间、地点、型号、制造者、使用者、制造周期、环境状态、故障模式、故障频率、缺陷数量、缺陷比例、客户要求、影响严重程度等。

对于 PCB 产品的缺陷问题，详细、准确地描述至关重要。无法用文字描述清楚的，可以采用图片、声音、视频等，还可以使用切片数据和测量仪器数据等信息。

从管理的角度来看，为了防止相关人员对客户投诉问题描述存在各自理解的情况，导致内容遗漏、不完整或不统一，可以设计固定格式的客户投诉问题描述表（图 10.13），进行标准化管理。

客诉时间	2019/12/4	客户编码	SH006
公司型号	SH00608D	客户型号	01.B.35.2113–6
加工工厂	W6	交货数量	11.18 交 86 组 11.23 交 129 组 11.25 交 330 组 +279 组
问题描述	问题：键合盘氧化。 1 焊接流程：SMT（2 次回流焊）；烤银胶（180° 烤 2h）；等离子体清洗（气体）；键合（打金线） 2 氧化的现状： 2.1 SMT（2 次回流焊）后氧化，主要集中在树脂塞孔处氧化，不良比例约 0.6% 2.2 SMT（2 次回流焊）后氧化，主要为键合盘四周氧化，不良比例约 40%		
不良比例	40% ~ 50%	不良周期	4519
客户投诉岗位	产　线	客户投诉部门	质量部
缺陷图片	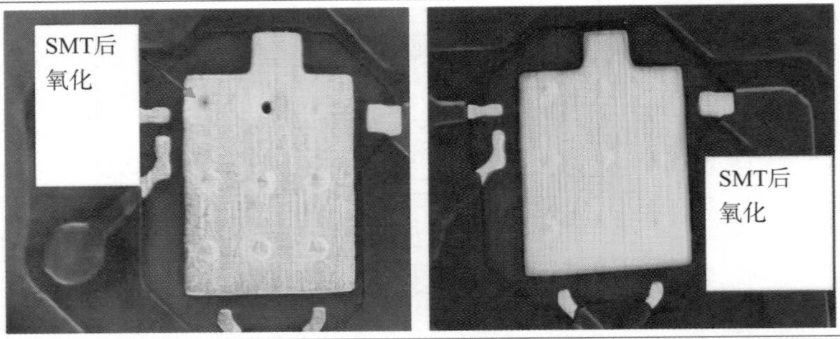 		
产品围堵	1 客户端产品：贴片过两次回流焊后，150℃烘烤 1.5h，使用橡皮擦擦拭键合盘氧化物，再进行键合，键合不良率在 3% 左右 2 库存：无 3 在线：终检抽 5 组（80 块），过两次回流焊 +180℃烘烤 2h，验证有无氧化，并送 2 组到 ICS 进行键合，验证键合有无异常		

图 10.13　客户投诉问题描述表

D3 实施临时围堵措施

在尚未明确问题的根因之前，要及时制定临时措施，包括纠正措施（消除已发现的不合格情况）和预防措施（消除潜在的不合格情况）。这一阶段的目标是暂停存在风险的过程，并在内部材料、生产制程、库存、客户库存、交付在途品、客户端生产制程、市场等方面全面卡控和清理半成品或成品。同时，必须有效地隔离存在问题的产品，以防止缺陷问题持续发生和影响范围扩大，确保问题不会影响内外部的任何客户。一般的围堵措施包括隔离、全面检查、换货、报废、降级、员工培训等。

D4 确认并验证根因

根因分析（RCA）是 8D 报告的重中之重。它利用质量分析工具列出导致问题发生的所有潜在原因，并对这些潜在原因进行系统分析和论证，以确认原因与缺陷之间的关系，识别导致问题发生的技术性根因和导致问题未被检测到的技术性根因，并确定问题纠正和预防的方向。常用的评估方法有因果图、5Why 分析、FEMA、DOE 稳健设计和专业仪器分析等。

根因分析除了要对客户投诉信息进行确认，还要确认产品结构、特征（如背钻板、HDI 板等特殊结构，以及 Rogers 板材等特殊材料）和工艺流程。当客户反馈仅涉及某 PCBA 功能失效而未提供 PCB 上的具体失效点时，要从客户反馈的问题开始定位缺陷。具体的开路或短路网络可以通过工程软件、测量仪器、微切片、放大镜、扫描电镜等手段来查找和确定。随后，选择足够数量比例的缺陷样本，重点观察缺陷的位置、大小、形状、成分等特征，对缺陷板本身进行分析研究，并结合缺陷信息、结构、流程确认缺陷的规律特征，输出缺陷定位结论。

PCB 缺陷产生原因分析可以采用反向分析和正向分析等方法。反向分析利用故障树作为原因分析和问题排查的整体思路和方向，组织相关人员确认缺陷产生的因果关系，将缺陷板和生产工序联系起来，排查所有可能导致缺陷的生产工序，并检查设计记录、过程控制记录、检验记录、返工返修记录等。正向分析则是对产品制造流程进行分析，确认影响工序并进行流程分解，对照各工序、工步的标准操作程序和关键控制要求等规范文件，观察流程执行状况，排查涉及工序（含设计工序）当时及前后几个生产批次的设计记录、过程控制记录（4M1E）、检验记录、返工返修记录、不合格处理记录等，然后根据需要继续 5Why 分析，最终确定问题产生的原因。

PCB 缺陷流出原因分析应以检测方法为中心，从检测方法本身、执行和管理的维度分析为什么拦截失败。确认实际采用的检测标准和方式、方法，对照公司、客户和国家、国际标准，与客户的检测方式和标准保持一致。复检测试同批次同类型的缺陷板，确认检出能力和拦截方式的有效性。确认检测员工的检测方法理解和掌握情况，以及能否及时获得准确的检测要求和指示。对各项产品检查和检验工作的记录信息进行排查，最终找到不良品流入客户手中的原因。

D5 选择并验证永久性纠正措施

拟订改善计划，列出可能的解决方法，基于“有效性”和“效率”选择纠正措施，并针对问题的“产生”和“未检测到”根因进行系统性验证，以消除问题的根源。选取最佳的长期对策，即永久性纠正措施（permanent corrective actions，PCA），不能过度依赖额外检查来改进问题。对策的风险和障碍应充分评估，确保问题从根源上得以解决，避免重复发生。常用的方法包括防错、更换原材料和设计变更等。

纠正措施审批通过后，可组织有公司高层领导参与的正式客户拜访活动。一方面，向客户当面致歉，对产品质量问题给客户带来的损失和不良影响致以诚挚的歉意，并传递公司通过全力改进继续配合和支持客户的决心。另一方面，向客户清晰地解释质量问题发生的根因及后续改进的各种行动，并听取客户的意见和要求，让客户相信公司有实力和诚意杜绝类似问题再次发生，从而挽回质量不佳带来的负面评价。

D6 实施永久性纠正措施

按照制定的计划执行永久性纠正措施，明确需要哪些步骤来执行解决方案、由谁来完成这些解决方案、什么时候能完成。在实际生产条件下，要持续实施监控，以确定根因已经消除。验证各项永久性纠正措施有效后，废除之前的遏制措施。

D7 预防再发生

实事求是，以事实和数据为依据，确认问题在程序和系统中已被消除，防止问题再次发生。举一反三，水平展开，预防同类及类似问题的再次出现。及时更新设备、工艺文件、控制计划、管理制度、程序文件、作业指导书、表单、技术文件和工程图纸等，对相关人员进行重新培训，调整责任人，并将相关对策形成标准化的书面文件。

D8 表彰团队

在整个小组工作完成后，对问题分析过程和解决过程进行总结，且经过发起人和小组领导人批准后，对小组的成果予以肯定和表彰。同时，规划未来的改进方向。

案例　基板厚度超标 8D 报告[1)]

D1 建立团队

问题解决小组成员名单见表 10.6。

表 10.6　问题解决小组成员名单

成　员	Parker Lee	Chen lei	Chihuri	He Hua	TYW
部　门	经　理	SPEC	NPI	QA	ME

D2 描述问题

问题描述见表 10.7。

表 10.7　问题描述

客户名	HSAE	型　号	S-MAAE00002-02-01
工具号	2I01F005A0	批次号	17070144A1-00
批次数量	5000 片	抽检数量	5 片
缺陷数量	5 片	缺陷率	100%
投诉岗位	IQC	样品接收日期	03/03/2017
问　题	客户要求板厚 0.2 ± 0.015mm，板厚极差≤ 0.015mm。IQC 反馈板厚超下限（0.185 ～ 0.215mm），板厚极差最大 0.015mm	样品图片	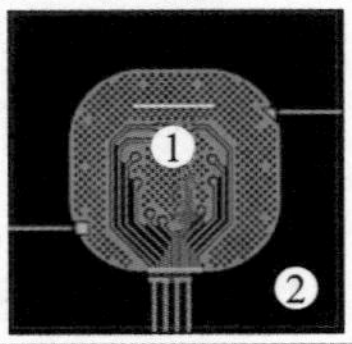

D3 实施临时围堵措施

临时围堵措施见表 10.8。

表 10.8　临时围堵措施

围堵计划	处理方式	批次号	数　量	结　果	负责人	处理时间
在途产品追踪	无	17070144A1	0	N/A	TYW	03/31
库存产品处理	板厚抽检 10 片，每个编号各 1 片	17070144A1	4336	抽检板厚 100% 超标，已完成报废处理	TYW	5/10

D4 确认并验证根因

D4-1 库存品分析。

取库存品 10 片，参照客户测量方法分别测量图形区域①和基材区域②。每片板测量 3 个位置，每个编号各测量 1 片，测量结果如图 10.14 所示。

小结：客户反馈的部分位置板厚偏小，同单元板极差超 15μm 属实；对比图形区域 area1 与基材区域 area2，area1 板厚测量结果均合格，area2 存在板厚偏小的现象；同单元板极差超标主要是基材区域 area2 厚度偏小所致。

D4-2 测量方法。

1）案例提供：Parker Lee、陈磊等。

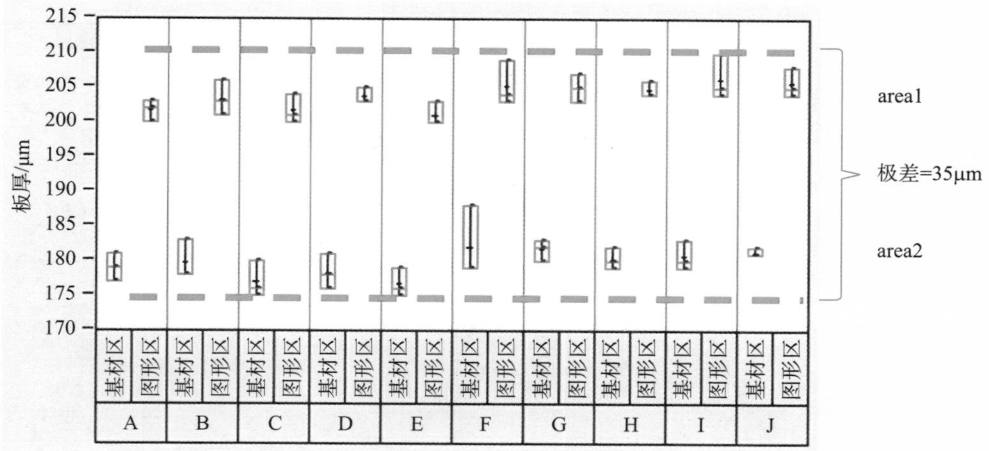

图 10.14　库存基板厚度确认

确认公司出货前仅测量图形区域 area1，与客户测量方法不一致，未对基材区域板厚进行测量是此次异常流出的原因。

D4–3 基板结构设计特点确认。

该产品的设计特点是图形区域分布在产品板中央，四周是基材区域，板厚偏差来源于基材厚度的差异，图形区域厚度取决于铜厚 + 铜上阻焊厚度，基材区域厚度仅取决于阻焊厚度，如图 10.15 所示。现有的生产流程无法消除图形区域与基材区域之间的厚度偏差，因此，需要选择其他阻焊生产流程。

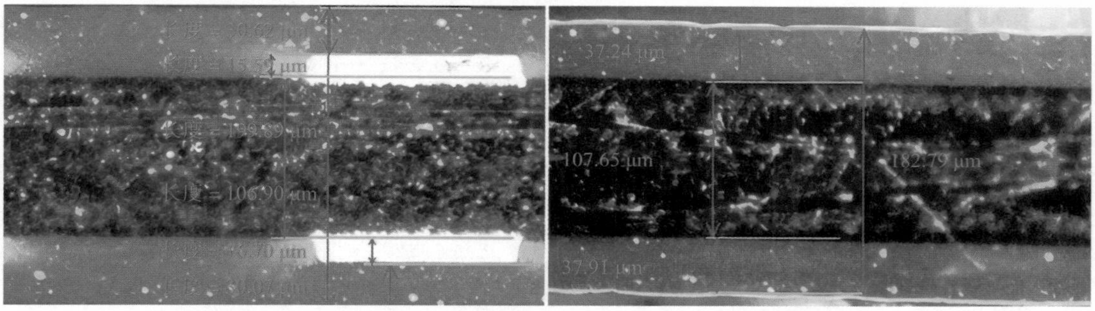

图 10.15　基板图形区域（左）和基材区域（右）的厚度比较

D4–4 阻焊生产流程确认。

阻焊生产流程为 SSVR，即丝印 1 →丝印 2 →真空压膜→滚涂（图 10.16）。依据工程设计规则，阻焊生产流程主要根据板厚偏差来选择，该产品板厚偏差为 ± 15μm，故选择 SSVR 流程。前期工艺能力评审，按照 area1 位置测量板厚的方法，结果显示单条板 $R < 15\mu m$，CPK 为 1.64（图 10.17），满足客户要求。

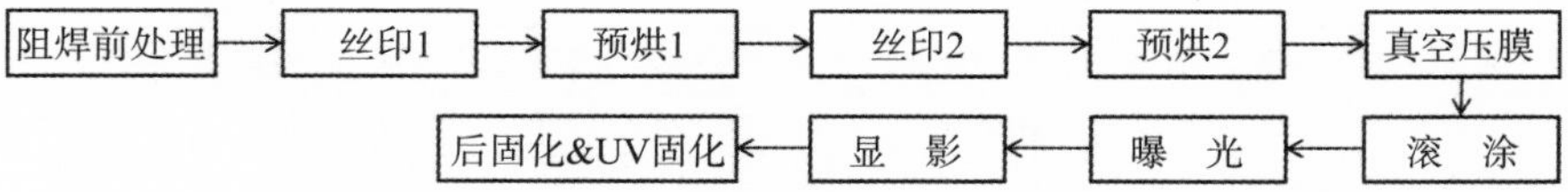

图 10.16　SSVR 阻焊生产工艺流程

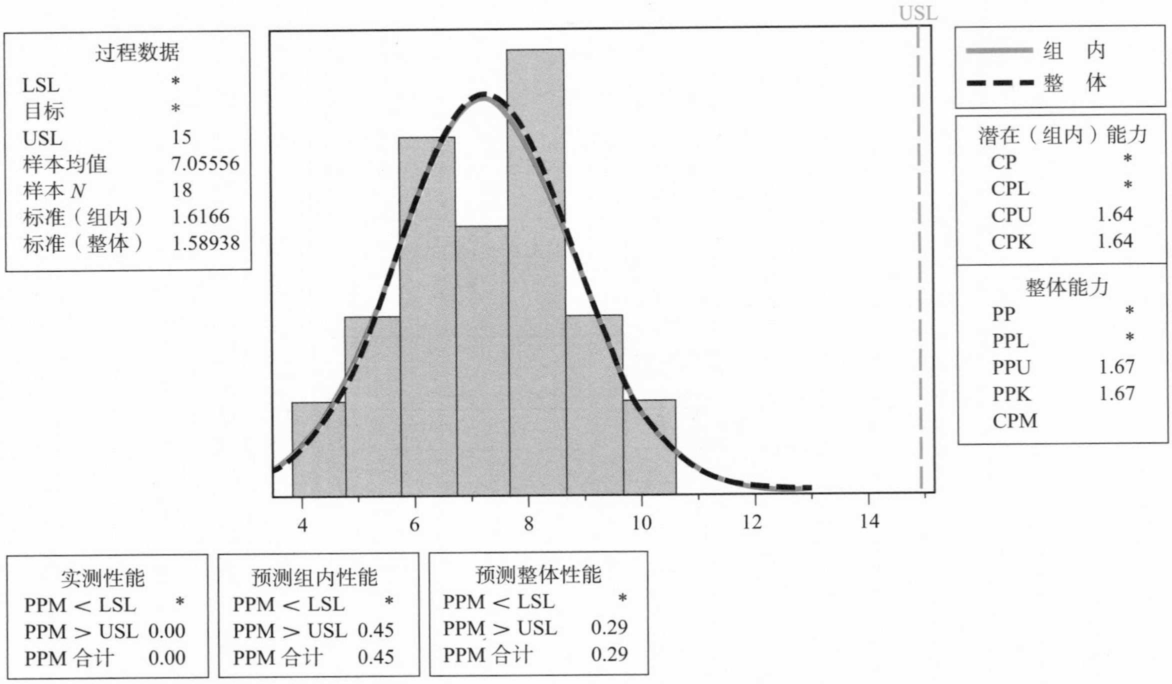

图 10.17 SSVR 阻焊生产工艺的过程能力

D4-5 5Why 分析，见表 10.9。

表 10.9 5Why 分析

	Why 1	Why 2	Why 3	Why 4
发生原因	为什么发生板厚超标？ 阻焊生产流程不合适，客户对板厚的要求针对产品板所有区域，而非仅针对图形区域	为什么阻焊生产流程不合适？ 对客户标准的理解存在偏差，误认为客户对板厚的要求仅针对图形区域	为什么对客户标准的理解存在偏差？ 客户标准转化与下发流程不严谨，缺少对客户要求与内部现状的偏差分析	为什么未对客户要求与内部现状进行偏差分析？ 原标准转化流程中未定义此步骤
流出原因	为什么板厚超标流出？ 出货前进行板厚测量时未发现此异常	为什么出货前板厚测量未发现？ 出货前仅测量图形区域，不测量基材区域，与客户测量方法不一致	为什么出货前不测量基材区域板厚？ 公司原测量方法仅要求测量图形区域板厚，未要求测量基材区域	为什么原测量方法仅要求测量图形区域板厚？ 前期制作的指纹类产品板厚要求均针对图形区域

D5 选择并验证永久性纠正措施

永久性纠正措施见表 10.10。

表 10.10 永久性纠正措施

序 号	永久性纠正措施		
1	阻焊流程由 SSVR 更改为 SSRV，并增加热压整平段		
	时间：04/13	责任人：TYW	结果：完成
2	真空压膜整平参数测试，通过整平参数优化，单条板厚极差由 20μm 减小到 15μm 以下		
	时间：04/17	责任人：TYW	结果：完成
3	更正出货前板厚测量方法，增加基材区域板厚测量，并培训员工		
	时间：04/13	责任人：TYW	结果：完成
4	按客户标准评审并下发流程优化方案，增加客户要求与内部现状的差异性分析		
	时间：04/17	责任人：LJ	结果：完成

D5-1 阻焊生产流程更改为图 10.18 所示的 SSRV。

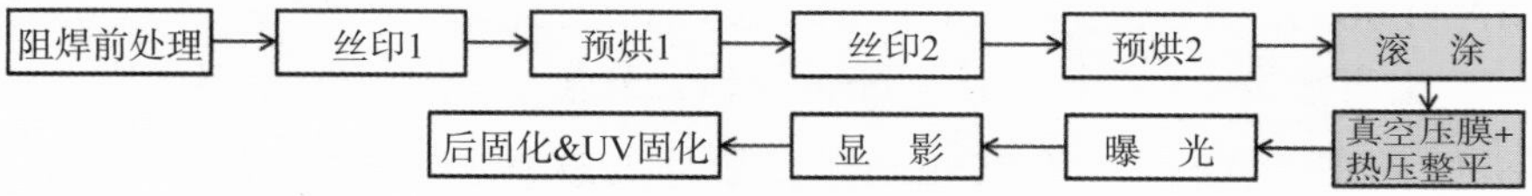

图 10.18 SSRV 阻焊生产工艺流程

D5-2 板厚测量方法培训。

真空压膜机分为几段：预贴膜→真空压膜→热压整平。SSVR 不使用真空压膜机整平段，SSRV 使用。调整后的工艺参数见表 10.11，经 DOE 单条板厚度极差满足最大值 15μm 的要求。

表 10.11 真空压膜机参数优化前后的对比

	预贴部			压膜 1 段（真空段）				压膜 2 段（热压整平段）		
	预贴压力 /（$kgf \cdot cm^{-2}$）	温度 /℃	时间 /s	温度 /℃	真空度 / hPa	真空段压力 /MPa	加压时间 /s	温度 /℃	热压压力 /（$kgf \cdot cm^{-2}$）	加压时间 /s
优化前参数	直接通过			80	≤ 3	0.3 ± 0.05	30 ± 2	直接通过		
优化后参数	直接通过			80	≤ 3	0.3 ± 0.05	30 ± 2	80 ± 2	8	30

D5-3 优化客户要求转化流程，除更新产品板厚测量作业规范，同时在客户要求转化流程中增加客户要求与内部现状的偏差分析步骤，如图 10.19 所示。

质量部接收到客户相关文件后，对客户文件进行模块区分，细化为 COC/ 包装 / 标签 / 外观 / 可靠性 /SPC/MRB/ 供应商 / 环境物质 / 制程管控等（不限于这些模块）。随后下发给模块负责人，填写《差异分析表》，进行差异分析，确认内部实际状态是否满足客户要求，并给出相关证据。对于无法满足的要求，模块负责人应组织相关部门进行评审，确认是否可以改进，可以改进的制定计划落实，无法改进的提供给相关部门与客户进行沟通。

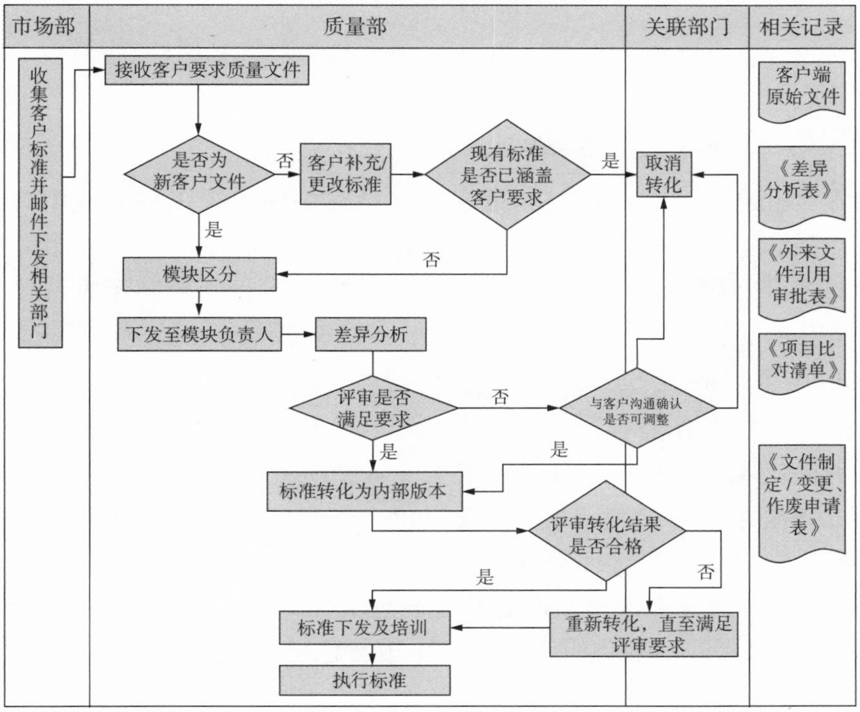

图 10.19 产品板厚测量方法和客户要求转化流程

D6 实施永久性纠正措施

基板 S-MAAE00002-02-01，于 4 月 19—28 日进行生产验证，验证批次型号为 17160061A1-00，生产数量 16 片生产板，测量样本 125 点（5 点 / 条，5 条 / 片，5 片 / 批）。

小结：①板厚分布在 0.192 ~ 0.205mm，满足总板厚要求（0.185 ~ 0.215mm）；②极差约 13μm，满足单条板厚极差 15μm 的要求，如图 10.20 所示。

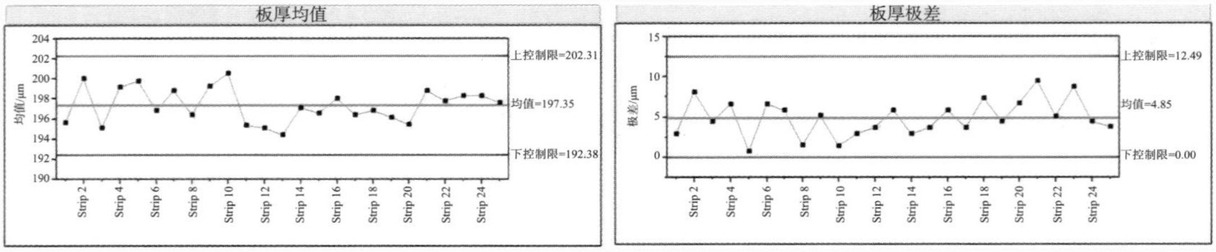

图 10.20　验证样品板的厚度均值和极差

D7 预防再发生

预防再发生的纠正措施见表 10.12。

表 10.12　纠正措施

序　号	文　件	纠正措施	状　态	依　据
1	《工卡》	变更阻焊流程，增加阻焊真空压膜流程	完　成	见附件 1（略）
2	《阻焊真空压膜作业指导书》	变更真空压膜参数	完　成	见附件 2（略）
3	《板厚测量作业规范》	定义板厚测量位置，包括图形区域与基材区域	完　成	见附件 3（略）
4	《客户要求内部转化标准》	流程优化，增加客户要求与内部现状的偏差分析	完　成	见附件 4（略）

D8 表彰团队

略。

10.3.5　客户投诉归零报告与案例

质量问题归零（quality problem closed loop）是在中国航天工程实践中总结形成的质量问题闭环管理方法，强调以个体普及整体、以典型涉及全面，将质量问题的事后处理转变为事后处理与事前预防相结合。因其科学性、先进性和有效性，质量问题归零方法已被广泛应用于航空、航天、兵器和电子信息等多个行业领域。

1990 年，航空质量管理的“归零”概念首次被引入航天领域。1995 年，在全面总结航天系统贯彻、执行、落实归零工作经验和成果的基础上，中国航天工业总公司第一次明确提出“质量问题归零”的方法模型。1996 年 10 月，航天工业总公司从技术角度创造性地、明确地提出“技术归零”的五条要求。1997 年 10 月，又提出“管理归零”的五条要求，标志着航天质量管理系统“双归零”方法体系和管理制度正式建立。2015 年，由中国航天科技集团主导制定的国际标准 ISO 18238：2015《航天质量问题归零管理》（*Space systems——Closed loop problem solving management*）由国际标准化组织发布，中国特色的航天管理最佳实践正式国际化。

质量问题归零

质量问题归零是对设计、生产、试验、服务中发生的质量问题，从技术、管理上分析产生的原因、机理，并采取纠正措施、预防措施，以从根本上消除问题，避免问题重复发生的活动——简称“双五条”。质量问题归零对象主要包括产品不合格、质量故障、质量缺陷、质量事故等技术问题，以及重复性故障、违章操作、管理失控等管理问题。

根据 GB/T 29076-2021《航天产品质量问题归零实施要求》，质量问题归零的总体程序如下。

（1）问题报告（投诉）。发生质量问题后，组织应及时向相关方报告问题信息，包括产品信息、问题现象、测试条件、工作时间及环境、问题发现者等。

（2）采取应急处理。当质量问题存在危及人身和财产安全的可能时，组织应采取紧急识别、隔离问题产品、停工、停止交付和召回产品等应急处理措施。

（3）建立归零团队。

（4）开展技术归零和管理归零工作。归零工作从技术和管理两方面进行，面向产品、面向流程、面向组织开展分析，对技术方法和管理过程再认识，刨根问底，做到清晰定位问题、厘清机理、制定恰当的问题解决措施。归零的目的不仅是消除质量问题，而是消除影响产品质量的各种因素，使归零过程真正发挥解决质量问题的作用。技术归零工作的原则是“定位准确、机理清楚、问题复现、措施有效、举一反三”，管理归零工作的原则是“过程清楚、责任明确、措施落实、严肃处理、完善规章”，如表 10.13 和图 10.21 所示。

表 10.13 质量问题归零“双五条”要求

类　型	归零要求	基本内容	说　明
技术归零	定位准确	确认质量问题现象，定位质量问题发生的准确部位	前　提
	机理清楚	通过各种分析手段，确定质量问题发生的根因和机理	关　键
	问题复现	通过试验验证质量问题定位的准确性和机理分析的正确性	手　段
	措施有效	制定并实施有针对性的纠正措施，确保问题彻底解决	核　心
	举一反三	将发生问题的信息反馈给相关方，防止出现同类问题	延　伸
管理归零	过程清楚	查明问题发生、发展的全过程，从中找出管理的薄弱环节	基　础
	责任明确	分清各环节上的责任主体，分清责任主次与大小	依　据
	措施落实	制定并落实有针对性的纠正和预防措施，举一反三，弥补管理薄弱环节	核　心
	严肃处理	态度上严肃对待所发生的问题，对问题的责任主体按规定给予处罚、培训教育	保　障
	完善规章	健全、完善和落实规章制度，从制度上避免问题再发生	规　范

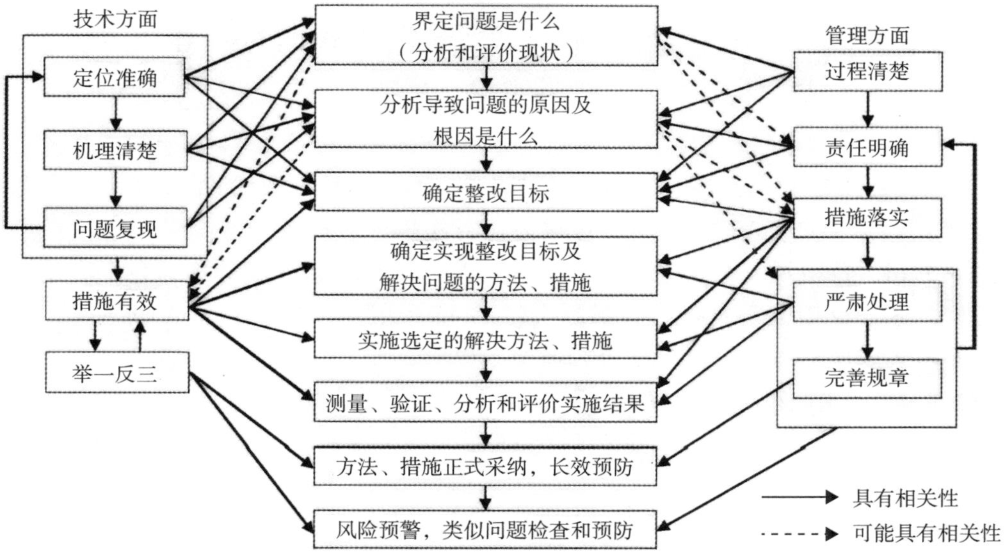

图 10.21 质量问题归零“双五条”过程方法机理（侯建国，2018）

（5）完成质量问题归零报告，包括技术归零报告和管理归零报告。

（6）归零评审。

（7）解散团队。

根据笔者从事质量问题归零工作的经验，质量问题归零要注意避免以下问题。

（1）重技术归零、轻管理归零，导致管理原因分析更多地指向操作员工，指向操作失误，指向检验拦截，不愿检讨制度缺失、不细致，责任不清等问题。应该认识到，管理归零是技术归零的延续，是在更深层次防止质量问题重复发生的关键，是提高质量管理水平的重要手段。

（2）对于复杂技术问题分析，存在尽快过关想法，回避系统性问题、资源不足问题和设计问题，致使问题定位不准确、机理分析不到位、归零不彻底。

（3）怕压力、怕麻烦、怕任务繁重，导致举一反三工作不全面，纠正和预防措施落实不到位。而存在的这些问题，归根结底在于管理者对质量问题归零工作的重要性认识不足，不愿查找自身问题，最终的结果就是管理归零工作的简单化、形式化。

案例 KXHy-093J88 印制板表面多余金属颗粒技术归零报告[1)]

问题概述

2018 年 7 月 18 日，某研究所反馈，型号为 KXHy-093J88 的印制板在焊接后发现阻焊表面、焊盘及白色字符周围存在金属颗粒。客户生产线上共有 65 片，已组装 35 片，未组装的裸板也存在同样的不良现象。客户将未使用的 30 块裸板退回，要求分析多余金属颗粒产生的原因，并评估已焊接 PCBA 的使用风险。典型不良板面如图 10.22 所示。

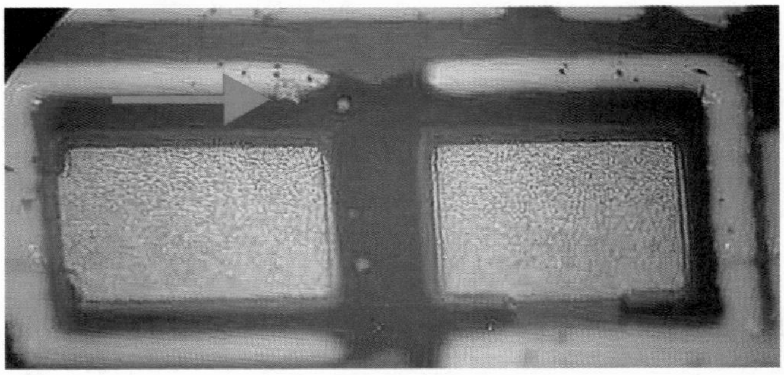

图 10.22 板面多余金属颗粒

（1）客诉处理小组和产品信息。收到客户投诉后，公司第一时间组建了由技术总工担任组长的客诉处理小组。该产品于 2016 年 6 月在公司首次生产，已交付 5 个订单批次。产品生产板尺寸为 16in × 21in，每板拼 4 个单元，表面处理工艺为沉金，阻焊颜色为绿色，产品验收标准为 QJ831B-2011。客户反馈的不良批次为最近交付的 65 个单元，在沉镍金 A 线生产。目前公司生产线上和仓库内无该型号板，物流在途也无该型号板。

（2）问题确认。用 100 倍放大镜观察客户退回的 30 块裸板，发现板面都有多余金属颗粒，主要分布在 QFN 和 BGA 等区域，缺陷率为 100%。多余金属颗粒尺寸测量结果如图 10.23 所示。

1）案例提供：巴东岭、张勃、乔书晓等。

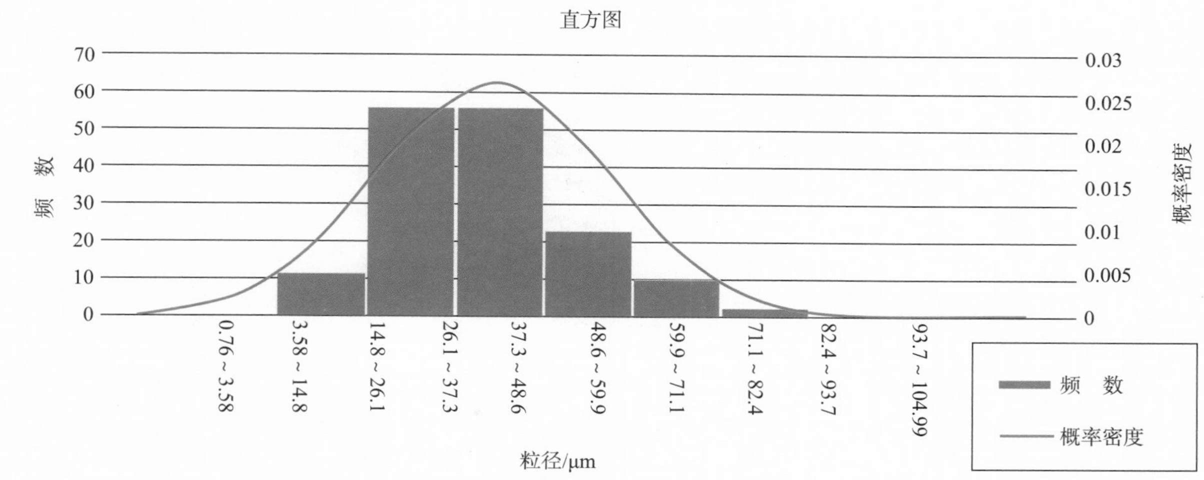

图 10.23　多余金属颗粒尺寸分布

问题定位

（1）镀层厚度及切片分析。随机取样 2 块退回产品，每面抽样测量 PCB 焊盘 5 个点，结果显示金镍厚度符合 QJ831B–2011 标准。对多余金属颗粒进行垂直切片观察，可以看到这些金属颗粒附着或部分嵌入阻焊表面，但没有刺穿阻焊膜，也没有与底层铜相连。

（2）电镜分析。使用电子显微镜对裸板上的焊盘进行形貌观察，结果显示晶格正常，无异常现象。对金面进行元素分析，未发现异常元素。对多余金属颗粒进行 EDS（能量色散激光光谱）分析，发现其成分为镍和金，无其他元素，由此确认这些多余金属颗粒为沉金过程中产生的镍金颗粒，如图 10.24 所示。

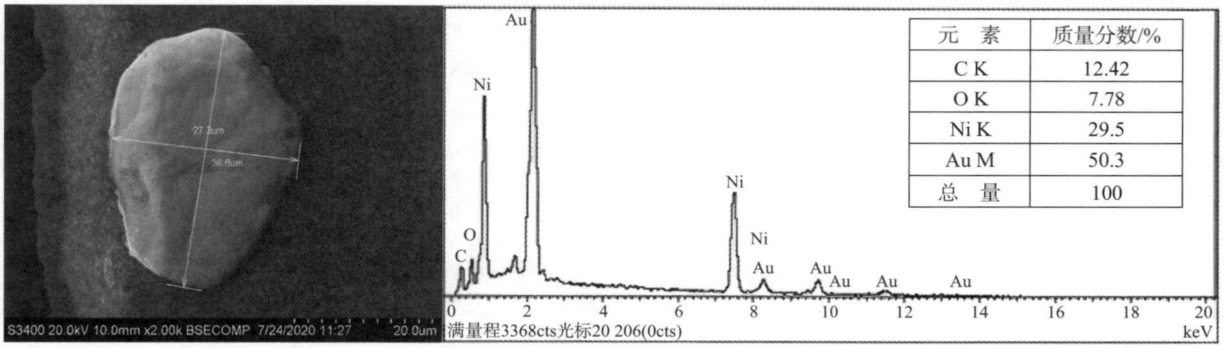

元　素	质量分数/%
C K	12.42
O K	7.78
Ni K	29.5
Au M	50.3
总　量	100

图 10.24　多余金属颗粒形貌观察及元素分析

总结来说，多余金属颗粒由镍和金组成，尺寸在 3.59 ~ 104.99μm（主要分布在 15 ~ 60μm），厚度约为 4μm。这些金属颗粒附着或部分嵌入阻焊表面，但未刺穿阻焊膜。裸板 PCB 焊盘的金镍厚度符合标准要求，焊盘上晶格形貌正常，焊盘金面没有发现异常元素。

（3）工艺流程：

开料→内层前处理→内层贴膜→内层曝光→内层显影→酸性蚀刻→内层 AOI →棕化→压合→钻孔→去毛刺→沉铜→板镀→外层前处理→贴膜→曝光→显影→图形电镀→碱性蚀刻→硫脲洗→外层 AOI →低阻测试→阻焊塞孔→静电喷涂→曝光→显影→字符→沉金→烘板整平→铣板→电测→功能检测→外观检查→印序列号→终固化→包装→入库。

（4）故障树排查与定位。结合该印制板的生产流程和上述缺陷分析，板面金属颗粒对应的生产流程为阻焊、沉金及其检验工序。多余金属颗粒缺陷的故障树如图10.25所示，共有11个风险点。

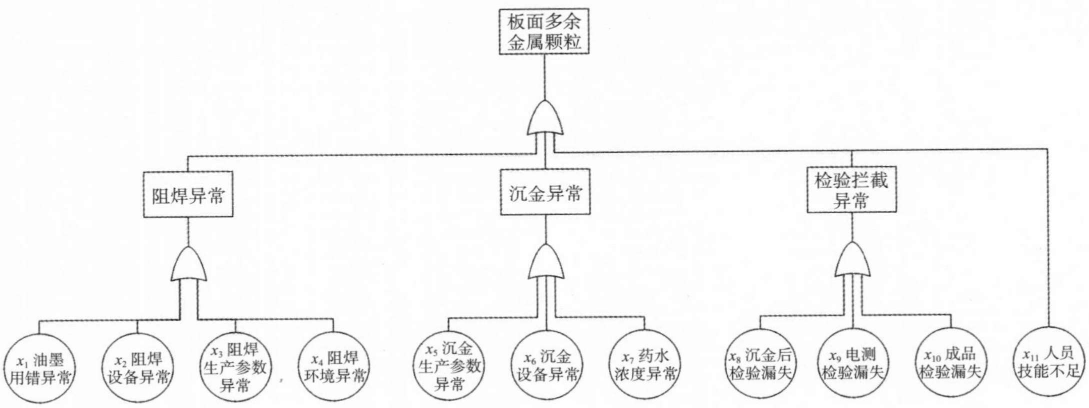

图10.25　板面多余金属颗粒缺陷的故障树

按故障树排查的结果见表10.14，由此可以定位故障原因是镀镍浸金线的镍缸异常，镍缸的缸壁经打磨后使用，但缸壁仍存在粗糙问题，导致镍缸中镍颗粒增多，并沉积在阻焊的浅表面。

表10.14　板面多余金属颗粒产生和流出原因的排查

风险点	确认事项	记　录	结　果	判　定
x_1 油墨用错异常	此印制板阻焊制作方式为静电喷涂，使用太阳PSR-2000系列油墨，排查阻焊5月16号晚班开油记录	《开油记录》	无异常	排　除
x_2 阻焊设备异常	排查此印制板生产当班的喷涂、曝光及显影工步的设备维护情况	《设备、设施日常维护记录》	无异常	排　除
x_3 阻焊生产参数异常	排查此印制板生产当班的喷涂、曝光及显影工步的工艺参数情况	《阻焊工序工艺控制表》《静电喷涂工艺控制表》《阻焊显影线工艺控制表》	无异常	排　除
x_4 阻焊环境异常	排查此印制板生产当班阻焊洁净房洁净度和温湿度记录	《生产环境控制记录》《洁净度测试记录表》	无异常	排　除
x_5 沉金生产参数异常	此印制板于5月17日晚班在01号沉金线生产，生产板数量为18片，镀镍浸金的金镍厚要求为金厚0.05～0.23μm、镍厚2.5～5μm	《沉金工序生产记录》《镀镍浸金参数表》《表面处理工序沉金工艺控制表》	无异常	排　除
x_6 沉金设备异常	排查此印制板生产沉金当月的设备维护点检记录表。5月13日翻缸，镍缸壁粗糙有影响，经工艺、设备评估后打磨处理，之后制作质量经检验评估合格，安排正常生产。实际在打磨完成一周后发现镍缸再次出现缸壁粗糙的情况	《表面处理工序沉金工艺维护计划》	异　常	风　险
x_7 药水浓度异常	5月17日沉金线药水化验记录	《沉金药水化验记录表》	无异常	排　除
x_8 沉金后检验漏失	排查此印制板沉金生产记录。5月17日晚班生产沉金后转入半检，半检由13号检验员进行，批次数量为18片，检出漏字符和字符重影1片，未检出板面有多余金属颗粒的情况	《生产过数记录表》《沉金半检检验记录表》	异　常	风　险
x_9 电测检验漏失	电性能测试未发现外层短路的异常，说明多余金属颗粒并未造成网络之间短路	《电子测试记录表》	无异常	排　除
x_{10} 成品检验漏失	订单流经终检工序，需核对生产图纸与实物板，确保图物一致，再实施外观目视检查，此批印制板由21号检验员检验，外观检验中未发现渗金	《终检检查记录表》	异　常	风　险
x_{11} 人员技能不足	此印制板生产涉及阻焊、沉金、半检、电测、终检工序的操作和检验人员，对员工上岗证进行审查，发现所有人员上岗资质均符合军品上岗要求	《员工上岗证》	无异常	排　除

■ 机理分析

化学镀镍的主要功能是在活化后的铜面沉积一层镍磷合金层，作为金层与铜层之间迁移、扩散的阻挡层。主反应如下：

$$3NaH_2PO_2+3H_2O+NiSO_4 \longrightarrow 3NaH_2PO_3+H_2SO_4+2H_2\uparrow+Ni$$

在正常化学镀镍过程中，会有少量镍沉积到光滑的镍缸缸壁。由于保护电解电流的存在，一旦有镍沉积到缸壁，就会被电解氧化成镍离子，重新回到镀液中。然而，在镍缸的寿命后期，由于缸壁粗糙，正常生产时析出的镍增多，以致电解电流无法将其全部电解氧化，镍缸负载过大。相比较之下，此时自动添加系统添加的稳定剂不足，镍槽的活性逐渐增大，反应产生的镍颗粒也会增多。这些镍颗粒来不及沉积到焊盘表面，而是游离在镀液中，降低了化学镀镍的选择性，以致部分镍颗粒沉积到阻焊表面。

从化学键的角度看，阻焊与镍面并不发生化学反应，两者之间的结合力主要依赖氢键效应和范德华力。新生成的镍晶核很小，具有自催化功能，而阻焊表面具有一定的粗糙度，高分子油墨的有效官能团羟基（R—OH）会与镍面形成氢键效应，进而束缚在一起。镍晶核继续自催化反应而长大，并呈现嵌入阻焊表面的现象。

镍缸的材质为 316 不锈钢，正常生产的药水酸度（pH 约 4.5）对缸壁的影响较小。药水发生自生还原反应，产生 4MTO 时，需要更换硝槽药水。硝槽主要使用浓度为 40% ~ 60% 的硝酸。硝酸首先攻击合金中晶格不完美的错位的原子，再咬蚀其他原子，导致缸壁粗糙。随着镍缸使用时间的增加，粗糙度逐渐增大。正常维护镍缸，根据打磨水准，一般 3 个月左右会再变粗糙；如果打磨不专业，一周内就会再变粗糙。

■ 风险评估

为确认多余金属颗粒对产品可靠性的影响，从三个方面进行风险评估。

（1）是否掉落：水洗测试、振动测试、高低温测试。

（2）结合力测试：3M 胶带拉力测试。

（3）焊接性能测试：模拟焊接测试（合金层、金含量）、镍腐蚀确认。

具体测试方案、测试数据分析和测试报告见附件。

小结：多余金属颗粒不会受外界影响而出现掉落现象，其位置和形态没有发生变化；裸板模拟焊接符合 GB/T 19247《印制板组装 第 1 部分：通用规范采用表面安装和相关组装技术的电子和电气焊接组装的要求》要求；观察焊点垂直切片发现，合金层生长良好，IMC 分析无异常，说明无镍腐蚀。P 含量 9.49%，正常；裸板焊接后含金量低于 3%，说明合金层中没有金存在，符合要求。对于客户端已焊接的 PCB，建议客户接收使用；对于客户端未焊接的 PCB，建议客户退回，作报废处理。

■ 问题复现

按原生产流程投料 5 片板复现测试。镀镍在暂停使用的异常镍缸中进行。沉金时除镍缸外各药水参数均受控，确认沉镍金镀层厚度合格。测试板完成沉金后，由半检工序使用 30 倍放大镜进行板面多余金属颗粒检验。

结果：2 片生产板阻焊面均存在多余金属颗粒，如图 10.26 所示，与本次客户反馈异常型号的板面金属颗粒形貌一致，问题得以复现。

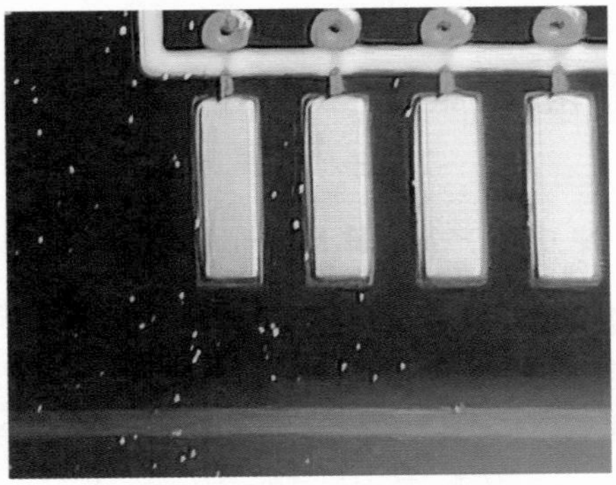

图 10.26　复投板阻焊面的金属颗粒

采取措施

采取的措施见表 10.15。

表 10.15　采取的措施

序　号	措　施	责任人	完成时间
1	更换镍缸药水，将目前老化的镍缸作报废处理，申请制作新镍缸	盛 × ×	20180915
2	更换新镍缸之前暂停 01 号沉镍金线生产，改用 02 号沉镍金线，并组织验证	高 × ×	20180723
3	组织沉金后检验工序和成品检验工序员工进行案例培训宣导，对近期客诉案例举一反三	谭 × ×	20180811
4	修订沉金后检验和成品检验作业指导书，外观检查中增加多余物缺陷，明确 BGA、QFN 等关键区域的检验工具，要求用 30 倍放大镜检查板面多余金属颗粒	刘 × ×	20180811

举一反三

从 7 月 23 日起至 8 月 10 日，客诉小组对公司 02 号沉镍金线连续跟进生产情况，所有生产板采用 30 倍放大镜检查板面金属颗粒情况，没有出现不合格的报废情况，确认沉镍金 A 生产线可以使用。

对客户 5—6 月生产的沉金表面工艺的在库产品全部提库，逐一确认是否有同类型的问题，排查 22 批印制板，目前发现同时期生产的 4 个批次有同类型问题，已经申请报废处理。已交付无库存订单有 4 款，申请客户协助排查。

结　论

以上分析、排查表明，KXHy-093J88 板面多余金属颗粒是镀镍浸金线镍缸异常，缸壁经打磨后仍然粗糙，导致镍缸中镍颗粒增多，附着在阻焊浅表面形成的。

该问题定位准确、机理清楚、可以复现，采取的措施及验证有效，并进行了举一反三，满足航天质量技术归零要求，可以归零。

说明：KXHy-093J88 板面多余金属颗粒问题存在的管理方面的问题（包括检验漏检问题），另行在《KXHy-093J88 板面多余金属颗粒管理归零报告》中进行管理归零。

附　件

略。

第Ⅳ部分
质量管理的未来

第 11 章
PCB 企业质量管理数字化

应该注意到，近年来，工业 4.0 的代表性技术如人工智能、机器智能、普适云计算和工业互联网的发展比以往更加迅猛。数字化生产引领制造业发展潮流，定制化产品占比不断提升，服务成为重要的价值来源。技术升级驱动质量管理向着精益化、数字化、智能化和零缺陷方向转型，也引发了制造业质量管理的根本性变化：兼顾产品质量与服务质量，确保客户满意；兼顾制造质量与设计质量，将质量管理前移，减少质量浪费；兼顾规模化生产质量与定制化生产质量，增加生产柔性，进一步提高企业利润。质量人员需要理解这些变化，并建立一种全新的质量观，即数据要素投入将成为质量管理的核心原则。

本章重点介绍智能制造技术的发展情况和基本原理，企业数字化转型的核心架构、作用机理和评价模型，质量管理系统（QMS）的框架与模块功能，以及质量管理 4.0 时代质量管理模式的变化，数据要素对质量管理的作用模式等。

11.1 智能制造的浪潮

11.1.1 智能制造的发展演化

近年来，大数据、云计算、工业互联网和人工智能等新一代信息技术快速发展，以数据化、网络化和智能化为特征的智能制造浪潮席卷全球。2011 年，德国发起的“工业 4.0”战略计划得到全世界的广泛关注。先进制造技术与新一代信息技术深度融合，驱动制造业数字化转型和智能化升级，智能制造成为第四次工业革命的核心特征。

在国际上，“智能制造”一词被翻译为“smart manufacturing”和“intelligent manufacturing”。其中，前者强调数据采集、处理和分析能力，能够准确执行指令并实现闭环反馈；而后者强调自主学习、自主决策和优化提升，是更高级的智慧制造。由此，智能制造是基于新一代信息技术，贯穿设计、生产、管理和服务等制造活动各个环节，具有信息深度自感知、智慧优化自决策、精准控制自执行等功能的先进制造过程、系统与模式的总称。

随着信息技术的进步，智能制造经历了数字化制造和数字化网络化制造阶段，正在向新一代智能制造演进，如图 11.1 所示。

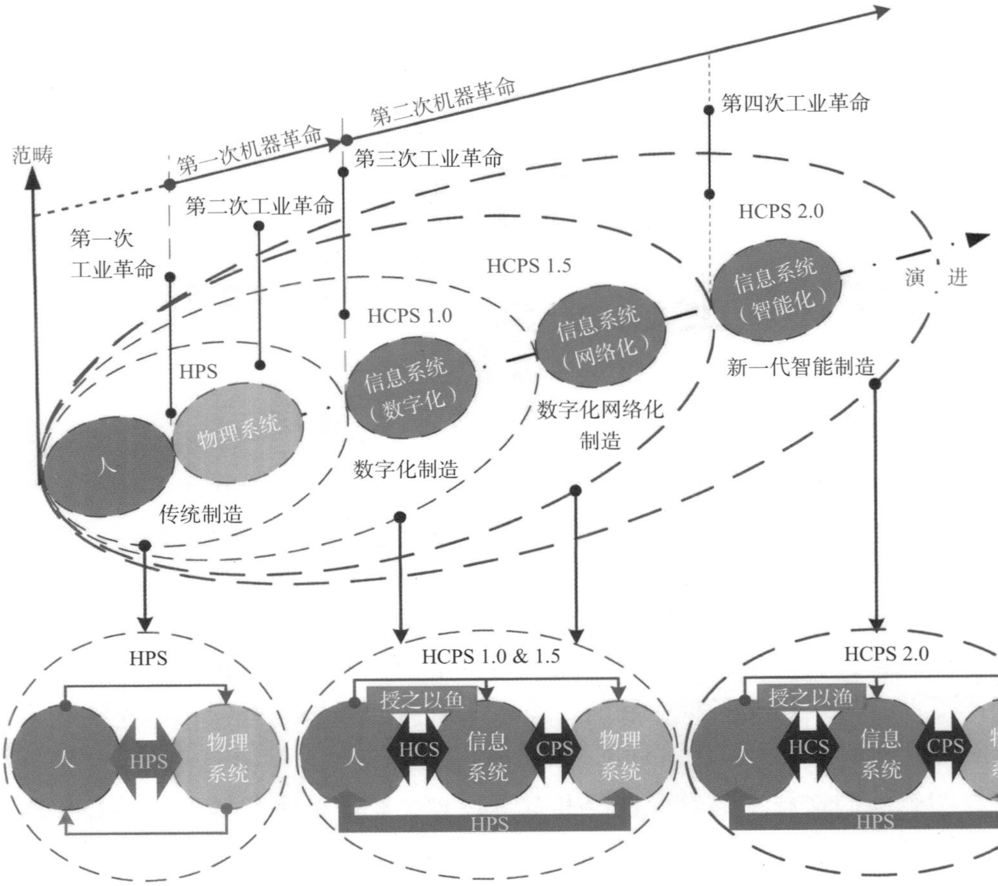

图 11.1　面向智能制造的 HCPS 的演进（周济，2019）

智能制造的本质是在不同情况和不同层次上设计、构建和应用智能制造系统，即人 – 信息 – 物理系统（human–cyber–physical system，HCPS）。HCPS 是为实现特定的价值创造目标，由相关的人、信息系统、物理系统有机组成的综合智能系统。在技术方面，HCPS 既揭示了技术机理，也形成了智能制造的技术架构。与传统制造相比，智能制造在人和物理系统之间增加了一个信息 – 物理系统（Cyber–Physical System），使传统的“人 – 物理”二元系统发展成为“人 – 信息 – 物理”三元系统（HPS 进化成了 HCPS）。

信息系统由软件、硬件、网络和数字平台组成，通过集成先进的感知、计算、通信、控制等信息技术和自动控制技术，使物理空间与信息空间中的人、机、物、环境、信息等要素相互映射、适时交互、高效协同，形成一个复杂系统，实现系统内资源配置和运行的按需响应、快速迭代和动态优化。

在数字化制造阶段（HCPS 1.0），人利用理论知识、经验和实验数据开发生产控制模型、工艺方法和工艺规则，生产过程依赖操作者的知识和经验。例如，使用 CNC 钻机进行 PCB 钻孔加工时，操作者必须根据他们的知识和经验对加工过程进行编程，监控加工过程，并在必要时调整钻机参数。

在数字化网络化制造阶段（HCPS 1.5），工业互联网实现了人、产品、设备、物料和过程数据的广泛连接，并通过企业内和企业间各种资源的集成、合作、共享和优化重塑了制造价值链。例如，CNC 钻机制造商可以对自己的设备进行远程操作和维护保养，实时保障客户工厂连续高效生产。

发展到数字化网络化智能化制造阶段（HCPS 2.0），信息系统能够利用新一代人工智能技术进行感知和自我学习。这不仅给知识的创造、积累、利用、传授和继承带来了革命性变化，还显著提高了制造系统处理不确定和复杂问题的能力，从而极大地优化了制造系统的建模和决策。作为产品的制造者、管理者和操作者，人的能力和技能将得到极大提高，智力潜力将得到充分释放。人从大量的脑力和体力劳动中解放出来，可以从事更有价值的创造性工作，进一步解放生产力。

11.1.2　智能制造的特征与作用

智能制造系统主要由智能产品、智能生产和智能服务三大功能系统，以及工业智联网和智能制造云平台两大支撑系统组成。这些系统通过互联实现整个制造环境的集成，消除了制造过程中特定应用的“智能化孤岛”。智能制造强调在智能设备的配合下更好地发挥人的潜能，使人机平等共事、相互理解、相互协作。智能制造系统集自动化、柔性化、集成化和智能化于一身，在实际应用中具有以下特征。

（1）自组织。智能制造中的组成单元能够根据工作任务需要，集结成一种超柔性结构，并按照最优方式运行。其柔性不仅表现在运行方式上，也表现在结构上。

（2）自学习和自维护。智能制造以原有专家知识为基础，通过数据信息采集与分析，不断自学习，完善系统知识库，并剔除不合适的知识，使知识库区域合理化。同时，基于知识库系统进行系统故障自我诊断、排除和修复，从而自我优化，适应各种复杂环境。

（3）自主决策。智能制造系统通过实时监测周围环境和自身作业状况，结合知识系统和实时信息分析，自行决策最佳运行方案，调整控制策略，使整个制造系统具备抗干扰、自适应和容错的能力。

智能制造技术源自计算机技术、工业自动化技术、工业软件、大数据计算、人工智能、工业机器人、智能设备、数字孪生、增材制造、传感器、工业互联网、工业物联网、通信技术、虚拟现实 / 增强现实、云计算、新材料及先进制造工艺等的融合创新，进而实现整个制造业价值链的智能化，帮助制造企业实现业务运作的可视化、透明化、柔性化和智能化，从而降本增效、节能减排，更加敏捷地应对市场波动，高效决策。

大量的企业实践证明，推进智能制造是企业发展战略的支撑手段，可以给企业创造多方面的价值。

- 使企业研发设计能力和创新设计能力不断增强，快速响应市场需求，缩短产品上市周期。
- 使企业运作可视化、透明化，可实时洞察企业运营状态，提高生产效率，缩短交货周期。
- 使企业产品制造工艺能力升级，实现少人化，促进企业降本增效。
- 使企业质量管理控制水平提升，强化产品质量、可靠性和可用性。
- 使企业进一步向高技术和高附加值服务延伸，拓展市场空间。

11.1.3　中国智能制造的目标

为应对前所未有的新一轮科技与产业变革挑战，全球主要经济体纷纷出台智能制造战略。德国积极践行“工业 4.0”《未来一揽子计划》，美国发布《关键与新兴技术国家战略》，欧盟委员会提出“2030 数字罗盘”计划，英国发布“英国工业 2050 战略”，日本发布“超智能社会 5.0 战略”等，旨在推动制造业转型，增强传统产业竞争力。

显然，欧美发达国家的“再工业化”并不仅仅是制造业回流，而是要继续强化其在高端制造业上的技术优势，抢占未来制造业的主导权。通过智能制造技术，这些国家希望将传统制造业与服务业融合，继续引领新一轮产业革命，确保其在21世纪继续拥有全球竞争的优势。

中国是制造业大国，但在高端核心设备技术、高精尖产品的研发投入和制造能力、产品质量和品牌形象、生产效率和产业竞争力等方面，仍与世界制造强国存在差距。为了加快制造业升级，推进向制造强国的转变，中国在进入21世纪的第一个10年，从国家层面推出了战略规划，“智能制造”被定位为中国制造的主攻方向。

中国致力于确保制造企业能够立足国情，踏实完成信息化、数字化“补课”，并不断应用先进的智能制造技术，升级工厂，改善管理运营。目标是到2035年，使中国制造企业能力达到世界制造强国阵营的中等水平；到新中国成立100年时，建成全球领先的技术体系和产业体系，综合实力进入世界制造强国前列。

11.2 制造企业数字化转型

11.2.1 基本概念

数据（data）

根据《中华人民共和国数据安全法》中的定义，数据是指任何以电子或其他方式对信息的记录。狭义上，数据就是数值，是我们通过观察、实验或计算得出的结果。广义上，数据是对客观事物的性质、状态及相互关系等进行记载的物理符号或这些物理符号的组合。具有一定意义的文字、字母、数字符号的组合，图形、图像、视频、音频等，以及客观事物的属性、数量、位置及其相互关系的抽象表示都是数据，如“0, 1, 2, …”“阴、雨、下降、气温”“生产工艺参数记录”“货物的运输情况”等。在大数据时代，数据是基于二进制编码的、按预先设置的规则汇聚的现象记录。数据经过加工后就可成为信息，是信息的表现形式。

大数据（big data）

大数据是为决策问题提供服务的大数据集、大数据技术和大数据应用的总称。大数据集是指一个决策问题所用到的所有可能的数据，具有数据容量大（数据量大）、处理速度快（收集、获取、生成和处理数据的速度快）、价值密度低、类型多样（如音频、视频、图像数据等）的特性。其中，速度快是一个重要特性，因为数据不是静态的，而是实时流动的，即数据流的概念。实时分析是大数据的价值所在。大数据技术是指大数据资源获取、存储管理、挖掘分析、可视展现等方面的技术。大数据应用是指用大数据集和大数据技术来支持决策活动。

数据要素（data element）

根据中国信息通信研究院《数据要素白皮书（2022年）》中的定义，数据要素是面向数字经济，在讨论生产力与生产关系的语境中对“数据”的指代，是对数据促进生产价值的强调。数据要素是根据特定生产需求汇聚、整理、加工而成的计算机数据及其衍生形态，投入生产的原始数据集、标准化数据集、各类数据产品及以数据为基础产生的系统、信息和知识均可纳入数据要素的讨论范畴。随着数字技术的更广泛应用，数字经济与实体经济深度融合，一切皆可数据化。数据已成为继土地、劳动、资本、技术、知识、管理之后的新生产要素。

数字技术（digital technology）

数字技术是指利用现代计算机技术，把各种信息资源的传统形式转换成计算机能够识别的二进制编码的技术。在数字经济时代，数字技术通常泛指与数字化转型相关的技术，如大数据、云计算、数字孪生、人工智能、物联网、区块链和 5G 网络技术等。

数字化（digitalization）

数字化是指将物理实体以二进制数字的方式标识，表达和传输复杂信息，对所有实物、事件和属性及其相互关系进行量化，使其可见、可存储、可识别、可处理和可传输，并可进一步分析和应用。在制造业中，数字技术的应用广泛，包括产品和工艺的数字化，生产设备的数字化，材料、元器件、被加工零件、模具等“物”的数字化及人的数字化。

企业数字化转型（digital transformation）

企业数字化转型是指利用新一代数字技术和通信手段，建立信息物理系统（CPS）来驱动企业的业务再造，改变企业创造价值的方式，实现企业的商业模式创新和商业生态系统重构。

数字化制造（digital manufacturing）

数字化制造是指数字技术在各个制造环节应用的过程，是制造技术、计算机技术、互联网技术与管理科学实践的交叉、融合、发展与应用的结果。数字化制造包括数字化研发 / 设计 / 工艺、数字化设备、数字化生产 / 加工 / 装配、数字化管理运营和数字化服务等，如图 11.2 所示。发展数字化制造是提高制造业生产效率的重要手段，以数据要素为依托，把数据转化为信息，把信息转化为知识，把知识转化为决策，帮助制造企业全方位利用资源和要素，优化企业的产品和工艺设计、原材料供应、产品制造、市场营销与售后服务等主要价值链环节，提升资源配置效率。数字化制造经历了 HCPS 1.0 和 HCPS 1.5 两个阶段。逐步从数字化制造过渡到数字化网络化制造，实现从生产设备自动化到数据流动自动化，是国内大多数制造企业当前数字化转型的主要任务。

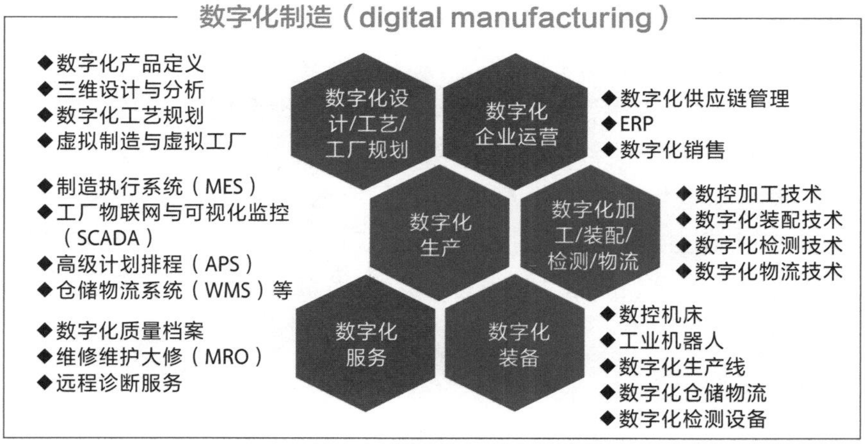

图 11.2　数字化制造

数字化与信息化存在区别。信息化是指利用 IT 技术将“流程”信息化，通过实施流程驱动的信息化软件系统，使企业业务切换到线上，改变传统业务信息线下纸档记录、传递和审批，以及原始数据保存的方式，并在一定程度上实现知识的积累和传递。在这一阶段，企业内部端到端的业务流程并没有完全打通，信息以部分数据化和电子文档的方式保存，未实现整体集成，存在大量“信息孤岛”。

而数字化是信息化技术发展的延续，主要是指“业务”的数字化。工业互联网完全将人、物理世界和数字世界连接起来，在信息化的基础上，采用人工智能、大数据、云计算等技术，对机械化生产和流水线生产等传统生产制造模式进行优化升级，提升企业对数据的处理能力，提高产出和效率，提升质量和服务，提高客户满意度，实现降本增效的目的。数字化转型的主要模式有基于 IT 架构升级的适应型转型、基于数据驱动的原发型转型和齐头并进的瀑布型转型。本质上，数字化转型是为了在数据和算法定义的世界中，通过数据的自动流动化解复杂的不确定性，优化资源配置效率，构建新的竞争优势。

数字化与智能化也存在区别。数字化处理的对象是数据，智能化处理的对象是知识。数字化制造过程中信息处理是核心，智能化制造过程中智能学习和推理判断是核心。数字化建模方法是经典数学方法，智能化建模方法是智能计算方法。数字化制造系统在环境异常或使用错误时无法正常工作，智能制造系统则具有容错能力。数字化系统的性能在使用中不断退化，智能化系统的性能通过自学习在使用中不断优化。

例如，在 PCB 制造的钻孔工序，常规的数控钻机按照 CAM 设计的钻孔文件，遵循钻孔参数、叠板要求和钻头使用次数等工艺规范进行加工。当加工过程中出现设备振动、主轴发热等问题时，机床自身无法调整应对。而智能化钻机可以随时监控设备的各种异常信息，并根据问题的严重程度调整参数设置、干预加工过程，以保护生产板件、保证加工质量。目前实际应用于 PCB 生产的钻孔设备还没有达到智能化制造的水平。

11.2.2　制造企业数字化转型的支撑——信息物理系统（CPS）

信息物理系统（CPS）是数字化转型的技术支撑，基于数据自动流动的状态感知、实时分析、科学决策和精准执行的 CPS 闭环赋能体系，由硬件（感知和自动控制硬件）、软件（工业软件）、网络（工业网络）、平台（数字化云平台）组成。

▌智能硬件——使隐性数据显性化

传统的制造过程中，人、设备、物料和环境等信息以设备日志和纸质生产记录的方式隐性存在，只能用于事后的根因追溯和分析控制，基本无法用于实时监控、实时分析和实时决策。数字化网络化生产设备则通过芯片、PLC、运动控制器、远程终端、网关单元、RFID、条形码扫描器、传感器、机器视觉和智能终端等，持续采集制造过程中的数据信息。这些数据的获取可看作人类利用器官来感知世界，是数据流的起点。数据经过汇聚、清洗、融合和分析加工后，形成知识和决策的基础，成为制造过程精准执行的依据，用于实时监控和操作设备的运行。智能化硬件设备还可将专家的知识和经验融入感知、决策和执行等制造活动，赋予产品制造在线学习和知识进化的能力。

▌工业软件——使隐性知识显性化

工业软件是专用于工业领域的软件，本质是工业生产运行规律的代码化，是工业和商业 CPS 功能的载体。工业软件中沉淀了人在产品研发设计、生产运营、服务和维护活动中获得的经验、知识和才智，是指导和控制制造过程高效、有序运转的工具。同时，工业软件也是企业管理理论、经验和管理思想的表达、显现和固化，是管理规律的代码化。贯穿制造全过程、全产品生命周期、全产业链的集成软件系统与数据主线叠加，就实现了数据的自由流动。对于制造企业，设计、开发和实施工业软件的过程统称为信息化。

制造企业常用的工业软件有很多种，例如：企业资源管理系统（ERP），主要用于促进所有业务职能之间的信息流动，并管理与外部利益相关者的联系；产品全生命周期管理系统（PLM），包括各类 CAX 软件，如 CAD、CAM、CAE、CAPP 等，是 CPS 信息虚体（二维、三维、生产工艺）的载体；生产制造执行系统（MES），是用于生产制造、跟踪和记录原材料到成品的转换的计算机化系统，其提供的信息有助于制造决策者了解如何优化工厂现有条件以提高产量；数据采集与监视控制（SCADA）系统，是用来收集、分析和显示实时数据的计算机系统，有时可控制后台设备，如果现场发生危险情况，SCADA 会自动发出警报通知。此外，还有人力资源管理系统（HCM）、客户关系管理系统（CRM）、供应商管理系统（SRM）等。

工业网络（IIOT）

工业物联网（IIOT）不属于“因特网”类全球信息基础设施，而是工业用途的“物品因特网”，由工厂物联网和产品运维物联网组成。通过工业现场总线、工业以太网、工业无线网络和异构网络集成技术，实现人、机器、产品、物料、控制系统和应用软件之间的互联互通，并在其间传输数据。工业网络（智能感知装置 + 工业数据总线）用于支撑多源异构数据的采集交换、集成处理、建模分析，实现设备状态感知反馈执行，是数据流动的通道，是数字化智能化制造的基础设施。

当前，IIOT 的演进正从物 – 物连接向泛在感知、认知计算、预测分析方向发展，赋能作用明显，呈现扁平化、无线化和灵活组网的发展趋势。

工业网络在线连接工业控制系统，构成端到端的、与人连接的系统，并与企业系统、商业过程以及分析方案集成。工业网络可分为工厂内网和工厂外网。工厂内网是位于工厂内部或限定区域的生产网络，连接人、机、料、法、环与企业数据中心、应用服务器等，支撑工厂的服务和应用。工厂内网包括操作技术（OT）网络和信息技术（IT）网络，OT 网络又可分为现场级和车间级，IT 网络属于企业级。工厂外网是工厂外部的网络，用于连接工厂、企业分支、供应链企业、公有工业云数据中心、智能产品和用户等。IIOT 关键技术有自动识别感知技术、定位技术、网络通信技术和应用技术。通过条形码、二维码、RFID、机器视觉和生物识别等自动获取被识别物体的信息，通过 GPS、WSN、RFID 和 UWB 等获取被识别物体的位置信息，提供给后台的计算机处理系统。基于串口、网口、OPC、传感器、软件集成和 MTConnect 的设备集成技术，以及提供的标准数据访问机制，可解决过程控制系统与其数据源的数据交换问题，使各个应用之间可进行透明的数据访问——通过 Wi-Fi、蓝牙、4G、5G、ZigBee、NB-IoT、LoRa 等通信技术完成数据信息处理和传递。

工业互联网平台

从技术视角看，工业互联网平台是融合信息化制造、云计算、物联网技术的云制造服务平台，沿着“IoT → IIoT → IIoT 平台”的技术路径发展。根据《工业互联网平台白皮书（2017）》的定义，工业互联网平台架构由 IaaS、PaaS、SaaS 和边缘层构成。其中，IaaS 层包括服务器、存储、网络、虚拟资源等技术基础通用模块，用于支撑云计算，为客户提供云计算基础设施服务；PaaS 层是核心，包括通用 PaaS、工业数据管理、工业数字工具、数据建模分析服务、机理建模分析服务、数字孪生、工业知识服务、工业应用开发环境、人机交互支持 9 个部分；SaaS 层为用户企业在生产、设计、管理、服务等方面提供 App 应用软件，并根据用户企业特定场景提供个性化解决方案；边缘层可分为工业设备接入、信息系统接入、协议解析、数据预处理、边缘应用部署与管理、边缘智能分析 6 个部分。

CPS 可分为单元级、系统级、SoS 级（企业级）3 个层次。

· 单元级 CPS 是具有不可分割性的最小信息物理系统单元，由物理设备和设备信息外壳组成。设备通过传感器等感知外部信号，接收外部控制指令并对物理设备进行控制。信息外壳具有感知、计算、控制与通信功能，是设备与信息世界通信的接口和桥梁，实现物理设备的数字化。
· 系统级 CPS 由多个单元级 CPS 通过工业网络集成而成，实现数据的大范围、宽领域自动流动，多个单元级 CPS 间的协同调配，进而提高制造资源配置的优化广度、深度和精度。
· 企业级 CPS 是由多个系统级 CPS 组成的数据服务平台，通过数据储存、汇集融合、分布式计算和大数据分析，对内进行资产优化，对外形成运营优化服务。

11.2.3 制造企业数字化转型的作用机理

数据作为关键生产要素是企业数字化转型的标志。数据不仅具有低生产成本、大规模可得等关键要素的基本特性，还具有劳动、资本、土地等传统有形要素所不具备的非竞争性、部分排他性、低成本复制、外部性和即时性等诸多技术－经济特征（蔡跃洲，2021）。从运行机制看，数据的虚拟替代性、多元共享性、跨界融合性、智能即时性作用于企业模式创新机制、产业融合关联创造机制、智能决策实现机制。数据要素运行机制形成的过程，既是数据形态从“数据资源—数据资产（产品）—数据商品—数据资本”的演进过程，也是价值形态从“潜在价值—价值创造—价值实现—价值增值（倍增）”的演进过程（李海舰，2021）。企业将数据要素和数字技术引入生产函数，与其他生产要素和生产条件进行新的组合，通过要素替代效应、技术渗透效应和融合效应，引发企业发展的动力变革、效率变革和组织变革，从而促进企业向高质量发展，如图 11.3 所示。

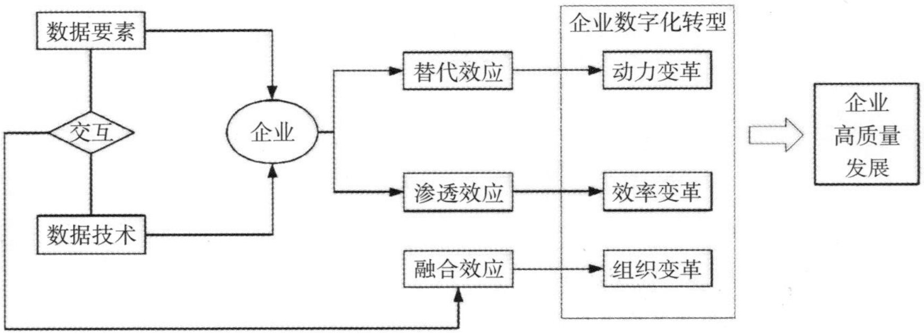

图 11.3　企业数字化转型的概念框架（王小林，2022）

替代效应

由于数据可以以近乎为零的边际成本被生产和复制，且数字产品可以多次使用，其质量和功能不会降低，因此，数据产品的价格会不断下降。与之相反的是，企业投入的设备、土地和劳动力等要素的价格却在不断上涨，规模扩大使企业内控管理成本增加。企业投资数字技术和数据产品来替代其他要素的投入变得更加经济。当前大规模的“以机器换人”现象，就是这种替代效应的实际体现。数据要素替代其他要素，在“物理”层面改变传统生产要素，极大地增强了企业的价值创造潜力和能力。例如，新一代数字化、智能化机器人设备可以连续不停地工作，不仅节约了劳动力成本，而且大大提高了生产效率。同时，数字技术在提高劳动力技能的同时，要求融入更多高质量知识资本和人力资本，不断优化企业的人力资源结构，使企业获得直接的技术转移和技术再提升的能力，引发企业技术持续进步。另外，数据要素替代其他要素还可以优化企业管理，实现基于数据的决策，促使企业变革管理方式，从而提升管理的质量和效益。

渗透效应

先进的数字技术渗透到企业的生产流程和管理流程，会激发传统生产要素在价值链各环节的协同作用，提升生产和管理的效率。例如，在研发环节，数字孪生技术和仿真技术的应用可以使企业以较低的成本测试新产品的技术性能，并获得其整个生命周期内关键特性的变化信息，从而提升对新产品的分析、预测和干预能力，提高新产品的良率和性能。

在生产制造环节，企业可以通过大数据算法对数据进行分析和挖掘，获得更精准的作业决策。此外，数字化智能化工厂中传感器、实时感知、云计算、人工智能、VR/AR 等技术的应用，使企业对物料供应、计划排程、生产进度监控、质量控制、产品储运、物流动态等全过程的指挥和监控更加及时和有效。两者结合，能够显著提高生产效率、产品质量和产品交付水平。这是一个不断自我学习和优化的过程，甚至可以重构原有的生产流程，降低生产成本，从而使企业获得更高的利润回报。

在管理环节，数据要素渗透到企业采购、生产、质量、财务、销售等各个环节的管理活动中。物联网技术使数据的交互更加顺畅和快速，企业内部的重要活动变得透明，信息不对称的影响减弱，组织沟通、监控和管理的成本降低。大数据和云计算技术改变了各级管理者依靠经验决策的习惯，管理问题快速识别的能力得以提高，资源最优配置的决策在执行部门更容易有效落地。人工智能技术通过模拟人脑思维、机器学习和深度学习，打破人的认知局限，辅助或替代人完成管理工作，使组织结构“去中间管理化”，更加扁平。

数字技术对其他生产要素的渗透，更像是在“化学”层面更新和提高全要素生产率，从而提升企业的竞争力。

融合效应

“融合”是指基于数字技术与实时、强流动性数据交互作用的各行业和产业的跨界连接与创新，这使得数字化转型的经济价值不再局限于单个企业。企业数字化转型不仅整合内部数据资源，还打破企业之间的数据孤岛，从而在数字化平台实现产业链的资源整合。通过数字化平台，企业可以使供应链上下游的认证和潜在供应商的产品、价格、质量、技术水平、声誉等信息变得透明和可比，有效降低交易成本。

通过数字化平台的整合，企业的规模边界和能力边界变得不确定，跨界融合的发展将促进新产品、新模式、新业态的出现，推动制造业向服务化转型。数字化转型不仅拓展了企业的经营范围和盈利空间，还促进了传统制造业的转型升级。

11.2.4 制造企业数字化转型评价

制造企业数字化转型主要有三个方向：重塑客户体验、数字化运营和颠覆性创新。其推动力在于简化业务流程，去除微服务的中心，减少物质消耗（如纸张），实现过程透明化和可视化，从而最大限度地帮助客户、生产者和管理者。数字化转型的核心目的是提高生产力。

数据是数字化转型的关键驱动要素。不同成熟度的组织在数据的获取、开发和利用方面，呈现出以下趋势和特征：从局部到全局，从内部到外部，从浅层到深层，从封闭到开放。

制造企业数字化转型可以参考 GB/T 39116-2020《智能制造能力成熟度模型》和 GB/T 39117-2020《智能制造能力成熟度评估方法》进行符合性评估，即 CMMM 评估。标准提出了智能制造成熟度的5个等级、4个要素、20个能力子域及1套评估方法，帮助制造企业基于现状合理制定目标，并有规划、分步骤地实施智能制造工程。此外，中信联标准T/AIITRE 10004–2021《数字化转型成熟度模型》将数字化转型按发展阶段分为规范级、场景级、领域级、平台级和生态级5个等级，如图11.4所示。

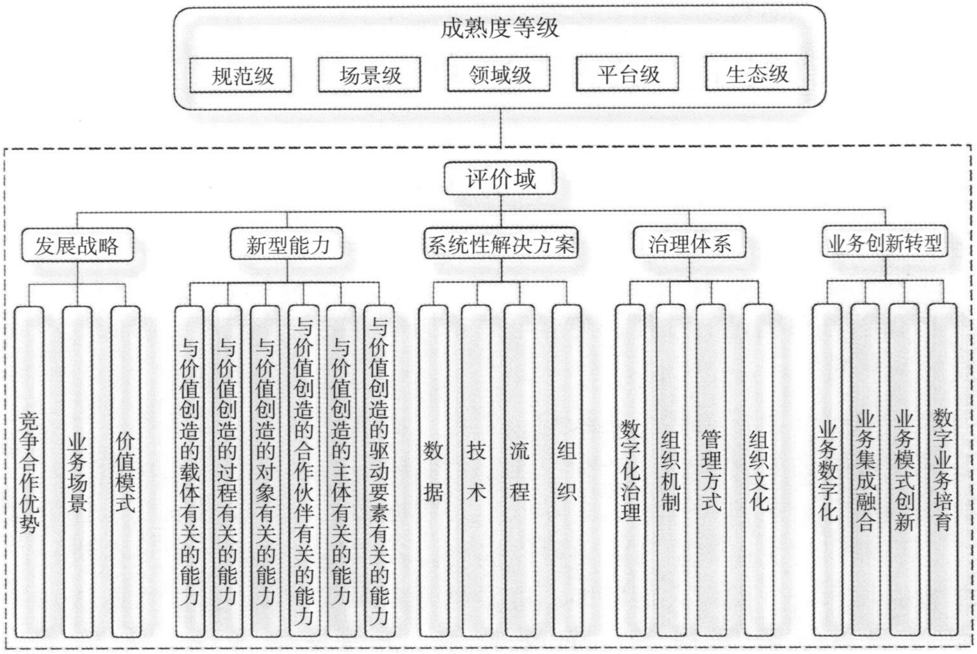

图11.4　数字化成熟度模型

规范级

（1）开展数字技术应用，提升相关业务活动的运行规范性。

（2）获取、开发和应用数据，支持和优化主营业务范围内的生产经营管理活动，但尚未有效建成支持主营业务范围内关键业务数字化、柔性化运行的新型能力，尚未实现基于数字化的业务创新。

场景级

（1）在主营业务范围内关键业务场景应用数字技术，提升业务活动的运行柔性和效率。

（2）实现主营业务范围内关键业务场景数据的获取、开发和应用，发挥数据作为信息媒介的作用，实现场景级信息对称，提升关键业务场景的资源动态配置效率和水平。

（3）有条件地组织数字技术、专业领域技术等各类技术融合应用，形成专业技能，以技术使能关键业务活动数字化、场景化和柔性化，打造关键业务数字场景。

领域级

（1）在主营业务领域，通过企业级数字化和传感网级网络化，以知识为驱动，实现主要业务活动、关键业务流程、生产设备设施、IT软硬件和相关人员等要素之间的动态、全局优化。

（2）实现主营业务范围内关键业务场景数据的获取、开发和应用，充分发挥数据作为信息媒介的作用，实现跨部门、跨业务环节的领域级信息对称，提升主营业务活动的集成融合和动态协调联动水平，提高主营业务领域内资源的全局优化配置效率。

（3）有条件地组织探索数据作为价值媒介和创新媒介的作用，开展基于数据的价值在线交换，推进基于数据建模的业务知识数字化、模型化、模块化和平台化，以知识为驱动，提升主营业务活动的柔性协同和一体化运行水平，打造数字企业。

平台级

（1）在企业内部及企业间，通过平台级数字化和产业互联网级网络化，推动企业内全要素、全过程及企业间主要业务流程的互联互通和动态优化，实现以数据驱动的业务模式创新。

（2）实现企业内部及企业间数据的获取、开发和应用，发挥数据作为信息媒介和价值媒介的作用，促进企业内外的信息对称，并基于数据实现价值网络化在线交换，提升组织的价值网络创造能力，以及整个企业的资源动态配置和综合利用水平。

（3）有条件地组织探索数据作为创新媒介的作用，利用数据科学重新定义并封装生产机理，构建基于数据模型的网络化知识共享和技能赋能，提高企业的创新能力和资源开发潜能，打造平台型组织。

生态级

（1）在生态范围内，通过生态级数字化和泛在物联网级网络化，推动与生态合作伙伴间资源、业务、能力等要素的开放共享和协同合作，共同培育智能驱动型的数字新业务。

（2）基于生态圈数据的智能获取、开发和应用，发挥数据作为信息媒介和价值媒介的作用，实现生态圈信息对称，并基于数据实现价值智能化在线共创和共享，提升生态圈资源的综合开发水平。

（3）发挥数据作为创新媒介的作用，利用数据科学重新定义并封装生产机理，实现基于数据模型的生态圈知识共享和技能赋能，提升生态圈的开放合作与协同创新能力，提高生态圈资源的综合开发潜能，打造生态组织。

11.3　PCB 质量管理系统（QMS）建设的基本框架

如前所述，信息化是数字化转型的基础。质量管理系统（QMS）是质量管理过程的载体，而质量管理系统建设是将隐性质量管理知识显性化的过程。QMS 是组织内部专注于质量管理，将质量相关活动作为核心的信息化系统。它通常包括一系列文件、程序和流程，用于规范和指导组织内部的质量管理活动实施，以确保质量一致性、可追溯性和持续改进，确保产品或服务符合质量标准和客户要求。

11.3.1　质量管理系统建设的作用

质量管理系统的建设和实施，有助于 PCB 企业实现以下目标。

- 集团化、多厂区一体化质量管理，管理过程透明化。
- 建立流程化、标准化的质量管理体系，能够在全公司范围内实现基于质量标准的作业管控体系。
- 通过统一编码建立质量正向和逆向全流程追溯，实现质量信息的全面共享。
- 基于现场质量数据实时反馈和分析，动态地提供生产过程控制建议，主动处理质量问题，实现生产过程质量实时监控。

· 完善结构化的客户要求，满足生产管理及质量管理的真实需要，提升质量管理效率。
· 推动质量作业无纸化，提升生产和检验作业的效率，节省生产成本。

QMS 的建设和实施，有助于 PCB 企业的领导实时、全面地了解公司质量管理运行状况，获取生产单位的质量数据信息，设定适宜的组织绩效目标，监督业务运营质量状况；有助于企业管理者审核和审批质量相关的客户报告及内部改进项目报告，通过质量商业智能（BI）数据，对企业经营活动做出准确决策。

QMS 的建设和实施，有助于 PCB 企业质量人员高效、准确地完成质量策划、质量控制、质量检验、质量改进等工作；及时响应质量反馈，包括外部客户投诉和服务要求、供应商物料质量问题、制造过程中的不合格品、质量体系审计等，快速行动，确保内外部客户满意；实时在线监控、管理和记录生产制造过程，提前发现潜在问题，确保产品能够在公差范围内制造、符合所有适用标准且无缺陷；高效制定和发布各类标准和规范制度，实现文件存档、变更控制和验证服务的数字化管理，确保质量体系适宜、充分和有效；通过集成的产品质量先期策划（APQP）模块、统计过程控制（SPC）模块和缺陷库、知识库，经济高效地开展质量工作，提升质量部门自身的组织能力，并通过培训和教育企业员工，提升 PCB 企业各级组织的质量能力。

质量管理系统的界面设计应标准化，易于操作和交互，易于导航，注重用户体验，以提高用户的工作效率和满意度。质量管理系统应具备良好的可集成性和可扩展性，在基础数据层面，应可接入尺寸、物理、化学等多种智能硬件，能够与工厂各种信息系统（如 ERP、OA、PLM、MES、SRM、CRM、HR 系统等）进行数据对接，预留接口可满足后续平台集成业务扩展需求。

11.3.2　质量信息化系统基本功能模块

一般来说，PCB 企业级信息化应用系统架构如图 11.5 所示。相对于企业层的业务系统重点关注资源管理（如资金流、人才流、审批流等），执行层的制造执行系统（MES）和质量管理系统则侧重于产品业务管理。质量管理系统适用于全公司范围内的质量活动事务处理。

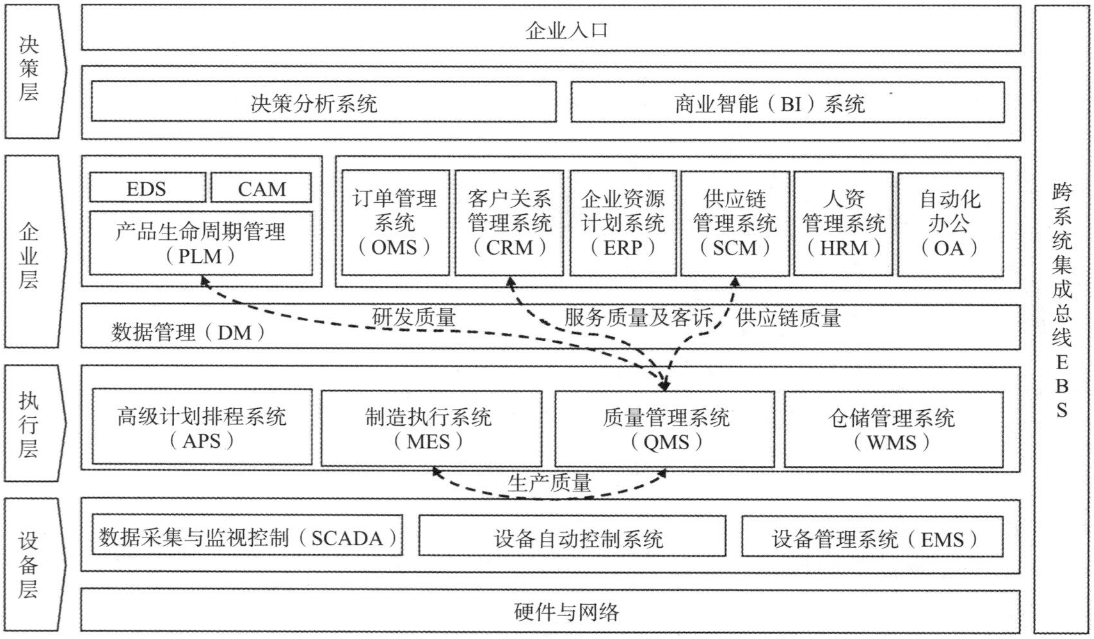

图 11.5　PCB 企业信息化应用系统架构

质量管理系统的具体业务功能模块可以根据组织的需求和特点进行定制，通常包括软件系统管理、产品实现过程质量管理和综合质量管理三个主要部分。软件系统管理部分包含权限设置和数据管理，各类标准库、缺陷库和检验特性库的基础资料管理，运行日志管理等功能模块，质量管理部分则包含来料检验、过程检验、最终检验、出货检验、不合格品管理、客户投诉、纠正预防、实验室检验、评审管理、量具管理、质量追溯、质量成本等主要核心子模块，见表 11.1。

表 11.1　质量管理系统功能汇总

序号	制造价值链	质量功能模块	质量功能子模块	功能描述	流程规范
1	设计和工艺	质量策划	APQP	DFMEA/PFMEA/MSA/CP/ 稽查单 / 过程流程图	《PFMEA 实施管理规范》《MSA 工作规范》《PPAP 运作规范》《产品质量控制流程图》
2		质量检验	工程资料检验	对客户文件转换、产品资料制作、MI 编写、钻铣 / 测试 / 底片等生产资料的制作过程进行检查	《产品资料标准化检查规范》《客户文件转换步骤及检查规范》《工程 QAE 检查作业指导书》
3	采　购	质量检验	来料检验	物料检验管理：检验任务分配、抽样方案、合单 / 拆单、检验进度升级、PP/PPK 分析等	《物料不合格处理规范》《IQC 物料检验工作规范》
4	制　造	质量控制	不合格品管理	不合格产品、物料录入设置，不合格标识、处理方式，不合格品登记、报表，明确特采、报废、挑选、返工返修的处置	《生产工序停线指引》《返工返修处理规范》《MRB 执行规范》《在制不合格处理流程说明》
5		质量控制	SPC	建立 SPC 项目，录入数据并绘制计量型、计数型控制图，不合格判异	《统计过程控制执行规范》
6		质量控制	计量器具管理	测量设备 / 器具台账管理，器具检定计划、校准记录、验收管理	《计量器具、设备管理规范》《计量器具、设备校准方法》《能源计量器具管理规范》《计量检测仪器操作规范》
7		质量控制	生产过程质量稽核	建立日常稽查计划，承接质量改进、客诉、CAPA 等改善措施稽核任务，不合格审理	《日常稽查工作规范》《变更管理程序》
8		质量检验	过程检验	生产过程产品检验管理：检验任务分配，合单 / 拆单，检验进度升级等，完成首检、自检、互检、巡检、半成品检验、电性能测试、光学检测等，合格 / 不合格审理	《IPQC 作业规范》《检验工序作业规范》《异常板处理规范》《阻抗测试规范》《AOI 工序检测作业指导书》《电测工序检测作业指导书》《产品测试管理程序》
9		质量检验	最终检验	半成品 / 成品最终检验管理：检验任务分配，合单 / 拆单，检验进度升级等，检验数据录入、存储、报表分析，合格 / 不合格审理	《终检作业规范》《FQA 检验工序作业规范》《企业产品标准》
10		质量检验	出货检验	产品出货前检验管理：检验任务分配，抽样方案，合单 / 拆单，检验进度升级等，检验数据录入、存储、分析，合格 / 不合格审理	《OQC 作业规范》《检验工序作业规范》
11		质量检验	实验室	周期性试验 / 检验、微切片、可靠性测试等，按固定数量或固定时间间隔完成试验任务	《半成品切片作业规范》《产品出货报告制作规范》《实验室工作流程说明》《物理测试技术手册》
12		质量改进	CAPA	不合格品、投诉、管理评审、客户审核的整改项建立标识，新建、编辑、删除 CAR/CAPA，任务分配及跟进，整改状态、CAR/CAPA 分布、CAR/CAPA 整改完成时间、整改完成率及其他分析	《质量改进会议实施指引》
13		质量改进	精益六西格玛	设置项目、项目计划、项目进度、项目报告及审批	《持续改进程序》
14	质量体系	质量体系	文档管控	文档的存储、编辑、版本控制，审批流程和更新发放，访问权限管理	《文件编辑、评审管理规范》《生产现场受控文件管理规范》
15		质量体系	评审管理	对内外部质量管理体系评审进行评审设置，确定评审对象、评审条目、评审清单，制定评审计划，完成评审记录、评审发现、纠正改善等	《客户质量体系审核管理规范》《管理评审程序》
16	售后服务	质量服务	客户投诉	客户投诉登记、分析处理，根据设定路线进行问题升级审核审批，8D 整改报告完成及审批	《客户质量投诉处理流程说明》《质量投诉退货返工 / 补投流程说明》《客户满意度绩效指标监视规范》

续表 11.1

序号	制造价值链	质量功能模块	质量功能子模块	功能描述	流程规范
17	综合质量管理	质量目标	质量目标 / 绩效评估	质量目标设定，绩效跟踪	《质量目标管理流程说明》《质量目标及其实现的策划》
18		质量成本	费用类型 / 费用记录 / 分析	制定质量成本标准，质量成本记录、分析汇总和改进	《质量成本管理规范》
19		报表集成	可视化	质量数据汇总、分析报表展示，如柏拉图、箱线图、供应商合格率对比及趋势图等	《质量信息管理程序》
20		质量追溯		建立各类质量履历，根据物料号、工单号（采购单 / 生产工单 / 发货单等）、批次号等查询所有关联的质量事件	《产品标识与批次追溯性管理》《标识和可追溯性管理规范》
21		供方管理	物料不合格投诉 / 质量目标 / 质量绩效考评	供应商根据检验规则，在发货前进行质量检验；供应商物料不合格品处理；供应商绩效评审结果通知	《供方质量考评管理规范》《物料不合格处理流程说明》《物料变更管理流程说明》
22		客户要求	客规文档管理 / 客规结构化	客规分类、客规保存、客规结构化处理、客户要求结构化方式展示	《标准转化操作指引》《外来标准管理规范》《客户质量要求管理流程说明》
23	综合质量管理	风险管理		识别、评估和管理组织内部的质量风险，确定关键风险和控制措施	《生产风险控制规范》《供方风险管理流程说明》《风险与机遇控制程序》
24		质量培训	培训管理 / 质量知识管理	培训计划、考评，培训课件和考核试题管理	《知识管理程序》

APQP 模块

能够提供客户产品质量规划的业务流程并实施项目管理。APQP 通过集成产品生命周期管理（PLM）中的研发数据信息和变更信息，将新产品的过程流程图、失效模式与影响分析（FMEA）和控制计划关联到 APQP 项目，制定项目计划；将项目工作包分解分配给具体员工，并进行追踪。该模块可监控多个 APQP 项目的进度及完成情况，编制项目完成情况监控报表，并自动提醒。

能够将 PLM 中的产品结构信息导入 FMEA，独立完成设计失效模式与影响分析（DFMEA）。通过分析产品构成、过程和服务，找出潜在的失效模式，分析其可能的后果及根因，评估风险，整合和完善基于产品结构的 FMEA 知识库体系，并直接关联不合格和客户投诉处理流程。

能够将制定好的过程流程图导入 FMEA，摆脱传统 Excel 方式，自动分析产品在生产和设计中可能出现的失效并分析原因。为识别出的失效制定控制计划，并自动将控制计划转换为生产和检验作业指导书，生成符合 ISO 标准要求的文件格式。

来料检验模块

可电子化完成来料检测计划和检测订单管理，直接从控制计划获取来料检验要求信息，实现特性的同步变更。可自动记录来料检验和生产线上发现的物料不良，自动生成来料不合格反馈，进行 8D 处理，完成根因分析和改进措施跟进。可通过 MES 集成实现物料上线条形码扫描，建立追溯关系，只有合格物料才会被用于现场生产。可基于系统中的检验数据，按物料、按批次、按供应商筛选，生成月度或者周检验报告。

过程检验模块

过程检验模块可依据检验特性库建立检验计划，如组检验计划、特殊检验计划和产品检验计划。该模块能够自动生成检验工单，在现场完成生产过程参数和产品参数的采集。可以通过集成检测设备系统采集或手动导入产品参数，自动形成多种报告。

过程参数采集与 MES 集成，由 MES 发起产品检验工单，QMS 根据产品批次号将所需过程参数相关的检验项目发送给 MES。MES 将参数检测结果反馈给 QMS，QMS 根据检测计划中的公差要求判断是否合格，并告知 MES 是否可以进行下一工序。

该模块支持产品特性相关的抽检业务，可由工程师定义抽检规则，系统自动执行。根据 FMEA 失效模式对应的缺陷代码，进行检验量和不合格品的数据采集和汇总分析，生成质量报表。依据产品不合格管理规则，自动触发不合格处理流程。依据过程不合格管理规则，自动通知维修人员和质量工程师进行分析处理，快速纠正生产现场的问题。

出货检验模块

支持动态取样计划和抽样表格，自动根据出货检验批数量和质量决定抽检力度。可以直接根据控制计划获取出货检验指导书中的检验特性和检验计划，并能够确认变更点。在出货检验中发现不良时，可以标准化描述缺陷，系统触发不合格品处理流程。系统支持出货检验结果的储存，并按标准格式或客户要求格式自动生成出货报告；支持出货检验数据按时间周期分类统计，生成多维度的统计图表。

客诉处理模块

系统同步导入投诉产品和物料的基础数据信息，准确描述和定位缺陷，完成针对缺陷的快速围堵，并制定应急处置措施。系统可以自动识别复发的缺陷，并通过工作流程执行相应的处理措施。利用统一标准化的缺陷库和根因库，系统能够自动识别历史质量案例中的根因要素，电子化、结构化分析客诉问题的根因，并自动提供标准版或客户制定版 8D 报告。系统可以根据不同的客户报告格式，自动转换问题处理流程及最终提交的报告。系统还可整理改善和纠正措施，指定具体责任人和完成日期，并通过邮件提醒进度。客诉改进措施可传递至检验计划以指导检验执行，传递至体系文件管理模块，同步更新缺陷库、FMEA 等，形成质量管理的闭环控制。

质管体系管理模块

可依据预定的体系文件模板在系统中完成文件编辑、审批、指定对象发布、自动更新及存档，并管理阅读和下载权限，保留阅读记录。

可实现审核流程的嵌入，包括审核计划、审核制定、执行，以及在系统中进行审核活动的沟通和改善措施的跟进。可依据控制计划自动生成产品审核清单，支持导出控制计划中的工序、特性、规格等，作为产品审核的输入。支持以基础数据的形式建立标准（如 ISO 9000、IATF 16949、VDA 6.3 等）和客户要求的审核清单，重复调用，节省时间和人力。可设定升级机制和方案，按照设定的规则提醒措施执行人，提高人工跟进效率。可针对审核结果进行分析，提供标准的审核相关报表，对问题点分类、汇总，确认所有问题是否按时关闭并按责任部门统计。可根据客户的具体要求，制作客制化统计报表，列明措施完成情况。

质量管理系统各功能模块的关系如图 11.6 所示。通过建立涵盖整个产品生命周期端到端的质量管理能力，不仅将现有质量管理业务线上化，更重要的是运用先进的互联网技术、软件集成技术、大数据和云计算技术，结合质量知识和经验积累的缺陷库、标准库和质量特性库，自动化完成 APQP、SPC、客诉 8D 处理、质量报表统计分析、检测报告制作与提交、文件协同管理等过程。在日常质量问题分析和解决过程中，能够协助质量工程师快速进行质量数据信息追溯，自动文档资料调用和规则调用，实时数据同步，自动数据计算，大幅度提高质量人员的工作效率。

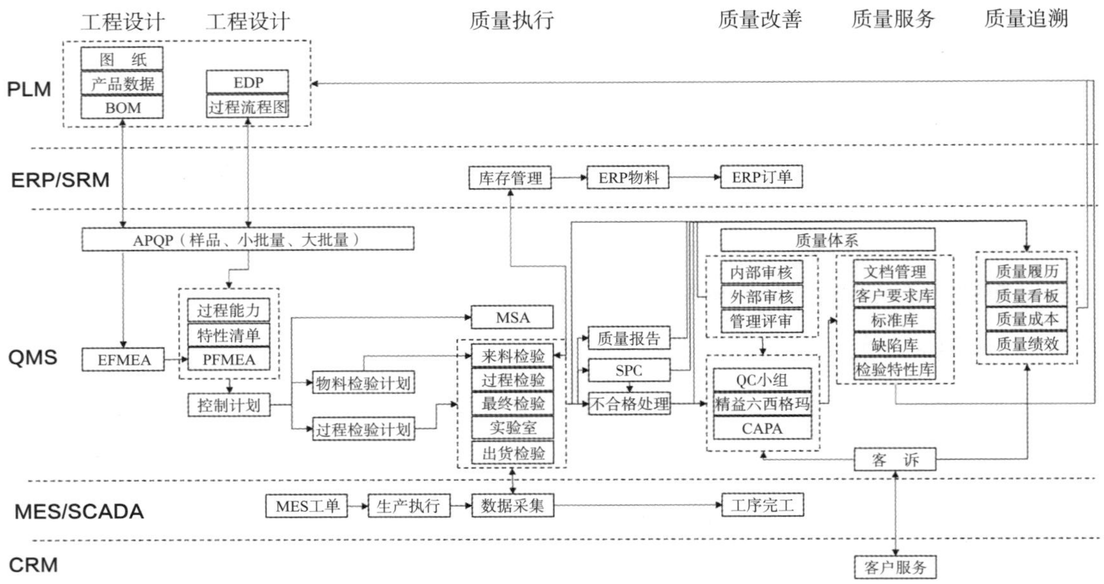

图 11.6　质量管理系统各功能模块的关系

11.3.3　质量数据实时采集及可追溯

QMS 的各业务模块能否高效发挥作用并满足及时、快速处理业务的要求，取决于其与 ERP、MES 等其他企业应用系统的高度集成，能否顺畅获取各类数据信息。应用软件集成的本质在于通过接口或中间件，对不同系统（软件、硬件或服务）中不同来源、不同格式和不同性质的结构化和非结构化数据进行整合和流通，实现数据共享和业务流程的协同工作，从而减少信息孤岛。数据的实时采集与标准化是实现这一目标的充分必要条件。

质量信息与数据标准化

在计算机技术中，数据与信息之间的逻辑关系可以理解为“数据是信息的表现形式，信息可以通过转换为数据而被计算机处理”，也可以理解为数据面对的是计算机，信息面对的是使用计算机的人。制造企业的人接触、传递和处理质量信息（表 11.2），涉及作业活动、管理活动和决策活动，影响作业质量、过程质量和产品质量等各个方面。质量产生和形成全过程的质量资料和质量文件，以及基本数据和原始记录，为支持工程师完成质量工作提供了判断依据。然而，部分以传统方式编制和记录的非规范格式的信息与数据并不能被计算机直接识别和反馈。因此，在建设信息化质量管理系统的过程中，要将这类信息转换为标准数据格式，以便计算机处理和应用。

表 11.2　质量信息的分类

类　别	内　容
产品质量信息	产品的企业、客户、国家和国际标准；产品的规格、结构信息，以及产品技术性能、可靠性、安全性、可维修性、耐用性等指标；产品的合格率、废品率、返修率等质量指标；产品缺陷和失效模式对策信息；产品设计图纸、各种技术文件、设计质量特性标准及更改信息；新产品试制、实验、检测、鉴定、小批及批量生产资料等与产品质量有关的信息；市场调查、销售服务及客户反馈的产品信息；外协外购产品的质量信息；产品质量成本信息；等等
过程质量信息	工序及工序质量管理资料；关键、特殊工序的能力分析及工序能力指数测定信息；工艺参数控制信息；测试手段及检验数据信息；生产物料的检验信息；检验控制图数据及过程不合格处置信息；理化分析、计量、测试、试验仪器 / 仪表鉴定信息；各类质量报告信息；工装、治具、设备、设施的使用和维修保养信息；等等
管理质量信息	企业的质量方针、质量计划和任务；企业的各项质量规章制度、岗位职责、经济责任制度；质量管理会议及质量改进活动信息；各种质量规范执行的监督检查信息；质量管理体系资料，质量保证体系运转的监督检查信息；新产品、新工艺开发计划；有关设计、工艺、检验、管理等工作的质量情况信息；供应商的质量相关信息；员工技能、员工培训教育计划及实施信息；质量成本与效益记录及分析信息；客户满意度信息；等等

质量信息对应的质量数据资源有质量业务数据、质量主数据和质量元数据。为利于后续数据资源的共享应用，质量主数据和质量元数据的名称、格式与取值范围要以公司为单位进行统一规范。

质量主数据编码和质量数据标准化是质量系统建设的主要任务之一。主数据是指企业中需要跨系统、跨部门共享的核心业务数据，如客户、供应商、账户、组织单位及物料等数据。相对于业务数据，主数据要在整个企业范围内保持一致、完整和可控，准确度要求更高，要能唯一识别。符合主数据概念的对象，一类是质量组织单位，另一类是产品缺陷及异常原因。缺陷数据记录了产品生产、销售和使用过程中存在的问题，是一种跨系统、跨单位的企业级基础数据。PCB 产品缺陷的标准化命名方式可参考相关的质量标准制定，如参照 IPC-T-50 等国际标准中产品名词术语的基本定义与格式。而常用的 PCB 产品缺陷编码方式，按产品类型（只有一种产品时可省略）、缺陷属性、板面位置和缺陷，可选择三层编码或四层编码，编码规则如图 11.7 所示。缺陷代码由 4 ～ 8 位数字和字母组成。

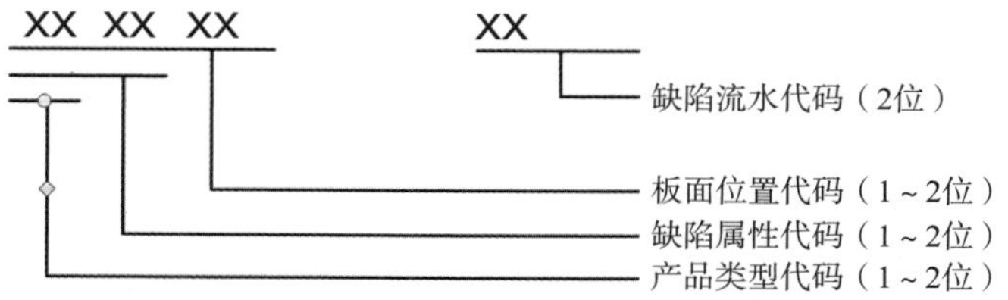

图 11.7　PCB 产品缺陷编码规则

- 产品类型代码用英文缩写表示，如“R”代表刚性板、“F”代表挠性板、“I”代表 IC 载板等。
- 缺陷属性代码用英文缩写表示，如“Ap”代表外观类缺陷、“Fu”代表功能性缺陷、“Re”代表可靠性缺陷、“En”代表环保类缺陷等。
- 板面位置代码用拉丁字母 A、B、C 等表示。
- 缺陷流水码由阿拉伯数字 1、2、3 等表示。

对产品缺陷进行结构化编码，引入产品位置信息、缺陷属性信息和产品类型（结构）信息，建立一套统一的、标准化的缺陷编码，有助于质量管理系统（QMS）采集、存储和推送产品不良信息。进行质量问题分析，这种编码方式有利于质量工程师快速定位产品缺陷，准确调用适用的纠正预防措施，快速解决现场和客户问题。以 IC 载板为例，板面位置代码见表 11.3，缺陷流水码见表 11.4，缺陷编码见表 11.5。

表 11.3　板面位置代码

A	阻焊区	B	阻焊下金属区	C	键合区	D/H	焊　盘
E	其他镀金区	G	机械区（定位孔、工具孔、槽等）	F	微孔和焊环	I	贴晶片区

表 11.4　缺陷流水码

00	刮　伤	01	凹陷 / 凹点	02	凸　点	03	空洞 / 缺口	04	裂痕 / 气泡 / 剥离
05	异　物	06	污染 / 异色	07	尺寸 / 偏移	08	漏　镀	09	已记录缺陷

元数据是描述数据相关信息的，如对客户、供应商、账户及组织单位等数据的定义。而主数据是实例数据。质量元数据是描述质量数据各种属性的信息，可用于确认和检索所需要的质量资源，用于对数据单元进行详细、全面的著录描述，支持对资源利用和管理过程的政策与控制机制的描述，支持对资源进行长期保存等。

表 11.5　缺陷编码（部分）

编　码	阻焊区	编　码	阻焊下金属区	编　码	键合区	编　码	焊　盘	编　码	其他镀金区
IApA00	刮　伤	/	/	IApC00	刮　伤	IApD/H00	刮　伤	IApE00	刮　伤
IApA01	凹　陷	/	/	IApC01	金　凹	IApD/H01	金　凹	IApE01	金　凹
IApA02	突　出	IApB02	突　出	IApC02	金凸 / 突出	IApD/H02	金凸 / 突出	IApE02	金凸 / 突出
IApA03	缺口 / 空洞	IApB03	缺口 / 针孔	IApC03	缺口 / 针孔	IApD/H03	缺口 / 针孔	IApE03	缺口 / 针孔
IApA04	裂痕 / 气泡 / 剥离	/	/	IApC04	金手指剥离	/	/	/	/
IApA05	异　物	IApB05	异　物	IApC05	异　物	IApD/H05	异　物	IApE05	异　物
IApA06	污染 / 异色	/	/	IApC06	污染 / 异色	IApD/H06	污染 / 异色	IApE06	污染 / 异色
IApA07	偏　移	/	/	IFuC07	线宽 / 间距不足	IApD/H07	显影不良	IApE07	显影不良
……	……	……	……	……	……	……	……	……	……

设备特性数据实时采集

PCB 质量管理数据涉及制造设备、在制品、生产资料、生产物料、生产环境和生产员工等多个方面，既包括结构化数据，也包括半结构化数据和非结构化数据；既有实时数据，也有关系型数据；除了数值型数据，还有文本、音视频和位置等多种类型的数据。这些数据主要来自企业的管理系统和生产系统，其中一部分是设备特性数据，另一部分是产品特性数据。工程设计、ERP、MES、PLM、HRM 等企业应用层管理系统可提供产品订单、生产计划、客户要求、产品 MI、产品图纸、工具资料、参数配方和人员信息等数据，而生产系统的数据则要从生产现场的设备、各类传感器、外部装置和产品本身采集。

从生产系统的生产设备、仪表和测量装置实时采集特性数据，需要具备电气信号输出和数据通信接口开放等条件，见表 11.6。无法满足这些条件的设备、仪表和测量装置要进行改造，使其能够支持工业以太网通信，在工厂层面构建统一的工业以太网，再通过统一的数据接口（如 OPC UA、Modbus TCP、Web Service 等）实现数据的实时采集，如图 11.8 所示。对于检测设备和数控加工设备，需要采集检测结果、加工记录等关系型数据，一般通过开发客制化接口程序来实现。

表 11.6　设备数据采集和展示

设备、仪表、测量装置	数据类型	情　况	数据采集装置 / 方式	数据存储 / 展示平台
沉铜线、电镀线、棕化线、DES 线、沉金线、贴膜机、收放板机等	实时数据	主控系统为低端 PLC，没有工业以太网通信接口，不支持网络通信	增加通信接口转换	SCADA、实时数据库
压力仪表、变频器、电流表、pH 计、流量计、水表、电表、温控器、定时器、温湿度计、纯机械设备等	实时数据	机械表等工业仪表没有电子数显表头，不具备电气信号输出，不支持数字信号通信	信号集成 PLC 系统	SCADA、实时数据库
		温控器、温湿度计与其他系统之间没有信号交互，不具备数据通信接口	数字信号采集站	SCADA、实时数据库
药水浓度检测装置	实时数据	数据量大，传输时间长，没有高带宽、低延时的通信网络	CCD 智能识别	SCADA、实时数据库
AOI、测试机、钻机、铣床、钻靶机、文字喷墨机、曝光机、光绘机、底片检查机、二次元、真空层压机等	关系型数据	设备有自身的上位机管理系统，但上位机系统没有开放数据访问接口，无法获取“整合处理”过的数据	客制化接口程序	SCADA、关系数据库

SCADA（supervisory control and data acquisition，数据采集与监视控制）系统由人机界面（HMI）、监控系统、远程终端单元（RTU）、可编程逻辑控制器（PLC）和通信基础设施五个基本部分组成。该系统可通过下位机 RTU/PLC 获取现场特性数据，然后由上位机对众多下位机采集的特性数据进行汇总、记录和显示，控制人员可以用 HMI 了解系统状态。SCADA 可以

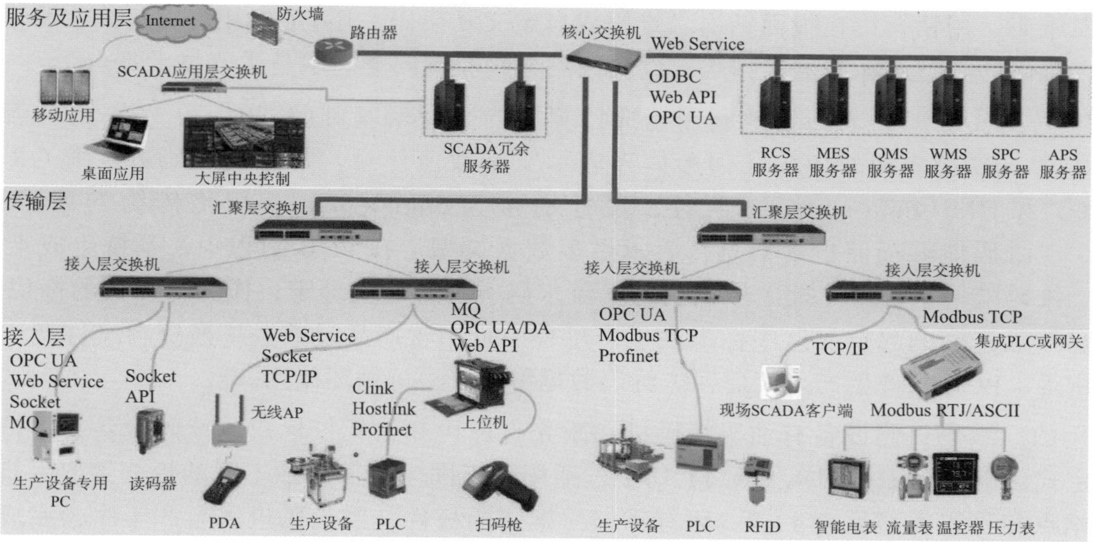

图 11.8　SCADA 系统网络架构图

将设备信息、生产信息、产量信息、质量信息等相关内容实时投送到工序，并将工程参数转换成生产指示投送给操作者或设备，如监控设备的开、停动作；还可以通过修改下位机的控制参数，实现对下位机运行的管理和监控。SCADA 可以实时显示发生故障的名称、等级、位置、时间和报警信息的处理或应答情况，对尽早发现和排除测控现场的故障、保证设备正常运行起着重要作用，如图 11.9 所示。

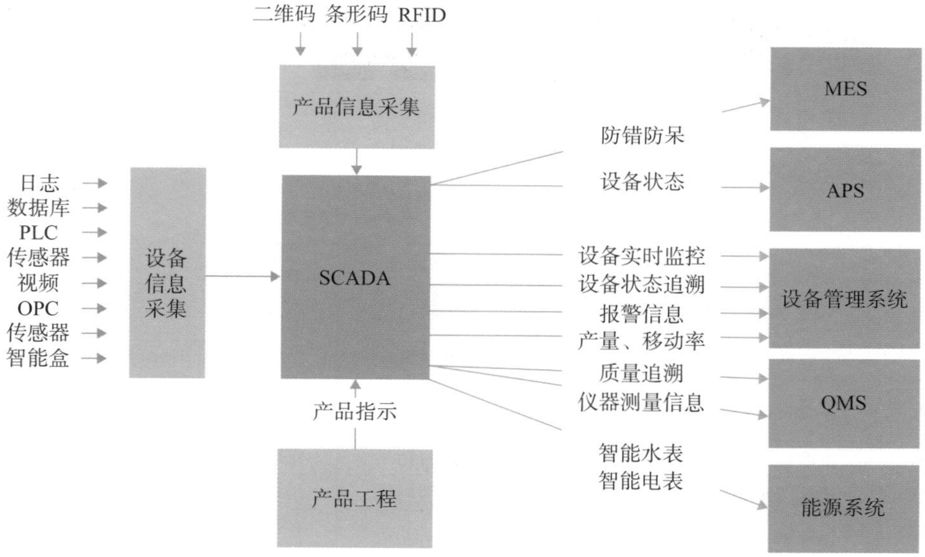

图 11.9　SCADA 系统数据流示意图

产品特性数据实时采集

PCB 生产过程涉及机械、热压合、化学、电 / 化学镀和丝网印刷等多种工艺，无法在每一个工序的每一片板上都显示唯一标识码。传统的 PCB 产品识别一般采用一张工卡（MI）对应一个批次号（LOT）的方式，由人工标识产品并记录特性数据信息，以实现产品批次级的追溯，属于典型的事后数据采集方式。根据客户明确 PCB 标识和每片板的追溯要求，以及企业生产管理向精细化方向发展的需求，形成产品交货单元级（PCS/SET/UNIT）的实时追溯能力，为每片板标定身份，成了 PCB 工厂建设的重点。目前，产品特性数据采集的主流方案有在板面用激光直接打二维码、用钻孔机在板面钻出二维码或自定义孔位码、用 CCD 相机直接读取明码等几种方式。二维码的类型选择和加工方式，以及读码方式和读码准确率是主要技术难点。

二维码在代码编制上巧妙地利用构成计算机内部逻辑基础的“0”和“1”比特流概念，使用若干个与二进制相对应的几何形体来表示文字数值信息。常见的编码方式有 QR（quick response）和 DM（data matrix）两种，尺寸通常为 6mm × 6mm。相比传统的条形码（bar code），二维码能够存储更多信息，表示更多数据类型。在 PCB 制程中，系统生成唯一 LOT 号，与二维码唯一字符串（批次号识别码 + 流水码）进行对应绑定，作为每片板的标识 ID，并作为信息录入追溯的起点。这些标识在生产过程中可用于产品过数、生产资料文件调用和生产参数调用等。PCB 板件生产入库后，二维码数据解绑——可循环使用。

常用的二维码打码设备有油墨喷码机、激光打标机和钻孔打标机，读码设备有手持式读码器、固定式读码器和工业相机（图 11.10），适用于不同生产工序和不同的板面情况。具体的基板打码站点和打码类型见表 11.7。印有唯一二维码的板件，经扫码进入生产工序，完成各个工步的加工后，读码设备同步采集生产信息，并通过以太网交换机将数据传输到产品信息服务器，存储和记录 PCB 加工数据。产品信息服务器数据与 SCADA 系统对接，实现与设备生产参数的绑定。SCADA 系统与 MES 系统进行数据交互，可以真实有效地对产品生产过程中的各类数据进行完整的关联和记录。

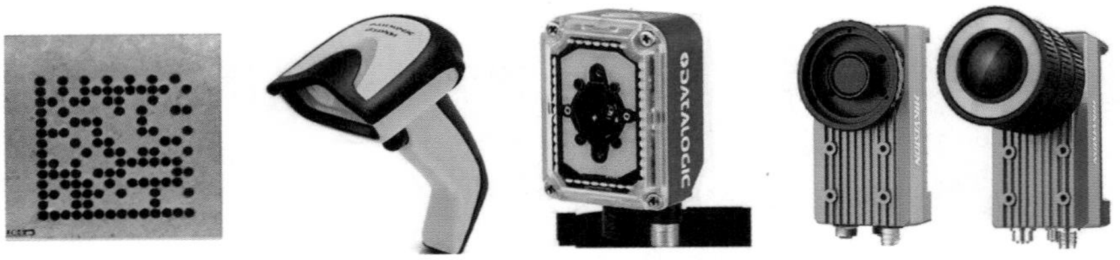

图 11.10　PCB 产品识别二维码读码设备

表 11.7　产品识别二维码打码说明

序　号	站　点	二维码类型切换	打码设备	说　明
1	开料前	MES 系统信息→水溶性二维码	油墨喷码机	待开芯板打印水溶性二维码，可方便后期的余料追溯管理
2	开料后	水溶性二维码→激光二维码	激光打标机	完成内层及子板信息载体
3	层压拆板后	系统批次信息→水溶性二维码	油墨喷码机	所有内层芯板二维码信息上传到系统，由系统匹配一个新的外层码，完成内外层信息继承
4	层压裁磨后	水溶性二维码→通孔二维码	钻孔打标机	完成外层板信息载体
5	钻孔定位销区	通孔二维码→油墨喷码	油墨喷码机	铝片与垫板上定位销包胶后信息继承
6	字符打印	通孔二维码→字符油墨二维码	字符打印机	客户允许的板，对应板边码信息，用字符打印机完成交货单元板打印二维码

质量信息自动追溯

在每片板上增加二维码标识，实时采集各类制造过程数据信息，可以实时获取生产设备信息，有效监控、分析设备，提升设备维护管理水平。可以实时获取生产过程数据，如工艺参数的使用情况；实时完成 SPC，对过程参数进行监控和预警，进行远程设置，提升生产管理水平。大量真实的实时数据可用于质量问题根因分析和趋势分析、质量问题防错防呆控制、质量成本控制、质量绩效实时展示（图 11.11），从而降低生产过程中的质量风险，减少生产过程波动，消除生产过程中的不确定性。质量追溯能力提升，质量信息能够快速检索和追溯，将极大地提升质量问题的响应速度，提升质量问题定位的准确性和对策措施的有效性，显著提升质量管理水平。

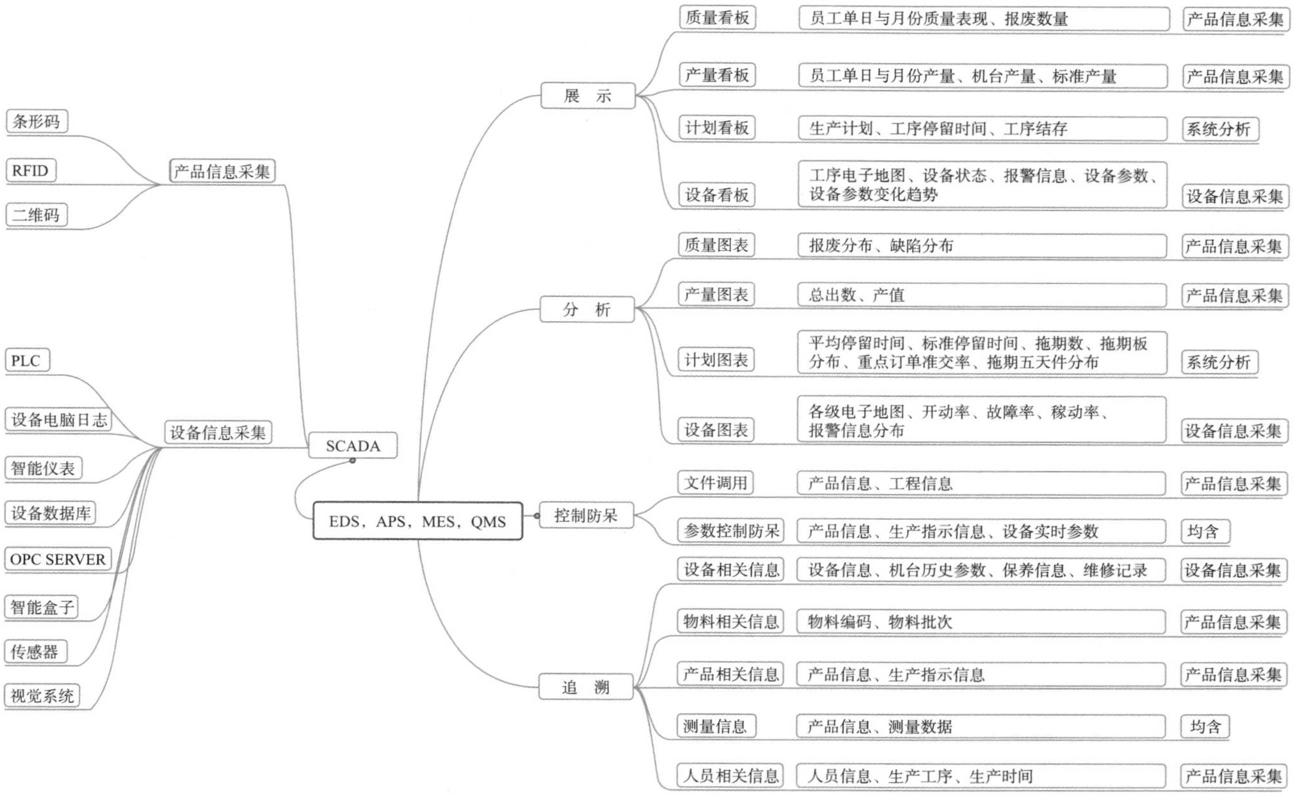

图 11.11　质量数据的应用

根据 ISO 9000 的定义，可追溯性（traceability）是指通过记录的数据来追踪产品的历史、应用、使用和位置或其特征的能力。组织运用正向追溯（feed forward）或反向追溯（feed back），可以追踪到客户端存在隐患的问题产品，锁定内部产生不良产品的批次或工序，从而为解决质量问题提供基本条件。

基于交货单元级的二维码标识和数据实时采集方式，实现产品质量追溯、生产过程的监控和生产历史信息重现，涉及的关键要素有产品、客户要求、人员、设备、物料、环境、工艺方法、检验方法和检测结果。对产品进行正确标识是实现可追溯性的基础，对制造过程的数据进行全面记录和采集，是实现质量信息自动追溯的前提和依据。

对应到 PCB 产品，可追溯性就是要从原材料采购到板件生产再到交付客户的全过程，展示“产品在何时、何地（设备、环境），采用何种物料和方法，由何人生产和测量”的全部数据信息，实现全范围可追踪。产品信息包括 PCB 型号、生产批次号、生产周期、阻抗编号等内容，还包括板类型（样板、认证板、批量板等）、板状态（成品、半成品等）、所处工序和岗位、交付日期和数量、使用期限、安全级别、环保要求等。客户要求信息包括产品设计文件包及相关说明、设计更改确认资料、工程确认资料、产品技术和质量验收标准等。对于客户要求，应以最小执行岗位为结构单位，进行结构化处理、传递和记录。人员信息涉及生产者、检验者和审批者，以及相关人员的技能盘点信息、培训教育信息和绩效信息。生产设备信息包括设备能力测试结果、设备维护保养和应急预案等内容。物料信息包括供应商名称和代码、物料编号、物料名称、物料规格、送货单号、到货批次、厂商批次、物料生产日期、物料出厂日期、物料交货日期、物料保质期和报废日期、物料储存条件、物料合格证、出厂检验者或其代号、物料标准，以及环保物料和非环保物料的标识、区分和证明文件等。工艺方法信息主要体现在工艺流程卡（MI）上，包括工艺流程、工艺参数配方、工艺能力测试项目要求和结果、工艺维护频率要求和结果、特殊工艺流程设计、工艺补偿和工治具使用规定等。检验方法和检测结果信息包括检验和试验状态（待检、合格、不合格、待定、返工等）、检验方法和检验频次、检验设备和计量结果、检验标准和缺陷代码等。

PCB 工厂的质量管理体系一般都有完整的三四级流程（站点、动作级流程）工作记录表，上述信息基本已经囊括其中。然而，人工记录数据不可避免地存在不标准、数据遗漏或错误的情况，事后统计分析对于质量控制必定会有所延迟。采用二维码标识和数据实时采集技术，实现质量数据信息自动追溯就容易多了。将所有工作记录电子化和数据化，对每个三级流程（非动作），如曝光、丝印前处理等，按图 11.12 所示模型关联和集成电子表格，即可实现从产品制造工艺流程、生产时间、产品型号等维度对制造质量信息的自动检索与追溯。

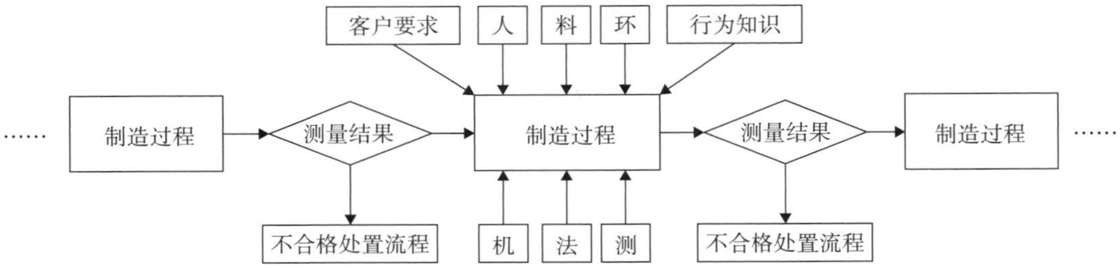

图 11.12　过程信息追溯的基本模型

案例　基于历史数据挖掘的产品报废率预测 1）

背　景

产品报废率是 PCB 制造企业的主要绩效指标之一，取决于产品订单难度、企业质量管理水平和企业制造能力水平这几个主要因素。后两个要素的作用结果可以反映到历史订单的产品合格率上，因此，对于稳定运作的 PCB 工厂，其新产品报废率是可以预测的。本案例从某 PCB 工厂，2013 年 9 月—2016 年 10 月的 2 ~ 20 层 PCB 订单中，抽取共计 30117 条数据进行分析，挖掘产品特性参数、过程特性参数与报废率的潜在相关性，建立参数匹配和回归函数预测机制，构建产品报废率预测模型，为产品质量控制提供关键要点，减少产品报废，降低产品补投量，提升工厂的精益化管理水平和整体竞争力。

思　路

依据调研期制定的规范模板，导出原始数据，对特性参数（影响因子）进行预处理、派生与结构化转换，如图 11.13 所示。进行基本统计分析，包括特性参数的均值、中位数、方差和标准差等，以判断各参数的整体规律及分布特性，评估数据质量。

进一步对特性参数进行筛选和数据精简，进行相关性分析，主要查看各参数（单因子）与报废率之间的相关性。显著性分析的作用是判断各参数不同取值（或区间）对报废率是否具有显著影响，以筛选出主要影响因子，确定建模的核心特性参数。

1）案例提供：吕胜平、乐强生、宫立军等，2016 年广东省科技计划项目“基于数据挖掘的小批量生产 PCB 板报废率预测研究与应用”。

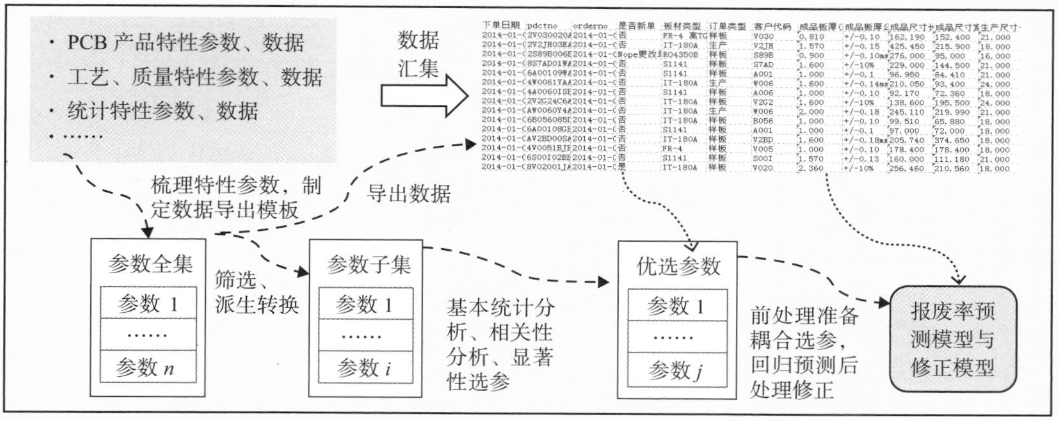

图 11.13　PCB 产品报废率预测的基本逻辑

基于多元回归理论，采用 SPSS Modeler 数据挖掘软件逐步进行回归测算，进一步优选报废率预测参数（影响因子），并建立 PCB 合格率预测的多元线性回归（MLR）模型。MLR 模型的验证，采用仿真投料数据进行评估，并依据评估结果对预测模型进行再次修正。

▌数据抽取与整合

在调研阶段，导出历史数据并建立模板，针对信息系统中填写的“NULL”“YN”“>= \ 最小”等不规范信息、公式错误和数据不完整的情况进行统一标准化，以提高数据质量。按规则导出数据后，进行筛选、派生与转换。筛除无关变量字段，如客户编号、订单标示、合同号等；筛除数据中录入不规范的字段，如非结构化数据；筛除数据缺失的字段，如喷锡面积反面数据几乎全为 0；筛除离群点、极端点和无效样本，借助数据检查工具查找无效样本，通过统计分析排除离群点和极端点。

对离散型参数进行派生，如验收标准派生为是否三级或 HW 验收标准，是否盲埋孔，是否正负片；油墨颜色派生为是否是黑色、是否是红色等新参数。派生后的参数，“是”取值 1，“否”取值 0。通过初期筛除、派生和转化后，确定参数集包括板厚、层数、板镀次数等 75 个参数。

▌参数筛选与数据精简

对数值型参数和离散型参数进行相关性分析，查看特性参数与报废率的相关性。相关性用皮尔逊相关系数（r）度量。当 $r>0$ 时，两个变量呈线性正相关；当 $r<0$ 时，两个变量呈线性负相关；当 $r=0$ 时，两个变量不相关；当 $r=1$ 时，两个变量完全正相关；当 $r=-1$ 时，两个变量完全负相关。数值型参数和离散型参数的分析结果分别见表 11.8 和表 11.9。相关系数的显著性水平用 Sig 值表示，应尽量排除 Sig > 0.05 的参数。

表 11.8　数值型参数与报废率的相关系数

参　数	r	Sig	参　数	r	Sig
每组最多允许报废单元	0.02	0.002	内层最小线宽最小值	−0.044	0
板厚	0.117	0	内层最小间距最小值	−0.02	0.002
板镀次数	0.105	0	内层芯板余铜均值	−0.017	0.007
总流程数	0.203	0	外层最小线宽最小值	−0.038	0
半固化片数量	0.135	0	外层最小间距最小值	−0.017	0.008
历史良率	−0.27	0	生产拼板个数	−0.129	0
向上圆整生产板数	−0.178	0	至少投入生产板数	−0.136	0
要求生产面积	−0.176	0	一次投入数量	−0.226	0

续表 11.8

参　数	r	Sig	参　数	r	Sig
成品单元面积	0.147	0	一次投入生产板数	−0.167	0
要求生产数量	−0.216	0	补投生产板数	0.205	0
余数入库数量	−0.171	0	补投数量	0.181	0
交货面积	−0.179	0	补投次数	0.254	0
引用库存面积	−0.064	0	总报废数	0.255	0
一次投入面积	−0.165	0	入库数量	−0.23	0
补投面积	0.201	0	综合投入数量	−0.179	0
综合投入面积	−0.108	0	加投数量	−0.039	0
加投面积	0.04	0	余数入库面积	−0.122	0
入库面积	−0.182	0	实际投入生产板数	−0.112	0
总报废面积	0.282	0			

表 11.9　离散型参数与报废率的相关系数

参　数	相关系数	Sig	参　数	相关系数	Sig
层数	0.166	0	油墨颜色是否红色	0	0.485
是否有负片电镀	0.03	0	油墨颜色是否黑色亚光	−0.011	0.058
是否有减薄铜	−0.016	0.011	油墨颜色是否白色	0.004	0.285
是否树脂塞孔	0.127	0	是否 RO 材料	0.079	0
是否光电板	0.044	0	验收标准是否 III 级	0.01	0.075
是否高频板	0.075	0	验收标准是否 HW 标准	0.051	0
是否半导体测试板	0.042	0	是否有铅喷锡	−0.041	0
是否镀金手指	0.019	0.002	是否无铅喷锡	−0.012	0.038
是否有阻焊塞孔	−0.113	0	是否 OSP	0.027	0
是否有背钻	0.05	0	是否图镀铜镍金	0.114	0
是否有二钻	0.046	0	是否沉金	−0.024	0
是否字符打印机生产	0.024	0	是否沉银	−0.002	0.399
油墨颜色是否绿色	0.021	0.001	是否沉锡	−0.013	0.03
油墨颜色是否蓝色	−0.014	0.021	是否电镀硬金	0.119	0
油墨颜色是否绿色亚光	−0.011	0.053	是否软金镍钯金	0.049	0
油墨颜色是否黑色	−0.003	0.309			

显著性分析通过构造比检验统计量并与临界值比较，检验参数的显著性，影响不显著的参数应予以剔除。运用 SPSS Modeler 软件的比检验模块计算得到的数值型参数的显著性分析结果如图 11.14 所示，离散型参数的显著性分析结果如图 11.15 所示。图中“等级”为重要性排序编号，“值”为 T 检验所得的值（1– 概率 P），值越大，参数对报废率的影响越显著。大于 0.95 的值的重要性等级设置为重要，0.9 ~ 0.95 的值的重要性等级设置为一般重要。

经相关性分析和显著性分析筛选后，保留了对报废率影响较大的 41 个特性参数（影响因子）：历史良率、要求生产数量、总流程数、交货面积、向上圆整拼板数、要求生产面积、成品单元面积、半固化片数量、生产拼板数量、成品板厚、板镀次数、每组最多允许报废单元数、内层最小线宽、外层最小线宽、内层最小间距、外层最小间距、内层芯板余铜均值、是否树脂塞孔、是否电镀硬金、是否图镀铜镍金、有无阻焊塞孔、是否 RO 材料、是否高频板、层数、验收标准是否 HW 标准、有无背钻、是否软金镍钯金、有无二次钻孔、是否光电板、是否半导体测试板、是否有铅喷锡、是否负片电镀、是否 OSP、是否字符打印机生产、是否沉金、油墨颜色是否绿色、是否金手指、是否减薄铜、油墨颜色是否蓝色、是否沉锡、是否无铅喷锡。

	等级	字段	测量	重要性	值
✓	1	历史良率	连续	重要	1.0
✓	2	要求生产数量	连续	重要	1.0
✓	3	总流程数	连续	重要	1.0
✓	4	交货面积	连续	重要	1.0
✓	5	向上圆整拼板数	连续	重要	1.0
✓	6	要求生产面积	连续	重要	1.0
✓	7	成品单元面积	连续	重要	1.0
✓	8	半固化片数量	连续	重要	1.0
✓	9	生产拼板数量	连续	重要	1.0
✓	10	成品板厚	连续	重要	1.0
✓	11	板镀次数	连续	重要	1.0
✓	12	每组最多允许报废单元	连续	重要	1.0
✓	14	内层最小线宽	连续	重要	1.0
✓	15	外层最小线宽	连续	重要	1.0
✓	16	内层最小间距	连续	重要	1.0
✓	17	内层芯板余铜均值	连续	重要	1.0
✓	18	外层最小间距	连续	重要	1.0

选定字段: 17　所有可用字段: 17

> 0.95　<= 0.95　< 0.9

图 11.14　数值型参数的显著性分析结果

	等级	字段	测量	重要性	值
✓	1	是否树脂塞孔	标志	重要	1.0
✓	2	是否电镀硬金	标志	重要	1.0
✓	3	是否图镀铜镍金	标志	重要	1.0
✓	4	有无阻焊塞孔	标志	重要	1.0
✓	5	是否RO材料	标志	重要	1.0
✓	6	是否高频板	标志	重要	1.0
✓	7	层数	名义	重要	1.0
✓	8	验收标准是否HW标准	标志	重要	1.0
✓	9	有无背钻	标志	重要	1.0
✓	10	是否软金镍钯金	标志	重要	1.0
✓	11	有无二钻	标志	重要	1.0
✓	12	是否光电板	标志	重要	1.0
✓	13	是否半导体测试板	标志	重要	1.0
✓	14	是否有铅喷锡	标志	重要	1.0
✓	15	是否负片电镀	标志	重要	1.0
✓	16	是否OSP	标志	重要	1.0
✓	17	是否字符打印机生产	标志	重要	1.0
✓	18	是否沉金	标志	重要	1.0
✓	19	油墨颜色是否绿色	标志	重要	1.0
✓	20	是否金手指	标志	重要	1.0
✓	21	是否减薄铜	标志	重要	1.0
✓	22	油墨颜色是否蓝色	标志	重要	1.0
✓	23	是否沉锡	标志	重要	1.0
✓	24	是否无铅喷锡	标志	重要	1.0
✓	25	油墨颜色是否绿色亚光	标志	重要	1.0
✓	27	油墨颜色是否黑色亚光	标志	重要	1.0
✓	28	验收标准是否Ⅲ级	标志	重要	1.0
✓	29	油墨颜色是否白色	标志	重要	0.996
✓	30	油墨颜色是否黑色	标志	重要	0.989
✓	31	是否沉银	标志	不重...	0.809
✓	32	油墨颜色是否红色	标志	不重...	0.153

选定字段: 31　所有可用字段: 31

> 0.95　<= 0.95　< 0.9

图 11.15　离散型参数的显著性分析结果

此外，由于 MLR 预测中少量过高报废率的样本在样本量不足时容易导致整体均值偏高，进而影响预测结果，因此，需要筛除这部分偏离正常分布的样本。基于多变量箱形图（boxplot）离群值筛选算法，筛选出离群值 534 条，保留 29583 条样本作为模型构建的分析数据。

多元线性回归和模型构建

为了更好地训练和评价验证模型效果，随机从 29583 条样本数据中抽取 20693 条作为模型训练样本，8890 条作为测试样本。

设随机变量 y 与 m 个可控变量 $x_1, x_2, x_3, \cdots, x_m$ 满足关系式，则多元线性回归模型可定义为

$$y = b_0 + b_1x_1 + b_2x_2 + \cdots + b_mx_m + \varepsilon \tag{11.1}$$

式中，$b_0, b_1, \cdots, b_m$ 为回归系数，为 m+1 个待定参数；ε 为随机误差。

现假设有 n 个样本，则可通过最小二乘法求得 $b_0, b_1, \cdots, b_m$ 的估计值，相应的 m 元回归方程可用矩阵形式表述：

$$\boldsymbol{Y} = \boldsymbol{XB} + \varepsilon \tag{11.2}$$

于是，最小二乘法估计值 $\hat{\boldsymbol{B}}$ 可表示为

$$\hat{\boldsymbol{B}} = (\boldsymbol{X}'\boldsymbol{X})^{-1}\boldsymbol{X}'\boldsymbol{Y} \tag{11.3}$$

这就是求 $b_0, b_1, b_2, \cdots, b_m$ 的估计值 $\hat{b}_0, \hat{b}_1, \hat{b}_2, \cdots, \hat{b}_m$ 的方法。

在此基础上，通过显著性检验判断多元线性回归方程是否可接受，同时还需要对各参数（自变量 $x_1, x_2, \cdots, x_m$）进行假设检验，以判断各参数在线性回归中的重要性。对于次要且影响不显著的变量，要进一步剔除，以实现对结果的更好预测和控制。

在逐步回归法下，以报废率为被解释变量，以 41 个参数为输入，得到 21 个回归模型。最优模型见表 11.10。

表 11.10　模型回归系数

模　型	未标准化系数		标准化系数	T	显著性	共线性统计	
	B	标准误差	β			容　差	VIF
（常量）	20.467	1.315		15.565	0.000		
每组最多允许报废单元	0.814	0.350	0.015	2.325	0.020	0.992	1.008
层数	0.398	0.021	0.137	19.208	0.000	0.766	1.305
板镀次数	0.656	0.194	0.032	3.376	0.001	0.434	2.306
总流程数	0.421	0.029	0.189	14.565	0.000	0.231	4.337
是否有负片电镀	1.979	0.448	0.031	4.418	0.000	0.802	1.247
是否树脂塞孔	−2.781	0.489	−0.100	−5.683	0.000	0.127	7.903
是否半导体测试板	−3.153	0.439	−0.490	−7.179	0.000	0.829	1.206
是否有阻焊塞孔	−1.603	0.268	−0.064	−5.976	0.000	0.339	2.953
是否有背钻	−2.354	0.446	−0.039	−5.273	0.000	0.719	1.391
是否无铅喷锡	0.818	0.405	0.013	2.022	0.043	0.978	1.022
是否图镀铜镍金	2.553	0.333	0.053	7.658	0.000	0.806	1.241
内层最小线宽最小值	−0.059	0.023	−0.018	−2.540	0.011	0.786	1.272
内层芯板余铜均值	−0.037	0.006	−0.042	−6.487	0.000	0.921	1.086
是否 RO 材料	3.202	0.408	0.051	7.852	0.000	0.905	1.105
验收标准是否 HW 标准	4.419	0.430	0.074	10.271	0.000	0.740	1.351
外层最小线宽	−0.065	0.028	−0.017	−2.329	0.020	0.760	1.316
成品单元面积	31.141	2.522	0.096	12.346	0.000	0.640	1.564
要求生产数量	−0.009	0.001	−0.053	−6.246	0.000	0.547	1.829
历史良率	−0.209	0.009	−0.154	−22.971	0.000	0.862	1.160
生产拼板数量	−0.099	0.008	−0.091	−12.513	0.000	0.739	1.352
交货面积	−1.590	0.069	−0.207	−23.164	0.000	0.488	2.048

总报废率预测值 $= 20.467 + 0.8141 \times x_1 + 0.3982 \times x_2 + 0.6563 \times x_3 + 0.4209 \times x_4 + 1.979 \times x_5 -$

$2.781 \times x_6 - 3.153 \times x_7 - 1.603 \times x_8 - 2.354 \times x_9 + 0.878 \times x_{10} + 2.533 \times x_{11} - 0.05878 \times x_{12} - 0.03749 \times x_{13} + 3.202 \times x_{14} + 4.419 \times x_{15} - 0.06478 \times x_{16} + 31.14 \times x_{17} - 0.009322 \times x_{18} - 0.2094 \times x_{19} - 0.09909 \times x_{20} - 1.59 \times x_{21}$

式中，$x_1 \sim x_{21}$ 分别对应表 11.10 中模型列的参数。

模型验证

从应用角度对以上模型进行验证，采用仿真投料测算，结果显示基于预测模型的车间投料能够大幅度降低基板材料再次投料的比率和多产余数基板的入库比率，从 18.94% 和 26.96% 降低到 12.13% 和 18.36%。

11.4　质量管理 4.0

11.4.1　概　念

2011 年在德国汉诺威博览会上提出的“工业 4.0”（I4.0）概念，描绘了工业发展愿景：通过将智能化和高度互联的各种媒介部署到制造环境中，人机协作实现共同目标，并利用数据创造价值。得益于智能、互联和自动化系统的广泛采用，近年来制造业进步迅速。新技术对质量管理和企业绩效产生了重要影响，企业的质量管理观念也随之转变，质量管理在智能制造下进化到“质量管理 4.0”（Q4.0）阶段。

尽管质量管理 4.0 的定义尚未完全明确，但根据近年来国外的大量研究，质量管理 4.0 可以理解为在工业 4.0 环境下，将质量管理实践与工业大数据（IBD）、工业物联网（IIoT）和人工智能（AI）等数字化技术相结合，扩展传统质量工具的潜力，助力人员技能发展，实现组织持续创新和高效率，实现零缺陷质量目标，达到卓越绩效的质量管理方法和框架。

2015 年，美国质量学会（ASQ）在《未来质量报告》中首次描绘了质量管理 4.0 的概念及其特征。

· 关注重点将从高效性和有效性转向持续学习和适应性。
· 关注组织内部和组织之间的界限，以及信息在不同地区的共享。
· 关注供应链全部，能够实时评估全球供应链中任何要素的状态。
· 关注数据全生命周期的分析和应用，而不仅仅是通过组织来收集数据。

回顾质量管理的发展历史，质量 1.0 和质量 2.0 阶段的核心特征是面向产品的质量检验和统计质量控制（statistical quality control, SQC），通过检验和统计技术将有缺陷的产品排除在生产之外，以确保所有产品符合客户要求。质量 3.0 阶段的核心特征是面向全过程的质量保证（total quality management, TQM），除了检验和统计方法，还采用质量管理体系和六西格玛技术，确保与生产相关的所有过程都得到维护，以确保生产过程标准化并保持产品质量水平一致，交付无缺陷产品，满足客户的要求和期望。

质量管理 4.0 是质量管理运动的第 4 次浪潮（图 11.16），标志着传统质量管理的转变。在零缺陷绩效目标的引导下，质量管理横向关注的范围继续向外扩展，纵向关注的范围更加深入。数据驱动成为质量管理 4.0 的核心特征。通过自动化检测和传感器收集的质量大数据，结合物联网、大数据算法及高级数据分析，质量管理活动从事后管理转变为事前主动预测和实时异常应对处理，产品制造价值链中的所有活动都将被实时监控、记录、评估和管理，质量管理正向更高阶段发展。

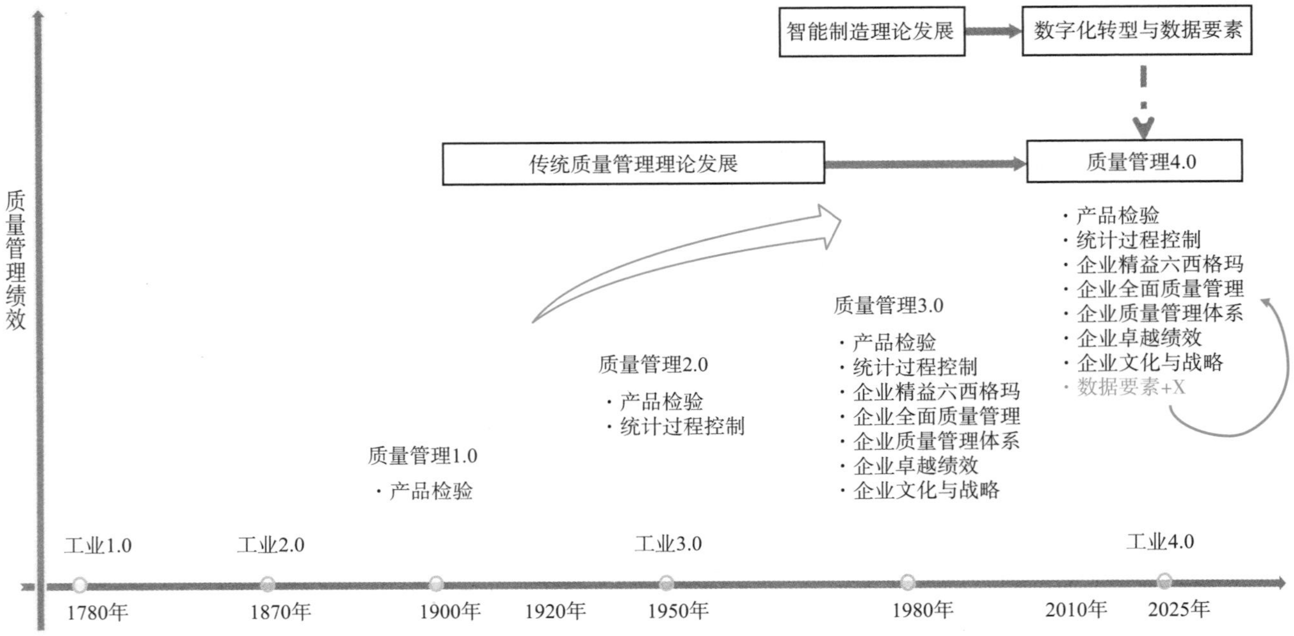

图 11.16 质量管理理论发展过程示意图

11.4.2 质量大数据提升质量管理绩效的机理

新兴技术的不断发展无疑是质量管理进入新阶段的主要驱动力，见表 11.11。信息技术、工业互联技术、人工智能技术、交互技术和建造技术，促使数据信息和信息派生的知识与生产制造中的人、机、料、法、环、测等关键要素快速融合，进而对传统生产要素进行改造、升级、更新和替换。制造系统从人 – 机二元关系（HPS）升级为知识 – 信息 – 机三元关系（HCPS），人逐渐脱离生产现场，工作重点由生产操作转向管理和知识构建，如图 11.17 所示。新兴技术促使企业流程完成横向、纵向的端到端连接和整合，信息实现透明和共享；促使生产设备自动化和智能化，实现精准执行和零缺陷；促使知识自学习和自转化，在弱智能制造阶段，不断赋能生产人员和技术人员，使问题应对更迅速和及时。这些变化不断推动质量管理升级。

表 11.11 部分新兴技术

类　型	新兴技术
信息技术	可负担的传感器和执行器，大数据基础设施（MapReduce、Hadoop、NoSQL 数据库）
工业互联技术	物联网（IoT），5G，IPv6（扩大了可联机设备数量），云计算
人工智能技术	机器学习（深度学习），数据科学，预测分析
交互技术	增强现实（AR），混合现实（MR），虚拟现实（VR），降低现实（DR）
建造技术	3D 打印，智能材料，纳米技术，基因编辑，自动代码生成，机器人过程自动化（RPA），区块链

在质量管理 4.0 时代，数据驱动成为最重要的质量管理原则之一。传统的质量三部曲已转变为质量管理 4.0 时代的质量四部曲，在质量管理工作中，由数据获取和数据分析能力构成的“质量数据准备”，已成为“质量策划、质量控制、质量改进”之前的一项基础质量活动。

智能制造与传统制造模式的主要区别在于数据要素成为现实的生产要素。尽管在企业层面

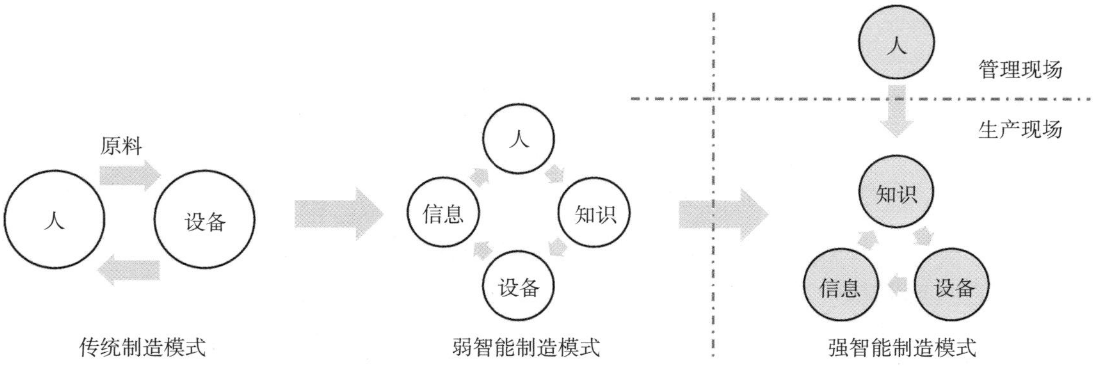

图 11.17　生产要素的变迁

工业大数据不能单独对组织的质量绩效产生影响，但是当企业开始具备大数据采集能力、数据实现互联，以及具备数据分析能力时，数据要素与技术类的核心质量活动（质量策划、质量控制、质量改进、质量服务）及管理类的基础质量活动（质量文化、质量体系、质量成本、质量培训）相结合，将彻底改变传统质量管理“试错式”“事后式”“经验式”质量保证。

如图 11.18 所示，数据采集能力使得数据记录和追溯可以精确到每一个交付单元，而不是仅限于批次记录；使工厂生产设备的过程特性和工艺参数特性能够实时感知，而不再依赖事后点检。数据互联互通使得生产过程中使用的工艺参数能够通过全面集成当前信息来提供最优参数值，而不再依赖工艺规范规定的静态参数范围。当生产过程中发生产品报废或设备故障时，可以实时反馈并集成各类信息和知识进行实时处理，而不再依赖事后的经验根因分析和无效检讨。数据分析基于动态信息而非静态规定，使用连续数据而非碎片数据，因而更加准确和真实。操作岗位人员可以基于数据决策，而不是依靠经验决策。大数据分析的质量决策模式从“因果 + 经验 + 更改”转变为“关联 + 预测 + 调控”，因此管理者的决策也更具前瞻性和准确性。

从技术层面的核心质量活动角度看，数据信息的实时性带来了根本性的变化，彻底改变了以往“事后”质量管理带来的各种问题。实时发现问题、实时纠正问题、实时改善问题可以减少错误，降低波动，消除各种不确定性。结合智能化设备的持续、精准执行，这将带来质量成本的降低和生产效率的提高，使组织迈向零缺陷成为可能。

从管理层面的基础质量活动角度看，数据要素支持的质量体系在业务流程集成的环境下运

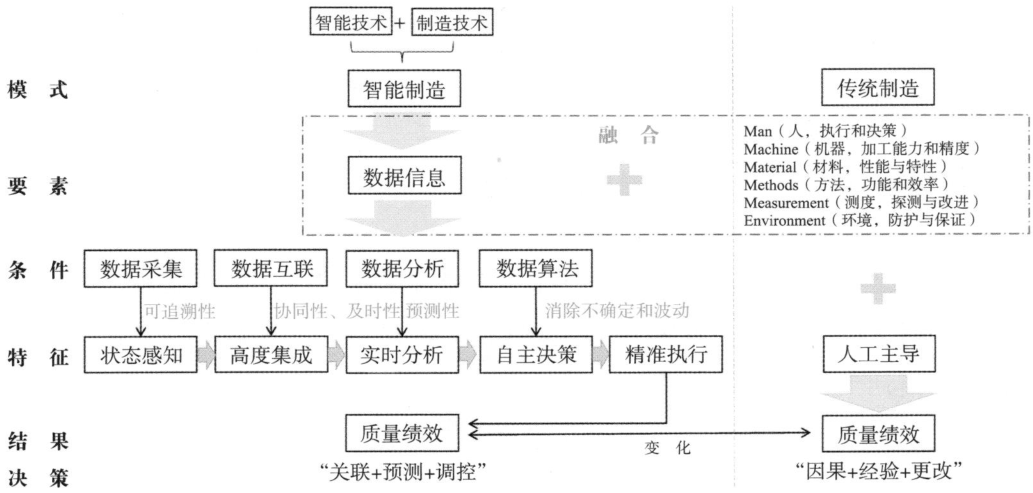

图 11.18　传统制造模式与智能制造模式的对比

行，组织能够快速响应，以高效协同和知识共享的方式满足内外部客户的需求。客户因此成为业务发展的真正推动者，进而提高客户满意度和忠诚度。传统制造的核心要素是人员，但组织往往无法为人员提供足够的资源以高质量、高效率地完成工作。数据要素的首要任务恰恰是支持和赋能人员，简化工作难度，实时提供信息和知识辅助决策，持续为人员赋能，提高决策速度和质量，使每个岗位都成为经验丰富、技能高超的工作单元，从而实现高绩效目标。

此外，质量大数据具有预测性，结合质量知识库和缺陷库，以及其他制造知识系统，可推动质量控制和质量改进向质量策划前移，真正实现预防为先的质量管理。

11.4.3 质量管理 4.0 的理论发展

为了维持竞争优势，实现可持续发展，企业积极推动数字化转型已成为趋势。目前，PCB 行业中的数字化和智能化工厂建设项目正成为企业投入的重点。虽然传统的质量管理理论与工具已经显著提高了制造业的质量标准，但在工业 4.0 下，它们开始表现出一定的局限性。

从质量管理发展的历史来看，新技术不断改变质量管理模式。统计技术和六西格玛技术的出现，先后推动质量管理进入了 Q2.0 和 Q3.0 阶段。随着工业 4.0 核心技术（如 IBD、IIoT 和 AI）与传统质量思维的逐步融合，基于经典质量管理理论，必然会发展出适用于工业 4.0 的质量管理 4.0，持续引领质量管理实践前进。

在工业 4.0 背景下，IBD 在质量创新中的重要性日益显著。如何利用质量工具将数据转换成价值，欧洲质量组织（EOQ）和国际质量科学院（IAQ）副主席萨拉瓦提出了具有普遍实践意义的 SDADV 循环，即从系统（S）中收集数据（D），通过分析（A）用于决策（D），并最终转化为价值（V），填补了在数据应用理论方面的空白。

人工智能时代，传统 AI 向生成式 AI 发展，从机器学习到深度学习，计算机模拟人类学习行为以获取新知识与技能的能力越来越强，这对以人为核心的经典 PDCA 模型提出了挑战。对此，萨拉瓦提出了 PEARL 模型，即计划（P）、执行（E）、评估（A）、结果（R）和学习（L），丰富并完善了质量持续改进的模型理论。

1986 年，比尔·史密斯将六西格玛理论引入摩托罗拉公司，旨在基于 DMAIC（定义、度量、分析、改进、控制）五步质量问题解决策略，识别和消除缺陷或流程变异的来源。随着工业 4.0 概念的发展，数据已成为数字化转型的重要载体，基于各种数字化工具解决质量问题的策略也随之出现。相较传统六西格玛，我们暂且定义其为数字化六西格玛。2021 年，通用汽车公司的卡洛斯·埃斯科瓦尔等研究者针对以数据分析为主的项目，提出了 IADLPR2（识别、感知、发现、学习、预测、重新设计、重新学习）七步解决问题的策略，以应对制造系统日益增长的复杂性，如图 11.19 所示。

（1）识别：评估每个潜在项目的可行性，选择高价值、复杂工程问题，并根据 α 和 β 误差定义学习目标。

（2）感知：为监控系统配置观察设备（如摄像机或传感器），生成原始经验数据。

（3）发现：创建训练数据，即从原始经验数据中创建特征并为每个样本贴上标签。

（4）学习：使用大数据学习模型设计分类器，包括预处理技术（如离群点检测、标准化/规范化、特征选择、插补、转换等），并训练八类机器学习算法。

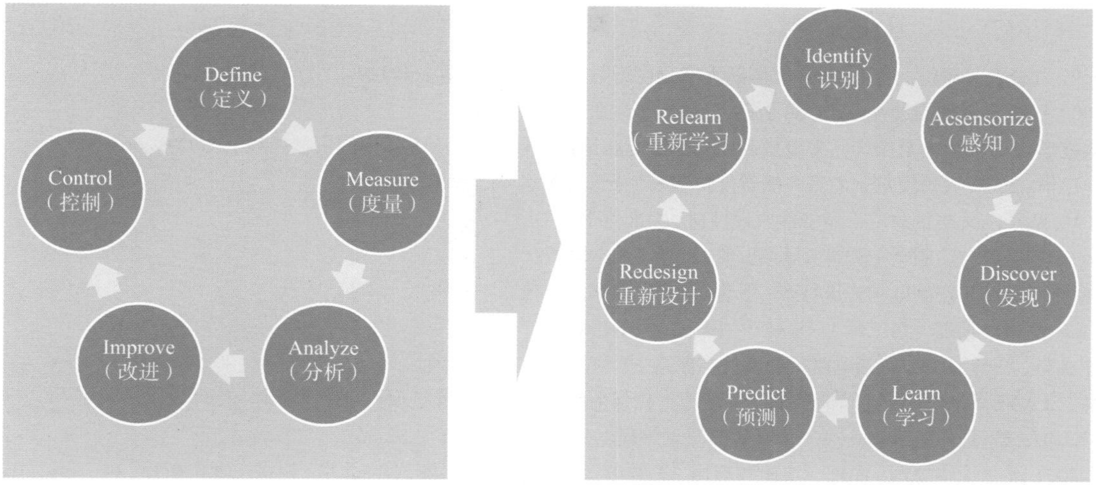

图 11.19　质量问题解决策略的演变

（5）预测：开发一个多分类器系统优化预测，通过组合多个分类器提高最佳表现者的预测能力。

（6）重新设计：从数据挖掘结果中获取知识，用于生成关于产品特征与质量之间可能联系的假设。可用统计分析确定因果关系、根因，并识别最佳参数以重新设计过程。

（7）重新学习：为分类器开发重新学习的策略，以适应新分类的统计分布。

关于质量管理 4.0 的实施，目前工业 4.0 正处于起步阶段。国内电子制造业在理解质量管理 4.0 的概念、构建数字化质量基础架构、掌握数字化关键技术方面存在较大差距。同时，制造行业质量管理 4.0 方面的数据型管理人才极其短缺，许多质量管理人员在质量管理 4.0 方面的意识还较为淡薄，技术实践经验不足，这些都令电子电路行业未来质量管理的数字化变革之路充满了挑战。

参考文献

Claes Fornell, 刘金兰，康键，等，2005. 美国顾客满意度指数 . 管理学报 , 2(4): 495-504.

白世贞 , 2002. 论质量管理的过程方法 . 商业研究 , (12): 16-18.

丁桂江 , 熊耀华 , 2010. 面向复杂产品多级研制体系的协同质量计划管理系统研究 . 中国机械工程 , 21(17): 2063-2069.

顾巧论 , 季建华 , 2007. 大规模定制的客户满意度指数模型研究 . 软科学 , 21(5): 38-41.

韩春雨 , 2010. 基于广义质量的质量经济性原理探讨 . 标准科学 , (3): 18-24.

何为 , 2016. 印制电路与印制电子先进技术 . 上册 . 北京 : 科学出版社 .

何为 , 2016. 印制电路与印制电子先进技术 . 下册 . 北京 : 科学出版社 .

何帧 , 2014. 六西格玛管理（第三版）. 北京 : 中国人民大学出版社 .

姜培安 , 鲁永宝 , 暴杰 , 2012. 印制电路板的设计与制造 . 北京 : 电子工业出版社 .

姜鹏 , 苏秦 , 宋永涛 , 等 , 2010. 不同情景下质量管理实践与企业绩效模型的实证研究 . 管理评论 , 22 (11): 111-119.

蒋红卫 , 2000. 关键特性指定系统——一个有效的质量管理工具 . 世界汽车 , (7): 32-35.

坎帕内拉 , 2004. 质量成本原理 : 原理、实施和应用 . 王鲜华 , 于薇 , 于立梅 , 等 , 译 . 北京 : 机械工业出版社 .

李可为 , 2010. 集成电路芯片封装技术 . 北京 : 电子工业出版社 .

李轶敏 , 2000. 对客户满意度的分析与测评 . 湘潭机电高等专科学校学报 , (2): 60-64, 81.

李钊 , 苏秦 , 宋永涛 , 2008. 质量管理实践对企业绩效影响机制的实证研究 . 科研管理 , 29(1): 41-47.

林定皓 , 2019. 电路板机械加工技术与应用 . 北京 : 科学出版社 .

林定皓 , 2019. 电路板湿制程技术及应用 . 北京 : 科学出版社 .

刘丽珍 , 方志平 , 1999. 高容量低压喷涂应用技术 . 新技术新工艺 , (6): 40-41.

刘玉敏 , 王璠 , 2007. 不同质量水平下的总质量成本研究 . 经济经纬 , 24(3): 91-94.

沈云交 , 2008. 克劳斯比质量思想研究 . 世界标准化与质量管理 , (8): 25-27.

谢建华 , 2015. ISO/TS16949 五大技术工具最新应用务实 . 北京 : 中国经济出版社 .

曾黎明 , 1993. 不饱和树脂固化收缩机理及收缩应力分析 . 武汉工业大学学报 , 15(4):46-50.

张怀武 , 2010. 现代印制电路原理与工艺 . 北京 : 机械工业出版社 .

赵丽锦 , 胡晓明 , 2022. 企业数字化转型的基本逻辑、驱动因素与实现路径 . 企业经济 , 41(10): 16-26.

周波 , 靳婷 , 李志东 , 等 , 2020. PCB 失效分析技术（第 2 版）. 北京 : 科学出版社 .

周济 , 周艳红 , 王柏村 , 等 , 2019. 面向新一代智能制造的人 – 信息 – 物理系统 . Engineering, 5(4): 71-97.

周良知 , 2006. 微电子器件封装 : 封装材料与封装技术 . 北京 : 化学工业出版社 .

周文木 , 徐杰栋 , 吴梅珠 , 等 , 2014. IC 封装基板超高精细线路制造工艺进展 . 电子元件与材料 , 33(2): 6-9, 15.

Adam E E Jr., Corbett L, Flores B, et al, 1997. An international study of quality improvement approach and firm performance. International Journal of Operations and Production Management, 17(9): 842-873.

Anderson J C, Rungtusanatham M, Schroeder R G, et al, 1995. A path analytic model of a theory of quality management underlying the Deming management method: preliminary empirical findings. Decision Sciences, 26 (5): 637-658.

Das A, Handfield R B, Calantone R J, et al, 2000. A contingent view of quality management—the impact of international competition on quality. Decision Sciences, 31(3): 649-690.

Eisenhart C, 1963. Tables describing small-sample properties of the mean, median, standard deviation, and other statistics in sampling from various distributions. National Institute of Standards and Technology, 14(6).

Flynn B B, Schroeder R G, Sakakibara S, 1995. The impact of quality management practices on performance and competitive advantage. Decision Sciences, 26 (5): 659-691.

Ho D C K, Duffy V G, Shih H M, 2001. Total quality management: an empirical test for mediation effect. International Journal of Production Research, 39(3): 529-548.

Li L, Markowski C, Xu L, Markowski E, 2008. TQM-a predecessor of ERP implementation. International Journal of Production Economics, 15(2): 569-580.

Powell T C, 1995. Total quality management as competitive advantage: a review and empirical study. Strategic Management Journal, 16 (1): 15–37.

Samson D, Terziovski M, 1999. The relationship between total quality management practices and operational performance. Journal of Operations Management, 17: 393-409.

Saraph J V, Benson P G, Schroeder R G, 1989, An instrument for measuring the critical factors of quality management. Decision Sciences, 20 (4): 810-829.